S. G. MICHLIN

# NUMERISCHE REALISIERUNG VON VARIATIONSMETHODEN

MATHEMATISCHE LEHRBÜCHER UND MONOGRAPHIEN

HERAUSGEGEBEN VON DER
DEUTSCHEN AKADEMIE DER WISSENSCHAFTEN ZU BERLIN
INSTITUTE FÜR MATHEMATIK

II. ABTEILUNG
MATHEMATISCHE MONOGRAPHIEN

BAND XXIII

# NUMERISCHE REALISIERUNG VON VARIATIONSMETHODEN

VON

S. G. MICHLIN

AKADEMIE-VERLAG · BERLIN
1969

S. G. MICHLIN

# NUMERISCHE REALISIERUNG VON VARIATIONSMETHODEN

In deutscher Sprache herausgegeben

von

Prof. Dr. F. KUHNERT

und

Prof. Dr. K. SCHRÖDER

Mit 6 Abbildungen und 13 Tabellen

AKADEMIE-VERLAG · BERLIN

1969

С. Г. Михлин

Численная реализация вариационних методов

Erschienen im Verlag „Nauka“, Moskau

Deutsche Übersetzung: Prof. Dr. rer. nat. habil. F. Kuhnert

(Technische Hochschule Karl-Marx-Stadt)

Erschienen im Akademie-Verlag GmbH, 108 Berlin, Leipziger Straße 3—4

Lizenznummer: 202 · 100/537/69
Gesamtherstellung: VEB Druckerei „Thomas Müntzer“, 582 Bad Langensalza
Bestellnummer: 5652 · ES 19 B 4

# VORWORT ZUR RUSSISCHEN AUSGABE

Das vorliegende Buch stellt eine Fortsetzung meines früher erschienenen Buches „Variationsmethoden der mathematischen Physik“ [12] dar, das der Darlegung einer allgemeinen Theorie der Variationsmethode, ihrer Anwendung auf die wichtigsten Aufgaben der Mathematischen Physik und der Entwicklung von Methoden zur Fehlerabschätzung der Näherungslösungen gewidmet war. Die im Buch [12] enthaltenen numerischen Beispiele zeigen, daß die Variationsmethode in vielen Fällen zufriedenstellende Resultate liefert. Mein Buch „Das Minimumproblem des quadratischen Funktionals“ [5] enthält darüber hinaus einige weitere theoretische Ergebnisse der Variationsmethoden.

Mir erscheint es zweckmäßig, das Problem der numerischen Realisierung der Variationsmethode in folgende Etappen einzuteilen: 1. die Auswahl des Systems von Koordinatenfunktionen (des Koordinatensystems), 2. die Ermittlung des Ritzschen Systems, 3. die Lösung des Ritzschen Systems, 4. Beachtung des Einflusses der Fehler, die bei der Ermittlung und Lösung des Ritzschen Systems entstehen, auf die Genauigkeit der Näherungslösung.

In den praktisch interessierenden Fällen führt die zweite der genannten Etappen auf die Berechnung von Integralen bekannter Funktionen. Diese Frage ist ausreichend untersucht worden[1]) und ist Bestandteil vieler Monographien und Lehrbücher, so daß wir uns mit ihr nicht zu befassen brauchen. Die dritte Etappe, die Lösung des Ritzschen Systems, führt bei linearen Aufgaben zur Lösung linearer algebraischer Gleichungssysteme. Auch diese Frage ist ausreichend untersucht worden; aus der reichhaltigen Literatur seien lediglich die Monographien von D. K. Faddejew und W. N. Faddejewa [1] und J. H. Wilkinson [1] genannt. Wir werden deshalb auch die Lösung der linearen Ritzschen Systeme außer acht lassen und lediglich diesem Problem für nichtlineare Systeme einige Aufmerksamkeit schenken.

Grundlegend für das vorliegende Buch sollen die vierte und erste der oben genannten Etappen sein, die Ermittlung des Fehlereinflusses und die Auswahl des Koordinatensystems. Die hier formulierten Probleme entstanden in Verbindung mit dem Einsatz elektronischer Rechenmaschinen. Im vorliegenden Buch wollen wir uns bemühen, die genannten Probleme für lineare Aufgaben einer Lösung zuzuführen.

---

[1]) Eine Ausnahme bildet der Fall oszillierender Funktionen, der für die Variationsmethode nicht ohne Interesse ist.

Die weitgehende Einführung und Anwendung der elektronischen Rechenmaschinen führte zu tiefgreifenden Veränderungen auf dem Gebiet der gesamten Numerischen Mathematik. Davon war die Variationsmethode naturgemäß nicht ausgeschlossen; es tauchten Fragen auf, denen man früher nur wenig Aufmerksamkeit gewidmet hatte. Die elektronischen Rechenmaschinen brachten die Möglichkeit mit sich, Näherungslösungen von weitaus größerer Genauigkeit zu erhalten, da nicht nur drei oder vier, sondern einige Dutzend Koordinatenfunktionen verwendet werden konnten. Das führte allerdings sofort zu ernsthaften Schwierigkeiten, denn es zeigte sich, daß das Ritzsche Verfahren bei einer größeren Anzahl von benutzten Koordinatenfunktionen nicht mehr stabil zu sein braucht. Es sei an dieser Stelle bemerkt, daß — hervorgerufen durch die Benutzung einer größeren Anzahl von Koordinatenfunktionen — bereits früher ähnliche Erscheinungen festgestellt werden konnten. So beobachtete u. a. L. M. Katschanow bei der Verwendung des Ritzschen Verfahrens zu Spannungsuntersuchungen bei Turbinenschaufeln, daß bei der Lösung der Ritzschen Systeme hoher Ordnung nicht erwartete Ungenauigkeiten auftraten. Die Untersuchung der Stabilität bzw. Instabilität des Ritzschen Verfahrens und die damit eng verbundenen Fragen einer rationellen Auswahl der Koordinatenfunktionen nimmt einen breiten Raum in dem vorliegenden Buch ein.

Neben einer Reihe anderer Aufgaben werden insbesondere die Aufgaben der Mathematischen Physik für unbeschränkte Gebiete und die Lösung von Integralgleichungen (u. a. auch singulärer) erörtert, da diesen Fragen in meinen oben zitierten Büchern [5] und [12] verhältnismäßig wenig Raum gewidmet war.

Speziell wird in Kapitel 5 eine rationelle Auswahl der Koordinatenfunktionen für eine Reihe der wichtigsten konkreten Aufgabenklassen der Mathematischen Physik untersucht. Dieses Kapitel spielt im gewissen Sinne die Rolle eines Nachschlagewerkes, wenn auch alle Behauptungen durch Beweis belegt werden bzw. ausreichende Hinweise gegeben werden, wie diese Beweise zu führen sind.

Ein Kapitel des Buches ist dem Ritzschen Verfahren zur Ermittlung der Eigenwerte und Eigenelemente selbstadjungierter Operatoren gewidmet. In einem weiteren Kapitel wird der Einfluß der Fehler, die bei der Aufstellung der Gleichung auftreten, auf die Lösung untersucht. Die für abstrakte Objekte formulierten Resultate werden für eine Reihe von Aufgaben der Mathematischen Physik, besonders der Schalentheorie, konkretisiert.

Besondere Bedeutung besitzen die den nichtlinearen Aufgaben gewidmeten Kapitel 9 und 10. In Kapitel 9 werden einige allgemeine theoretische Fragen der Variationsmethode für nichtlineare Aufgaben erörtert, insbesondere werden die Überführung dieser Aufgaben zu Variationsaufgaben, die Konvergenz der minimisierenden Folge und die Ermittlung dieser Folge durch das Ritzsche Verfahren untersucht. In Kapitel 10 werden Verfahren zur numerischen Lösung der Ritzschen Systeme betrachtet, die auch auf nichtlineare Systeme von Differenzengleichungen angewandt werden.

Ein Teil der Ergebnisse des vorliegenden Buches ist stark gekürzt in meinem Übersichtsartikel [20] und in dem zusammen mit C. L. Smolizki verfaßten Buch [1] erschienen.

Ich war bestrebt, die Terminologie der Variationsmethoden nach Möglichkeit etwas zu ordnen. In der Literatur wird der Begriff „Methode" in zweierlei Hinsicht verwandt, einmal im Hinblick auf die Überführung der Randwertaufgabe der gegebenen Gleichung in eine Variationsaufgabe (energetische Methode, Methode der kleinsten Fehlerquadrate u. a.) und zum anderen im Zusammenhang mit der genäherten Lösung der Variationsaufgabe (Ritzsches Verfahren, Bubnow-Galerkinsches Verfahren). Im Grunde kann man keine Einwände gegen die Verwendung des Begriffs „Methode" sowohl im ersten als auch im zweiten Sinne vorbringen, allerdings sind mit dieser Doppelbezeichnung offensichtlich Verwechslungen möglich. Wir werden deshalb den Begriff „Methode" lediglich in Verbindung mit der Überführung der gegebenen Randwertaufgabe in eine Variationsaufgabe benutzen, die näherungsweise Lösung der Variationsaufgaben (bzw. der Randwertaufgaben selbst) soll dagegen als Verfahren gekennzeichnet werden, so daß wir vom Ritzschen, dem Bubnow-Galerkinschen, dem Momentenverfahren u. a. sprechen werden.

Für die Numerierung von Sätzen und Formeln wollen wir folgende Übereinkunft treffen: Jeder Satz (bzw. Folgerung, Formel usw.) wird mit zwei Zahlen versehen, wobei die erste der Zahlen die Kapitelnummer und die zweite die Nummer des Satzes (bzw. der Folgerung, der Formel usw.) innerhalb des Kapitels angibt.

Sehr oft werden Hinweise auf meine Bücher [5] und [12] vorkommen, die wir der Einfachheit halber mit den Anfangsbuchstaben der Titel „MP" bzw. „VM" bezeichnen wollen.

Im vorliegenden Buch spiegeln sich nicht nur meine Ergebnisse wider, sondern auch diejenigen einer ganzen Reihe von Mitarbeitern, die an Teilaufgaben der Stabilität von numerischen Verfahren unter meiner Anleitung gearbeitet haben. Insbesondere möchte ich hier L. N. Dowbysch (Gagen-Torn), M. N. Jakowlew, G. N. Jaskowa, B. A. Samokisch, G. M. Wainikko, M. A. Welijew und J. S. Wershbinskaja nennen. Einen hervorragenden Platz im Buche nehmen die Ergebnisse von I. W. Gelman, A. Langenbach und L. M. Katschanow zu nichtlinearen Aufgaben ein, darüber hinaus seien meine diesbezüglichen Resultate sowie die von L. N. Dowbysch (Gagen-Torn) und S. A. Wlasowa genannt.

Die numerischen Rechnungen wurden fast ausschließlich von N. A. Solowjowa und T. A. Tuschkina erledigt, wofür ich ihnen meinen herzlichsten Dank aussprechen möchte. M. K. Gawurin las das Buch im Manuskript und gab mir eine Reihe sehr wertvoller Hinweise, wofür ich ihm aufrichtig danken möchte.

Mai 1965

S. Michlin

# INHALTSVERZEICHNIS

# EINLEITUNG

Die Variationsmethode und das Differenzenverfahren haben als die wichtigsten Hilfsmittel zur Lösung vieler angewandter Aufgaben eine bemerkenswerte Entwicklung durchlaufen. Das im Jahre 1908 von W. Ritz entwickelte Verfahren zur Ermittlung minimisierender Folgen stellte einen großen Fortschritt für die angewandte Analysis dar. Schwierige Aufgaben der Theorie der partiellen Differentialgleichungen, wie z. B. Aufgaben der Elastizitätstheorie, konnten damit zunächst auf einfache Weise gelöst werden. Viele Vertreter der angewandten Wissenschaften (an dieser Stelle sei insbesondere S. P. Timoschenko genannt) entwickelten eine Reihe wichtiger Anwendungen der Variationsmethode. Eine große Rolle spielten hierbei die Arbeiten von I. G. Bubnow und B. G. Galerkin, da in vielen Fällen der von ihnen beschriebene Prozeß die Ermittlung der Ritzschen Gleichungen vereinfacht und darüber hinaus auch dann noch anwendbar bleibt, wenn die betrachtete Aufgabe keine Überführung in eine Variationsaufgabe gestattet. Es zeigten sich aber auch sehr bald ernsthafte Unzulänglichkeiten der Variationsmethode, die sich besonders bei der Gewinnung von Koordinatenfunktionen, die den Randbedingungen bei Vorgabe eines komplizierten Gebietes genügen, äußerten. Hinzu kamen Schwierigkeiten beim Aufstellen des Ritzschen Systems, da die Koeffizienten und die rechten Seiten dieses Systems gewöhnlich Integrale sind, deren Berechnung besonders bei zwei oder mehr Veränderlichen mit viel Arbeit verbunden sein kann. Dieser letzte Umstand besaß allerdings keine große Bedeutung, solange lediglich verhältnismäßig grobe Näherungen in Form linearer Kombinationen nur weniger Koordinatenfunktionen gefordert waren.

Parallel zur Variationsmethode verlief die Entwicklung des Differenzenverfahrens. Zunächst war allerdings die theoretische Bedeutung dieses Verfahrens größer als die praktische Seite, da die beim Differenzenverfahren entstehenden Gleichungssysteme hoher Ordnungen sehr häufig manuell nicht zu bewältigen waren.

Erst die Entwicklung elektronischer Rechenmaschinen änderte die Situation grundlegend. Es traten wesentliche Vorteile des Differenzenverfahrens gegenüber der Variationsmethode hervor, die darin begründet sind, daß für das Differenzenverfahren das Gebiet keine so große Bedeutung besitzt und daß die Aufstellung des Gleichungssystems verhältnismäßig einfach ist. Gegenwärtig wird dadurch das Differenzenverfahren häufiger als die Variationsmethode angewandt.

Man muß allerdings auch gleichzeitig feststellen, daß die Hauptschwierigkeit des Differenzenverfahrens, die Lösung von Gleichungssystemen hoher Ordnung, bestehen bleibt. In dem im Jahre 1960 erschienenen Buch von W. R. WASOW und G. E. FORSYTHE sind ungefähre Angaben gemacht worden über die Rechenzeit, die zur Lösung gewöhnlicher Aufgaben der Mathematischen Physik durch Differenzenverfahren benötigt wird. Unter der Voraussetzung, daß eine arithmetische Operation in der Maschine 50 Mikrosekunden dauert, errechneten die genannten Autoren, daß für die Lösung mit hoher Genauigkeit einer eindimensionalen Aufgabe 1 Stunde, einer zweidimensionalen Aufgabe 6 Wochen und einer dreidimensionalen Aufgabe 100 Jahre an Maschinenzeit benötigt werden. Mit der Entwicklung und dem Einsatz schnellerer Maschinen wird die Situation natürlich verbessert werden können; es erscheint allerdings sehr wahrscheinlich, daß auch in der nächsten Zeit die Anwendung des Differenzenverfahrens auf mehrdimensionale (beginnend mit dreidimensionalen) Aufgaben keine große praktische Bedeutung erlangen wird.

Die Variationsmethode dagegen kommt mit weitaus weniger arithmetischen Operationen aus und benötigt deshalb zu ihrer Realisierung entsprechend weniger Maschinenzeit. Man kann feststellen, daß man zur Lösung einer großen Aufgabenklasse sowohl die Variationsmethode als auch das Differenzenverfahren benutzen kann, wobei jedes dieser Verfahren ein „Gebiet der vorteilhaftesten Anwendung" besitzt. Für das Differenzenverfahren sind dies zweidimensionale Aufgaben mit Gebieten komplizierter Konfiguration, für die Variationsmethode kann man insbesondere mehrdimensionale Aufgaben nennen. Außerdem spielt die Variationsmethode bei Aufgaben mit verschiedenartigen Entartungen eine wichtige Rolle, bei denen die Differenzenapproximation der Ableitungen zu großen Fehlern führt. Die Variationsmethode besitzt sicherlich auch Vorteile im Fall unendlicher Gebiete.

Es ist klar, daß die gegebene Einteilung der Verwendungsmöglichkeiten beider Verfahren keinen Anspruch auf Exaktheit erhebt. Man kann einerseits die Variationsmethode auch im Fall komplizierterer Gebiete anwenden, andererseits haben W. R. WASOW und G. E. FORSYTHE im oben zitierten Buch gezeigt, daß die Lösung einer dreidimensionalen Aufgabe mit dem Differenzenverfahren bei mittlerer Genauigkeit einer Woche Maschinenrechenzeit bedarf. Diese Anforderungen sind technisch zu realisieren. Man muß zu diesen Überlegungen hinzufügen, daß sich in natürlicher Weise die Einteilung der Verwendungsmöglichkeiten mit der Erarbeitung neuer Resultate bezüglich der Verfahren in dieser oder jener Richtung verschieben wird.

Die Anwendung der Variationsmethode mit dem Ziel der Gewinnung hinreichend genauer Näherungen macht die Untersuchung zusätzlicher Bedingungen erforderlich. Wie aus den Ergebnissen des Buches VM folgt, ist die Gewinnung einer Näherung größerer Genauigkeit durch das RITZsche Verfahren mit der Verwendung einer größeren Anzahl von Koordinatenfunktionen verbunden, was zu Gleichungssystemen mit höherer Ordnung führt. Die Koeffizienten des RITZschen Systems und die rechten Seiten sind infolge der numerischen Rechnung unausbleiblich mit Fehlern behaftet, die bei hochdimensionalen Gleichungssystemen einen großen Fehler in der Lösung hervorrufen können. Diese Ungenauigkeiten der Lösung können sogar unbeschränkt mit Vergrößerung des Gleichungssystems wachsen, selbst dann, wenn die Fehler bei der Aufstellung des Gleichungssystems beliebig klein gehalten werden. Die Praxis zeigt, daß derartige Beobachtungen tatsächlich gemacht werden können. In diesem Zusammenhang haben wir bereits auf die Arbeit [2] von L. M. Katschanow hingewiesen, außerdem kann noch eine Arbeit von W. M. Mitkewitsch [1] genannt werden. Diese Bemerkung erlaubt es uns, von einer „Stabilität" bzw. „Instabilität" des Ritzschen Verfahrens zu sprechen (die genaue Formulierung ist in Kapitel 2 enthalten). In unseren Arbeiten [13], [15], [16] kommt zum Ausdruck, daß die Stabilität bzw. Instabilität des Ritzschen Verfahrens durch einige Eigenschaften der Koordinatensysteme bedingt wird. Diese Untersuchungen des Autors wurden in den Arbeiten von G. N. Jaskowa und M. N. Jakowlew [1] und G. M. Wainikko [1], die u. a. die Frage der Stabilität für das Bubnow-Galerkinsche Verfahren bei stationären Aufgaben betrachteten, und in den Arbeiten von M. A. Welijew [1—2], der die gleiche Frage für nichtstationäre Aufgaben bearbeitete, fortgesetzt. Wir weisen weiterhin auf die Arbeit L. N. Dowbyschs hin, die der Untersuchung der Stabilität des Ritzschen Verfahrens bei Eigenwertaufgaben gewidmet ist.

Ein allgemeiner Standpunkt zum Begriff der Stabilität von numerischen Verfahren ist in unserem Artikel [22] entwickelt worden, der die oben angeführten Resultate als Spezialfälle enthält.

Unsere oben zitierten Arbeiten bildeten zusammen mit einer unserer früheren Arbeiten [11] die Grundlage für eine Reihe von Empfehlungen für eine rationelle Auswahl des Systems der Koordinatenelemente. Diesem Aufgabenkreis ist unsere Arbeit [18] gewidmet.

Eine weitere sehr wesentliche Bedingung besteht darin, daß die konstanten Größen des Ritzschen Gleichungssystems gewöhnlich in Form von Integralen auftreten. Die Berechnung dieser Integrale nimmt auch die meiste Zeit in Anspruch. Vielfach können die Integrale elementar berechnet werden, wobei der Arbeitsaufwand wesentlich verringert werden kann. Trotzdem bleibt die manuelle Auswertung von Integralen ein schwieriges Problem. Es ist demnach außerordentlich erstrebenswert, diese analytischen Operationen zu automatisieren. Die ersten Schritte sind in dieser Richtung bereits getan; denn in den Arbeiten von T. N. Smirnowa [1—2] ist ein Verfahren zur Durchführung einer Reihe elementarer algebraischer und trigonometrischer Operationen über Polynomen mit Hilfe elektronischer Rechenmaschinen entwickelt worden. Hierzu gehören arithmetische Operationen, Differentiation, bestimmte und unbestimmte Integration, Berechnung von Funktionswerten u. a. Für Polynome zweier Veränderlicher zählen wir zu den elementaren Operationen z. B. auch die Berechnung von Doppelintegralen über ein Rechteck, eine Ellipse oder eine halbe Ellipse.

Die Arbeiten T. N. SMIRNOWAS entstammen einem großen Zyklus von Arbeiten, die nach einer Idee und unter der Leitung von L. W. KANTOROWITSCH durchgeführt wurden und die der Realisierung analytischer Operationen über verschiedenen Objekten auf Rechenmaschinen gewidmet sind. Einige dieser Arbeiten sind im Sammelband „Arbeiten des Mathematischen Instituts W. A. Steklow“, Band 66 (1962) veröffentlicht.

Wenn man (bezugnehmend auf die linearen Aufgaben) das vorliegende Buch mit dem Buch VM vergleicht, so kann folgendes festgestellt werden: Im Buch VM werden Fragen der Ermittlung und Konvergenz der Näherungslösung betrachtet, wobei die Fragen der Auswahl von Koordinatensystemen bedeutungslos waren. Es wurde gezeigt, daß bei einer beliebigen Wahl des Koordinatensystems Konvergenz der genäherten Lösung zur exakten in der energetischen Metrik vorlag. Darüber hinaus konnte festgestellt werden, daß die Näherungslösungen nicht von den Koordinatenelementen selbst, sondern vom Unterraum, der mit diesen Elementen gebildet wird, abhängt. Wird z.B. die Aufgabe

$$-\frac{d}{dx}\left(p(x)\frac{du}{dx}\right) + q(x)\,u = f(x)\,,$$

$$u(-1) = u(1) = 0\,,$$

$$p(x) \geqq p_0 = \text{const} > 0\,, \qquad q(x) \geqq 0$$

durch die Variationsmethode gelöst, so führen die beiden Koordinatensysteme

$$\varphi_n(x) = (1 - x)(1 + x)^n \qquad (n = 1, 2, 3, \ldots)$$

und ($P_n$ bezeichnen die LEGENDREschen Polynome)

$$\psi_n(x) = \sqrt{2n + 1}\int_{-1}^{x} P_n(t)\,dt \qquad (n = 1, 2, 3, \ldots)$$

zu gleichen Näherungslösungen. Vom Standpunkt des Buches VM aus sind demnach beide Systeme vollkommen gleichberechtigt.

Im vorliegenden Buch werden Fragen der Stabilität der Näherungslösung untersucht, für die die Eigenschaften des ausgewählten Koordinatensystems (und nicht mehr des von diesen Koordinatenelementen aufgespannten Unterraumes) von ausschlaggebender Bedeutung sind. So führt im oben beschriebenen Beispiel das System $\{\varphi_n(x)\}$ zu instabilen Näherungen, das System $\{\psi_n(x)\}$ dagegen zu stabilen Näherungen. Wenn in den Funktionen $\psi_n(x)$ zur Vereinfachung der Faktor $\sqrt{2n + 1}$ weggelassen wird, werden auch hier die Näherungslösungen instabil.

Diese Ausführungen beziehen sich auf lineare Funktionale und damit auf Minimumaufgaben quadratischer Funktionale. Bei nichtlinearen Aufgaben entstand eine andere Situation. Es gibt fast keine Arbeiten, die das Differenzenverfahren für nichtlineare Aufgaben zum Inhalt haben. Das kann mit Schwierigkeiten bei der Lösung nichtlinearer Systeme mit vielen Unbekannten erklärt werden. Dagegen ist die Zahl der Arbeiten mit konkreten Anwendungen der

Variationsmethode auf nichtlineare Aufgaben sehr groß. Es liegt nicht in der Absicht des Autors, an dieser Stelle einen umfassenden Überblick über die einschlägige Literatur zu geben, sondern wir wollen uns lediglich auf die Darstellung der Hauptrichtungen dieser Untersuchungen beschränken.

Zunächst wäre da die von S. N. Bernstein begründete Richtung der Existenzbeweise bei Aufgaben der Variationsrechnung zu nennen. Wir wollen nicht näher auf diese Arbeiten eingehen, da sie doch recht weit vom Anliegen des vorliegenden Buches entfernt sind. Eine Reihe von Arbeiten ist der Entwicklung von Variationsprinzipien für nichtlineare Aufgaben der Elastizitäts- und Plastizitätstheorie gewidmet. Diese Arbeiten sind Bestandteil der Bücher von R. Hill [1], L. M. Katschanow [3], [5], W. W. Nowoshilow [2], A. S. Wolmir. Wir verweisen weiterhin auf die Arbeiten von E. L. Reissner [1] und K. E. Galimow [1—4], in denen neue Formen der Variationsprinzipien bei nichtlinearen Aufgaben der Elastizitätstheorie behandelt werden, und außerdem auf die Arbeit von D. C. Drucher [1], in der ein Versuch unternommen wird, alle Variationsprinzipien der Plastizitätstheorie auf der Grundlage eines Postulats zu systematisieren.

Eine weitere Richtung entsteht in Verbindung mit der Verwendung der Variationsmethode zum Existenzbeweis und zur Untersuchung der Lösung nichtlinearer Aufgaben der Elastizitäts- und Plastizitätstheorie. Hier seien in erster Linie die Arbeiten von I. I. Worowitsch [1—6] zur nichtlinearen Schalentheorie genannt. Worowitsch benutzt die Eigenschaft, daß der Hauptteil der Gleichungen dieser Theorie linear ist, und führt auf dieser Grundlage die Aufgabe zur Lösung eines Gleichungssystems mit nichtlinearen vollstetigen Operatoren. Unter Zuhilfenahme topologischer Methoden beweist I. I. Worowitsch, daß die Menge der Ritzschen Näherungen kompakt ist. Außerdem wird gezeigt, daß jedes Grenzelement dieser Menge eine Lösung der gestellten Aufgabe ist. Eine Reihe der in den zitierten Arbeiten von I. I. Worowitsch enthaltenen Sätze macht eine Fehlerabschätzung für die Näherungslösung möglich.

Die Arbeiten von N. F. Morosow [1—5] sind der nichtlinearen Plattentheorie gewidmet. Dieser Autor entwickelte ein interessantes Integralkriterium, dem die Lösungen der Gleichung von T. Karman bei festen und freien Plattenrändern genügen. Dieses Integralkriterium vereinfachte sehr wesentlich die Untersuchungen und gestattete einen Beweis des Existenzsatzes. In der Arbeit [5] zeigte N. F. Morosow, daß unter bestimmten Bedingungen bei der Verbiegung einer runden symmetrisch belasteten Platte mit festem Rand auch nichtsymmetrische Lösungen vorkommen können. Wir skizzieren kurz den Gedankengang: Tatsächlich wird eine symmetrische Lösung gesucht und bewiesen, daß diese Lösung eindeutig ist. Danach wird eine zulässige Verbiegung betrachtet, so daß die potentielle Energie kleiner ist als die der symmetrischen Lösung. Hieraus folgt dann, daß das absolute Minimum bei einer nichtsymmetrischen Lösung angenommen wird.

A. Langenbach untersuchte einige Klassen von Minimumaufgaben, die sehr viele Variationsaufgaben der Plastizitätstheorie enthalten. Die von A. Lan-

GENBACH [1—3] untersuchten Funktionale haben die Form

$$F(u) = \int_{\Omega} \left\{ \sum_{j=1}^{k} \int_{0}^{\tau_j(u)} g_j(y)\, dy \right\} dx - \int_{\Omega} f(x)\, u(x)\, dx\,. \tag{0.1}$$

Hierbei bezeichnen $\Omega$ ein endliches Gebiet des $m$-dimensionalen euklidischen Raumes, $x$ einen beliebigen Punkt dieses Gebiets, $g_j$ nichtnegative Funktionen von $y$ und $\tau_j(u)$ nichtnegative quadratische Formen der Funktion $u$ und ihrer Ableitungen bis zu einer bestimmten Ordnung. Näher werden wir auf die Bedingungen, denen die einzelnen Größen unterworfen werden müssen, in Kapitel 9 eingehen. Unter diesen Bedingungen wird für das Funktional $F(u)$ die Existenz einer verallgemeinerten Lösung der Variationsaufgabe und die Konvergenz (in einer entsprechenden Metrik) des RITZschen Verfahrens hergeleitet.

Die letzte Richtung, die wir hier erwähnen wollen, steht mit der numerischen Realisierung des RITZschen Verfahrens im Zusammenhang. Dieser Richtung ist das gesamte Kapitel 10 des vorliegenden Buches gewidmet, deshalb wollen wir uns hier auf allgemeinste Hinweise beschränken. Wie bereits oben erwähnt wurde, konnte die Konvergenz des RITZschen Verfahrens für einzelne Klassen nichtlinearer Aufgaben z. B. in den Arbeiten I. I. WOROWITSCHS und A. LANGENBACHS nachgewiesen werden. Ergebnisse allgemeineren Charakters sind im Buch von I. M. GELFAND und S. W. FOMIN [1] enthalten, in dem bewiesen wird, daß das RITZsche Verfahren eine minimisierende Folge für ein wachsendes stetiges Funktional ergibt. In der Arbeit [18] des Autors konnte weiterhin festgestellt werden, daß man die Forderung der Stetigkeit des Funktionals durch seine Halbstetigkeit von oben ersetzen kann.

Das Problem der numerischen Realisierung der Variationsmethode für nichtlineare Aufgaben kann keinesfalls als abgeschlossen betrachtet werden. Auch ist die Frage der Stabilität des RITZschen Verfahrens für nichtlineare Aufgaben noch ungenügend untersucht worden.

Wir wollen etwas näher auf eine einfachere Frage, die näherungsweise Lösung nichtlinearer RITZscher Systeme, eingehen. Sie entstehen als notwendige Minimumbedingungen von Funktionen mehrerer Veränderlicher. In der letzten Zeit tauchten eine Reihe von Arbeiten auf, in denen sowohl Lösungsmöglichkeiten für nichtlineare Gleichungssysteme mit algebraischen und transzendenten Funktionen als auch Verfahren zur direkten Berechnung des Minimums von Funktionen entwickelt wurden. Eine Übersicht vieler dieser Arbeiten ist im Artikel [1] von H. A. SPANG enthalten.

In Kapitel 10 behandeln wir drei Verfahren zur Lösung nichtlinearer RITZscher Systeme. Das erste dieser Verfahren ist das von L. W. KANTOROWITSCH entwickelte sogenannte NEWTONsche Verfahren, das wir als Verfahren von NEWTON-KANTOROWITSCH bezeichnen werden.

Die Grundlage des zweiten hier betrachteten Verfahrens bildet eine Idee von W. S. KIRIJA [1] und D. F. DAWIDENKO [1]. Diese Idee besteht darin, daß ein Parameter $t$ und eine CAUCHYsche Aufgabe für ein System gewöhnlicher Differentialgleichungen mit der unabhängigen Veränderlichen $t$ eingeführt werden.

Schwierigkeiten entstehen bei der Realisierung der Idee von W. S. Kirija und D. F. Dawidenko in konkreten Fällen, da die Cauchysche Aufgabe im Gebiet $0 \leqq t \leqq 1$ zu lösen ist. In dem von mir zusammen mit L. N. Dowbysch [1] verfaßten Artikel wird gezeigt, daß die genannte Cauchysche Aufgabe auf dem Abschnitt $0 \leqq t \leqq 1$ lösbar ist, wenn das Ausgangsgleichungssystem ein Ritzsches System für ein Funktional mit einigen zusätzlichen Bedingungen war. Diese zusätzlichen Bedingungen sind — grob ausgedrückt — derart, daß das betrachtete Funktional ein polynomiales Wachstum im Unendlichen aufweist. In der angeführten Arbeit wird auch die Identität des Ritzschen und Bubnow-Galerkinschen Verfahrens für nichtlineare Aufgaben nachgewiesen.

L. N. Dowbysch (Gagen-Torn) zeigte in der Arbeit [1], daß die Funktionale (0.1) bei natürlichen Beschränkungen der Funktionen und der quadratischen Formen $\tau_j(u)$ den genannten Bedingungen genügen.

In der Arbeit von S. A. Wlassowa [1] wird gezeigt, daß diese Methode der Rückführung auf Cauchysche Aufgaben für einige Klassen nichtlinearer Differenzenverfahren anwendbar ist.

Das dritte Verfahren, das hier betrachtet werden soll, wurde von L. M. Katschanow [4], [6] für Aufgaben der nichtlinearen Elastizitäts- und Plastizitätstheorie entwickelt. Dieses Verfahren stellt eine mögliche Variante der sukzessiven Approximation dar, wobei mit jedem Iterationsschritt die Lösung einer linearen Aufgabe mit der gleichen Anzahl von Unbekannten verbunden ist. Die Anzahl der Unbekannten des linearen und nichtlinearen Systems sind dabei gleich.

Zum Schluß sei noch auf eine weitere Entwicklungsrichtung der Variationsmethode für nichtlineare Aufgaben hingewiesen. In den Arbeiten dieser Richtung der Variationsmethode (die häufig ungenau als Verfahren von Galerkin oder Bubnow-Galerkin, manchmal auch als Verfahren von Bubnow bezeichnet wird) werden konkrete Näherungslösungen für konkret gegebene nichtlineare Aufgaben konstruiert. In den meisten Fällen wird die Näherungslösung als Linearkombination zweier oder auch nur einer Koordinatenfunktion gesucht. Wir verweisen lediglich auf einige Arbeiten in dieser Richtung.[1])

In der Arbeit von M. S. Kornischin und C. M. Muschtari [1] werden nichtlineare Aufgaben der Mehrschalentheorie betrachtet. In der Arbeit von A. M. Gorlow [1] wird die elastisch-plastische Verdrehung von Balken untersucht. Den Aufgaben der nichtlinearen Plattentheorie sind die Arbeiten von M. Stippes [1], L. I. Kalenderjan [1], H. M. Berger [1], N. A. Weil und N. M. Newmark [1], W. A. Postnow [1], S. G. Winokurow [1], W. D. Kljuschnikow [1], K. E. Galimow [5] gewidmet. Die Arbeit von Weil und Newmark ist deshalb interessant, da in ihr mit 11 eine sehr große Anzahl von Koordinatenfunktionen verwendet wird.

Im Verlaufe des gesamten Buches werden nur separable Räume betrachtet, da dies völlig ausreichend ist für angewandte Aufgaben der Mathematischen Physik.

---

[1]) Die unten angeführten Arbeiten werden auf der Grundlage des Referatenjournals „Mechanik" zitiert.

## KAPITEL 1

# EINIGE KLASSEN VON ELEMENTENSYSTEMEN DES HILBERT-RAUMES

Kapitel 1 trägt einführenden Charakter. Die meisten Sätze dieses Kapitels sind aus der Literatur bekannt, viele Dinge sind Bestandteil spezieller Monographien. Uns erscheint es aber vorteilhaft, die später häufig benutzten Begriffe und Fakten in einem Kapitel zusammenzufassen. Es bleibt zu hoffen, daß dadurch die Lektüre des Buches erleichtert wird.

## § 1. Minimale Systeme[1)]

Definition 1.1. Eine Menge von Elementen des HILBERT-Raumes heißt ein *minimales System* dieses Raumes[2)], wenn das Weglassen eines beliebigen Elements dieser Menge zu einer Einengung des von den Elementen aufgespannten Unterraumes führt.

Diese Definition soll mit einigen Beispielen belegt werden.

Eine beliebige endliche Menge linear unabhängiger Elemente ist minimal, da bei Weglassen eines beliebigen Elements dieser Menge die Dimension des von den Elementen aufgespannten Unterraumes um Eins niedriger wird. Dagegen bilden linear abhängige Elemente ein nichtminimales System; denn bei Weglassen des Elements, das eine Linearkombination der übrigen Elemente ist, ändert sich die Dimension des von den Elementen aufgespannten Unterraumes nicht.

Ein beliebiges endliches oder unendliches System paarweise orthogonaler und vom Nullelement verschiedener Elemente des HILBERT-Raumes ist ein minimales System. So ist z. B. das Funktionensystem $\sin k\pi x$ $(k = 1, 2, \ldots)$ ein minimales System im Raum $L_2(0, \pi)$.

Im gleichen Raum ist das System

$$x, \sin \pi x, \sin 2\pi x, \ldots, \sin k\pi x, \ldots$$

ein nichtminimales System, da man $x$ weglassen kann. Der von den restlichen Elementen aufgespannte Unterraum fällt mit dem Raum $L_2(0, \pi)$ zusammen; er wurde also nicht eingeschränkt.

---

1) Siehe S. LEWIN [1], aber auch S. KACZMARZ und H. STEINHAUS [1].

2) Die Definition und die grundlegendsten Eigenschaften minimaler Systeme können sofort auf beliebige BANACH-Räume ausgedehnt werden. Siehe S. KACZMARZ und H. STEINHAUS [1].

Es sei folgendes Beispiel eines nichtminimalen Systems genannt. Infolge eines bekannten Satzes von G. MÜNZ[1]) ist die Folge $\{x^{p_k}\}$ $(k = 1, 2, \ldots)$ vollständig im Raume $L_2[0, 1]$, wenn die Exponenten $p_k \geqq 0$ sind und die Reihe

$$\sum_{k=2}^{\infty} \frac{1}{p_k}$$

divergiert. Es ist dann aber diese Folge nichtminimal im Raum $L_2(0, 1)$, da bei Weglassen eines beliebigen Reihengliedes die Bedingungen des Satzes von G. MÜNZ nicht verletzt werden, so daß wir wiederum ein in $L_2(0, 1)$ vollständiges System erhalten. Es wird demnach der von der Folge aufgespannte Unterraum nicht eingeschränkt, wenn wir ein beliebiges Glied dieser Folge weglassen. Laut Definition ist eine derartige Folge nichtminimal im Raum $L_2(0, 1)$.

Im besonderen ist die Folge $\{x^{n-1}\}$ $(n = 1, 2, \ldots)$ nicht minimal im Raum $L_2[0, 1]$.

Im folgenden werden wir noch eine andere Definition des minimalen Systems benutzen, die der oben gegebenen gleichwertig ist. Der Einfachheit halber betrachten wir lediglich den Fall endlicher und abzählbar unendlicher Systeme, da nur dieser Fall von Interesse für das Anliegen des vorliegenden Buches ist.

Definition 1.2. Es seien

$$u_1, u_2, \ldots, u_n, \ldots \tag{1.1}$$

Elemente des HILBERT-Raumes $\mathfrak{H}$. Mit $\mathfrak{H}_k$ wird der Unterraum bezeichnet, der von den Elementen

$$u_1, u_2, \ldots, u_{k-1}, u_{k+1}, \ldots, u_n, \ldots$$

aufgespannt wird. Das System (1.1) heißt *minimal*, wenn für ein beliebiges $k$ das Element $u_k$ dem Unterraum $\mathfrak{H}_k$ nicht angehört, und es heißt *nichtminimal* im entgegengesetzten Fall.

Aus dieser Definition geht unmittelbar der folgende Satz hervor.

Satz 1.1. *Das System* (1.1) *ist nichtminimal dann und nur dann, wenn eine Zahl $j$ existiert, die folgender Bedingung genügt: Für ein beliebiges $\varepsilon > 0$ kann man eine Zahl $N$ und Konstanten $\alpha_1, \alpha_2, \ldots, \alpha_{j-1}, \alpha_{j+1}, \ldots, \alpha_N$ angeben, so daß die Ungleichung*

$$\left\| u_j - \sum_{k=1,\, k \neq j}^{N} \alpha_k u_k \right\|_{\mathfrak{H}} < \varepsilon \tag{1.2}$$

*gilt.*

Definition 1.3. Das System

$$v_1, v_2, \ldots, v_n, \ldots \tag{1.3}$$

[1]) Siehe etwa S. KACZMARZ und H. STEINHAUS [1].

von Elementen des Raumes $\mathfrak{H}$ nennt man *biorthogonal* zum System (1.1), wenn

$$(u_j, v_k)_{\mathfrak{H}} = \delta_{jk} = \begin{cases} 0, & j \neq k, \\ 1, & j = k \end{cases} \tag{1.4}$$

gilt.

Satz 1.2. *Das System* (1.1) *ist dann und nur dann minimal, wenn ein zu diesem System biorthogonales System existiert. Dieses letztere System ist eindeutig bestimmt, wenn seine Elemente dem vom System* (1.1) *aufgespannten Unterraum angehören.*

Beweis der Notwendigkeit. Das System (1.1) sei minimal, und der von ihm aufgespannte Unterraum werde mit $\bar{\mathfrak{H}}$ bezeichnet. Im System (1.1) werde das Element $u_j$ herausgegriffen, und mit den restlichen Elementen werde der Unterraum $\mathfrak{H}_j$ aufgespannt. Es sei $u_j = w + z$, wobei $z \in \mathfrak{H}_j$ und $w$ orthogonal zu $\mathfrak{H}_j$ ist. Da das System (1.1) laut Voraussetzung minimal ist, folgt $u_j \notin \mathfrak{H}_j$, und damit wird $w \neq 0$. Ein beliebiges Element $u$ des Raumes $\bar{\mathfrak{H}}$ kann man in der Form $u = \lambda w + s$ mit $s \in \mathfrak{H}_j$ darstellen. Wir definieren durch $l_j(u) = \lambda$ im Raum $\bar{\mathfrak{H}}$ ein lineares Funktional. Wegen

$$|l_j(u)| = |\lambda| \leq \frac{||u||_{\mathfrak{H}}}{||w||_{\mathfrak{H}}}$$

ist dieses Funktional beschränkt.

Nach dem bekannten Satz von F. RIESZ existiert im Raum $\bar{\mathfrak{H}}$ ein eindeutig bestimmtes Element $v_j$, so daß $l_j(u) = (u, v_j)_{\mathfrak{H}}$ gilt. $\lambda$ ist gleich Eins für das Element $u_j$ und gleich Null für die Elemente $u_k$, $k \neq j$; dann ist aber

$$(u_k, v_j) = l_j(u_k) = \begin{cases} 0, & k \neq j, \\ 1, & k = j. \end{cases}$$

Beweis der Hinlänglichkeit[1]). Es existiere ein zum System (1.1) biorthonormiertes System (1.3). Wir wollen voraussetzen, daß das System (1.1) nichtminimal sei. Wir wählen eine hinreichend kleine Zahl $\varepsilon > 0$, eine Zahl $N$ und Konstanten $\alpha_1, \ldots, \alpha_{j-1}, \alpha_{j+1}, \ldots, \alpha_N$ aus, so daß die Ungleichung (1.2) erfüllt ist. Dann gilt

$$\left| \left( u_j - \sum_{k=1,\, k \neq j}^{N} \alpha_k u_k, v_j \right)_{\mathfrak{H}} \right| \leq \varepsilon \, ||v_j||_{\mathfrak{H}}.$$

Andererseits folgt aus der Gleichung (1.4)

$$\left( u_j - \sum_{k=1,\, k \neq j}^{N} \alpha_k u_k, v_j \right)_{\mathfrak{H}} = 1.$$

Die letzten beiden Formeln sind für genügend kleine $\varepsilon$ nicht miteinander zu vereinbaren.

---

[1]) Vgl. S. KACZMARZ und H. STEINHAUS [1].

## § 2. Stark minimale und fast orthonormierte Systeme

In diesem Teil wollen wir uns ausschließlich mit abzählbar unendlichen Elementensystemen befassen.

Wir betrachten im gegebenen HILBERT-Raum $\mathfrak{H}$ ein abzählbar unendliches Elementensystem

$$u_1, u_2, \ldots, u_n, \ldots. \tag{2.1}$$

Es sei $R_n$ die GRAMsche Matrix der ersten $n$ Elemente des Systems (2.1):

$$R_n = \begin{pmatrix} (u_1, u_1)_{\mathfrak{H}} & (u_1, u_2)_{\mathfrak{H}} & \cdots & (u_1, u_n)_{\mathfrak{H}} \\ (u_2, u_1)_{\mathfrak{H}} & (u_2, u_2)_{\mathfrak{H}} & \cdots & (u_2, u_n)_{\mathfrak{H}} \\ \cdot & \cdot & & \cdot \\ (u_n, u_1)_{\mathfrak{H}} & (u_n, u_2)_{\mathfrak{H}} & \cdots & (u_n, u_n)_{\mathfrak{H}} \end{pmatrix}. \tag{2.2}$$

Die Matrix $R_n$ ist Hermitesch und nichtnegativ, so daß ihre Eigenwerte ebenfalls nichtnegativ sind:

$$0 \leqq \lambda_1^{(n)} \leqq \lambda_2^{(n)} \leqq \cdots \leqq \lambda_n^{(n)}. \tag{2.3}$$

Die Zahl $\lambda_m^{(n)}$ ist das Minimum des Quotienten

$$\frac{\sum\limits_{j,k=1}^{n} (u_j, u_k)_{\mathfrak{H}}\, t_j \bar{t}_k}{\sum\limits_{k=1}^{n} |t_k|^2} = \frac{\left\| \sum\limits_{k=1}^{n} t_k u_k \right\|_{\mathfrak{H}}^2}{\sum\limits_{k=1}^{n} |t_k|^2} \tag{2.4}$$

über dem Unterraum der Vektoren $(t_1, t_2, \ldots, t_n)$, die zu den Eigenvektoren der Eigenwerte $\lambda_1^{(n)}, \lambda_2^{(n)}, \ldots, \lambda_{m-1}^{(n)}$ orthogonal liegen. Insbesondere gilt

$$\lambda_1^{(n)} = \min \frac{\left\| \sum\limits_{k=1}^{n} t_k u_k \right\|_{\mathfrak{H}}^2}{\sum\limits_{k=1}^{n} |t_k|^2}, \tag{2.5}$$

wobei sich das Minimum über alle vom Nullvektor verschiedenen Vektoren $(t_1, t_2, \ldots, t_n)$ erstreckt.

Wie aus dem Min-Max-Prinzip folgt, werden bei festem $m$ die Eigenwerte $\lambda_m^{(n)}$ mit wachsendem $n$ nicht größer (vgl. VM, § 40).

Das System (2.1) heißt *stark minimal*[1]) im Raum $\mathfrak{H}$, wenn

$$\inf \lambda_1^{(n)} = \lim_{n\to\infty} \lambda_1^{(n)} > 0 \tag{2.6}$$

gilt. Es existiert dann eine positive Konstante $\lambda_0$, so daß für ein beliebiges $n$ die Ungleichung

$$\lambda_1^{(n)} \geqq \lambda_0 \tag{2.7}$$

erfüllt ist.

---

[1]) Diese Bezeichnung wurde von A. T. TALDYKIN [1] eingeführt. Im Buch von S. KACZMARZ und H. STEINHAUS [1] werden derartige Systeme BESSELsch genannt.

Das einfachste Beispiel eines stark minimalen Systems bildet ein beliebiges orthonormiertes System. Für solche Systeme ist $\lambda_k^{(n)} = 1$ für beliebige $n$ und $k$, so daß man $\lambda_0 = 1$ setzen kann.

Satz 2.1. *Jedes in einem Raum stark minimale System ist zugleich auch minimal in diesem Raum.*

Beweis. Es sei das im Hilbert-Raum $\mathfrak{H}$ stark minimale System (2.1) nicht minimal im gleichen Raum. Geben wir eine beliebige Zahl $\varepsilon > 0$ vor, dann kann man wegen Satz 1.1 eine Zahl $N$ und Konstanten $\alpha_1, \alpha_2, \ldots, \alpha_{j-1}, \alpha_{j+1}, \ldots, \alpha_N$ dergestalt finden, daß für eine feste Zahl $j$ die Ungleichung (1.2) erfüllt ist. Um so mehr gilt die Ungleichung

$$\frac{\left\| u_j - \sum\limits_{k=1,\, k\neq j}^{N} \alpha_k u_k \right\|^2}{1 + \sum\limits_{k=1,\, k\neq j}^{N} |\alpha_k|^2} < \varepsilon^2 . \tag{2.8}$$

Die Formel (2.8) folgt aus (2.5) bei $t_j = 1$ und $t_k = -\alpha_k$, $k \neq j$. Aus den Formeln (2.5) und (2.8) erhält man dann $\lambda_1^{(N)} < \varepsilon^2$, und folglich wird $\inf \lambda_1^{(n)} = 0$, was aber der Ungleichung (2.6) widerspricht. Da das System (2.1) stark minimal ist, muß die Ungleichung (2.6) erfüllt sein.

Ein Gegensatz zu Satz 2.1 existiert nicht; denn es gibt Räume mit minimalen Systemen, die allerdings nicht stark minimal sind. Es sei beispielsweise $\{\omega_n\}$ ein orthonormiertes System im Hilbert-Raum $\mathfrak{H}$. Dann ist das System $\left\{\frac{\omega_n}{n}\right\}$ offensichtlich minimal in $\mathfrak{H}$, aber nicht stark minimal, da leicht zu sehen ist, daß in diesem Fall $\lambda_1^{(n)} = \frac{1}{n}$ ist und $\inf \lambda_1^{(n)} = 0$ wird.

Wenn das System (2.1) stark minimal in $\mathfrak{H}$ ist, gilt die Ungleichung

$$\sum_{k=1}^{n} |\sigma_{kj}^{(n)}|^2 \leq \lambda_0^{-1} , \tag{2.9}$$

wobei $\sigma_{kj}^{(n)}$ die Elemente der Matrix $R_n^{-1}$ sind. In der Tat, der größte Eigenwert dieser Matrix ist $\frac{1}{\lambda_1^{(n)}}$, so daß für einen beliebigen Vektor $t = (t_1, t_2, \ldots, t_n)$ die Ungleichung

$$\|R_n^{-1} t\|^2 \leq [\lambda_1^{(n)}]^{-2} \|t\|^2 \leq \lambda_0^{-2} \|t\|^2$$

gilt. Setzen wir hier $t = (0, 0, \ldots, 0, 1, 0, \ldots, 0)$ mit der Eins an $j$-ter Stelle ein, so ergibt sich die Ungleichung (2.9).

Satz 2.2.[1]) *Es sei das System* (2.1) *im* Hilbert-*Raum* $\mathfrak{H}$ *minimal. Dann gibt es Konstanten* $\alpha_n$ *dergestalt, daß das System*

$$\alpha_1 u_1, \alpha_2 u_2, \ldots, \alpha_n u_n, \ldots \tag{2.10}$$

*im Raum* $\mathfrak{H}$ *stark minimal ist.*

---

[1]) Siehe L. N. Dowbysch [3].

Beweis. Man kann annehmen, daß das System (2.1) im Raum $\mathfrak{H}$ vollständig ist; denn wenn das nicht der Fall ist, kann man $\mathfrak{H}$ durch den Unterraum, der durch das System (2.1) aufgespannt wird, ersetzen. Im Raum $\mathfrak{H}$ existiert dann ein eindeutig bestimmtes zu (2.1) biorthogonales System

$$v_1, v_2, \ldots, v_n, \ldots. \tag{2.11}$$

Mit $r_n$ wollen wir die GRAMsche Matrix der Elemente $v_1, v_2, \ldots, v_n$ bezeichnen. Es seien $\lambda_1^{(n)}, \lambda_2^{(n)}, \ldots, \lambda_n^{(n)}$ und $\mu_1^{(n)}, \mu_2^{(n)}, \ldots, \mu_n^{(n)}$ die Eigenwerte der Matrizen $R_n$ bzw. $r_n$. Wir wollen voraussetzen, daß sie bereits in Wachstumsrichtung geordnet sind. Es gilt [1])

$$\inf_n \lambda_1^{(n)} = \left[\sup_n \mu_n^{(n)}\right]^{-1}. \tag{2.12}$$

Wir wählen nun positive $\alpha_n$, so daß die Bedingung

$$c^2 = \sum_{n=1}^{\infty} \alpha_n^{-2} \|v_n\|^2 < \infty \tag{2.13}$$

erfüllt ist. Dann werden die Eigenwerte der GRAMschen Matrix der Elemente $\alpha_1^{-1} v_1, \alpha_2^{-1} v_2, \ldots, \alpha_n^{-1} v_n$ bei beliebigem $n$ nicht größer als $c^2$. Aus (2.12) folgt nunmehr, daß die Eigenwerte der GRAMschen Matrix der Elemente $\alpha_1 u_1, \alpha_2 u_2, \ldots, \alpha_n u_n$ bei beliebigem $n$ größer bleiben als $c^{-2}$, d. h. aber, daß das System (2.10) stark minimal ist.

Wir geben eine weitere Definition. Das System (2.1) heiße *fast orthonormiert* im Raum $\mathfrak{H}$[2]), wenn Konstanten $\lambda_0$ und $\Lambda_0$ existieren, so daß für beliebige $n$ und $m \leqq n$ die Ungleichungen

$$\lambda_0 \leqq \lambda_m^{(n)} \leqq \Lambda_0 \tag{2.14}$$

erfüllt sind.

Jedes orthonormierte System ist auch fast orthonormiert, es gilt in diesem Fall $\lambda_0 = \Lambda_0 = 1$.

Jedes in einem Raum gegebene fast orthonormierte System ist stark minimal und damit auch minimal im gleichen Raum.

## § 3. Ähnliche und halbähnliche Operatoren

Zwei selbstadjungierte positiv definite Operatoren heißen *ähnlich*, wenn sie ein gemeinsames Definitionsgebiet besitzen, und *halbähnlich*, wenn ihre energetischen Räume[3]) aus ein und denselben Elementen bestehen.

---

[1]) Siehe A. WINTNER [1].

[2]) In der Arbeit von A. T. TALDYKIN [1] werden diese Systeme normale Systeme genannt, im Buch von S. KACZMARZ und H. STEINHAUS [1] heißen sie RIESZ-FISHER-Systeme oder tragen die Bezeichnung RIESZsche Basis.

[3]) Hier und im folgenden bezeichnen wir als energetischen Raum $H_A$ die FRIEDRICHS-Erweiterung des positiv definiten Operators $A$ (d. h. die Abschließung des Definitionsgebietes $D(A)$ dieses Operators in der Metrik $[u, v]_A = (A u, v)$). Siehe VM, § 46, oder MP, § 3.

Mit $H$ bezeichnen wir den HILBERT-Raum, in dem die betrachteten Operatoren definiert sind. Das innere Produkt und die Norm in $H$ wollen wir mit $( , )$ und $\| \ \|$ bezeichnen. Für die Kennzeichnung der energetischen Norm und des energetischen Produkts werden wir die Symbolik der Bücher VM und MP beibehalten. Ist $A$ ein beliebiger Operator, so werde sein Definitionsgebiet mit $D(A)$ und sein Wertebereich mit $R(A)$ bezeichnet.

E. HEINZ [1] konnte nachweisen, daß für positive Operatoren $A$ und $B$ mit gemeinsamem Definitionsgebiet, $D(A) = D(B)$, auch $D(A^\alpha) = D(B^\alpha)$ mit beliebigem $\alpha$, $0 < \alpha < 1$, gilt. Andererseits stimmt für positiv definite Operatoren die Menge der Elemente, die seinen energetischen Raum bilden, mit $D(A^{1/2})$ überein.[1]) Hieraus folgt sofort, daß ähnliche Operatoren auch halbähnlich sind und daß zwei Operatoren $A$ und $B$ dann und nur dann halbähnlich sind, wenn die Operatoren $A^{1/2}$ und $B^{1/2}$ ähnlich sind.

Satz 3.1. *Sind die Operatoren $A$ und $B$ ähnlich, so sind die Operatoren $AB^{-1}$, $BA^{-1}$, $A^{-1}B$, $B^{-1}A$ beschränkt, folglich existieren positive Konstanten $c_1$ und $c_2$, so daß*

$$c_1 \|Bu\| \leqq \|Au\| \leqq c_2 \|Bu\| , u \in D(A) \tag{3.1}$$

*gilt.*

Beweis. Es ist $D(AB^{-1}) = H$. In der Tat, da der Operator $B$ selbstadjungiert und positiv definit ist, gilt[2]) $D(B^{-1}) = R(B) = H$. Andererseits ist $R(B^{-1}) = D(B) = D(A)$, so daß für ein beliebiges Element $f$ aus $H$ der Ausdruck $AB^{-1}f = A(B^{-1}f)$ sinnvoll ist.

Wir beweisen, daß der Operator $AB^{-1}$ abgeschlossen ist. Es gelte $f_n \to f$ und $AB^{-1}f_n \to g$. Wir setzen $B^{-1}f_n = h_n$. Der Operator $B^{-1}$ ist beschränkt[3]), deshalb gilt $B^{-1}f_n \to B^{-1}f$. Setzen wir weiterhin $B^{-1}f = h$, so erhält man $h_n \to h$ und $A h_n \to g$. Der selbstadjungierte Operator $A$ ist abgeschlossen. Hieraus folgt $h \in D(A)$ und $Ah = g$ bzw. $AB^{-1}f = g$. Der auf dem ganzen Raum $H$ definierte und abgeschlossene Operator $AB^{-1}$ ist beschränkt in $H$.[4])

Die Beschränktheit des Operators $BA^{-1}$ wird ähnlich bewiesen. Die Operatoren $A^{-1}B$ und $B^{-1}A$ sind als die adjungierten Operatoren zu $BA^{-1}$ bzw. $AB^{-1}$ ebenfalls beschränkt.

Wir setzen $\|AB^{-1}\| = c_2$ und $\|BA^{-1}\| = \frac{1}{c_1}$. Dann gilt

$$\|AB^{-1}f\| \leqq c_2 \|f\|, \quad \|BA^{-1}g\| \leqq \frac{1}{c_1} \|g\|,$$

wobei $f$ und $g$ beliebige Elemente des Raumes $H$ sind. Wenn wir $f = Bu$ und $g = Au$ setzen, folgt die Ungleichung (3.1).

[1]) Siehe MP, § 5.
[2]) Siehe MP, § 5.
[3]) Siehe MP, § 5.
[4]) Siehe L. W. KANTOROWITSCH und G. P. AKILOW [1], Satz 4 (1. XII).

Folgerung 3.1. Sind die Operatoren $A$ und $B$ halbähnlich, so sind die Operatoren

$$A^{1/2} B^{-1/2}, \; B^{1/2} A^{-1/2}, \; A^{-1/2} B^{1/2}, \; B^{-1/2} A^{1/2} \quad (3.2)$$

beschränkt in $H$. Außerdem existieren positive Konstanten $c_1$ und $c_2$, so daß

$$c_1 \| u \|_B \leqq \| u \|_A \leqq c_2 \| u \|_B \quad (3.3)$$

gilt.

Beweis. Wie eingangs erwähnt wurde, sind die Operatoren $A^{1/2}$ und $B^{1/2}$ ähnlich, folglich sind die Operatoren (3.2) beschränkt. Die Ungleichung (3.1) nimmt dann folgende Form an:

$$c_1 \|B^{1/2} u\| \leqq \|A^{1/2} u\| \leqq c_2 \|B^{1/2} u\| . \quad (3.4)$$

Für positiv definite Operatoren $A$ gilt die Gleichung $\| u \|_A = \|A^{1/2} u\|$. In der Tat, für beliebige $u \in D(A)$ erhält man

$$\| u \|_A = \sqrt{(A u, u)} = \sqrt{(A^{1/2} u, A^{1/2} u)} = \|A^{1/2} u\| .$$

Im allgemeinen Fall $u \in H_A$ folgt diese Gleichung durch einen einfachen Grenzübergang. Die Ungleichung (3.3) ist dann nur eine andere Form der Ungleichung (3.4).

Satz 3.2. *Die Operatoren $A$ und $B$ seien positiv definit, und es gelte $H_A \subset H_B$. Dann existiert eine Konstante $c > 0$ mit*

$$\| u \|_A \geqq c \| u \|_B , \quad u \in H_A . \quad (3.5)$$

Beweis. Es ist $D(A^{1/2}) \subset D(B^{1/2})$. Eine Wiederholung des Beweises von Satz 3.1 zeigt, daß der Operator $B^{1/2} A^{-1/2}$ beschränkt ist. Setzen wir $\|B^{1/2} A^{-1/2}\| = \frac{1}{c}$, dann gilt $\|B^{1/2} A^{-1/2} f\| \leqq \frac{1}{c} \|f\|$, $f \in H$. Wenn man $A^{-1/2} f = u$ setzt, dann ist $u \in D(A^{1/2})$ bzw. $u \in H_A$. Das heißt aber, daß die der Ungleichung (3.5) äquivalente Ungleichung $\|B^{1/2} u\| \leqq \frac{1}{c} \|A^{1/2} u\|$ erfüllt ist.

## § 4. Vergleichssätze[1])

Es seien $\mathfrak{H}_1$ und $\mathfrak{H}_2$ zwei Hilbert-Räume. Der Raum $\mathfrak{H}_1$ heißt *eingebettet*[2]) im Raum $\mathfrak{H}_2$, wenn ein linearer Operator $V$ (*Einbettungsoperator*) existiert, der jedem Element $u \in \mathfrak{H}_1$ ein Element $V u \in \mathfrak{H}_2$ zuordnet und der in folgendem Sinne beschränkt ist:

$$\|V u\|_2 \leqq K \|u\|_1 . \quad (4.1)$$

---

[1]) Die Resultate dieses Paragraphen sind im wesentlichen in den Arbeiten [15] und [16] des Autors enthalten.

[2]) Nähere Einzelheiten über Einbettungen von Räumen (nicht nur Hilbert-Räumen) kann man dem Buch [1] von S. L. Sobolew entnehmen. Dieser Autor prägte den Begriff, bewies die außerordentlich bedeutsamen Einbettungssätze und gab viele wesentliche Anwendungen. Siehe auch W. I. Smirnow [3].

Es bezeichne $\|\ \|_k$ die Norm im Raum $\mathfrak{H}_k$ $(k = 1, 2)$.

Wenn der Raum $\mathfrak{H}_1$ im Raum $\mathfrak{H}_2$ eingebettet ist, wollen wir $\mathfrak{H}_1 \subset \mathfrak{H}_2$ schreiben.

Sehr häufig tritt der Fall ein, daß alle Elemente des Raumes $\mathfrak{H}_1$ auch zu $\mathfrak{H}_2$ gehören und der Operator $V$ der identische Operator ist. In diesem Fall nimmt die Ungleichung (4.1) eine einfachere Form an:

$$\|u\|_2 \leqq K\, \|u\|_1. \tag{4.1'}$$

Der Einfachheit halber wollen wir annehmen, daß in diesem Paragraphen der soeben erwähnte Fall vorliegt. Alle Behauptungen dieses Paragraphen bleiben auch im allgemeinen Fall richtig (d. h., der Einbettungsoperator ist nicht der identische Operator). Man kann sich davon überzeugen, wenn man dort, wo das Element $\varphi_k \in \mathfrak{H}_1$ als ein Element des Raumes $\mathfrak{H}_2$ betrachtet wird, $\varphi_k$ durch $V\varphi_k$ ersetzt.

**Satz 4.1.** *Der Raum $\mathfrak{H}_1$ sei im Raum $\mathfrak{H}_2$ eingebettet, und es seien*

$$\varphi_1, \varphi_2, \ldots, \varphi_n, \ldots \tag{4.2}$$

*Elemente des Raumes $\mathfrak{H}_1$. Wenn das System* (4.2) *minimal im Raum $\mathfrak{H}_2$ ist, ist es auch minimal im Raum $\mathfrak{H}_1$.*

**Beweis.** Wir nehmen an, das System (4.2) sei nichtminimal in $\mathfrak{H}_1$. Dann kann man wegen Satz 1.1 für beliebiges positives $\varepsilon$ eine Zahl $N$ und Konstanten $\alpha_1, \ldots, \alpha_{j-1}, \alpha_{j+1}, \ldots, \alpha_N$ dergestalt angeben, daß die Ungleichung

$$\Big\|\varphi_j - \sum_{k=1,\, k \neq j}^{N} \alpha_k \varphi_k\Big\|_1 < \varepsilon \tag{4.3}$$

erfüllt ist. Unter Beachtung der Formel (4.1') folgt dann

$$\Big\|\varphi_j - \sum_{k=1,\, k \neq j}^{N} \alpha_k \varphi_k\Big\|_2 < K\varepsilon,$$

d. h. aber, daß das System (4.2) auch nichtminimal im Raum $\mathfrak{H}_2$ ist.

**Satz 4.2.** *Sind die Bedingungen des Satzes* 4.1 *erfüllt und ist System* (4.2) *im Raum $\mathfrak{H}_2$ stark minimal, so ist es auch im Raum $\mathfrak{H}_1$ stark minimal.*

**Beweis.** Wir betrachten die Matrizen

$$R_n = \begin{pmatrix} (\varphi_1, \varphi_1)_1 & (\varphi_1, \varphi_2)_1 & \cdots & (\varphi_1, \varphi_n)_1 \\ (\varphi_2, \varphi_1)_1 & (\varphi_2, \varphi_2)_1 & \cdots & (\varphi_2, \varphi_n)_1 \\ \cdot & \cdot & \cdot & \cdot \\ (\varphi_n, \varphi_1)_1 & (\varphi_n, \varphi_2)_1 & \cdots & (\varphi_n, \varphi_n)_1 \end{pmatrix} \tag{4.4}$$

und

$$r_n = \begin{pmatrix} (\varphi_1, \varphi_1)_2 & (\varphi_1, \varphi_2)_2 & \cdots & (\varphi_1, \varphi_n)_2 \\ (\varphi_2, \varphi_1)_2 & (\varphi_2, \varphi_2)_2 & \cdots & (\varphi_2, \varphi_n)_2 \\ \cdot & \cdot & \cdot & \cdot \\ (\varphi_n, \varphi_1)_2 & (\varphi_n, \varphi_2)_2 & \cdots & (\varphi_n, \varphi_n)_2 \end{pmatrix}. \tag{4.5}$$

Die Eigenwerte der Matrizen (4.4) und (4.5) bezeichnen wir mit $\lambda_k^{(n)}$ bzw. $\mu_k^{(n)}$:

$$\lambda_1^{(n)} \leqq \lambda_2^{(n)} \leqq \cdots \leqq \lambda_n^{(n)},$$

$$\mu_1^{(n)} \leqq \mu_2^{(n)} \leqq \cdots \leqq \mu_n^{(n)}.$$

Da das System (4.2) stark minimal in $\mathfrak{H}_2$ ist, existiert laut Definition eine von $n$ unabhängige Konstante $\mu_0$, so daß $\mu_1^{(n)} \geqq \mu_0$ gilt. Für $\lambda_1^{(n)}$ ergibt sich folgende Abschätzung:

$$\lambda_1^{(n)} = \inf \frac{\sum\limits_{j,k=1}^{n} (\varphi_j, \varphi_k)_1 t_j \bar{t}_k}{\sum\limits_{k=1}^{n} |t_k|^2}$$

$$= \inf \frac{\sum\limits_{j,k=1}^{n} (\varphi_j, \varphi_k)_1 t_j \bar{t}_k}{\sum\limits_{j,k=1}^{n} (\varphi_j, \varphi_k)_2 t_j \bar{t}_k} \cdot \frac{\sum\limits_{j,k=1}^{n} (\varphi_j, \varphi_k)_2 t_j \bar{t}_k}{\sum\limits_{k=1}^{n} |t_k|^2}$$

$$\geqq \inf \frac{\sum\limits_{j,k=1}^{n} (\varphi_j, \varphi_k)_1 t_j \bar{t}_k}{\sum\limits_{j,k=1}^{n} (\varphi_j, \varphi_k)_2 t_j \bar{t}_k} \cdot \inf \frac{\sum\limits_{j,k=1}^{n} (\varphi_j, \varphi_k)_2 t_j \bar{t}_k}{\sum\limits_{k=1}^{n} |t_k|^2}.$$

Hierbei erstreckt sich das Infimum über alle vom Nullvektor verschiedenen Vektoren $(t_1, t_2, \ldots, t_n)$.

In der letzten Ungleichung ergibt der zweite Faktor genau $\mu_1^{(n)}$, der erste Faktor kann mit der Ungleichung (4.1) wie folgt abgeschätzt werden:

$$\frac{\sum\limits_{j,k=1}^{n} (\varphi_j, \varphi_k)_1 t_j \bar{t}_k}{\sum\limits_{j,k=1}^{n} (\varphi_j, \varphi_k)_2 t_j \bar{t}_k} = \frac{\left\| \sum\limits_{k=1}^{n} t_k \varphi_k \right\|_1^2}{\left\| \sum\limits_{k=1}^{n} t_k \varphi_k \right\|_2^2} \geqq \frac{1}{K^2}.$$

Es ist dann

$$\inf \frac{\sum\limits_{j,k=1}^{n} (\varphi_j, \varphi_k)_1 t_j \bar{t}_k}{\sum\limits_{j,k=1}^{n} (\varphi_j, \varphi_k)_2 t_j \bar{t}_k} \geqq \frac{1}{K^2}.$$

Hieraus erhält man $\lambda_1^{(n)} \geqq K^{-2} \mu_1^{(n)}$ und somit

$$\lambda_1^{(n)} \geqq K^{-2} \mu_0. \tag{4.6}$$

Satz 4.3. *Kann jeder der Räume $\mathfrak{H}_1$ und $\mathfrak{H}_2$ im anderen Raum eingebettet werden und ist das System (4.2) fast orthonormiert in einem der Räume, so ist es auch fast orthonormiert im anderen Raum.*

Beweis. Im vorliegenden Fall existieren zwei positive Konstanten $K_1$ und $K_2$ mit

$$K_1 \|u\|_2 \leqq \|u\|_1 \leqq K_2 \|u\|_2 . \tag{4.7}$$

Wir behalten die im Beweis des Satzes 4.2 verwendeten Bezeichnungen bei. Das System (4.2) sei fast orthonormiert im Raum $\mathfrak{H}_2$, dann ist es in diesem Raum auch stark minimal. Wegen Satz 4.2 ist das System (4.2) auch im Raum $\mathfrak{H}_1$ stark minimal, und es existiert eine Konstante $\lambda_0 > 0$, $\lambda_k^{(n)} \geqq \lambda_1^{(n)} \geqq \lambda_0$. Es bleibt zu zeigen, daß die Eigenwerte der Matrix (4.4) nach oben durch eine von $n$ unabhängige Konstante beschränkt sind. Da das System (4.2) fast orthonormiert im Raum $\mathfrak{H}_2$ ist, gibt es eine Konstante $M_0$, so daß $\mu_n^{(n)} \leqq M_0$ gilt. Es ist

$$\lambda_n^{(n)} = \sup \frac{\sum\limits_{j,k=1}^{n} (\varphi_j, \varphi_k)_1 t_j \bar{t}_k}{\sum\limits_{k=1}^{n} |t_k|^2}$$

$$= \sup \frac{\sum\limits_{j,k=1}^{n} (\varphi_j, \varphi_k)_1 t_j \bar{t}_k}{\sum\limits_{j,k=1}^{n} (\varphi_j, \varphi_k)_2 t_j \bar{t}_k} \cdot \frac{\sum\limits_{j,k=1}^{n} (\varphi_j, \varphi_k)_2 t_j \bar{t}_k}{\sum\limits_{k=1}^{n} |t_k|^2}$$

$$\leqq \sup \frac{\sum\limits_{j,k=1}^{n} (\varphi_j, \varphi_k)_1 t_j \bar{t}_k}{\sum\limits_{j,k=1}^{n} (\varphi_j, \varphi_k)_2 t_j \bar{t}_k} \cdot \sup \frac{\sum\limits_{j,k=1}^{n} (\varphi_j, \varphi_k)_2 t_j \bar{t}_k}{\sum\limits_{k=1}^{n} |t_k|^2} .$$

Das Supremum erstreckt sich über alle nichtverschwindenden Vektoren $(t_1, t_2, \ldots, t_n)$. Der zweite Faktor der rechten Seite ist gleich $\mu_n^{(n)}$, der erste Faktor kann wegen Ungleichung (4.7) nach oben durch die Konstante $K_2^2$ abgeschätzt werden. Es ergibt sich nun

$$\lambda_k^{(n)} \leqq \lambda_n^{(n)} \leqq K_2^2 \mu_n^{(n)} \leqq K_2^2 M_0 = \text{const} .$$

Folgerung 4.1. Es seien $A$ und $B$ zwei positiv definite Operatoren des HILBERT-Raumes $H$, und es seien alle Elemente des Raumes $H_A$ auch im Raum $H_B$ enthalten. Ist das System (4.2) im Raum $H_B$ minimal (stark minimal), so ist es auch im Raum $H_A$ minimal (stark minimal). Wenn speziell die Elemente des Systems (4.2) dem Raum $H_A$ angehören und wenn dieses System im Raum $H_B$ orthonormiert ist, ist es stark minimal im Raum $H_A$.

In der Tat, wegen Satz 3.2 ist der Raum $H_A$ im Raum $H_B$ eingebettet, dann kann man aber die Sätze 4.1 und 4.2 anwenden.

Folgerung 4.2. Wir setzen in der Folgerung 4.1 $B = I$ ($I$ ist der identische Operator). Wenn der Operator $A$ positiv definit ist, alle Elemente des Systems (4.2) dem Raum $H_A$ angehören und dieses System minimal (stark minimal) im Raum $H$ ist, dann ist es auch im Raum $H_A$ minimal (stark minimal). Wenn im

Sonderfall die Elemente des Systems (4.2) dem Raum $H_A$ angehören und wenn dieses System orthonormiert in $H$ ist, ist es stark minimal in $H_A$.

Folgerung 4.3. Wenn $A$ und $B$ halbähnliche Operatoren sind und das System (4.2) in einem der Räume $H_A$ oder $H_B$ fast orthonormiert (orthonormiert) ist, ist es auch im zweiten Raum fast orthonormiert.

Dieses Resultat folgt sofort aus der Ungleichung (3.3) und dem Satz 4.3.

## § 5. Einige Eigenschaften der besten Näherung[1])

Das Problem der besten Näherung beinhaltet folgende Aufgabe: Gegeben sei eine Folge

$$\varphi_1, \varphi_2, \ldots, \varphi_n, \ldots \tag{5.1}$$

von Elementen des HILBERT-Raumes $\mathfrak{H}$ (den wir als separabel voraussetzen wollen) und ein Element $u$ des gleichen Raumes. Gesucht sind bei festem $n$ Konstanten $a_1, a_2, \ldots, a_n$ dergestalt, daß

$$\left\| u - \sum_{k=1}^{n} a_k \varphi_k \right\| = \min$$

wird.

Die Konstanten $a_k$ sind Lösung des Gleichungssystems

$$\sum_{k=1}^{n} (\varphi_k, \varphi_j)\, a_k = (u, \varphi_j) \quad (j = 1, 2, \ldots, n). \tag{5.2}$$

Die Konstanten $a_k$ hängen im allgemeinen nicht nur von $k$, sondern auch von $n$ ab. Wir wollen deshalb diese Konstanten im folgenden mit $a_k^{(n)}$ bezeichnen. Das Element

$$u_n = \sum_{k=1}^{n} a_k^{(n)} \varphi_k \tag{5.3}$$

ist offensichtlich die Projektion des Elementes $u$ auf den von den Elementen $\varphi_1, \varphi_2, \ldots, \varphi_n$ aufgespannten Unterraum $\mathfrak{H}_n$.

Wir setzen voraus, daß bei einem beliebigen $n$ die Elemente $\varphi_1, \varphi_2, \ldots, \varphi_n$ linear unabhängig sind und daß die Folge (5.1) in $\mathfrak{H}$ vollständig ist. In diesem Fall ist das Gleichungssystem (5.2) bei beliebigem $n$ lösbar, und das Element (5.3) konvergiert bei $n \to \infty$ gegen $u$. Die Lösbarkeit des Gleichungssystems (5.2) ist offensichtlich, da seine Determinante als GRAMsche Determinante der linear unabhängigen Elemente $\varphi_1, \varphi_2, \ldots, \varphi_n$ von Null verschieden ist. Das Element (5.3) als Lösung der Aufgabe über die beste Näherung bleibt unverändert, wenn die Folge (5.1) einer nichtentarteten linearen Transformation mit Dreiecksmatrix unterworfen wird, da bei einer solchen Transformation der

[1]) Die Sätze dieses Paragraphen sind in den Arbeiten S. LEWINS [1] und A. T. TALDYKINS [1] enthalten.

Unterraum $\mathfrak{H}_n$ nicht geändert wird. Wir können deshalb mit den Elementen des Systems (5.1) ein Orthogonalisierungsverfahren durchführen, in dessen Ergebnis wir das orthonormierte System $\{\omega_n\}$ $(n = 1, 2, \ldots)$ erhalten. Dieses System ist offensichtlich auch vollständig im Raum $\mathfrak{H}$. Machen wir den Ansatz

$$u_n = \sum_{k=1}^{n} \alpha_k \omega_k ,$$

so nimmt das System (5.2) die Form

$$\alpha_k = (u, \omega_k)$$

an. Es folgt dann

$$u_n = \sum_{k=1}^{n} (u, \omega_k) \omega_k .$$

Das System $\{\omega_n\}$ ist orthonormiert und vollständig, deshalb gilt

$$u = \sum_{k=1}^{\infty} (u, \omega_k) \omega_k ,$$

und folglich ist $u_n \to u$ $(n \to \infty)$.

**Satz 5.1.** *Wenn das System* (5.1) *minimal ist, existieren die Grenzwerte*

$$a_k = \lim_{n\to\infty} a_k^{(n)} \quad (k = 1, 2, \ldots). \tag{5.4}$$

*Ist außerdem das zum System* (5.1) *biorthonormierte System beschränkt, so existiert der Grenzwert* (5.4) *gleichmäßig bezüglich k.*

**Beweis.** Das zum System (5.1) biorthogonale System werde mit $\{\psi_k\}$ $(k = 1, 2, \ldots)$ bezeichnet. Wenn wir beide Seiten der Formel (5.3) skalar mit $\psi_j$ $(j = 1, 2, \ldots, n)$ multiplizieren, ergibt sich

$$a_j^{(n)} = (u_n, \psi_j) .$$

Hieraus ist ersichtlich, daß der Grenzwert existiert:

$$a_j = \lim_{n\to\infty} a_j^{(n)} = (u, \psi_j) . \tag{5.5}$$

Wenn das System $\{\psi_j\}$ beschränkt ist, $||\psi_j|| \leqq C = \text{const}$, folgt

$$|a_j - a_j^{(n)}| = |(u - u_n, \psi_j)| \leqq C\, ||u - u_n||,$$

womit die gleichmäßige Konvergenz $a_j^{(n)} \to a_j$ in $j$ gezeigt wäre.

**Satz 5.2.** *Wenn das System* (5.1) *im Raum* $\mathfrak{H}$ *stark minimal ist, stellt die Folge*

$$a = (a_1, a_2, \ldots, a_n, \ldots) ,$$

*wobei die* $a_k$ *die Grenzwerte* (5.4) *sind, ein Element des Raumes* $l_2$ *dar. Setzen wir*

$$a^{(n)} = (a_1^{(n)}, a_2^{(n)}, \ldots, a_n^{(n)}, 0, \ldots) ,$$

*so gilt*

$$\lim_{n\to\infty} ||a^{(n)} - a||_{l_2} = 0 .$$

**Beweis.** Wir betrachten die GRAMsche Matrix der Elemente $\varphi_1, \varphi_2, \ldots, \varphi_n$, und es sei $\lambda_1^{(n)}$ der kleinste Eigenwert dieser Matrix. Da das System (5.1) stark minimal ist, gilt $\lambda_1^{(n)} \geqq \lambda_0$ mit einer positiven Konstanten $\lambda_0$. Mit Formel (5.3) folgt

$$||u_n||^2 = \sum_{j,\,k=1}^{n} (\varphi_j, \varphi_k)\, a_j^{(n)}\, \bar{a}_k^{(n)}$$

$$\geqq \lambda_1^{(n)} \sum_{k=1}^{n} |a_k^{(n)}|^2 \geqq \lambda_0 \sum_{k=1}^{n} |a_k^{(n)}|^2 .$$

Somit gilt

$$\sum_{k=1}^{n} |a_k^{(n)}|^2 \leqq \frac{1}{\lambda_0} ||u_n||^2 .$$

Es ist weiterhin $||u_n|| \leqq ||u||$, da $u_n$ Projektion des Elementes $u$ ist; folglich ergibt sich

$$\sum_{k=1}^{n} |a_k^{(n)}|^2 \leqq \frac{1}{\lambda_0} ||u||^2 . \tag{5.6}$$

Um so mehr gilt

$$\sum_{k=1}^{p} |a_k^{(n)}|^2 \leqq \frac{1}{\lambda_0} ||u||^2, \quad p \leqq n .$$

Wenn wir in dieser Formel den Grenzübergang $n \to \infty$ und danach $p \to \infty$ durchführen, ergibt sich

$$\sum_{k=1}^{\infty} |a_k|^2 \leqq \frac{1}{\lambda_0} ||u||^2 ,$$

d. h. aber $a \in l_2$.

Es sei nun $m > n$ und $a_k^{(n)} = 0$ für $k < n$. Es gilt

$$u_m - u_n = \sum_{k=1}^{n} (a_k^{(m)} - a_k^{(n)})\, \varphi_k .$$

Durch Wiederholung der vorangegangenen Überlegungen kommen wir zu der Ungleichung

$$\sum_{k=1}^{p} |a_k^{(m)} - a_k^{(n)}|^2 \leqq \frac{1}{\lambda_0} ||u_m - u_n||^2, \quad p \leqq m .$$

Wenn wir in dieser Formel den Grenzübergang $m \to \infty$ und danach $p \to \infty$ durchführen, erhalten wir schließlich

$$||a - a^{(n)}||_{l_2}^2 \leqq \frac{1}{\lambda_0} ||u - u_n||^2 \to 0$$

bei $n \to \infty$.

KAPITEL 2

# DIE STABILITÄT DES RITZSCHEN UND BUBNOW-GALERKINSCHEN VERFAHRENS FÜR STATIONÄRE AUFGABEN

## § 6. Bemerkungen zum Ritzschen Verfahren

Die Variationsaufgabe in allgemeinster Form für lineare stationäre Aufgaben der Mathematischen Physik und das Ritzsche Verfahren zur näherungsweisen Lösung dieser Aufgaben kann man folgendermaßen formulieren:[1]

Es sei $A[u]$ ein homogenes quadratisches Funktional, dessen Definitionsgebiet $D(A)$ linear und dicht im Hilbert-Raum $H$ sein soll. Dem quadratischen Funktional $A[u]$ ist das bilineare Funktional $A[u, v]$ mit demselben Definitionsgebiet zugeordnet. Es gilt $A[u] = A[u, u]$. Das Funktional $A[u]$ werde als positiv definit vorausgesetzt:

$$A[u] > 0, \qquad u \neq 0.$$

Es sei weiterhin $l(u)$ ein lineares (d. h. ein additives und homogenes) Funktional, dessen Definitionsgebiet $D(l)$ das Definitionsgebiet $D(A)$ umfaßt, $D(l) \supset D(A)$.

Gesucht wird das Minimum des Funktionals

$$F(u) = A[u] - l(u) - \overline{l(u)}. \tag{6.1}$$

Diese Aufgabe hat im allgemeinen Fall keine Lösung, so daß wir uns veranlaßt sehen, sie in folgender Weise zu modifizieren. In der Menge $D(A)$ wird ein neues inneres Produkt (das sog. energetische Produkt)

$$[u, v] \doteq [u, v]_A = A[u, v] \tag{6.2}$$

und damit eine neue Norm (die sog. energetische Norm)

$$|u| = |u|_A = \sqrt{[u, u]_A} = \sqrt{A[u]} \tag{6.3}$$

definiert und die Menge $D(A)$ in dieser neuen Norm abgeschlossen.

Als Resultat der Abschließung ergibt sich ein neuer Hilbert-Raum, den wir mit $H_A$ bezeichnen. Dieser Raum werde im weiteren *energetischer Raum* genannt.

Wenn das lineare Funktional $l(u)$ in der Metrik (6.3) unbeschränkt ist, dann ist das Funktional (6.1) nach unten nicht beschränkt, und die Aufgabe der Bestimmung des Minimums dieses Funktionals wird sinnlos. Es sei deshalb das Funktional $l(u)$ in der Metrik (6.3) beschränkt. Sein Definitionsgebiet $D(l)$ enthält die im Raum $H_A$ dichte Menge $D(A)$, so daß $D(l)$ in $H_A$ selbst dicht

[1] Siehe MP, §§ 2—8.

liegt. Das auf einer dichten Menge definierte und in $H_A$ beschränkte Funktional $l(u)$ kann somit stetig auf den gesamten Raum $H_A$ erweitert werden. Dann kann auch das Funktional (6.1), das in der Form

$$F(u) = \|u\|_A^2 - l(u) - \overline{l(u)} \tag{6.4}$$

darstellbar ist, auf den gesamten Raum $H_A$ erweitert werden. Wir stellen nun die Aufgabe der Bestimmung des Minimums des Funktionals (6.4) im Raum $H_A$. Diese Aufgabe besitzt eine eindeutige Lösung, da wegen des bekannten Satzes von F. RIESZ ein eindeutig bestimmtes Element $u_0 \in H_A$ existiert, so daß $l(u) = [u, u_0]_A$ gilt. Dann ist

$$F(u) = \|u - u_0\|_A^2 - \|u_0\|_A^2 , \tag{6.5}$$

so daß die Lösung der neuen Variationsaufgabe das Element $u_0$ ist. Dieses Element kann als verallgemeinerte Lösung der Minimumaufgabe für das Funktional (6.1) betrachtet werden.

Im folgenden sei immer vorausgesetzt, daß das Funktional $l(u)$ im Raum $H_A$ beschränkt ist, so daß die Minimumaufgabe für das Funktional (6.4) stets eine Lösung $u_0$ besitzt.

Wir setzen weiterhin voraus, daß der Raum $H_A$ separabel sei.

Um zu einer Näherung für das Element $u_0$ zu gelangen, wählen wir ein Koordinatensystem. Unter einem *Koordinatensystem* wollen wir eine Folge von Elementen $\varphi_1, \varphi_2, \ldots, \varphi_n, \ldots$ verstehen, die folgenden drei Bedingungen genügen: 1. $\varphi_n \in H_A$ $(n = 1, 2, \ldots)$, 2. bei beliebigem $n$ sind die Elemente $\varphi_1, \varphi_2, \ldots, \varphi_n$ linear unabhängig, 3. das System $\varphi_1, \varphi_2, \ldots, \varphi_n, \ldots$ ist vollständig im Raum $H_A$. Die Elemente des Koordinatensystems werden gewöhnlich *Koordinatenelemente* genannt (siehe VM, § 14). Die Näherungslösung suchen wir dann in der Form[1])

$$u_n = \sum_{k=1}^{n} a_k^{(n)} \varphi_k , \tag{6.6}$$

wobei die RITZschen Koeffizienten $a_k^{(n)}$ durch die Bedingung $F(u_n) = \min$ festgelegt werden. Aus der Formel (6.5) folgt, daß diese Bedingung der nachstehenden äquivalent ist:

$$\|u_n - u_0\|_A = \left\| u_0 - \sum_{k=1}^{n} a_k^{(n)} \varphi_k \right\|_A = \min . \tag{6.7}$$

Die Formel (6.7) ist Ausgangspunkt folgender Überlegung. Es sei $u_0$ die Lösung der Minimumaufgabe für das Funktional (6.4). Die Ermittlung des Ele-

[1]) In den Büchern MP und VM waren die RITZschen Koeffizienten mit $a_k$ bezeichnet worden. Für die Ziele des vorliegenden Buches ist es notwendig, auf die Abhängigkeit der RITZschen Koeffizienten von $n$ hinzuweisen, so daß wir die Bezeichnung $a_k^{(n)}$ benutzen werden.

ments (6.6), der $n$-ten RITZschen Näherung für das Element $u_0$, ist der Ermittlung einer Linearkombination der Elemente $\varphi_1, \varphi_2, \ldots, \varphi_n$ äquivalent, die das Element $u_0$ in der Metrik des Raumes $H_A$ bestmöglich approximiert.

Die Bedingung $F(u_n) = \min$ führt auf das RITZsche System, das der Berechnung der RITZschen Koeffizienten $a_k^{(n)}$ dient. Im vorliegenden Fall hat dieses System die Form

$$\sum_{k=1}^{n} [\varphi_k, \varphi_j]\, a_k^{(n)} = l(\varphi_j) \qquad (j = 1, 2, \ldots, n). \tag{6.8}$$

Im folgenden wollen wir untersuchen, wie sich das oben beschriebene Schema für die wichtigsten Variationsmethoden realisieren läßt.

Bei Betrachtung der energetischen Methode ist $A[u] = (Au, u)$ mit einem im HILBERT-Raum $H$ positiven Operator $A$ und $l(u) = (u, f)$, wobei $f$ ein gegebenes Element des Raumes $H$ bezeichnet. Wenn der Operator $A$ positiv definit ist, dann ist das Funktional $l(u) = (u, f)$ im Raum $H_A$ beschränkt. Mithin besitzt die Minimumaufgabe für das Funktional (6.4) eine Lösung. Ist der Operator $A$ lediglich positiv, so ist die betrachtete Aufgabe nur für solche $f$ lösbar, deren inneres Produkt $(u, f)$ im Raum $H_A$ beschränkt ist.

In der soeben beschriebenen Form entspricht die energetische Methode Aufgaben der Mathematischen Physik mit homogenen Randbedingungen. Als Beispiele seien weiterhin einige Aufgaben mit inhomogenen Randbedingungen aufgeführt.

Mit $\Omega$ werde ein endliches oder unendliches Gebiet des $m$-dimensionalen euklidischen Raumes und mit $S$ sein Rand bezeichnet.

Die DIRICHLETsche Aufgabe

$$\Delta v = 0, \quad v|_S = g(x), \quad x \in S \tag{6.9}$$

kann zur Variationsaufgabe[1]) der Bestimmung des Minimums des Integrals

$$\int_\Omega |\operatorname{grad} v|^2\, dx \tag{6.10}$$

geführt werden. Dieses Minimum wird über der Menge von Funktionen gesucht, die summierbare erste Ableitungen besitzen und der Randbedingung (6.9) genügen. Dabei wird vorausgesetzt, daß wenigstens eine Funktion $\psi(x)$ existiert, so daß $\psi|_S = g(x)$ gilt und

$$\int_\Omega |\operatorname{grad} \psi|^2\, dx < \infty \tag{6.11}$$

ist.

Das Definitionsgebiet des Funktionals (6.10) im Sinne der oben formulierten Variationsaufgabe ist offensichtlich nichtlinear. Aus diesem Grunde betrachten

[1]) Siehe etwa VM, S. 102.

wir die Funktion $u(x) = v(x) - \psi(x)$. Dann ist

$$u(x)|_S = 0 \tag{6.12}$$

und

$$\int_\Omega |\operatorname{grad} v|^2 \, dx = \int_\Omega |\operatorname{grad} u|^2 \, dx - \int_\Omega \operatorname{grad} u \cdot \operatorname{grad} \psi \, dx$$
$$- \int_\Omega \operatorname{grad} \psi \cdot \operatorname{grad} u \, dx + \int_\Omega |\operatorname{grad} \psi|^2 \, dx .$$

Das letzte Integral ist eine Konstante, so daß die oben formulierte Variationsaufgabe der Minimumaufgabe für das Funktional

$$F(u) = \int_\Omega |\operatorname{grad} u|^2 \, dx - \int_\Omega \operatorname{grad} u \cdot \operatorname{grad} \psi \, dx - \int_\Omega \operatorname{grad} \psi \cdot \operatorname{grad} u \, dx \tag{6.13}$$

äquivalent ist, wobei das Definitionsgebiet linear ist und aus den Funktionen besteht, deren erste Ableitungen im Gebiet $\Omega$ quadratisch summierbar sind und die der Bedingung (6.12) genügen. In diesem Fall ist

$$A[u] = \|u\|_A^2 = \int_\Omega |\operatorname{grad} u|^2 \, dx , \tag{6.14}$$

$$l(u) = \int_\Omega \operatorname{grad} u \cdot \operatorname{grad} \psi \, dx . \tag{6.15}$$

Durch Anwendung der Bunjakowski-Ungleichung erhält man, daß das Funktional (6.15) in der Norm (6.14) beschränkt ist,

$$\left| \int_\Omega \operatorname{grad} u \cdot \operatorname{grad} \psi \, dx \right| \leqq \left\{ \int_\Omega |\operatorname{grad} u|^2 \, dx \right\}^{1/2} \left\{ \int_\Omega |\operatorname{grad} \psi|^2 \, dx \right\}^{1/2}$$
$$= \left\{ \int_\Omega |\operatorname{grad} \psi|^2 \, dx \right\}^{1/2} \|u\|_A ,$$

so daß die Minimumaufgabe des Funktionals (6.13) lösbar ist.

Es werde weiterhin die Neumannsche Aufgabe mit nichthomogenen Randbedingungen betrachtet.

Der Einfachheit halber werde nicht die Laplacesche Gleichung, sondern die Gleichung $-\Delta u + u = 0$ den Untersuchungen zugrunde gelegt. Es werde demnach folgende Aufgabe betrachtet:

$$-\Delta u + u = 0 , \qquad \left. \frac{\partial u}{\partial \nu} \right|_S = h(x) , \qquad x \in S . \tag{6.16}$$

Das Gebiet $\Omega$ werde als endlich vorausgesetzt, und sein Rand $S$ möge aus einer endlichen Anzahl hinreichend glatter Flächen bestehen. Man kann leicht zeigen[1]), daß die Aufgabe (6.16) der Minimumaufgabe des Funktionals

$$\int_\Omega \{|\operatorname{grad} u|^2 + |u|^2\} \, dx - \int_S u \, \bar{h} \, dS - \int_S \bar{u} \, h \, dS \tag{6.17}$$

[1]) Siehe VM, § 18.

äquivalent ist. Das Definitionsgebiet dieses Funktionals ist linear und besteht aus Funktionen mit quadratisch summierbaren ersten Ableitungen. In diesem Fall bildet die genannte Menge den Raum $H_A$, dessen Metrik durch

$$\|u\|_A^2 = \int_\Omega \{|\mathrm{grad}\, u|^2 + |u|^2\}\, dx \tag{6.18}$$

definiert wird. Die Variationsaufgabe ist lösbar, wenn das Funktional

$$l(u) = \int_S h\, u\, dS \tag{6.19}$$

in der Norm (6.18) beschränkt ist. Wir zeigen, daß diese Beschränktheit in der Tat vorhanden ist. Es sei $h \in L_2(S)$,

$$K = \int_S |h|^2\, dS < \infty .$$

Unter Beachtung der BUNJAKOWSKI-Ungleichung folgt

$$\left|\int_S h\, u\, dS\right|^2 \leqq K \int_S |u|^2\, dS .$$

Infolge der Einbettungssätze von S. L. SOBOLEW[1]) erhält man

$$\int_S |u|^2\, dS \leqq K_1 \int_\Omega \{|\mathrm{grad}\, u|^2 + |u|^2\}\, dx = K_1 \|u\|_A^2 , \qquad K_1 = \mathrm{const} .$$

Somit ist

$$\left|\int_S h\, u\, dS\right| \leqq \sqrt{K\, K_1}\, \|u\|_A ,$$

d. h., das Funktional (6.19) ist in der Metrik (6.18) beschränkt.

Im folgenden werden noch andere Variationsmethoden betrachtet. Die Methode der kleinsten Fehlerquadrate führt bei der Lösung der Gleichung $A\, u = f$, $f \in H$, auf die Bestimmung des Minimums der Größe

$$\|A\, u - f\|^2 \tag{6.20}$$

bzw. des Funktionals

$$(A\, u, A\, u) - (A\, u, f) - (f, A\, u) . \tag{6.20'}$$

Das Minimum erstreckt sich über das Definitionsgebiet des linearen (nicht) notwendig symmetrischen) Operators $A$. In diesem Fall gilt $A[u] = (A\, u, A\, u) = \|A\, u\|^2$. Wir setzen voraus, daß der Operator $A$ abgeschlossen ist und einen beschränkten inversen besitzt. Dann besteht der Raum $H_A$ aus den Elementen des Definitionsgebietes $D(A)$, und die Norm wird in diesem Raum durch die Formel

$$\|u\|_A = \|A\, u\| \tag{6.21}$$

[1]) Siehe S. L. SOBOLEW [1], § 8, Abs. 2, S. 64–65, oder auch W. I. SMIRNOW [3], Nr. 114, Satz 2.

festgelegt. Außerdem ist das Funktional $l(u) = (A\,u, f)$ im Raum $H_A$ beschränkt, da

$$|l(u)| = |(A\,u, f)| \leqq ||A\,u||\,||f|| = ||f||\,|u|_A$$

gilt.

Mit Hilfe des Satzes von F. RIESZ kann man ein Element $u_0 \in D(A)$ derart bestimmen, daß

$$(A\,u, f) = [u, u_0]_A = (A\,u, A\,u_0)$$

ist. Nun folgt

$$||A\,u - f||^2 = |u - u_0|_A^2 + ||f||^2 - ||A\,u_0||^2,$$

so daß sich das Minimum des Funktionals (6.19) zu $||f||^2 - ||A\,u_0||^2$ ergibt. Die Anwendung des RITZschen Verfahrens ist gleichbedeutend mit der bestmöglichen Approximation des Elementes $u_0$ durch Linearkombinationen der Koordinatenfunktionen in der Metrik (6.21).

Die Lösung der Minimumaufgabe für das Funktional (6.20) ist das Element $u_0$. Die RITZschen Näherungen zur Lösung dieser Aufgabe konvergieren in der Metrik (6.21) gegen das Element $u_0$. Da der Operator $A^{-1}$ beschränkt ist, kann man auf die Konvergenz auch in der Metrik des Raumes $H$ schließen. Ist der Operator $A^{-1}$ überdies auf dem gesamten Raum $H$ definiert, so ist das Element $u_0$ Lösung der Ausgangsgleichung $A\,u = f$.

Beim Verfahren der orthogonalen Projektion[1]) wird das Minimum der Größe $\left\|V - \sum_{k=1}^{n} a_k \psi_k\right\|^2$ bestimmt, wobei $V$ ein Element eines HILBERT-Raumes $\mathfrak{H}_1$ bezeichnet und die Koordinatenelemente $\psi_1, \psi_2, \ldots$ einem Unterraum $\mathfrak{H}_2$ des Raumes $\mathfrak{H}_1$ angehören.

Es ist $V = v_0 + w_0$, wobei mit $v_0$ das gesuchte Element (als Element des orthogonalen Komplements $\mathfrak{H}_3$ zu $\mathfrak{H}_2$) bezeichnet wird, des weiteren $w_0 \in \mathfrak{H}_2$.

Das Element

$$w_n = \sum_{k=1}^{n} a_k \psi_k,$$

das die Größe

$$||V - w_n||^2 = \left\|V - \sum_{k=1}^{n} a_k \psi_k\right\|^2$$

minimiert, ist zugleich die bestmögliche Approximation des Elements $w_0$.

Damit reiht sich das Verfahren der orthogonalen Projektion unmittelbar in das zu Beginn dieses Paragraphen dargelegte allgemeine Schema ein.

Man kann nämlich behaupten, daß das Funktional (6.4) die Form $||V - w||^2$ mit $w \in \mathfrak{H}_3$ besitzt. Die energetische Metrik stimmt dann mit der Metrik des Raumes $\mathfrak{H}_1$ überein, der energetische Raum ist der Raum $\mathfrak{H}_3$. Die Ermittlung des Minimums von

$$\left\|V - \sum_{k=1}^{n} a_k \psi_k\right\|^2 = ||V - w_n||^2$$

---

[1]) Siehe VM, § 5.1

ist gleichbedeutend mit der Ermittlung der RITZschen Näherung für das Element $w_0$, wobei die Elemente $\psi_1, \psi_2, \ldots$ als Koordinatenelemente Verwendung finden. Außerdem ist — wie wir gerade bemerkt haben — das Element $w_n$ die bestmögliche Approximation für $w_0$.

Zum Schluß sei das Verfahren von TREFFTZ geschildert. Der Einfachheit halber begnügen wir uns mit der Aufgabe (6.9). Beim TREFFTZschen Verfahren[1]) betrachten wir den HILBERT-Raum $G_2^1$ der im Gebiet $\Omega$ harmonischen Funktionen mit quadratisch summierbaren ersten Ableitungen. Die Norm wird in diesem Raum durch die Formel

$$\|u\|^2 = \Lambda(u) = \int_\Omega |\text{grad}\, u|^2\, dx \tag{6.22}$$

definiert. Diese Norm bewirkt, daß zwei Funktionen, deren Differenz eine Konstante ist, voneinander nicht unterschieden werden. Im Raum $G_2^1$ wird ein System von Koordinatenfunktionen $\varphi_1(x), \varphi_2(x), \ldots, \varphi_n(x), \ldots$ ausgewählt und es werden Konstanten $a_1, a_2, \ldots, a_n$ so bestimmt, daß

$$\Lambda\,(u_0 - u_n) = \min, \qquad u_n = \sum_{k=1}^{n} a_k \varphi_k \tag{6.23}$$

gilt ($u_0$ ist die Lösung der Aufgabe (6.9)). Im betrachteten Fall ergibt sich $A[u] = \Lambda(u)$, der Raum $H_A$ ist der oben definierte Raum $G_2^1$ der harmonischen Funktionen und $\|u\|_A = \|u\| = \sqrt{\Lambda(u)}$. Das Wesen des TREFFTZschen Verfahrens besteht folglich darin, daß die Minimumaufgabe für das Funktional $\Lambda\,(u_0 - u)$ im Raum $G_2^1$ näherungsweise mit Hilfe des RITZschen Verfahrens gelöst wird, bzw. darin, daß die bestmögliche Approximation für die Funktion $u_0$ in der Metrik (6.22) konstruiert wird.

## § 7. Grenzeigenschaften der RITZschen Koeffizienten

Wir betrachten die Minimumaufgabe für das Funktional (6.1), und es sei $u_0$ die verallgemeinerte Lösung dieser Aufgabe. Mit

$$\varphi_1, \varphi_2, \ldots, \varphi_n, \ldots \tag{7.1}$$

werde ein Koordinatensystem bezeichnet, das die in § 6 genannten drei Bedingungen erfüllt. Es werde weiterhin die Folge der RITZschen Näherungen ermittelt:

$$u_n = \sum_{k=1}^{n} a_k^{(n)} \varphi_k\,. \tag{7.2}$$

Wie im vorangehenden Paragraphen gezeigt wurde, ist das Element $u_n$ die bestmögliche Approximation für die gesuchte Lösung $u_0$ im Raum $H_A$. Aus den

[1]) Siehe etwa VM, § 55.

Sätzen 5.1 und 5.2 erhält man dann folgende Aussagen über Grenzeigenschaften der Ritzschen Koeffizienten:

Satz 7.1. *Wenn das Koordinatensystem* (7.1) *im Raum* $H_A$ *minimal ist, dann existieren Grenzwerte für die Ritzschen Koeffizienten*

$$a_k = \lim_{n\to\infty} a_k^{(n)} \qquad (k = 1, 2, \ldots). \tag{7.3}$$

*Ist außerdem das zum System* (7.1) *im Raum* $H_A$ *biorthonormierte System in der Metrik dieses Raumes beschränkt, so ist der Grenzwert in der Formel* (7.3) *gleichmäßig in* $k$ *erfüllt.*

Satz 7.2. *Wenn das Koordinatensystem* (7.1) *im Raum* $H_A$ *stark minimal ist, dann ist die Folge*

$$a = (a_1, a_2, \ldots, a_n, \ldots)$$

(*die* $a_k$ *sind die Grenzwerte in Formel* (7.3)) *ein Element des Raumes* $l_2$. *Setzen wir*

$$a^{(n)} = (a_1^{(n)}, a_2^{(n)}, \ldots, a_n^{(n)}, 0, \ldots),$$

*so gilt*

$$\lim_{n\to\infty} ||a^{(n)} - a||_{l_2} = 0.$$

Wenn das Koordinatensystem im Raum $H_A$ nicht minimal ist, brauchen keine Grenzwerte für die Koeffizienten $a_k^{(n)}$ zu existieren. Beim praktischen Gebrauch des Ritzschen Verfahrens äußert sich dies darin, daß sich bei festem $k$ die Koeffizienten $a_k^{(n)}$ mit wachsendem $n$ sehr stark ändern können. Wir wollen dafür zwei Beispiele anführen.

Beispiel 7.1. Mit dem Ritzschen Verfahren werde die Lösung der Aufgabe

$$-\frac{d^2u}{dx^2} = \frac{1}{1+x}, \qquad u(0) = u'(1) = 0 \tag{7.4}$$

gesucht. Die Ermittlung der Lösung für diese Aufgabe ist der Minimumaufaufgabe für das Integral

$$\int_0^1 \left(u'^2 - 2\,\frac{1}{1+x}\,u\right) dx, \qquad u(0) = 0 \tag{7.5}$$

äquivalent.[1]) In diesem Beispiel ist $H = L_2(0, 1)$. Der Raum $H_A$ besteht aus Funktionen, die auf dem Abschnitt $0 \leqq x \leqq 1$ absolut stetig sind, am linken Rand verschwinden und quadratisch summierbare erste Ableitungen auf dem genannten Abschnitt besitzen. Das innere Produkt und die Norm werden im Raum $H_A$ durch

$$[u, v] = \int_0^1 u'(x)\, v'(x)\, dx, \qquad |u|^2 = \int_0^1 u'^2(x)\, dx \tag{7.6}$$

---

[1]) Die Lösung der Aufgabe (7.4) ist reell, so daß wir uns im folgenden mit reellen Funktionen begnügen können.

definiert. Die Folge $x^k$ $(k = 1, 2, \ldots)$ werde als Koordinatensystem gewählt. Es ist leicht zu sehen, daß dieses System die in § 6 formulierten drei Kriterien erfüllt. Wir bestimmen die ersten acht RITZschen Näherungen, wobei das RITZsche System zur Ermittlung der achten Näherung folgende Form aufweist:

$$\left.\begin{aligned}
&a_1^{(8)} + a_2^{(8)} + a_3^{(8)} + a_4^{(8)} + a_5^{(8)} + a_6^{(8)} + a_7^{(8)} + a_8^{(8)} = 1 - \ln 2,\\
&a_1^{(8)} + \frac{4}{3} a_2^{(8)} + \frac{3}{2} a_3^{(8)} + \frac{8}{5} a_4^{(8)} + \frac{5}{3} a_5^{(8)} + \frac{12}{7} a_6^{(8)} + \frac{7}{4} a_7^{(8)} + \frac{16}{9} a_8^{(8)}\\
&\qquad = \ln 2 - \frac{1}{2},\\
&a_1^{(8)} + \frac{3}{2} a_2^{(8)} + \frac{9}{5} a_3^{(8)} + 2\, a_4^{(8)} + \frac{15}{7} a_5^{(8)} + \frac{9}{4} a_6^{(8)} + \frac{7}{3} a_7^{(8)} + \frac{12}{5} a_8^{(8)}\\
&\qquad = \frac{5}{6} - \ln 2,\\
&a_1^{(8)} + \frac{8}{5} a_2^{(8)} + 2\, a_3^{(8)} + \frac{16}{7} a_4^{(8)} + \frac{5}{2} a_5^{(8)} + \frac{8}{3} a_6^{(8)} + \frac{14}{5} a_7^{(8)} + \frac{32}{11} a_8^{(8)}\\
&\qquad = \ln 2 - \frac{7}{12},\\
&a_1^{(8)} + \frac{5}{3} a_2^{(8)} + \frac{15}{7} a_3^{(8)} + \frac{5}{2} a_4^{(8)} + \frac{25}{9} a_5^{(8)} + 3\, a_6^{(8)} + \frac{35}{11} a_7^{(8)} + \frac{10}{3} a_8^{(8)}\\
&\qquad = \frac{47}{60} - \ln 2,\\
&a_1^{(8)} + \frac{12}{7} a_2^{(8)} + \frac{9}{4} a_3^{(8)} + \frac{8}{3} a_4^{(8)} + 3\, a_5^{(8)} + \frac{36}{11} a_6^{(8)} + \frac{7}{2} a_7^{(8)} + \frac{48}{13} a_8^{(8)}\\
&\qquad = \ln 2 - \frac{37}{60},\\
&a_1^{(8)} + \frac{7}{4} a_2^{(8)} + \frac{7}{3} a_3^{(8)} + \frac{14}{5} a_4^{(8)} + \frac{35}{11} a_5^{(8)} + \frac{7}{2} a_6^{(8)} + \frac{49}{13} a_7^{(8)} + 4\, a_8^{(8)}\\
&\qquad = \frac{319}{420} - \ln 2,\\
&a_1^{(8)} + \frac{16}{9} a_2^{(8)} + \frac{12}{5} a_3^{(8)} + \frac{32}{11} a_4^{(8)} + \frac{10}{3} a_5^{(8)} + \frac{48}{13} a_6^{(8)} + 4\, a_7^{(8)} + \frac{64}{15} a_8^{(8)}\\
&\qquad = \ln 2 - \frac{533}{840}.
\end{aligned}\right\} \quad (7.7)$$

Die RITZschen Systeme für die vorangegangenen Näherungen kann man aus dem System (7.7) durch entsprechende Abspaltung erhalten (siehe VM). Die exakten Lösungen all dieser Systeme geben wir in Tabelle 7.1 wieder.

Wir setzen in Tabelle 7.1

$$\ln 2 = 0{,}693147180559945$$

ein; die sich daraus ergebenden Bedeutungen für die RITZschen Koeffizienten sind in Tabelle 7.2 zusammengefaßt (die ausgeschriebenen Ziffern sind gesichert). Aus Tabelle 7.2 ist ersichtlich, daß die RITZschen Koeffizienten mit wachsender Iterationszahl eine gewisse Tendenz zur Stabilisierung aufweisen, daß allerdings diese Tendenz nicht gleichmäßig ausgebildet ist. Die ersten vier

Tabelle 7.1

| $n$ | $a_1^{(n)}$ | $a_2^{(n)}$ | $a_3^{(n)}$ | $a_4^{(n)}$ | $a_5^{(n)}$ | $a_6^{(n)}$ | $a_7^{(n)}$ | $a_8^{(n)}$ |
|---|---|---|---|---|---|---|---|---|
| 1 | $1 - \ln 2$ | | | | | | | |
| 2 | $5\frac{1}{2} - 7\ln 2$ | $-4\frac{1}{2} + 6\ln 2$ | | | | | | |
| 3 | $26\frac{1}{3} - 37\ln 2$ | $-67 + 96\ln 2$ | $41\frac{2}{3} - 60\ln 2$ | | | | | |
| 4 | $133\frac{1}{12} - 191\ln 2$ | $-707\frac{1}{2} + 1020\ln 2$ | $1109\frac{1}{6} - 1600\ln 2$ | $-533\frac{3}{4} + 770\ln 2$ | | | | |
| 5 | $694\frac{8}{15} - 1001\ln 2$ | $9120\ln 2 - 6322$ | $17952\frac{2}{3} - 25900\ln 2$ | $29120\ln 2 - 20184\frac{1}{2}$ | $7860\frac{3}{10} - 11340\ln 2$ | | | |
| 6 | $3698\frac{19}{30} - 5335\ln 2$ | $74130\ln 2 - 51383\frac{1}{2}$ | $228239\frac{2}{3} - 329280\ln 2$ | $635880\ln 2 - 440758\frac{1}{2}$ | $-386376\frac{9}{10} - 557424\ln 2$ | $182028\ln 2 - 126172\frac{1}{5}$ | | |
| 7 | $19972\frac{12}{35} - 28813\ln 2$ | $567168\ln 2 - 393131\frac{2}{5}$ | $2506559 - 3616200\ln 2$ | $10496640\ln 2 - 7275716\frac{1}{2}$ | $10638813\frac{9}{10} - 15348564\ln 2$ | $11028864\ln 2 - 7644626$ | $2148129\frac{23}{35} - 3099096\ln 2$ | |
| 8 | $108951\frac{181}{280} - 157183\ln 2$ | $4161528\ln 2 - 2884551\frac{9}{10}$ | $24929343\frac{1}{2} - 35965440\ln 2$ | $145285140\ln 2 - 100703985\frac{1}{4}$ | $216181005\frac{3}{20} - 311883264\ln 2$ | $366870504\ln 2 - 254295255\frac{1}{2}$ | $154836614\frac{41}{70} - 223382016\ln 2$ | $55070730\ln 2 - 38172121\frac{13}{56}$ |

Tabelle 7.2

| $n$ | $a_1^{(n)}$ | $a_2^{(n)}$ | $a_3^{(n)}$ | $a_4^{(n)}$ | $a_5^{(n)}$ | $a_6^{(n)}$ | $a_7^{(n)}$ | $a_8^{(n)}$ |
|---|---|---|---|---|---|---|---|---|
| 1 | 0,3069 | | | | | | | |
| 2 | 0,6480 | −0,3411 | | | | | | |
| 3 | 0,6869 | −0,4579 | 0,0788 | | | | | |
| 4 | 0,6922 | −0,4899 | 0,1312 | −0,0267 | | | | |
| 5 | 0,6930 | −0,4977 | 0,1547 | −0,0541 | 0,0110 | | | |
| 6 | 0,6931 | −0,4995 | 0,1631 | −0,0708 | 0,0260 | −0,0050 | | |
| 7 | 0,6931 | −0,4999 | 0,1657 | −0,0786 | 0,0378 | −0,0136 | 0,0025 | |
| 8 | 0,6931 | −0,5000 | 0,1664 | −0,0817 | 0,0446 | −0,0218 | 0,0075 | −0,0013 |

Ziffern des Koeffizienten $a_1^{(n)}$ werden beginnend mit $n = 5$ stabil, dagegen kann man diese Feststellung für den Koeffizienten $a_2^{(n)}$ erst mit $n = 7$ treffen. Bei den übrigen Koeffizienten kann eine verhältnismäßig große Streuung beobachtet werden. Es liegt die Vermutung nahe, daß die Koeffizienten $a_k^{(n)}$ bei $n \to \infty$ entweder gar keinen Grenzwert besitzen oder daß bei Vorhandensein eines Grenzwertes die Konvergenz nicht gleichmäßig geschieht. Dies kann man damit erklären, daß das von uns ausgewählte Koordinatensystem im Raume $H_A$ (d. h. in der Metrik (7.6)) nichtminimal ist. Diese Behauptung kann man folgendermaßen beweisen: Aus der Formel (7.6) ist ersichtlich, daß die Minimalität des Funktionensystems im Raum $H_A$ im betrachteten Beispiel gleichbedeutend ist mit der Minimalität des Systems ihrer Ableitungen in der Metrik des Raumes $L_2(0, 1)$. In diesem Raum ist aber das System $k\,x^{k-1}$ $(k = 1, 2, \ldots)$ infolge des Satzes von MÜNZ nichtminimal.

Mit Hilfe von Tabelle 7.2 lassen sich die Näherungslösungen leicht ermitteln. Dies ist so offensichtlich, daß wir uns hiermit nicht weiter zu befassen brauchen.

Ungeachtet der oben erwähnten Streuung der Koeffizienten sind die ermittelten Näherungslösungen hinreichend genau. So erhält man z. B. bei $x = 1$

$$u_1(1) = 0{,}3069; \quad u_2(1) = 0{,}3069; \quad u_3(1) = 0{,}3071; \quad u_4(1) = 0{,}3068\,.$$

Die exakte Lösung ist

$$u_0(x) = x\,(1 + \ln 2) - (x + 1)\ln(x + 1)\,,$$

so daß $u_0(1) = 1 - \ln 2 = 0{,}3069$; $u_0(1) - u_4(1) = 0{,}0001$ folgt.

Die gute Übereinstimmung der genäherten Lösungen mit der exakten wird klar, wenn man die energetische Norm der Differenz $u_0 - u_k$ betrachtet. Es gilt nämlich[1]) $\|u_0 - u_n\|_A^2 = \|u_0\|_A^2 - \|u_n\|_A^2$. Für $\|u_0\|_A^2$ folgt unmittelbar aus der Formel (7.6)

$$\|u_0\|_A^2 = 2\,(1 - \ln 2) - \ln^2 2 = 0{,}1333\,.$$

---

[1]) Siehe VM, S. 82, Formel (170).

Die Norm $\|u_n\|_A$ kann durch Benutzung folgender Formel[1]) ermittelt werden:

$$\|u_n\|_A^2 = \sum_{k=1}^{n} a_k^{(n)}(f, \varphi_k), \tag{7.8}$$

wobei $(f, \varphi_k)$ die rechten Seiten des RITZschen Systems bezeichnen. So erhalten wir z.B.

$$\|u_1\|_A^2 = 0.0942; \quad \|u_2\|_A^2 = 0,1330; \quad \|u_3\|_A^2 = 0,1332; \quad \|u_4\|_A^2 = 0,1332,$$

folglich ergibt sich

$$\|u_0 - u_1\|_A = 0,20; \qquad \|u_0 - u_2\|_A = 0,02;$$

$$\|u_0 - u_3\|_A = 0,01; \qquad \|u_0 - u_4\|_A = 0,01.$$

Aus der Formel (7.6) und der BUNJAKOWSKI-Ungleichung erhält man folgende gleichmäßige Abschätzung für den Fehler $|u_0(x) - u_n(x)|$:

$$|u_0(x) - u_n(x)| \leqq \|u_0 - u_n\|_A.$$

Dann ist $|u_0(1) - u_4(1)| \leqq 0,01$. Wir wir gesehen haben, ist der tatsächliche Fehler wesentlich kleiner.

**Beispiel 7.2.** Wir betrachten noch ein Beispiel, welches die Streuung der RITZschen Koeffizienten noch deutlicher werden läßt. Dieses Beispiel ist unserem Buch [4], § 38, entlehnt.

Betrachtet werde eine Membran von der Form eines gleichschenkligen rechtwinkligen Dreiecks, auf die eine gleichmäßige Normalbelastung wirkt. Wir setzen weiterhin voraus, daß die Membran entlang der Katheten fest ist, die Hypotenuse dagegen sich frei bewegen kann. Die Koordinatenachsen $x$ und $y$ werden entlang den Katheten gelegt. Bei entsprechender Wahl der Längeneinheiten ergibt sich folgende Aufgabe: Zu bestimmen ist die Lösung der Gleichung

$$-\frac{\partial^2 u}{\partial^2 x} - \frac{\partial^2 u}{\partial^2 y} = 1$$

im Dreieck $x \geqq 0$, $y \geqq 0$, $x + y - 1 \leqq 0$, wobei folgende Randbedingungen formuliert werden können:

$$u = 0 \text{ auf den Geraden } x = 0 \text{ und } y = 0,$$

$$\frac{\partial u}{\partial \nu} = 0 \text{ auf der Geraden } x + y - 1 = 0.$$

Mit $\nu$ werde die Normale des Randes bezeichnet. Diese Aufgabe läßt sich auf die Minimumaufgabe für das Integral

$$F(u) = \int_0^1 \left\{ \int_0^x \left[ \left(\frac{\partial u}{\partial x}\right)^2 + \left(\frac{\partial u}{\partial y}\right)^2 - 2u \right] dy \right\} dx \tag{7.9}$$

[1]) Siehe VM, S. 81, Formel (12), und S. 257, Formel (8).

mit den Randbedingungen

$$u(x, 0) = u(0, y) = 0 \tag{7.10}$$

zurückführen. Der Raum $H_A$ besteht im betrachteten Fall aus Funktionen, die im gegebenen Dreieck quadratisch summierbare verallgemeinerte erste Ableitungen besitzen und die Bedingungen (7.10) erfüllen (im Sinne von S. L. SOBOLEW [1]). Das energetische Produkt und die energetische Norm werden wie folgt definiert:

$$\left.\begin{aligned} [u, v]_A &= \int_0^1 \left\{ \int_0^x \left( \frac{\partial u}{\partial x} \frac{\partial v}{\partial x} + \frac{\partial u}{\partial y} \frac{\partial v}{\partial y} \right) dy \right\} dx, \\ \|u\|_A^2 &= \int_0^1 \left\{ \int_0^x \left[ \left( \frac{\partial u}{\partial x} \right)^2 + \left( \frac{\partial u}{\partial y} \right)^2 \right] dy \right\} dx. \end{aligned}\right\} \tag{7.11}$$

Das Koordinatensystem wählen wir in der Form

$$x^k y^m \quad (k, m = 1, 2, \ldots). \tag{7.12}$$

Man stellt leicht fest, daß dieses System allen drei in § 6 formulierten Bedingungen genügt. Andererseits ist dieses System nichtminimal im Raum $H_A$. Zum Beweis setzen wir $H_A = H_2$ und betrachten den Raum $H_1$ von fast überall im Quadrat $0 \leqq x, y \leqq 1$ definierten Funktionen, die quadratisch summierbare verallgemeinerte erste Ableitungen besitzen und die Bedingungen (7.10) im Sinne von S. L. SOBOLEW erfüllen. Das innere Produkt und die Norm werden im Raum $H_1$ durch

$$(u, v)_1 = \int_0^1 \int_0^1 \left( \frac{\partial u}{\partial x} \frac{\partial v}{\partial x} + \frac{\partial u}{\partial y} \frac{\partial v}{\partial y} \right) dx\, dy, \tag{7.13}$$

$$\|u\|_1^2 = \int_0^1 \int_0^1 \left[ \left( \frac{\partial u}{\partial x} \right)^2 + \left( \frac{\partial u}{\partial y} \right)^2 \right] dx\, dy \tag{7.14}$$

gegeben.

Mit $V$ bezeichnen wir einen Operator, der jeder auf dem Quadrat $0 \leqq x, y \leqq 1$ definierten Funktion $u(x, y)$ diese Funktion wieder zuordnet, die allerdings nur noch auf dem Dreieck $x \geqq 0$, $y \geqq 0$, $x + y - 1 \leqq 0$ definiert ist. Offensichtlich bildet der Operator $V$ den Raum $H_1$ auf den Raum $H_A$ ab, wobei $\|V u\|_A \leqq \|u\|_1$ gilt. Ein Vergleich mit der Formel (4.1) ergibt, daß der Operator $V$ den Raum $H_1$ in den Raum $H_A$ einbettet. Wir beweisen nun, daß das System (7.12) nichtminimal im Raum $H_1$ ist; denn dann folgt aus Satz 4.1, daß dies auch für den Raum $H_A$ gilt.

Im Raum $H_1$ werde der Unterraum $H_1^{(m)}$ betrachtet, der von den Elementen $x y^m, x^2 y^m, \ldots$ aufgespannt wird. Offensichtlich gilt

$$H_1 = \bigcup_{m=1}^{\infty} H_1^{(m)}.$$

Wie in § 1 bemerkt wurde, folgt aus dem Satz von MÜNZ, daß aus der Folge $n\,x^{n-1}$ $(n = 1, 2, \ldots)$ ein beliebiges Element ausgeschlossen werden kann, ohne daß die Vollständigkeit dieser Folge im Raum $L_2(0, 1)$ beeinträchtigt wird. Das bedeutet aber, daß bei gegebenem $\varepsilon > 0$ und beliebiger ganzer Zahl $k_0$ eine Zahl $N$ und Konstanten $\alpha_1, \alpha_2, \ldots, \alpha_{k_0-1}, \alpha_{k_0+1}, \ldots, \alpha_N$ gefunden werden können, so daß die Ungleichung

$$\|k_0\,x^{k_0-1} - \sum_{n=1,\,n\neq k_0}^{N} \alpha_n\,n\,x^n\|_{L_2}^2 = \int_0^1 [k_0\,x^{k_0-1} - \sum_{n=1,\,n\neq k_0}^{N} \alpha_n\,n\,x^n]^2\,dx < \varepsilon^2$$

erfüllt ist. Setzen wir

$$f(x) = x^{k_0} - \sum_{n=1,\,n\neq k_0}^{N} \alpha_n\,x^n ,$$

so gilt

$$\|f'(x)\|_{L_2}^2 = \int_0^1 [f'(x)]^2\,dx < \varepsilon^2 .$$

Es wird eine Abschätzung für die Größe

$$\|f(x)\|_{L_2}^2 = \int_0^1 [f(x)]^2\,dx$$

gesucht. Wegen $f(0) = 0$ ergibt sich

$$f(x) = \int_0^x f'(t)\,dt .$$

Durch Anwendung der BUNJAKOWSKI-Ungleichung folgt

$$[f(x)]^2 \leqq x \int_0^x [f'(t)]^2\,dt \leqq \|f'(x)\|_{L_2}^2 < \varepsilon^2 ,$$

so daß man

$$\|f(x)\|_{L_2}^2 < \varepsilon^2$$

erhält. Nun ist der Ausdruck

$$\left\| x^{k_0}\,y^m - \sum_{n=1,\,n\neq k_0}^{N} \alpha_n\,x^n\,y^m \right\|_1 = \|f(x)\,y^m\|_1$$

abzuschätzen.

Es ist

$$\|f(x)\,y^m\|_1^2 = \frac{1}{2\,m+1}\,\|f'(x)\|_{L_2}^2 + \frac{m^2}{2\,m-1}\,\|f(x)\|_{L_2}^2 \leqq C\,\varepsilon^2$$

mit $C = \text{const}$. Diese Ungleichung zeigt, daß das System $x\,y^m, x^2\,y^m, \ldots$ nichtminimal im Raum $H_1^{(m)}$ ist. Hieraus folgt dann, daß das System (7.12) nichtminimal im Raum $H_1$ ist. Wie oben bemerkt wurde, ist dieses System dann auch nichtminimal im Raum $H_A$.

Aus Symmetriegründen ist einleuchtend, daß die Koordinatenfunktionen $x^k\,y^m$ und $x^m\,y^k$ mit gleichen Koeffizienten in die Näherungslösung eingehen, so daß das System (7.12) durch das System $(x\,y)^k\,(x^m + y^m)$ ersetzt werden kann ($k = 1, 2, \ldots$; $m = 0, 1, 2, \ldots$). Es sei

$$u_4 = a_1^{(4)}\,x\,y + a_2^{(4)}\,x\,y\,(x + y) + a_3^{(4)}\,x^2\,y^2 + a_4^{(4)}\,x\,y\,(x^2 + y^2);$$

dann ergibt sich folgendes RITZsches System:

$$\frac{1}{6}a_1^{(4)} + \frac{1}{6}a_2^{(4)} + \frac{1}{30}a_3^{(4)} + \frac{1}{10}a_4^{(4)} = \frac{1}{24},$$

$$\frac{1}{6}a_1^{(4)} + \frac{8}{45}a_2^{(4)} + \frac{4}{105}a_3^{(4)} + \frac{23}{210}a_4^{(4)} = \frac{1}{30},$$

$$\frac{1}{30}a_1^{(4)} + \frac{4}{105}a_2^{(4)} + \frac{1}{105}a_3^{(4)} + \frac{19}{840}a_4^{(4)} = \frac{1}{180},$$

$$\frac{1}{10}a_1^{(4)} + \frac{23}{210}a_2^{(4)} + \frac{19}{840}a_3^{(4)} + \frac{1}{14}a_4^{(4)} = \frac{1}{60}.$$

Die RITZschen Systeme für die Koeffizienten $a_k^{(n)}$ ($n = 1, 2, 3$) ergeben sich aus diesem System durch entsprechende Abspaltung. In Tabelle 7.3 sind die exakten Werte für die RITZschen Koeffizienten angegeben.

Tabelle 7.4 enthält die gleichen Koeffizienten mit fünf gesicherten Ziffern nach dem Komma.

**Tabelle 7.3**

| $n$ | $a_1^{(n)}$ | $a_2^{(n)}$ | $a_3^{(n)}$ | $a_4^{(n)}$ |
|---|---|---|---|---|
| 1 | $\frac{1}{4}$ | | | |
| 2 | 1 | $-\frac{3}{4}$ | | |
| 3 | $1\frac{2}{9}$ | $-1\frac{1}{6}$ | $\frac{35}{36}$ | |
| 4 | $1\frac{6}{19}$ | $-1\frac{3}{4}$ | $1\frac{8}{13}$ | $\frac{14}{39}$ |

**Tabelle 7.4**

| $n$ | $a_1^{(n)}$ | $a_2^{(n)}$ | $a_3^{(n)}$ | $a_4^{(n)}$ |
|---|---|---|---|---|
| 1 | 0,25000 | | | |
| 2 | 1,00000 | −0,75000 | | |
| 3 | 1,22222 | −1,16667 | 0,97222 | |
| 4 | 1,46154 | −1,75000 | 1,61538 | 0,35897 |

Wie Tabelle 7.4 zeigt, tritt die Streuung der Ritzschen Koeffizienten in diesem Beispiel stark hervor. Es treten merkliche Änderungen der Koeffizienten beim Übergang von einer Näherung zur anderen auf.

Im Unterschied zu Beispiel 7.1 ist hier die exakte Lösung nicht bekannt, so daß es schwierig ist, Aussagen über den Fehler der Näherungslösung zu machen. Es ist allerdings möglich, die energetische Norm der Differenz $u_n - u_m$ $(n, m = 1, 2, 3, 4)$ zu ermitteln, die uns über das Verhalten der Näherungslösungen zueinander Auskunft gibt. Wir benutzen die Formel[1])

$$\|u_m - u_n\|_A^2 = \|u_m\|_A^2 - \|u_n\|_A^2, \qquad m > n$$

und erhalten wegen (7.8)

$$\|u_1\|_A^2 = \frac{1}{96} = 0{,}01042, \qquad \|u_2\|_A^2 = \frac{1}{60} = 0{,}01667,$$

$$\|u_3\|_A^2 = \frac{113}{6480} = 0{,}01744, \qquad \|u_4\|_A^2 = \frac{41}{2340} = 0{,}01752.$$

Hieraus ist ersichtlich, daß sich die Ritzschen Näherungslösungen trotz der starken Streuung in den Koeffizienten im energetischen Raum nicht allzu wesentlich unterscheiden. Es ergibt sich z.B.

$$\|u_3 - u_2\|_A = \sqrt{\|u_3\|_A^2 - \|u_2\|_A^2} = \sqrt{0{,}00077} < 0{,}028,$$

$$\|u_4 - u_3\|_A = \sqrt{\|u_4\|_A^2 - \|u_3\|_A^2} = \sqrt{0{,}00008} < 0{,}009.$$

Im Unterschied zu Beispiel 7.1 kann man auf der Grundlage der letzten Ungleichungen noch keine Aussagen über den Grad der gleichmäßigen Abschätzung der Näherungslösungen machen.

Zu den in diesem Paragraphen enthaltenen Ausführungen sei folgende Bemerkung gestattet: Die Streuung der Koeffizienten ist keine Unzulänglichkeit der Näherungslösung; denn würde man sie ohne grobe Fehler ermitteln, so würde sie (unabhängig davon, ob eine Streuung vorliegt oder nicht) bei hinreichend großer Iterationszahl die exakte Lösung beliebig genau approximieren. Trotzdem bringt das Vorhandensein einer Streuung in den Koeffizienten gewisse Schwierigkeiten mit sich. In erster Linie sei genannt, daß ein Vergleich verschiedener Näherungslösungen kaum möglich ist, andererseits weist die Streuung darauf hin, daß das betrachtete Koordinatensystem nicht stark minimal (oder gar nichtminimal) in der energetischen Metrik ist. Später werden wir zeigen, daß dies die Ursache für die Instabilität des Ritzschen Verfahrens in bezug auf kleine Fehler in den Zwischenrechnungen ist.

## § 8. Beispiele, die zum Begriff der Stabilität führen

Wir wenden uns wieder dem System (7.7) zu und berechnen die rechten Seiten mit vier Stellen hinter dem Komma. Es ergibt sich dann folgendes „ungenaues"

---

[1]) Siehe VM, S. 82, Formel (16).

RITZsches System:

$$\left.\begin{aligned}
&b_1^{(8)} + b_2^{(8)} + b_3^{(8)} + b_4^{(8)} + b_5^{(8)} + b_6^{(8)} + b_7^{(8)} + b_8^{(8)} = 0{,}3069\,,\\
&b_1^{(8)} + \frac{4}{3} b_2^{(8)} + \frac{3}{2} b_3^{(8)} + \frac{8}{5} b_4^{(8)} + \frac{5}{3} b_5^{(8)} + \frac{12}{7} b_6^{(8)} + \frac{7}{4} b_7^{(8)} + \frac{16}{9} b_8^{(8)}\\
&\qquad = 0{,}1931\,,\\
&b_1^{(8)} + \frac{3}{2} b_2^{(8)} + \frac{9}{5} b_3^{(8)} + 2\, b_4^{(8)} + \frac{15}{7} b_5^{(8)} + \frac{9}{4} b_6^{(8)} + \frac{7}{3} b_7^{(8)} + \frac{12}{5} b_8^{(8)}\\
&\qquad = 0{,}1402\,,\\
&b_1^{(8)} + \frac{8}{5} b_2^{(8)} + 2\, b_3^{(8)} + \frac{16}{7} b_4^{(8)} + \frac{5}{2} b_5^{(8)} + \frac{8}{3} b_6^{(8)} + \frac{14}{5} b_7^{(8)} + \frac{32}{11} b_8^{(8)}\\
&\qquad = 0{,}1098\,,\\
&b_1^{(8)} + \frac{5}{3} b_2^{(8)} + \frac{15}{7} b_3^{(8)} + \frac{5}{2} b_4^{(8)} + \frac{25}{9} b_5^{(8)} + 3\, b_6^{(8)} + \frac{35}{11} b_7^{(8)} + \frac{10}{3} b_8^{(8)}\\
&\qquad = 0{,}0902\,,\\
&b_1^{(8)} + \frac{12}{7} b_2^{(8)} + \frac{9}{4} b_3^{(8)} + \frac{8}{3} b_4^{(8)} + 3\, b_5^{(8)} + \frac{36}{11} b_6^{(8)} + \frac{7}{2} b_7^{(8)} + \frac{48}{13} b_8^{(8)}\\
&\qquad = 0{,}0765\,,\\
&b_1^{(8)} + \frac{7}{4} b_2^{(8)} + \frac{7}{3} b_3^{(8)} + \frac{14}{5} b_4^{(8)} + \frac{35}{11} b_5^{(8)} + \frac{7}{2} b_6^{(8)} + \frac{49}{13} b_7^{(8)} + 4\, b_8^{(8)}\\
&\qquad = 0{,}0664\,,\\
&b_1^{(8)} + \frac{16}{9} b_2^{(8)} + \frac{12}{5} b_3^{(8)} + \frac{32}{11} b_4^{(8)} + \frac{10}{3} b_5^{(8)} + \frac{48}{13} b_6^{(8)} + 4\, b_7^{(8)}\\
&\qquad + \frac{64}{15} b_8^{(8)} = 0{,}0586\,.
\end{aligned}\right\} \tag{8.1}$$

Die Matrix dieses Systems ist nicht mit Fehlern behaftet; der Fehler jedes Wertes der rechten Seite ist kleiner als $5 \cdot 10^{-5}$.

Es wurden die exakten Lösungen des Systems (8.1) und aller durch Abspaltung entstehender Systeme ermittelt, die wir in Tabelle 8.1 wiedergeben.

Tabelle 8.1

| $n$ | $b_1^{(n)}$ | $b_2^{(n)}$ | $b_3^{(n)}$ | $b_4^{(n)}$ | $b_5^{(n)}$ | $b_6^{(n)}$ | $b_7^{(n)}$ | $b_8^{(n)}$ |
|---|---|---|---|---|---|---|---|---|
| 1 | 0,3069 | | | | | | | |
| 2 | 0,6483 | −0,3414 | | | | | | |
| 3 | 0,6883 | −0,4614 | 0,0800 | | | | | |
| 4 | 0,6974 | −0,5160 | 0,1710 | −0,0455 | | | | |
| 5 | 0,7127 | −0,6690 | 0,6300 | −0,5810 | 0,2142 | | | |
| 6 | 0,7633 | −1,4280 | 4,1720 | −7,6650 | 6,5898 | −2,1252 | | |
| 7 | 0,9141 | −4,9848 | 25,2840 | −71,0010 | 101,5938 | −71,7948 | 19,9056 | |
| 8 | 1,6266 | −24,5448 | 204,8340 | −819,1260 | 1747,4688 | −2046,8448 | 1242,5556 | −305,6625 |

Tabelle 8.2

| $n$ | $\eta_1^{(n)}$ | $\eta_2^{(u)}$ | $\eta_3^{(n)}$ | $\eta_4^{(n)}$ | $\eta_5^{(n)}$ | $\eta_6^{(n)}$ | $\eta_7^{(n)}$ | $\eta_8^{(n)}$ |
|---|---|---|---|---|---|---|---|---|
| 1 | 0,0000 | | | | | | | |
| 2 | 0,0003 | 0,0003 | | | | | | |
| 3 | 0,0014 | 0,0035 | 0,0012 | | | | | |
| 4 | 0,0052 | 0,0261 | 0,0398 | 0,0188 | | | | |
| 5 | 0,0197 | 0,1713 | 0,4753 | 0,5269 | 0,2032 | | | |
| 6 | 0,0702 | 0,9285 | 4,0089 | 7,5942 | 6,5638 | 2,1202 | | |
| 7 | 0,2210 | 4,0949 | 25,1183 | 70,9224 | 101,5560 | 71,7812 | 19,9031 | |
| 8 | 0,9335 | 24,0448 | 204,6676 | 819,0443 | 1747,4242 | 2046,8230 | 1242,5481 | 305,6612 |

Ein Vergleich dieser Tabelle mit Tabelle 7.2 liefert den Fehler

$$\eta_k^{(n)} = |b_k^{(n)} - a_k^{(n)}|$$

(vgl. Tabelle 8.2).

Es werde mit $\delta = 0{,}00005$ die obere Fehlerschranke der rechten Seiten des Systems (8.1) bezeichnet und das Verhältnis $\eta_k^{(n)} : \delta$ betrachtet. Dieses Verhältnis wächst außerordentlich schnell mit $n$, es ist gleich 6 bei $n = 2$ und erreicht eine Größe der Ordnung $10^7$ bei $n = 8$.

Beim Übergang von den Gleichungen (7.7) zu (8.1) wurden keine Veränderungen der Systemmatrix vorgenommen, auch wurden bei der Lösung des Systems (8.1) und der durch Abspaltung erhaltenen Systeme Rundungsfehler vermieden. Würden derartige Fehlerquellen zusätzlich auftauchen (z. B. Approximation der Koeffizienten des Systems (8.1) durch Zehnerbrüche, Durchführung der Zwischenrechnungen bei der Lösung des Systems mit geringerer Genauigkeit), so würde der Fehler in der Lösung des Systems (8.1) noch wesentlich größer ausfallen.

Damit ist folgende ungewöhnliche Situation entstanden: Um die Genauigkeit der Ritzschen Näherungslösung zu erhöhen, ist notwendigerweise die Anzahl $n$ der Koordinatenelemente in der Näherungslösung zu vergrößern. Dies folgt daraus, daß die energetische Norm $\|u_0 - u_n\|_A$ ($u_0$ bezeichnet die exakte Lösung der Variationsaufgabe, $u_n$ ist die $n$-te Ritzsche Näherung für diese Aufgabe) bei wachsendem $n$ monoton fällt.[1]) Andererseits kann bei Vergrößerung der Zahl $n$ der Fehler bei der Lösung des Ritzschen Systems sehr stark anwachsen, so daß dieser Fehler die durch die Erhöhung der Anzahl der Koordinatenelemente erzielte Verbesserung aufhebt bzw. stark reduziert.

Diese soeben beschriebene unangenehme Erscheinung kann jedoch nicht immer beobachtet werden. Ein einfaches und praktisch wichtiges Beispiel dafür, daß ein rapides Anwachsen des Fehlers ausbleiben kann, stellen in der ener-

[1]) Siehe VM, S. 82.

getischen Metrik orthonormierte Koordinatensysteme dar. In der Tat, gilt $[\varphi_k, \varphi_j]_A = \delta_{kj}$, so reduziert sich das RITZsche System auf

$$a_j = (f, \varphi_j) \quad (j = 1, 2, \ldots, n).$$

Folglich ist der Fehler des RITZschen Koeffizienten gleich dem Fehler der rechten Seite mit dem gleichen Index. Der Fehler des Koeffizienten $a_j^{(n)}$ ist für jedes $j$ offensichtlich von $n$ unabhängig, da der Koeffizient $a_j^{(n)} = a_j = (f, \varphi_j)$ von $n$ selbst nicht abhängt.

Es braucht aber nicht unbedingt das Koordinatensystem orthonormiert in der energetischen Norm zu sein, um ein Anwachsen des Fehlers bei Vergrößerung von $n$ zu verhindern. Um diese Behauptung zu belegen, werde folgendes Beispiel betrachtet.

Der Operator der Aufgabe

$$A u = -\frac{d}{dx}\left[(2 + x)\frac{du}{dx}\right] = 1, \qquad u(-1) = u(1) = 0 \tag{8.2}$$

ist im Raum $L_2(-1, 1)$ positiv definit; denn es gilt

$$\begin{aligned}(A u, u) &= -\int_{-1}^{1} \overline{u(x)} \frac{d}{dx}\left[(2 + x)\frac{du}{dx}\right] dx \\ &= -(2 + x)\,\overline{u(x)}\Big|_{-1}^{1} + \int_{-1}^{1} (2 + x)\left|\frac{du}{dx}\right|^2 dx \\ &= \int_{-1}^{1} (2 + x)\left|\frac{du}{dx}\right|^2 dx \geqq \int_{-1}^{1} \left|\frac{du}{dx}\right|^2 dx.\end{aligned} \tag{8.3}$$

Es werde der Operator $B$ betrachtet, der durch

$$B u = -\frac{d^2u}{dx^2}, \qquad u(-1) = u(1) = 0 \tag{8.4}$$

definiert wird. Sein energetisches Produkt und die energetische Norm ergeben sich zu

$$[u, v]_B = \int_{-1}^{1} \frac{du}{dx} \cdot \overline{\frac{dv}{dx}}\, dx, \qquad \|u\|_B^2 = \int_{-1}^{1} \left|\frac{du}{dx}\right|^2 dx. \tag{8.5}$$

Der Operator $B$ besitzt ein diskretes Spektrum. Der kleinste Eigenwert dieses Operators hat, wie eine leichte Rechnung zeigt, den Wert $\frac{\pi^2}{4}$. Dann folgt

$$\|u\|_B^2 = \int_{-1}^{1} \left|\frac{du}{dx}\right|^2 dx \geqq \frac{\pi^2}{4} \|u\|^2.$$

Wegen Ungleichung (8.3) erhält man dann

$$(A\,u, u) \geqq \frac{\pi^2}{4}\,||u||^2\,, \tag{8.6}$$

womit die positive Definitheit des Operators bewiesen wäre.

Das energetische Produkt und die energetische Norm werden für den Operator $A$ durch

$$\left.\begin{aligned} [u, v]_A &= \int_{-1}^{1} (2 + x)\,\frac{du}{dx}\cdot\frac{\overline{dv}}{dx}\,dx\,, \\ \|u\|_A^2 &= \int_{-1}^{1} (2 + x)\left|\frac{du}{dx}\right|^2 dx \end{aligned}\right\} \tag{8.7}$$

festgelegt. Hieraus folgt unter Beachtung von (8.5)

$$\|u\|_B \leqq \|u\|_A \leqq \sqrt{3}\,\|u\|_B\,, \tag{8.8}$$

d. h., daß die Operatoren $A$ und $B$ halbähnlich sind. Durch einfache Rechnung kann man sich überzeugen, daß sie in Wirklichkeit sogar ähnlich sind.

Da der Operator $A$ positiv definit ist, kann man die Aufgabe (8.2) durch das Ritzsche Verfahren lösen. Als Koordinatenfuntionen kann man die Integrale der normierten Legendreschen Polynome wählen:

$$\varphi_n(x) = \sqrt{\frac{2\,n+1}{2}}\int_{-1}^{x} P_n(t)\,dt \qquad (n = 1, 2, \ldots)\,. \tag{8.9}$$

Diese Funktionen erfüllen die Randbedingungen der Aufgabe; denn offensichtlich gilt $\varphi_n(-1) = 0$. Außerdem ist

$$\varphi_n(1) = \sqrt{\frac{2\,n+1}{2}}\int_{-1}^{1} P_n(t)\,dt = 0\,,$$

da die Legendreschen Polynome $P_n(t)$ bei $n > 0$ zum Legendreschen Polynom nullter Ordnung $P_0(t) \equiv 1$ in der Metrik $L_2(-1, 1)$ orthogonal sind. Es folgt hieraus u. a., daß die Funktionen (8.9) dem energetischen Raum $H_A$ angehören. Die lineare Unabhängigkeit der Funktionen $\varphi_1(x), \varphi_2(x), \ldots, \varphi_n(x)$ bei beliebigem $n$ ist ebenfalls offensichtlich. Wir zeigen noch, daß das System (8.9) in der Metrik (8.7) vollständig ist.

Wie die Ungleichung (8.8) zeigt, sind die Metriken (8.5) und (8.7) äquivalent, so daß es ausreichend ist, die Vollständigkeit des Systems (8.9) in der Metrik (8.5) zu zeigen.

Der energetische Raum $H_A$ der Aufgabe (8.2) besteht aus Funktionen, die auf dem Abschnitt $-1 \leqq x \leqq 1$ absolut stetig sind, in den Endpunkten dieses Abschnitts verschwinden und quadratisch summierbare erste Ableitungen auf diesem Abschnitt besitzen. Wenn die Funktion $u(x)$ dem Raum $H_A$ angehört, dann genügt ihre Ableitung $u'(x)$ der Gleichung

$$\int_{-1}^{1} u'(x)\, dx = u(1) - u(-1) = 0 .$$

Mithin ist die Menge der Ableitungen aller Funktionen des Raumes $H_A$ zum Einselement des Raumes $L_2(-1, 1)$ orthogonal. Die Menge dieser Ableitungen als Unterraum des Raumes $L_2(-1, 1)$ werde mit $\tilde{L}_2(-1, 1)$ bezeichnet.

Im Unterraum $\tilde{L}_2(-1, 1)$ ist das System der Polynome

$$\varphi_n'(x) = \sqrt{\frac{2n+1}{2}}\, P_n(x) \qquad (n = 1, 2, \ldots) \tag{8.10}$$

vollständig. Außerdem gilt wegen (8.5)

$$[u, v]_B = (u', v') ,$$

so daß die Vollständigkeit des Systems (8.9) in der Metrik (8.5) direkt aus der soeben bemerkten Vollständigkeit des Systems (8.10) im Unterraum $\tilde{L}_2(-1, 1)$ folgt.

Das System (8.9) ist wohl in der Metrik (8.5) orthonormiert, nicht aber in der Metrik (8.7). Aus der Ungleichung (8.8) und der Folgerung 4.3 erhält man, daß das System (8.9) in der Metrik (8.7) fast orthonormiert ist.

Wir gehen an die Ermittlung der Matrix des Ritzschen Systems und der rechten Seite dieses Systems. Aus der Formel (8.7) folgt

$$\begin{aligned}[\varphi_k, \varphi_m] &= \frac{1}{2}\sqrt{(2k+1)(2m+1)} \int_{-1}^{1} (x+2)\, P_k(x)\, P_m(x)\, dx \\ &= \frac{1}{2}\sqrt{(2k+1)(2m+1)} \left[\int_{-1}^{1} x\, P_k(x)\, P_m(x)\, dx + \frac{4}{2k+1}\delta_{km}\right].\end{aligned}$$

Wegen der rekurrenten Eigenschaften der Legendreschen Polynome,

$$x\, P_k(x) = \frac{k+1}{2k+1} P_{k+1}(x) + \frac{k}{2k+1} P_{k-1}(x) ,$$

folgt hieraus

$$\begin{aligned}[\varphi_k, \varphi_m] = \frac{1}{2}\sqrt{(2k+1)(2m+1)} \Bigg[&\frac{2(k+1)}{(2k+1)(2k+3)}\delta_{k+1,m} \\ &+ \frac{2k}{(2k+1)(2k-1)}\delta_{k-1,m} + \frac{4}{2k+1}\delta_{km}\Bigg].\end{aligned}$$

Mithin erhält man für $k \geqq m$

$$[\varphi_k, \varphi_m] = \begin{cases} 0, & k - m > 1 , \\ 2, & k = m , \\ \dfrac{k}{4k^2-1}, & k = m+1 . \end{cases}$$

Für $k < m$ erhält man das energetische Produkt aus der Formel $[\varphi_k, \varphi_m] = [\varphi_m, \varphi_k]$. Die RITZsche Matrix hat dann die Gestalt

$$\begin{bmatrix} 2 & \frac{2}{\sqrt{15}} & 0 & 0 & 0 & \cdot & \cdot \\ \frac{2}{\sqrt{15}} & 2 & \frac{3}{\sqrt{35}} & 0 & 0 & \cdot & \cdot \\ 0 & \frac{3}{\sqrt{35}} & 2 & \frac{4}{3\sqrt{7}} & 0 & \cdot & \cdot \\ 0 & 0 & \frac{4}{3\sqrt{7}} & 2 & \frac{5}{3\sqrt{11}} & \cdot & \cdot \\ \cdots & \cdots & \cdots & \cdots & \cdots & \cdots & \cdots \end{bmatrix} .$$

Die rechte Seite ergibt sich zu

$$(1, \varphi_k) = \int_{-1}^{1} \varphi_k(x)\,dx = x\,\varphi_k(x)\Big|_{-1}^{1} - \int_{-1}^{1} x\,\varphi_k'(x)\,dx$$
$$= -\sqrt{\frac{2k+1}{2}} \int_{-1}^{1} x\,P_k(x)\,dx ,$$

so daß

$$(1, \varphi_k) = \begin{cases} -\sqrt{\frac{2}{3}} , & k = 1 , \\ 0 , & k > 1 \end{cases}$$

folgt. Anschließend werde das RITZsche System achter Ordnung betrachtet:

$$\left.\begin{aligned} 2\,a_1^{(8)} + \frac{2}{\sqrt{15}}\,a_2^{(8)} \qquad\qquad &= -\frac{2}{3} , \\ \frac{2}{\sqrt{15}}\,a_1^{(8)} + 2\,a_2^{(8)} + \frac{3}{\sqrt{35}}\,a_3^{(8)} &= 0 , \\ \frac{3}{\sqrt{35}}\,a_2^{(8)} + 2\,a_3^{(8)} + \frac{4}{3\sqrt{7}}\,a_4^{(8)} &= 0 , \\ \frac{4}{3\sqrt{7}}\,a_3^{(8)} + 2\,a_4^{(8)} + \frac{5}{3\sqrt{11}}\,a_5^{(8)} &= 0 , \\ \frac{5}{3\sqrt{11}}\,a_4^{(8)} + 2\,a_5^{(8)} + \frac{6}{\sqrt{143}}\,a_6^{(8)} &= 0 , \\ \frac{6}{\sqrt{143}}\,a_5^{(8)} + 2\,a_6^{(8)} + \frac{7}{\sqrt{195}}\,a_7^{(8)} &= 0 , \\ \frac{7}{\sqrt{195}}\,a_6^{(8)} + 2\,a_7^{(8)} + \frac{8}{\sqrt{255}}\,a_8^{(8)} &= 0 , \\ \frac{8}{\sqrt{255}}\,a_7^{(8)} + 2\,a_8^{(8)} \qquad\qquad &= 0 . \end{aligned}\right\} \tag{8.11}$$

Tabelle 8.3

| $n$ | $\frac{a_1^{(n)}}{\sqrt{6}}$ | $\frac{a_2^{(n)}}{\sqrt{10}}$ | $\frac{a_3^{(n)}}{\sqrt{14}}$ | $\frac{a_4^{(n)}}{\sqrt{2}}$ | $\frac{a_5^{(n)}}{\sqrt{22}}$ | $\frac{a_6^{(n)}}{\sqrt{26}}$ | $\frac{a_7^{(n)}}{\sqrt{30}}$ | $\frac{a_8^{(n)}}{\sqrt{34}}$ |
|---|---|---|---|---|---|---|---|---|
| 1 | $-\frac{1}{6}$ | | | | | | | |
| 2 | $-\frac{5}{28}$ | $\frac{1}{28}$ | | | | | | |
| 3 | $-\frac{131}{730}$ | $\frac{14}{365}$ | $-\frac{3}{365}$ | | | | | |
| 4 | $-\frac{1099}{6122}$ | $\frac{118}{3061}$ | $-\frac{27}{3061}$ | $\frac{18}{3061}$ | | | | |
| 5 | $-\frac{5009}{27902}$ | $\frac{538}{13951}$ | $-\frac{53}{5979}$ | $\frac{88}{13951}$ | $-\frac{20}{41853}$ | | | |
| 6 | $-\frac{60721}{338238}$ | $\frac{2174}{56373}$ | $-\frac{4499}{507357}$ | $\frac{1072}{169119}$ | $-\frac{260}{507357}$ | $\frac{20}{169119}$ | | |
| 7 | $-\frac{10193457}{56781246}$ | $\frac{1094874}{28390623}$ | $-\frac{251761}{28390623}$ | $\frac{60008}{9463541}$ | $-\frac{14620}{28390623}$ | $\frac{1200}{9463541}$ | $-\frac{280}{9463541}$ | |
| 8 | $-\frac{53876779}{300113162}$ | $\frac{5786878}{150056581}$ | $-\frac{1330667}{150056581}$ | $\frac{951528}{150056581}$ | $-\frac{77300}{150056581}$ | $\frac{19120}{150056581}$ | $-\frac{4760}{150056581}$ | $\frac{1120}{150056581}$ |

Die Ritzschen Systeme niedrigerer Ordnung erhält man hieraus wieder durch Abspaltung entsprechender Zeilen und Spalten.

In Tabelle 8.3 sind die exakten Ritzschen Koeffizienten $a_k^{(n)}$ für $1 \leqq n \leqq 8$ angegeben, Tabelle 8.4 enthält die Ritzschen Koeffizienten mit vier gesicherten Ziffern nach dem Komma.

Im Unterschied zu den Beispielen des § 7 kann hier keine Streuung der Koeffizienten $a_k^{(n)}$ beobachtet werden, sondern aus Tabelle 8.4 ist ersichtlich, daß sich die Koeffizienten mit wachsendem $n$ sehr schnell stabilisieren, wobei diese Stabilisierung gleichmäßig bezüglich $k$ geschieht. Dieses Verhalten kann damit erklärt werden, daß im betrachteten Fall das Koordinatensystem als ein fast orthogonales System in der energetischen Metrik stark minimal in dieser Metrik ist.

Tabelle 8.4

| $n$ | $a_1^{(n)}$ | $a_2^{(n)}$ | $a_3^{(n)}$ | $a_4^{(n)}$ | $a_5^{(n)}$ | $a_6^{(n)}$ | $a_7^{(n)}$ | $a_8^{(n)}$ |
|---|---|---|---|---|---|---|---|---|
| 1 | −0,4082 | | | | | | | |
| 2 | −0,4374 | 0,1129 | | | | | | |
| 3 | −0,4395 | 0,1213 | −0,0308 | | | | | |
| 4 | −0,4397 | 0,1219 | −0,0330 | 0,0083 | | | | |
| 5 | −0,4397 | 0,1219 | −0,0332 | 0,0089 | −0,0022 | | | |
| 6 | −0,4397 | 0,1220 | −0,0332 | 0,0090 | −0,0024 | 0,0006 | | |
| 7 | −0,4397 | 0,1220 | −0,0332 | 0,0090 | −0,0024 | 0,0006 | −0,0002 | |
| 8 | −0,4397 | 0,1220 | −0,0332 | 0,0090 | −0,0024 | 0,0006 | −0,0002 | 0,0001 |

Neben dem exakten Ritzschen System betrachten wir ein weiteres, das aus dem Ritzschen System hervorgeht, wenn die Koeffizienten und rechten Seiten bis auf vier Stellen nach dem Komma berechnet werden:

$$\left.\begin{aligned}
2\,b_1^{(8)} + 0{,}5164\,b_2^{(8)} \qquad\qquad\qquad &= -\,0{,}8165\,,\\
0{,}5164\,b_1^{(8)} + 2\,b_2^{(8)} + 0{,}5071\,b_3^{(8)} &= 0\,,\\
0{,}5071\,b_2^{(8)} + 2\,b_3^{(8)} + 0{,}5040\,b_4^{(8)} &= 0\,,\\
0{,}5040\,b_3^{(8)} + 2\,b_4^{(8)} + 0{,}5025\,b_5^{(8)} &= 0\,,\\
0{,}5025\,b_4^{(8)} + 2\,b_5^{(8)} + 0{,}5017\,b_6^{(8)} &= 0\,,\\
0{,}5017\,b_5^{(8)} + 2\,b_6^{(8)} + 0{,}5013\,b_7^{(8)} &= 0\,,\\
0{,}5013\,b_6^{(8)} + 2\,b_7^{(8)} + 0{,}5010\,b_8^{(8)} &= 0\,,\\
0{,}5010\,b_7^{(8)} + 2\,b_8^{(8)} \qquad\qquad\qquad &= 0\,.
\end{aligned}\right\} \tag{8.12}$$

Um Rundungsfehler bei Zwischenrechnungen zu vermeiden, wurde mit einer genügend großen Anzahl von Ziffern gerechnet, für $n \leqq 4$ wurden sieben Ziffern nach dem Komma und für $5 \leqq n \leqq 8$ wurden zwölf Ziffern nach dem Komma mitgeführt. In den Endergebnissen, die zur Tabelle 8.5 zusammengefaßt wurden, haben wir uns auf vier Ziffern nach dem Komma beschränkt.

Tabelle 8.5

| $n$ | $b_1^{(n)}$ | $b_2^{(n)}$ | $b_3^{(n)}$ | $b_4^{(n)}$ | $b_5^{(n)}$ | $b_6^{(n)}$ | $b_7^{(n)}$ | $b_8^{(n)}$ |
|---|---|---|---|---|---|---|---|---|
| 1 | −0,4083 | | | | | | | |
| 2 | −0,4373 | 0,1129 | | | | | | |
| 3 | −0,4396 | 0,1213 | −0,0308 | | | | | |
| 4 | −0,4397 | 0,1219 | −0,0330 | 0,0083 | | | | |
| 5 | −0,4398 | 0,1220 | −0,0332 | 0,0089 | −0,0022 | | | |
| 6 | −0,4398 | 0,1220 | −0,0332 | 0,0089 | −0,0024 | 0,0006 | | |
| 7 | −0,4398 | 0,1220 | −0,0332 | 0,0089 | −0,0024 | 0,0007 | −0,0002 | |
| 8 | −0,4398 | 0,1220 | −0,0332 | 0,0089 | −0,0024 | 0,0007 | −0,0002 | 0,0001 |

Ein Vergleich der Tabellen 8.4 und 8.5 zeigt, daß der Fehler in den Lösungen der Ritzschen Systeme nicht größer als $10^{-4}$ wird und ist damit höchstens das Doppelte des Fehlers, der bei der Berechnung der rechten Seiten entstehen konnte.

## § 9. Die Stabilität des Ritzschen Verfahrens[1])

Wir betrachten die Minimumaufgabe für das Funktional

$$F(u) = A[u] - l\,u - \overline{l\,u} \tag{9.1}$$

mit einem positiven quadratischen Funktional $A[u]$ und einem linearen Funktional $l\,u$. Wie bereits früher werde der energetische Raum $H_A$ mit dem energetischen Produkt und der energetischen Norm

$$[u, v] = [u, v]_A = A[u, v]\,, \qquad \|u\|^2 = \|u\|_A^2 = A[u] \tag{9.2}$$

definiert. Mit $A[u, v]$ bezeichnen wir das dem quadratischen Funktional entsprechende bilineare Funktional. Wir setzen voraus, daß das Funktional $l\,u$ in der Metrik (9.2) beschränkt ist, es gelte

$$\|l\|_A \leqq C_0 = \text{const.} \tag{9.3}$$

Dann gibt es ein Element $u_0 \in H_A$, das das Minimum des Funktionals $F(u)$ im energetischen Raum realisiert. Dieses Element wird, wie aus dem Satz von F. Riesz über die allgemeine Form eines beschränkten linearen Funktionals im Hilbert-Raum folgt, durch die Gleichung $l\,u = [u, u_0]$ definiert.[2]) Dann ist

$$\|l\|_A = \|u_0\|_A\,,$$

so daß

$$\|u_0\|_A \leqq C_0 \tag{9.4}$$

folgt.

---

[1]) Vgl. auch die Arbeiten [15] und [16] des Autors.

[2]) Siehe § 6.

Es werde eine Näherungslösung der gestellten Variationsaufgabe mit Hilfe des Ritzschen Verfahrens gesucht. Zu diesem Zweck wird ein Koordinatensystem $\{\varphi_n\}$ $(n = 1, 2, \ldots)$ vorgegeben, das den in § 6 formulierten drei Bedingungen genügt. Das durch das Ritzsche Verfahren gewonnene Näherungselement wird durch die Formel (6.6) gegeben, die darin enthaltenen Koeffizienten $a_k^{(n)}$ sind Lösungen des Ritzschen Systems (6.8).

Wie wir im vorangegangenen Paragraphen gesehen hatten, reagiert die Lösung des Ritzschen Systems unterschiedlich auf kleine Fehler, die bei der Ermittlung dieses Systems, d. h. bei der Ermittlung der Systemmatrix und der rechten Seiten, entstanden. In einem Teil der betrachteten Beispiele wuchs der Fehler in den Lösungen sehr rasch mit der Ordnung des Systems an, andere Beispiele zeigten wiederum, daß diese Tendenz des Anwachsens der Fehler keine notwendige Begleiterscheinung des Ritzschen Verfahrens ist. Dieser Sachverhalt führt zum Begriff der Stabilität des Ritzschen Verfahrens, dessen Definition den Inhalt des vorstehenden Paragraphen bildet.

Mit $R_n$ werde die Matrix

$$R_n \doteq \begin{pmatrix} [\varphi_1, \varphi_1]_A & [\varphi_2, \varphi_1]_A & \cdots & [\varphi_n, \varphi_1]_A \\ [\varphi_1, \varphi_2]_A & [\varphi_2, \varphi_2]_A & \cdots & [\varphi_n, \varphi_2]_A \\ \cdot & \cdot & \cdot & \cdot \\ [\varphi_1, \varphi_n]_A & [\varphi_2, \varphi_n]_A & \cdots & [\varphi_n, \varphi_n]_A \end{pmatrix}$$

bezeichnet. Weiter bezeichnen wir mit $f^{(n)}$,

$$f^{(n)} = (l\varphi_1, l\varphi_2, \ldots, l\varphi_n)',$$

die Spalte der rechten Seiten des Ritzzschen Systems und mit $a^{(n)}$,

$$a^{(n)} = (a_1^{(n)}, a_2^{(n)}, \ldots, a_n^{(n)})',$$

die Spalte der Ritzschen Koeffizienten. Das Ritzsche System nimmt dann die folgende Gestalt an:

$$R_n a^{(n)} = f^{(n)}. \tag{9.5}$$

Wir nehmen an, daß das energetische Produkt $[\varphi_k, \varphi_m]$ mit einem Fehler $\gamma_{km} = \bar{\gamma}_{mk}$ ermittelt wurde und daß auch das innere Produkt $f_m = (f, \varphi_m)$ mit einem Fehler $\delta_m$ behaftet ist. Mit $\Gamma_n$ bezeichnen wir die $n$-reihige Matrix mit den Elementen $\gamma_{jk}$ $(j, k = 1, 2, \ldots, n)$, weiter bezeichne $\delta^{(n)}$ eine Spalte mit den Komponenten $\delta_1, \delta_2, \ldots, \delta_n$. An Stelle des Systems (9.5) ergibt sich nunmehr das System

$$(R_n + \Gamma_n)\, b^{(n)} = f^{(n)} + \delta^{(n)}, \tag{9.6}$$

wobei $b^{(n)}$ die Spalte „ungenauer“ Ritzscher Koeffizienten ist.

Die Matrizen $R_n$, $R_n^{-1}$, $\Gamma_n$ definieren im $n$-dimensionalen komplexen Raum lineare Operatoren, die wir der Einfachheit halber ebenfalls mit $R_n$, $R_n^{-1}$, $\Gamma_n$ bezeichnen wollen. Es sind $\|R_n\|$, $\|R_n^{-1}\|$, $\|\Gamma_n\|$ die Normen dieser Operatoren.

Es gilt

$$\|R_n^{-1}\| = \frac{1}{\lambda_1^{(n)}}, \tag{9.7}$$

wobei $\lambda_1^{(n)}$ den kleinsten Eigenwert der Matrix $R_n$ bezeichnet. Wir bemerken weiterhin, daß

$$\|\Gamma_n\| \leqq \left\{\sum_{j,k=1}^{n} |\gamma_{jk}|^2\right\}^{1/2} \tag{9.8}$$

ist.

Die Fehler $\gamma_{jk}$ und $\delta_j$ werden oftmals dadurch hervorgerufen, daß die exakten Größen $[\varphi_j, \varphi_k]$ und $l\varphi_j$ durch Zehnerbrüche mit einer gewissen Anzahl Ziffern nach dem Komma ersetzt werden. Wenn die Anzahl der gültigen Ziffern nach dem Komma $k$ beträgt, ist (dabei wollen wir uns lediglich auf den Fall des reellen Hilbert-Raumes beschränken) $|\gamma_{jk}| < \frac{1}{2}\cdot 10^{-k}$ und $|\delta_j| < \frac{1}{2}\cdot 10^{-k}$. Es folgt dann

$$\|\Gamma_n\| < \frac{n}{2}\cdot 10^{-k}$$

und

$$\|\delta_n\| = \left\{\sum_{j=1}^{n} \delta_j^2\right\}^{1/2} < \frac{\sqrt{n}}{2}\cdot 10^{-k}.$$

Wir nennen das Ritzsche Verfahren *stabil*, wenn von $n$ unabhängige Konstanten $p$, $q$, $r$ dergestalt existieren, daß bei $\|\Gamma_n\| \leqq r$ und beliebigen $\delta^{(n)}$ das System (9.6) lösbar ist und die Ungleichung

$$\|b^{(n)} - a^{(n)}\| \leqq p\,\|\Gamma_n\| + q\,\|\delta^{(n)}\| \tag{9.9}$$

erfüllt ist. Andernfalls nennen wir das Ritzsche Verfahren *instabil*.

Diese Definition setzt stillschweigend voraus, daß wir die Systeme (9.5) und (9.6) exakt, ohne jedwede Fehler lösen können. Das bedeutet, daß die gegebene Definition Rundungsfehler, die bei der Lösung des Systems auftreten, nicht berücksichtigt.

Wie aus dem nachfolgenden Satz zu ersehen ist, wird die Stabilität bzw. Instabilität des Ritzschen Verfahrens vollständig durch Eigenschaften des Koordinatensystems festgelegt.

Satz 9.1. *Das Ritzsche Verfahren ist dann und nur dann stabil, wenn das Koordinatensystem stark minimal im entsprechenden energetischen Raum ist.*

Beweis der Notwendigkeit. Das Ritzsche Verfahren sei stabil. Wir setzen voraus, daß $\Gamma_n \equiv 0$ ist, d. h., bei der Ermittlung des Ritzschen Systems traten lediglich in den rechten Seiten Fehler auf. Dann ist

$$\|b^{(n)} - a^{(n)}\| \leqq q\,\|\delta^{(n)}\|. \tag{9.10}$$

Es sei $\lambda_1^{(n)}$ der kleinste Eigenwert der Matrix $R_n$ und $x_1^{(n)}$ ein ihm entsprechender normierter Eigenvektor.

In Gleichung (9.6) setzen wir dann $\delta^{(n)} = x_1^{(n)}$, so daß man

$$R_n b^{(n)} = f^{(n)} + x_1^{(n)}$$

erhält. Es folgt dann

$$b^{(n)} = a^{(n)} + \frac{1}{\lambda_1^{(n)}} x_1^{(n)}$$

bzw.

$$||b^{(n)} - a^{(n)}|| = \frac{1}{\lambda_1^{(n)}} = \frac{1}{\lambda_1^{(n)}} ||\delta^{(n)}|| .$$

Aus Ungleichung (9.10) folgt dann $\lambda_1^{(n)} \geqq \frac{1}{q}$, das bedeutet aber gerade starke Minimalität des Koordinatensystems.

B e w e i s d e r H i n l ä n g l i c h k e i t. Das Koordinatensystem sei stark minimal, so daß $\lambda_1^{(n)} \geqq \lambda_0 = \text{const}$ gilt. Wir setzen $r = \beta \lambda_0$ mit einer Konstanten $\beta$, $0 < \beta < 1$. Wir setzen $||\Gamma_n|| \leqq \beta \lambda_0$ voraus; dann ist das System (9.6) eindeutig lösbar.

Aus den Gleichungen (9.5) und (9.6) folgt

$$a^{(n)} = R_n^{-1} f^{(n)}, \qquad b^{(n)} = (R_n + \Gamma_n)^{-1} (f^{(n)} + \delta^{(n)}) .$$

Es ist aber

$$(R_n + \Gamma_n)^{-1} = [R_n (I_n + R_n^{-1} \Gamma_n)]^{-1} = (I_n + R_n^{-1} \Gamma_n)^{-1} R_n^{-1} ,$$

wobei $I_n$ die $n$-reihige Einheitsmatrix bezeichnet. Hieraus ergibt sich

$$\begin{aligned} b^{(n)} &= (I_n + R_n^{-1} \Gamma_n)^{-1} R_n^{-1} (f^{(n)} + \delta^{(n)}) \\ &= (I_n + R_n^{-1} \Gamma_n)^{-1} a^{(n)} + (I_n + R_n^{-1} \Gamma_n)^{-1} R_n^{-1} \delta^{(n)} , \end{aligned}$$

und folglich ist

$$\begin{aligned} ||b^{(n)} - a^{(n)}|| \leqq {} & ||(I_n + R_n^{-1} \Gamma_n)^{-1} - I_n|| \, ||a_{(n)}|| \\ & + ||(I_n - R_n^{-1} \Gamma_n)^{-1}|| \, ||R_n^{-1}|| \, ||\delta^{(n)}|| . \end{aligned}$$

Es ist

$$||R_n^{-1} \Gamma_n|| \leqq ||R_n^{-1}|| \, ||\Gamma_n|| = \frac{||\Gamma_n||}{\lambda_1^{(n)}} \leqq \frac{||\Gamma_n||}{\lambda_0} \leqq \beta < 1 ,$$

so daß man die Matrix $(I_n + R_n^{-1} \Gamma_n)^{-1}$ in eine Potenzreihe zerlegen kann:

$$(I_n + R_n^{-1} \Gamma_n)^{-1} = I_n - R_n^{-1} \Gamma_n + (R_n^{-1} \Gamma_n)^2 -$$

bzw.

$$(I_n + R_n^{-1} \Gamma_n)^{-1} - I_n = - R_n^{-1} \Gamma_n + (R_n^{-1} \Gamma_n)^2 -$$

Es folgt

$$\begin{aligned} ||(I_n + R_n^{-1} \Gamma_n)^{-1}|| &\leqq 1 + ||R_n^{-1} \Gamma_n|| + ||(R_n^{-1} \Gamma_n)^2|| + \cdots \\ &\leqq 1 + \frac{||\Gamma_n||}{\lambda_0} + \frac{||\Gamma_n||^2}{\lambda_0^2} + \cdots = \frac{1}{1 - \lambda_0^{-1} ||\Gamma_n||} \leqq \frac{1}{1 - \beta} \end{aligned}$$

und

$$||(I_n + R_n^{-1} \Gamma_n)^{-1} - I_n|| \leqq ||R_n^{-1} \Gamma_n|| + ||(R_n^{-1} \Gamma_n)^2|| + \cdots$$
$$\leqq \frac{\lambda_0^{-1} ||\Gamma_n||}{1 - \lambda_0^{-1} ||\Gamma_n||} \leqq \frac{\lambda_0^{-1} ||\Gamma_n||}{1 - \beta}.$$

Wir erhalten

$$||b^{(n)} - a^{(n)}|| \leqq \frac{\lambda_0^{-1} ||\Gamma_n|| \, ||a^{(n)}|| + \lambda_0^{-1} ||\delta^{(n)}||}{1 - \beta}. \tag{9.11}$$

Zur Abschätzung der Größe $||a^{(n)}||$ benutzen wir

$$|\!|u_n|\!|^2 = \sum_{j,k=1}^{n} [\varphi_k, \varphi_j] \, a_k^{(n)} a_j^{(n)} \geqq \lambda_1^{(n)} \sum_{k=1}^{n} |a_k^{(n)}|^2 = \lambda_1^{(n)} \, ||a^{(n)}||^2 \geqq \lambda_0 \, ||a^{(n)}||^2 ;$$

dann folgt

$$||a^{(n)}|| \leqq \lambda_0^{-1/2} \, |\!|u_n|\!| .$$

Es ist aber $|\!|u_n|\!| \leqq |\!|u_0|\!|$ [1]), so daß sich

$$||a^{(n)}|| \leqq \lambda_0^{-1/2} \, |\!|u_0|\!| \tag{9.12}$$

ergibt. Wenn wir diese Abschätzung in die Formel (9.11) einsetzen, erhalten wir

$$||b^{(n)} - a^{(n)}|| \leqq \frac{\lambda_0^{-3/2} \, |\!|u_0|\!| \, ||\Gamma_n|| + \lambda_0^{-1} ||\delta^{(n)}||}{1 - \beta}. \tag{9.13}$$

Hieraus folgt dann die Ungleichung (9.9), wenn wir

$$p = \frac{\lambda_0^{-3/2} \, |\!|u_0|\!|}{1 - \beta}, \qquad q = \frac{\lambda_0^{-1}}{1 - \beta}$$

setzen.

Es sei bemerkt, daß $|\!|u_0|\!|$ gewöhnlich nicht explizit bekannt ist, so daß man die aus den Ungleichungen (9.13) und (9.4) folgende Abschätzung

$$||b^{(n)} - a^{(n)}|| \leqq \frac{\lambda_0^{-3/2} \, C \, ||\Gamma_n|| + \lambda_0^{-1} ||\delta^{(n)}||}{1 - \beta} \tag{9.13'}$$

benutzen kann.

Wie aus dem Beweisgang ersichtlich ist, kann die uneingeschränkte Verwendbarkeit der Abschätzungen (9.13) und (9.13′) nur dann als gesichert bezeichnet werden, wenn die Lösungen der Systeme (9.5) und (9.6) ohne Rundungsfehler ermittelt worden sind. Wenn man Rundungsfehler zuläßt, kann die Norm der Differenz $b^{(n)} - a^{(n)}$ die rechte Seite jeder der beiden Formeln (9.13) und (9.13′) übersteigen.

Im folgenden wollen wir die hier erhaltenen Ergebnisse auf das zweite Beispiel von § 8 anwenden. Für das in diesem Beispiel benutzte Koordinatensystem (8.9)

---

[1]) Siehe VM, S. 82, Formel (15).

war bewiesen worden, daß es im entsprechenden energetischen Raum fast orthonormiert ist. Um so mehr ist es in diesem Raum stark minimal. Um die Schranke $\lambda_0$ zu finden, benutzen wir einige beim Beweis des Satzes 4.2 angefallene Resultate. Das System (8.9) ist im Raum $H_B$ orthonormiert und deshalb in diesem Raum stark minimal (der Operator $B$ ist durch die Formel (8.4) definiert). Wir identifizieren die Räume $H_A$ und $H_B$ mit den Räumen $\mathfrak{H}_1$ bzw. $\mathfrak{H}_2$ aus § 4. Das System (8.9) ist dann im Raum $\mathfrak{H}_2$ orthonormiert, so daß alle Eigenwerte der Matrix $r_n$ (Formel (4.5)) gleich Eins sind. Mit $\mu_0 = 1$ erhält man eine untere Schranke für die Eigenwerte der Matrix $r_n$. Die Ungleichung (4.1) hat dann die Form (vgl. Formel (8.8))

$$||u||_2 \leqq ||u||_1 ,$$

so daß man $K = 1$ setzen kann. Die Ungleichung (4.6) ergibt dann $\lambda_1^{(n)} \geqq 1$, folglich kann man $\lambda_0 = 1$ setzen. Wenn wir vom RITZschen System (8.11) zum System (8.12) übergehen, überschreitet der Fehler jedes Elements der Matrix und der rechten Seite nicht die Schranke $\frac{1}{2} \cdot 10^{-4}$, d. h.

$$|\gamma_{jk}| \leqq \frac{1}{2} \cdot 10^{-4}, \qquad |\delta_k| \leqq \frac{1}{2} \cdot 10^{-4}$$

Dann folgt

$$||\Gamma_8|| \leqq 4 \cdot 10^{-4}, \qquad ||\delta^{(8)}|| \leqq \sqrt{2} \cdot 10^{-4} .$$

Es kann nun $\beta = 5 \cdot 10^{-4}$ angenommen werden.

Für die Abschätzung der Größe $C \geqq \|u_0\|$ aus Formel (9.13′) benutzen wir die Ungleichung $\|u_0\| \leqq \frac{||f||}{\gamma}$, wobei $f$ die rechte Seite der Gleichung ist. Die Konstante $\gamma$ stammt aus der Ungleichung $(A\,u, u) \geqq \gamma^2\,||u||^2$, die die positive Definitheit des Operators A charakterisiert. Wegen (8.7) kann man $\gamma = \frac{\pi}{2}$ setzen. Weiterhin ist $f(x) = 1$, so daß man

$$||f|| = \left\{ \int_{-1}^{1} dx \right\}^{1/2} = \sqrt{2}$$

erhält. Demnach ergibt sich

$$C = \frac{||f||}{\gamma} = \frac{2\sqrt{2}}{\pi} .$$

Der Einfachheit halber verwenden wir an Stelle $\frac{2\sqrt{2}}{\pi}$ die etwas größere Konstante $C = 1$. Aus (9.13′) erhalten wir dann folgende Abschätzung für die Norm des Fehlervektors:

$$||b^{(8)} - a^{(8)}|| \leqq \frac{1 \cdot 1 \cdot 4 \cdot 10^{-4} + \sqrt{2} \cdot 10^{-4}}{1 - 5 \cdot 10^{-4}} \approx 5{,}4 \cdot 10^{-4} .$$

Ein Vergleich der Tabellen 8.4 und 8.5 ermöglicht folgende Abschätzung:

$$||b^{(8)} - a^{(8)}|| = \sqrt{3} \cdot 10^{-4} < 1{,}8 \cdot 10^{-4},$$

die zwar exakter als die theoretisch ermittelte obere Schranke für die Fehlernorm ist, allerdings mit ihr in der Ordnung übereinstimmt.

## § 10. Die Stabilität der Näherungslösung

Der Lösung $b^{(n)}$ des Systems (9.6) entspricht eine Approximation der Ritzschen Näherungslösung, die wir mit

$$v_n = \sum_{k=1}^{n} b_k^{(n)} \varphi_k \tag{10.1}$$

bezeichnen. Die Ritzsche Näherungslösung

$$u_n = \sum_{k=1}^{n} a_k^{(n)} \varphi_k \tag{10.2}$$

$(a^{(n)} = (a_1^{(n)}, a_2^{(n)}, \ldots, a_n^{(n)})$ ist die Lösung des Ritzschen Systems (9.5)) heißt *stabil*, wenn von $n$ unabhängige Konstanten $p_1$, $q_1$, $r_1$ dergestalt existieren, daß bei $||\Gamma_n|| \leqq r_1$ und beliebigen $\delta^{(n)}$ die Ungleichung

$$|||u_n - v_n||| \leqq p_1 ||\Gamma_n|| + q_1 ||\delta^{(n)}|| \tag{10.3}$$

erfüllt ist.

Satz 10.1. *Die Ritzsche Näherung ist dann und nur dann stabil, wenn das Koordinatensystem stark minimal im entsprechenden energetischen Raum ist.*

Beweis der Notwendigkeit. Wir setzen voraus, daß die Ritzsche Näherung stabil ist. Es sei $\Gamma_n = 0$, dann gilt

$$|||v_n - u_n||| \leqq q_1 ||\delta^{(n)}|| . \tag{10.4}$$

Diese Ungleichung muß für einen beliebigen Vektor $\delta^{(n)}$ erfüllt sein, so daß wir z. B. $\delta^{(n)} = x_1^{(n)}$ wählen können (dabei sei bemerkt, daß wir die Bezeichnungen des Satzes 9.1 beibehalten). Es gilt dann (siehe auch § 9)

$$b^{(n)} = a^{(n)} + \frac{1}{\lambda_1^{(n)}} x_1^{(n)} .$$

Das bedeutet aber

$$v_n = u_n + \frac{1}{\lambda_1^{(n)}} \sum_{k=1}^{n} x_{1k}^{(n)} \varphi_k ,$$

wobei mit $x_{1k}^{(n)}$ $(k = 1, 2, \ldots, n)$ die Komponenten des Vektors $x_1^{(n)}$ bezeichnet werden. Hieraus folgt dann

$$|||v_n - u_n||| = \frac{1}{\lambda_1^{(n)}} \left|\left|\left| \sum_{k=1}^{n} x_{1k}^{(n)} \varphi_k \right|\right|\right| = \frac{||\delta^{(n)}||}{\lambda_1^{(n)}} \left|\left|\left| \sum_{k=1}^{n} x_{1k}^{(n)} \varphi_k \right|\right|\right| .$$

Weiterhin ergibt sich

$$\left\| \sum_{k=1}^{n} x_{1k}^{(n)} \varphi_k \right\|^2 = \left[ \sum_{k=1}^{n} x_{1k}^{(n)} \varphi_k, \sum_{j=1}^{n} x_{1j}^{(n)} \varphi_j \right] = \sum_{j,k=1}^{n} [\varphi_k, \varphi_j] \, x_{1k}^{(n)} \overline{x_{1j}^{(n)}}$$

$$= (R_n x_1^{(n)}, x_1^{(n)}) = (\lambda_1^{(n)} x_1^{(n)}, x_1^{(n)}) = \lambda_1^{(n)},$$

so daß

$$\| v_n - u_n \| = \frac{\|\delta^{(n)}\|}{\sqrt{\lambda_1^{(n)}}}$$

folgt.

Aus Formel (10.4) folgt jetzt $\lambda_1^{(n)} \geqq q_1^{-2}$, das bedeutet aber gerade, daß das Koordinatensystem im energetischen Raum stark minimal ist.

**Beweis der Hinlänglichkeit.**[1]) Wir setzen voraus, daß das Koordinatensystem im energetischen Raum stark minimal ist.

Es ist

$$v_n - u_n = \sum_{k=1}^{n} (b_k^{(n)} - a_k^{(n)}) \varphi_k .$$

Dann folgt

$$\| v_n - u_n \|^2 = \left[ \sum_{k=1}^{n} (b_k^{(n)} - a_k^{(n)}) \varphi_k , \sum_{j=1}^{n} (b_j^{(n)} - a_j^{(n)}) \varphi_j \right]$$

$$= \sum_{j,k=1}^{n} [\varphi_k, \varphi_j] (b_k^{(n)} - a_k^{(n)}) (\overline{b_j^{(n)}} - \overline{a_j^{(n)}})$$

$$= (R_n (b^{(n)} - a^{(n)}), b^{(n)} - a^{(n)})$$

$$\leqq \|R_n b^{(n)} - R_n a^{(n)}\| \cdot \|b^{(n)} - a^{(n)}\| . \tag{10.5}$$

Der zweite Faktor auf der rechten Seite dieser Ungleichung kann durch die Formel (9.13) abgeschätzt werden.

Aus (9.5) und (9.6) erhält man

$$R_n a^{(n)} = f^{(n)}, \qquad R_n b^{(n)} = f^{(n)} + \delta^{(n)} - \Gamma_n b^{(n)} .$$

Dann folgt

$$R_n b^{(n)} - R_n a^{(n)} = \delta^{(n)} - \Gamma_n b^{(n)} = \delta^{(n)} + \Gamma_n a^{(n)} - \Gamma_n (b^{(n)} - a^{(n)}) \tag{10.6}$$

bzw.

$$(R_n + \Gamma_n)(b^{(n)} - a^{(n)}) = \Gamma_n a^{(n)} + \delta^{(n)} .$$

Die letzte Gleichung kann man umformen zu

$$(I_n + \Gamma_n R_n^{-1}) R_n (b^{(n)} - a^{(n)}) = \Gamma_n a^{(n)} + \delta^{(n)}$$

[1]) Vgl. G. N. Jaskowa und M. N. Jakowlew [1].

und erhält dann

$$R_n b^{(n)} - R_n a^{(n)} = (I_n + \Gamma_n R_n^{-1})^{-1} (\Gamma_n a^{(n)} + \delta^{(n)}) .$$

Wir nehmen an, daß $||\Gamma_n|| \leqq \beta \lambda_0$ mit $0 < \beta < 1$ erfüllt ist; dann ist

$$|| \Gamma_n R_n^{-1}|| \leqq \beta , \quad ||(I_n + \Gamma_n R_n^{-1})^{-1} || \leqq \frac{1}{1-\beta} ,$$

$$||R_n (b^{(n)} - a^{(n)}) || \leqq \frac{1}{1-\beta} [||\Gamma_n|| \, ||a^{(n)}|| + ||\delta^{(n)}||] .$$

Wegen (9.12) ist

$$||a^{(n)}|| \leqq \lambda_0^{-1/2} \| u_0 \| ,$$

so daß

$$||R_n (b^{(n)} - a^{(n)})|| \leqq \frac{1}{1-\beta} [\lambda_0^{-1/2} \| u_0 \| \, ||\Gamma_n|| + ||\delta^{(n)}||]$$

folgt. Infolge der Ungleichungen (9.5) und (9.7) ergibt sich nun

$$\| v_n - u_n \|^2 \leqq \frac{1}{1-\beta} [\lambda_0^{-1/2} \| u_0 \| \, ||\Gamma_n|| + ||\delta^{(n)}||] (p \, ||\Gamma_n|| + q \, ||\delta^{(n)}||) .$$

Setzen wir

$$p_1 = \max\left(p, \frac{\lambda_0^{-1/2}}{1-\beta} \| u_0 \|\right), \qquad q_1 = \max\left(q, \frac{1}{1-\beta}\right), \tag{10.7}$$

dann ergibt sich mit der Ungleichung

$$\| v_n - u_n \| \leqq p_1 \, ||\Gamma_n|| + q_1 \, ||\delta^{(n)}||$$

der Beweis des Satzes.

In praktischen Beispielen kann man den Fehler $\| v_n - u_n \|$ nach einer Formel abschätzen, die aus (10.5) und (10.6) folgt. Es ist nämlich

$$\| v_n - u_n \|^2 \leqq ||b^{(n)} - a^{(n)}|| \, ||\delta^{(n)} - \Gamma_n b^{(n)}||$$

bzw.

$$\begin{aligned} \| v_n - u_n \| &\leqq \sqrt{||b^{(n)} - a^{(n)}|| \, [||\delta^{(n)}|| + ||\Gamma_n|| \, ||b^{(n)}||]} \\ &= \sqrt{||\eta^{(n)}|| \, [||\delta^{(n)}|| + ||\Gamma_n|| \, ||b^{(n)}||]} . \end{aligned} \tag{10.8}$$

Wir wenden diese Formel auf die Beispiele des § 8 an.

In beiden Beispielen waren beim Übergang vom System (9.5) zum System (9.6) die echten Brüche durch Zehnerbrüche mit vier Ziffern nach dem Komma ersetzt worden. Das bedeutet $|\gamma_{jk}| < \frac{1}{2} \cdot 10^{-4}$, $|\delta_k| < \frac{1}{2} \cdot 10^{-4}$. Beschränken wir uns auf Ritzsche Systeme vierter Ordnung, dann erhalten wir in beiden Fällen die Abschätzung

$$||\Gamma_4|| \leqq 2 \cdot 10^{-4} , \qquad ||\delta^{(4)}|| \leqq 10^{-4} .$$

Aus den Tabellen 8.1 und 8.2 errechnen wir $||b^{(4)}||$ und $||\eta^{(4)}|| = ||b^{(4)} - a^{(4)}||$ für das erste Beispiel:

$$||b^{(4)}|| = 0{,}8854 , \qquad ||\eta^{(4)}|| = 0{,}0514 .$$

Aus (10.8) folgt nun

$$\|u_4 - v_4\| \leqq \sqrt{0{,}0514\,(10^{-4} + 2 \cdot 10^{-4} \cdot 0{,}8854)} = 0{,}00377 = 3{,}77 \cdot 10^{-3} \;.$$

Für das zweite Beispiel ermitteln wir aus Tabelle 8.5

$$\|\mathfrak{b}^{(4)}\| = 0{,}4576 \,.$$

Die Tabellen 8.4 und 8.5, in denen lediglich vier Ziffern hinter dem Komma ausgeschrieben wurden, ergeben $\|\eta^{(4)}\| = 0$. Indem genauere Werte für $a_k^{(n)}$ und $b_k^{(n)}$ benutzt werden, erhält man $\|\eta^{(4)}\| = 2{,}9 \cdot 10^{-5}$. Dann ist

$$\|v_4 - u_4\| \leqq \sqrt{2{,}9 \cdot 10^{-5}\,(10^{-4} + 2 \cdot 10^{-4} \cdot 0{,}4576)} < 7{,}4 \cdot 10^{-5} \,.$$

Wenn wir nicht von der tatsächlichen Größe $\|\eta^{(n)}\|$ ausgehen, sondern von einer durch die Formeln (9.13) oder (9.13′) erhaltenen Abschätzung, dann ergibt sich

$$\|v_4 - u_4\| \leqq \sqrt{3 \cdot 10^{-4}\,(10^{-4} + 2 \cdot 10^{-4} \cdot 0{,}4576)} \approx 2{,}4 \cdot 10^{-4} \,.$$

Wie wir sehen, ist bei Verwendung eines stark minimalen Koordinatensystems im zweiten Beispiel der Fehler im Vergleich zum ersten Beispiel wesentlich geringer, in welchem lediglich ein nichtminimales Koordinatensystem benutzt wurde.

Bemerkenswert ist weiterhin folgender Umstand: Im zweiten Beispiel, d. h. im Fall eines stark minimalen Koordinatensystems, sind die Abschätzungen für $\|\mathfrak{b}^{(n)} - \mathfrak{a}^{(n)}\|$ und $\|v_n - u_n\|$ (d. h. für die Norm des Fehlervektors der Ritzschen Koeffizienten und für den Fehler der Ritzschen Näherungslösung) von ein und derselben Größenordnung.

Andererseits ist im ersten Beispiel der Fehler der Näherungslösung kleiner als der Fehler des Koeffizientenvektors.[1] Der Grund dafür ist in der Formel (10.8) zu suchen. Die Ordnung des zweiten Faktors des unter der Wurzel stehenden Ausdrucks wird durch die Größen $\|\delta^{(n)}\|$ und $\|\Gamma_n\|$ bestimmt. Wenn das Koordinatensystem stark minimal im energetischen Raum ist, dann ist der erste Faktor unter der Wurzel von gleicher Ordnung wie $\|\Gamma_n\|$ und $\|\delta^{(n)}\|$, so daß die gesamte Wurzel von der gleichen Größenordnung wie $\|\eta^{(n)}\| = \|\mathfrak{b}^{(n)} - \mathfrak{a}^{(n)}\|$ ist. Dann folgt aus (10.8), daß auch $\|v_n - u_n\|$ und $\|\mathfrak{b}^{(n)} - \mathfrak{a}^{(n)}\|$ ein und dieselbe Größenordnung haben. Ist das Koordinatensystem nicht stark minimal, so ist der Genauigkeitsgrad von $\|\eta^{(n)}\|$ geringer als der Genauigkeitsgrad für die Größen $\|\Gamma_n\|$ und $\|\delta^{(n)}\|$, dann wird aber wieder aus (10.8) klar, daß $\|v_n - u_n\|$ eine größere Genauigkeit im Vergleich zu $\|\eta^{(n)}\|$ aufweist.

Wenn das Koordinatensystem nicht stark minimal ist, dann ist offensichtlich der Genauigkeitsgrad von $\|v_n - u_n\|$ kleiner als der Genauigkeitsgrad der Größen $\|\Gamma_n\|$ und $\|\delta^{(n)}\|$, demzufolge ist er auch kleiner, wenn wir zum Vergleich stark minimale Koordinatensysteme heranziehen.

---

[1]) Ähnliches konnte W. M. Mitkewitsch [1] in einem sehr interessanten numerischen Experiment feststellen.

## § 11. Die Konditionszahl der Ritzschen Matrix

Der oben definierte Begriff der Stabilität und die daraus resultierenden Abschätzungen für den Fehler der Ritzschen Koeffizienten bzw. der Ritzschen Näherungslösung basieren auf der Voraussetzung, daß das Ritzsche System exakt gelöst wird, daß also Fehler lediglich bei der Ermittlung dieses Systems gemacht wurden. Es ist allerdings hinreichend bekannt, daß bei der praktischen Lösung linearer Gleichungssysteme Rundungsfehler nicht ausbleiben, die das Bild möglicherweise sehr stark verzerren können. Bekanntlich ist auch der Einfluß dieser Rundungsfehler um so größer, je größer die sog. Konditionszahl der Systemmatrix ist.[1]) Da die Ritzsche Matrix $R_n$ positiv definit ist, kann ihre Konditionszahl ausgedrückt werden durch

$$\varrho(R_n) = \frac{\lambda_n^{(n)}}{\lambda_1^{(n)}}, \tag{11.1}$$

wobei $\lambda_1^{(n)}$ den kleinsten und $\lambda_n^{(n)}$ den größten Eigenwert der Matrix $R_n$ bezeichnen.

Es ist nun wichtig, daß mit wachsendem $n$ die Zahl $\varrho(R_n)$ nicht auch unbeschränkt wächst; denn nur dann kann man erwarten, daß die Rundungsfehler beschränkt bleiben. Man kann nun unschwer Bedingungen für die Beschränktheit der Zahlen $\varrho(R_n)$ herleiten. Bei wachsendem $n$ bildet $\lambda_1^{(n)}$ eine nichtwachsende und $\lambda_n^{(n)}$ eine nichtfallende Folge, so daß $\varrho(R_n)$ nichtfallend ist.[2]) Bei $\lambda_1^{(n)} \to 0$ und $\lambda_n^{(n)} \to \infty$ ist $\varrho(R_n) \to \infty$, so daß für die Beschränktheit von $\varrho(R_n)$ notwendig und hinreichend ist, daß die Eigenwerte der Matrix $R_n$ zwischen zwei von $n$ unabhängigen positiven Zahlen eingeschlossen sind. Folglich ist $\varrho(R_n)$ dann und nur dann unabhängig von $n$ beschränkt, wenn das Koordinatensystem fast orthonormiert im entsprechenden energetischen Raum ist. Gilt dabei $\lambda_0 \leqq \lambda_k^{(n)} \leqq \Lambda_0$ mit zwei positiven Konstanten $\lambda_0$ und $\Lambda_0$, so ist

$$\varrho(R_n) \leqq \frac{\Lambda_0}{\lambda_0}. \tag{11.2}$$

---

[1]) Siehe D. K. Faddejew und W. N. Faddejewa [1], § 15, aber auch J. H. Wilkinson [1].

[2]) Wir erbringen den Beweis dieser Behauptung. Infolge bekannter Eigenschaften der Eigenwerte symmetrischer Matrizen gilt

$$\lambda_1^{(n+1)} = \min_t \left\{ \sum_{j,k=1}^{n+1} [\varphi_j, \varphi_k]\, t_j \bar{t}_k : \sum_{k=1}^{n+1} |t_k|^2 \right\} \tag{*}$$

und

$$\lambda_{n+1}^{(n+1)} = \max_t \left\{ \sum_{j,k=1}^{n+1} [\varphi_j, \varphi_k]\, t_j \bar{t}_k : \sum_{k=1}^{n+1} |t_k|^2 \right\}. \tag{**}$$

Das Maximum bzw. Minimum erstreckt sich über alle Vektoren $t = (t_1, t_2, \ldots, t_n, t_{n+1}) \neq 0$. Offensichtlich kann man $\lambda_1^{(n)}$ als das Minimum des Quotienten (*) mit der zusätzlichen Bedingung $t_{n+1} = 0$ und $\lambda_n^{(n)}$ als das Maximum des Quotienten (**) mit der gleichen zusätzlichen Bedingung $t_{n+1} = 0$ erhalten. Da das eingeschränkte Minimum nicht kleiner ist als das uneingeschränkte (entsprechend das eingeschränkte Maximum nicht größer ist als das uneingeschränkte), gilt $\lambda_1^{(n)} \geqq \lambda_1^{(n+1)}$ und $\lambda_n^{(n)} \leqq \lambda_{n+1}^{(n+1)}$.

Der Operator $B$ sei zum Operator $A$ der betrachteten Aufgabe halbähnlich,

$$K_1 \|u\|_B \leqq \|u\|_A \leqq K_2 \|u\|_B \tag{11.3}$$

($K_1$ und $K_2$ sind positive Konstanten), und das Koordinatensystem sei im Raum $H_B$ orthonormiert. Wenn man dann in den Sätzen 4.2 und 4.3 $\mu_0 = M_0 = 1$ und $K = K_1^{-1}$ setzt, erhält man

$$K_1^2 \leqq \lambda_k^{(n)} \leqq K_2^2$$

bzw.

$$\varrho(R_n) \leqq \frac{K_2^2}{K_1^2}. \tag{11.4}$$

So ist z. B. im zweiten Beispiel des § 8, wie aus (8.7) ersichtlich ist, $K_1 = 1$ und $K_2 = \sqrt{3}$; dann gilt für jedes $n$

$$\varrho(R_n) \leqq 3 .$$

## § 12. Die iterative Lösung des Ritzschen Systems

Die in diesem Paragraphen untersuchte Frage ist nicht unmittelbar mit dem Begriff der Stabilität verknüpft, sondern sie wird eine gewisse Rolle spielen bei den Bedingungen, die man den Koordinatensystemen auferlegen muß, um Stabilität zu erhalten.

Das Ritzsche System

$$R_n a^{(n)} = f^{(n)} \tag{12.1}$$

ist bei beliebigem $\alpha \neq 0$ dem System

$$a^{(n)} = (I_n - \alpha R_n) a^{(n)} + \alpha f^{(n)} \tag{12.2}$$

äquivalent ($I_n$ ist wieder die Einheitsmatrix $n$-ter Ordnung).

Sind $\lambda_k^{(n)}$ die Eigenwerte der Matrix $R_n$, so sind $1 - \alpha \lambda_k^{(n)}$ ($k = 1, 2, \ldots, n$) Eigenwerte der Matrix $I_n - \alpha R_n$. Es werde $\alpha$ so gewählt, daß

$$-1 < 1 - \alpha \lambda_k^{(n)} < 1 \qquad (k = 1, 2, \ldots, n) \tag{12.3}$$

gilt. Dann konvergiert das Iterationsverfahren

$$[a^{(n)}]_{m+1} = (I_n - \alpha R_n) [a^{(n)}]_m + \alpha f^{(n)} \tag{12.4}$$

bei beliebig vorgegebenem Startelement $[a^{(n)}]_0$ gegen die Lösung von (12.1).

Die Zahl $\alpha$ muß positiv sein, da im entgegengesetzten Fall $1 - \alpha \lambda_k^{(n)} > 1$ wird und folglich das Iterationsverfahren divergiert. Bei $\alpha > 0$ fällt $1 - \alpha \lambda_k^{(n)}$ mit wachsendem $k$, so daß es ausreichend ist,

$$1 - \alpha \lambda_1^{(n)} < 1 , \quad 1 - \alpha \lambda_n^{(n)} > -1 \tag{12.5}$$

bzw.

$$0 < \alpha < \frac{2}{\lambda_n^{(n)}} \tag{12.6}$$

zu fordern.

Am vorteilhaftesten ist so ein $\alpha$, bei dem beide Zahlen in (12.5) möglichst weit von den jeweiligen Schranken entfernt sind, d. h., es muß

$$\max\left(|1-\alpha\lambda_1^{(n)}|,\quad |1-\alpha\lambda_n^{(n)}|\right) = \min \tag{12.7}$$

gelten.

Setzen wir $\lambda_1^{(n)} = m$ und $\lambda_n^{(n)} = M$, dann ist $0 < m \leqq M < \infty$. Wir betrachten in einem rechtwinkligen $\alpha$, $\beta$-Koordinatensystem die Linien

$$\beta = |1-\alpha m|\,,\qquad \beta = |1-\alpha M| \tag{12.8}$$

(siehe Abb. 1). Die Bedingung (12.7) besagt, daß ein $\alpha$ dergestalt zu suchen ist, bei dem die größere der Ordinaten (12.8) minimal wird. Aus Abb. 1 ist zu er-

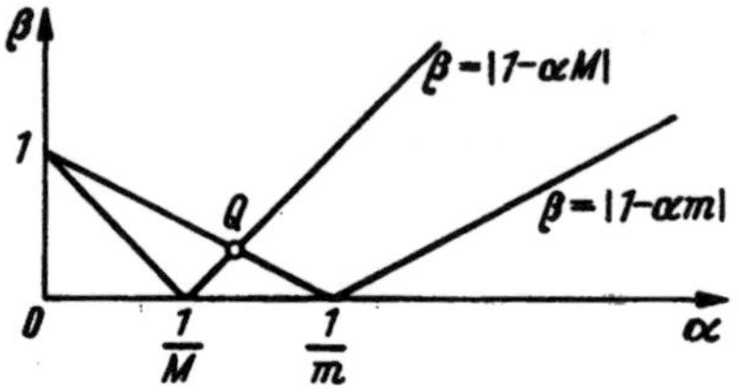


Abb. 1

sehen, daß $\alpha$ die Abszisse des Schnittpunktes der Geraden $\beta = 1-\alpha m$ und $\beta = \alpha M - 1$ ist. Es folgt $\alpha = \frac{2}{m+M}$ bzw. [1])

$$\alpha = \frac{2}{\lambda_1^{(n)} + \lambda_n^{(n)}}\,. \tag{12.9}$$

Dieses $\alpha$ liegt offensichtlich in den Grenzen (12.6). Die Beträge der Zahlen (12.5) sind untereinander gleich, ihr Wert ergibt sich zu

$$\frac{\lambda_n^{(n)} - \lambda_1^{(n)}}{\lambda_n^{(n)} + \lambda_1^{(n)}} = \frac{\varrho(R_n) - 1}{\varrho(R_n) + 1}\,. \tag{12.10}$$

Das Iterationsverfahren (12.4) konvergiert mindestens wie die geometrische Progression mit dem Exponenten (12.10).

Die Größe (12.10) wächst mit $n$. Wenn das Koordinatensystem nicht fast-orthonormiert in der energetischen Metrik ist, konvergiert die Größe (12.10) bei $n \to \infty$ gegen Eins. Bei hinreichend großen $n$ verläuft dann die Konvergenz des Iterationsverfahrens sehr schleppend. Ist jedoch das Koordinatensystem fast orthonormiert in der energetischen Metrik, dann gilt $\lambda_0 \leqq \lambda_k^{(n)} \leqq \Lambda_0$, und es ist $\varrho(R_n) \leqq \frac{\Lambda_0}{\lambda_0}$ (siehe (11.2)) bzw.

$$\frac{\varrho(R_n) - 1}{\varrho(R_n) + 1} \leqq \frac{\Lambda_0 - \lambda_0}{\Lambda_0 + \lambda_0}\,.$$

[1]) (12.3) und (12.9) sind Spezialfälle von Formeln sehr allgemeiner Operatorengleichungen, die von I. P. NATANSON [1] stammen.

Für die Formel (12.9) ist die Kenntnis einiger Eigenwerte der Ritzschen Matrix nötig, und sie ist deshalb für die numerische Rechnung nahezu unbrauchbar. Ist allerdings das Koordinatensystem in der energetischen Metrik fast orthonormiert und $\lambda_0$ und $\Lambda_0$ bekannt, so kann man

$$\alpha = \frac{2}{\Lambda_0 + \lambda_0} \tag{12.11}$$

setzen. Dann ist

$$0 < 1 - \alpha \lambda_1^{(n)} = \frac{\Lambda_0 + \lambda_0 - 2\lambda_1^{(n)}}{\Lambda_0 + \lambda_0} < \frac{\Lambda_0 - \lambda_0}{\Lambda_0 + \lambda_0},$$

$$0 > 1 - \alpha \lambda_n^{(n)} = \frac{\Lambda_0 + \lambda_0 - 2\lambda_n^{(n)}}{\Lambda_0 + \lambda_0} > -\frac{\Lambda_0 - \lambda_0}{\Lambda_0 + \lambda_0}.$$

Das Spektrum der Matrix $I_n - \alpha R_n$ liegt zwischen $-\frac{\Lambda_0 - \lambda_0}{\Lambda_0 + \lambda_0}$ und $\frac{\Lambda_0 - \lambda_0}{\Lambda_0 + \lambda_0}$, dann konvergiert das Iterationsverfahren wenigstens wie die geometrische Progression mit dem Exponenten

$$\frac{\Lambda_0 - \lambda_0}{\Lambda_0 + \lambda_0}. \tag{12.12}$$

Es werde als Spezialfall das in der energetischen Metrik des Operators $B$ orthonormierte Koordinatensystem betrachtet (der Operator $B$ ist dem Operator $A$ halbähnlich, so daß die Ungleichung (11.3) gilt). Man kann dann wie oben $\lambda_0 = K_1^2$ und $\Lambda_0 = K_2^2$ setzen. Aus (12.11) folgt

$$\alpha = \frac{2}{K_1^2 + K_2^2}; \tag{12.13}$$

das Iterationsverfahren konvergiert dann wenigstens wie die geometrische Progression mit

$$\frac{K_2^2 - K_1^2}{K_2^2 + K_1^2}. \tag{12.14}$$

So erhält man auf der Grundlage (12.13) für die Systeme (8.9) und (8.10)[1])

$$\alpha = \frac{2}{1+3} = 0{,}5\,.$$

Das System (12.2) nimmt im betrachteten Fall die folgende Form an (dabei beschränken wir uns auf ein System vierter Ordnung):

$$\left.\begin{aligned} b_1 &= 0{,}2\, b_1 - 0{,}20656\, b_2 - 0{,}32660, \\ b_2 &= -\,0{,}20656\, b_1 + 0{,}2\, b_2 - 0{,}20284\, b_3, \\ b_3 &= -\,0{,}20284\, b_2 + 0{,}2\, b_3 - 0{,}20160\, b_4, \\ b_4 &= -\,0{,}20160\, b_3 + 0{,}2\, b_4. \end{aligned}\right\} \tag{12.15}$$

Das Iterationsverfahren für dieses System konvergiert wie die geometrische Progression mit $q = 0{,}5$.

---

[1]) Wie am Schluß von § 11 bemerkt wurde, ist $K_1 = 1$ und $K_2 = \sqrt{3}$.

Das System (12.15) wird unter Verwendung des Iterationsverfahrens gelöst, wobei die rechte Seite dieses Systems als nullte Näherung dient. Die vier ersten Ziffern nach dem Komma werden beginnend mit der 12. Iteration stabil. Es ist

$$b_1 = -0{,}4397; \quad b_2 = 0{,}1219; \quad b_3 = -0{,}0330; \quad b_4 = 0{,}0083.$$

Dieses Resultat stimmt mit dem früher erhaltenen Ergebnis überein (vgl. Tabelle 8.5 des § 8).

Es werde am Schluß noch die Möglichkeit erörtert, daß bei Vorgabe eines fast orthonormierten Koordinatensystems eine der beiden Zahlen $\lambda_0$ oder $\Lambda_0$ (oder auch beide) nicht bekannt sind. Dann kann nämlich die Formel (12.11) keine Verwendung finden. Ist wenigstens $\Lambda_0$ bekannt, so kann das Iterationsverfahren benutzt werden, da jede Zahl $\alpha$ mit $0 < \alpha \leqq \frac{2}{\Lambda_0}$ die Ungleichung (12.6) erfüllt. Diese Ungleichung garantiert aber die Konvergenz des Verfahrens.

## § 13. Eine Verallgemeinerung des Begriffs der Stabilität[1]

Der in § 9 definierte Begriff der Stabilität läßt eine einfache und natürliche Verallgemeinerung zu.

Wir nehmen an, daß ein gegebenes numerisches Verfahren mit der Lösung einer Folge von Gleichungen der Form

$$A_n x^{(n)} = y^{(n)} \tag{13.1}$$

gekoppelt ist. Hierbei bezeichnet $A_n$ einen Operator aus dem BANACH-Raum $X_n$ in einen anderen BANACH-Raum $Y_n$. Wir setzen voraus, daß für alle $n$ der inverse Operator $A_n^{-1}$ existiert und auf dem gesamten Raum $Y_n$ definiert ist.

Neben den Gleichungen (13.1) werde eine weitere Folge von Gleichungen

$$(A_n + \Gamma_n) z^{(n)} = y^{(n)} + \delta^{(n)} \tag{13.2}$$

betrachtet. Wir nennen das gegebene numerische Verfahren stabil, wenn von $n$ unabhängige Konstanten $p$, $q$, $r$ dergestalt existieren, daß bei $\|\Gamma_n\| \leqq r$ und beliebigen $\delta^{(n)}$ die Gleichung (13.2) lösbar ist und die Ungleichung

$$\|\eta^{(n)}\| \leqq p\,\|\Gamma_n\| + q\,\|\delta^{(n)}\|, \tag{13.3}$$

wobei $\eta^{(n)} = z^{(n)} - x^{(n)}$ gesetzt wurde, erfüllt ist.

Satz 13.1. *Das numerische Verfahren* (13.1) *ist dann und nur dann stabil, wenn es von $n$ unabhängige Konstanten $C_1$ und $C_2$ gibt, so daß die folgenden Bedingungen erfüllt sind:*

1. $\|A_n^{-1}\| \leqq C_1$;

2. *wie auch die Operatorenfolge $B_n$ aus dem Raum $X_n$ in den Raum $Y_n$ mit $\|B_n\| = 1$ gewählt werde, gilt immer*

$$\|A_n^{-1} B_n A_n^{-1} y^{(n)}\| = \|A_n^{-1} B_n x^{(n)}\| \leqq C_2.$$

---

[1]) Siehe auch die Arbeit [21] des Autors.

Beweis der Notwendigkeit.

1. Es sei $\Gamma_n = 0$. Dann folgt aus der Ungleichung (13.3) $\|\eta^{(n)}\| \leqq q \|\delta^{(n)}\|$. Es ist $A_n \eta^{(n)} = A_n z^{(n)} - A_n x^{(n)} = \delta^{(n)}$, folglich gilt

$$\|A_n \eta^{(n)}\| \geqq \frac{1}{q} \|\eta^{(n)}\|$$

Das heißt aber gerade $\|A_n^{-1}\| \leqq q$, und man kann $C_1 = q$ setzen.

2. Es sei $\delta^{(n)} = 0$ und $\Gamma_n = \varepsilon B_n$ mit $\|B_n\| = 1$ und $\varepsilon = \|\Gamma_n\| \leqq r$. Dann ist

$$(A_n + \Gamma_n) z^{(n)} = y^{(n)} .$$

Hieraus folgt

$$z^{(n)} + A_n^{-1} \Gamma_n z^{(n)} = x^{(n)}$$

bzw.

$$z^{(n)} - x^{(n)} + A_n^{-1} \Gamma_n (z^{(n)} - x^{(n)}) = - A_n^{-1} \Gamma_n x^{(n)}. \tag{13.4}$$

Weiter gilt

$$\|A_n^{-1} \Gamma_n x^{(n)}\| = \varepsilon \|A_n^{-1} B_n x^{(n)}\| = \|\Gamma_n\| \|A_n^{-1} B_n x^{(n)}\|$$

und

$$\begin{aligned}\|A_n^{-1} \Gamma_n (z^{(n)} - x^{(n)})\| &= \varepsilon \|A_n^{-1} B_n (z^{(n)} - x^{(n)})\| \\ &\leqq \varepsilon \|A_n^{-1}\| \|z^{(n)} - x^{(n)}\| \leqq \varepsilon q \|z^{(n)} - x^{(n)}\| .\end{aligned}$$

Nun folgt aus (13.4)

$$\|\eta^{(n)}\| = \|z^{(n)} - x^{(n)}\| \geqq \frac{\|\Gamma_n\| \|A_n^{-1} B_n x^{(n)}\|}{1 + \varepsilon q} .$$

Vergleicht man dieses Resultat mit der Ungleichung (13.3), die im betrachteten Fall die Form $\|\eta^{(n)}\| \leqq p \|\Gamma_n\|$ annimmt, so erhält man

$$\|A_n^{-1} B_n x^{(n)}\| \leqq p (1 + \varepsilon q) .$$

Da $\varepsilon$ beliebig ist, folgt

$$\|A_n^{-1} B_n x^{(n)}\| \leqq p ,$$

und man kann $C_2 = p$ setzen.

Beweis der Hinlänglichkeit. Die Bedingungen des Satzes 13.1 seien erfüllt.

Wir setzen $r = \frac{\beta}{C_1}$ mit einem konstanten $\beta$, $0 < \beta < 1$, und fordern $\|\Gamma_n\| \leqq r$.

Wir betrachten die Gleichungen

$$(A_n + \Gamma_n) z_1^{(n)} = y^{(n)} , \qquad (A_n + \Gamma_n) z_2^{(n)} = \delta^{(n)} . \tag{13.5}$$

Dann ist $z^{(n)} = z_1^{(n)} + z_2^{(n)}$ und $\eta^{(n)} = (z_1^{(n)} - x^{(n)}) + z_2^{(n)}$. Bei $\Gamma_n = 0$ erhält man $z_1^{(n)} = x^{(n)}$ und $z_2^{(n)} = \eta^{(n)} = A_n^{-1} \delta^{(n)}$. Dann ist mit der Ungleichung

$$\|\eta^{(n)}\| \leqq \|A_n^{-1}\| \|\delta^{(n)}\| \leqq C_1 \|\delta^{(n)}\|$$

der Satz bewiesen. Wenn $\Gamma_n \neq 0$ ist, wird $\Gamma_n = \|\Gamma_n\| B_n$, $\|B_n\| = 1$ gesetzt. Zunächst werde $\|z_2^{(n)}\|$ abgeschätzt:

$$z_2^{(n)} = (I_n + A_n^{-1} \Gamma_n)^{-1} A_n^{-1} \delta^{(n)}$$

($I_n$ ist der identische Operator im Raum $X_n$). Es folgt

$$\|z_2^{(n)}\| \leqq C_1 \|(I_n + A_n^{-1} \Gamma_n)^{-1}\| \, \|\delta^{(n)}\| .$$

Man ermittelt

$$\|(I_n + A_n^{-1} \Gamma_n)^{-1}\| \leqq \frac{1}{1-\beta},$$

so daß

$$\|z_2^{(n)}\| \leqq \frac{C_1}{1-\beta} \|\delta^{(n)}\| \tag{13.6}$$

gilt. Aus der ersten Gleichung (13.5) erhält man

$$(I_n + A_n^{-1} \Gamma_n) z_1^{(n)} = x^{(n)}$$

bzw.

$$(I_n + A_n^{-1} \Gamma_n)(z_1^{(n)} - x^{(n)}) = - A_n^{-1} \Gamma_n x^{(n)} .$$

Dann folgt

$$z_1^{(n)} - x^{(n)} = - (I_n + A_n^{-1} \Gamma_n)^{-1} A_n^{-1} \Gamma_n x^{(n)}$$

und

$$\|z_1^{(n)} - x^{(n)}\| \leqq \frac{\|A_n^{-1} \Gamma_n x^{(n)}\|}{1-\beta} = \frac{\|A_n^{-1} B_n x^{(n)}\|}{1-\beta} \|\Gamma_n\| \leqq \frac{C_2}{1-\beta} \|\Gamma_n\| . \tag{13.7}$$

Aus (13.6) und (13.7) geht dann hervor, daß die Ungleichung (13.3) mit den Konstanten

$$p = \frac{C_2}{1-\beta}, \qquad q = \frac{C_1}{1-\beta}$$

erfüllt ist.

**Bemerkungen.**

1. Es sei die Bedingung 1 des Satzes 13.1 erfüllt. Wenn dann $\|x^{(n)}\| \leqq C_3 = \text{const}$ gilt, ist auch die Bedingung 2 dieses Satzes erfüllt:

$$\|A_n^{-1} B_n x^{(n)}\| \leqq \|A_n^{-1}\| \, \|x^{(n)}\| \leqq C_1 C_3 .$$

Somit ist für die Stabilität des Verfahrens (13.1) hinreichend, daß $\|A_n^{-1}\|$ und $\|A_n^{-1} y^{(n)}\| = \|x^{(n)}\|$ gleichmäßig beschränkt sind.

2. Wenn die Normen $\|A_n^{-1}\|$ durch eine positive Konstante nach unten beschränkt sind, folgt die gleichmäßige Beschränktheit von $\|x^{(n)}\|$ aus der Bedingung 2 des Satzes 13.1. Für den Beweis dieser Behauptung nehmen wir das Gegenteil an, d. h., es sei $\|x^{(n_k)}\| \to \infty$. Wir wählen ein Element $t^{(n_k)}$ mit $\|t^{(n_k)}\| = 1$ dergestalt, daß $\|A_{n_k}^{-1} t^{(n_k)}\| > \frac{1}{2} \|A_{n_k}^{-1}\|$ gilt. Mit $f_{n_k}(x)$ bezeichnen wir ein lineares Funktional, für das $f_{n_k}(x^{(n_k)}) = \|x^{(n_k)}\|$ und $\|f_{n_k}\| = 1$ gilt. Wir setzen $B_{n_k}(x) = f_{n_k}(x)\, t^{(n_k)}$. Es folgt

$$\|B_{n_k} x\| = |f_{n_k}(x)| \leqq \|x\| .$$

Das Gleichheitszeichen wird bei $x = x^{(n_k)}$ angenommen, folglich ist $\|B_{n_k}\| = 1$.

Man erhält weiter

$$A_{n_k}^{-1} B_{n_k} x^{(n_k)} = ||x^{(n_k)}|| \, A_{n_k}^{-1} t^{(n_k)}$$

und

$$||A_{n_k}^{-1} B_{n_k} x^{(n_k)}|| > \frac{1}{2} \, ||A_{n_k}^{-1}|| \, ||x^{(n_k)}|| \to \infty ,$$

was der Bedingung 2 widerspricht.

Diese Bemerkungen gestatten die Formulierung des folgenden Satzes.

Satz 13.2. *Wenn die Normen* $||A_n^{-1}||$ *gleichmäßig nach unten durch eine positive Konstante beschränkt sind, ist für die Stabilität des numerischen Verfahrens* (13.1) *notwendig und hinreichend, daß* $||A_n^{-1}||$ *und* $||x^{(n)}|| = ||A_n^{-1} y^{(n)}||$ *gleichmäßig nach oben beschränkt sind.*

Im Fall des Ritzschen Verfahrens ist $A_n = R_n$, und die Normen $||R_n^{-1}||$ sind positiv nach unten beschränkt. In der Tat, es gilt

$$||R_n^{-1}|| = \frac{1}{\lambda_1^{(n)}} .$$

Es wächst jedoch der Eigenwert $\lambda_1^{(n)}$ mit $n$ nicht, so daß $[\lambda_1^{(n)}]^{-1} \geqq [\lambda_1^{(1)}]^{-1} = \|\varphi_1\|^{-2}$ folgt. Demnach ist für das Ritzsche Verfahren der Satz 13.2 anwendbar.

Die Beschränktheit der Normen $||R_n^{-1}||$ bedeutet starke Minimalität des Koordinatensystems im Raum $H_A$, aus der wir als Folgerung die Beschränktheit der Normen $||x^{(n)}|| = ||a^{(n)}||$ erhalten (siehe (9.12)). Mithin ist Satz 9.1 eine Folgerung des Satzes 13.2.

Es seien die $X_n$ Unterräume eines Banach-Raumes $X$.

Wir sagen, das numerische Verfahren (13.1) sei *konvergent*, wenn ein Grenzelement $x_0 = \lim x^{(n)}$ existiert. Dann sind die Normen $||x^{(n)}||$ gleichmäßig beschränkt, und aus Satz 13.1 folgt

Satz 13.3. *Ist das Verfahren* (13.1) *konvergent, so ist für seine Stabilität notwendig und hinreichend, daß die Normen* $||A_n^{-1}||$ *gleichmäßig beschränkt sind.*

Der Satz 13.3 legt die Stabilität der Ritzschen Näherungslösung in einem anderen Sinn fest. In diesem Fall gilt $X = H_A$, $X_n$ ist der von den Elementen $\varphi_1, \varphi_2, \ldots, \varphi_n$ aufgespannte Unterraum des Raumes $H_A$, und $Y_n$ ist der $n$-dimensionale komplexe Raum.

Mit $S_n$ bezeichnen wir den Operator, der jedem Element $u_n \in X_n$ die Spalte seiner Koeffizienten zuordnet. Es sei

$$u_n = \sum_{k=1}^{n} a_k^{(n)} \varphi_k$$

und $a^{(n)} = (a_1^{(n)}, a_2^{(n)}, \ldots, a_n^{(n)})$, dann ist $S_n u_n = a^{(n)}$. Es sei $u_n$ die $n$-te Ritzsche Näherungslösung, dann ist (siehe (9.5))

$$R_n a^{(n)} = f^{(n)} .$$

Es folgt dann

$$R_n S_n u_n = f^{(n)} , \tag{13.8}$$

so daß man in natürlicher Weise

$$A_n = R_n S_n \tag{13.9}$$

setzen kann. Weiterhin erhält man

$$A_n^{-1} f^{(n)} = u_n = \sum_{k=1}^{n} a_k^{(n)} \varphi_k . \tag{13.10}$$

Wir betrachten die Norm

$$\|u_n\|_A^2 = (R_n a^{(n)}, a^{(n)}) ,$$

die im wesentlichen mit (10.5) identisch ist. Setzen wir $a^{(n)} = R_n^{-1} f^{(n)}$ ein, so ergibt sich

$$\|A_n^{-1} f^{(n)}\|_A^2 = \|u_n\|_A^2 = (f^{(n)}, R_n^{-1} f^{(n)}) . \tag{13.11}$$

Aus (13.8) folgt $u_n = S_n^{-1} R_n^{-1} f^{(n)}$ und

$$\|u_n\|_A^2 = [S_n^{-1} R_n^{-1} f^{(n)}, S_n^{-1} R_n^{-1} f^{(n)}]_A = \left((S_n^{-1})^* S_n^{-1} R_n^{-1} f^{(n)}, R_n^{-1} f^{(n)}\right)_{E_n} .$$

Ein Vergleich mit (13.11) liefert ($R_n^{-1} f^{(n)}$ ist ein beliebiger Vektor)

$$R_n = (S_n^{-1})^* S_n^{-1} . \tag{13.12}$$

Es folgt

$$A_n = (S_n^{-1})^* \tag{13.13}$$

und

$$\|A_n^{-1}\| = \|S_n^*\| = \|S_n\| = \sqrt{\|R_n^{-1}\|} = \frac{1}{\sqrt{\lambda_1^{(n)}}} . \tag{13.14}$$

Da die Näherungslösungen $u_n$ in der Metrik des Raumes $H_A$ gegen die exakte Lösung $u_0$ konvergieren, ist das betrachtete numerische Verfahren konvergent. Nach Satz 13.3 ist dann für seine Stabilität notwendig und hinreichend, daß die Normen $\|A_n^{-1}\|$ gleichmäßig beschränkt sind. Wie die Formel (13.14) zeigt, ist das dann und nur dann erfüllt, wenn das Koordinatensystem stark minimal im Raum $H_A$ ist.

Somit steht folgendes Resultat fest: Wenn das Koordinatensystem stark minimal im Raum $H_A$ ist, dann ist das Ritzsche Näherungsverfahren stabil in dem Sinne, daß drei positive Konstanten $p'$, $q'$, $r'$ mit folgenden Eigenschaften existieren: Ist der Operator $A_n$ (siehe (13.9)) mit einem Fehler $\tilde{\Gamma}_n$ behaftet und gilt $\|\tilde{\Gamma}_n\| \leq r'$ und ist der Fehler des Vektors $f^{(n)}$ der Vektor $\delta^{(n)}$, so ist die energetische Norm des Fehlers $v_n - u_n$ der Näherungslösung $u_n$ nicht größer als $p' \|\tilde{\Gamma}_n\| + q' \|\delta^{(n)}\|$.

Wir zeigen noch, daß hieraus auch der Satz 10.1 folgt. Wenn die Matrix $R_n$ mit einem Fehler $\Gamma_n$ ermittelt wurde, dann ist die Matrix $A_n = (S_n^{-1})^*$ mit einem Fehler $\tilde{\Gamma}_n$ behaftet. Aus

$$S_n^{-1} a_n = u_n = \sum_{k=1}^{n} a_k^{(n)} \varphi_k$$

folgt, daß der Operator $S_n^{-1}$ fehlerfrei ermittelt wird, da die Koordinatenelemente laut Definition exakt vorgegeben sind. Fehler in dieser Formel, die durch arithmetische Operationen hervorgerufen werden, wollen wir vernachlässigen. Die Fehler $\Gamma_n$ und $\tilde{\Gamma}_n$ sind wegen (13.12) durch

$$R_n + \Gamma_n = [(S_n^{-1})^* + \tilde{\Gamma}_n]\, S_n^{-1}$$

miteinander verknüpft, so daß $\tilde{\Gamma}_n = \Gamma_n S_n$ folgt. Dann erhält man

$$\|\tilde{\Gamma}_n\| \leqq \|\Gamma_n\|\, \|S_n\| = \frac{1}{\sqrt{\lambda_1^{(n)}}} \|\Gamma_n\| < \lambda_0^{-1/2} \|\Gamma_n\| \tag{13.15}$$

($\lambda_0$ ist eine positive untere Schranke für die Eigenwerte $\lambda_1^{(n)}$). Wenn das Koordinatensystem stark minimal im Raum $H_A$ ist, folgt — wie oben gezeigt wurde —

$$\|v_n - u_n\| \leqq p' \|\tilde{\Gamma}_n\| + q' \|\delta^{(n)}\| .$$

Unter Beachtung von (13.15) ergibt sich

$$\|v_n - u_n\| \leqq p_1 \|\Gamma_n\| + q_1 \|\delta^{(n)}\|$$

mit $p_1 = p' \lambda_0^{-1/2}$ und $q_1 = q'$.

## § 14. Die Stabilität des Bubnow-Galerkinschen Verfahrens für stationäre Aufgaben

Es werde zunächst das allgemeine Schema des Bubnow-Galerkinschen Verfahrens beschrieben.[1]) Der Operator $A$ der Gleichung

$$A u - f = 0 \tag{14.1}$$

habe die Form

$$A = A_0 + K , \tag{14.2}$$

wobei $A_0$ ein positiv definiter Operator des betrachteten separablen Hilbert-Raumes $H$ sei. Es gelte $D(K) \supset D(A_0)$. Weiterhin setzen wir voraus, daß man $T = A_0^{-1} K$ zu einem vollstetigen Operator des energetischen Raumes $H_0 = H_{A_0}$ erweitern kann. Die Gleichung (14.1) ist der Gleichung

$$u + Tu - A_0^{-1} f = 0 \tag{14.3}$$

äquivalent. Genauer gesagt erfüllt jede Lösung der Gleichung (14.1) die Gleichung (14.3), umgekehrt genügt auch jede Lösung der Gleichung (14.3), die dem Definitionsgebiet $D(A_0)$ des Operators $A_0$ angehört, der Gleichung (14.1). Wenn jedoch die Gleichung (14.3) eine Lösung besitzt (sie gehört notwendigerweise dem Raum $H_0$ an), die nicht dem Definitionsgebiet $D(A_0)$ angehört, so wollen wir sie *verallgemeinerte Lösung* der Gleichung (14.1) nennen.

Im Bubnow-Galerkinschen Verfahren wird ein Koordinatensystem

$$\varphi_1, \varphi_2, \ldots, \varphi_n, \ldots \tag{14.4}$$

[1]) Siehe VM, §§ 73, 78, 82.

ausgewählt, das zu § 6 analogen Bedingungen unterworfen wird: 1. $\varphi_n \in H_0$ $(n = 1, 2, \ldots)$; 2. bei beliebigem $n$ sind die Element $\varphi_1, \varphi_2, \ldots, \varphi_n$ linear unabhängig; 3. die Folge (14.4) ist im Raum $H_0$ vollständig.

Eine genäherte Lösung der Gleichung (14.1) bzw. der Gleichung (14.3) suchen wir in der Form

$$u_n = \sum_{k=1}^{n} a_k^{(n)} \varphi_k , \tag{14.5}$$

wobei die Koeffizienten $a_k^{(n)}$ aus der Bedingung ermittelt werden, daß nach Einsetzen von $u_n$ an Stelle $u$ in den linken Teil der Gleichung (14.3) dieser orthogonal in der Metrik $H_0$ zu den Elementen $\varphi_1, \varphi_2, \ldots, \varphi_n$ erscheint. Somit ergibt sich folgendes BUBNOW-GALERKINsches Gleichungssystem:

$$\sum_{k=1}^{n} \{[\varphi_k, \varphi_j] + [T\varphi_k, \varphi_j]\} a_k^{(n)} = [A_0^{-1} f, \varphi_j] \qquad (j = 1, 2, \ldots, n)$$

bzw.

$$\sum_{k=1}^{n} \{[\varphi_k, \varphi_j] + [T\varphi_k, \varphi_j]\} a_k^{(n)} = (f, \varphi_j) \qquad (j = 1, 2, \ldots, n). \tag{14.6}$$

Die quadratischen Klammern bedeuten das energetische Produkt im Raum $H_0$. Gilt $D(K) \supset H_0$, so ist $[T\varphi_k, \varphi_j] = [A_0^{-1} K\varphi_k, \varphi_j] = (K\varphi_k, \varphi_j)$; dann nimmt das System (14.6) die folgende Gestalt an:

$$\sum_{k=1}^{n} \{[\varphi_k, \varphi_j] + (K\varphi_k, \varphi_j)\} a_k^{(n)} = (f, \varphi_j) \qquad (j = 1, 2, \ldots, n). \tag{14.6'}$$

Diese Form besitzt den wesentlichen Vorteil, daß der inverse Operator $A_0^{-1}$ faktisch nicht ermittelt zu werden braucht. Schließlich sei $\varphi_k \in D(A_0)$. Dann gilt $[\varphi_k, \varphi_j] = (A_0\varphi_k, \varphi_j)$, und wir erhalten die Normalform des BUBNOW-GALERKINschen Gleichungssystems:

$$\sum_{k=1}^{n} \{(A_0\varphi_k, \varphi_j) + (K\varphi_k, \varphi_j)\} a_k^{(n)} = (f, \varphi_j) \qquad (j = 1, 2, \ldots, n). \tag{14.6''}$$

Die Gleichungen (14.6″) kann man auch noch erhalten, wenn man in die linke Seite der Gleichung (14.1) $u_n$ an Stelle von $u$ einsetzt und fordert, daß das Resultat orthogonal in der Metrik des gegebenen Raumes $H$ zu den Elementen $\varphi_1, \varphi_2, \ldots, \varphi_n$ ist. Besitzt die Gleichung (14.1) eine eindeutige Lösung, so konvergiert bekanntlich die Folge der Näherungslösungen (14.5) (siehe VM, § 78) in der Metrik des Raumes $H_0$ gegen diese Lösung.

Satz 14.1. *Wenn das Koordinatensystem* (14.4) *stark minimal im Raum $H_0$ ist und die Gleichung* (14.1) *eine eindeutige Lösung besitzt, dann ist das* BUBNOW-GALERKIN*sche Verfahren stabil.*[1])

---

[1]) Siehe G. N. JASKOWA und M. N. JAKOWLEW [1], die ein allgemeineres numerisches Verfahren, das Verfahren von GALERKIN-PETROW, untersuchten.

**Beweis.** Wir bezeichnen mit $R_n$ und $B_n$ $n$-reihige Matrizen mit den Elementen $[\varphi_j, \varphi_k]$ und $[T\varphi_k, \varphi_j]$ $(j, k = 1, 2, \ldots, n)$. Weiterhin sei $a^{(n)}$ der Vektor mit den Komponenten $a_1^{(n)}, a_2^{(n)}, \ldots, a_n^{(n)}$ und $f^{(n)}$ der Vektor mit den Komponenten $(f, \varphi_1), (f, \varphi_2), \ldots, (f, \varphi_n)$. Das System (14.6) läßt sich dann in der Form

$$(R_n + B_n)\, a^{(n)} = f^{(n)} \tag{14.7}$$

schreiben.

In Übereinstimmung mit der Bemerkung 1 des § 13 ist es hinreichend zu zeigen, daß die Normen $\|(R_n + B_n)^{-1}\|$ und $\|a^{(n)}\|$ gleichmäßig beschränkt sind. Es werde zunächst die Beschränktheit der Normen $\|a^{(n)}\|$ bewiesen. Wie auch in § 9 ermittelt man $\|a^{(n)}\| \leqq \lambda_0^{-1/2} \,|\!|\!| u_n |\!|\!|$, wobei $\lambda_0$ eine positive untere Schranke für die Eigenwerte der Matrizen $R_n$ ist. Eine derartige Abschätzung existiert, da das Koordinatensystem stark minimal im Raum $H_0$ ist. Wenn weiterhin $u_0$ Lösung der Gleichung (14.1) ist, gilt $|\!|\!| u_n - u_0 |\!|\!| \to 0$. Hieraus folgt $|\!|\!| u_n |\!|\!| \to |\!|\!| u_0 |\!|\!|$. Es sind dann die Normen $|\!|\!| u_n |\!|\!|$ beschränkt, d. h., es existiert eine Konstante $c_0$ mit $|\!|\!| u_n |\!|\!| \leqq c_0$. Nun folgt

$$\|a^{(n)}\| \leqq \lambda_0^{-1/2}\, c_0 = \text{const}\,.$$

Um die Beschränktheit der Normen $\|(R_n + B_n)^{-1}\|$ zu beweisen, werde zunächst der Fall eines in $H_0$ orthonormierten Koordinatensystems betrachtet. Wir nehmen einige Änderungen in den Bezeichnungen vor. Die Koordinatenelemente werden wir mit $\omega_n$ $(n = 1, 2, \ldots)$ bezeichnen. Es gilt

$$[\omega_k, \omega_j] = \delta_{kj}\,.$$

In diesem Fall gilt $R_n = I_n$ ($I_n$ ist die $n$-reihige Einheitsmatrix). Die Matrix mit den Elementen $[T\omega_k, \omega_j]$ $(j, k = 1, 2, \ldots, n)$ bezeichnen wir mit $\Delta_n$. Die Gleichung (14.7) nimmt dann folgende Gestalt an:

$$(I_n + \Delta_n)\, a^{(n)} = g^{(n)}\,, \tag{14.7'}$$

wobei $g^{(n)}$ der Vektor mit den Komponenten $(f, \omega_1), (f, \omega_2), \ldots, (f, \omega_n)$ ist. Die Gleichung (14.1) ist folgendem unendlichen Gleichungssystem äquivalent [1]):

$$a_j + \sum_{k=1}^{\infty} [T\omega_k, \omega_j]\, a_k = (f, \omega_j) \quad (j = 1, 2, \ldots). \tag{14.8}$$

Wenn wir mit $\Delta$ die Matrix mit den Elementen $[T\omega_k, \omega_j]$, mit $a$ die Folge $(a_1, a_2, \ldots)$ und mit $g$ die Folge $(f, \omega_1), (f, \omega_2), \ldots$ bezeichnen, dann kann das System (14.8) in der Form

$$(I + \Delta)\, a = g \tag{14.8'}$$

geschrieben werden ($I$ ist die unendliche Einheitsmatrix).

Es sei bemerkt, daß die Folgen $a$ und $g$ Elemente des Raumes $l_2$ sind, da $a_j = [u_0, \omega_j]$ FOURIER-Koeffizienten der Lösung $u_0$ bezüglich des im Raum $H_0$ orthonormierten Systems (14.4) sind, weiterhin sind die $(f, \omega_j) = [A_0^{-1} f, \omega_j]$ FOURIER-Koeffizienten des Elements $A_0^{-1} f$ in bezug auf das gleiche System.

---

[1]) Siehe [4], § 52, des Autors.

Die Matrix $\Delta$ definiert im Raum $l_2$ einen vollstetigen Operator. Da das System (14.8') der Gleichung (14.3) äquivalent ist, besitzt es im Raum $l_2$ eine eindeutige Lösung. Bekanntlich besitzt dann auch das System (14.7) für hinreichend große $n$ eine eindeutige Lösung. Das bedeutet aber, daß die Matrizen $(I + \Delta)^{-1}$ und $(I_n + \Delta_n)^{-1}$ (für hinreichend große $n$) existieren.

Die Matrix $G = (I + \Delta)^{-1} - I$ definiert ebenfalls einen vollstetigen Operator im Raum $l_2$. Wir setzen $G_n = (I_n + \Delta_n)^{-1} - I_n$. Wir erweitern die Matrix $G_n$ durch Hinzufügen von Nullen zu einer unendlichen Matrix, die wir mit $\tilde{G}_n$ bezeichnen werden. Es gilt[1])

$$||\tilde{G}_n - G|| \underset{n\to\infty}{\to} 0 . \tag{14.9}$$

Wir zeigen

$$||\tilde{G}_n||_{l_2} = ||G_n||_{E_n} ; \tag{14.10}$$

hierbei ist die Norm auf der linken Seite der Gleichung als Norm des Operators in $l_2$ zu verstehen, die Norm auf der rechten Seite dagegen bezeichnet die Norm des Operators im komplexen $n$-dimensionalen Raum. Es ist

$$||\tilde{G}_n|| = \sup_{\tilde{x}\in l_2} \frac{||\tilde{G}_n(\tilde{x})||}{||\tilde{x}||} . \tag{14.11}$$

Mit $g_{jk}$ bezeichnen wir die Elemente der Matrix $G_n$. Es sei

$$\tilde{x} = (x_1, x_2, \ldots, x_n, x_{n+1}, \ldots);$$

dann gilt für die $j$-te Komponente des Vektors $\tilde{G}_n(\tilde{x})$

$$[\tilde{G}_n(\tilde{x})]_j = \begin{cases} \sum\limits_{k=1}^{n} g_{jk}\, x_k , & j \leqq n , \\ 0 , & j > n . \end{cases}$$

Hieraus folgt

$$||\tilde{G}_n(\tilde{x})||_{l_2} = ||\tilde{G}_n(\tilde{x}^{(n)})||_{l_2} = ||G_n(x^{(n)})||_{E_n} , \tag{14.12}$$

wobei $x^{(n)} \in E_n$ der Vektor $(x_1, x_2, \ldots, x_n)$ und

$$\tilde{x}^{(n)} = (x_1, x_2, \ldots, x_n, 0, 0, \ldots) \tag{14.13}$$

ist. Offensichtlich gilt

$$\frac{||\tilde{G}_n(\tilde{x})||_{l_2}}{||\tilde{x}||_{l_2}} \leqq \frac{||\tilde{G}_n(\tilde{x}^{(n)})||_{l_2}}{||\tilde{x}^{(n)}||_{l_2}} = \frac{||G_n(x^{(n)})||_{E_n}}{||x^{(n)}||_{E_n}} .$$

Bezeichnen wir mit $\tilde{E}_n \subset l_2$ die Menge der Vektoren (14.13), so folgt

$$\sup_{\tilde{x}\in l_2} \frac{||\tilde{G}_n(\tilde{x})||_{l_2}}{||\tilde{x}||_{l_2}} \leqq \sup_{\tilde{x}^{(n)}\in \tilde{E}_n} \frac{||\tilde{G}_n(\tilde{x}^{(n)})||_{l_2}}{||\tilde{x}^{(n)}||_{l_2}} = \sup_{E_n} \frac{||G_n(x^{(n)})||_{E_n}}{||x^{(n)}||_{E_n}} .$$

---

[1]) Siehe L. W. KANTOROWITSCH und G. P. AKILOW [1], S. 283.

Da die Menge $l_2$ weiter als die Menge $\tilde{E}_n$ ist, erhält man hieraus

$$\sup_{\tilde{x} \in l_2} \frac{\|\tilde{G}_n(\tilde{x})\|_{l_2}}{\|\tilde{x}\|_{l_2}} = \sup_{x \in E_n} \frac{\|G_n(x^{(n)})\|_{E_n}}{\|x^{(n)}\|_{E_n}},$$

was mit (14.10) übereinstimmt.

Aus (14.9) folgt $\|\tilde{G}_n\|_{l_2} \to \|G\|_{l_2}$ bzw. (wegen (14.10)) $\|G_n\|_{E_n} \to \|G\|_{l_2}$. Demzufolge sind die Normen $\|G_n\|_{E_n}$ gleichmäßig beschränkt, das gleiche gilt für die Normen $\|(I_n + \Delta_n)^{-1}\| = \|G_n + I_n\| \leqq \|G_n\| + 1$.

Wir wenden uns nun dem allgemeinen Fall zu. Es sei das Koordinatensystem nicht orthonormiert, sondern lediglich stark minimal im Raum $H_0$. Wir unterwerfen das System (14.4) im Raum $H_0$ einem Orthogonalisierungsverfahren, in dessen Resultat wir das orthonormierte System

$$\omega_1, \omega_2, \ldots, \omega_n, \ldots, [\omega_j, \omega_k] = \delta_{jk}$$

erhalten. Das Element $\varphi_k$ ist eine Linearkombination der $\omega_1, \omega_2, \ldots, \omega_k$:

$$\varphi_k = \sum_{s=1}^{k} [\varphi_k, \omega_s]\, \omega_s .$$

Mit $C_n$ bezeichnen wir die linke Dreiecksmatrix der Elemente $[\varphi_k, \omega_s]$ ($k = 1, 2, \ldots, n$; $s = 1, 2, \ldots, k$). Es gilt offenbar

$$R_n = C_n C_n^*, \quad B_n = C_n \Delta_n C_n^*, \tag{14.14}$$

wobei mit * die adjungierte Matrix und mit $\Delta_n$ die Matrix mit den Elementen $[T\omega_k, \omega_j]$ ($k, j = 1, 2, \ldots, n$) bezeichnet wird. Dann folgt

$$R_n + B_n = C_n (I_n + \Delta_n) C_n^*$$

bzw.

$$(R_n + B_n)^{-1} = (C_n^*)^{-1} (I_n + \Delta_n)^{-1} C_n^{-1} . \tag{14.15}$$

Aus (14.14) folgt

$$\|C_n^{-1}\| = \|(C_n^*)^{-1}\| = \sqrt{\|R_n^{-1}\|} = \frac{1}{\sqrt{\lambda_1^{(n)}}} \leqq \frac{1}{\sqrt{\lambda_0}} .$$

Dann ergibt (14.15)

$$\|(R_n + B_n)^{-1}\| \leqq \frac{1}{\lambda_0} \|(I_n + \Delta_n)^{-1}\| .$$

Wie oben bemerkt wurde, ist diese Größe gleichmäßig beschränkt. Damit ist der Satz 14.1 vollständig bewiesen.

Buchstäblich genauso wie in § 10 für das RITZsche Verfahren kann man für die Näherungslösungen nach dem BUBNOW-GALERKINschen Verfahren den Begriff der Stabilität definieren. Es gilt dann

Satz 14.2. *Die Näherungslösungen nach dem* BUBNOW-GALERKIN*schen Verfahren sind dann und nur dann stabil, wenn das Koordinatensystem stark minimal im Raum $H_0$ ist.*[1])

---

[1]) Die Hinlänglichekit der Bedingungen des Satzes 14.2 wurde von G. N. JASKOWA und M. N. JAKOWLEW [1], die Notwendigkeit von G. M. WAINIKKO [1] bewiesen.

Beweis der Hinlänglichkeit. Wir führen folgende Bezeichnungen ein: Es sei $\Gamma_n$ die Fehlermatrix, $\delta^{(n)}$ der Fehlervektor der rechten Seiten und $b^{(n)}$ der Vektor der mit Fehlern behafteten BUBNOW-GALERKINschen Koeffizienten. Dann gilt

$$(R_n + B_n + \Gamma_n)\, b^{(n)} = f^{(n)} + \delta^{(n)}. \tag{14.16}$$

Es sei weiterhin $v_n$ die mit Fehlern behaftete BUBNOW-GALERKINsche Näherung,

$$v_n = \sum_{k=1}^{n} b_k \varphi_k.$$

Dann ist (vgl. § 10)

$$|v_n - u_n|^2 = (R_n (b^{(n)} - a^{(n)}), b^{(n)} - a^{(n)}). \tag{14.17}$$

Wir setzen

$$C_n^* a^{(n)} = \alpha^{(n)}, \quad C_n^* b^{(n)} = \beta^{(n)}. \tag{14.18}$$

Aus (14.14) und (14.17) folgt

$$|v_n - u_n| = ||\beta^{(n)} - \alpha^{(n)}||. \tag{14.19}$$

Wegen (14.14) erhält man aus (14.7) und (14.16)

$$C_n (I_n + \Delta_n)\, \alpha^{(n)} = f^{(n)},$$

$$[C_n (I_n + \Delta_n) + \Gamma_n (C_n^*)^{-1}]\, \beta^{(n)} = f^{(n)} + \delta^{(n)}.$$

Hieraus folgt dann

$$\beta^{(n)} - \alpha^{(n)} + (I_n + \Delta_n)^{-1} C_n^{-1} \Gamma_n (C_n^*)^{-1} (\beta^{(n)} - \alpha^{(n)})$$
$$= (I_n + \Delta_n)^{-1} C_n^{-1} \Gamma_n a^{(n)} + (I_n + \Delta_n)^{-1} C_n^{-1} \delta^{(n)}. \tag{14.20}$$

Ist das Koordinatensystem stark minimal im Raum $H_0$, so sind $||(I_n + \Delta_n)^{-1}||$ und $||a^{(n)}||$ unabhängig von $n$ beschränkt. Es sei $||(I_n + \Delta_n)^{-1}|| \leqq c = \text{const}$ und $||a^{(n)}|| \leqq c' = \text{const}$. Weiterhin gilt $||C_n^{-1}|| = ||(C_n^*)^{-1}|| \leqq \lambda_0^{-1/2}$. Wir setzen

$$||\Gamma_n|| < \frac{1}{2} \frac{\lambda_0}{c}$$

voraus. Dann erhält man aus (14.19) und (14.20)

$$|v_n - u_n| = ||\beta^{(n)} - \alpha^{(n)}|| < 2\,(c\,c'\,\lambda_0^{-1/2}\, ||\Gamma_n|| + c\,\lambda_0^{-1/2}\, ||\delta^{(n)}||).$$

Beweis der Notwendigkeit. Wir setzen $\Gamma_n = 0$, dann folgt aus (14.19) und (14.20)

$$|v_n - u_n| = ||\beta^{(n)} - \alpha^{(n)}|| = ||(I_n + \Delta_n)^{-1} C_n^{-1} \delta^{(n)}||. \tag{14.21}$$

Mit

$$(I_n + \Delta_n)^{-1} C_n^{-1} \delta^{(n)} = \sigma^{(n)}$$

folgt

$$||C_n^{-1} \delta^{(n)}|| \leqq ||I_n + \Delta_n||\, ||\sigma^{(n)}||.$$

Wie oben festgestellt wurde, konvergiert $\Delta_n$ in der Norm gegen $\Delta$. Daraus läßt sich die Existenz einer positiven Konstanten $\mu$ herleiten mit $||I_n + \Delta_n|| \leqq \mu$.

Dann ist

$$\|\sigma^{(n)}\| \geqq \frac{1}{\mu} \|C_n^{-1}\, \delta^{(n)}\| .$$

Wir wählen $\delta^{(n)}$ so, daß

$$\|C_n^{-1}\, \delta^{(n)}\| = \|C_n^{-1}\|\, \|\delta^{(n)}\|$$

gilt. Dann folgt wegen (14.21)

$$\|v_n - u_n\| \geqq \frac{1}{\mu} \|C_n^{-1}\|\, \|\delta^{(n)}\| .$$

Ist nun das Koordinatensystem nicht stark minimal im Raum $H_0$, so gilt

$$\|C_n^{-1}\| = \frac{1}{\sqrt{\lambda_1^{(n)}}} \xrightarrow[n\to\infty]{} \infty ,$$

und die Näherungslösung ist instabil.

In der Arbeit [1] von G. M. Wainikko wurde die allgemeinere Frage notwendiger Bedingungen für die Stabilität der Näherungslösung des Verfahrens von Galerkin-Petrow untersucht.

## § 15. Bemerkungen über die Verwendung nicht stark minimaler Systeme

In Kapitel 5 werden einige Möglichkeiten zur Ermittlung fast orthonormierter oder wenigstens stark minimaler Koordinatensysteme für einen verhältnismäßig großen Aufgabenkreis angegeben. Dieser Aufgabenkreis ist jedoch nicht allumfassend, so daß in einer Reihe von Fällen nicht stark minimale Koordinatensysteme Verwendung finden werden. In diesem Paragraphen sollen einige Vorstellungen über die Verwendung nicht stark minimaler Koordinatensysteme dargelegt werden. Dabei wollen wir uns auf den einfachsten, aber wichtigen Fall des Ritzschen Verfahrens beschränken.

Es sei also das Koordinatensystem $\{\varphi_n\}$ nicht stark minimal im energetischen Raum $H_A$. Wir betrachten das exakte und das mit Fehlern behaftete Ritzsche System:

$$R_n\, a^{(n)} = f^{(n)} , \tag{15.1}$$

$$(R_n + \Gamma_n)\, b^{(n)} = f^{(n)} + \delta^{(n)} . \tag{15.2}$$

Wir ermitteln den kleinsten und größten Eigenwert der Matrix $R_n$, die wir mit $\lambda_1^{(n)}$ bzw. $\lambda_n^{(n)}$ bezeichnen. Für genügend große $n$ wird $\lambda_1^{(n)}$ hinreichend klein. Wir geben ein $\beta$ vor, $0 < \beta < 1$, und fordern

$$\|\Gamma_n\| \leqq \beta\, \lambda_1^{(n)} . \tag{15.3}$$

Die Ursache für das Entstehen der Fehlermatrix ist in der näherungsweisen Berechnung der energetischen Produkte $[\varphi_k, \varphi_j]$, die ja bekanntlich die Elemente der Matrix $R_n$ sind, zu suchen. Wenn der Grad der Genauigkeit dieser Näherungen hinreichend groß ist, dann kann die Ungleichung (15.3) erfüllt werden.

Ein formales Wiederholen der entsprechenden Abschnitte des § 9 führt analog zu (9.13) und (9.13') auf folgende Formeln:

$$\|\eta^{(n)}\| = \|b^{(n)} - a^{(n)}\| \leqq \frac{[\lambda_1^{(n)}]^{-3/2} \|\Gamma_n\| \, \| u_0 \| + [\lambda_1^{(n)}]^{-1} \|\delta^{(n)}\|}{1 - \beta}, \tag{15.4}$$

$$\|\eta^{(n)}\| = \|b^{(n)} - a^{(n)}\| \leqq \frac{C \, [\lambda_1^{(n)}]^{-3/2} \|\Gamma_n\| + [\lambda_1^{(n)}]^{-1} \|\delta^{(n)}\|}{1 - \beta}. \tag{15.4'}$$

Wie in (9.13') ist $C$ eine obere Schranke für $\| u_0 \|$.

Die Formeln (15.4) und (15.4') wurden unter der Voraussetzung hergeleitet, daß die Vektoren $a^{(n)}$ und $b^{(n)}$ die Systeme (15.1) bzw. (15.2) exakt erfüllen. Das bedeutet, daß bei der praktischen Lösung des Systems (15.2) alle Zwischenrechnungen mit einer entsprechend großen Anzahl von Ziffern durchgeführt werden.

Der Fehler der nichtexakten Ritzschen Näherung

$$v_n = \sum_{k=1}^{n} b_k^{(n)} \varphi_k$$

kann durch die Formel (10.8) abgeschätzt werden:

$$\| v_n - u_n \| \leqq \sqrt{\|\eta^{(n)}\| \left(\|\delta^{(n)}\| + \|\Gamma_n\| \, \|b^{(n)}\|\right)} \, .$$

Einerseits gilt

$$\|b^{(n)}\| \leqq \|a^{(n)}\| + \|\eta^{(n)}\| \, ,$$

andererseits läßt sich folgende Ungleichung herleiten (siehe (9.12)):

$$\|a^{(n)}\| \leqq [\lambda_1^{(n)}]^{-1/2} \, \| u_0 \| \leqq C \, [\lambda_1^{(n)}]^{-1/2} \, ;$$

dann ist

$$\| v_n - u_n \| \leqq \sqrt{\|\eta^{(n)}\| \left\{\|\delta^{(n)}\| + \|\Gamma_n\| \left(C \, [\lambda_1^{(n)}]^{-1/2} + \|\eta^{(n)}\|\right)\right\}} \, . \tag{15.5}$$

Die Formeln (15.4) und (15.5) zeigen, welcher Fehler für die Berechnung der Matrix $R_n$ und des Vektors $f^{(n)}$ zulässig ist.

Aus den Formeln (15.4') und (15.5) ist leicht zu ersehen, wie die Fehlergrößen $\Gamma_n$ und $\delta^{(n)}$ beschaffen sein müssen, damit die Differenz $v_n - u_n$ genügend klein wird. Setzen wir

$$\|\Gamma_n\| = O([\lambda_1^{(n)}]^{1+\varkappa}) \, , \quad \|\delta^{(n)}\| = O([\lambda_1^{(n)}]^{1/2+\varkappa}) \tag{15.6}$$

voraus ($\varkappa$ ist eine positive Konstante), so folgt aus (15.4') und (15.5)

$$\|\eta^{(n)}\| = O([\lambda_1^{(n)}]^{\varkappa - 1/2}) \tag{15.7}$$

und

$$\| v_n - u_n \| = O([\lambda_1^{(n)}]^{\varkappa}) \, . \tag{15.8}$$

Interessant ist, daß bei $0 < \varkappa < \frac{1}{2}$ die Größe $\|\eta^{(n)}\|$ unbeschränkt mit $n$ wachsen kann, der Fehler der Näherungslösung jedoch gegen Null konvergiert.

Aus dem Gesagten folgt weiterhin, daß *im Fall eines nicht stark minimalen Koordinatensystems die Spalte der rechten Seiten $f^{(n)}$ im Vergleich zur* Ritzschen *Matrix $R_n$ mit einer etwas geringeren Genauigkeit ermittelt werden kann.*

Als Beispiel werde die Aufgabe

$$A u = -\frac{d}{dx}\left(p(x) \frac{du}{dx}\right) + q(x) u = f(x), \quad u(0) = u(1) = 0 \tag{15.9}$$

betrachtet. Es seien $p(x)$, $p'(x)$ und $q(x)$ stetige Funktionen, und es gelte

$$p_0 \leqq p(x) \leqq p_1 , \quad 0 \leqq q(x) \leqq q_1 ,$$

wobei $p_0$, $p_1$ und $q_1$ positive Konstanten sind. Der Operator $A$ ist positiv definit, es ist

$$|u|_A^2 = \int_0^1 (p\, u'^2 + q\, u^2)\, dx . \tag{15.10}$$

Die Operatoren $A$ und $B$,

$$B u = -\frac{d^2 u}{dx^2}, \quad u(0) = u(1) = 0 ,$$

sind ähnliche Operatoren. Es ist

$$|u|_B^2 = \int_0^1 u'^2\, dx ,$$

so daß $|u|_A^2 \geqq p_0 \, |u|_B^2$ folgt. Weiter erhält man

$$|u|_A^2 \leqq p_1 \int_0^1 u'^2\, dx + q_1 \int_0^1 u^2\, dx = p_1 \, |u|_B^2 + q_1 \, ||u||^2 .$$

Der kleinste Eigenwert des Operators $B$ ist $\pi^2$, so daß sich wegen $u(0) = u(1) = 0$

$$||u||^2 \leqq \frac{1}{\pi^2} \, |u|_B^2$$

ergibt. Zwischen den Normen $|u|_B$ und $|u|_A$ bestehen dann folgende Beziehungen:

$$p_0 \, |u|_B^2 \leqq |u|_A^2 \leqq (p_1 + \pi^{-2} q_1) \, |u|_B^2 . \tag{15.11}$$

Aus (15.11) und der Ungleichung $||u||^2 \leqq \pi^{-2} \, |u|_B^2$ ergibt sich

$$|u|_A^2 \geqq p_0 \, \pi^2 \, ||u||^2 ,$$

so daß man zur Charakterisierung der positiven Definitheit des Operators $A$ die Konstante $\gamma = \sqrt{p_0}\, \pi$ wählen kann.

Es werde das Funktionensystem

$$\varphi_k(x) = x^k (1 - x) \quad (k = 1, 2, \ldots) \tag{15.12}$$

als Koordinatensystem verwendet. Wir zeigen, daß dieses System nicht stark minimal im Raum $H_B$ ist, wofür in Übereinstimmung mit (2.9) hinreichend ist zu zeigen, daß einige der Summen

$$\sum_{k=1}^{n} [\sigma_{kj}^{(n)}]^2$$

($\sigma_{kj}^{(n)}$ sind die Elemente der inversen RITZschen Matrix) unbeschränkt sind. Es ist

$$[\varphi_k, \varphi_j]_B = \int_0^1 [k\, x^{k-1} - (k+1)\, x^k]\, [j\, x^{j-1} - (j+1)\, x^j]\, dx$$
$$= \frac{2\, j\, k}{(j+k)\, [(j+k)^2 - 1]}.$$

Die $\sigma_{kj}^{(n)}$ genügen der Bedingung

$$\sum_{k=1}^{n} \frac{2\, j\, k\, \sigma_{kj}^{(n)}}{(j+k)\, [(j+k)^2 - 1]} = 1\,.$$

Infolge der CAUCHYschen Ungleichung erhält man

$$\sum_{k=1}^{n} [\sigma_{kj}^{(n)}]^2 \sum_{k=1}^{n} \frac{4\, j^2\, k^2}{(j+k)^2\, [(j+k)^2 - 1]^2} \geqq 1\,.$$

Bei $j = n$ ergibt sich

$$\sum_{k=1}^{n} \frac{4\, k^2\, n^2}{(n+k)^2\, [(n+k)^2 - 1]^2} < \sum_{k=1}^{n} \frac{1}{(n+k)^2}\,.$$

Es ist

$$\frac{1}{(n+k)^2} < \int_0^1 \frac{dx}{(n+k-x)^2} = \int_{n+k-1}^{n+k} \frac{dy}{y^2}\,.$$

Dann folgt

$$\sum_{k=1}^{n} \frac{1}{(n+k)^2} < \int_n^{2n} \frac{dy}{y^2} = \frac{1}{2\, n}\,.$$

Wegen (15.11) ergibt sich

$$\sum_{k=1}^{n} [\sigma_{kn}^{(n)}]^2 > 2\, n\,.$$

Somit ist erwiesen, daß das System (15.12) im Raum $H_B$ nicht stark minimal ist. Aus (15.11) und der Folgerung 4.1 erhält man dann, daß dieses System auch nicht stark minimal im Raum $H_A$ ist.

Weiterhin sollen die Eigenwerte der Matrix $R_n = \|[\varphi_k, \varphi_j]_A\|$ $(j,\ k = 1, 2, \ldots, n)$ abgeschätzt werden. Es seien $\mu_k^{(n)}$ die Eigenwerte der Matrix $r_n = \|[\varphi_k, \varphi_j]_B\|$ $(j,\ k = 1, 2, \ldots, n)$.

Aus dem min-max-Prinzip und der Ungleichung (15.11) folgt

$$p_0\, \mu_k^{(n)} \leqq \lambda_k^{(n)} \leqq (p_1 + \pi^{-2}\, q_1)\, \mu_k^{(n)}\,.$$

In der Arbeit [17] des Autors sind die $\mu_1^{(n)}$ und $\mu_n^{(n)}$ für einige $n$ angeführt. Diese Tabelle soll hier auszugsweise wiedergegeben werden:

| $n$ | $\mu_n^{(n)}$ | $\mu_1^{(n)}$ | Konditionszahl $\varrho(r_n)$ |
|---|---|---|---|
| 2 | 0,42769839 | 0,03896921 | 10,978 |
| 3 | 0,47572671 | 0,00270726 | 175,72 |
| 5 | 0,52695 | 0,00015 | 3430 |
| 7 | 0,5552 | 0,00007 | 7700 |

Wir setzen voraus, daß die Näherungslösung (15.9) in der Form

$$u_7(x) = \sum_{k=1}^{7} a_k^{(7)} \varphi_k = x(1-x)\,(a_1^{(7)} + a_2^{(7)} x + a_3^{(7)} x^2 + \cdots + a_7^{(7)} x^6)$$

gesucht wurde.

Der Einfachheit halber nehmen wir $p_0 = 1$ und $p_1 + \pi^{-2} q_1 = 10$ an. Dann gilt $\lambda_1^{(7)} \geqq 7 \cdot 10^{-5}$. Wenn weiterhin $u_0$ die Lösung der Aufgabe (15.9) ist, dann folgt[1])

$$|u_0|_A \leqq \frac{\|f\|}{\gamma} = \frac{\|f\|}{\pi \sqrt{p_0}}\,.$$

Dann kann man in der Formel (15.4′)

$$C = \frac{\|f\|}{\pi\sqrt{p_0}} = \frac{\|f\|}{\gamma}$$

setzen. Wir setzen weiterhin voraus, daß $\|f\| = \pi$ gilt, dann wird $C = 1$. Schließlich seien die inneren Produkte $[\varphi_k, \varphi_j]_A$ und $(f, \varphi_j)$ mit $k$ Ziffern nach dem Komma ausgerechnet. Dann gilt

$$|\gamma_{kj}| < \frac{1}{2} \cdot 10^{-k}\,, \quad |\delta_k| < \frac{1}{2} \cdot 10^{-k}\,,$$

so daß

$$\|\Gamma_7\| \leqq 3{,}5 \cdot 10^{-k}\,, \quad \|\delta^{(7)}\| \leqq \frac{\sqrt{7}}{2} \cdot 10^{-k} < 1{,}5 \cdot 10^{-k}$$

folgt. Wegen (15.3) muß $3{,}5 \cdot 10^{-k} \leqq 7\,\beta \cdot 10^{-5}$ sein. Wenn wir $\beta = 0{,}5$ wählen, dann ist notwendigerweise $k \geqq 5$. Aus (15.4′) erhält man dann

$$\|\eta^{(7)}\| \leqq 2\,[7^{-1,5} \cdot 3{,}5 \cdot 10^{7,5-k} + \frac{1{,}5}{7} 10^{5-k}]\,.$$

Das zweite Glied auf der rechten Seite ist wesentlich kleiner als das erste[2]), so daß man es, ohne die Genauigkeit der Abschätzung wesentlich einzuschränken, weglassen kann. Dann erhält man

$$\|\eta^{(7)}\| < 2 \cdot 3{,}5 \cdot 7^{-1,5} \cdot 10^{7,5-k} = \sqrt{\frac{10}{7}} \cdot 10^{7-k} < 1{,}2 \cdot 10^{7-k}\,.$$

Wir wenden uns der Formel (15.5) zu. In unserem Fall ist $[\lambda_1^{(7)}]^{-1/2}$ eine Größe der Ordnung $10^2$. Andererseits ist beim kleinsten zulässigen Wert $k = 5$: $\|\eta^{(7)}\| < 1{,}2 \cdot 10^2$, bei $k > 5$ ist die Größenordnung von $\|\eta^{(7)}\|$ kleiner. Wenn wir voraussetzen, daß $k > 5$ ist, dann gilt $\|\eta^{(7)}\| < [\lambda_1^{(7)}]^{-1/2}$, so daß wir in der Abschätzung (15.5) $\|\eta^{(7)}\|$ gegen $[\lambda_1^{(7)}]^{-1/2}$ austauschen können. Weiterhin vernachlässigen wir $\|\delta^{(7)}\|$ gegenüber $\|\Gamma_7\|\,[\lambda_1^{(7)}]^{-1/2}$. Dann ergibt sich

$$|v_7 - u_7|_A \leqq \sqrt{2\,\|\eta^{(7)}\|\,\|\Gamma_7\|\,[\lambda_1^{(7)}]^{-1/2}} < 10^{5-k}\,.$$

---

[1]) Siehe MP, S. 20–21.

[2]) Das steht im Zusammenhang mit der Bemerkung auf Seite 72, daß nämlich im Falle nicht stark minimaler Koordinatensysteme die rechten Seiten des Ritzschen Systems mit geringerer Genauigkeit als die Ritzsche Matrix selbst ausgerechnet werden können.

Wenn wir z. B. den Fehler (in der energetischen Norm) der Lösung $v_7$ in der Größenordnung $10^{-4}$ erhalten wollen, dann müssen die energetischen Produkte $[\varphi_k, \varphi_j]_A$ mit neun gesicherten Ziffern hinter dem Komma errechnet werden.

Es sei bemerkt, daß dieses Resultat mit den Formeln (15.6) bis (15.8) in Übereinstimmung zu bringen ist, wenn man $\varkappa = 0{,}8$ setzt.

Im betrachteten Beispiel ist es nicht empfehlenswert, das RITZsche System durch Iteration zu lösen: Bei den von uns gewählten Zahlenwerten ergibt sich $\lambda_1^{(n)} \leqq 10\,\mu_1^{(n)}$ und $\lambda_n^{(n)} \geqq \mu_n^{(n)}$; dann ist aber $\varrho(R_n) \geqq 0{,}1\,\varrho(r_n)$. Für $n = 7$ ergibt sich $\varrho(R_7) \geqq 770$, so daß bei bestmöglicher Wahl des Parameters $\alpha$ (siehe § 12) das Iterationsverfahren wie die geometrische Progression mit $q = \frac{669}{771}$ konvergiert.

## § 16. Ein anderer Standpunkt bezüglich der Stabilität

Ein etwas anderer Standpunkt bezüglich der Stabilität numerischer Verfahren findet man bei B. A. SAMOKISCH [1]. SAMOKISCH betrachtet ein numerisches Verfahren, das wir als „abstraktes BUBNOW-GALERKINsches Verfahren“[1]) bezeichnen wollen und dessen Idee folgendermaßen charakterisiert werden kann.

Es sei ein linearer Operator $A$ aus $X$ in $Y$ gegeben, $X$ und $Y$ sind BANACH-Räume. Um eine Näherungslösung für die Gleichung

$$A\,x = y\,, \quad x \in X\,, \quad y \in Y \tag{16.1}$$

zu finden, wählen wir ein System von Koordinatenelementen $\varphi_n \in X$ ($n = 1, 2, \ldots$) und ein System linearer Funktionale $l_n$ ($n = 1, 2, \ldots$) des Raumes $Y$. Die Näherungslösung wird dann in der Form

$$x_n = \sum_{k=1}^{n} a_k^{(n)} \varphi_k \tag{16.2}$$

gesucht, wobei die Koeffizienten $a_k^{(n)}$ aus dem System

$$\sum_{k=1}^{n} \alpha_{jk}\, a_k^{(n)} = l_j\, y\,, \quad \alpha_{jk} = l_j\, A\, \varphi_k \quad (j = 1, 2, \ldots, n) \tag{16.3}$$

ermittelt werden.

Wenn die Räume $X$ und $Y$ HILBERT-Räume sind, dann stimmt das „abstrakte BUBNOW-GALERKINsche Verfahren“ mit dem PETROW-GALERKINschen Verfahren überein.

B. A. SAMOKISCH betrachtet zwei charakteristische Zahlengrößen für die Stabilität des numerischen Verfahrens (16.3). Einmal ist es die Konditionszahl der Matrix $A_n = \|\alpha_{jk}\|_{j,\,k=1}^{j,\,k=n}$ des Systems (16.3). Im betrachteten Fall ist die

[1]) SAMOKISCH bezeichnet dieses Verfahren als „abstraktes GALERKINsches Verfahren“.

Matrix $A_n$ im allgemeinen nichtpositiv und sogar nicht einmal symmetrisch, so daß die Konditionszahl durch die Formel[1])

$$H(A_n) = ||A_n||\,||A_n^{-1}|| \tag{16.4}$$

definiert wird. Die zweite charakteristische Zahlengröße, die wir mit $\mu_n$ bezeichnen wollen, wird wie folgt ermittelt. Im System (16.3) werden die Größen $l_j y$ durch beliebige Zahlen $\beta_j$ ersetzt, für die

$$\sum_{j=1}^{n} |\beta_j|^2 = 1 \tag{16.5}$$

gilt. Dann wird die Lösung $a_k^{(n)}$ des so erhaltenen Systems ermittelt und das Element $x_n$ aus (16.2) berechnet. Die Größe $\mu_n$ ist schließlich der Quotient

$$\mu_n = \frac{\max ||x_n||}{\min ||x_n||}, \tag{16.6}$$

wobei sich das Maximum und Minimum über alle möglichen $n$-Tupel $\beta_1, \beta_2, \ldots, \beta_n$, die der Bedingung (16.5) genügen, erstreckt.

B. A. Samokisch betrachtet die Größe $H(A_n)$ als Charakteristikum für die Stabilität des Verfahrens (16.3), mit anderen Worten, für die Stabilität der Koeffizienten $a_k^{(n)}$, die Größe $\mu_n$ dagegen als Charakteristikum für die Stabilität der Näherungslösung (16.2).

Eine genaue Formulierung des Stabilitätsbegriffs findet sich in der erwähnten Arbeit von B. A. Samokisch nicht, man kann aber annehmen, daß dieser Autor das Verfahren (16.3) mit Sicherheit als stabil bezeichnet, wenn die Größe $H(A_n)$ unabhängig von $n$ beschränkt ist; als praktisch stabil sieht er dieses Verfahren an, wenn $H(A_n)$ mit wachsendem $n$ nicht allzu schnell wächst.

Analog wird das Verfahren zur Ermittlung der Näherungslösungen (16.2) als stabil angesehen, wenn die Größen $\mu_n$ beschränkt sind; wenn dagegen $\mu_n$ nicht sehr schnell wächst, dann wird dieses Verfahren als praktisch stabil bezeichnet.

Eingehend wird der wichtige Fall $X = Y$ und $A = I + T$ ($I$ ist der identische Operator, $T$ ein vollstetiger Operator) untersucht. Dabei werden für $H(A_n)$ und $\mu_n$ Abschätzungen erhalten, denen wir uns zuwenden wollen.

Mit $X_n$ werde der $n$-dimensionale Unterraum des Raumes $X$ bezeichnet, der von den Elementen $\varphi_1, \varphi_2, \ldots, \varphi_n$ aufgespannt wird. $E_n$ sei der $n$-dimensionale komplexe Raum. Wir schließen in die Betrachtungen die Operatoren $\Phi_n$ und $\Psi_n$ ein. Der erstere von beiden bildet $E_n$ in $X_n$ nach der Formel

$$\Phi_n a = \sum_{k=1}^{n} a_k \varphi_k, \quad a = (a_1, a_2, \ldots, a_n) \in E_n \tag{16.7}$$

ab; der zweite Operator bildet $X_n$ in $E_n$ ab und wird durch

$$\Psi_n x = (l_1 x, l_2 x, \ldots, l_n x), x \in E_n \tag{16.8}$$

---

[1]) Siehe D. K. Faddejew und W. N. Faddejewa [1].

definiert. Man prüft leicht nach, daß die Operatoren $\Phi_n$ und $\Psi_n$ umkehrbar sind, wenn die Elemente $\varphi_1, \varphi_2, \ldots, \varphi_n$ linear unabhängig sind und die Gleichungen

$$l_j x = 0, \quad x \in X_n \qquad (j = 1, 2, \ldots, n)$$

nur bei $x = 0$ möglich sind. Wir wollen im weiteren voraussetzen, daß diese Bedingungen immer erfüllt sind.

Der Operator $\Psi_n$ kann offensichtlich auf den gesamten Raum $X$ unter Beibehaltung der Formel (16.8) erweitert werden. Diese Erweiterung wollen wir mit $\tilde{\Psi}_n$ bezeichnen.

Wir betrachten einen Projektionsoperator $P_n$ aus $X$ in $X_n$, so daß $l_j P_n x = l_j x$ gilt ($j = 1, 2, \ldots, n$). Dieser Operator ist eindeutig bestimmt; seine explizite Form kann man leicht ermitteln, sie wird allerdings von uns nicht benötigt. Schließlich wollen wir $\tilde{A}_n = P_n \tilde{A}$ setzen, wobei $\tilde{A}$ die Einengung des Operators $A$ auf den Unterraum $X_n$ ist.

Die oben erwähnten Abschätzungen haben die Gestalt

$$H(A_n) \leqq \|A\| \, \|\tilde{A}_n^{-1}\| \, \|\Psi_n^{-1}\| \, \|\tilde{\Psi}_n\| \, \|\Phi_n^{-1}\| \, \|\Phi_n\| , \tag{16.9}$$

$$\mu_n \leqq \|A\| \, \|\tilde{A}_n^{-1}\| \, \|\tilde{\Psi}_n\| \, \|\Psi_n^{-1}\| . \tag{16.10}$$

Im Fall des RITZschen Verfahrens ist $X$ der energetische Raum der entsprechenden Aufgabe, $A = I, l_j x = [x, \varphi_j]$, $A_n = R_n$ und

$$H(A_n) = \varrho(R_n) = \frac{\lambda_n^{(n)}}{\lambda_1^{(n)}} .$$

Sehr einfach kann in diesem Fall auch die Größe $\mu_n$ ermittelt werden. In der Tat, wenn wir im System (16.3) die $l_j y$ gegen $\beta_j$ austauschen, ergibt sich

$$\sum_{k=1}^{n} [\varphi_k, \varphi_j] \, a_k^{(n)} = \beta_j$$

bzw.

$$R_n a^{(n)} = \beta \quad \text{mit} \quad \beta = (\beta_1, \beta_2, \ldots, \beta_n) .$$

Da die Norm im betrachteten Fall die energetische Norm ist, folgt

$$\max_{\Sigma|\beta_j|^2 = 1} \|x_n\| = \max_{\|\beta\| = 1} \|x_n\| = \max \frac{|x_n|}{\|R_n a^{(n)}\|} .$$

Es ist

$$|x_n|^2 = \left| \sum_{k=1}^{n} a_k \varphi_k \right|^2 = (R_n a^{(n)}, a^{(n)}) .$$

Dann erhält man

$$\max_{\Sigma|\beta_j|^2 = 1} \|x_n\|^2 = \max_{a^{(n)} \neq 0} \frac{(R_n a^{(n)}, a^{(n)})}{\|R_n a^{(n)}\|^2} .$$

Wenn wir $R_n a^{(n)} = c^{(n)}$ setzen, dann ist

$$\max_{\Sigma|\beta_j|^2 = 1} \|x_n\|^2 = \max_{c^{(n)} \neq 0} \frac{(R_n^{-1} c^{(n)}, c^{(n)})}{\|c^{(n)}\|^2} = \frac{1}{\lambda_1^{(n)}} .$$

Analog erhält man

$$\min_{\Sigma|\beta_j|^2=1} ||x_n||^2 = \min_{c^{(n)}\neq 0} \frac{(R_n^{-1} c^{(n)}, c^{(n)})}{||c^{(n)}||^2} = \frac{1}{\lambda_n^{(n)}}.$$

Somit wird

$$\mu_n = \frac{\max ||x_n||}{\min ||x_n||} = \sqrt{\frac{\lambda_n^{(n)}}{\lambda_1^{(n)}}} = \sqrt{\varrho(R_n)}\,. \tag{16.11}$$

Hieraus folgt nun, daß die Stabilitätsforderungen für das Ritzsche Verfahren im Sinne von B. A. Samokisch der Forderung äquivalent ist, daß das Koordinatensystem fast orthonormiert in der energetischen Metrik der betrachteten Aufgabe ist.

Im Fall des allgemeinen abstrakten Bubnow-Galerkinschen Verfahrens existiert keine Formel vom Typ (16.11), so daß bei unbeschränktem $H(A_n)$ die Größe $\mu_n$ beschränkt bleiben kann.

In Verbindung mit dem von B. A. Samokisch entwickelten Begriff der praktischen Stabilität oder Instabilität des abstrakten Bubnow-Galerkinschen Verfahrens erlangt die Abschätzung der Größen $H(A_n)$ und $\mu_n$ für konkrete Klassen von Koordinatenelementen $\{\varphi_n\}$ und Funktionalen $l_n$ eine große Bedeutung. In der Arbeit [1] von B. A. Samokisch ist eine ganze Reihe von Beispielen für diese Abschätzungen angeführt. Eines dieser Beispiele wollen wir hier betrachten, doch seien zuvor folgende Bemerkungen gemacht.

Betrachten wir das Ritzsche oder Bubnow-Galerkinsche Verfahren, so kann man die Funktionale $l_n$ mit den Elementen $\varphi_n$ des Hilbert-Raumes $X$ identifizieren. Wir wollen zeigen, daß dann $||\tilde{\Psi}_n|| = ||\Psi_n||$ gilt. Einerseits ist $\tilde{\Psi}_n$ eine Erweiterung des Operators $\Psi_n$, das bedeutet $||\tilde{\Psi}_n|| \geqq ||\Psi_n||$. Ist andererseits $x$ ein beliebiges Element des Raumes $X$ und $x'$ seine Projektion auf den von den Elementen $\varphi_1, \varphi_2, \ldots, \varphi_n$ aufgespannten Unterraum $X_n$, so gilt $\tilde{\Psi}_n x = \tilde{\Psi}_n x' = \Psi_n x'$. Dann folgt

$$||\tilde{\Psi}_n x|| = ||\Psi_n x'|| \leqq ||\Psi_n||\,||x'|| \leqq ||\Psi_n||\,||x||\,.$$

Dann ist aber $||\tilde{\Psi}_n|| \leqq ||\Psi_n||$. Es ist weiterhin leicht zu sehen, daß im Fall des Ritzschen oder Bubnow-Galerkinschen Verfahrens die Operatoren $\Phi_n$ und $\Psi_n$ zueinander adjungiert sind, so daß $||\Psi_n|| = ||\Phi_n||$ und $||\Psi_n^{-1}|| = ||\Phi_n^{-1}||$ gilt.

Im betrachteten Fall ist $\Phi_n = S_n^{-1}$ (der Operator $S_n$ wurde in § 13 definiert). Aus (13.12) folgt dann sofort

$$||\Phi_n|| = ||\Psi_n|| = \sqrt{\lambda_n^{(n)}}\,,$$
$$||\Phi_n^{-1}|| = ||\Psi_n^{-1}|| = \frac{1}{\sqrt{\lambda_1^{(n)}}}\,.$$

Die Abschätzungen (16.9) und (16.10) nehmen dann folgende Gestalt an:

$$H(A_n) \leqq ||A||\,||\tilde{A}_n^{-1}||\frac{\lambda_n^{(n)}}{\lambda_1^{(n)}}\,, \quad \mu_n \leqq ||A||\,||\tilde{A}_n^{-1}||\sqrt{\frac{\lambda_n^{(n)}}{\lambda_1^{(n)}}}\,.$$

Man kann zeigen, daß die $\|\tilde{A}_n^{-1}\|$ im Fall des BUBNOW-GALERKINschen Verfahrens beschränkt sind (für das RITZsche Verfahren ergibt sich $\|\tilde{A}_n^{-1}\| = 1$), so daß man folgende einfachere Abschätzung erhält:

$$H(A_n) \leqq C\frac{\lambda_n^{(n)}}{\lambda_1^{(n)}}, \quad \mu_n \leqq C\sqrt{\frac{\lambda_n^{(n)}}{\lambda_1^{(n)}}}, \quad C = \text{const}. \tag{16.12}$$

Wie wir sahen, gilt für das RITZsche Verfahren $A = I$, $\tilde{A}_n^{-1} = I$, $\mu_n = \sqrt{\frac{\lambda_n^{(n)}}{\lambda_1^{(n)}}}$ und folglich auch $H(R_n) = \varrho(R_n) = \frac{\lambda_n^{(n)}}{\lambda_1^{(n)}}$. Demzufolge haben wir es mit der Abschätzung des Quotienten $\frac{\lambda_n^{(n)}}{\lambda_1^{(n)}}$ zu tun.

Wir betrachten im reellen Raum $X = L_2(-1, 1)$ das Funktionensystem $\varphi_n(t) = t^n$ $(n = 0, 1, \ldots)$ und zeigen, daß für dieses System $\frac{\lambda_n^{(n)}}{\lambda_1^{(n)}} = O\left((\sqrt{2} + 1)^{2n}\right)$ gilt. Im betrachteten Fall ist

$$\Phi_n a = \sum_{k=0}^{n-1} a_k t^k = p_{n-1}(t)$$

ein Polynom der Ordnung $n-1$. Die Aufgabe besteht nun darin, die untere und obere Grenze des Quotienten

$$\frac{\int\limits_{-1}^{1} p_{n-1}^2(t)\,dt}{\sum\limits_{k=0}^{n-1} a_k^2} \tag{16.13}$$

zu finden. Offenbar ist

$$\int\limits_{-1}^{1} p_{n-1}^2(t)\,dt = \int\limits_{\gamma} p_{n-1}^2(z)\,dz,$$

wobei $\gamma$ den oberen oder unteren Halbkreis $|z| = 1$ mit den Endpunkten $z = -1$ und $z = 1$ bezeichnet. Dann folgt

$$\int\limits_{-1}^{1} p_{n-1}^2(t)\,dt = \frac{1}{2}\int\limits_{|z|=1} p_{n-1}^2(z)\,\operatorname{sign}\operatorname{Im} z\,dz$$
$$\leqq \frac{1}{2}\int\limits_{0}^{2\pi} |p_{n-1}(e^{i\Theta})|^2\,d\Theta = \pi\sum_{k=0}^{n} a_k^2 .$$

Demnach ist der Quotient (16.13) durch die Zahl $\pi$ nach oben beschränkt, d. h. aber $\lambda_n^{(n)} \leqq \pi$.

Der Quotient (16.13) ändert sich nicht, wenn der Vektor $a$ mit einer Konstanten multipliziert wird. Durch die Wahl dieser Konstanten kann

$$\int\limits_{-1}^{1} p_{n-1}^2(t)\,dt = 1$$

erreicht werden. In diesem Integral führen wir eine Substitution $t = \frac{1}{2}(z + z^{-1})$,

$z = e^{i\vartheta}$ durch und setzen

$$g(z) = \frac{z^{n-1}}{2} p_{n-1}\left(\frac{1}{2}(z + z^{-1})\right) \sqrt{1 - z^2}\,.$$

Dann erhält man

$$\int\limits_{|z|=1} |g(z)|^2\, d\vartheta = \int\limits_0^{2\pi} p_{n-1}^2 (\cos\vartheta)\, |\sin\vartheta|\, d\vartheta = 2 \int\limits_{-1}^{1} p_{n-1}^2(t)\, dt = 2\,.$$

Die Funktion $g(z)$ kann analytisch auf die Kreisscheibe $|z| < 1$ fortgesetzt werden. Es entsteht eine reguläre Funktion; es sei für $|z| < 1$

$$g(z) = \sum_{k=0}^{\infty} \alpha_k z^k\,.$$

Dann folgt

$$|g(z)|^2 \leqq \sum_{k=0}^{\infty} |\alpha_k|^2 \sum_{k=0}^{\infty} |z|^{2k} = \frac{1}{2\pi(1 - |z|^2)} \int\limits_{|z|=1} |g(z)|^2\, d\vartheta = \frac{1}{\pi(1 - |z|^2)}\,.$$

Es sei $t$ eine beliebige komplexe Zahl, die mit $z$ durch die Relation $t = \frac{1}{2}(z + z^{-1})$, $|z| < 1$ verknüpft ist. Dann gilt

$$|p_{n-1}(t)| \leqq |z|^{-n+1} (1 - |z|^2)^{-1/4}\, |g(z)| \leqq \frac{1}{\pi} |z|^{-n+1} (1 - |z|^2)^{-5/4}\,.$$

In der komplexen $t$-Ebene betrachten wir eine Ellipse, die durch den Punkt $t = i$ geht und deren Brennpunkte $t = -1$ und $t = 1$ sind. Der Punkt $|z| = \sqrt{2} - 1$ liegt auf der Ellipse. Folglich gilt

$$|p_{n-1}(t)| \leqq C_1 (\sqrt{2} + 1)^n\,, \quad C_1 = \text{const}\,.$$

Diese Abschätzung gilt auch für den Kreis $|t| = 1$. Dann erhält man

$$\sum_{k=0}^{n-1} a_k^2 = \frac{1}{2\pi} \int\limits_{|t|=1} |p_n(t)|^2 d\vartheta \leqq C_2 (\sqrt{2} + 1)^{2n},\ C_2 = \text{const}\,.$$

Hieraus folgt, daß der Quotient (16.13) nicht kleiner wird als $C_3 (\sqrt{2} + 1)^{-2n}$, $C_3 = \text{const}$, das bedeutet aber

$$\frac{1}{\lambda_1^{(n)}} \leqq C_4 (\sqrt{2} + 1)^{2n},\ C_4 = \text{const}\,.$$

Da $\lambda_n^{(n)} \leqq \pi$ war, erhält man schließlich

$$\frac{\lambda_n^{(n)}}{\lambda_1^{(n)}} \leqq C\, (\sqrt{2} + 1)^{2n},\ C = \text{const}\,.$$

## KAPITEL 3

# DIE STABILITÄT DES BUBNOW-GALERKINSCHEN VERFAHRENS FÜR NICHTSTATIONÄRE AUFGABEN

### § 17. Das Schema des Bubnow-Galerkinschen Verfahrens für nichtstationäre Aufgaben

Wir betrachten in diesem Kapitel Cauchysche Aufgaben für nichtstationäre Operatorengleichungen der Form

$$\frac{d^2}{dt^2} A u + \frac{d}{dt} B u + C u = f(t), \tag{17.1}$$

d. h. Aufgaben der Ermittlung einer Lösung für die Gleichung (17.1), wenn folgende Anfangsbedingungen formuliert sind:

$$u\Big|_{t=0} = \varphi, \qquad \frac{du}{dt}\Big|_{t=0} = \psi\,. \tag{17.2}$$

Unter der Voraussetzung, daß $A$, $B$, $C$ Differentialoperatoren sind, wurden Aufgaben dieser Art in einigen Fällen von S. L. Sobolew [2] betrachtet; wir wollen deshalb Gleichungen der Form (7.1) Sobolew*sche Gleichungen* nennen.

Im folgenden setzen wir voraus, daß die Operatoren $A$, $B$, $C$ in einem separablen Hilbert-Raum $H$ definiert sind und $H$ in sich selbst abbilden. Es seien $u = u(t)$ und $f = f(t)$ Funktionen von $t$, deren Werte Elemente des Raumes $H$ sind. Des weiteren seien auch $\varphi$ und $\psi$, die in die Anfangsbedingungen (17.2) eingehen, Elemente aus $H$. Wenn $A \equiv O$ ist, wird die zweite der Bedingungen (17.2) weggelassen.

Das Bubnow-Galerkinsche Verfahren wurde in vielen Fällen auf Aufgaben der Form (17.1) — (17.2) von mehreren Autoren angewandt. Sehr umfangreiche Untersuchungen finden sich zu dieser Thematik bei M. I. Wischik [1], der u. a. auch den Fall betrachtete, daß die Operatoren $A$, $B$, $C$ von der Zeit abhängen. Mit diesem allgemeinen Fall wollen wir uns nicht beschäftigen, sondern die einschränkende Voraussetzung machen, daß die erwähnten Operatoren von der Zeit unabhängig sind.

Bei bestimmten Voraussetzungen, die wir hier nicht berühren wollen, besitzt die Cauchysche Aufgabe (17.1) — (17.2) eine eindeutige Lösung.

Wir richten zunächst unser Augenmerk auf ein Verfahren zur Konstruktion einer Folge von Näherungslösungen für diese Aufgabe, das sich an das Bubnow-Galerkinsche Verfahren anlehnt. Wir wollen es als Bubnow-Galerkin*sches Verfahren für nichtstationäre Aufgaben* bezeichnen. Einzelheiten über dieses Verfahren sind in der Arbeit [1] von M. I. Wischik enthalten.

Der Einfachheit halber setzen wir voraus, daß die Operatoren $A$, $B$, $C$ positiv definit sind.[1]) Weiterhin setzen wir voraus, daß der Durchschnitt $D$ ihrer Definitionsgebiete $D(A)$, $D(B)$, $D(C)$ dicht liegt im gegebenen HILBERT-Raum $H$ und in jedem der energetischen Räume $H_A$, $H_B$, $H_C$. Dann liegt auch der Durchschnitt $D_0$ dieser letzten Räume dicht in jedem von ihnen, und es gilt $D_0 \supset D$. Es ist leicht zu sehen, daß $D_0$ ein vollständiger HILBERT-Raum wird, wenn wir in dieser Menge ein inneres Produkt durch

$$[u, v]_0 = [u, v]_A + [u, v]_B + [u, v]_C \tag{17.3}$$

definieren. Die Norm in $D_0$ bezeichnen wir mit $\|u\|_0$.

Wir wählen ein Koordinatensystem

$$\varphi_1, \varphi_2, \ldots, \varphi_n, \ldots, \tag{17.4}$$

das folgenden Bedingungen unterworfen wird: 1. $\varphi_n \in D_0$ $(n = 1, 2, \ldots)$; 2. die Elemente $\varphi_1, \varphi_2, \ldots, \varphi_n$ sind für beliebiges $n$ linear unabhängig; 3. das System (17.4) ist in $D_0$ vollständig. Aus der letzten Forderung folgt die Vollständigkeit des Systems (17.4) auch in jedem der Räume $H_A$, $H_B$, $H_C$.

Wir setzen voraus, daß die Elemente $\varphi$ und $\psi$ aus (17.2) dem Raum $D_0$ angehören.

Wir suchen eine Näherungslösung für die Aufgabe (17.1) — (17.2) in der Form

$$u_n(t) = \sum_{k=1}^{n} a_k^{(n)}(t)\, \varphi_k, \tag{17.5}$$

wobei die in diese Formel eingehenden unbekannten Funktionen $a_k^{(n)}(t)$ aus folgendem System von Differentialgleichungen ermittelt werden:

$$\sum_{k=1}^{n} \{[\varphi_k, \varphi_j]_A\, \ddot{a}_k^{(n)} + [\varphi_k, \varphi_j]_B\, \dot{a}_k^{(n)} + [\varphi_k, \varphi_j]_C\, a_k^{(n)}\} = (f(t), \varphi_j) \tag{17.6}$$

$$(j = 1, 2, \ldots, n),$$

zu dem die Anfangsbedingungen

$$a_k^{(n)}(0) = \alpha_k^{(n)}, \quad \dot{a}_k^{(n)}(0) = \beta_k^{(n)} \quad (k = 1, 2, \ldots, n) \tag{17.7}$$

hinzukommen. Der Punkt bedeutet Differentiation nach $t$.

Die Wahl der Konstanten $\alpha_k^{(n)}$ und $\beta_k^{(n)}$ ist im wesentlichen willkürlich und unterliegt lediglich der Forderung

$$\Big\|\varphi - \sum_{k=1}^{n} \alpha_k^{(n)} \varphi_k\Big\|_0 \xrightarrow[n\to\infty]{} 0, \quad \Big\|\psi - \sum_{k=1}^{n} \beta_k^{(n)} \varphi_k\Big\|_0 \xrightarrow[n\to\infty]{} 0. \tag{17.8}$$

Man kann z. B. die Forderung erheben, daß die Elemente

$$\sum_{k=1}^{n} \alpha_k^{(n)} \varphi_k, \qquad \sum_{k=1}^{n} \beta_k^{(n)} \varphi_k$$

---

[1]) In den Paragraphen dieses Kapitels werden wir auch Situationen betrachten, wo einige der Operatoren $A$, $B$, $C$ lediglich nichtnegativ sind.

Projektionen der Elemente $\varphi$ bzw. $\psi$ auf den Unterraum des Raumes $D_0$ sind, der durch die Elemente $\varphi_1, \varphi_2, \ldots, \varphi_n$ aufgespannt wird. In diesem Fall sind die $\alpha_k^{(n)}$ und $\beta_k^{(n)}$ Lösungen der folgenden RITZschen Systeme:

$$\sum_{k=1}^{n} [\varphi_k, \varphi_j]_0 \alpha_k^{(n)} = [\varphi, \varphi_j]_0 \quad (j = 1, 2, \ldots, n), \tag{17.9'}$$

$$\sum_{k=1}^{n} [\varphi_k, \varphi_j]_0 \beta_k^{(n)} = [\psi, \varphi_j]_0 \quad (j = 1, 2, \ldots, n). \tag{17.9''}$$

Im Verlauf unserer Betrachtungen werden wir mit dem Fall konfrontiert, daß einer der Räume $H_A$, $H_B$, $H_C$ in jedem der beiden anderen eingebettet ist. Gilt beispielsweise $H_A \subset H_B$ und $H_A \subset H_C$, so sind die Metriken der beiden Räume $H_A$ und $D_0$ äquivalent. Man kann dann an Stelle der Metrik (17.3) im Raum $D_0$ die Metrik des Raumes $H_A$ einführen. Dann ist $D_0 \equiv H_A$, und die Systeme (17.9′) und (17.9″) können durch folgende Systeme ersetzt werden, die sich durch einen einfacheren Aufbau der Koeffizientenmatrizen und der rechten Seiten auszeichnen:

$$\sum_{k=1}^{n} [\varphi_k, \varphi_j]_A \alpha_k^{(n)} = [\varphi, \varphi_j]_A \quad (j = 1, 2, \ldots, n), \tag{17.10'}$$

$$\sum_{k=1}^{n} [\varphi_k, \varphi_j]_A \beta_k^{(n)} = [\psi, \varphi_j]_A \quad (j = 1, 2, \ldots, n). \tag{17.10''}$$

Wir wollen uns etwas eingehender mit Gleichungssystemen der Gestalt (17.6) befassen. Formal kann man sie auf folgende Weise erhalten: Wir wollen annehmen, daß die Koordinatenelemente der Menge $D$ angehören, d. h., sie gehören zu den Definitionsgebieten der drei Operatoren $A$, $B$, $C$. Man kann dann den Ausdruck (17.5) in den linken Teil der Gleichung (17.1) einsetzen. Wir fordern nun (wie das beim BUBNOW-GALERKINschen Verfahren üblich ist), daß die Differenz des Ausdrucks, den wir im Resultat dieser Substitution erhalten, und der Funktion $f(t)$ orthogonal zu den Elementen $\varphi_1, \varphi_2, \ldots, \varphi_n$ in der Metrik des Raumes $H$ ist. Wir erhalten somit das folgende System von Differentialgleichungen:

$$\sum_{k=1}^{n} \{(A\varphi_k, \varphi_j)\, \ddot{a}_k^{(n)} + (B\varphi_k, \varphi_j)\, \dot{a}_k^{(n)} + (C\varphi_k, \varphi_j)\, a_k^{(n)}\} = (f, \varphi_j)$$
$$(j = 1, 2, \ldots, n)$$

Es ist aber $(A\varphi_k, \varphi_j) = [\varphi_k, \varphi_j]_A$ usw., so daß wir auf das System (17.6) kommen.

Die CAUCHYsche Aufgabe (17.6) — (17.7) besitzt eine eindeutige Lösung, die wir in (17.5) einsetzen. Das somit erhaltene Element nennen wir *Näherungslösung* für die Aufgabe (17.1) — (17.2).

Bei Vorgabe einiger recht schwierig zu formulierender Bedingungen[1]) konvergieren die Näherungslösungen $u_n(t)$ in einem bestimmten Sinne gegen die

[1]) Siehe M. I. WISCHIK [1].

exakte Lösung $u(t)$. Wir verzichten auf die Darlegung dieser Ergebnisse, da wir sie für die Stabilitätsuntersuchung des BUBNOW-GALERKINschen Verfahrens nicht benötigen.

Wir wenden uns dem Stabilitätsbegriff für das BUBNOW-GALERKINsche Verfahren bei nichtstationären Aufgaben zu. Wir benutzen die Bezeichnungen

$$R_{A_n} = \|[\varphi_k, \varphi_j]_A\|_{j,k=1}^{j,k=n},$$
$$R_{B_n} = \|[\varphi_k, \varphi_j]_B\|_{j,k=1}^{j,k=n},$$
$$R_{C_n} = \|[\varphi_k, \varphi_j]_C\|_{j,k=1}^{j,k=n},$$

und

$$a^{(n)}(t) = \{a_1^{(n)}(t), a_2^{(n)}(t), \ldots, a_n^{(n)}(t)\},$$
$$f^{(n)}(t) = \{(f(t), \varphi_1), (f(t), \varphi_2), \ldots, (f(t), \varphi_n)\},$$
$$\alpha^{(n)} = \{\alpha_1^{(n)}, \alpha_2^{(n)}, \ldots, \alpha_n^{(n)}\},$$
$$\beta^{(n)} = \{\beta_1^{(n)}, \beta_2^{(n)}, \ldots, \beta_n^{(n)}\}.$$

Die Gleichungen (17.6) und (17.7) kann man dann in der Form

$$R_{A_n} \ddot{a}^{(n)}(t) + R_{B_n} \dot{a}^{(n)}(t) + R_{C_n} a^{(n)}(t) = f^{(n)}(t), \tag{17.6'}$$

$$a^{(n)}(0) = \alpha^{(n)}, \quad \dot{a}^{(n)}(0) = \beta^{(n)} \tag{17.7'}$$

schreiben.

Wir nehmen an, daß die Matrizen $R_{A_n}$, $R_{B_n}$, $R_{C_n}$ mit den Fehlermatrizen $\Gamma_{A_n}$, $\Gamma_{B_n}$, $\Gamma_{C_n}$ und die Vektoren $f^{(n)}(t)$, $\alpha^{(n)}$, $\beta^{(n)}$ mit den Fehlervektoren $\delta^{(n)}(t)$, $\delta_0^{(n)}$, $\delta_1^{(n)}$ behaftet sind. Hierbei seien $\Gamma_{A_n}$, $\Gamma_{B_n}$, $\Gamma_{C_n}$ symmetrische $n$-reihige Matrizen und $\delta^{(n)}(t)$, $\delta_0^{(n)}$, $\delta_1^{(n)}$ $n$-dimensionale Vektoren. Es gilt also in Wahrheit nicht die Aufgabe (17.6′) — (17.7′) zu untersuchen, sondern folgende veränderte Aufgabe:

$$(R_{A_n} + \Gamma_{A_n}) \ddot{b}^{(n)}(t) + (R_{B_n} + \Gamma_{B_n}) \dot{b}^{(n)}(t) + (R_{C_n} + \Gamma_{C_n}) b^{(n)}(t)$$
$$= f^{(n)}(t) + \delta^{(n)}(t), \tag{17.11}$$

$$b^{(n)}(0) = \alpha^{(n)} + \delta_0^{(n)}, \quad \dot{b}^{(n)}(0) = \beta^{(n)} + \delta_1^{(n)}. \tag{17.12}$$

Der in § 13 eingeführte Stabilitätsbegriff erweist sich im vorliegenden Fall als nicht ausreichend, da er die wesentliche Voraussetzung der Beschränktheit des Fehleroperators $\Gamma_n$ beinhaltet. Wir müssen hier auch unbeschränkte Operatoren $\Gamma_n$ zulassen. Es macht sich deshalb eine Änderung des Stabilitätsbegriffs in folgender Weise notwendig.

Wie in § 13 betrachten wir zwei Folgen von BANACH-Räumen $X_n$ und $Y_n$ und zwei Folgen von Gleichungen

$$A_n x^{(n)} = y^{(n)}, \tag{17.13}$$

$$(A_n + \Gamma_n) z^{(n)} = y^{(n)} + \Delta^{(n)}. \tag{17.14}$$

Dabei setzen wir voraus, daß der Operator $A_n$ aus $X_n$ in $Y_n$ abbildet und daß der Operator $A_n^{-1}$ für alle $n$ existiert und auf dem gesamten Raum $Y_n$ definiert ist. Wir sagen, daß das Verfahren (17.13) *stabil* ist, wenn positive Zahlen $p$, $q$, $r$ dergestalt existieren, daß bei $\|A_n^{-1}\Gamma_n\| \leqq r$ die Gleichung (17.14) lösbar ist und die Abschätzung

$$\|z^{(n)} - x^{(n)}\| \leqq p\,\|A_n^{-1}\Gamma_n\| + q\|\Delta^{(n)}\| \tag{17.15}$$

gilt.

Satz 17.1. *Für die Stabilität des Verfahrens* (17.13) *ist notwendig, daß* $\|A_n^{-1}\| \leqq C_1$ *gilt, und hinreichend, daß die Ungleichungen* $\|A_n^{-1}\| \leqq C_1$, $\|A_n^{-1}y^{(n)}\| = \|x^{(n)}\| \leqq C_2$ *erfüllt sind* ($C_1$ *und* $C_2$ *sind von* $n$ *unabhängige Konstanten*).

Beweis. Die Notwendigkeit der Bedingung $\|A_n^{-1}\| \leqq C_1$ wird in gleicher Weise wie im Beweis zu Satz 9.1 gezeigt. Um die Hinlänglichkeit unserer Bedingungen nachzuweisen, wählen wir ein $r$, $0 < r < 1$, und fordern $\|A_n^{-1}\Gamma_n\| \leqq r$. Wir betrachten dann die Gleichungen

$$(A_n + \Gamma_n)\,z_1^{(n)} = y^{(n)}, \qquad (A_n + \Gamma_n)\,z_2^{(n)} = \Delta^{(n)},$$

so daß sich $z^{(n)} - x^{(n)} = \eta^{(n)} = (z_1^{(n)} - x^{(n)}) + z_2^{(n)}$ ergibt. Es folgt

$$z_2^{(n)} = (I_n + A_n^{-1}\Gamma_n)^{-1} A_n^{-1}\Delta^{(n)}$$

und hieraus

$$\|z_2^{(n)}\| \leqq \frac{C_1}{1-r}\|\Delta^{(n)}\|.$$

Es ist weiterhin leicht zu sehen, daß

$$z_1^{(n)} - x^{(n)} = -(I_n + A_n^{-1}\Gamma_n)^{-1} A_n^{-1}\Gamma_n x^{(n)}$$

gilt. Dann folgt aber

$$\|z_1^{(n)} - x^{(n)}\| \leqq \frac{1}{1-r}\|A_n^{-1}\Gamma_n\|\,\|x^{(n)}\| \leqq \frac{C_2}{1-r}\|A_n^{-1}\Gamma_n\|.$$

Schließlich ergibt sich

$$\begin{aligned}\|z^{(n)} - x^{(n)}\| &\leqq \|z_1^{(n)} - x^{(n)}\| + \|z_2^{(n)}\| \\ &\leqq \frac{C_2}{1-r}\|A_n^{-1}\Gamma_n\| + \frac{C_1}{1-r}\|\Delta^{(n)}\|,\end{aligned}$$

so daß die Ungleichung (17.15) mit den Konstanten $p = \frac{C_2}{1-r}$ und $q = \frac{C_1}{1-r}$ erfüllt ist.

Den Stabilitätsbegriff für das Verfahren (17.6′) — (17.7′) definieren wir in Übereinstimmung mit dem soeben behandelten allgemeinen Begriff.

Mit $X_n$ bezeichnen wir den $n$-dimensionalen Raum von Vektoren, deren Komponenten stetige auf dem Abschnitt $0 \leqq t \leqq l$ definierte Funktionen sind ($l$ ist eine feste positive Zahl und kann z. B. auch unendlich sein). Die Norm im

Raum $X_n$ wird durch folgende Formel festgelegt: Es sei $a^{(n)} = a^{(n)}(t)$ und $a^{(n)} \in X_n$; dann wird gesetzt:

$$\|a^{(n)}\|_{X_n} = \max_{0 \leq t \leq l} \|a^{(n)}(t)\|_{E_n} . \tag{17.16}$$

Mit $Y_n$ wollen wir den Raum von Tripeln $n$-dimensionaler Vektoren der Form

$$g^{(n)} = \left(h^{(n)}(t),\ \varrho^{(n)}, \pi^{(n)}\right)$$

bezeichnen, wobei $h^{(n)}(t)$ stetige Funktionen in $t$ sind, $0 \leq t \leq l$, und $\varrho^{(n)}$, $\pi^{(n)}$ Konstanten darstellen. Die Norm in $Y_n$ wird durch

$$\|g^{(n)}\|_{Y_n} = \max_{0 \leq t \leq l} \|h^{(n)}(t)\|_{E_n} + \|\varrho^{(n)}\|_{E_n} + \|\pi^{(n)}\|_{E_n} \tag{17.17}$$

definiert. Bei $l = \infty$ ist das Symbol „max" in den Formeln (17.16) und (17.17) durch „sup" zu ersetzen.

Die Gleichungen (17.6') und (17.7') definieren einen Operator $A_n$, der aus $X_n$ in $Y_n$ abbildet und dem Element $a^{(n)} = a^{(n)}(t)$ das Element $g^{(n)} = \left(f^{(n)}(t), \alpha^{(n)}, \beta^{(n)}\right)$ zuordnet. Die Gleichungen (17.6') und (17.7') kann man zu einer Gleichung der Form (17.13) zusammenfassen, wobei $x^{(n)}$ und $y^{(n)}$ durch $a^{(n)}$ und $g^{(n)}$ zu ersetzen sind.

Wir betrachten außerdem den Operator $\Gamma_n$, der ebenfalls $X_n$ in $Y_n$ abbildet und jedes Element $a^{(n)} = a^{(n)}(t) \in X_n$ in ein Element $\zeta^{(n)} \in Y_n$ der Form

$$\zeta^{(n)} = (\zeta^{(n)}(t),\ 0,\ 0)$$

überführt, wobei

$$\zeta^{(n)}(t) = \Gamma_{A_n} \ddot{a}^{(n)}(t) + \Gamma_{B_n} \dot{a}^{(n)}(t) + \Gamma_{C_n} a^{(n)}(t)$$

gilt.

Man kann nun auch die Gleichungen (17.11) und (17.12) zu einer Gleichung der Form (17.14) zusammenfassen, wenn wir setzen:

$$z^{(n)} = b^{(n)}, \qquad \Delta^{(n)} = \left(\delta^{(n)}(t),\ \delta_0^{(n)},\ \delta_1^{(n)}\right).$$

In Übereinstimmung mit der oben gegebenen allgemeinen Definition nennen wir das BUBNOW-GALERKINsche Verfahren für nichtstationäre Aufgaben (d. h. das Verfahren (17.6') — (17.7')) *stabil im Abschnitt* $0 \leq t \leq l$, wenn unabhängig von $n$ Konstanten $p$, $q$, $r$ dergestalt existieren, daß bei Vorhandensein der Ungleichung $\|A_n^{-1} \Gamma_n\| \leq r$ eine Ungleichung der Form (17.15)

$$\|\eta^{(n)}\| = \|b^{(n)} - a^{(n)}\|_{X_n} \leq p\, \|A_n^{-1} \Gamma_n\|_{X_n \to Y_n} + q\, \|\Delta^{(n)}\|_{Y_n} \tag{17.15'}$$

gilt.

Die Stabilität des BUBNOW-GALERKINschen Verfahrens für nichtstationäre Aufgaben wurde von M. A. WELIJEW [1], [2] untersucht, dessen etwas überarbeitete und verallgemeinerte Resultate wir auch im wesentlichen darlegen wollen. Dabei gehen wir vom Satz 17.1 aus, auf dessen Grundlage für den Stabilitätsbeweis des Verfahrens (17.6) — (17.7) ausreichend ist, wenn die Beschränktheit der Normen der Operatoren $A_n^{-1}$ und der Elemente $x^{(n)} = A_n^{-1} y^{(n)}$ gezeigt werden kann.

## § 18. Parabolische Gleichungen

Wir betrachten die Aufgabe

$$\frac{du}{dx} + C\,u = f(t) \tag{18.1}$$

mit der Anfangsbedingung

$$u|_{t=0} = \varphi\,. \tag{18.2}$$

Es sind hier wie in § 17 $u(t)$ und $f(t)$ Funktionen in $t$, deren Werte Elemente des HILBERT-Raumes $H$ sind, $C$ bezeichnet einen positiv definiten und selbstadjungierten Operator in $H$. Wenn wir die Bezeichnungen des § 17 beibehalten, dann folgt $A = O$, $B = I$. Es ist nun zu sehen, daß der Raum $D_0$ aus denselben Elementen wie der Raum $H_C$ besteht und daß $|u|_0^2 = ||u||^2 + |u|_C^2$ gilt. Wir setzen voraus, daß $\varphi \in H_C$ gilt und daß $f(t)$ stetig auf dem Abschnitt $0 \leqq t \leqq l$ ist ($l$ ist eine feste positive Zahl). Bei $l = \infty$ fordern wir außerdem

$$\sup_{0 \leqq t < \infty} ||f(t)|| < \infty\,. \tag{18.3}$$

Im betrachteten Fall müssen wir noch voraussetzen, daß für die Koordinatenelemente $\varphi_n$ gilt $\varphi_n \in H_C$. Außerdem seien alle weiteren Forderungen an das Koordinatensystem, die in § 17 formuliert wurden, erfüllt. Es bezeichne $\varrho_n$ die Matrix $||(\varphi_k, \varphi_j)||_{j,\,k=1}^{j,\,k=n}$, wobei $(.\,,.)$ das innere Produkt im Raum $H$ bedeutet. Das BUBNOW-GALERKINsche System (d. h., das System (17.6′) — (17.7′)) für die Aufgabe (18.1) — (18.2) nimmt die Form

$$\varrho_n\,\dot{a}^{(n)}(t) + R_n\,a^{(n)}(t) = f^{(n)}(t)\,, R_n = R_{C_n}\,, \tag{18.4}$$

$$a^{(n)}(0) = \alpha^{(n)} \tag{18.5}$$

an.

Der Vektor $\alpha^{(n)}$ werde aus der Bedingung bestimmt, daß das Element

$$\sum_{k=1}^{n} \alpha_k^{(n)}\,\varphi_k \tag{18.6}$$

Projektion des Elementes $\varphi$ im Raum $H_C$ (nicht, wie in § 17, im Raum $D_0$) ist. Die Bedingung (17.8) ist dann erfüllt, und zur Bestimmung des Vektors $\alpha^{(n)}$ braucht nicht das System (17.9′), sondern das einfachere System

$$\sum_{k=1}^{n} [\varphi_k, \varphi_j]_C\;\alpha_k^{(n)} = [\varphi, \varphi_j]_C \tag{18.7}$$

gelöst zu werden.

Für das Verfahren (18.4) — (18.5) vereinfacht sich auch die Definition des Raumes $Y_n$. Wir geben einen Abschnitt $0 \leqq t \leqq l$, $l \leqq \infty$, vor. Ist $l = \infty$, so sei $0 \leqq t < \infty$. Als $Y_n$ nehmen wir dann den Raum der Vektorenpaare der Form $g^{(n)} = \left(h^{(n)}(t), \beta^{(n)}\right)$, wobei $\beta^{(n)}$ ein konstanter Vektor und $h^{(n)}(t)$ stetig in $t$

auf dem Abschnitt $0 \leqq t \leqq l$ ist. Die Norm in $Y_n$ wird durch

$$\|g^{(n)}\|_{Y_n} = \max_{0 \leqq t \leqq l} \|h^{(n)}(t)\|_{E_n} + \|\beta^{(n)}\|_{E_n} \tag{18.8}$$

festgelegt.

Der Operator $A_n$ bildet aus $X_n$ in $Y_n$ ab und ordnet dem Vektor $a^{(n)}(t)$ ein Paar von Vektoren zu, wobei der erste gleich $\varrho_n \dot{a}^{(n)}(t) + R_n a^{(n)}(t)$ und der zweite gleich $a^{(n)}(0)$ ist.

Satz 18.1. *Wenn das Koordinatensystem fast orthonormiert in $H$ ist, dann ist das Verfahren* (18.4) — (18.5) *auf dem Abschnitt $0 \leqq t \leqq l$, auf dem*

$$\sup_{0 \leqq t \leqq l} \|f(t)\|_H < \infty$$

*gilt, stabil.*

Beweis. Das im Raum $H$ fast orthonormierte Koordinatensystem ist zugleich auch stark minimal in diesem Raum und vermöge der Folgerung 4.2 auch stark minimal in $H_C$.

Die Hermiteschen Matrizen $\varrho_n$ und $R_n$ sind positiv definit, so daß man sie gleichzeitig in Diagonalform überführen kann, d. h., es gibt eine nichtsinguläre Matrix $Z_n$ mit der Eigenschaft[1])

$$Z_n^* \varrho_n Z_n = I_n\,, \quad Z_n^* R_n Z_n = D_n\,. \tag{18.9}$$

$D_n$ ist die Diagonalmatrix

$$D_n = [\nu_1^{(n)}, \nu_2^{(n)}, \ldots, \nu_n^{(n)}], \tag{18.10}$$

wobei die positiven Zahlen $\nu_k^{(n)}$ die Lösungen der Gleichung

$$\operatorname{Det}(R_n - \nu \varrho_n) = 0 \tag{18.11}$$

sind. Die Zahlen $\nu_k^{(n)}$ sind durch eine positive Konstante nach unten beschränkt. In der Tat, die kleinste von ihnen wird aus

$$\nu_1^{(n)} = \min \frac{(R_n x^{(n)}, x^{(n)})}{(\varrho_n x^{(n)}, x^{(n)})}$$

ermittelt[2]), wobei sich das Minimum über alle vom Nullvektor verschiedenen $n$-dimensionalen Vektoren $x^{(n)} = (x_1^{(n)}, x_2^{(n)}, \ldots, x_n^{(n)})$ erstreckt. Wir setzen

$$u = \sum_{k=1}^{n} x_k^{(n)} \varphi_k\,,$$

wobei $\varphi_k$ die Koordinatenelemente sind. Dann gilt

$$(R_n x^{(n)}, x^{(n)}) = \|u\|_C^2\,, \qquad (\varrho_n x^{(n)}, x^{(n)}) = \|u\|^2\,,$$

$$\nu_1^{(n)} = \min_{x^{(n)} \neq 0} \frac{\|u\|_C^2}{\|u\|^2}\,.$$

---

[1]) Siehe etwa F. R. Gantmacher [1], Kap. X, § 6.

[2]) Siehe F. R. Gantmacher [1], Kap. X, § 7.

Da der Operator $C$ positiv definit ist, existiert eine Konstante $\nu_0 > 0$ dergestalt, daß für ein beliebiges Element $u \in H_C$ die Ungleichung $\|u\|_C^2 \geqq \nu_0 \|u\|^2$ gilt. Hieraus folgt dann

$$\nu_1^{(n)} \geqq \nu_0. \tag{18.12}$$

Wir setzen $Z_n^{-1} = G_n$; vermöge (18.9) ist

$$\varrho_n = G_n^* G_n, \quad R_n = G_n^* Z_n G_n. \tag{18.13}$$

Die Normen der Matrizen $G_n$ und $G_n^{-1}$ sind beschränkt. In der Tat, es seien $\mu_1^{(n)} \leqq \mu_2^{(n)} \leqq \cdots \leqq \mu_n^{(n)}$ die Eigenwerte der Matrix $\varrho_n$. Da das Koordinatensystem in $H$ fast orthonormiert ist, gibt es Konstanten $\mu_0$ und $M_0$, mit denen die Ungleichung $\mu_0 \leqq \mu_k^{(n)} \leqq M_0$ erfüllt ist. Weiterhin gilt

$$\|G_n\| = \sqrt{\|\varrho_n\|} = \sqrt{\mu_n^{(n)}}, \quad \|G_n^{-1}\| = \sqrt{\|\varrho_n^{-1}\|} = \frac{1}{\sqrt{\mu_1^{(n)}}};$$

und es folgt

$$\|G_n\| = \|G_n^*\| \leqq \sqrt{M_0}, \quad \|G_n^{-1}\| = \|(G_n^*)^{-1}\| \leqq \frac{1}{\sqrt{\mu_0}}. \tag{18.14}$$

Führen wir die Bezeichnungen

$$G_n a^{(n)}(t) = c^{(n)}(t), \quad G_n \alpha^{(n)} = \gamma^{(n)}, \quad G_n^{*\,-1} f^{(n)}(t) = F^{(n)}(t) \tag{18.15}$$

ein, dann nehmen die Gleichungen (18.4) und (18.5) folgende Gestalt an:

$$\left.\begin{aligned} \dot{c}^{(n)}(t) + D_n c^{(n)}(t) &= F^{(n)}(t), \\ c^{(n)}(0) &= \gamma^{(n)}. \end{aligned}\right\} \tag{18.16}$$

Das System (18.16) zerfällt in $n$ unabhängige Gleichungen

$$\left.\begin{aligned} \dot{c}_k^{(n)}(t) + \nu_k^{(n)} c_k^{(n)}(t) &= F_k^{(n)}(t), \\ c_k^{(n)}(0) &= \gamma_k^{(n)}, \end{aligned}\right\} \tag{18.16'}$$

deren Lösungen gegeben werden durch die Formel

$$c_k^{(n)}(t) = \gamma_k^{(n)} e^{-\nu_k^{(n)} t} + \int_0^t F_k^{(n)}(\tau) \exp\left(-\nu_k^{(n)}(t-\tau)\right) d\tau \tag{18.17}$$

$$(k = 1, 2, \ldots, n).$$

Unsere nächste Aufgabe besteht darin, die Norm $\|A_n^{-1}\|$ nach oben abzuschätzen. Wir nehmen deshalb an, daß der Vektor $f^{(n)}(t)$ aus (18.4) ein beliebiges Element des Raumes $Y_n$ ist und schätzen unter dieser Voraussetzung die Norm $\|a^{(n)}\|_{Y_n}$ ab.

Bei Verwendung der Matrixschreibweise erhalten wir aus (18.17)

$$c^{(n)}(t) = e^{-D_n t} \gamma^{(n)} + \int_0^t e^{-D_n(t-\tau)} F^{(n)}(\tau)\, d\tau. \tag{18.17'}$$

Wir multiplizieren beide Seiten dieser Gleichung von links mit $G_n^{-1}$ und setzen für $F^{(n)}(\tau)$ und $\gamma^{(n)}$ die entsprechenden Ausdrücke aus (18.15) ein. Es folgt dann

$$a^{(n)}(t) = G_n^{-1}\, e^{-D_n t}\, G_n \alpha^{(n)} + \int\limits_0^t G_n^{-1}\, e^{-D_n(t-\tau)}\, G_n^{*-1} f^{(n)}(\tau)\, d\tau\,. \tag{18.18}$$

Wir verwenden die Ungleichung

$$\|e^{-D_n t}\| = e^{-\mu_1^{(n)} t} \leqq 1\,.$$

Wenn wir nun $0 \leqq t \leqq l$ mit $l \leqq \infty$ voraussetzen, ergibt sich

$$\begin{aligned} \|a^{(n)}(t)\|_{E_n} &\leqq \sqrt{\frac{M_0}{\mu_0}}\, \|\alpha^{(n)}\|_{E_n} + \frac{1}{\mu_0} \max_{0 \leqq t \leqq l} \|f^{(n)}(t)\|_{E_n} \int\limits_0^t e^{-\nu_0 t}\, dt \\ &< \sqrt{\frac{M_0}{\mu_0}}\, \|\alpha^{(n)}\|_{E_n} + \frac{1}{\mu_0\, \nu_0} \max_{0 \leqq t \leqq l} \|f^{(n)}(t)\|_{E_n}. \end{aligned} \tag{18.19}$$

Mit $g^{(n)}$ bezeichnen wir das Vektorenpaar $\left(f^{(n)}(t), \alpha^{(n)}\right)$, und es sei $q_0$ die größere der Zahlen $\sqrt{\frac{M_0}{\mu_0}}$ und $\frac{1}{\mu_0\, \nu_0}$. Dann gilt

$$\|a^{(n)}\|_{X_n} = \max_{0 \leqq t \leqq l} \|a^{(n)}(t)\|_{E_n} \leqq q_0\, \|g^{(n)}\|_{Y_n}\,.$$

Die letzte Ungleichung beinhaltet die Aussage

$$\|A_n^{-1}\| \leqq q_0\,, \tag{18.20}$$

so daß die Normen $\|A_n^{-1}\|$ unabhängig von $n$ beschränkt sind.

Wir bringen $f^{(n)}(t)$ auf die ursprüngliche Form

$$f^{(n)}(t) = \big((f(t), \varphi_1,)\ (f(t), \varphi_2), \ldots, (f(t), \varphi_n)\big)$$

und weisen nach, daß die Ungleichung

$$\|f^{(n)}(t)\|_{E_n} \leqq L \tag{18.21}$$

gilt, wobei $L$ eine Konstante ist, die weder von $t$ noch von $n$ abhängt. Wir stellen die Aufgabe der bestmöglichen Approximation des Elements $f(t)$ durch eine Linearkombination der Form

$$\sum_{k=1}^{n} \alpha_k^{(n)}(t)\, \varphi_k$$

im Raum $H$. Die $\alpha_k^{(n)}(t)$ sind Lösung des Gleichungssystems $\varrho_n\, \alpha^{(n)}(t) = f^{(n)}(t)$ (siehe § 5), wobei mit $\alpha^{(n)}(t)$ der Vektor $\left(\alpha_1^{(n)}(t), \alpha_2^{(n)}(t), \ldots, \alpha_n^{(n)}(t)\right)$ bezeichnet wurde. Vermöge (5.6) gilt

$$\|\alpha^{(n)}(t)\|_{E_n} \leqq \frac{1}{\sqrt{\mu_0}}\, \|f(t)\|_H \leqq \frac{1}{\sqrt{\mu_0}} \max_{0 \leqq t \leqq l} \|f(t)\|_H\,.$$

Dann folgt

$$\|f^{(n)}(t)\|_{E_n} \leqq \|\varrho_n\|\, \|\alpha^{(n)}(t)\| = \mu_n^{(n)}\, \|\alpha^{(n)}(t)\| \leqq \frac{M_0}{\sqrt{\mu_0}} \max \|f(t)\|_H\,, \tag{18.22}$$

womit (18.21) bewiesen wäre.

Der Vektor $\alpha^{(n)}$ ist Lösung der Aufgabe der bestmöglichen Approximation des Elements $\varphi$ in der Metrik des Raumes $H_C$ durch Linearkombinationen der Koordinatenelemente $\varphi_1, \varphi_2, \ldots, \varphi_n$. Es folgt dann wieder vermöge (5.6)

$$||\alpha^{(n)}||_{E_n} \leqq \frac{1}{\sqrt{\lambda_0}} \|\varphi\|_C , \tag{18.23}$$

wobei $\lambda_0$ eine positive untere Schranke für die Eigenwerte der Matrix $R_n$ ist.

Wir verwenden die oben eingeführte Bezeichnung $g^{(n)} = (f^{(n)}(t), \alpha^{(n)})$.

Die Ungleichungen (18.21) und (18.23) zeigen, daß

$$||g^{(n)}||_{Y_n} \leqq L_1 = \text{const}$$

gilt. Dann folgt

$$||a^{(n)}||_{X_n} = ||A_n^{-1} g^{(n)}||_{X_n} \leqq ||A_n^{-1}|| \, ||g^{(n)}||_{Y_n} \leqq q_0 L_1 . \tag{18.24}$$

Aus den Ungleichungen (18.20) und (18.24) und dem Satz 17.1 folgt die Stabilität des Verfahrens (18.4) — (18.5), die durch die Formel (17.15′) ausgedrückt wird.

Eine zu (17.15′) analoge Ungleichung kann auch unschwer für den Fehler der Näherungslösung, die im Resultat der Anwendung des BUBNOW-GALERKINschen Verfahrens entsteht, erhalten werden. Mit $u_n(t)$ und $v_n(t)$ bezeichnen wir die „genaue" bzw. „ungenaue" Näherung:

$$u_n(t) = \sum_{k=1}^{n} a_k^{(n)}(t) \varphi_k ,$$

$$v_n(t) = \sum_{k=1}^{n} b_k^{(n)}(t) \varphi_k .$$

Es gilt

$$\begin{aligned} ||v_n(t) - u_n(t)||_H^2 &= \left\| \sum_{k=1}^{n} [b_k^{(n)}(t) - a_k^{(n)}(t)] \varphi_k \right\|_H^2 \\ &= \left\| \sum_{k=1}^{n} \eta_k^{(n)}(t) \varphi_k \right\|_H^2 = (\varrho_n \eta^{(n)}(t), \eta^{(n)}(t))_{E_n} \\ &\leqq \mu_n^{(n)} || \eta^{(n)}(t) ||_{E_n}^2 \leqq M_0 \, || \eta^{(n)}(t) ||_{E_n}^2 . \end{aligned}$$

Vermöge (17.15′) folgt hieraus

$$\max_{0 \leqq t \leqq l} ||v_n(t) - u_n(t)||_H \leqq \sqrt{M_0} \, \{p \, ||A_n^{-1} \Gamma_n||_{X_n \to Y_n} + q \, ||\Delta^{(n)}||_{Y_n}\} . \tag{18.25}$$

Wir geben eine Abschätzung für $||A_n^{-1} \Gamma_n||_{X_n \to Y_n}$ an. Mit $\Gamma_{B_n}$ und $\Gamma_{C_n}$ bezeichnen wir die Fehlermatrizen für $\varrho_n$ und $R_n$.

Einer Definition des § 17 folgend, setzen wir für $x^{(n)} = x^{(n)}(t)$

$$\Gamma_n x^{(n)} = (\zeta^{(n)}(t), \, 0) ,$$

wobei folgende Bezeichnung eingeführt wurde:

$$\zeta^{(n)}(t) = \Gamma_{B_n} \dot{x}^{(n)}(t) + \Gamma_{C_n} x^{(n)}(t) .$$

Wenn wir weiterhin $A_n^{-1}\,\Gamma_n\,x^{(n)} = \xi^{(n)}$ setzen, dann ist $\xi^{(n)}$ Lösung der CAUCHYschen Aufgabe

$$\varrho_n\,\dot{\xi}^{(n)}(t) + R_n\,\xi^{(n)}(t) = \Gamma_{B_n}\,\dot{x}^{(n)}(t) + \Gamma_{C_n}\,x^{(n)}(t)\,,$$
$$\xi^{(n)}(t) = 0\,.$$

Wegen (18.18) folgt

$$\xi^{(n)}(t) = \int_0^t G_n^{-1}\,e^{-D_n(t-\tau)}\,G_n^{*-1}\,[\Gamma_{B_n}\,\dot{x}^{(n)}(\tau) + \Gamma_{C_n}\,x^{(n)}(\tau)]\,d\tau\,.$$

Das Integral auf der rechten Seite zerfällt in zwei Teile, wobei wir das erste dieser beiden Integrale partiell integrieren wollen:

$$\xi^{(n)}(t) = \varrho_n^{-1}\,\Gamma_B\;x^{(n)}(t) - \int_0^t G_n^{-1}\,D_n\,e^{-D_n(t-\tau)}\,G_n^{*-1}\,\Gamma_{B_n}\,x^{(n)}(\tau)\,d\tau$$
$$+ \int_0^t G_n^{-1}\,e^{-D_n(t-\tau)}\,G_n^{*-1}\,\Gamma_{C_n}\,x^{(n)}(\tau)\,d\tau - G_n^{-1}\,e^{-D_n t}\,G_n^{*-1}\,\Gamma_{B_n}\,x^{(n)}(0)\,.$$

Dann folgt

$$\begin{aligned}\|\xi^{(n)}(t)\|_{E_n} \leqq \frac{1}{\mu_0}\,\|\Gamma_{B_n}\|\;\|x^{(n)}(t)\|_{E_n}\\
&+ \frac{1}{\mu_0}\,\|\Gamma_{B_n}\|\,\max_{0\leqq t\leqq l}\|x^{(n)}(t)\|_{E_n}\int_0^t \|D_n\,e^{-D_n\tau}\|\,d\tau\\
&+ \frac{1}{\mu_0}\,\|\Gamma_{C_n}\|\,\max_{0\leqq t\leqq l}\|x^{(n)}(t)\|_{E_n}\int_0^t \|e^{-D_n\tau}\|\,d\tau\\
&+ \frac{1}{\mu_0}\,\|\Gamma_{B_n}\|\,\max_{0\leqq t\leqq l}\|x^{(n)}(t)\|_{E_n}\,. \qquad (18.26)\end{aligned}$$

Es ist evident

$$\int_0^t \|e^{-D_n\tau}\|\,d\tau = \int_0^t e^{-\mu_1^{(n)}\tau}\,d\tau \leqq \frac{1}{\mu_0}\,.$$

Für das Integral

$$\int_0^t \|D_n\,e^{-D_n\tau}\|\,d\tau$$

finden wir leicht die folgende Abschätzung:

$$\int_0^t \|D_n\,e^{-D_n\tau}\|\,d\tau \leqq \|D_n\|\int_0^t \|e^{-D_n\tau}\|\,d\tau = \frac{\|D_n\|}{\mu_0} = \frac{\nu_n^{(n)}}{\mu_0}\,. \qquad (18.27)$$

Man kann für dieses Integral auch noch eine andere Abschätzung finden.

Es sind $\nu_k^{(n)}\,e^{-\nu_k^{(n)}\tau}$ $(k = 1, 2, \ldots, n)$ die Eigenwerte der Matrix $D_n\,e^{-D_n\tau}$, deren Norm gleich dem größten dieser Eigenwerte ist. Mit $M_k$ $(k = 1, 2, \ldots, n)$

bezeichnen wir die Menge der $\tau$, für die

$$\|D_n e^{-D_n\tau}\| = \nu_k^{(n)} e^{-\nu_k^{(n)}\tau}$$

gilt. Dann folgt

$$\int_0^t \|D_n e^{-D_n\tau}\| \, d\tau \leqq \int_0^\infty \|D_n e^{-D_n\tau}\| \, d\tau$$

$$= \sum_{k=1}^n \int_{M_k} \nu_k^{(n)} e^{-\nu_k^{(n)}\tau} \, d\tau < \sum_{k=1}^n \int_0^\infty \nu_k^{(n)} e^{-\nu_k^{(n)}\tau} \, d\tau = n \,. \tag{18.28}$$

Wir setzen

$$\sigma(n) = \min\left\{\frac{\nu_n^{(n)}}{\mu_0}, n\right\}. \tag{18.29}$$

Dann folgt aus (18.27) und (18.28)

$$\int_0^t \|D_n e^{-D_n\tau}\| \, d\tau \leqq \sigma(n) \,, \tag{18.30}$$

so daß man vermöge der Ungleichung (18.26) die Abschätzung

$$\|A_n^{-1} \Gamma_n\|_{X_n \to Y_n} \leqq [p' + p'' \sigma(n)] \, \|\Gamma_{B_n}\|_{E_n} + p''' \, \|\Gamma_{C_n}\|_{E_n} \tag{18.31}$$

erhält ($p'$, $p''$, $p'''$ sind Konstanten). Aus der Ungleichung (17.15'), die die Stabilität des Verfahrens (18.4)—(18.5) charakterisiert, folgt nun die Abschätzung

$$\begin{aligned} \|\eta^{(n)}\|_{X_n} \leqq & [p_1 + p_2 \sigma(n)] \, \|\Gamma_{B_n}\|_{E_n} + p_3 \, \|\Gamma_{C_n}\|_{E_n} \\ & + p_4 \max_{0 \leqq t \leqq l} \|\delta^{(n)}(t)\|_{E_n} + p_5 \, \|\delta_0^{(n)}\|_{E_n} \end{aligned} \tag{18.32}$$

($p_i$, $1 \leqq i \leqq 5$, sind Konstanten).

Analog erhalten wir aus (18.25) eine Abschätzung für den Fehler der Näherungslösung in folgender Form:

$$\begin{aligned} \max_{0 \leqq t \leqq l} \|v_n(t) - u_n(t)\|_H \leqq & \sqrt{M_0} \, \{[p_1 + p_2 \sigma(n)] \, \|\Gamma_{B_n}\|_{E_n} + p_3 \, \|\Gamma_{C_n}\|_{E_n} \\ & + p_4 \max_{0 \leqq t \leqq l} \|\delta^{(n)}(t)\|_{E_n} + p_5 \|\delta_0^{(n)}\|_{E_n}\} \,. \end{aligned} \tag{18.33}$$

Die Abschätzungen (18.32) und (18.33) gelten, wenn die Ungleichung

$$[p' + p'' \sigma(n)] \, \|\Gamma_{B_n}\|_{E_n} + p''' \, \|\Gamma_{C_n}\|_{E_n} \leqq r < 1 \tag{18.34}$$

erfüllt ist.

**Bemerkung.** Wir betrachten den Fall eines in $H$ orthonormierten Koordinatensystems. Dann kann die Matrix $\varrho_n = I_n$ exakt ermittelt werden, und es gilt $\Gamma_{B_n} = 0$. Es sind in diesem Fall die Zahlengrößen in den Abschätzungen (18.32) und (18.33) von $n$ unabhängig. Gerade dieser Fall wurde in den Arbeiten von M. A. WELIJEW [1], [2] untersucht. Eine analoge Bemerkung hat Gültigkeit auch in bezug auf die Abschätzungen des § 21.

## § 19. Eine allgemeinere Gleichung erster Ordnung

Vorgelegt sei die Gleichung

$$\frac{d}{dt} B u + C u = f(t) \tag{19.1}$$

und die Anfangsbedingung

$$u|_{t=0} = \varphi \,. \tag{19.2}$$

Wir setzen voraus, daß die Operatoren $B$ und $C$ positiv definit im HILBERT-Raum $H$ sind und daß einer der beiden energetischen Räume $H_B$ und $H_C$ im anderen enthalten ist.

Der Fall $H_C \subset H_B$ unterscheidet sich nur wenig von dem in § 18 betrachteten Fall. Es gilt folgende zu Satz 18.1 analoge Aussage: Das BUBNOW-GALERKINsche Verfahren ist stabil (im Sinne der Definition aus § 17), wenn das Koordinatensystem fast orthonormiert im Raum $H_B$ ist. Die Stabilität kann für den Abschnitt $0 \leqq t \leqq l$ nachgewiesen werden, für den

$$\sup_{0 \leqq t \leqq l} \|f(t)\|_H < \infty \tag{19.3}$$

gilt. Das BUBNOW-GALERKINsche Verfahren ist mit den Gleichungen

$$\left.\begin{aligned} \varrho_n \dot{a}^{(n)}(t) + R_n a^{(n)}(t) &= f^{(n)}(t)\,, \\ a^{(n)}(0) &= \alpha^{(n)} \end{aligned}\right\} \tag{19.4}$$

verbunden, wobei $\varrho_n = R_{B_n}$, $R_n = R_{C_n}$ gesetzt wurde, $f^{(n)}(t)$ und $\alpha^{(n)}$ jedoch die gleiche Bedeutung wie in § 18 besitzen. Für den Fehler $\eta^{(n)} = b^{(n)} - a^{(n)}$ des Koeffizientenvektors sind die Ungleichungen (17.15′) und (18.32) erfüllt. Entsprechende Ungleichungen für den Fehler der Näherungslösung erhält man aus (18.25) und (18.33), wenn die linken Seiten dieser Formeln durch $\max\limits_{0 \leqq t \leqq l} \|v_n(t) - u_n(t)\|_B$ ersetzt werden. Wir wollen uns nicht beim Beweis dieser Behauptung aufhalten, da er durch formales Wiederholen der Überlegungen des § 18 erbracht werden kann.

Wir wenden uns dem Fall zu, der neben $H_C \subset H_B$ auch noch $H_B \subset H_C$ voraussetzt, so daß die energetischen Räume $H_B$ und $H_C$ aus ein und denselben Elementen bestehen und ihre Normen äquivalent sind.

In diesem Fall sind die Zahlen $\nu_k^{(n)}$ (siehe (18.10)) nach oben beschränkt. In der Tat, es sei $x_k^{(n)}$ ein Eigenvektor der Gleichung $R_n x - \nu_k^{(n)} \varrho_n x = 0$, dann gilt

$$\nu_k^{(n)} = \frac{(R_n x_k^{(n)}, x_k^{(n)})}{(\varrho_n x_k^{(n)}, x_k^{(n)})} = \frac{\|u\|_C^2}{\|u\|_B^2}\,, \qquad u = \sum_{j=1}^{n} x_{kj}^{(n)} \varphi_j\,, \tag{19.5}$$

wobei $x_{kj}^{(n)}$ die Koordinaten des Vektors $x_k^{(n)}$ sind und unter $\varphi_j$ die Koordinatenelemente verstanden werden sollen. Da die Normen der Räume $H_B$ und $H_C$ äquivalent sind, gibt es positive Konstanten $c_1$ und $c_2$ dergestalt, daß $c_1 \|u\|_B \leqq \|u\|_C \leqq c_2 \|u\|_B$ gilt, folglich ist $\nu_k^{(n)} \leqq c_2^2$.

Für hinreichend große $n$ folgt aus (18.29) $\sigma(n) \leqq \frac{c_2^2}{\mu_0} = \text{const}$, und an Stelle (18.32) und (18.33) erhalten wir (die Bezeichnung der Konstanten wurde geändert)

$$\begin{aligned} \|\eta^{(n)}\|_{X_n} \leqq p_1 \|\Gamma_{B_n}\|_{E_n} + p_2 \|\Gamma_{C_n}\|_{E_n} \\ + p_3 \max_{0 \leqq t \leqq l} \|\delta^{(n)}(t)\|_{E_n} + p_4 \|\delta_0^{(n)}\|_{E_n}, \end{aligned} \tag{19.6}$$

$$\begin{aligned} \|v_n(t) - u_n(t)\|_B \leqq \sqrt{M_0} \{p_1 \|\Gamma_{B_n}\|_{E_n} + p_2 \|\Gamma_{C_n}\|_{E_n} \\ + p_3 \max_{0 \leqq t \leqq l} \|\delta^{(n)}(t)\|_{E_n} + p_4 \|\delta_0^{(n)}\|_{E_n}\}, \end{aligned} \tag{19.7}$$

wobei die Koeffizienten bei den Normen unabhängig von $n$ sind. Wie aus (18.34) folgt, gelten die Abschätzungen (19.6) und (19.7), wenn die Ungleichung

$$\left(p' + p'' \frac{c_2^2}{\mu_0}\right) \|\Gamma_{B_n}\|_{E_n} + p''' \|\Gamma_{C_n}\|_{E_n} \leqq r < 1 \tag{19.8}$$

erfüllt ist.

Wir zeigen, daß im betrachteten Fall Abschätzungen der Form (19.6) und (19.7) lediglich mit anderen Konstanten $p_i$ auch für die Fehler der Ableitungen $\dot{\eta}^{(n)}(t)$ und $\dot{v}^{(n)}(t) - \dot{u}^{(n)}(t)$ Gültigkeit besitzen, wenn nur die Normen $\|\Gamma_{B_n}\|$ und $\|\Gamma_{C_n}\|$ hinreichend klein sind. Das Koordinatensystem ist vermöge Satz 4.3 auch im Raum $H_C$ fast orthonormiert. Dann sind die Eigenwerte $\lambda_k^{(n)}$ der Matrix $R_n$ durch positive Konstanten nach oben und unten beschränkt. Es gelte $\lambda_0 \leqq \lambda_k^{(n)} \leqq \Lambda_0$. Der „ungenaue" Vektor der RITZschen Koeffizienten $b^{(n)}(t)$ genügt der Gleichung

$$(\varrho_n + \Gamma_{B_n}) \dot{b}^{(n)}(t) + (R_n + \Gamma_{C_n}) b^{(n)}(t) = f^{(n)}(t) + \delta^{(n)}(t).$$

Nachdem wir hiervon die Gleichung (19.4) subtrahiert haben, erhalten wir

$$\begin{aligned} \dot{\eta}^{(n)}(t) = (\varrho_n + \Gamma_{B_n})^{-1} \{\delta^{(n)}(t) - (R_n + \Gamma_{C_n}) \eta^{(n)}(t) \\ - \Gamma_{B_n} \dot{a}^{(n)}(t) - \Gamma_{C_n} a^{(n)}(t)\}. \end{aligned} \tag{19.9}$$

Für $\|\Gamma_{B_n}\|_{E_n}$ und $\|\Gamma_{C_n}\|_{E_n}$ haben wir die Ungleichung (19.8) zur Verfügung. Zusätzlich fordern wir die Erfüllung der Ungleichung $\|\Gamma_{B_n}\| \leqq r \mu_0$, wobei $\mu_0$ eine positive untere Schranke für die Eigenwerte $\mu_k^{(n)}$ der Matrix $\varrho_n$ bezeichnet. Vermöge (18.21) und (18.24) sind die $\|f^{(n)}(t)\|_{E_n}$ und $\|a^{(n)}(t)\|_{E_n}$ unabhängig von $n$ und $t$ beschränkt. Da weiterhin die Ungleichungen $\|\varrho_n^{-1}\| \leqq \frac{1}{\mu_0}$ und $\|R_n\|_{E_n} \leqq \Lambda_0$ erfüllt sind, folgt aus der Gleichung (19.4), daß auch $\|\dot{a}^{(n)}(t)\|_{E_n}$ unabhängig von $n$ und $t$ beschränkt ist. Es folgt

$$\|(\varrho_n + \Gamma_{B_n})^{-1}\| \leqq \|\varrho_n^{-1}\| \, \|(I_n + \varrho_n^{-1} \Gamma_{B_n})^{-1}\| \leqq \frac{M_0}{1 - r}.$$

Aus (19.7) und (19.9) erhalten wir nun zunächst eine Ungleichung der Form

$$\|\dot{\eta}^{(n)}(t)\|_{X_n} \leqq q_1 \|\Gamma_{B_n}\|_{E_n} + q_2 \|\Gamma_{C_n}\|_{E_n} + q_3 \max_{0\leqq t\leqq l} \|\delta^{(n)}(t)\|_{E_n} + q_4 \|\delta_0^{(n)}\|_{E_n} \tag{19.10}$$

($q_i$ sind Konstanten), die zusammen mit

$$\|\dot{v}_n(t) - \dot{u}_n(t)\|_B^2 = (\varrho_n\, \dot{\eta}^{(n)}(t),\ \dot{\eta}^{(n)}(t))_{E_n}$$

die folgende Abschätzung liefert:

$$\|\dot{v}_n(t) - \dot{u}_n(t)\|_B \leqq \sqrt{M_0}\, \{q_1 \|\Gamma_{B_n}\|_{E_n} + q_2 \|\Gamma_{C_n}\|_{E_n} + q_3 \max_{0\leqq t\leqq l} \|\delta^{(n)}(t)\|_{E_n} + q_4 \|\delta_0^{(n)}\|_{E_n}\}\,. \tag{19.11}$$

Wir wenden uns nun dem Fall $H_B \subset H_C$, aber $H_B \not\supset H_C$ zu. Wir fordern zusätzlich, daß $\varphi = 0$ gilt. Das BUBNOW-GALERKINsche System (19.4) nimmt dann die Gestalt

$$\varrho_n\, \dot{a}^{(n)}(t) + R_n\, a^{(n)}(t) = f^{(n)}(t)\,, \qquad a^{(n)}(0) = 0 \tag{19.12}$$

an.

Wir können in diesem Fall annehmen, daß der Raum $Y_n$ mit dem Raum $X_n$ zusammenfällt. Die Gleichungen (19.12) definieren einen Operatiur $A_n \in (X_n \to Y_n)$, dessen Wirkungsgesetz durch

$$A_n\, a^{(n)} = \varrho_n\, \dot{a}^{(n)}(t) + R_n\, a^{(n)}(t)$$

($a^{(n)} = a^{(n)}(t)$) festgelegt wird. Dieser Operator ist auf den Vektoren $a^{(n)} \in X_n$ erklärt, die nach $t$ stetig differenzierbar sind und bei $t = 0$ verschwinden.

**Satz 19.1.** *Es sei $H_B \subset H_C$. Das Verfahren* (19.12) *ist stabil im Abschnitt $0 \leqq t \leqq l$, $l < \infty$, wenn das Koordinatensystem fast orthonormiert im Raum $H_C$ ist und wenn die Ungleichung* (19.3) *erfüllt ist.*

**Beweis.** Unter Beibehaltung der Bezeichnungen des § 18 erhalten wir aus (19.12) die Gleichungen

$$\dot{c}_k^{(n)}(t) + \nu_k^{(n)}\, c_k^{(n)}(t) = F_k^{(n)}(t)\,, \qquad c_k^{(n)}(0) = 0\,.$$

Hieraus folgt ohne Schwierigkeit

$$a^{(n)}(t) = \int_0^t G_n^{-1}\, e^{-D_n(t-\tau)}\, G_n^{*-1} f^{(n)}(\tau)\, d\tau\,. \tag{19.13}$$

Unter den angegebenen Voraussetzungen sind die Normen der Matrizen $G_n^{-1}$ (und $G_n^{*-1}$) unabhängig von $n$ beschränkt; denn das Koordinatensystem im Raum $H_B$ ist stark minimal, so daß für die Eigenwerte $\mu_k^{(n)}$ der Matrix $\varrho_n$ die Abschätzung $\mu_k^{(n)} \geqq \mu_0 = \text{const} > 0$ gilt. Dann ergibt sich wie in § 18

$$\|G_n^{-1}\| = \|G_n^{*-1}\| = \sqrt{\|\varrho_n^{-1}\|} = \frac{1}{\sqrt{\mu_1^{(n)}}} \leqq \frac{1}{\sqrt{\mu_0}}$$

(die Normen werden in der Metrik des Raumes $E_n$ errechnet). Da die $\nu_k^{(n)}$ positiv sind, gilt $\|e^{-D_n(t-\tau)}\| \leqq 1$ und

$$\|a^{(n)}(t)\|_{E_n} \leqq \frac{1}{\mu_0} \int_0^t \|f^{(n)}(\tau)\|_{E_n} \, d\tau$$

$$\leqq \frac{1}{\mu_0} \max_{0 \leqq t \leqq l} \|f^{(n)}(t)\|_{E_n} = \frac{1}{\mu_0} \|f^{(n)}\|_{X_n}.$$

Wenn wir zum Maximum auf der linken Seite übergehen, folgt

$$\|a^{(n)}\|_{X_n} \leqq \frac{1}{\mu_0} \|f^{(n)}\|_{X_n}. \tag{19.14}$$

Diese Ungleichung bedeutet aber, daß die Normen der Operatoren $A_n^{-1}$ gleichmäßig beschränkt sind:

$$\|A_n^{-1}\|_{X_n} \leqq \frac{1}{\mu_0}. \tag{19.15}$$

Wir zeigen weiterhin, daß die Normen $\|f^{(n)}\|_{X_n}$ ebenfalls gleichmäßig beschränkt sind. Es ist

$$f^{(n)}(t) = \big((f(t), \varphi_1), \quad (f(t), \varphi_2), \ldots, (f(t), \varphi_n)\big).$$

Weiterhin gilt

$$(f(t), \varphi_k)_H = (C\, C^{-1} f(t), \ \varphi_k)_H = [C^{-1} f(t), \varphi_k]_C.$$

Wie auch in § 18 formulieren wir die Aufgabe der bestmöglichen Approximation des Elements $h(t) = C^{-1} f(t)$ durch Linearkombinationen der Form

$$\sum_{k=1}^{n} \alpha_k^{(n)}(t)\, \varphi_k$$

in der Metrik des Raumes $H_C$. Der Vektor $\alpha^{(n)}(t) = \big(\alpha_1^{(n)}(t), \alpha_2^{(n)}(t), \ldots, \alpha_n^{(n)}(t)\big)$ genügt der Gleichung $R_n \alpha^{(n)}(t) = h^{(n)}(t)$, wobei

$$h^{(n)}(t) = \big([h(t), \varphi_1]_C, \ldots, [h(t), \varphi_n]_C\big)$$

gesetzt wurde. Da jedoch

$$[h(t), \varphi_k]_C = \big(f(t), \varphi_k\big)$$

gilt, folgt $h^{(n)}(t) = f^{(n)}(t)$, und $\alpha^{(n)}(t)$ genügt der Gleichung $R_n \alpha^{(n)}(t) = f^{(n)}(t)$. Vermöge (5.6) erhalten wir

$$\|\alpha^{(n)}(t)\|_{E_n} \leqq \frac{1}{\sqrt{\lambda_0}} \|h(t)\|_C = \frac{1}{\sqrt{\lambda_0}} \|f(t)\|_H$$

$$\leqq \frac{1}{\sqrt{\lambda_0}} \max_{0 \leqq t \leqq l} \|f(t)\|_H,$$

woraus

$$\|f^{(n)}(t)\|_{E_n} = \|R_n^{-1} \alpha^{(n)}(t)\|_{E_n} \leqq \frac{\Lambda_0}{\sqrt{\lambda_0}} \max_{0 \leqq t \leqq l} \|f(t)\|$$

folgt.

Indem wir zum Maximum auf der linken Seite übergehen, erhalten wir

$$\|f^{(n)}\|_{X_n} \leqq \frac{\Lambda_0}{\sqrt{\lambda_0}} \max_{0\leqq t\leqq l} \|f(t)\| = \text{const},$$

was zu zeigen war. Aus (19.14) folgt nun, daß die Normen $\|a^{(n)}\|_{X_n}$ gleichmäßig beschränkt sind, womit auch die Stabilität des Verfahrens (19.12) vermöge Satz 17.1 bewiesen wäre.

Wir zeigen, daß für den Fehler $\eta^{(n)}(t)$ des Vektors der RITZschen Koeffizienten eine Abschätzung der Form (19.6) gilt, in der verständlicherweise das Glied $p_4 \|\delta_0^{(n)}\|_{E_n}$ fehlt. Zunächst geben wir eine Abschätzung für die Normen $\|A_n^{-1}\,\Gamma_n\|$ an. Im betrachteten Fall ist $\Gamma_n$ ein Operator aus $X_n$ in $X_n$. Führen wir die Bezeichnung $\Gamma_n\, x^{(n)} = \zeta^{(n)}$ ein, dann gilt

$$\zeta^{(n)}(t) = \Gamma_{B_n}\, \dot{x}^{(n)}(t) + \Gamma_{C_n}\, x^{(n)}(t)\,.$$

Wir führen noch folgende Bezeichnung ein: $A_n^{-1}\,\Gamma_n\, x^{(n)} = \xi^{(n)}$. Durch Wiederholung der Überlegungen aus § 18 kommen wir auf die Abschätzungen (18.26) und (18.27). Wie aus (19.5) ersichtlich ist, sind im betrachteten Fall die $\nu_k^{(n)}$ beschränkt, so daß vermöge der soeben erwähnten Abschätzungen

$$\|A_n^{-1}\,\Gamma_n\| \leqq p'\, \|\Gamma_{B_n}\|_{E_n} + p''\, \|\Gamma_{C_n}\|_{E_n}, \quad p', p'' = \text{const},$$

folgt. Auf der Grundlage dieser Ungleichung erhalten wir leicht eine Abschätzung der folgenden Gestalt:

$$\|\eta^{(n)}\|_{X_n} \leqq p_1\, \|\Gamma_{B_n}\|_{E_n} + p_2\, \|\Gamma_{C_n}\|_{E_n} + p_3 \max_{0\leqq t\leqq l} \|\delta^{(n)}(t)\|_{E_n}\,. \tag{19.16}$$

Dann folgt aus

$$\|v_n(t) - u_n(t)\|_C^2 = \left(R_n\, \eta^{(n)}(t)\,,\quad \eta^{(n)}(t)\right)_{E_n}$$

die Ungleichung

$$\begin{aligned}\|v_n(t) - u_n(t)\|_C \leqq \sqrt{\Lambda_0}\, \{p_1\, \|\Gamma_{B_n}\|_{E_n} + p_2\, \|\Gamma_{C_n}\|_{E_n} \\ + p_3 \max_{0\leqq t\leqq l} \|\delta^{(n)}(t)\|_{E_n}\}\,,\end{aligned} \tag{19.17}$$

wobei $\Lambda_0$ eine obere Schranke für die Eigenwerte der Matrix $R_n$ ist.

## § 20. SOBOLEWsche Gleichungen

Wir wenden uns nochmals der Aufgabe aus § 17 zu und untersuchen hinreichende Stabilitätsbedingungen für das Verfahren (17.6′)—(17.7′). Wir beschränken uns auf den einfachsten Fall, in dem die Metriken der Räume $H_A$, $H_B$, $H_C$ äquivalent sind, was bedeutet, daß diese Räume aus ein und denselben Elementen bestehen. Weiter wollen wir voraussetzen, daß die in die Anfangsbedingungen (17.7′) eingehenden Vektoren $\alpha^{(n)}$ und $\beta^{(n)}$ den Gleichungen (17.10′) und (17.10″) genügen.

**Satz 20.1.** *Wenn die Metriken der Räume $H_A$, $H_B$, $H_C$ äquivalent sind und das Koordinatensystem fast orthonormiert in einer dieser Metriken ist, dann ist das Verfahren* (17.6′)—(17.7′) *in einem beliebigen endlichen Abschnitt der Variablen $t$ stabil.*

**Beweis.** Es seien $\varkappa_k^{(n)}$, $\mu_k^{(n)}$, $\lambda_k^{(n)}$ die Eigenwerte der Matrizen $R_{A_n}$, $R_{B_n}$ bzw. $R_{C_n}$. Da das Koordinatensystem fast orthonormiert in jeder der Metriken $H_A$, $H_B$, $H_C$ ist, sind die Eigenwerte durch positive Konstanten sowohl nach oben als auch nach unten beschränkt:

$$\varkappa_0 \leqq \varkappa_k^{(n)} \leqq K_0 , \quad \mu_0 \leqq \mu_k^{(n)} \leqq M_0 , \quad \lambda_0 \leqq \lambda_k^{(n)} \leqq \Lambda_0 \tag{20.1}$$

($\varkappa_0$, $K_0$, $\mu_0$, $M_0$, $\lambda_0$, $\Lambda_0$ sind positive Konstanten).

Wir wenden uns der Abschätzung für die Norm $\|A_n^{-1}\|$ zu, wobei $A_n$ der in § 17 definierte Operator ist. Ähnlich wie in § 18 setzen wir

$$R_{A_n} = G_n^* G_n , \quad R_{B_n} = G_n^* D_n G_n , \quad D_n = [\nu_1^{(n)}, \nu_2^{(n)}, \ldots, \nu_n^{(n)}] .$$

Wie oben kann nun wieder gezeigt werden, daß die Normen der Matrizen $G_n$ und $G_n^{-1}$ beschränkt sind; es gilt

$$\|G_n\| = \|G_n^*\| \leqq \sqrt{M_0} , \quad \|G_n^{-1}\| = \|G_n^{*-1}\| \leqq \frac{1}{\sqrt{\mu_0}} .$$

Außerdem ist leicht zu sehen (vgl. § 19), daß die Eigenwerte $\nu_k^{(n)}$ durch positive Konstanten nach oben und unten beschränkt sind. Es sei

$$0 < \nu_0 \leqq \nu_k^{(n)} \leqq N_0 , \quad \nu_0, N_0 = \text{const} . \tag{20.2}$$

Wir setzen weiterhin

$$\begin{aligned} G_n a^{(n)}(t) &= c^{(n)}(t) , & G_n \alpha^{(n)} &= \gamma^{(n)} , \\ G_n \beta^{(n)} &= \tilde{\gamma}^{(n)} , & G_n^{*-1} f^{(n)}(t) &= F^{(n)}(t) . \end{aligned} \tag{20.3}$$

Dann nehmen die Gleichungen (17.6′) und (17.7′) die Form

$$\left.\begin{aligned} \ddot{c}^{(n)}(t) + D_n \dot{c}^{(n)}(t) + P_n c^{(n)}(t) &= F^{(n)}(t) , \\ c^{(n)}(0) = \gamma^{(n)} , \qquad \dot{c}^{(n)}(0) &= \tilde{\gamma}^{(n)} \end{aligned}\right\} \tag{20.4}$$

an mit

$$P_n = G_n^{*-1} R_{C_n} G_n^{-1} . \tag{20.5}$$

Man überzeugt sich leicht davon, daß die Matrix $P_n$ positiv definit ist und daß ihre Eigenwerte, die wir mit $\vartheta_k^{(n)}$ bezeichnen, durch positive Konstanten nach oben und unten beschränkt sind. Es sei

$$0 < \vartheta_0 \leqq \vartheta_k^{(n)} \leqq \Theta_0 , \quad \vartheta_0 = \text{const} , \quad \Theta_0 = \text{const} . \tag{20.6}$$

Wir integrieren die erste der Gleichungen (20.4) nach $t$ in den Grenzen von 0 bis $l$. Unter Beachtung der restlichen Gleichungen (20.4) erhalten wir dann

$$\dot{c}^{(n)}(t) + D_n c^{(n)}(t) = \int_0^t F^{(n)}(\tau)\, d\tau + \tilde{\gamma}^{(n)} + D_n \gamma^{(n)} - \int_0^t P_n c^{(n)}(\tau)\, d\tau .$$

Hieraus folgt eine zu (18.17') analoge Formel:

$$c^{(n)}(t) = e^{-D_n t} \gamma^{(n)} + \int_0^t e^{-D_n(t-\tau)} [\tilde{\gamma}^{(n)} + D_n \gamma^{(n)} + \int_0^\tau F^{(n)}(\tau_1)\, d\tau_1$$

$$- \int_0^\tau P_n c^{(n)}(\tau_1)\, d\tau_1]\, d\tau .$$

Diese Gleichung kann man leicht in eine VOLTERRAsche Integralgleichung überführen; denn es gilt

$$c^{(n)}(t) + \int_0^t K_n(t-\tau)\, c^{(n)}(\tau)\, d\tau = \Phi^{(n)}(t), \tag{20.7}$$

wobei

$$K_n(t) = D_n^{-1}(I_n - e^{-D_n t})\, P_n, \tag{20.8}$$

$$\Phi^{(n)}(t) = \gamma^{(n)} + D_n^{-1}(I_n - e^{-D_n t})\, \tilde{\gamma}^{(n)}$$

$$+ \int_0^t D_n^{-1}(I_n - e^{-D_n(t-\tau)})\, F^{(n)}(\tau)\, d\tau \tag{20.9}$$

gesetzt wurde.

Die Gleichung (20.7) kann durch sukzessive Approximation gelöst werden, auf deren Grundlage man eine Abschätzung für die Lösung erhalten kann. Zunächst ergibt sich

$$\|K_n(t)\| \leqq \|D_n^{-1}\|\, \|I_n - e^{-D_n t}\|\, \|P_n\|$$

$$= \frac{1}{\nu_1^{(n)}}\left(1 - e^{-\nu_1^{(n)} t}\right) \vartheta_n^{(n)} \leqq q, \qquad q = \frac{\Theta_0}{\nu_0}.$$

Weiterhin gilt die Abschätzung

$$\|\Phi^{(n)}(t)\|_{E_n} \leqq \|\gamma^{(n)}\| + \frac{1}{\nu_1^{(n)}}\left(1 - e^{-\nu_n^{(n)} t}\right) \|\tilde{\gamma}^{(n)}\| + \frac{1}{\nu_1^{(n)}} \max_{0 \leqq t \leqq l} \|F^{(n)}(t)\|$$

$$\leqq \|\gamma^{(n)}\| + \frac{1}{\nu_0} \|\tilde{\gamma}^{(n)}\| + \frac{1}{\nu_0} \max_{0 \leqq t \leqq l} \|F^{(n)}(t)\|_{E_n}.$$

Bezeichnen wir den auf der rechten Seite stehenden Ausdruck mit $\sigma_n$, dann gilt

$$\|\Phi^{(n)}(t)\| \leqq \sigma_n .$$

Die Lösung der Gleichung (20.7) läßt sich in der Form

$$c^{(n)}(t) = \sum_{m=0}^{\infty} (-1)^m c^{(n,m)}(t)$$

darstellen, wobei

$$c^{(n,0)}(t) = \Phi^{(n)}(t), \qquad c^{(n,m)}(t) = \int_0^t K_n(t-\tau)\, c^{(n,m-1)}(\tau)\, d\tau$$

gilt. Hieraus folgen die Abschätzungen

$$\|c^{(n,m)}(t)\|_{E_n} \leqq \frac{\sigma_n q^m t^m}{m!}$$

und

$$\|c^{(n)}(t)\|_{E_n} \leqq \sigma_n e^{qt} \leqq \sigma_n e^{ql}.$$

Es ist dann

$$\|a^{(n)}(t)\|_{E_n} = \|G_n^{-1} c^{(n)}(t)\|_{E_n} \leqq \sigma_n \frac{e^{ql}}{\sqrt{\mu_0}}.$$

Wenn wir zum Maximum auf der linken Seite übergehen, erhalten wir

$$\|a^{(n)}\|_{X_n} = \max_{0 \leqq t \leqq l} \|a^{(n)}(t)\|_{E_n} \leqq \sigma_n \frac{e^{ql}}{\sqrt{\mu_0}}. \tag{20.10}$$

Vermöge (20.3) ergibt sich weiter

$$\sigma_n = \|G_n \alpha^{(n)}\| + \frac{1}{\nu_0} \|G_n \beta^{(n)}\| + \frac{1}{\nu_0} \max_{0 \leqq t \leqq l} \|G_n^{*-1} f^{(n)}(t)\|_{E_n}$$

$$\leqq \sqrt{M_0} \|\alpha^{(n)}\| + \frac{\sqrt{M_0}}{\nu_0} \|\beta^{(n)}\| + \frac{1}{\nu_0 \sqrt{\mu_0}} \max_{0 \leqq t \leqq l} \|f^{(n)}(t)\|_{E_n}.$$

Es sei

$$q_1 = \max \left\{ \sqrt{M_0}, \frac{\sqrt{M_0}}{\nu_0}, \frac{1}{\nu_0 \sqrt{\mu_0}} \right\}.$$

Wir bezeichnen mit $g^{(n)}$ das Vektorentripel $(f^{(n)}(t), \alpha^{(n)}, \beta^{(n)})$. Es ist $g^{(n)}$ ein Element des Raumes $Y_n$, und es gilt

$$\sigma_n \leqq q_1 \|g^{(n)}\|_{Y_n}.$$

Aus (20.10) folgt dann die Abschätzung

$$\|a^{(n)}\|_{X_n} \leqq q_2 \|g^{(n)}\|_{Y_n}, \quad q_2 = \frac{q_1 e^{ql}}{\sqrt{\mu_0}} = \text{const}.$$

Diese Ungleichung ist gleichbedeutend mit

$$\|A_n^{-1}\| \leqq q_2;$$

der Operator $A_n$ wurde in § 17 definiert und bildet den Vektor $a^{(n)} \in X_n$ in das Vektorentripel $g^{(n)} = (f^{(n)}(t), \alpha^{(n)}, \beta^{(n)}) \in Y_n$ ab.

Wenn wir mit den notwendigen Veränderungen die entsprechenden Überlegungen aus § 18 wiederholen, können wir die gleichmäßige Beschränktheit der Normen $\|a^{(n)}\|_{X_n}$ nachweisen. Die Behauptung des Satzes 20.1 folgt dann aus dem Satz 17.1.

Für den Fehlervektor $\eta^{(n)}(t) = b^{(n)}(t) - a^{(n)}(t)$ erhält man nun leicht eine Abschätzung der Form

$$\|\eta^{(n)}\|_{X_n} \leqq p_1 \|\Gamma_{A_n}\| + p_2 \|\Gamma_{B_n}\| + p_3 \|\Gamma_{C_n}\| \\ + p_4 \max_{0\leq t\leq l} \|\delta^{(n)}(t)\| + p_5 \|\delta_0^{(n)}\| + p_6 \|\delta_1^{(n)}\| . \tag{20.11}$$

Die $p_i$ sind Konstanten, und die auf der rechten Seite stehenden Normen werden im Raum $E_n$ gebildet. Analoge Ungleichungen kann man auch für $\|\dot{\eta}^{(n)}\|_{X_n}$, $|v_n(t) - u_n(t)|$ und $|\dot{v}_n(t) - \dot{u}_n(t)|$ erhalten, wobei das Symbol $|\ |$ die Norm in einem beliebigen Raum $H_A$, $H_B$, $H_C$ bedeutet.

## § 21. Gleichungen vom hyperbolischen Typ

Die Äquivalenzbedingung für die Metriken $H_A$, $H_B$, $H_C$, die in § 20 vorausgesetzt wurde, ist nicht notwendig für die Stabilität des Bubnow-Galerkinschen Verfahrens bei Sobolewschen Gleichungen. Wir machen das deutlich am Beispiel der hyperbolischen Gleichung

$$\frac{d^2u}{dt^2} + B\frac{du}{dt} + C\,u = f(t)\,, \tag{21.1}$$

deren Lösung wir bei Vorgabe der Anfangsbedingungen

$$u|_{t=0} = \varphi\,, \qquad u_t|_{t=0} = \psi \tag{21.2}$$

ermitteln wollen. Wir setzen voraus, daß $B$ eine nichtnegative Konstante und $C$ ein positiv definiter Operator ist.

Das Bubnow-Galerkinsche System hat dann die Gestalt (in Vektorenschreibweise)

$$\varrho_n\, \ddot{a}^{(n)}(t) + B\,\varrho_n\, \dot{a}^{(n)}(t) + R_n\, a^{(n)}(t) = f^{(n)}(t)\,, \tag{21.3}$$

$$a^{(n)}(0) = \alpha^{(n)}\,, \quad \dot{a}^{(n)}(0) = \beta^{(n)}\,. \tag{21.4}$$

Es wurde

$$\varrho_n = \|(\varphi_k, \varphi_j)\|_{j,\,k=1}^{j,\,k=n}\,, \qquad R_n = \|[\varphi_k, \varphi_j]_C\|_{j,\,k=1}^{j,\,k=n}$$

gesetzt; dagegen besitzt $f^{(n)}(t)$ die gleiche Bedeutung wie in den vorangegangenen Paragraphen. Die Vektoren $\alpha^{(n)}$ und $\beta^{(n)}$ ermitteln wir aus den Gleichungen

$$R_n\,\alpha^{(n)} = \varphi^{(n)}\,, \qquad R_n\,\beta^{(n)} = \psi^{(n)}\,, \tag{21.5}$$

wobei $\varphi^{(n)}$ und $\psi^{(n)}$ die Vektoren

$$\left.\begin{aligned} \varphi^{(n)} &= ([\varphi, \varphi_1]_C, [\varphi, \varphi_2]_C, \ldots, [\varphi, \varphi_n]_C)\,, \\ \psi^{(n)} &= ([\psi, \varphi_1]_C, [\psi, \varphi_2]_C, \ldots, [\psi, \varphi_n]_C) \end{aligned}\right\} \tag{21.6}$$

bezeichnen. Es gilt folgender Satz.

**Satz 21.1.** *Es sei das Koordinatensystem fast orthonormiert im gegebenen* HILBERT-*Raum $H$, und es gelte im Abschnitt $0 \leqq t \leqq l$, $l < \infty$, die Ungleichung*

$$\max_{0 \leqq t \leqq l} \|f(t)\| < \infty \,. \tag{21.7}$$

*Dann ist das Verfahren* (21.3)–(21.4) *im Abschnitt $0 \leqq t \leqq l$ stabil (im Sinne der Definition des* § 17). *Gilt außerdem $B > 0$, so ist das Verfahren* (21.3)–(21.4) *stabil für $0 \leqq t < \infty$.*

**Beweis.** Um die Formeln einfacher zu gestalten, führen wir den Beweis bei einer zusätzlichen Voraussetzung, die später formuliert werden soll.

Durch die Substitution

$$a^{(n)}(t) = e^{-\frac{B}{2}t}\, \tilde{a}^{(n)}(t) \tag{21.8}$$

bringen wir das System (21.3)–(21.4) auf die folgende Form:

$$\left.\begin{aligned} \varrho_n \ddot{\tilde{a}}^{(n)}(t) + \left(R_n - \frac{B^2}{4}\varrho_n\right)\tilde{a}^{(n)}(t) &= e^{\frac{B}{2}t} f^{(n)}(t)\,, \\ \tilde{a}^{(n)}(0) = \alpha^{(n)}\,, \quad \dot{\tilde{a}}^{(n)}(0) &= \frac{B}{2}\alpha^{(n)} + \beta^{(n)}\,. \end{aligned}\right\} \tag{21.9}$$

Wie auch in den vorangegangenen Paragraphen führen wir die Bezeichnungen

$$\varrho_n = G_n^* G_n\,, \quad R_n = G_n^* D_n G_n\,, \quad D_n = [\nu_1^{(n)}, \nu_2^{(n)}, \ldots, \nu_n^{(n)}]$$

ein. Es gilt $\nu_k^{(n)} \geqq \nu_0 = \text{const} > 0$. Wir setzen nun zusätzlich voraus, daß die Ungleichung $\nu_0 > \frac{B^2}{4}$ erfüllt ist.

Mit den Bezeichnungen

$$G_n \tilde{a}^{(n)}(t) = c^{(n)}(t)\,, \qquad G_n \alpha^{(n)} = \gamma^{(n)}\,,$$

$$G_n\left(\frac{B}{2}\alpha^{(n)} + \beta^{(n)}\right) = \tilde{\gamma}^{(n)}\,, \qquad e^{\frac{B}{2}t} G_n^{*-1} f^{(n)}(t) = F^{(n)}(t)\,,$$

nimmt das System (21.9) die Form

$$\ddot{c}^{(n)}(t) + \left(D_n - \frac{B^2}{4}I_n\right)c^{(n)}(t) = F^{(n)}(t)\,,$$

$$c^{(n)}(0) = \gamma^{(n)}, \qquad \dot{c}^{(n)}(0) = \tilde{\gamma}^{(n)}$$

an. Die Lösung dieses Systems besitzt die Gestalt

$$\begin{aligned} c^{(n)}(t) = \cos&\left(\left(D_n - \frac{B^2}{4}I_n\right)^{1/2} t\right)\gamma^{(n)} \\ &+ \left(D_n - \frac{B^2}{4}I_n\right)^{-1/2} \sin\left(\left(D_n - \frac{B^2}{4}I_n\right)^{1/2} t\right)\tilde{\gamma}^{(n)} \\ &+ \left(D_n - \frac{B^2}{4}I_n\right)^{-1/2}\int_0^t \sin\left(D_n - \frac{B^2}{4}I_n\right)^{1/2}(t-\tau)\, F^{(n)}(\tau)\, d\tau\,. \end{aligned} \tag{21.10}$$

Wir wenden uns den Abschätzungen zu.

Da $\frac{B^2}{4} < \nu_0$ vorausgesetzt wurde, ist die Matrix $D_n - \frac{B^2}{4} I_n$ positiv definit, folglich gilt

$$\left\| \cos \left( D_n - \frac{B^2}{4} I_n \right)^{1/2} t \right\| \leqq 1 ,$$

$$\left\| \left( D_n - \frac{B^2}{4} I_n \right)^{-1/2} \sin \left( D_n - \frac{B^2}{4} I_n \right)^{1/2} t \right\| \leqq t .$$

Dann folgt aus (21.10)

$$||c^{(n)}(t)||_{E_n} \leqq ||\gamma^{(n)}|| + t\,||\tilde{\gamma}^{(n)}|| + \int_0^t (t-\tau)\,||F^{(n)}(\tau)||\, d\tau$$

$$\leqq ||\gamma^{(n)}|| + t\,||\tilde{\gamma}^{(n)}|| + \frac{t^2}{2} \max_{0 \leqq t \leqq l} ||F^{(n)}(t)||_{E_n} . \tag{21.11}$$

Es sei $l < \infty$, dann gilt

$$||c^{(n)}(t)||_{E_n} \leqq ||\gamma^{(n)}|| + l\,||\tilde{\gamma}^{(n)}|| + \frac{l^2}{2} \max_{0 \leqq t \leqq l} ||F^{(n)}(t)||_{E_n} ,$$

und da die Normen $||G_n||$ und $||G_n^{-1}||$ beschränkt sind, erhalten wir

$$||c^{(n)}(t)||_{E_n} \leqq q\,||g^{(n)}||_{Y_n} \tag{21.12}$$

(dabei ist $q$ eine Konstante, $g^{(n)}$ das Vektorentripel $(f^{(n)}(t), \alpha^{(n)}, \beta^{(n)})$ und $Y_n$ der in § 17 definierte Raum). Weiter erhalten wir

$$||a^{(n)}(t)||_{E_n} = \left\| e^{-\frac{B}{2}t}\, G_n\, c^{(n)}(t) \right\| \leqq ||G_n||\, ||c^{(n)}(t)||_{E_n} \leqq q_1\, ||g^{(n)}||_{Y_n} ,$$

$$q_1 = \text{const},$$

so daß

$$||a^{(n)}||_{X_n} = \max_{0 \leqq t \leqq l} ||a^{(n)}(t)||_{E_n} \leqq q_1\, ||g^{(n)}||_{Y_n} \tag{21.13}$$

folgt. Es ist somit nachgewiesen, daß die erste der Bedingungen des Satzes 17.1 erfüllt sind. Ähnliche Überlegungen wie in den vorangegangenen Paragraphen dieses Kapitels führen zum Nachweis der Beschränktheit von $||g^{(n)}||_{Y_n}$; vermöge (21.13) sind dann auch die Normen $||a^{(n)}||_{X_n}$ beschränkt. Damit ist auch die zweite der Bedingungen des Satzes 17.1 erfüllt, und Satz 21.1 ist bewiesen für den Fall $l < \infty$.

Es sei $l = \infty$. In diesem Fall setzen wir $B > 0$ voraus. Vermöge (21.11) ergibt sich

$$||a^{(n)}(t)||_{E_n} \leqq ||G_n||\, e^{-\frac{1}{2}Bt}\, ||c^{(n)}(t)||$$

$$\leqq ||G^{(n)}|| \left\{ ||\gamma^{(n)}|| + \frac{2}{B\,e} ||\tilde{\gamma}^{(n)}|| + \frac{8}{B^2 e^2} \max_{0 \leqq t \leqq l} ||F^{(n)}(t)||_{E_n} \right\} .$$

Hieraus folgt, daß die $a^{(n)}$ einer Ungleichung der Form (21.13) genügen. Die weiteren Überlegungen verlaufen wie oben.

## KAPITEL 4

# ÜBER DEN DEFEKT DER NÄHERUNGSLÖSUNG

Die in diesem Kapitel behandelte Frage steht im Zusammenhang mit der Anwendung des RITZschen Verfahrens auf das Funktional der energetischen Methode. Gegeben sei die Aufgabe

$$A u = f , \tag{IV.1}$$

wobei $A$ einen positiv definiten Operator des HILBERT-Raumes $H$ bezeichnet. Durch das RITZsche Verfahren sei eine Näherung

$$u_n = \sum_{k=1}^{n} a_k^{(n)} \varphi_k \tag{IV.2}$$

für die exakte Lösung $u_0$ der Gleichung (IV.1) ermittelt worden. Die Frage, in welchem Maße $u_n$ die Gleichung (IV.1) erfüllt, besitzt im allgemeinen keinen Sinn: Die Koordinatenelemente (und mit ihnen das Element $u_n$) brauchen nicht $D(A)$ anzugehören, dann kann man $u_n$ nicht einmal in die Gleichung (IV.1) einsetzen. Selbst wenn man $\varphi_k \in D(A)$ voraussetzt, ist im allgemeinen $A u_n \not\to f$. Man kann sogar behaupten, daß der Operator $A$ beschränkt ist, wenn $A u_n \to f$ für ein beliebiges Koordinatensystem aus $D(A)$ gilt.[1])

Man kann allerdings durch eine spezielle Auswahl des Koordinatensystems erreichen, daß der Defekt der Näherungslösung, $A u_n - f$, bei $n \to \infty$ gegen das Nullelement konvergiert, auch wenn der Operator $A$ unbeschränkt ist. Für den Fall, daß der Operator $A$ ein Punktspektrum besitzt, wurde eine solche Auswahl des Koordinatensystems in der Arbeit [11] des Autors angegeben. Einige Verallgemeinerungen findet man bei O. K. BOGARJAN [1]. Weitaus tiefgehendere Resultate stammen von G. M. WAINIKKO [1], der außerdem eine Ungenauigkeit berichtigte, die sich in der Arbeit [11] des Autors findet. Im Fall, daß der Operator ein Differentialoperator ist und die Koordinatenfunktionen Polynome sind, folgt die Konvergenz des Defekts gegen das Nullelement bei entsprechenden Bedingungen aus den Ergebnissen der Arbeit [23] des Autors. Es sei an dieser Stelle darauf hingewiesen, daß die Methode der Arbeit [23] in enger Verbindung steht mit einer Methode einiger früherer Arbeiten von I. K. DAUGAWET [1]—[3], in denen der Fall eindimensionaler Differentialoperatoren betrachtet wird und etwas schwächere Resultate erhalten werden.

---

[1]) Siehe MP, S. 41.

Im vorliegenden Kapitel werden die Ergebnisse des Autors, die in den Arbeiten [11] und [23] enthalten sind, ausführlich dargelegt. Für den Satz der Arbeit [11] wird ein sehr einfacher Beweis angegeben, der von G. M. WAINIKKO stammt.

## § 22. Der Satz über den Defekt

Satz 22.1. *Es seien $A$ und $B$ ähnliche positiv definite Operatoren des separablen* HILBERT-*Raumes $H$, und es habe der Operator $B$ ein diskretes Spektrum. Wenn das System $\{\varphi_k\}$ der Eigenelemente des Operators $B$ als Koordinatensystem für die Gleichung*

$$A u = f \tag{22.1}$$

*verwendet wird und wenn*[1]

$$u_n = \sum_{k=1}^{n} a_k \varphi_k \tag{22.2}$$

*die $n$-te* RITZ*sche Näherung für die exakte Lösung der Aufgabe* (22.1) *ist, dann konvergiert der Defekt $A u_n - f$ bei $n \to \infty$ gegen das Nullelement.*

Beweis. Es sei $\mu_k$ der dem Eigenelement $\varphi_k$ des Operators $B$ entsprechende Eigenwert, d. h. $B \varphi_k = \mu_k \varphi_k$. Wie bereits früher nehmen wir an, daß die Eigenwerte $\mu_k$ in wachsender Ordnung aufgeschrieben sind. Mit $P_n$ bezeichnen wir den orthogonalen Projektionsoperator (in der Metrik des Raumes $H$) auf den von den Elementen $\varphi_1, \varphi_2, \ldots, \varphi_n$ aufgespannten Unterraum $H_n$. Es sei $P^{(n)} = I - P_n$. Bei beliebigem $\alpha > 0$ sind die Operatoren $B^\alpha$ und $P_n$ vertauschbar. Hierbei gilt

$$\|B^\alpha P_n\| = \mu_n^\alpha, \qquad \|B^{-\alpha} P^{(n)}\| = \mu_{n+1}^{-\alpha}. \tag{22.3}$$

Es sei $u_0$ die exakte Lösung der Gleichung (22.1). Wie in § 6 gezeigt wurde, realisiert die RITZsche Näherung $u_n$ im Raum $H_n$ die bestmögliche Approximation für $u_0$ (im Sinne der Metrik des Raumes $H_A$). Daher gilt

$$\begin{aligned} |u_0 - u_n|_A &\leqq |u_0 - P_n u_0|_A = |P^{(n)} u_0|_A = \|A^{1/2} P^{(n)} u_0\| \\ &\leqq \|A^{1/2} B^{-1/2}\| \, \|B^{1/2} P^{(n)} u_0\| . \end{aligned}$$

Weiter erhält man

$$\begin{aligned} \|B^{1/2} P^{(n)} u_0\| &= \|B^{-1/2} P^{(n)} P^{(n)} B u_0\| \leqq \|B^{-1/2} P^{(n)}\| \, \|P^{(n)} B u_0\| \\ &= \mu_{n+1}^{-1/2} \|P^{(n)} B u_0\| . \end{aligned}$$

Es folgt dann

$$|u_0 - u_n|_A \leqq \mu_{n+1}^{-1/2} \|A^{1/2} B^{-1/2}\| \, \|P^{(n)} B u_0\| .$$

Andererseits gilt

$$\|B^{1/2} (u_0 - u_n)\| \leqq \|B^{1/2} A^{-1/2}\| \, \|A^{1/2} (u_0 - u_n)\| = \|B^{1/2} A^{-1/2}\| \, |u_0 - u_n|_A .$$

[1]) Wir betonen hier nicht die Abhängigkeit der RITZschen Koeffizienten von $n$ und schreiben $a_k$ an Stelle von $a_k^{(n)}$.

Aus den letzten beiden Ungleichungen folgt dann

$$\|B^{1/2}(u_0 - u_n)\| \leqq C\,\mu_{n+1}^{-1/2}\,\|P^{(n)} B u_0\|\,, \tag{22.4}$$

wobei

$$C = \|A^{1/2} B^{-1/2}\|\,\|B^{1/2} A^{-1/2}\|$$

gesetzt wurde.

Für alle $u \in H_n$ gilt $P^{(n)} u = 0$; dann folgt

$$B(u_0 - u_n) = B(P_n + P^n)(u_0 - u_n) = B^{1/2} P_n B^{1/2}(u_0 - u_n) + B P^{(n)} u_0\,.$$

Wegen (22.3) und (22.4) erhält man hieraus

$$\|B(u_0 - u_n)\| \leqq \left[C\sqrt{\frac{\mu_n}{\mu_{n+1}}} + 1\right] \|P^{(n)} B u_0\| \leqq (C+1)\,\|P^{(n)} B u_0\|$$

und weiterhin

$$\|A u_n - f\| = \|A(u_n - u_0)\| \leqq \|A B^{-1}\|\,\|B(u_n - u_0)\|$$
$$\leqq \|A B^{-1}\|\,(C+1)\,\|P^{(n)} B u_0\| \xrightarrow[n\to\infty]{} 0\,.$$

## § 23. Nichtentartete gewöhnliche Differentialoperatoren zweiter Ordnung

In diesem und in den nachfolgenden Paragraphen des vorliegenden Kapitels werden wir einige Klassen von Differentialoperatoren betrachten, für die man auf verhältnismäßig einfache Art ähnliche Operatoren angeben kann.

Vorgelegt sei die Aufgabe

$$-\frac{d}{dx}\left(p(x)\frac{du}{dx}\right) + q(x)\,u = f(x)\,, \tag{23.1}$$

$$u(0) = u(1) = 0\,. \tag{23.2}$$

Bezüglich der Funktionen $p(x)$ und $q(x)$ machen wir folgende Voraussetzungen: $p(x)$, $p'(x)$ und $q(x)$ seien für $0 \leqq x \leqq 1$ stetige Funktionen, und es gelte $p(x) \geqq p_0 = \text{const} > 0$, weiter

$$q(x) > -\mu_1\,,$$

wobei $\mu_1$ den kleinsten Eigenwert des Operators

$$-\frac{d}{dx}\left(p\frac{du}{dx}\right)$$

mit den Randbedingungen (23.2) bezeichnet. Die linke Seite der Gleichung (23.1) und die Randbedingungen (23.2) definieren im Raum $H = L_2(0, 1)$ einen Operator, den wir mit $\tilde{A}$ bezeichnen werden:

$$\tilde{A}\,u = -\frac{d}{dx}\left(p(x)\frac{du}{dx}\right) + q(x)\,u\,.$$

Das Definitionsgebiet dieses Operators sei die Menge aller Funktionen, die auf dem Abschnitt $0 \leqq x \leqq 1$ zweimal stetig differenzierbar sind und in den Randpunkten verschwinden. Der Operator $\tilde{A}$ ist positiv definit[1]) und gestattet deshalb eine selbstadjungierte FRIEDRICHS-Erweiterung[2]), die wir mit $A$ bezeichnen. Wir erinnern daran[2]), daß die verallgemeinerte Lösung der durch Anwendung der energetischen Methode auf (23.1)—(23.2) entstehenden Aufgabe gerade die Lösung der Gleichung $A\,u = f$ ist.

Wir untersuchen zunächst, aus welchen Funktionen das Definitionsgebiet des Operators $A$ besteht. Bekanntlich[2]) besteht es aus allen verallgemeinerten Lösungen der Aufgabe (23.1)—(23.2), wenn $f$ den Raum $L_2(0, 1)$ durchläuft. Diese Lösungen sind jedenfalls im energetischen Raum $H_A$ der vorgelegten Aufgabe enthalten.

Ausgehend von der Formel[3])

$$\|u\|_A^2 = \int_0^1 \left(p(x)\,|u'(x)|^2 + q(x)\,|u(x)|^2\right) dx\,, \tag{23.3}$$

kann man unschwer nachweisen, daß der Raum $H_A$ aus den und nur den Funktionen besteht, die auf dem Abschnitt $0 \leqq x \leqq 1$ absolut stetig sind, eine quadratisch summierbare erste Ableitung besitzen und die Bedingungen (23.2) erfüllen.

Die verallgemeinerte Lösung der Aufgabe (23.1)—(23.2) realisiert im Raum $H_A$ das Minimum für das Funktional

$$\begin{aligned} F(u) &= \|u\|_A^2 - 2\,\mathrm{Re}\,(u, f) \\ &= \int_0^1 \{p(x)\,|u'(x)|^2 + q(x)\,|u(x)|^2 - 2\,\mathrm{Re}\,\big(f(x)\,u(x)\big)\}\,dx\,, \end{aligned}$$

d. h. $F(u_0 + \eta) \geqq F(u_0)$ (dabei ist $\eta$ ein beliebiges Element des Raumes $H_A$). Hieraus folgt dann leicht

$$\mathrm{Re}\,\{[u_0, \eta]_A - (f, \eta)\} + \|\eta\|_A^2 \geqq 0\,.$$

Daher gilt $\mathrm{Re}\,\{[u_0, \eta]_A - (f, \eta)\} = 0$. Indem man $\eta$ gegen $i\eta$ ($i = \sqrt{-1}$) austauscht, erhält man $\mathrm{Im}\,\{[u_0, \eta]_A - (f, \eta)\} = 0$. Somit ergibt sich

$$[u_0, \eta]_A - (f, \eta) = 0\,, \qquad \eta \in H_A\,. \tag{23.4}$$

Die Gleichung (23.4) sagt aus, daß im Minimumpunkt die Variation des Funktionals $F$ verschwindet. In dem von uns betrachteten Beispiel nimmt die Gleichung (23.4) die folgende Form an:

$$\int_0^1 \{p(x)\,u_0'(x)\,\overline{\eta'(x)} + [q(x)\,u_0(x) - f(x)]\,\overline{\eta(x)}\}\,dx = 0\,. \tag{23.5}$$

---

[1]) Siehe VM, § 20.

[2]) Siehe K. FRIEDRICHS [1], aber auch MP, § 5.

[3]) Siehe VM, § 20.

Das zweite Glied wird in folgender Weise verändert:

$$\int_0^1 [q(x)\, u_0(x) - f(x)]\, \overline{\eta(x)}\, dx = \int_0^1 \overline{\eta(x)}\, \frac{d}{dx}\left(\int_0^x [q(t)\, u_0(t) - f(t)]\, dt\right) dx$$

$$= \int_0^1 \overline{\eta'(x)} \int_0^x [q(t)\, u_0(t) - f(t)]\, dt\, dx\,.$$

Die auftretenden Integrationskonstanten verschwinden, da $\eta \in H_A$ ist, d. h. $\eta(0) = \eta(1) = 0$. Dann nimmt die Gleichung (23.5) folgende Form an:

$$\int_0^1 \overline{\eta'(x)} \left\{ p(x)\, u'_0(x) - \int_0^x [q(t)\, u_0(t) - f(t)]\, dt \right\} dx = 0\,. \tag{23.5'}$$

Die Ableitung $\eta'(x)$ genügt der Gleichung

$$\int_0^1 \eta'(x)\, dx = \eta(1) - \eta(0) = 0$$

und gehört folglich dem Unterraum $\tilde{L}_2(0, 1)$ des Raumes $L_2(0, 1)$ aller zum Einselement orthogonalen Elemente an. Offensichtlich gilt auch die Umkehrung: Eine beliebige Funktion aus $\tilde{L}_2(0, 1)$ kann man als Ableitung einer Funktion, die zugleich Element von $H_A$ ist, darstellen. In der Tat, es sei $\zeta \in \tilde{L}_2(0, 1)$, dann gilt

$$\int_0^1 \zeta(x)\, dx = 0\,.$$

Die Funktion

$$\eta(x) = \int_0^x \zeta(t)\, dt$$

ist auf dem Abschnitt [0, 1] absolut stetig, besitzt auf diesem Abschnitt fast überall die quadratisch summierbare Ableitung $\eta'(x) = \zeta(x)$ und erfüllt die Bedingungen $\eta(0) = \eta(1) = 0$. Dann folgt aus (23.5'), daß der in den geschweiften Klammern stehende Ausdruck zum Unterraum $\tilde{L}_2(0, 1)$ orthogonal ist. Dann ist aber dieser Ausdruck eine Konstante:

$$p(x)\, u'_0(x) - \int_0^x [q(t)\, u_0(t) - f(t)]\, dt = \text{const}\,. \tag{23.6}$$

Aus (23.6) ist ersichtlich, daß unter der Voraussetzung $u_0(x) \in D(A)$ die erste Ableitung $u_0'(x)$ absolut stetig ist, die zweite Ableitung quadratisch summierbar ist und fast überall die Differentialgleichung

$$-\frac{d}{dx}\left(p(x)\,\frac{du_0}{dx}\right) + q(x)\, u_0 = f(x)$$

erfüllt. Wenn umgekehrt eine Funktion $u_0(x)$ die soeben aufgezählten Eigenschaften besitzt und dazu die Bedingungen (23.2) erfüllt, dann gilt $u_0 \in D(A)$.

In der Tat, die Funktion

$$f(x) = -\frac{d}{dx}(p\, u_0') + q\, u_0 \tag{23.7}$$

gehört dem Raum $L_2(0, 1)$ an. Die Funktion $u_0(x)$ ist folglich verallgemeinerte Lösung der Aufgabe (23.1)—(23.2), wobei $f(x)$ durch (23.7) gegeben wird.

Somit stimmt in unserem Beispiel die Menge $D(A)$ mit der Funktionenmenge, die folgende Eigenschaften besitzen, überein: Die Funktionen selbst und ihre ersten Ableitungen sind absolut stetig auf dem Abschnitt $0 \leqq x \leqq 1$, die Funktionen sind gleich Null in den Endpunkten dieses Abschnitts, und ihre zweiten Ableitungen sind auf diesem Abschnitt quadratisch summierbar.

Aus dem hier Gesagten folgt, daß das Gebiet $D(A)$ unabhängig von der konkreten Wahl der Funktionen $p(x)$ und $q(x)$ ist. Wenn wir mit $B$ die selbstadjungierte FRIEDRICHS-Erweiterung des Operators der Aufgabe (23.1)—(23.2) mit

$$p(x) \equiv 1\,, \qquad q(x) \equiv 0$$

bezeichnen, dann gilt $D(A) = D(B)$. Folglich sind die Operatoren $A$ und $B$ ähnlich. Die Eigenfunktionen des Operators $B$ sind die nichttrivialen Lösungen der Gleichung $u'' + \lambda u = 0$ mit den Randbedingungen (23.2). Diese Lösungen sind bekannt und ergeben sich zu

$$\varphi_n(x) = c_n \sin n \pi x \qquad (n = 1, 2, \ldots)\,. \tag{23.8}$$

Die Koeffizienten $c_n$ sind normierende Faktoren.

Wenn die Funktionen (23.8) als Koordinatenfunktionen zur Lösung der Aufgabe (23.1)—(23.2) verwendet werden und wenn

$$u_n(x) = \sum_{k=1}^{n} a_k \varphi_k(x) = \sum_{k=1}^{n} a_k \sin k \pi x$$

die RITZsche Näherungslösung dieser Aufgabe ist, folgt aus Satz 22.1, daß in der Metrik des Raumes $L_2(0, 1)$ der Defekt gegen das Nullelement konvergiert: $\|A u_n - f\| \to 0$ bzw.

$$\|p\,(u_n'' - u_0'') + p'\,(u_n' - u_0') - q\,(u_n - u_0)\| \xrightarrow[n \to \infty]{} 0\,.$$

Es gilt aber auch $u_n \to u_0$ in der Metrik $H_A$. Dann folgt

$$\|u_n' - u_0'\|_{L_2} \xrightarrow[n \to \infty]{} 0\,, \qquad \|u_n - u_0\|_{L_2} \xrightarrow[n \to \infty]{} 0\,,$$

und da $p(x)$ nach unten positiv beschränkt ist, erhält man

$$\|u_n'' - u_0''\|_{L_2} \xrightarrow[n \to \infty]{} 0\,.$$

Wenn man also für die Lösung der Aufgabe (23.1)—(23.2) die Funktionen (23.8) als Koordinatenfunktionen verwendet, konvergieren die zweiten Ableitungen der Näherungslösungen in der Metrik des Raumes $L_2(0, 1)$ gegen die zweite Ableitung der exakten Lösung. Hieraus folgt u. a., daß für die ersten Ableitungen gleichmäßige Konvergenz vorliegt.

## § 24. Entartete gewöhnliche Differentialoperatoren zweiter Ordnung

Wir betrachten den Differentialoperator zweiter Ordnung

$$A\,u = -\frac{d}{dx}\left(p(x)\,\frac{du}{dx}\right) + q(x)\,u\,, \tag{24.1}$$

wobei wir die Funktionen $p(x)$ und $q(x)$ den gleichen Bedingungen wie in § 23 unterwerfen. Eine Ausnahme macht die folgende Bedingung: Es sei $p(x) > 0$ bei $x > 0$ und $p(0) = 0$, genauer gesagt, setzen wir voraus, daß

$$p(x) = x^\alpha\,\tilde{p}(x)\,, \qquad \alpha = \text{const}\,, \qquad 0 < \alpha < 2 \tag{24.2}$$

ist. Die Funktion $\tilde{p}(x)$ sei auf dem Abschnitt $0 \leqq x \leqq 1$ stetig differenzierbar und streng positiv, so daß $\tilde{p}(x) \geqq p_0$ gilt mit einer positiven Konstanten $p_0$.

Wir führen einige Resultate an, die sich auf die entarteten Operatoren des betrachteten Typs beziehen.

Das Definitionsgebiet $D(A)$ des Operators $A$, der durch die Formel (24.1) im Raum $H = L_2(0, 1)$ erzeugt wird, umfasse alle Funktionen, die den nachfolgenden Bedingungen genügen:

1. Die Funktion $p(x)\,u'(x)$ ist auf dem Abschnitt $0 \leqq x \leqq 1$ absolut stetig.
2. $A\,u \in L_2\,(0, 1)$.
3. $u(1) = 0$.
4. Wenn $1 \leqq \alpha < 2$ gilt, ist $p(x)\,u'(x) = o(x^{1/2})$. Aus den Bedingungen 3 und 4 folgt, daß bei kleinen $x$

$$u(x) = -\int_x^1 u'(t)\,dt = \begin{cases} O\,(x^{3/2-\alpha}), & \frac{3}{2} < \alpha < 2, \\ O\left(\ln\frac{1}{x}\right), & \alpha = \frac{3}{2} \end{cases} \tag{24.3}$$

gilt. Bei $0 < \alpha < \frac{3}{2}$ ist die Funktion $u(x)$ stetig im Punkt $x = 0$. Offensichtlich ist das so definierte Gebiet $D(A)$ dicht in $L_2(0, 1)$.

5. Ist $0 < \alpha < 1$, so gelte $u(0) = 0$.

Bei einer solchen Festlegung zeigt es sich, daß der Operator $A$ selbstadjungiert und positiv definit ist und ein diskretes Spektrum besitzt.[1]) Zum Beweis betrachten wir das innere Produkt

$$(Au, u) = -\int_0^1 \overline{u(x)}\,(p(x)\,u'(x))'\,dx + \int_0^1 q(x)\,|u(x)|^2\,dx\,.$$

---

[1]) Diese Behauptung kann man als Folgerung aus einer allgemeinen Theorie erhalten, die in den Büchern von A. I. Achieser und I. M. Glasman [1] und M. A. Neumark [1] dargelegt wird.

Das erste Integral formen wir durch partielle Integration um:

$$-\int_0^1 \overline{u(x)}\,(p(x)\,u'(x))'\,dx = -\lim_{\delta\to 0}\int_\delta^1 \overline{u(x)}\,(p(x)\,u'(x))'\,dx$$
$$= \lim_{\delta\to 0}\left\{u(\delta)\,p(\delta)\,u'(\delta) + \int_\delta^1 p(x)\,|u'(x)|^2\,dx\right\}.$$

Wir zeigen, daß die Integrationskonstante den Grenzwert Null besitzt. Das ist offensichtlich bei $0 < \alpha < 1$, da in diesem Fall $u(\delta) \to 0$ gilt und $p(\delta)\,u'(\delta)$ einen endlichen Grenzwert besitzt. Bei $1 \leqq \alpha < \frac{3}{2}$ besitzt $u(\delta)$ einen endlichen Grenzwert, und es gilt $p(\delta)\,u'(\delta) \to 0$. Es ist schließlich $p(\delta)\,u'(\delta) = o(\delta^{1/2})$ bei $\frac{3}{2} \leqq \alpha < 2$, und $u(\delta)$ strebt gegen Unendlich sicherlich langsamer als $\delta^{-1/2}$. Aus dem Gesagten folgt, daß das Integral auf der rechten Seite bei $\delta \to 0$ ebenfalls einem Grenzwert zustrebt und sich ergibt zu

$$-\int_0^1 \overline{u(x)}\,(p(x)\,u'(x))'\,dx = \int_0^1 p(x)\,|u'(x)|^2\,dx.$$

Folglich ist

$$(Au, u) = \int_0^1 \{p(x)\,|u'(x)|^2 + q(x)\,|u(x)|^2\}\,dx. \tag{24.4}$$

Der Ausdruck $(Au, u)$ ist reell (und sogar nichtnegativ), so daß der Operator $A$ symmetrisch ist.

Wir beweisen, daß der Operator $A$ selbstadjungiert ist. Speziell werde der Fall $1 \leqq \alpha < 2$ betrachtet. Es sei $A^*$ der zu $A$ adjungierte Operator. Für $u \in D(A)$ und $v \in D(A^*)$ gilt

$$(Au, v) = (u, v^*), \qquad v^* \in L_2(0, 1).$$

Ausführlicher geschrieben bedeutet das

$$-\int_0^1 (p(x)\,u'(x))'\,\overline{v(x)}\,dx + \int_0^1 q(x)\,u(x)\,\overline{v(x)}\,dx = \int_0^1 u(x)\,\overline{v^*(x)}\,dx.$$

Wir bringen das zweite Integral auf die rechte Seite. Setzen wir

$$v^*(x) - q(x)\,v(x) = v_1(x), \qquad v_1(x) \in L_2(0, 1),$$

so folgt

$$-\int_0^1 (p(x)\,u'(x))'\,\overline{v(x)}\,dx = \int_0^1 u(x)\,\overline{v_1(x)}\,dx. \tag{24.5}$$

Wir setzen weiter

$$v_2(x) = -\int_0^x v_1(t)\,dt.$$

Die Funktion $v_2(x)$ ist absolut stetig auf dem Abschnitt $0 \leqq x \leqq 1$, und es gilt $v_2(0) = 0$. Aus der BUNJAKOWSKI-Ungleichung erhält man

$$|v_2(x)| \leqq \sqrt{x} \int_0^x |v_1(t)|^2 \, dt;$$

folglich ist $v_2(x) = o(\sqrt{x})$. Durch partielle Integration findet man

$$\int_0^1 u(x) \overline{v_1(x)} \, dx = - u(x) \overline{v_2(x)}|_0^1 + \int_0^1 u'(x) \overline{v_2(x)} \, dx = \int_0^1 u'(x) \overline{v_2(x)} \, dx .$$

Wir führen noch die Bezeichnung

$$v_3(x) = -\int_x^1 \frac{v_2(t)}{p(t)} \, dt \tag{24.5'}$$

ein. Das Produkt $p(x) v_3'(x) = v_2(x)$ ist auf dem Abschnitt $0 \leqq x \leqq 1$ absolut stetig, und es gilt $v_3(1) = 0$. Abschließend ermitteln wir die Funktion

$$-\frac{d}{dx}\left(p \frac{dv_3}{dx}\right) + q \, v_3 = v_1 + q \, v_3 .$$

Diese Funktion gehört offensichtlich dem Raum $L_2(0, 1)$ an.

Aus dem oben Gesagten folgt u. a. $v_3 \in D(A)$. Durch nochmaliges partielles Integrieren erhält man

$$\int_0^1 u'(x) \overline{v_2(x)} \, dx = p(x) \, u'(x) \, \overline{v_3(x)}|_0^1 - \int_0^1 \overline{v_3(x)} \, (p(x) \, u'(x))' \, dx .$$

Die Integrationskonstante verschwindet, da einerseits $v_3(1) = 0$ ist, andererseits aus Formel (24.5') $v_3(x) = o(x^{-1/2})$ folgt, so daß $p(x) \, u'(x) = o(x^{1/2})$ gilt.

Schließlich ergibt sich

$$\int_0^1 u'(x) \overline{v_2(x)} \, dx = - \int_0^1 \overline{v_3(x)} \, (p(x) \, u'(x))' \, dx .$$

Aus (24.5) folgt

$$\int_0^1 (p(x) \, u'(x))' \, (\overline{v(x)} - \overline{v_3(x)}) \, dx = 0, \tag{24.6}$$

wobei $u \in D(A)$ beliebig ist. Wir zeigen, daß die Bildmenge des Operators $(p(x) \, u'(x))'$, der auf $D(A)$ definiert wird, mit dem Raum $L_2(0, 1)$ übereinstimmt. Es sei $f(x) \in L_2(0, 1)$ eine beliebige Funktion. Wir zeigen, daß eine Lösung $u \in D(A)$ der Gleichung

$$(p(x) \, u'(x))' = f(x)$$

existiert.

In der Tat, diese Lösung wird dargestellt durch die Funktion

$$u(x) = -\int_x^1 \frac{f_1(t)}{p(t)} \, dt , \qquad f_1(t) = \int_0^t f(t_1) \, dt_1 .$$

Dann folgt aus (24.6), daß die Differenz $v - v_3$ orthogonal zum gesamten Raum $L_2(0, 1)$ ist, d. h. aber $v_3(x) \equiv v(x)$. Damit ist gezeigt, daß $v(x) \in D(A)$ ist, und folglich ist der Operator $A$ selbstadjungiert.

Man kann unschwer nachweisen, daß der Operator $A$ positiv definit ist. Aus (24.4) folgt

$$(Au, u) \geqq p_0 \int_0^1 x^\alpha \, |u'(x)|^2 \, dx . \tag{24.7}$$

Es gilt weiter

$$u(x) = -\int_x^1 u'(x) \, dx = -\int_x^1 \frac{1}{t^{\alpha/2}} t^{\alpha/2} \, u'(t) \, dt,$$

und wegen der BUNJAKOWSKI-Ungleichung erhält man (dabei werde der Einfachheit halber $\alpha \leqq 1$ vorausgesetzt)

$$|u(x)|^2 \leqq \frac{1}{\alpha - 1} \left( \frac{1}{x^{\alpha-1}} - 1 \right) \int_0^1 t^\alpha \, |u'(t)|^2 \, dt .$$

Durch Integration nach $x$ findet man leicht

$$(Au, u) \geqq \gamma^2 \, ||u||^2, \qquad \gamma^2 = \frac{p_0}{2 - \alpha} .$$

Wir zeigen weiter, daß der Operator $A$ ein diskretes Spektrum besitzt. Für den Fall $0 < \alpha < 1$ folgt dies aus den Ergebnissen VM, § 35, so daß der Fall $1 \leqq \alpha < 2$ verbleibt. Aus (24.4) ist zu ersehen, daß in diesem Fall der energetische Raum $H_A$ aus Funktionen gebildet wird, die folgenden Eigenschaften genügen: 1. Diese Funktionen sind absolut stetig auf dem Abschnitt $\delta \leqq x \leqq 1$ bei beliebigem $\delta$, $0 < \delta < 1$, 2. sie sind gleich Null bei $x = 1$, 3. sie ergeben einen endlichen Wert für das Integral (24.7).

Es sei $M \subset H_A$ eine im energetischen Raum beschränkte Menge, d. h. $\|u\|_A \leqq C$, $u \in M$. Wir zeigen, daß diese Menge kompakt im Raum $H = L_2(0, 1)$ ist. Zunächst erhält man wegen (24.7)

$$\int_0^1 x^\alpha \, |u'(x)|^2 \, dx \leqq \frac{C^2}{p_0} ,$$

so daß die Menge $M_1$ von Funktionen $v(x) = x^{\alpha/2} \, u'(x)$ beschränkt im Raum $L_2(0, 1)$ ist. Für $u \in M$ gilt

$$u(x) = -\int_x^1 u'(t) \, dt = -\int_x^1 t^{-\alpha/2} \, v(t) \, dt ,$$

und wenn wir

$$K(x, t) = \begin{cases} 0, & 0 \leqq t < x, \\ -t^{-\alpha/2}, & x < t \leqq 1 \end{cases}$$

setzen, ergibt sich

$$u(x) = \int_0^1 K(x, t) \, v(t) \, dt . \tag{24.8}$$

Wir beweisen, daß der Kern $K(x, t)$ vom FREDHOLMschen Typ ist, d. h.

$$\int_0^1 \int_0^1 K^2(x, t)\, dx\, dt < \infty .$$

In der Tat, es sei $1 < \alpha < 2$. Dann gilt

$$\int_0^1 \int_0^1 K^2(x, t)\, dx\, dt = \int_0^1 \frac{1}{\alpha - 1} \left( \frac{1}{x^{\alpha-1}} - 1 \right) dx = \frac{1}{2 - \alpha} .$$

Bei $\alpha = 1$ erhält man

$$\int_0^1 \int_0^1 K^2(x, t)\, dx\, dt = \int_0^1 \ln \frac{1}{x}\, dx = 1 .$$

Aus dem soeben Bewiesenen folgt, daß der Integraloperator (24.8) vollstetig im Raum $L_2(0, 1)$ ist; er bildet deshalb die beschränkte Menge $M_1$ in die kompakte Menge $M$ ab. Dann besitzt der Operator $A$ ein diskretes Spektrum.[1])

Die oben angegebenen Eigenschaften des Operators $A$ (inkl. Struktur des Definitionsgebietes) hängen nicht von der konkreten Form der Funktionen $\tilde{p}(x)$ und $q(x)$ ab. Setzen wir $\tilde{p}(x) \equiv 1$ und $q(x) \equiv 0$, so ergibt sich bei unverändertem Definitionsgebiet ein weiterer Operator

$$B u = -\frac{d}{dx}\left(x^{\alpha} \frac{du}{dx}\right), \tag{24.9}$$

der gleichfalls positiv definit und dem Operator $A$ ähnlich ist. Das Spektrum dieses Operators ist auch diskret.

Wenn wir die Aufgabe

$$-\frac{d}{dx}\left(\tilde{p}(x)\, x^{\alpha} \frac{du}{dx}\right) + q(x)\, u = f(x) \tag{24.10}$$

mit den Randbedingungen $u(1) = 0$ (und $u(0) = 0$ bei $0 < \alpha < 1$) durch das RITZsche Verfahren lösen und als Koordinatenfunktionen die Eigenfunktionen des Operators $B$ verwenden, dann liegt Konvergenz des Defekts gegen das Nullelement vor.

Die Eigenfunktionen des Operators $B$ sind die Lösungen der Differentialgleichung

$$\frac{d}{dx}\left(x^{\alpha} \frac{du}{dx}\right) + \lambda u = 0 ,$$

die man leicht zu einer BESSELschen Gleichung umformen kann.[2]) Man findet dann leicht folgende Eigenfunktionen:

$$\varphi_n(x) = c_n\, x^{\frac{1-\alpha}{2}} J_\nu\left(\gamma_{\nu, n}\, x^{\frac{2-\alpha}{2}}\right). \tag{24.11}$$

[1]) Siehe MP, S. 57.
[2]) Siehe etwa W. I. SMIRNOW [1], § 49.

Hierbei ist $\nu = \left|\frac{\alpha - 1}{2 - \alpha}\right|$ und $\gamma_{\nu, n}$ die $n$-te positive Wurzel der BESSEL-Funktion $J_\nu(z)$. Der Faktor $c_n$ wird aus dieser oder jener Normierungsbedingung ermittelt.

## § 25. Gewöhnliche Differentialoperatoren höherer Ordnung

Wir betrachten den Operator

$$A u = \sum_{k=1}^{s} (-1)^k \frac{d^k}{dx^k} \left(p_k(x) \frac{d^k u}{dx^k}\right), \qquad a < x < b \tag{25.1}$$

mit den einfachsten Randbedingungen

$$u^{(k)}(a) = u^{(k)}(b) = 0, \qquad k = 0, 1, 2, \ldots, s-1. \tag{25.2}$$

Der Einfachheit halber machen wir die Voraussetzung, daß die Koeffizienten $p_k(x)$ nichtnegativ und hinreichend oft stetig differenzierbar auf dem Abschnitt $[a, b]$ sind. Der Koeffizient $p_s(x)$ sei streng positiv. Das Definitionsgebiet $D(A)$ des Operators $A$ bestehe aus allen Funktionen, die auf dem Abschnitt $[a, b]$ $(2s-1)$-mal stetig differenzierbar sind und eine verallgemeinerte Ableitung der Ordnung $2s$ aus der Klasse $L_2(a, b)$ besitzen. Außerdem müssen diese Funktionen den Bedingungen (25.2) genügen.

Man beweist leicht, daß der so definierte Operator $A$ selbstadjungiert und positiv definit ist. Sein Definitionsgebiet hängt nicht von der konkreten Form der Koeffizienten $p_k(x)$ ab, wenn diese die oben formulierten Voraussetzungen erfüllen. Hieraus folgt u. a., daß der Operator $B$,

$$B u = (-1)^s \frac{d^{2s} u}{dx^{2s}},$$

dessen Definitionsgebiet mit dem des Operators $A$ übereinstimmt, diesem Operator ähnlich ist. Das Spektrum des Operators $B$ ist diskret, seine Eigenfunktionen kann man zur Lösung der Gleichung $Au = f$ ($A$ ist der Operator der Aufgabe (25.1) — (25.2)) benutzen. In Übereinstimmung mit Satz 22.1 konvergiert der Defekt der Näherungslösung gegen das Nullelement. Im Sonderfall $s = 2$ sind die Eigenfunktionen des Operators $B$ die sog. Balkenfunktionen, die eingehend von A. N. KRYLOW [1] und W. N. FADDEJEWA (W. N. SAMJATINA) [1] untersucht wurden.

Verhältnismäßig einfache ähnliche Operatoren kann man auch in einigen anderen Fällen konstruieren. Wenn z. B. bei $s = 2$ die Bedingungen (25.2) durch die Bedingungen

$$u(a) = u(b) = 0, \qquad u''(a) = u''(b) = 0 \tag{25.3}$$

ersetzt werden, dann ist der Operator $A$ nach wie vor selbstadjungiert und positiv definit im Raum $L_2(a, b)$. Die Selbstadjungiertheit erhält man genauso wie im vorangegangenen Paragraphen. Zu zeigen bleibt die positive Definitheit.

Es gelte $p_2(x) \geqq c = \text{const} > 0$. Indem wir partiell integrieren und die Bedingungen (25.3) beachten, ergibt sich

$$(A u, u) = \int_a^b \{p_2(x) |u''(x)|^2 + p_1(x) |u'(x)|^2 + p_0(x) |u(x)|^2\} dx \geqq c \int_a^b |u''(x)|^2 dx .$$

Wir benutzen die Ungleichung von POINCARÉ für die Funktion $u'(x)$:[1])

$$\int_a^b |u'(x)|^2 dx \leqq \frac{b-a}{2} \int_a^b |u''(x)|^2 dx + \left|\int_a^b u'(x) dx\right|^2 .$$

Infolge der Bedingungen (25.3) ist

$$\int_a^b u'(x) dx = u(b) - u(a) = 0 .$$

Dann folgt

$$\int_a^b |u''(x)|^2 dx \geqq \frac{2}{b-a} \int_a^b |u'(x)|^2 dx .$$

Wegen der gleichen Randbedingungen ergibt sich (siehe VM, § 20)

$$\int_a^b |u'(x)|^2 dx \geqq \frac{1}{b-a} \int_a^b |u(x)|^2 dx = \frac{1}{b-a} ||u||^2 .$$

Aus dem Gesagten folgt

$$(A u, u) \geqq \frac{2c}{(b-a)^2} ||u||^2 ;$$

mithin ist der Operator $A$ positiv definit.

Der Operator $B$,

$$B u = \frac{d^4 u}{dx^4} , \tag{25.4}$$

der mit dem Operator $A$ ein gemeinsames Definitionsgebiet besitzt, ist zu $A$ ähnlich.

---

[1]) Für den Fall einer Variablen $x$, $a \leqq x \leqq b$, hat die Ungleichung von POINCARÉ die Form

$$\int_a^b |u(x)|^2 dx \leqq \frac{b-a}{2} \int_a^b |u'(x)|^2 dx + \left|\int_a^b u(x) dx\right|^2 .$$

Es gilt

$$u(x) - u(y) = \int_y^x u'(t) dt .$$

Hieraus folgt

$$|u(x)|^2 + |u(y)|^2 - u(x) \overline{u(y)} - \overline{u(x)} u(y)$$
$$= |u(x) - u(y)|^2 \leqq |x - y| \left|\int_y^x |u'(t)|^2 dt\right| \leqq (b-a) \int_a^b |u'(t)|^2 dt .$$

Durch Integration dieser Ungleichung über $x$ und $y$ in den Grenzen von Null bis Eins folgt die Ungleichung von POINCARÉ. Näheres über diese Ungleichung siehe bei R. COURANT und D. HILBERT [1], Kap. VII, und S. L. SOBOLEW [1].

Es ist nicht schwer, die Eigenfunktionen des Operators $B$ zu finden. Es sind dies die Lösungen der Gleichung

$$u^{(4)} - \lambda u = 0$$

mit den Randbedingungen (25.2). Wir erhalten

$$\varphi_n(x) = c_n \sin n \pi x \qquad (n = 1, 2, \ldots). \tag{25.5}$$

Wie früher wird $c_n$ aus dieser oder jener Normierungsbedingung ermittelt.

Wir betrachten weiterhin die Aufgabe

$$A u = \frac{d^2}{dx^2}\left(p_2(x)\frac{d^2u}{dx^2}\right) - \frac{d}{dx}\left(p_1(x)\frac{du}{dx}\right) + p_0(x)\, u = f(x), \tag{25.6}$$

$$f(x) \in L_2(0, 1)$$

mit den Randbedingungen (25.2). Wenn die Funktionen (25.5) als Koordinatenfunktionen Verwendung finden, $u_n(x)$ die $n$-te Ritzsche Näherung bezeichnet und $u_0(x)$ die exakte Lösung der Aufgabe ist, dann gilt $\|A\, u_n - f\| \underset{n\to\infty}{\to} 0$ bzw. $\|A\,(u_n - u_0)\| \underset{n\to\infty}{\to} 0$. Da die Operatoren $A$ und $B$ ähnlich sind, erhält man auf der Grundlage der Ungleichung (3.1)

$$\|B(u_n - u_0)\| \leqq \frac{1}{c_1}\|A\,(u_n - u_0)\| \xrightarrow[n\to\infty]{} 0\,.$$

Diese Ungleichung besagt aber

$$\left\|\frac{d^4u_n}{dx^4} - \frac{d^4u_0}{dx^4}\right\|_{L_2} \xrightarrow[n\to\infty]{} 0\,.$$

Hieraus folgt dann u. a., daß die Differenzen

$$\frac{d^ku_n}{dx^k} - \frac{d^ku_0}{dx^k} \qquad (k = 0, 1, 2, 3)$$

gleichmäßig gegen Null konvergieren. Bei einer beliebigen Wahl des Koordinatensystems kann man lediglich behaupten, daß $|u_n - u_0|_A \underset{n\to\infty}{\to} 0$ gilt bzw. unter Benutzung der Ungleichung (3.3) $|u_n - u_0|_B \xrightarrow[n\to\infty]{} 0$, d. h. aber

$$\left\|\frac{d^2\, u_n}{dx^2} - \frac{d^2\, u_0}{dx^2}\right\|_{L_2} \xrightarrow[n\to\infty]{} 0\,.$$

## § 26. Elliptische Operatoren zweiter Ordnung

Wir betrachten den elliptischen Operator zweiter Ordnung

$$A\, u = -\sum_{j,k=1}^{m} \frac{\partial}{\partial x_j}\left(A_{jk}\frac{\partial u}{\partial x_k}\right) + C\, u \tag{26.1}$$

in einem endlichen Gebiet $\Omega$ des Raumes der Koordinaten $x_1, x_2, \ldots, x_m$. Die Grenze $S$ des Gebietes $\Omega$ werde zweimal stetig differenzierbar vorausgesetzt.

Der Koeffizient $C$ sei stetig und die Koeffizienten $A_{jk}$ zweimal stetig differenzierbar im abgeschlossenen Gebiet $\overline{\Omega} = \Omega \cup S$. Es werde weiterhin vorausgesetzt, daß der Operator $A$ ein nichtentarteter elliptischer Operator ist, d. h.

$$\sum_{j,k=1}^{m} A_{jk} t_j \overline{t_k} \geqq \mu \sum_{k=1}^{m} |t_k|^2, \qquad \mu = \text{const} > 0 .$$

Der Operator $A$ wird auf der Menge $\overset{\circ}{W}{}_2^{(2)}(\Omega)$ aller Funktionen vorgegeben, die in $\Omega$ quadratisch summierbare verallgemeinerte zweite Ableitungen besitzen und der Randbedingung

$$u|_S = 0 \tag{26.2}$$

genügen.

In den Arbeiten einer Reihe von Autoren[1]) wurde für die Funktionen der Menge $\overset{\circ}{W}{}_2^{(2)}$ folgende Ungleichung hergeleitet:

$$\|A u\|^2 = \int_{\Omega} |A u|^2 dx \geqq c \int_{\Omega} \sum_{k,j=1}^{m} \left| \frac{\partial^2 u}{\partial x_j \, \partial x_k} \right| dx , \tag{26.3}$$

$$c = \text{const} > 0 .$$

Unter Verwendung dieser Ungleichung und der Lösungseigenschaften der DIRICHLETschen Aufgabe für elliptische Gleichungen mit glatter rechter Seite[2]) kann man zeigen, daß der Operator $A$ selbstadjungiert ist. Wir wollen den Beweis lediglich skizzieren.

Der Operator $A$ ist im Raum $H = L_2(\Omega)$ positiv definit (siehe VM, § 24) und gestattet deshalb eine selbstadjungierte FRIEDRICHS-Erweiterung. Es sei $\overline{A}$ diese Erweiterung. Wir geben eine beliebige Funktion $f(x) \in L_2(\Omega)$ vor und bezeichnen mit $u_0(x)$ die verallgemeinerte Lösung der Aufgabe $A u_0 = f(x)$ oder, was dasselbe ist, die Lösung der Gleichung $\overline{A} u_0 = f(x)$. Aus der Definition des Operators $A$ geht hervor, daß die Funktion $u_0$ die Randbedingung (26.2) erfüllt. Wir approximieren die Funktion $f(x)$ in der Metrik des Raumes $L_2(\Omega)$ durch eine Folge hinreichend glatter Funktionen $f_n(x)$.

Die Gleichung $A u_n = f_n(x)$ besitzt eine Lösung $u_n(x)$, deren zweite Ableitungen in jedem Fall stetig in $\overline{\Omega}$ sind.[3]) Aus der Ungleichung (26.3) folgt

$$\int_{\Omega} \left| \frac{\partial^2 u_n}{\partial x_j \, \partial x_k} - \frac{\partial^2 u_p}{\partial x_j \, \partial x_k} \right|^2 dx \leqq \frac{1}{c} \|f_n - f_p\| \xrightarrow[n,\, p \to \infty]{} 0$$

$$(j, k = 1, 2, \ldots, m) .$$

Der positiv definite Operator $A$ besitzt im Raum $L_2(\Omega)$ einen beschränkten inversen[4]), so daß $\|u_n - u_0\| \to 0$ gilt. Hieraus und aus der Abgeschlossen-

[1]) Siehe C. MIRANDA [1].
[2]) Siehe S. L. SOBOLEW [1], aber auch MP, S. 76.
[3]) Siehe C. MIRANDA [1], S. 150, Satz 36.1.
[4]) Siehe MP, S. 21.

heit des Operators der verallgemeinerten Differentiation[1]) folgt, daß die Funktion $u_0(x)$ quadratisch summierbare in $\Omega$ verallgemeinerte zweite Ableitungen besitzt. In diesem Fall ist dann $D(\bar{A}) \subset \mathring{W}_2^{(2)}(\Omega) = D(A)$. Es ist aber $\bar{A}$ eine Erweiterung des Operators $A$; deshalb gilt $D(\bar{A}) = D(A)$ und $\bar{A} = A$, d. h. aber, daß der Operator $A$ selbstadjungiert ist.

Das Definitionsgebiet des Operators (26.1) — (26.2) ist von der konkreten Form der Koeffizienten $A_{jk}$ und $C$ unabhängig. Hieraus ist ersichtlich, daß dieser Operator z. B. dem negativen LAPLACE-Operator mit der Randbedingung (26.2) ähnlich ist.

Aus dem Satz 22.1 folgt nun, daß bei Verwendung der Eigenfunktionen des LAPLACE-Operators als Koordinatenfunktionen die Defektfolge $A u_n - f$ bei $n \to \infty$ gegen das Nullelement konvergiert ($A$ ist der durch die Formeln (26.1) — (26.2) auf der Funktionenmenge $\mathring{W}_2^{(2)}$ definierte Operator, $u_n$ bezeichnet die RITZsche Näherung für die Lösung der Gleichung $A u = f$). Hieraus kann man weiterhin ableiten, daß bei den betrachteten Koordinatenfunktionen die zweiten Ableitungen der RITZschen Näherungslösung in der Metrik des Raumes $L_2(\Omega)$ gegen die zweiten Ableitungen der exakten Lösung konvergieren. In der Tat, ist $u_n$ die RITZsche Näherungslösung und $u_0$ die exakte Lösung, so folgt aus der Ungleichung (26.3)

$$\int_\Omega \left| \frac{\partial^2 u_n}{\partial x_j \, \partial x_k} - \frac{\partial^2 u_0}{\partial x_j \, \partial x_k} \right|^2 dx \leqq \frac{1}{c} \, ||A u_n - A u_0||^2 = \frac{1}{c} \, ||A u_n - f||^2 \xrightarrow[n \to \infty]{} 0 .$$

Wir erinnern daran, daß man bei beliebiger Wahl des Koordinatensystems lediglich behaupten kann, daß

$$\|u_n - u_0\|_A^2 = \int_\Omega \left\{ \sum_{j,k=1}^m A_{jk} \left( \frac{\partial u_n}{\partial x_j} - \frac{\partial u_0}{\partial x_j} \right) \left( \frac{\partial u_n}{\partial x_k} - \frac{\partial u_0}{\partial x_k} \right) + C \, |u_n - u_0|^2 \right\} dx \xrightarrow[n \to \infty]{} 0$$

gilt. Hieraus folgt dann nur, daß die ersten Ableitungen der Näherungslösungen in der Metrik $L_2(\Omega)$ gegen die ersten Ableitungen der exakten Lösung konvergieren.

Wir betrachten nun die Gleichung (26.1) mit der Randbedingung der NEUMANNschen Aufgabe

$$\left[ \sum_{j,k=1}^m A_{jk} \frac{\partial u}{\partial x_k} \cos(\nu, x_j) \right]_S = 0 . \tag{26.4}$$

Ist der Rand $S$ hinreichend glatt, so kann man zeigen, daß die selbstadjungierte Erweiterung des Operators (26.1), (26.4) als Definitionsgebiet die Menge derjenigen Funktionen aus $W_2^{(2)}(\Omega)$ besitzt, die der Bedingung (26.4) genügen.[2]) Deshalb sind zwei Operatoren der NEUMANNschen Aufgabe nur dann ähnlich,

---

[1]) Siehe S. L. SOBOLEW [1], aber auch MP, S. 76.

[2]) Diese Behauptung folgt aus den Ergebnissen von O. A. LADYSHENSKAJA [1].

wenn die Matrizen der Koeffizienten bei den zweiten Ableitungen beider Operatoren identisch sind. Speziell sind die selbstadjungierten Erweiterungen der Operatoren

$$-\Delta u + u, \quad \left.\frac{\partial u}{\partial \nu}\right|_S = 0 \tag{26.5}$$

und

$$-\Delta u + C(x)\, u, \quad \left.\frac{\partial u}{\partial \nu}\right|_S = 0 \tag{26.6}$$

ähnlich. Man kann deshalb bei der Lösung der Aufgabe

$$-\Delta u + C(x)\, u = f(x), \quad \left.\frac{\partial u}{\partial \nu}\right|_S = 0$$

mit dem Ritzschen Verfahren als Koordinatenfunktionen die Eigenfunktionen des Operators (26.5) verwenden. Dann konvergieren die zweiten Ableitungen der Näherungslösung gegen die entsprechenden Ableitungen der exakten Lösung in der Metrik des Raumes $L_2(\Omega)$.

## § 27. Ein anderes Herangehen an die Untersuchung des Defekts

Im Jahre 1948 schlug L. W. Kantorowitsch [1] ein allgemeines Schema zu Konvergenzuntersuchungen der Projektionsverfahren, d. h. der Verfahren vom Bubnow-Galerkinschen Typ, vor. Dieses Schema fand in der zu Beginn des Kapitels erwähnten Arbeit von I. K. Daugawet [3] Verwendung. Wir beschreiben hier das Schema von L. W. Kantorowitsch in Anwendung auf einen einfacheren Fall, aus dem das Ritzsche Verfahren hervorgeht.

In der Gleichung

$$A\, u = f \tag{27.1}$$

sei $A$ ein linearer Operator, der den Banach-Raum $B_1$ auf den Banach-Raum $B_2$ eineindeutig und stetig abbildet, so daß $D(A) = B_1$, $R(A) = B_2$ gilt und beide Operatoren $A$ und $A^{-1}$ beschränkt sind. Die Norm in den Räumen $B_k$ ($k = 1, 2$) werde mit $\|\ \|_k$ bezeichnet.

Wir konstruieren eine Folge endlichdimensionaler Unterräume $B_1^{(n)}$ des Raumes $B_1$ mit der Eigenschaft, daß für ein beliebiges Element $u \in B_1$

$$E_n(u) = \inf_{v_n \in B_1^{(n)}} \|u - v_n\| \xrightarrow[n\to\infty]{} 0 \tag{27.2}$$

gilt.

Wir setzen $B_2^{(n)} = A\, B_1^{(n)}$. Für beliebiges $n$ bezeichnen wir mit $Q_n$ den Projektionsoperator des Raumes $B_2$ auf $B_2^{(n)}$. Als Näherungslösung der Gleichung (27.1) wollen wir ein Element $u_n \in B_1^{(n)}$ verstehen, daß folgender Gleichung genügt:

$$A\, u_n = Q_n f. \tag{27.3}$$

Führen wir die Bezeichnung $P_n = A^{-1} Q_n A$ ein, so ist $u_n = P_n u_0$, wobei $u_0$ die exakte Lösung der Gleichung (27.1) ist. Wir zeigen, daß der Operator $P_n$ den Raum $B_1$ auf den Unterraum $B_1^{(n)}$ projiziert. In der Tat, ist $u \in B_1$, so gilt $P_n u = A^{-1} Q_n A u \in A^{-1} Q_n B_2 = A^{-1} B_2^{(n)} = B_1^{(n)}$, und es bleibt zu zeigen, daß $P_n^2 = P_n$ ist. Es sei $u \in B_1$ und $P_n u = v_n \in B_1^{(n)}$. Wir setzen $P_n^2 u = P_n v_n = w_n$. Es ist $w_n = A^{-1} Q_n A v_n$. Dann folgt $Q_n A v_n = A w_n$. Weiterhin gilt $A v_n \in A B_1^{(n)} = B_2^{(n)}$; deshalb ist $Q_n A v_n = A v_n$. Dann folgt aber $A v_n = A w_n$ und somit auch $v_n = w_n$.

Ohne Schwierigkeiten läßt sich zeigen, daß

$$\|u_0 - u_n\|_1 \leqq (1 + \|P_n\|) E_n(u_0) \tag{27.4}$$

ist. In der Tat, wenn $v_n$ ein beliebiges Element des Unterraumes $B_1^{(n)}$ ist, gilt

$$\begin{aligned}\|u_0 - u_n\|_1 &\leqq \|u_0 - v_n\|_1 + \|v_n - u_n\|_1 = \|u_0 - v_n\|_1 + \|P_n(v_n - u_0)\|_1 \\ &\leqq (1 + \|P_n\|)\, \|u_0 - v_n\|_1 .\end{aligned} \tag{27.5}$$

Der Unterraum $B_1^{(n)}$ ist endlichdimensional; deshalb gibt es in ihm ein Element $\tilde{v}_n$ mit $E_n(u_0) = \|u_0 - \tilde{v}_n\|_1$. Wenn wir in (27.5) $v_n = \tilde{v}_n$ setzen, erhalten wir (27.4).

Aus der Ungleichung (27.4) läßt sich das folgende hinreichende Konvergenzkriterium ableiten: Gilt $\|P_n\| E_n(u_0) \xrightarrow[n\to\infty]{} 0$, so ist $\|u_0 - u_n\|_1 \xrightarrow[n\to\infty]{} 0$. Wir bemerken, daß die Ungleichung $\|P_n\| \leqq \text{const} \cdot \|Q_n\|$ gilt, so daß auch hinreichend ist, wenn

$$\|Q_n\| E_n(u_0) \xrightarrow[n\to\infty]{} 0 \tag{27.6}$$

gilt

Wenn wir $\|u_n - u_0\|_1 \xrightarrow[n\to\infty]{} 0$ haben, dann gilt auch

$$\|A u_n - f\|_2 = \|A(u_n - u_0)\|_2 \leqq \|A\| \, \|u_n - u_0\|_1 \to 0 .$$

Damit ist gezeigt, daß die Bedingung (27.6) hinreichend dafür ist, daß der Defekt $Au_n - f$ in der Metrik $B_2$ gegen Null konvergiert.

Wir setzen $B_1 \subset B_2 \subset H$ voraus, $B_2$ und $H$ seien Hilbert-Räume. Das Zeichen $\subset$ bedeutet hier eine dichte Einbettung. Das innere Produkt und die Norm werden in den Räumen $H$ und $B_2$ durch $(\ ,\ )$ und $\|\ \|$ bzw. $(\ ,\ )_2$ und $\|\ \|_2$ gekennzeichnet.

Gegeben sei im Raum $B_1$ ein vollständiges Koordinatensystem $\{\varphi_k\}$. $B_1^{(n)}$ sei der von den Elementen $\varphi_1, \varphi_2, \ldots, \varphi_n$ aufgespannte Unterraum. Der Unterraum $B_2^{(n)}$ wird dann von den Elementen $A\varphi_1, A\varphi_2, \ldots, A\varphi_n$ aufgespannt. Den Projektionsoperator $Q_n$ definieren wir durch die Gleichungen

$$(f - Q_n f, \varphi_j) = 0 \quad (j = 1, 2, \ldots, n) . \tag{27.7}$$

Das System (27.7) erweist sich als das Bubnow-Galerkinsche System für die Gleichung (27.1) im Raum $H$. In der Tat, für $Q_n f$ kann man schreiben:

$$Q_n f = \sum_{k=1}^{n} a_k A \varphi_k , \quad a_k = \text{const} ,$$

wodurch das System (27.7) die folgende für das BUBNOW-GALERKINsche Verfahren charakteristische Gestalt annimmt:

$$\sum_{k=1}^{n} a_k (A \varphi_k, \varphi_j) = (f, \varphi_j) \qquad (j = 1, 2, \ldots, n).$$

Wenn dieses System lösbar ist, erhält man wegen (27.3) mit

$$u_n = A^{-1} Q_n f = \sum_{k=1}^{n} a_k \varphi_k \tag{27.8}$$

die BUBNOW-GALERKINsche Näherungslösung der Gleichung (27.1) im Raum $H$.

Wir setzen weiterhin voraus, daß der Operator $A$ positiv definit im Raum $H$ ist. Dann ist das Element $u_n$ aus (27.8) in diesem Raum die RITZsche Näherungslösung der Gleichung (27.1). Ferner wird durch (27.7) das RITZsche System für diese Gleichung gegeben. Wir schätzen $||Q_n||$ ab. Es ist

$$||Q_n f||_2^2 = \left\| \sum_{k=1}^{n} a_k A \varphi_k \right\|_2^2 = \sum_{j,k=1}^{n} a_k \bar{a}_j (A \varphi_k, \varphi_j)_2.$$

Wir bezeichnen mit $\Lambda_n^{(n)}$ den größten Eigenwert der Matrix mit dem allgemeinen Glied

$$(A \varphi_k, A \varphi_j)_2 \quad (j, k = 1, 2, \ldots, n).$$

Dann gilt

$$||Q_n f||_2^2 \leqq \Lambda_n^{(n)} \sum_{k=1}^{n} |a_k|^2 . \tag{27.9}$$

Wie schon früher bezeichnen wir mit [ , ] und $|\!|\!|\ \ |\!|\!|$ das energetische Produkt bzw. die energetische Norm des Operators $A$. Es sei $\lambda_1^{(n)}$ der kleinste Eigenwert der RITZschen Matrix, d. h. der Matrix mit dem allgemeinen Glied

$$(A \varphi_k, \varphi_j) \quad (j, k = 1, 2, \ldots, n).$$

Dann ist

$$|\!|\!| u_n |\!|\!|^2 = \sum_{j,k=1}^{n} a_k \bar{a}_j (A \varphi_k, \varphi_j) \geqq \lambda_1^{(n)} \sum_{k=1}^{n} |a_k|^2 .$$

Wegen $|\!|\!| u_n |\!|\!| \leqq |\!|\!| u_0 |\!|\!|$ (siehe VM, S. 82) erhält man

$$\sum_{k=1}^{n} |a_k|^2 \leqq \frac{1}{\lambda_1^{(n)}} |\!|\!| u_0 |\!|\!|^2 = \frac{1}{\lambda_1^{(n)}} ||A^{-1/2} f||^2 .$$

Infolge der positiven Definitheit des Operators $A$ ist der Operator $A^{-1/2}$ im Raum $H$ beschränkt. Aus der Einbettung $B_2 \subset H$ folgt, daß für ein beliebiges Element $f \in B_2$ die Ungleichung

$$||f|| \leqq C \, ||f||_2, \quad C = \text{const},$$

besteht. Nun ist

$$\sum_{k=1}^{n} |a_k|^2 \leqq \frac{1}{\lambda_1^{(n)}} ||A^{-1/2}||^2 \, ||f||^2 \leqq \frac{C^2 \, ||A^{-1/2}||^2}{\lambda_1^{(n)}} \, ||f||_2^2 .$$

Wir setzen dieses Resultat in (27.9) ein und erhalten

$$\|Q_n\| \leqq C_1 \sqrt{\frac{\Lambda_n^{(n)}}{\lambda_1^{(n)}}}, \qquad C_1 = \text{const}. \tag{27.10}$$

Ist das Koordinatensystem stark minimal in der energetischen Metrik des Operators $A$, so sind die $\lambda_1^{(n)}$ durch eine positive Konstante nach unten beschränkt. In diesem Fall vereinfacht sich die Abschätzung in folgender Weise:

$$\|Q_n\| \leqq C_2 \sqrt{\Lambda_n^{(n)}}, \qquad C_2 = \text{const}. \tag{27.11}$$

Wegen (27.6) konvergiert der Defekt der Gleichung (27.1) gegen Null in der Metrik $B_2$, wenn

$$\sqrt{\frac{\Lambda_n^{(n)}}{\lambda_1^{(n)}}}\, E_n(u_0) \xrightarrow[n\to\infty]{} 0 \tag{27.12}$$

gilt.

Bei Vorhandensein eines im Raum $H_A$ stark minimalen Koordinatensystems ist hinreichend, daß

$$\sqrt{\Lambda_n^{(n)}}\, E_n(u_0) \xrightarrow[n\to\infty]{} 0 \tag{27.13}$$

erfüllt ist.

## § 28. Polynomiale Koordinatensysteme

Wir betrachten die Dirichletsche Aufgabe für ein System der Form

$$\sum_{|\alpha|+|\beta|=0}^{2k} D^\alpha (A_{\alpha\beta}(x)\, D^\beta u) = f(x), \tag{28.1}$$

$$D^\alpha u|_\Gamma = 0, \qquad 0 \leqq |\alpha| \leqq k-1. \tag{28.2}$$

Es bezeichnet $x$ einen Punkt eines endlichen Gebiets $\Omega$ des $m$-dimensionalen euklidischen Raumes, das einer Kugel homöomorph ist, $\alpha$ und $\beta$ sind $m$-Tupel ganzer nichtnegativer Zahlen: $\alpha = (\alpha_1, \alpha_2, \ldots, \alpha_m)$, $\beta = (\beta_1, \beta_2, \ldots, \beta_m)$. Es sei $\gamma = (\gamma_1, \gamma_2, \ldots, \gamma_m)$; dann bezeichnen wir

$$|\gamma| = \sum_{j=1}^{m} \gamma_j .$$

$D^\gamma w$ ist die gekürzte Schreibweise für

$$D^\gamma w = \frac{\partial^{|\gamma|} w}{\partial x_1^{\gamma_1}\, \partial x_2^{\gamma_2} \ldots \partial x_m^{\gamma_m}} .$$

Es sei $\Gamma$ der Rand des Gebietes $\Omega$. Wir setzen voraus, daß $\Gamma$ eine hinreichend glatte $(m-1)$-dimensionale Mannigfaltigkeit ist. Genauer, es sei $F(x) = 0$ die Gleichung des Randes $\Gamma$. Wir setzen voraus, daß $F(x) > 0$ in $\Omega$, grad $F(x) \neq 0$ für $x \in \Gamma$ gilt und daß die Funktion $F(x)$ hinreichend oft stetig differenzierbar in $\bar\Omega$ ist. Die Koeffizienten $A_{\alpha\beta}$ und die rechte Seite $f(x)$ seien ebenfalls hinreichend glatte Funktionen in $\bar\Omega$. Schließlich setzen wir noch voraus, daß die Gleichung

(28.1) eine nichtentartete elliptische Gleichung in $\bar{\Omega}$ ist und daß der Operator der Aufgabe (28.1)—(28,2) positiv definit in $\Omega$ ist.

Die Näherungslösung unserer Aufgabe suchen wir in der Form

$$u_n(x) = F^k(x)\, p_n(x). \tag{28.3}$$

Hierbei sind $p_n(x)$ Polynome der Ordnung $\leqq n$ in jeder der Variablen $x_1, x_2, \ldots, x_m$. Die Koeffizienten der Polynome $p_n(x)$ werden aus dem System der Ritzschen Gleichungen ermittelt.

Wenn die Funktionen $A_{\alpha\beta}(x)$, $F(x)$, $f(x)$ hinreichend viele stetige Ableitungen besitzen, kann man bekanntlich auch für die exakte Lösung $u_0(x)$ der Aufgabe (28.1) — (28.2) beliebig viele Ableitungen nachweisen. Wir setzen deshalb $u_0 \in C^{(r)}(\bar{\Omega})$ ($r$ sei hinreichend groß) voraus.

Wir untersuchen, in welcher Weise die Ableitungen der Näherungslösung gegen die entsprechenden Ableitungen der exakten Lösung konvergieren. Zu diesem Zweck benutzen wir die Ergebnisse des vorangegangenen Paragraphen. Es sei

$$B_1 = \mathring{W}_2^{(s)}(\Omega),\ B_2 = W_2^{(l)}(\Omega),\ H = L_2(\Omega)$$

mit $s = 2k + 1 \leqq r$. Der Kreis bedeutet, daß der durch die Bedingungen (28.2) definierte Unterraum des Raumes $W_2^{(s)}(\Omega)$ betrachtet wird. Die Koordinatenfunktionen, die wir mit $\varphi_\nu$ ($\nu = 1, 2, \ldots$) bezeichnen, seien im Raum $W_2^{(k)}(\Omega)$ orthonormiert. Dann sind sie fast orthonormiert und um so mehr stark minimal in der energetischen Metrik des Operators der Aufgabe (28.1) — (28.2). In diesem Fall gilt für die Norm $\|Q_n\|$ die Abschätzung (27.11).

Wir geben eine Abschätzung für $\Lambda_n^{(n)}$. Es sei $N$ die Anzahl der Koordinatenfunktionen, die in die Näherungslösung (28.3) eingehen. Es ist offensichtlich $N \leqq m\,(n + 1) = O(n)$. Weiterhin gilt

$$\Lambda_n^{(n)} = \max_{\|t\|=1} \sum_{i,j=1}^{N} (A\varphi_i, A\varphi_j)_l\, t_i \bar{t}_j$$

$$= \max_{\|t\|=1} \left\| \sum_{j=1}^{N} t_j A\varphi_j \right\|_l^2 \leqq \sum_{j=1}^{N} \|A\varphi_j\|_l^2 .$$

Bis zum Schluß dieses Paragraphen bezeichnet der Index die Nummer des entsprechenden Sobolewschen Raumes. Auf der Grundlage der Einbettungstheorie überzeugt man sich leicht, daß für eine beliebige Funktion $u \in \mathring{W}_2^{(s)}(\Omega)$ die Ungleichung

$$\|Au\|_l \leqq C\, \|u\|_s, \quad C = \text{const}$$

gilt. Für $u = \varphi_j$ ist dann

$$\|A\varphi_j\|_l \leqq C\, \|\varphi_j\|_s .$$

Im Raum $\overset{\circ}{W}{}_2^{(s)}(\Omega)$ kann eine Norm definiert werden durch

$$||u||_s^2 = \sum ||D^\sigma D^\tau u||^2_{L_2(\Omega)} .$$

Summiert wird hierbei über alle ganzzahligen Tupel $\sigma$ und $\tau$ mit $|\sigma| = k + l$ und $|\tau| = k$. Wenn wir uns einer bekannten Abschätzung[1]) für die Norm der Ableitung eines Polynoms bedienen, erhalten wir

$$\begin{aligned}||\varphi_j||_s^2 &\leqq C_1\, n^{4(k+l)+2m} \sum ||D^\tau \varphi_j||^2_{L_2(\Omega)}\\ &\leqq C_1\, n^{4(k+l)+2m}\, ||\varphi_j||_k^2 = C_1\, n^{4(k+l)+2m}\end{aligned}$$

und

$$\Lambda_n^{(n)} \leqq C^2\, C_1\, n^{4(k+l)+2m}\, N = O(n^{4k+4l+2m+1}) . \tag{28.4}$$

Eine Abschätzung für $E_n(u_0)$ beinhaltet der Fundamentalsatz der Arbeit [2] von I. J. Charrik. Es ist nämlich

$$E_n(u_0) = O(n^{-r+s})\, \omega_r\left(u_0, \frac{1}{n}\right). \tag{28.5}$$

$\omega_r$ bezeichnet den größten der Stetigkeitsmoduln der $r$-ten Ableitungen der betrachteten Funktion. Wegen (27.4) gilt nun

$$||u_0 - u_n||_s = O(n^{-r+4k+3l+m+1/2})\, \omega_r\left(u_0, \frac{1}{n}\right). \tag{28.6}$$

Als Spezialfall erhält man, daß der Defekt der Gleichung (28.1) in der Metrik $L_2(\Omega)$ gegen Null konvergiert, wenn $r \geqq 4k + m + 1$ ist.

---

[1]) Siehe L. W. Kantorowitsch und G. P. Akilow [1], S. 557–558, und I. J. Charrik [1].

## KAPITEL 5

# ÜBER DIE RATIONELLE AUSWAHL DES KOORDINATENSYSTEMS

## § 29. Allgemeine Bemerkungen

Aus den Ergebnissen der vorangegangenen Kapitel, insbesondere der Kapitel 2 und 4, gehen eine ganze Reihe von Schlußfolgerungen hervor, die man als Überlegungen zu einer rationellen Auswahl der Koordinatenelemente für das RITZsche Verfahren charakterisieren kann. Im vorliegenden Kapitel wollen wir diese Überlegungen im Detail durchführen, wobei wir im wesentlichen die energetische Methode für positiv definite Aufgaben aus der Theorie der Differentialgleichungen im Auge behalten wollen.[1] Am Ende dieses Kapitels wollen wir kurz die Frage der Auswahl des Koordinatensystems auch für die Methode der kleinsten Fehlerquadrate insbesondere bei der genäherten Lösung von Integralgleichungen streifen.

Mit der rationellen Auswahl des Koordinatensystems werden wir uns auch im Kapitel 6 im Hinblick auf positive, aber nicht positiv definite Aufgaben aus der Theorie der Differentialgleichungen befassen.

Wenn wir uns zunächst der ersten Randwertaufgabe für elliptische Differentialgleichungen in einem Gebiet, das einer Hypersphäre homöomorph ist und einen hinreichend glatten Rand besitzt, zuwenden, ist es naheliegend, das in § 28 betrachtete polynomiale Koordinatensystem zu verwenden. Dabei ist lediglich darauf zu achten, daß das Koordinatensystem fastorthonormiert (oder wenigstens stark minimal) in der energetischen Metrik der vorgelegten Aufgabe ist. Aus einem polynomialen System kann man auf folgende Weise ein stark minimales System erhalten:

Es sei $\omega(x_1, x_2, \ldots, x_n) = 0$ die Gleichung der Fläche $S$, die das Gebiet $\Omega$ begrenzt. Es sei $\omega \in C^{(2)}(\overline{\Omega})$, $\omega > 0$ im Innern von $\Omega$ und $\frac{\partial \omega}{\partial \nu} > 0$ auf $S$, wobei $\nu$ die äußere Normale auf $S$ ist. Dann ist das Funktionensystem

$$\omega \prod_{k=1}^{m} x_k^{n_k} \qquad (n_1, n_2, \ldots, n_m = 0, 1, 2, 3, \ldots)$$

im entsprechenden energetischen Raum vollständig. Hieraus folgt leicht, daß im gleichen Raum das System

$$\omega \prod_{k=1}^{m} p_{n_k}(x_k) \qquad (n_1, n_2, \ldots, n_m = 0, 1, 2, \ldots) \tag{29.1}$$

---

[1]) Eine Reihe von Resultaten dieser Art ist in der Arbeit [17] des Autors enthalten.

($p_n(x)$ bezeichnen die normierten LEGENDREschen Polynome) ebenfalls vollständig ist.

Im Inneren von $\Omega$ wählen wir einen Würfel $Q$ und verschieben den Koordinatenursprung in den Mittelpunkt dieses Würfels. Die Koordinatenachsen mögen parallel zu den Kanten des Würfels liegen, und die Einheiten auf den Achsen seien so gewählt, daß die Kantenlänge 2 betrage. Im Raum $L_2(Q)$ ist der Operator der Multiplikation mit $\omega$ positiv definit und beschränkt, so daß sein energetischer Raum mit $L_2(Q)$ übereinstimmt. Wegen Folgerung 4.2 ist das System (29.1) stark minimal im Raum $L_2(Q)$.

Jeder Funktion aus $L_2(\Omega)$ ordnen wir diese Funktion wieder zu, definiert allerdings nur noch auf $Q$. Dadurch wird eine Einbettung des Raumes $L_2(\Omega)$ in den Raum $L_2(Q)$ definiert, wobei offensichtlich $||u||_{L_2(\Omega)} \geqq ||u||_{L_2(Q)}$ gilt. Wegen Satz 4.2 ist nun das System (29.1) stark minimal im Raum $L_2(\Omega)$. Infolge dieses Satzes ist das System auch stark minimal im energetischen Raum unserer Aufgabe. Selbstverständlich wird der Operator dieser Aufgabe als positiv definit vorausgesetzt.[1])

Es sei in einem separablen HILBERT-Raum $H$ die Gleichung

$$Au = f \tag{29.2}$$

mit einem positiv definiten Operator $A$ vorgelegt.

Da wir die Anwendung des RITZschen Verfahrens im Auge haben, wählen wir ein System von Koordinatenelementen

$$\varphi_1, \varphi_2, \ldots, \varphi_n, \ldots, \tag{29.3}$$

das die drei Bedingungen aus § 6 erfüllen muß: 1. $\varphi_n \in H_A$ ($n = 1, 2, \ldots$); 2. die Elemente $\varphi_1, \varphi_2, \ldots, \varphi_n$ sind bei beliebigem $n$ linear unabhängig; 3. das System (29.3) ist vollständig im Raum $H_A$. Die RITZsche Näherungslösung suchen wir in der Form

$$u_n = \sum_{k=1}^{n} a_k^{(n)} \varphi_k . \tag{29.4}$$

Wenn $n$ groß ist, kann — wie wir das in Kapitel 2 sehen konnten — das RITZsche Verfahren instabil werden, wobei $n$ in Wirklichkeit gar nicht so groß zu sein braucht: So wurden im Beispiel des § 8 die Erscheinungen der Instabilität bereits bei $n = 4$ hinreichend stark bemerkbar. Deshalb gestatten die soeben formulierten drei Bedingungen praktisch lediglich die Ermittlung einer zufriedenstellenden Näherungslösung nur für kleine $n$. Ist $n$ dagegen verhältnismäßig groß, so muß man fordern, daß das Koordinatensystem stark minimal in der Metrik des Raumes $H_A$ ist. Hierbei ist es angebracht, sofort hinzuzufügen, daß diese Forderung noch verschärft werden müßte. In der Tat, ist das Koordinatensystem stark minimal, so ist das RITZsche Verfahren stabil bezüglich kleiner Fehler, die beim Aufstellen des RITZschen Systems entstehen. Es können allerdings die bei der Lösung dieses Systems auftretenden Rundungsfehler zu

[1]) Diese hier dargelegte Bemerkung verdankt der Autor M. N. JAKOWLEW.

großen Abweichungen in den Ritzschen Koeffizienten führen. Es ist deshalb — wie in § 11 gezeigt wurde — wünschenswert, daß das Koordinatensystem in der Metrik des Raumes $H_A$ fast orthonormiert ist. Wenn das Koordinatensystem lediglich stark minimal ist, dann muß das Ritzsche System mit einer besonders hohen Genauigkeit gelöst werden, was den numerischen Prozeß schwieriger gestaltet.

Schließlich sahen wir in Kapitel 4, daß es sinnvoll ist, als Koordinatensystem das System der Eigenelemente eines zu $A$ ähnlichen Operators $B$ zu verwenden, wenn dieses letzte System vollständig ist. In diesem Fall konvergiert der Defekt $A u_n - f$ gegen das Nullelement. Bei Vorgabe eines Differentialoperators konnten wir — wie Kapitel 4 zeigte — in einer Reihe von Fällen folgende Feststellung treffen: Die in die Differentialgleichung eingehenden Ableitungen mit der größten Ordnung der Näherungslösungen konvergieren (in der Metrik des Raumes $H$) gegen die entsprechende Ableitung der exakten Lösung. Bei einer vollkommen beliebigen Auswahl des Koordinatensystems kann man lediglich $\|u_n - u_0\|_A \to 0$ behaupten. Im Fall von Differentialgleichungen bedeutet das eine Konvergenz in der Metrik des Raumes $H$ von Ableitungen, deren Ordnung nicht größer ist als die Hälfte der Ordnung der Differentialgleichung selbst.

Von Wichtigkeit ist noch folgender Hinweis: Werden die Eigenelemente des Operators $B$ in der Metrik des Raumes $H_B$ normiert, so ist das damit entstehende System fast orthonormiert im Raum $H_A$. In der Tat, das erwähnte System ist im Raum $H_B$ orthogonal (vgl. VM, S. 174) und wird nach der Normierung orthonormiert im gleichen Raum. Die ähnlichen Operatoren $A$ und $B$ sind zugleich auch halbähnlich, so daß wegen Folgerung 4.3 das neue System fast orthonormiert im Raum $H_A$ ist.

Man kann auch die Eigenelemente des Operators $B$ in der Metrik des Raumes $H_A$ normieren. Es ist unschwer einzusehen, daß wir auf diese Weise abermals ein im Raum $H_A$ fast orthonormiertes System erhalten. Diese Normierung besitzt eine Reihe von Vorzügen: Die Größen $\|\varphi_k\|_A^2$ ($\varphi_k$ sind die Koordinatenelemente) sind in jedem Fall zu errechnen, es sind dies nämlich die Diagonalelemente der Ritzschen Matrix. Wenn die Ermittlung von $\|\varphi_k\|_B$ mit gewissen Schwierigkeiten verbunden ist, erscheint eine Normierung im Raum $H_A$ sicherlich sinnvoll.

Nach diesen Darlegungen kristallisiert sich folgendes Schema für die Auswahl des Koordinatensystems bei der energetischen Methode im Fall positiv definiter Operatoren heraus, an das wir uns in allen nachfolgenden Paragraphen dieses Kapitels halten wollen, wenn positiv definite Operatoren die Grundlage der Betrachtungen bilden:

1. Vor allem wollen wir uns bemühen, den Operator $B$ so zu konstruieren, daß folgende Bedingungen erfüllt sind: 1. Er muß dem Operator $A$ ähnlich sein; 2. $B$ muß ein reines Punktspektrum besitzen. Weiterhin muß als Forderung hinzugefügt werden, daß sich die Eigenelemente des Operators $B$ leicht ermitteln lassen und eine hinreichend einfache Struktur besitzen.

Wenn diese Forderungen erfüllt sind, dann kann als Koordinatensystem das System der in der Metrik des Raumes $H_B$ (oder des Raumes $H_A$) normierten Eigenelemente des Operators $B$ genommen wurden. Dann folgt: a) Das RITZsche Verfahren und die RITZschen Näherungslösungen sind stabil, b) die Konditionszahl der RITZschen Matrix ist unabhängig von ihrer Ordnung beschränkt; hieraus folgt u. a., daß man das RITZsche System günstig durch das Iterationsverfahren lösen kann (vgl. § 12); c) der Defekt der Gleichung konvergiert gegen das Nullelement.

2. Wenn die Forderungen aus 1. nicht erfüllt werden können, muß man versuchen, ein im Raum $H_A$ fast orthonormiertes Koordinatensystem zu finden. Es werden dann nur die Bedingungen a) und b) aus 1. erfüllt sein. Wenn z. B. der Operator $B$ halbähnlich zum Operator $A$ ist, genügt es, ein beliebiges im Raum $H_B$ vollständiges und orthonormiertes System zu haben (siehe Folgerung 4.3). Wenn der Operator $B$ dazu noch ein reines Punktspektrum besitzt, dann kann man das System der in der Metrik des Raumes $H_B$ normierten Eigenelemente des Operators $B$ verwenden.

3. Wenn die Auswahl eines einfachen, im Raum $H_A$ fast orthonormierten Koordinatensystems Schwierigkeiten bereitet, sollte man versuchen, ein im Raum $H_A$ stark minimales Koordinatensystem zu bekommen. Es gilt dann allerdings nur noch die Bedingung a) aus 1. Dieses stark minimale Koordinatensystem kann man z. B. auf folgende Weise erhalten: Wenn der Raum $H_A$ in einen Raum $H_1$ eingebettet werden kann (§ 4) und wenn das System (29.3) vollständig in $H_A$ und stark minimal in $H$ ist, dann ist es auch stark minimal im Raum $H_A$ (siehe Satz 4.2). Ist z. B. das System (29.3) vollständig in $H_A$ und orthonormiert in $H$, so ist es ein stark minimales Koordinatensystem im Raum $H_A$.

Bemerkung. Es ist zu beachten, daß die Verwendung von Eigenelementen eines ähnlichen Operators als Koordinatenelemente zu Näherungslösungen führt, die im gewissen Sinne „schlecht" konvergieren. Wir wollen das mit folgendem Beispiel belegen.

Vorgelegt sei die Aufgabe

$$A u = -\Delta u + C(x) u = f(x), \qquad u|_S = 0. \tag{29.5}$$

$\Omega$ sei ein endliches Gebiet mit einem hinreichend glatten Rand $S$, weiterhin werde $C(x) \geqq 0$ vorausgesetzt. Ein zu $A$ ähnlicher Operator ist der Operator $B$,

$$B u = -\Delta u, \qquad u|_S = 0. \tag{29.6}$$

Der Operator $B$ besitzt ein Punktspektrum; es sei

$$\varphi_1(x), \varphi_2(x), \ldots, \varphi_n(x), \ldots$$

das im Raum $L_2(\Omega)$ orthonormierte vollständige System der Eigenfunktionen dieses Operators und

$$u_n(x) = \sum_{k=1}^{n} a_k^{(n)} \varphi_k(x)$$

die RITZsche Näherungslösung der Aufgabe (29.5). Wegen Satz 22.1 gilt $A u_n \to f$ in der Metrik des Raumes $L_2(\Omega)$. Wenn $u_0(x)$ die exakte Lösung der Aufgabe (29.5) bezeichnet, erhält man

$$-\Delta u_n + C(x)\, u_n \xrightarrow[L_2(\Omega)]{} -\Delta u_0 + C(x)\, u_0 .$$

Da außerdem $u_n \xrightarrow[L_2(\Omega)]{} u_0$ gilt, folgt $\Delta u_n \xrightarrow[L_2(\Omega)]{} \Delta u_0$. Zugleich ist aber unmöglich, daß im allgemeinen Fall $\Delta u_n$ gegen $\Delta u_0$ im Gebiet $\bar{\Omega} = \Omega \cup S$ gleichmäßig konvergiert. Denn wäre diese Konvergenz vorhanden, so würde auch

$$\Delta u_n|_S \Rightarrow \Delta u_0|_S$$

($\Rightarrow$ ist das Zeichen für die gleichmäßige Konvergenz) gelten. Andererseits ist

$$u_n = \sum_{k=1}^{n} a_k^{(n)}\, \Delta\varphi_k = -\sum_{k=1}^{n} a_k^{(n)}\, \mu_k\, \varphi_k\,;$$

$\mu_k$ sind die Eigenwerte des Operators (29.6). Es ist in diesem Fall $\Delta u_n|_S = 0$, wogegen aus der Gleichung (29.5)

$$\Delta u_0|_S = -f(x)|_S + C(x)\, u_0|_S = -f(x)|_S$$

folgt. Es braucht nun aber die gegebene Funktion $f(x)$ auf dem Rand des Gebiets nicht Null zu sein. Hieraus folgt dann, daß in der betrachteten Aufgabe die Ableitungen zweiter und höherer Ordnung der Näherungslösungen im allgemeinen nicht gleichmäßig gegen die entsprechenden Ableitungen der exakten Lösung zu konvergieren brauchen. Man kann sogar eine allgemeingültigere Aussage machen: Wenn Differentialgleichungen (oder Systeme solcher Gleichungen) der Ordnung $k$ mit dem RITZschen Verfahren gelöst werden, wobei als Koordinatenfunktionen die Eigenfunktionen eines ähnlichen Operators Verwendung finden, dann liegt im allgemeinen Fall keine gleichmäßige Konvergenz der Ableitungen der Ordnung $\geqq k$ der Näherungslösungen gegen die entsprechenden Ableitungen der exakten Lösung im Gebiet $\bar{\Omega}$ vor.

In bezug auf Satz 22.1 muß noch folgende Bemerkung gemacht werden. Verwendet man als Koordinatenfunktionen die Eigenfunktionen eines ähnlichen Operators, so ist es möglich, daß die entstehenden Näherungslösungen nicht übermäßig schnell zur exakten Lösung konvergieren. Dazu sei die folgende Aufgabe betrachtet:

$$A u = -\frac{d}{dx}\left(p(x)\,\frac{du}{dx}\right) + q(x)\, u = f(x)\,, \qquad u(0) = u(\pi) = 0\,. \tag{29.7}$$

Hierbei sind $p(x)$, $p'(x)$, $q(x)$ auf $[0, \pi]$ stetige Funktionen und $p(x) > 0$, $q(x) \geqq 0$. Der Operator der Aufgabe (29.7) ist folgendem Operator $B$ ähnlich:

$$B u = -\frac{d^2 u}{dx^2}\,, \qquad u(0) = u(\pi) = 0\,,$$

dessen Eigenfunktionen die Funktionen $\varphi_k(x) = \sqrt{\frac{2}{\pi}} \sin k\, x$ sind. Wenn

$$u_n(x) = \sqrt{\frac{2}{\pi}} \sum_{k=1}^{n} a_k^{(n)} \sin k\, x$$

die Ritzsche Näherungslösung der Aufgabe (29.7) ist und $u_0(x)$ die exakte Lösung dieser Aufgabe bezeichnet, gilt[1] $\|u_n - u_0\| = O(n^{-3/2})$. Diese Abschätzung kann man nur dann verbessern, wenn die Funktion $f(x)$ aus (29.7) spezielle Bedingungen erfüllt, z. B. $f(0) = f(\pi) = 0$. Wenn die Koordinatenfunktionen in Form von Polynomen gewählt werden, ist aus den Ergebnissen des § 28 ersichtlich, daß sich die Abschätzung für $\|u_0 - u_n\|$ mit der Verbesserung der analytischen Eigenschaften der Lösung und der Funktionen $p$, $q$, $f$ ebenfalls verbessert.

## § 30. Gewöhnliche Differentialgleichungen zweiter Ordnung

In diesem Paragraphen sei überall $H = L_2(0, 1)$.

1. Vorgegeben sei der Operator $A$ in der Form

$$A u = -\frac{d}{dx}\left(p(x)\frac{du}{dx}\right) + q(x)\, u, \qquad 0 < x < 1, \tag{30.1}$$

$$u(0) = u(1) = 0. \tag{30.2}$$

Wie in § 23 setzen wir voraus, daß die Funktionen $p(x)$, $p'(x)$, $q(x)$ stetig auf $0 \leqq x \leqq 1$ sind und daß $p(x) \geqq p_0$ mit einer positiven Konstanten $p_0$ und $q(x) \geqq -\mu_1$ gilt, wobei $\mu_1$ der kleinste Eigenwert des Operators

$$-\frac{d}{dx}\left(p(x)\frac{du}{dx}\right), \qquad u(0) = u(1) = 0, \tag{30.3}$$

ist. Der Operator $B$,

$$B u = -\frac{d^2u}{dx^2}, \qquad u(0) = u(1) = 0, \tag{30.4}$$

ist ein zu dem Operator $A$ ähnlicher Operator.

Für die Aufgabe (30.1) — (30.2) kann man als Koordinatenfunktionen die in der Metrik des Raumes $H_B$ normierten Eigenfunktionen des Operators $B$ verwenden.

Die Metrik im Raum $H_B$ wird durch die Gleichungen

$$[u, v]_B = \int_0^1 u'(x)\, \overline{v'(x)}\, dx, \qquad \|u\|_B^2 = \int_0^1 |u'(x)|^2\, dx$$

festgelegt. Diese Funktionen haben die Gestalt (siehe (23.8)) $\varphi_n(x) = c_n \sin n\pi x$, wobei der Koeffizient $c_n$ aus der Bedingung

$$\|\varphi_n\|_B^2 = \int_0^1 [\varphi_n'(x)]^2\, dx = c_n^2\, n^2 \pi^2 \int_0^1 \cos^2 n\pi x\, dx = 1$$

ermittelt wird. Es folgt

$$c_n = \frac{\sqrt{2}}{n\pi}$$

---

[1]) Siehe MP, § 28 und die dort zitierte Literatur.

und

$$\varphi_n(x) = \frac{\sqrt{2}}{n\pi} \sin n\pi x \qquad (n = 1, 2, \ldots) \tag{30.5}$$

Bei einer solchen Auswahl der Koordinatenfunktionen sind die Bedingungen a)—c) des § 29 erfüllt.

Für die Aufgabe (30.1)—(30.2) kann man ein weiteres recht einfaches und handliches System von Koordinatenfunktionen angeben, nämlich die Polynome

$$Q_n(x) = c_n \int_0^x P_n(2t-1)\, dt \qquad (n = 1, 2, \ldots).$$

Hierbei sind $P_n$ die Legendreschen Polynome, $c_n$ wird aus der Gleichung $|Q_n|_B = 1$ bestimmt. In jedem Fall gilt $Q_n \in D(A)$. In der Tat, diese Funktionen besitzen Ableitungen beliebiger Ordnung und erfüllen die Randbedingungen (30.2): Die Gleichung $Q_n(0) = 0$ ist evident, die Gleichung

$$0 = Q_n(1) = c_n \int_0^1 P_n(2t-1)\, dt = \frac{1}{2} c_n \int_{-1}^1 P_n(z)\, dz$$

jedoch folgt aus der Orthogonalität der Legendreschen Polynome $P_n(z)$, $n > 0$, zum Polynom $P_0(z) \equiv 1$ auf dem Abschnitt $[-1, 1]$. Weiterhin sind die Polynome $P_n(z)$ im Raum $H_B$ orthonormiert. Die Normierung wird dabei durch die Bestimmung der Konstanten $c_n$ erreicht, die Orthogonalität folgt aus der Gleichungskette

$$[Q_n, Q_m]_B = \int_0^1 Q_n'(x)\, \overline{Q_m'(x)}\, dx = c_n c_m \int_0^1 P_n(2x-1)\, P_m(2x-1)\, dx$$

$$= \frac{c_n c_m}{2} \int_{-1}^1 P_n(z)\, P_m(z)\, dz = \frac{c_n c_m}{2n+1} \delta_{nm}.$$

Wir erhalten

$$c_n = \sqrt{2n+1};$$

folglich ist

$$Q_n(x) = \sqrt{2n+1} \int_0^x P_n(2t-1)\, dt. \tag{30.6}$$

Wie aus der Definition der Norm im Raum $H_B$ folgt, bedeutet die Konvergenz in diesem Raum die Konvergenz der Ableitungen in $L_2(0, 1)$. Man erhält dann leicht (vgl. § 8), daß das System (30.6) im Raum $H_B$ vollständig ist.

Aus dem Gesagten folgt, daß das System (30.6) vollständig und fast orthonormiert in der Metrik des Raumes $H_A$ ist. Wenn dieses System als Koordinatensystem zur Lösung der Aufgabe (30.1) — (30.2) verwendet wird, sind die Bedingungen a) und b) aus § 29 erfüllt. Aus den Ergebnissen des § 28 folgt die Gültigkeit auch der Bedingung c) für das System (30.6) (Konvergenz des Defekts gegen das Nullelement), wenn die Lösung der Aufgabe (30.1)— (30.2) vier stetige Ableitungen besitzt, deren letzte einer LIPSCHITZ-Bedingung mit positivem Exponenten, der größer als 1/2 ist, genügt. Wir bemerken noch, daß man den Faktor $\sqrt{2n+1}$ in Formel (30.6) durch $[\sqrt{n}]$ ersetzen kann.

2. Wir betrachten wiederum die Aufgabe (30.1)—(30.2), allerdings unter allgemeineren Voraussetzungen bezüglich der Funktionen $p(x)$ und $q(x)$. Es sei die Funktion $p(x)$ stetig und durch eine positive Konstante nach unten beschränkt: $p(x) \geqq p_0 = \text{const} > 0$, dagegen kann ihre erste Ableitung eine endliche Anzahl von Unstetigkeitsstellen erster Ordnung aufweisen. Hieraus folgt u. a., daß die Funktion $p(x)$ einer LIPSCHITZ-Bedingung mit dem Exponenten Eins genügt und deshalb absolut-stetig auf dem Abschnitt $0 \leqq x \leqq 1$ ist. Es sei $q(x)$ eine beschränkte und meßbare Funktion, und es gelte $q(x) \geqq \mu_1 + \delta$, $\delta = \text{const} > 0$.

Verfolgt man die Darlegungen des § 23, so überzeugt man sich leicht davon, daß die Formel (23.6) gültig bleibt. Dann ist das Produkt $p(x)\, u_0'(x)$ $\big(u_0(x)$ ist die verallgemeinerte Lösung der Aufgabe (30.1) — (30.2)$\big)$ absolut-stetig. Die Funktion $p(x)$ wird nicht Null und ist absolut-stetig; dann ist auch die Ableitung $u_0'(x)$ absolut-stetig.[1]) Aus (23.6) erhält man dann, daß die zweite Ableitung $u_0''(x)$ auf dem Abschnitt [0, 1] quadratisch summierbar ist.

Dann ist auch klar, daß das Definitionsgebiet des Operators $A$ (oder genauer, seiner FRIEDRICHS-Erweiterung) mit dem aus 1. zusammenfällt. Die Operatoren $A$ und $B$ sind auch jetzt noch ähnlich. Es folgt dann, daß alle Ergebnisse aus 1. ihre Gültigkeit behalten, außer — unter Umständen — der Schlußfolgerung über den Defekt für das System (30.6).

3. Die Lage ändert sich, wenn die Funktion $p(x)$ unstetig ist. Wir nehmen z. B. an, daß alle Voraussetzungen aus 2., außer der Voraussetzung über die Stetigkeit der Funktion $p(x)$, erfüllt sind. Wir setzen der Einfachheit halber voraus, daß $p(x)$ in einem Punkt $a$, $0 < a < 1$, unstetig wird und in diesem Punkt eine Sprungstelle erster Ordnung hat.

Wenn die das Definitionsgebiet des Operators $A$ bildenden Funktionen nur die Randbedingungen (30.2) erfüllen, ist dieser Operator nicht symmetrisch. In der Tat, es sei $u(0) = u(1) = v(0) = v(1) = 0$, und wir setzen voraus, daß alle unten durchzuführenden Operationen gesetzmäßig sind. Dann folgt

$$\begin{aligned}(Au, v) &= \int_0^1 \overline{v(x)}\,\{-\big(p(x)\,u'(x)\big)' + q(x)\,u(x)\}\,dx \\ &= -\int_0^a \overline{v(x)}\,\big(p(x)\,u'(x)\big)'\,dx - \int_a^1 \overline{v(x)}\,\big(p(x)\,u'(x)\big)'\,dx \\ &\quad + \int_0^1 q(x)\,u(x)\,\overline{v(x)}\,dx = -\,p(x)\,u'(x)\,\overline{v(x)}\Big|_0^a \\ &\quad - p(x)\,u'(x)\,\overline{v(x)}\Big|_a^1 + \int_0^1 \{p(x)\,u'(x)\,\overline{v'(x)} + q(x)\,u(x)\,\overline{v(x)}\}\,dx\,. \qquad (30.7)\end{aligned}$$

---

[1]) Siehe I. P. NATANSON [2].

Unter Beachtung der Randbedingungen (30.2) erhalten wir

$$(A u, v) = u'(a) \overline{v(a)} [p (a + 0) - p (a - 0)] + \int_0^1 \{p(x) u'(x) \overline{v'(x)} + q(x) u(x) \overline{v(x)}\} dx .$$

Dieser letzte Ausdruck ist offensichtlich nicht symmetrisch in bezug auf $u$ und $v$.

Der durch die Formel (30.1) definierte Operator $A$ wird symmetrisch, wenn wir ihn z. B. auf einer Menge von Funktionen erklären, die folgende Bedingungen erfüllen: 1. Sie sind stetig auf dem Abschnitt $0 \leqq x \leqq 1$ und verschwinden in den Endpunkten; 2. ihre ersten Ableitungen besitzen im Punkt $a$ eine Unstetigkeitsstelle erster Ordnung, und es gilt die Gleichung

$$p (a - 0) u' (a - 0) = p (a + 0) u' (a + 0); \tag{30.8}$$

3. wenn wir die Funktion $u'(x)$ ergänzen und sie im Punkt $a$ gleich $u' (a - 0)$ setzen, dann wird diese Funktion auf dem Abschnitt $0 \leqq x \leqq a$ absolut-stetig; wenn wir dagegen die Funktion $u'(x)$ im Punkt $a$ gleich $u' (a + 0)$ setzen, wird diese Funktion auf dem Abschnitt $a \leqq x \leqq 1$ absolut-stetig; 4. die zweite Ableitung $u''(x)$ ist auf dem Abschnitt $0 \leqq x \leqq 1$ quadratisch summierbar.

Aus der Formel (30.7) erhalten wir nämlich

$$\begin{aligned}(A u, v) &= [p (a + 0) u' (a + 0) - p (a - 0) u' (a - 0) ] \overline{v(a)} \\ &\quad + \int_0^1 \{p(x) u'(x) \overline{v'(x)} + q(x) u(x) \overline{v(x)}\} dx \\ &= \int_0^1 \{p(x) u'(x) \overline{v'(x)} + q(x) u(x) \overline{v(x)}\} dx ,\end{aligned} \tag{30.9}$$

womit die Symmetrie in bezug auf $u$ und $v$ gezeigt wäre. Aus (30.9) folgt sofort

$$(A u, u) = \int_0^1 \{p(x) |u'(x)|^2 + q(x) |u(x)|^2\} dx \geqq \delta \int_0^1 |u(x)|^2 dx = \delta ||u||^2 .$$

Also ist $A$ ein positiv definiter Operator. Durch Wiederholung der Überlegungen von § 23 überzeugen wir uns, daß er sogar selbstadjungiert ist. Man kann nun verhältnismäßig leicht einen zu $A$ ähnlichen Operator bestimmen; ein solcher Operator ist beispielsweise $B_1$ mit dem Definitionsgebiet $D(B_1) = D(A)$:

$$B_1 u = \begin{cases} p (a - 0) u'' , & 0 < x < a , \\ p (a + 0) u'' , & a < x < 1 . \end{cases}$$

Man kann folglich für die Lösung der Gleichung (30.1) mit den Randbedingungen (30.2) und (30.8) die Eigenfunktionen des Operators $B_1$ als Koordinatenfunktionen verwenden. Das ist allerdings mit Schwierigkeiten verbunden, da die Berechnung dieser Eigenfunktionen an die Lösung einer recht komplizierten transzendenten Gleichung gebunden ist. Diese Funktionen genügen nämlich den Randbedingungen (30.2) und (30.8) und der Differentialgleichung

$$\begin{aligned} p (a - 0) u'' + \lambda u = 0 , &\qquad 0 < x < a , \\ p (a + 0) u'' + \lambda u = 0 , &\qquad a < x < 1 \end{aligned}$$

Außerdem sind diese Funktionen stetig im Punkt $x = a$.

Wir bezeichnen $\lambda = \mu^2$, $p(a - 0) = r^{-2}$, $p(a + 0) = s^{-2}$. Es ist

$$u = \begin{cases} C_1 \cos r \mu x + C_2 \sin r \mu x, & 0 < x < a, \\ C_3 \cos s \mu x + C_4 \sin s \mu x, & a < x < 1. \end{cases}$$

Die Bedingungen (30.2) und (30.8) und die Stetigkeit der Funktion $u(x)$ im Punkt $a$ liefern das Gleichungssystem

$$\begin{aligned} &C_1 = 0, \\ &C_3 \cos s \mu + C_4 \sin s \mu = 0, \\ &C_2 \sin r \mu a - C_3 \cos s \mu a - C_4 \sin s \mu a = 0, \\ &C_2 r^{-1} \mu \cos r \mu a + C_3 s^{-1} \mu \sin s \mu a - C_4 s^{-1} \mu \cos s \mu a = 0. \end{aligned}$$

Damit ergibt sich folgende Bestimmungsgleichung für $\mu$:

$$\begin{vmatrix} 0 & \cos s \mu & \sin s \mu \\ \sin r \mu a & -\cos s \mu a & -\sin s \mu a \\ r^{-1} \mu \cos r \mu a & s^{-1} \mu \sin s \mu a & -s^{-1} \mu \cos s \mu a \end{vmatrix} = 0.$$

Die Ermittlung der Lösungen dieser Gleichung stellt eine recht schwierige Aufgabe dar, so daß es uns in diesem Fall sinnvoller erscheint, auf die Verwendung der Eigenfunktionen eines ähnlichen Operators als Koordinatensystem zu verzichten und dafür ein in der energetischen Metrik irgendeines halbähnlichen Operators vollständiges und orthonormiertes System zu wählen. Es ist leicht zu zeigen, daß im betrachteten Fall der Operator $B$ aus (30.4) zu $A$ halbähnlich ist und daß man als Koordinatensystem z. B. jedes der Systeme (30.5) bzw. (30.6) verwenden kann. Dann sind die Behauptungen a) und b) aus § 29 erfüllt.

4. Es sei nun der Operator $A$ durch die Formel (30.1) mit den Randbedingungen

$$u(0) = 0, \qquad u'(1) = 0 \tag{30.10}$$

definiert. Wir behalten die Bezeichnungen aus 1. bei; unter $\mu_1$ wollen wir aber jetzt den kleinsten Eigenwert des Operators (30.3) mit den Randbedingungen (30.10) verstehen. Im betrachteten Fall ist der Operator $B_2 = -\frac{d^2}{dx^2}$ mit den Randbedingungen (30.10) zum Operator $A$ ähnlich. Seine im Raum $H_{B_2}$ normierten Eigenfunktionen sind

$$\varphi_n(x) = \frac{2\sqrt{2}}{(2n-1)\pi} \sin \frac{2n-1}{2} \pi x \qquad (n = 1, 2, \ldots). \tag{30.11}$$

Wenn wir nun zur Lösung der Aufgabe (30.1), (30.10) die Funktionen (30.11) als Koordinatenfunktionen verwenden, dann sind die Punkte a)—c) aus § 29 erfüllt.

5. Wir behalten die Voraussetzungen aus 1. bei, doch nehmen wir an, es gelte $q(x) \geqq q_0 = \text{const} > 0$. Der Operator $A$ sei durch die Formel (30.1) und die Randbedingungen

$$u'(0) = u'(1) = 0 \tag{30.12}$$

definiert. Ähnlich zum Operator $A$ ist in diesem Fall der Operator $B_3 u = -\frac{d^2u}{dx^2} + u$ mit den Randbedingungen (30.12). Seine im Raum $H_{B_3}$ normierten Eigenfunktionen sind

$$\varphi_0(x) = 1\,, \qquad \varphi_n(x) = \sqrt{\frac{2}{n^2\pi^2+1}}\cos n\pi x \qquad (n = 1, 2, \ldots)\,. \tag{30.13}$$

Auf diesen Fall kann man alle am Schluß des Punktes 4. gemachten Behauptungen ohne Änderungen übertragen.

**6.** Wir betrachten schließlich noch folgende Situation: Der Operator $A$ werde definiert durch die Formel (30.1) und die Randbedingungen

$$u'(0) - \alpha\, u(0) = 0\,, \qquad u'(1) + \beta\, u(1) = 0\,, \qquad \alpha, \beta > 0\,. \tag{30.14}$$

Bezüglich der Funktionen $p(x)$ und $q(x)$ übernehmen wir die Voraussetzungen aus 1., wobei $\mu_1$ der kleinste Eigenwert des Operators (30.3) mit den Randbedingungen (30.14) ist. Wir erhalten einen zu $A$ ähnlichen Operator, wenn wir $B_4 = -\frac{d^2}{dx^2}$ setzen mit den Randbedingungen (30.14).

Allerdings ist die Ermittlung der Eigenfunktionen für diesen Operator erschwert, da hierbei eine transzendente Gleichung zu lösen ist. Es ist in diesem Falle nicht schwer, einen zu $A$ halbähnlichen Operator mit einem in der Metrik dieses Operators vollständigen orthonormierten System zu finden. Der Operator $B_3$ des Beispiels aus 5. ist ein zu $A$ halbähnlicher Operator: Die Räume $H_A$ und $H_{B_3}$ bestehen aus auf dem Abschnitt $0 \leq x \leq 1$ absolut-stetigen Funktionen, deren Ableitungen auf diesem Abschnitt quadratisch summierbar sind. Für die Lösung der Aufgabe (30.1), (30.14) kann man die Funktionen (30.13) als Koordinatenfunktionen verwenden. Dann sind die Behauptungen a) und b) aus § 29 erfüllt.

Es ist weiterhin der Operator $\widetilde{B}$,

$$\widetilde{B}\, u = -\frac{d^2 u}{dx^2}\,, \qquad u'(0) - u(0) = 0\,, \qquad u'(1) = 0\,,$$

zu $A$ halbähnlich. Wir erhalten folgendes energetische Produkt bzw. Norm:

$$\left.\begin{aligned} [u, v]_{\widetilde{B}} &= u(0)\,\overline{v(0)} + \int_0^1 u'(x)\,\overline{v'(x)}\,dx\,, \\ \|u\|_{\widetilde{B}}^2 &= |u(0)|^2 + \int_0^1 |u'(x)|^2\,dx\,. \end{aligned}\right\} \tag{30.15}$$

Aus den Formeln (30.15) folgt sofort, daß die Räume $H_A$ und $H_{\widetilde{B}}$ aus ein und denselben Funktionen bestehen. Es ist nun nicht schwer, ein im Raum $H_{\widetilde{B}}$ vollständiges und orthonormiertes System zu finden. Diese Eigenschaften erfüllt z.B. das Funktionensystem

$$1,\ x,\ \frac{\sqrt{2}}{\pi}\sin\pi x\,,\ \frac{\sqrt{2}}{2\pi}\sin 2\pi x\,,\ \ldots\,,\ \frac{\sqrt{2}}{n\pi}\sin n\pi x,\ \ldots\,. \tag{30.16}$$

Dieses System ist in der Metrik (30.15) orthonormiert; zu zeigen ist noch seine Vollständigkeit. Wir betrachten die Funktionen, die in der Metrik (30.15) zu den Funktionen

$$\frac{\sqrt{2}}{n\pi} \sin n\pi x \qquad (n = 1, 2, \ldots)$$

orthogonal sind. Es sei $\omega(x)$ eine solche Funktion; dann gilt

$$\left[\omega(x), \frac{\sqrt{2}}{n\pi} \sin n\pi x\right]_{\tilde{B}} = \sqrt{2} \int_0^1 \omega'(x) \cos n\pi x \, dx = 0 \qquad (n = 1, 2, \ldots).$$

Es folgt dann $\omega'(x) = c$ und $\omega(x) = c x + c_1$ mit gewissen Konstanten $c$ und $c_1$. Damit ist die Vollständigkeit des Systems (30.15) gezeigt. Die Verwendung des Systems (30.16) als Koordinatensystem führt ebenfalls zu stabilen Näherungslösungen der Aufgabe (30.1), (30.14) und zu Ritzschen Matrizen mit beschränkten Konditionszahlen.

7. Analog zu 2. und 3. kann man die Randwertaufgaben der nachfolgenden Punkte unter der Voraussetzung der Unstetigkeit dieser oder jener der Funktionen $p(x)$, $p'(x)$, $q(x)$ betrachten. Diese Untersuchungen überlassen wir dem Leser.

Bemerkung. Es seien $A$ und $B$ halbähnliche Operatoren. Bekanntlich ist ein in der Metrik des Raumes $H_B$ orthonormiertes Elementensystem auch in der Metrik des Raumes $H_A$ orthonormiert. In diesem Paragraphen haben wir uns an folgendes allgemeine Schema gehalten: Ausgehend von einem im Raum $H_B$ orthogonalen System, wurde durch Multiplikation mit entsprechenden Faktoren ein orthonormiertes System geschaffen (im Raum $H_B$). Dieses neue System ist dann zugleich auch fast orthonormiert im Raum $H_A$. Um dieses Ziel zu erreichen, benötigen wir jedoch nicht die Gleichung $\|\varphi_n\|_B = 1$, sondern lediglich Ungleichungen der Form $a \leqq \|\varphi_n\|_B \leqq b$ mit positiven Konstanten $a$ und $b$. Damit erhalten wir aus dem im Raum $H_B$ orthogonalen System ein in diesem Raum fast orthogonales System, das die gleiche Eigenschaft auch im Raum $H_A$ besitzt. Diese Bemerkung macht eine Vereinfachung bei der Wahl der normierenden Faktoren möglich, wodurch die Konstruktion der Koordinatenfunktionen weniger schwierig wird. Damit tritt eine Verminderung des Rechenaufwandes bei gleichbleibender Qualität des Resultats auf. So kann man z.B. die im System (30.5) enthaltenen normierenden Faktoren $\frac{\sqrt{2}}{n\pi}$ durch $\frac{1}{n}$ ersetzen, was zu folgendem einfachen fast orthonormierten System führt:

$$\varphi_n(x) = \frac{1}{n} \sin n\pi x \qquad (n = 1, 2, \ldots). \tag{30.5'}$$

Ähnlich kann man die Systeme (30.6), (30.11), (30.13), (30.16) durch einfacherere Systeme, die in den entsprechenden Räumen $H_A$ fast orthonormiert sind, ersetzen:

$$Q_n(x) = \sqrt{n} \int_0^x P_n(2t-1)\,dt \qquad (n = 1, 2, \ldots), \tag{30.6'}$$

$$\varphi_n(x) = \frac{1}{2n-1} \sin \frac{2n-1}{2} \pi x \qquad (n = 1, 2, \ldots), \tag{30.11'}$$

$$\varphi_0(x) = 1, \qquad \varphi_n(x) = \frac{1}{n} \cos n \pi x \qquad (n = 1, 2, \ldots), \tag{30.13'}$$

$$1, \quad x, \quad \sin \pi x, \quad \frac{1}{2} \sin 2 \pi x, \ldots, \quad \frac{1}{n} \sin n \pi x, \ldots. \tag{30.16'}$$

In der Formel (30.6′) kann man weiterhin $\sqrt{n}$ durch die nächstgrößere ganze Zahl ersetzen.

Zum Schluß bemerken wir noch, daß die Ungleichung

$$a \leqq \|\varphi_n\|_B \leqq b$$

erfüllt ist, wenn wir die Elemente $\varphi_n$ in der Metrik des Raumes $H_A$ normieren.

## § 31. Ausgeartete Gleichungen

Wir werden uns auf einige der einfachsten Aufgaben beschränken, da unseres Erachtens die Betrachtung anderer Randbedingungen mit keinen ernsthaften Schwierigkeiten verbunden ist.

1. Ein einfaches und wichtiges Beispiel einer ausgearteten gewöhnlichen Differentialgleichung ist in § 24 enthalten. Mit diesem Beispiel möchten wir unsere Betrachtungen beginnen.

Vorgelegt sei die Differentialgleichung

$$-\frac{d}{dx}\left(p(x)\frac{du}{dx}\right) + q(x)\,u = f(x), \qquad 0 < x < 1 \tag{31.1}$$

mit

$$p(x) = \tilde{p}(x)\,x^\alpha, \qquad 0 < \alpha < 2, \qquad \tilde{p}(x) \geqq p_0 = \text{const} > 0. \tag{31.2}$$

Wir behalten sämtliche weiteren Voraussetzungen bezüglich der Funktionen $\tilde{p}(x)$ und $q(x)$ aus § 24 bei.

Für die Aufgabe (31.1) seien folgende Randbedingungen formuliert:

$$u(1) = 0, \tag{31.3}$$

und wenn $0 < \alpha < 1$ gilt, dann ist

$$u(0) = 0. \tag{31.4}$$

Aus den Ergebnissen des § 24 folgt, daß es sinnvoll ist, als Koordinatenfunktionen die Eigenfunktionen des Operators $B$ zu verwenden, der durch den Differentialausdruck

$$B\,u = -\frac{d}{dx}\left(x^\alpha \frac{du}{dx}\right) \tag{31.5}$$

mit den Randbedingungen (31.3) und (31.4) definiert wird. Die Eigenfunktionen dieses Operators sind (siehe (24.11))

$$\varphi_n(x) = c_n\, x^{\frac{1-\alpha}{2}} J_\nu\left(\gamma_{\nu,n}\, x^{\frac{2-\alpha}{2}}\right) \qquad (n = 1, 2, \ldots)\,. \tag{31.6}$$

Die Konstante $c_n$ wählen wir so aus, daß $a \leqq \|\varphi_n\|_B \leqq b$ gilt mit positiven Konstanten $a$ und $b$.[1]) Es gelten dann die Behauptungen a)—c) aus § 29.

Wenn wir

$$c_n = \left\{\int_0^1 x^\alpha \left[\frac{d}{dx}\left(x^{\frac{1-\alpha}{2}} J_\nu\left(\gamma_{\nu,n}\, x^{\frac{2-\alpha}{2}}\right)\right)\right]^2 dx\right\}^{-1/2} \qquad (n = 1, 2, \ldots) \tag{31.7}$$

setzen, dann gilt $\|\varphi_n\|_B = 1$, und das System (31.6) ist im Raum $H_B$ orthonormiert. Man kann aber auch die Berechnung des in die Formel (31.7) eingehenden Integrals umgehen und den normierenden Faktor $c_n$ durch einen einfacheren ersetzen. Wir wenden uns zunächst der Asymptotik des Integrals

$$K = \int_0^1 x^\alpha \left[\frac{d}{dx}\left(x^{\frac{1-\alpha}{2}} J_\nu\left(\gamma_{\nu,n}\, x^{\frac{2-\alpha}{2}}\right)\right)\right]^2 dx$$

bei $n \to \infty$ zu.

Nach Ausführung der Differentiation unter dem Integralzeichen erhalten wir

$$K = K_1 + K_2 + K_3$$

mit

$$K_1 = \frac{(2-\alpha)^2}{4}\gamma_{\nu,n}^2 \int_0^1 x^{1-\alpha}\left[J_\nu'\left(\gamma_{\nu,n}\, x^{\frac{2-\alpha}{2}}\right)\right]^2 dx\,,$$

$$K_2 = \frac{(2-\alpha)(1-\alpha)}{2}\gamma_{\nu,n} \int_0^1 x^{-\frac{\alpha}{2}} J_\nu'\left(\gamma_{\nu,n}\, x^{\frac{2-\alpha}{2}}\right) J_\nu\left(\gamma_{\nu,n}\, x^{\frac{2-\alpha}{2}}\right) dx\,,$$

$$K_3 = \frac{(1-\alpha)^2}{4} \int_0^1 x^{-1}\left[J_\nu\left(\gamma_{\nu,n}\, x^{\frac{2-\alpha}{2}}\right)\right]^2 dx\,.$$

Wir ermitteln zunächst einen asymptotischen Ausdruck für das Integral $K_1$ bei großen $n$. Dazu führen wir die Bezeichnung $\gamma$ für $\gamma_{\nu,n}$ ein. Wenn wir $\gamma\, x^{\frac{2-\alpha}{2}} = z$ setzen, dann folgt ($\varepsilon$ ist beliebig, $0 < \varepsilon < 1$)

$$K_1 = \frac{2-\alpha}{2}\int_0^\gamma z[J_\nu'(z)]^2\, dz$$

$$= \frac{2-\alpha}{2}\int_0^{\gamma^{\frac{1-\varepsilon}{2}}} z[J_\nu'(z)]^2\, dz + \frac{2-\alpha}{2}\int_{\gamma^{\frac{1-\varepsilon}{2}}}^{\gamma} z[J_\nu'(z)]^2\, dz = K_1' + K_1''\,.$$

---

[1]) Vergleiche die Bemerkung am Schluß des vorangegangenen Paragraphen.

Wir verwenden die Formeln[1])

$$2\,J_\nu'(x) = J_{\nu-1}(x) - J_{\nu+1}(x)\,, \tag{31.8}$$

$$J_\nu(x) = \frac{1}{\pi}\int_0^\pi \cos(\nu\,\Theta - x\sin\Theta)\,d\Theta - \frac{\sin\nu\pi}{\pi}\int_0^\infty e^{-\nu t - x\sinh t}\,dt\,, \quad x > 0\,, \tag{31.9}$$

$$J_\nu(x) = \sqrt{\frac{2}{\pi x}}\cos\left(x - \frac{\nu\pi}{2} - \frac{\pi}{4}\right) + O(x^{-3/2})\,, \qquad x > 0\,. \tag{31.10}$$

Aus den Formeln (31.8) und (31.9) folgen die Abschätzungen

$$|J_\nu(x)| \leqq \sigma\,, \qquad |J_\nu'(x)| \leqq \sigma\,, \qquad \sigma = 1 + \frac{1}{\pi\nu}\,. \tag{31.11}$$

Die Formeln (31.8) und (31.10) liefern asymptotische Ausdrücke für die Ableitung $J_\nu'(x)$ bei großen positiven $x$:

$$J_\nu'(x) = \sqrt{\frac{2}{\pi x}}\cos\left(x - \frac{(\nu-1)\pi}{2} - \frac{\pi}{4}\right) + O(x^{-3/2})\,. \tag{31.12}$$

Aus der Ungleichung (31.11) folgt

$$K_1' \leqq \frac{2-\alpha}{2}\sigma^2\int_0^{\gamma^{\frac{1-\varepsilon}{2}}} z\,dz = o(\gamma)\,.$$

Wenn wir $J_\nu'(x)$ nach Formel (31.12) ersetzen, erhalten wir

$$K_1'' = \frac{2-\alpha}{2}\,\frac{2}{\pi}\int_{\gamma^{\frac{1-\varepsilon}{2}}}^{\gamma}\left[\cos^2\left(x - \frac{(\nu-1)\pi}{2} - \frac{\pi}{4}\right) + O(x^{-1})\right]dx = \frac{2-\alpha}{2\pi}\gamma + o(\gamma)\,.$$

Dann folgt

$$K_1 = \frac{2-\alpha}{2\pi}\gamma + o(\gamma)\,. \tag{31.13}$$

Ist $\alpha = 1$, so gilt $K_2 = K_3 = 0$; deshalb können die nachfolgenden Abschätzungen unter der Voraussetzung $\alpha \neq 0$, d. h. $\nu > 0$, durchgeführt werden.

Mit der bereits verwendeten Substitution $z = \gamma\,x^{(2-\alpha)/2}$ erhält man

$$K_3 = \frac{(1-\alpha)^2}{2(2-\alpha)}\int_0^\gamma z^{-1}[J_\nu(z)]^2\,dz$$
$$= \frac{(1-\alpha)^2}{2(2-\alpha)}\left\{\int_0^1 z^{-1}[J_\nu(z)]^2\,dz + \int_1^\gamma z^{-1}[J_\nu(z)]^2\,dz\right\}.$$

Das erste Integral auf der rechten Seite ist eine Konstante, das zweite Integral kann wegen der Ungleichung (31.11) folgendermaßen abgeschätzt werden:

$$\int_1^\gamma z^{-1}[J_\nu(z)]^2\,dz \leqq \sigma^2\ln\gamma\,.$$

[1]) Siehe G. N. Watson [1], S. 56, 195, 218.

Dann ist

$$K_3 = o(\gamma)\,. \tag{31.14}$$

Für das Integral $K_2$ erhält man die Abschätzung

$$|K_2| \leqq 2\,K_1^{1/2}\,K_3^{1/2} = o(\gamma)\,. \tag{31.15}$$

Aus (31.13) bis (31.15) folgt nun das von uns benötigte Resultat:

$$K = \frac{2-\alpha}{2\pi}\,\gamma_{\nu,n} + o(\gamma_{\nu,n})\,. \tag{31.16}$$

Wenn wir nun noch die asymptotischen Entwicklungen der Wurzeln der BESSEL-Funktionen heranziehen[1]),

$$\gamma_{\nu,n} = \pi\,n + o(n)\,,$$

erhalten wir schließlich

$$K = \frac{2-\alpha}{2}\,n + o(n)\,.$$

Damit ist auch gezeigt, daß wir in der Formel (31.6) $c_n = n^{-1/2}$ bzw. $c_n = [\sqrt{n}]^{-1}$ setzen können. Das System (31.6) ist dann im Raum $H_A$ fast orthonormiert, und es gelten die Behauptungen a)—c) aus § 29.

2. Weiterhin wollen wir noch den Fall betrachten, daß die Gleichung an beiden Endpunkten des Abschnitts ausartet. Wir betrachten im Raum $L_2(-1, 1)$ den Operator

$$A\,u = -\frac{d}{dx}\left[(1-x)^\alpha\,(1+x)^\beta\,\tilde{p}(x)\,\frac{du}{dx}\right] + q(x)\,u = f(x)\,. \tag{31.17}$$

Der Einfachheit halber wollen wir voraussetzen, daß die Funktionen $\tilde{p}(x)$, $\tilde{p}'(x)$ und $q(x)$ auf dem Abschnitt $-1 \leqq x \leqq 1$ stetig sind und daß $\tilde{p}(x) \geqq p_0$, $q(x) \geqq 0$ mit einer positiven Konstanten $p_0$ gilt. In bezug auf $\alpha$ und $\beta$ setzen wir voraus, daß die Ungleichungen $0 \leqq \alpha < 2$ und $0 \leqq \beta < 1$ erfüllt sind, wobei wir den trivialen Fall $\alpha = \beta = 0$ ausschließen wollen. Es sei bemerkt, daß wir bei $\alpha > 0$ und $\beta = 0$ den in 1. betrachteten Fall erhalten.

Der Operator (31.17) werde auf Funktionen $u(x)$ definiert, die folgende Bedungungen erfüllen:

1. $u(x)$ ist stetig und $(1-x)^\alpha\,(1+x)^\beta\,u'(x)$ ist absolut-stetig auf dem Abschnitt $-1 \leqq x \leqq 1$;
2. $u(1) = 0$; (31.18)
3. bei $\alpha < 1$ gilt

$$u(0) = 0\,. \tag{31.19}$$

Der so definierte Operator $A$ ist positiv definit, seine energetische Norm ergibt sich zu

$$\|u\|_A^2 = \int_{-1}^{1} \{(1-x)^\alpha\,(1+x)^\beta\,\tilde{p}(x)\,|u'(x)|^2 + q(x)\,|u(x)|^2\}\,dx\,. \tag{31.20}$$

---

[1]) Siehe G. N. WATSON [1], S. 558.

Neben dem Operator $A$ betrachten wir den positiv definiten Operator $B$,

$$B u = -\frac{d}{dx}\left[(1-x)^\alpha (1+x)^\beta \frac{du}{dx}\right], \tag{31.21}$$

und erklären ihn auf derselben Funktionenmenge. Es gilt

$$\|u\|_B^2 = \int_{-1}^{1} (1-x)^\alpha (1+x)^\beta |u'(x)|^2 \, dx \,. \tag{31.22}$$

Indem wir die Überlegungen des § 24 wiederholen, kann gezeigt werden, daß die Operatoren $A$ und $B$ selbstadjungiert und folglich auch ähnlich sind. Allerdings ist die Berechnung der Eigenfunktionen des Operators $B$ schwierig, so daß wir uns auf ein in der Metrik (31.22) orthonormiertes System beschränken, das dann fast orthonormiert in der Metrik (31.20) ist. Dies ist das System der Polynome

$$q_n^{(\alpha,\beta)}(x) = -\int_x^1 p_n^{(\alpha,\beta)}(t) \, dt \,, \tag{31.23}$$

wobei wir mit $p_n^{(\alpha,\beta)}(x)$ die normierten JACOBI-Polynome[1]) bezeichnen. Das Koordinatensystem $q_n^{(\alpha,\beta)}(x)$ garantiert die Richtigkeit der Behauptungen a) und b) aus § 29.

## § 32. Gewöhnliche Differentialgleichungen vierter Ordnung

Gegeben sei die Gleichung

$$\frac{d^2}{dx^2}\left(p_2(x)\frac{d^2u}{dx^2}\right) - \frac{d}{dx}\left(p_1(x)\frac{du}{dx}\right) + p_0 u = f(x) \,, \tag{32.1}$$

wobei die Koeffizienten den gleichen Bedingungen wie in § 25 unterworfen werden.

Die Gleichung (32.1) betrachten wir bei einigen einfachen Typen von Randbedingungen.

1. Zuerst wollen wir die Bedingungen

$$u(0) = u(1) = u''(0) = u''(1) = 0 \tag{32.2}$$

betrachten. Aus den Ergebnissen des § 25 folgt, daß es in diesem Fall zweckmäßig ist, das Koordinatensystem in der Form $\varphi_n(x) = c_n \sin n\pi x \; (n = 1, 2, \ldots)$ auszuwählen, wobei die Koeffizienten $c_n$ beispielsweise aus der Bedingung $\|\varphi_n\|_B = 1$ bestimmt werden ($B$ ist hier der Operator (25.4)). Dann ist

$$c_n = \frac{\sqrt{2}}{n^2 \pi^2} \,.$$

Der konstante Faktor $\frac{\sqrt{2}}{\pi^2}$ kann weggelassen werden, so daß wir

$$\varphi_n(x) = \frac{\sin n\pi x}{n^2} \qquad (n = 1, 2, \ldots) \tag{32.3}$$

erhalten.

1) Siehe etwa D. JACKSON [1].

Bei dieser Wahl des Koordinatensystems sind die Behauptungen a)—c) aus § 29 erfüllt.

2. Wir betrachten weiterhin die Gleichung (32.1) mit den Randbedingungen

$$u(0) = u(1) = u'(0) = u'(1) = 0 . \qquad (32.4)$$

Es werde der Operator $B_1 = \frac{d^4}{dx^4}$ auf allen Funktionen, die die Bedingungen (32.4) erfüllen, erklärt. Dann ist der durch die Formeln (32.1) und (32.4) definierte Operator zu $B_1$ ähnlich (und damit auch halbähnlich). Die energetische Metrik des Operators $B_1$ wird definiert durch

$$\|u\|^2_{B_1} = \int_0^1 |u''(x)|^2 \, dx . \qquad (32.5)$$

Die Funktionen des Raumes $H_{B_1}$ erfüllen die Bedingungen (32.4). Man überzeugt sich leicht, daß das System

$$\begin{aligned} \varphi_n(x) &= \sqrt{2n+1} \int_0^x dt \int_0^t P_n(2\tau - 1)\, d\tau \\ &= \sqrt{2n+1} \int_0^x (x-t)\, P_n(2t-1)\, dt \qquad (n = 2, 3, \ldots) \end{aligned} \qquad (32.6)$$

(mit $P_n$ bezeichnen wir die Legendreschen Polynome) orthonormiert und vollständig im Raum $H_{B_1}$ ist. Wenn man dieses System als Koordinatensystem verwendet, dann sind die Behauptungen a) und b) aus § 29 erfüllt. Der Faktor $\sqrt{2n+1}$ kann durch $\sqrt{n}$ bzw. $[\sqrt{n}]$ ersetzt werden. Wenn die gesuchte Lösung neun stetige Ableitungen besitzt, ist auch die Behauptung c) erfüllt.

3. Wir wollen weiterhin folgende Randbedingungen formulieren:

$$u(0) = u'(0) = u(1) = u''(1) = 0 . \qquad (32.7)$$

Der durch die Formeln (32.1) und (32.7) definierte Operator besitzt im Operator $B_2 = \frac{d^4}{dx^4}$ einen ähnlichen (und damit auch halbähnlichen) Operator, wenn $B_2$ auf allen die Bedingungen (32.7) erfüllenden Funktionen erklärt wird. Die energetische Metrik dieses Operators wird wiederum durch die Formel (32.5) definiert; die Funktionen des Raumes $H_{B_2}$ erfüllen allerdings nur die Bedingungen $u(0) = u'(0) = u(1) = 0$, die Bedingung $u''(0) = 0$ ist dagegen eine natürliche Bedingung.[1]) Das System (32.6) ist orthonormiert, aber nicht vollständig im Raum $H_{B_2}$. Wir wollen klären, wie wir dieses System vervollständigen können. Die Funktion $g(x) \in H_{B_2}$ sei orthogonal (in der Metrik dieses Raumes) zum System (32.6). Das bedeutet

$$\int_0^1 g''(x)\, P_n(x)\, dx = 0 \qquad (n = 2, 3, \ldots) . \qquad (32.8)$$

---

[1]) Siehe VM, § 17, bzw. MP, § 35.

Hieraus folgt, daß $g''(x)$ ein Polynom erster Ordnung bzw. $g(x)$ ein Polynom dritter Ordnung ist. Da $g \in H_{B_2}$ ist, muß $g(0) = g'(0) = g(1) = 0$ gelten, so daß sich $g(x)$ nur durch einen konstanten Faktor von der Funktion $x^2(1-x)$ unterscheidet. Somit erhalten wir das folgende in der energetischen Metrik des Operators (32.1), (32.7) vollständige und fast orthonormierte Funktionensystem:

$$\varphi_1(x) = x^2(1-x)\,, \quad \varphi_n(x) = [\sqrt{n}]\int_0^x (x-t)\,P_n(2t-1)\,dt\,, \quad n > 1\,. \tag{32.9}$$

4. Wir betrachten nun noch den Fall, daß beide Bedingungen im Punkt $x = 1$ natürliche Randbedingungen sind. Diese Bedingungen mögen die Form

$$u(0) = u'(0) = 0\,, \qquad u''(1) = 0\,, \qquad (p_2(x)\,u''(x))'|_{x=1} = 0 \tag{32.10}$$

haben. Im Biegeproblem des Balkens (VM, § 21) bedeuten diese Bedingungen, daß das linke Ende des Balkens fest eingespannt, das rechte jedoch frei ist. Halbähnlich zum Operator der Aufgabe (32.1), (32.10) ist der Operator $B_3 = \frac{d^4}{dx^4}$, der erklärt wird auf den Funktionen, die die ersten drei Bedingungen (32.10) und die zusätzliche Bedingung $u'''(1) = 0$ erfüllen. Die Funktionen des Raumes $H_{B_3}$ genügen den Bedingungen $u(0) = u'(0) = 0$; die Metrik wird in diesem Raum durch die Formel (32.5) definiert. Das System (32.6) ist orthonormiert, aber nicht vollständig im Raum $H_{B_3}$. Ähnlich wie in 3. findet man, daß Funktionen, die im Raum $H_{B_3}$ zum System (32.6) orthogonal sind, Polynome dritten Grades sind. Die Polynome $x^2$ und $x^3$ sind zwei solcher Polynome, die die Bedingungen $u(0) = u'(0) = 0$ erfüllen und linear unabhängig sind. Das folgende Funktionensystem ist dann vollständig und orthonormiert in der Metrik des Operators (32.1), (32.10):

$$\varphi_0(x) = x^2\,, \qquad \varphi_1(x) = x^3\,,$$

$$\varphi_n(x) = [n]\int_0^x (x-t)\,P_n(2t-1)\,dt \qquad (n = 2, 3, \ldots)\,. \tag{32.11}$$

5. Ähnlich wie in den Abschnitten 2. bis 4. kann man fast orthonormierte Koordinatensysteme auch für einige andere Typen von Randbedingungen erhalten, ferner kann man nichtausgeartete Differentialgleichungen höherer Ordnung betrachten.

## § 33. Zweidimensionale elliptische Gleichungen, die erste Randwertaufgabe

Überall in diesem Paragraphen sei $H = L_2(\Omega)$ mit einem endlichen ebenen Gebiet $\Omega$. Den Rand dieses Gebiets wollen wir wie üblich mit $S$ bezeichnen.

Wir betrachten die nichtausgeartete elliptische Gleichung

$$-\sum_{j,k=1}^{2} \frac{\partial}{\partial x_j}\left(A_{jk}\frac{\partial u}{\partial x_k}\right) + C\,u = f(x_1, x_2)\,, \qquad x_1 = x,\ x_2 = y \tag{33.1}$$

mit der Randbedingung

$$u|_S = 0\,. \tag{33.2}$$

Mit $\mu_1$ bezeichnen wir den kleinsten Eigenwert des Operators

$$-\sum_{j,k=1}^{2} \frac{\partial}{\partial x_j}\left(A_{jk}\frac{\partial u}{\partial x_k}\right) \tag{33.3}$$

mit der Randbedingung (33.2). Wir setzen $C > -\mu_1$ voraus. Es seien die Funktionen $A_{jk}, \frac{\partial A_{jk}}{\partial x_j}$ und $C$ im abgeschlossenen Gebiet $\bar{\Omega} = \Omega \cup S$ stetig.

Wir setzen voraus, daß der Rand $S$ hinreichend glatt ist und daß eine Transformation

$$x' = \varphi(x, y), \qquad y' = \psi(x, y) \tag{33.4}$$

existiert, die das abgeschlossene Gebiet $\bar{\Omega}$ umkehrbar eindeutig auf die Kreisscheibe $x'^2 + y'^2 \leq 1$ abbildet. Dabei seien die Funktionen $\varphi$ und $\psi$ im Gebiet $\bar{\Omega}$ zweimal stetig differenzierbar, und die Funktionaldeterminante

$$J = \frac{D(x, y)}{D(x', y')}$$

sei durch positive Konstanten nach oben und unten beschränkt. Die Transformation (33.4) überführt die Aufgabe (33.1)—(33.2) in die folgende Aufgabe:

$$-\sum_{j,k=1}^{2} \frac{\partial}{\partial x'_j}\left(A'_{jk}\frac{\partial u}{\partial x'_j}\right) + C\,J\,u = f\,J\,, \qquad x'_1 = x'\,, \qquad x'_2 = y'\,, \tag{33.5}$$

$$u|_\Gamma = 0\,. \tag{33.6}$$

Es bezeichnen $\Gamma$ den Kreis $x'^2 + y'^2 = 1$ und

$$A'_{jk} = J \sum_{r,s=1}^{2} A_{rs} \frac{\partial x'_j}{\partial x_r}\frac{\partial x'_k}{\partial x_s}\,.$$

Wir bezeichnen mit $A$ den Operator, der durch die linke Seite der Gleichung (33.5) und die Randbedingung (33.6) definiert wird. Wie aus den Ergebnissen des § 26 folgt, ist dem Operator $A$ der Operator $B$ ähnlich, wobei $B$ durch

$$B = -\Delta = -\frac{\partial^2}{\partial x'^2} - \frac{\partial^2}{\partial y'^2}$$

und die Randbedingung (33.6) definiert wird. Die Eigenfunktionen des Operators $B$ sind die Funktionen

$$\varphi_{n,k}(x', y') = c_{n,k} J_n(\gamma_{n,k}\, r) \begin{matrix}\cos\\ \sin\end{matrix}\, n\,\Theta \qquad (n, k = 0, 1, \ldots)\,, \tag{33.7}$$

wobei $x' = r\cos\Theta$ und $y' = r\sin\Theta$ gilt. Der Koeffizient $c_{n,k}$ wird aus der Gleichung $\|\varphi_{n,k}\|_B = 1$ ermittelt. Wenn wir diese Funktionen als Koordinatenfunktionen bei der Lösung der Aufgabe (33.5)—(33.6) verwenden, dann haben die Behauptungen a)—c) des § 29 Gültigkeit. Ferner ist folgendes Ergebnis des § 28 erfüllt. Die zweiten Ableitungen der Ritzschen Näherungslösungen konvergieren in der Metrik des Raumes $L_2(\Omega)$ gegen die entsprechenden zweiten Ableitungen der exakten Lösung. Infolge der Sobolewschen Einbettungssätze folgt hieraus, daß die ersten Ableitungen im Raum $L_p(\Omega)$ bei beliebigem $p > 1$ konvergieren; die Näherungslösungen selbst konvergieren gleichmäßig im Gebiet $\Omega$.

Es liege das Gebiet $\Omega$ zwischen den Geraden $y = \pm b$, wobei diese Geraden den Rand $S$ berühren mögen. Wir setzen voraus, daß eine beliebige Gerade $y = \text{const}$ zwischen diesen beiden Geraden den Rand $S$ nur in zwei Punkten schneidet, deren Abszissen wir mit $\alpha(y)$ und $\beta(y)$ bezeichnen. Die Transformation (33.4) wird dann gegeben durch

$$x' = \mu(y)\, x + \nu(y)\,, \qquad y' = \frac{1}{b}\, y\,, \tag{33.8}$$

wobei

$$\mu(y) = \frac{2\sqrt{b^2 - y^2}}{b\,[\beta(y) - \alpha(y)]}\,, \qquad \nu(y) = \frac{\beta(y) + \alpha(y)}{\beta(y) - \alpha(y)}\,\frac{\sqrt{b^2 - y^2}}{b} \tag{33.9}$$

gesetzt wurde. Um diese Transformation verwenden zu können, müssen wir von den Funktionen $\mu(y)$ und $\nu(y)$ zweite stetige Ableitungen auf dem Abschnitt $-b \leqq y \leqq b$ fordern.

Beispiel 33.1. Es sei $S$ die Ellipse

$$\frac{x^2}{a^2} + \frac{y^2}{b^2} = 1$$

und $\Omega$ das Innere der Ellipse. Es gilt

$$\alpha(y) = -\frac{a}{b}\sqrt{b^2 - y^2}\,, \qquad \beta(y) = \frac{a}{b}\sqrt{b^2 - y^2}$$

bzw.

$$\mu(y) = \frac{1}{a}\,, \qquad \nu(y) = 0\,.$$

Die Transformation (33.8) hat dann die Gestalt

$$x' = \frac{x}{a}\,, \qquad y' = \frac{y}{b}\,.$$

Es ist nicht ausgeschlossen, daß die Transformation (33.4) eine eineindeutige und hinreichend glatte Abbildung des Gebiets $\Omega$ auf einen Kreissektor mit dem Öffnungswinkel $\beta \leqq \pi$ oder auf ein Rechteck darstellt. Der oben betrachtete Operator $B$ (in der Formel (33.6) verstehen wir unter $\Gamma$ im gegebenen Fall den Rand des Sektors bzw. des Rechtecks) ist jedenfalls dem Operator $A$ halbähnlich. Die Eigenfunktionen des Operators $B$ sind

$$\varphi_{k,n}(x', y') = c_{k,n}\, J_{\frac{k\pi}{\beta}}\left(\gamma_{\frac{k\pi}{\beta},n}\, r\right) \sin\frac{k\pi\Theta}{\beta} \qquad (k, n = 1, 2, \quad ) \tag{33.10}$$

im Fall eines Sektors $0 < r < 1$, $0 < \Theta < \beta$. Ist $\beta = \pi$, so gestattet $\Omega$ eine hinreichend glatte Abbildung auf eine Halbkreisscheibe; es gilt dann

$$\varphi_{k,n}(x', y') = c_{k,n}\, J_k(\gamma_{k,n}\, r) \sin k\Theta \qquad (k, n = 1, 2, \ldots). \tag{33.10'}$$

Ferner gilt

$$\varphi_{k,n}(x', y') = \frac{2}{\pi}\left(\frac{k^2}{a^2} + \frac{m^2}{b^2}\right)^{-1/2} \sin\frac{k\pi x'}{a} \sin\frac{m\pi y'}{b} \qquad (k, n = 1, 2, \ldots) \tag{33.11}$$

im Fall eines Rechtecks $0 < x' < a$, $0 < y' < b$. Der Koeffizient $c_{k,n}$ der Formel (33.10) wird aus der Gleichung

$$\|\varphi_{k,n}\|_B^2 = \int_0^1 r\,dr \int_0^\beta \left[\left(\frac{\partial\varphi_{k,n}}{\partial r}\right)^2 + \frac{1}{r^2}\left(\frac{\partial\varphi_{k,n}}{\partial\Theta}\right)^2\right] d\Theta$$

$$= \frac{\beta}{2}\int_0^1 \left[\gamma^2_{\frac{k\pi}{\beta},n} J'^2_{\frac{k\pi}{\beta}}\left(\gamma_{\frac{k\pi}{\beta},n} r\right) + \frac{k^2\pi^2}{\beta^2} J^2_{\frac{k\pi}{\beta}}\left(\gamma_{\frac{k\pi}{\beta},n} r\right)\right] r\,dr = 1$$

ermittelt.

Wenn wir die Funktionen (33.10) bzw. (33.11) als Koordinatenfunktionen bei der Lösung der Aufgabe (33.5)—(33.6) verwenden, sind die Behauptungen a) und b) aus § 29 erfüllt.

Beispiel 33.2. Es sei $\Omega$ ein geradliniges Dreieck mit dem spitzen Winkel $\beta$. Die Abmessungen und die Lage des Dreiecks sind aus Abb. 2 zu entnehmen.

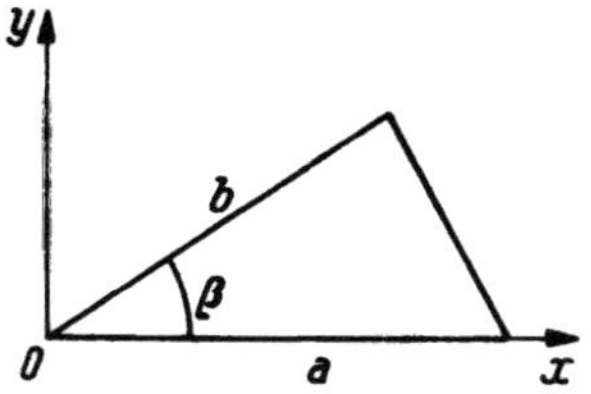


Abb. 2

Die Transformation dieses Dreiecks auf den Kreissektor $0 < r < 1$, $0 < \vartheta < \beta$ wird gegeben durch

$$\left.\begin{aligned} x' &= \frac{1}{b}\left\{y \cot\beta + \frac{b\sin\beta}{a}(x - y\cot\beta)\frac{\sqrt{b^2-y^2} - y\cot\beta}{b\sin\beta - y}\right\}, \\ y' &= \frac{1}{b}\,y\,. \end{aligned}\right\} \tag{33.12}$$

Es ist leicht zu sehen, daß diese Transformation unendlich oft differenzierbar ist und daß ihre Funktionaldeterminante durch positive Konstanten nach oben und unten beschränkt ist. Um die Differenzierbarkeit zu zeigen, genügt es nachzuweisen, daß die Funktion

$$\varphi(y) = \frac{\sqrt{b^2-y^2} - y\cot\beta}{b\sin\beta - y}$$

unendlich oft nach $y$ im Abschnitt $0 \leqq y \leqq b\sin\beta$ differenzierbar ist. Wir setzen $y = b\sin\lambda$, $0 \leqq \lambda \leqq \beta$. Dann gilt

$$\varphi(y) = \frac{1}{\sin\beta}\,\frac{\cos\dfrac{\beta-\lambda}{2}}{\cos\dfrac{\beta+\lambda}{2}}\,.$$

Offensichtlich besitzt diese Funktion alle Ableitungen nach $\lambda$, $0 \leqq \lambda \leqq \beta$, woraus auch die Existenz aller Ableitungen nach $y$ folgt. Ferner haben wir

$$\frac{D(x',y')}{D(x,y)} = \frac{\sin\beta}{a\,b}\,\frac{\sqrt{b^2-y^2} - y\cot\beta}{b\sin\beta - y} = \frac{1}{a\,b}\,\frac{\cos\dfrac{\beta-\lambda}{2}}{\cos\dfrac{\beta+\lambda}{2}}\,.$$

Hieraus folgt

$$\frac{1}{a\,b} \leqq \frac{D(x',y')}{D(x,y)} \leqq \frac{1}{a\,b\cos\beta}\,.$$

## § 34. Zweidimensionale elliptische Gleichungen, Aufgaben mit natürlichen Randbedingungen

Wir betrachten die Differentialgleichung (33.1) bei der Randbedingung

$$\left[\sum_{j,k=1}^{2} A_{jk}\frac{\partial u}{\partial x_k}\cos(\nu, x_k) + \sigma u\right]_S = 0\,. \tag{34.1}$$

Hier ist $\nu$ die äußere Normale des Randes $S$ und $\sigma$ eine beschränkte meßbare nichtnegative Funktion auf $S$. Wir setzen voraus, daß mit den vorgegebenen Funktionen $\sigma$ und $C$ der durch (33.1) mit den Randbedingungen (34.1) definierte Operator positiv definit ist. Diesen Operator (oder besser: seine Friedrichs-Erweiterung) werden wir mit $A$ bezeichnen. In einigen — wenn auch seltenen — Fällen kann man einen einfachen zu $A$ ähnlichen Operator angeben. Es habe z.B. die Gleichung (33.1) die Form

$$-\Delta u + C(x,y)\,u = f(x,y)\,,$$

und in der Bedingung (34.1) gelte $\sigma \equiv 0$, so daß sich diese Bedingung auf die folgende Bedingung reduziert:

$$\left.\frac{\partial u}{\partial \nu}\right|_S = 0\,. \tag{34.1'}$$

Aus den Ergebnissen des § 24, Abschnitt 1., folgt, daß bei Vorgabe eines hinreichend glatten Randes $S$ der selbstadjungierte Operator $B$, $B\,u = -\Delta u + u$ mit den Randbedingungen (34.1′), zu $A$ ähnlich ist. Ist beispielsweise $S$ der Kreis mit dem Radius Eins, so kann man die Eigenfunktionen des Operators $B$ leicht angeben:

$$\varphi_{k,n} = c_{k,n}\,J_k(\tilde{\gamma}_{k,n}\,r)\,{\cos \atop \sin}\,k\,\Theta \qquad (k = 0, 1, 2, \ldots; \quad n = 1, 2, \ldots)\,. \tag{34.2}$$

Dabei ist $\tilde{\gamma}_{k,n}$ die $n$-te positive Wurzel der Ableitung $J_k'(x)$. Wie üblich wird der Koeffizient $c_{k,n}$ aus der Gleichung $\|\varphi_{k,n}\|_B = 1$ ermittelt. Man kann auch allgemeiner fordern, daß $\|\varphi_{k,n}\|_B$ durch positive Konstanten nach oben und unten beschränkt ist.

Wenn man die Funktionen (34.2) als Koordinatenfunktionen verwendet, dann sind die Behauptungen a)—c) aus § 29 erfüllt.

Im allgemeinen Fall setzen wir voraus, daß man das Gebiet $\Omega$ auf eine Kreisscheibe, einen Kreissektor oder ein Rechteck abbilden kann. Dabei wollen wir die Voraussetzungen des § 33 in bezug auf die Transformation (33.4) beibehalten.

Die Gleichung (33.1) geht bei dieser Transformation in die Gleichung (33.5) über; die Randbedingung (34.1) nimmt folgende Form an:

$$\left[\sum_{j,k=1}^{2} A'_{jk} \frac{\partial u}{\partial x'_k} \cos(\nu', x_j) + \sigma' u\right]_\Gamma = 0 . \tag{34.3}$$

$\Gamma$ ist der Rand des transformierten Gebiets, $\nu'$ seine äußere Normale,

$$\sigma' = \sigma \sqrt{E \cos^2(\nu', y') - 2F \cos(\nu', x') \cos(\nu', y') + G \cos^2(\nu', x')}$$

mit

$$E = \left(\frac{\partial x}{\partial x'}\right)^2 + \left(\frac{\partial x}{\partial y'}\right)^2, \qquad F = \frac{\partial x}{\partial x'}\frac{\partial x}{\partial y'} + \frac{\partial y}{\partial x'}\frac{\partial y}{\partial y'}, \qquad G = \left(\frac{\partial y}{\partial x'}\right)^2 + \left(\frac{\partial y}{\partial y'}\right)^2.$$

Mit $A'$ bezeichnen wir den durch (33.5) und (34.3) definierten Operator. Der Operator $B$,

$$B u = -\frac{\partial^2 u}{\partial x'^2} - \frac{\partial^2 u}{\partial y'^2} + u , \qquad \left.\frac{\partial u}{\partial \nu'}\right|_\Gamma = 0 ,$$

ist zu $A'$ halbähnlich. Für eine Kreisscheibe werden die Eigenfunktionen des Operators $B$ durch die Formel (34.2) gegeben, für einen Sektor $0 < r < 1$, $0 < \vartheta < \beta$ gilt

$$\varphi_{k,n} = c_{k,n} J_{\frac{k\pi}{\beta}}\left(\gamma_{\frac{k\pi}{\beta},n}\, r\right) \cos\frac{k\pi\Theta}{\beta} \qquad (k = 0, 1, 2, \ldots;\ n = 1, 2, \ldots). \tag{34.4}$$

Für den Spezialfall eines Halbkreises gilt

$$\varphi_{k,n} = c_{k,n} J_k(\tilde{\gamma}_{k,n}\, r) \cos k\vartheta \qquad (k = 0, 1, 2, \ldots;\ n = 1, 2, \ldots). \tag{34.5}$$

Schließlich ergibt sich für ein Rechteck $0 < x' < a$, $0 < y' < b$

$$\varphi_{k,n} = c_{k,n} \cos\frac{k\pi x'}{a} \cos\frac{n\pi y'}{b} \qquad (k, n = 0, 1, 2, \ldots). \tag{34.6}$$

Auch hier wird wieder $c_{k,n}$ aus der schon mehrfach erwähnten Bedingung ermittelt, daß $\|\varphi_{k,n}\|_B$ durch positive Konstanten nach oben und unten beschränkt ist, speziell kann man $\|\varphi_{k,n}\|_B = 1$ fordern. Für die Funktionen (34.6) ergibt sich z. B.

$$c_{k,n} = \frac{1}{\pi}\left(\frac{k^2}{a^2} + \frac{n^2}{b^2}\right)^{-1/2}$$

bzw.

$$c_{k,n} = \frac{1}{[\sqrt{k^2 + n^2}]}.$$

Wenn wir nun in Abhängigkeit vom Gebiet eins der Systeme (34.4) bis (34.6) als Koordinatensystem verwenden, dann ist die Richtigkeit der Behauptungen a) und b) aus § 29 garantiert.

Weitere zusätzliche Resultate erfährt der Leser im Buch von C. L. SMOLIZKI und dem Autor [1].

Im Fall polynomialer Koordinatenfunktionen folgt eine Reihe von Behauptungen über die Gültigkeit der Schlußfolgerungen a)—c) des § 29 bereits aus den Ergebnissen des § 28.

## § 35. Dreidimensionale Aufgaben

Wir werden nicht Differentialgleichungen mit einer beliebigen Anzahl unabhängiger Variabler betrachten, sondern uns auf den Fall $m = 3$ als den für die Anwendungen interessantesten Fall beschränken.

Wir betrachten die nichtausgeartete elliptische Gleichung

$$-\sum_{j,k=1}^{3} \frac{\partial}{\partial x_j}\left(A_{jk}(x)\frac{\partial u}{\partial x_j}\right) + C(x)\,u = f(x)\,, \qquad x = (x_1, x_2, x_3) = (x, y, z) \tag{35.1}$$

mit der Randbedingung

$$u\big|_S = 0 \tag{35.2}$$

oder

$$\left[\sum_{j,k=1}^{3} A_{jk}\frac{\partial u}{\partial x_j}\cos(\nu, x_k) + \sigma\,u\right]_S = 0\,. \tag{35.3}$$

$\nu$ ist die äußere Normale zu $S$. Wir setzen voraus, daß der Operator $A$, der durch die linke Seite der Gleichung (35.1) und die Randbedingung (35.2) bzw. (35.3) definiert wird, im Raum $L_2(\Omega)$ positiv definit ist. Dabei sei $\Omega$ ein endliches Gebiet mit dem Rand $S$.

Wir beschränken uns auf den Fall, daß das Gebiet $\Omega$ eine hinreichend glatte Abbildung mit positiver Funktionaldeterminante auf eines der nachfolgenden Gebiete gestattet: 1. Kugel, 2. rechtwinkliges Parallelepiped, 3. gerader Kreiszylinder, 4. ein Teil eines solchen Zylinders, der durch zwei durch die Zylinderachse gehende Halbebenen aus dem Zylinder herausgeschnitten wird, 5. sphärischer Kegel (so wollen wir ein Gebiet nennen, das durch einen geraden Kreiskegel und einen Teil der Oberfläche einer Kugel, deren Zentrum mit der Kegelspitze übereinstimmt, begrenzt wird). Wir wollen nun voraussetzen, daß die Transformation bereits durchgeführt ist, so daß $\Omega$ eines der aufgezählten Gebiete angegebene ist.

Außer dem oben definierten Operator $A$ betrachten wir noch den Operator $B$,

$$B\,u = -\Delta u + u^{1)}\,, \tag{35.4}$$

der auf folgender Funktionenmenge erklärt wird: Wenn die Gleichung (35.1) mit der Randbedingung (35.2) gelöst wird, müssen die Funktionen dieser Bedingung

[1]) Das Glied $u$ kann in der Formel (35.4) in allen Fällen, außer, wenn die Randbedingung (35.3) mit $\sigma(x) \equiv 0$ formuliert wird, weggelassen werden.

genügen; wird jedoch die Gleichung (35.1) unter der Randbedingung (35.3) gelöst, so muß für die Funktionen die Bedingung

$$\left.\frac{\partial u}{\partial v}\right|_S = 0 \tag{35.5}$$

formuliert werden. Unter den Operatoren $A$ und $B$ wollen wir bereits die selbstadjungierten FRIEDRICHS-Erweiterungen verstehen. Ist dann $\Omega$ eine Kugel und wird die Aufgabe mit der Randbedingung (35.2) gelöst, so stimmen die Definitionsgebiete der erweiterten Operatoren $A$ und $B$ überein und bestehen aus den Funktionen $u \in W_2^{(2)}(\Omega)$, die auf dem Rand verschwinden. Die Operatoren $A$ und $B$ sind demzufolge ähnlich. Wenn wir die Eigenfunktionen des Operators $B$ als Koordinatenfunktionen verwenden, kann die Gültigkeit der Behauptungen a)—c) aus § 29 garantiert werden. In allen übrigen in diesem Paragraphen betrachteten Fällen sind die Operatoren $A$ und $B$ wenigstens halbähnlich. Wenn wir nun die gleiche Auswahl für das Koordinatensystem treffen, kann nur die Gültigkeit von a) und b) aus § 29 behauptet werden.

Nachfolgend geben wir die Eigenfunktionen des Operators $B$[1]) (die wir mit $\varphi_{klm}$ bezeichnen werden) für die genannten Gebiete sowohl im Fall der Bedingung (35.2) (DIRICHLETsche Aufgabe) als auch im Fall der Bedingung (35.5) (NEUMANNsche Aufgabe) an.

**1. Eine Kugel mit dem Radius Eins.** Wir benutzen sphärische Koordinaten $r, \Theta, \varphi$ mit dem Zentrum im Kugelmittelpunkt. Durch Separation der Variablen findet man leicht für die DIRICHLETsche Aufgabe

$$\varphi_{klm} = c_{klm} \frac{1}{\sqrt{r}} J_{k+\frac{1}{2}}\left(\gamma_{k+\frac{1}{2},l}\, r\right) P_k^{(m)}(\cos\Theta) \begin{matrix}\cos m\varphi \\ \sin m\varphi\end{matrix} \tag{35.6}$$

$$(k = 0, 1, \ldots; \quad l = 1, 2, \ldots; \quad m = 0, 1, \ldots, k)$$

und für die NEUMANNsche Aufgabe

$$\varphi_{klm} = c_{klm} \frac{1}{\sqrt{r}} J_{k+\frac{1}{2}}\left(\gamma^*_{k+\frac{1}{2},l}\, r\right) P_k^{(m)}(\cos\Theta) \begin{matrix}\cos m\varphi \\ \sin m\varphi\end{matrix} \tag{35.7}$$

$$(k = 0, 1, \ldots; \quad l = 1, 2, \ldots, \quad m = 0, 1, \ldots, k)\,.$$

In den Formeln (35.6) und (35.7) bedeuten die $P_k^{(m)}$ die zugeordneten LEGENDREschen Funktionen, $\gamma_{k+\frac{1}{2},l}$ bezeichnet die $l$-te positive Wurzel der BESSEL-Funktion $J_{k+\frac{1}{2}}(x)$, und $\gamma^*_{k+\frac{1}{2},l}$ ist die $l$-te positive Wurzel der Funktion

$$J'_{k+\frac{1}{2}}(x) - \frac{1}{2x} J_{k+\frac{1}{2}}(x) = 0\,.$$

**2. Das Parallelepiped $0 < x < a$, $0 < y < b$, $0 < z < c$.** Durch Separation der Variablen in DESCARTschen Koordinaten erhält man für die DIRICHLETsche Aufgabe

$$\varphi_{klm} = c_{klm} \sin\frac{k\pi x}{a} \sin\frac{l\pi y}{b} \sin\frac{m\pi z}{c} \qquad (k, l, m = 1, 2, \ldots)\,. \tag{35.8}$$

[1]) Das heißt, die Eigenfunktionen des LAPLACE-Operators.

Aus der Gleichung $\|\varphi_{klm}\|_B = 1$ folgt

$$c_{klm} = \frac{1}{\pi}\left(\frac{k^2}{a^2} + \frac{l^2}{b^2} + \frac{m^2}{c^2} + 1\right)^{-1}. \tag{35.9}$$

Wenn man sich auf die Forderung beschränkt, daß $\|\varphi_{klm}\|_B$ durch positive Konstanten nach oben und unten beschränkt ist, kann man $c_{klm}$ vereinfachen zu

$$c_{klm} = \frac{1}{[\sqrt{k^2 + l^2 + m^2}]}. \tag{35.10}$$

Für die NEUMANNsche Aufgabe erhält man

$$\varphi_{klm} = c_{klm} \cos\frac{k\pi x}{a} \cos\frac{l\pi y}{b} \cos\frac{m\pi z}{c} \qquad (k, l, m = 0, 1, \ldots). \tag{35.11}$$

Der Faktor $c_{klm}$ kann nach den Formeln (35.9) bzw. (35.10) ermittelt werden.

**3. Ein Zylinder, der in zylindrischen Koordinaten $r$, $\varphi$, $z$ durch die Ungleichungen $0 < r < 1$, $0 \leqq z \leqq b$ gegeben wird.** Für die DIRICHLETsche Aufgabe erhält man

$$\varphi_{klm} = c_{klm} J_k(\gamma_{k,l}\, r) \sin\frac{m\pi z}{b} \begin{matrix}\cos\\ \sin\end{matrix} k\varphi \tag{35.12}$$

$$(k = 0, 1, 2, \ldots; \quad l, m = 1, 2, 3, \ldots).$$

Für die NEUMANNsche Aufgabe ist

$$\varphi_{klm} = c_{klm} J_k(\tilde{\gamma}_{k,l}\, r) \cos\frac{m\pi z}{b} \begin{matrix}\cos\\ \sin\end{matrix} k\varphi \tag{35.13}$$

$$(k, m = 0, 1, 2, \ldots; \quad l = 1, 2, 3, \ldots).$$

Mit $\gamma_{k,l}$ und $\tilde{\gamma}_{k,l}$ wurden die $l$-ten positiven Wurzeln der Funktion $J_k(x)$ bzw. $J_k'(x)$ bezeichnet. Die Koeffizienten $c_{klm}$ in (35.12) und (35.13) kann man aus der Gleichung $\|\varphi_{klm}\|_A = 1$ ermitteln.

**4. Ein Teil eines Kreiszylinders, der in Zylinderkoordinaten durch die Ungleichungen $0 < r < 1$, $0 < \varphi < \beta$ und $0 < z < b$ gegeben wird.** Man erhält für die DIRICHLETsche Aufgabe

$$\varphi_{klm} = c_{klm} J_{\frac{k\pi}{\beta}}\left(\gamma_{\frac{k\pi}{\beta},l}\, r\right) \sin\frac{k\pi\varphi}{\beta} \sin\frac{k\pi z}{b} \qquad (k, l, m = 1, 2, 3, \ldots) \tag{35.14}$$

und für die NEUMANNsche Aufgabe

$$\varphi_{klm} = c_{klm} J_{\frac{k\pi}{\beta}}\left(\tilde{\gamma}_{\frac{k\pi}{\beta},l}\, r\right) \cos\frac{k\pi\varphi}{\beta} \cos\frac{k\pi z}{b} \qquad (k, l, m = 0, 1, 2, \ldots) \tag{35.15}$$

Wie oben kann man den Koeffizienten wieder aus der Bedingung $\|\varphi_{klm}\|_A = 1$ ermitteln.

**5. Ein sphärischer Kegel, der in sphärischen Koordinaten durch die Ungleichungen $0 < r < 1$, $0 < \delta < \beta$ gegeben wird.** Wir betrachten zunächst die DIRICHLETsche Aufgabe. Durch Separation der Variablen in sphärischen Koordinaten kommen wir wieder auf die Formel (35.6) für die Eigenfunktionen, allerdings mit dem wesentlichen Unterschied, daß der Index $k$ im allgemeinen nicht mehr ganzzahlig ist.

Da $m$ eine ganze nichtnegative Zahl ist, gilt[1])

$$P_k^{(m)}(\cos\Theta) = (-1)^m \sin^m\Theta \frac{d^m P_k(\cos\Theta)}{(d\cos\Theta)^m},$$

wobei $P_k(x)$ die verallgemeinerte LEGENDREsche Funktion erster Ordnung mit dem Index $k$ ist. Die Funktion (35.6) verschwindet bei $r = 1$; wir müssen nun noch fordern, daß sie auch bei $\Theta = \beta$ verschwindet. Das ergibt folgende Gleichung zur Ermittlung von $k$:

$$P_k^{(m)}(\cos\beta) = 0\,. \tag{35.16}$$

Wir zeigen, daß bei beliebigem reellen $m$ die Gleichung (35.16) eine abzählbare Menge positiver Wurzeln besitzt. Wenn $k$ der Gleichung (35.16) genügt, ist $P_k^{(m)}$ Eigenfunktion der Operators

$$Pu = -\frac{d}{dx}\left[(1-x^2)\frac{du}{dx}\right] + \frac{m^2}{1-x^2}\,u\,,\quad u(\cos\beta) = 0\,, \tag{35.17}$$

zum Eigenwert $k(k+1)$. Es genügt daher zu zeigen, daß das Spektrum des Operators (35.17) diskret ist. Das Integral

$$\int_{-1}^{\cos\beta} \frac{1+x}{1-x}\,dx$$

konvergiert; deshalb besitzt der Operator

$$P_0(u) = -\frac{d}{dx}\left[(1-x^2)\frac{du}{dx}\right],\quad u(\cos\beta) = 0 \tag{35.18}$$

ein diskretes Spektrum.[2]) Ferner ist der Operator $m^2(1-x^2)^{-1}u$ nichtnegativ[3]), so daß folgende Ungleichung gilt:

$$(P\,u, u) \geqq (P_0\,u, u)\,.$$

Indem wir die Ausführungen zu Bemerkung 1 aus § 23 wiederholen, finden wir, daß das Spektrum des Operators $P$ ebenfalls diskret ist. Dann besitzt die Gleichung (35.16) eine abzählbare Menge positiver und negativer Wurzeln, wobei jeder positiven Wurzel $k$ eine negative Wurzel $-k-1$ entspricht.

Wenn wir mit $k_{n,m}$ $(n = 1, 2, \ldots)$ die positiven Wurzeln der Gleichung (35.16) bezeichnen, dann erhält man die Eigenfunktionen der DIRICHLETschen Aufgabe für den sphärischen Kegel in der Form

$$\varphi_{nlm} = c_{nlm} J_{k_{n,m}+\frac{1}{2}}(\gamma_{k_{n,m}+\frac{1}{2},l}\,r)\, P_{k_{n,m}}^{(m)}(\cos\Theta) \begin{matrix}\cos m\varphi\\ \sin m\varphi\end{matrix} \tag{35.19}$$

$$(l, n = 1, 2, 3, \ldots;\; m = 0, 1, 2, \ldots)\,.$$

---

1) Siehe A. ERDÉLYI u. a. [1], Bd. I, S. 148.

2) Siehe [9] des Autors.

3) Bei $m^2 > 0$ ist er sogar positiv definit.

Den Koeffizienten $c_{nlm}$ kann man wieder aus der Bedingung $\|\varphi_{nlm}\|_A = 1$ ermitteln.

Für die NEUMANNsche Aufgabe erhalten wir analog

$$\varphi_{nlm} = c_{nlm}\, J_{q_{n,m}+\frac{1}{2}}(\tilde{\gamma}_{q_{n,m}+\frac{1}{2},\,l}\, r)\, P_{q_{n,m}}^{(m)}(\cos\Theta) \begin{matrix}\cos m\varphi \\ \sin m\varphi\end{matrix} \tag{35.20}$$

$$(l, n = 1, 2, 3, \ldots;\ m = 0, 1, 2, \ldots)$$

Hier sind mit $q_{n,m}$ die Wurzeln der Gleichung

$$\left[\frac{d}{dx} P_q^{(m)}(x)\right]_{x=\cos\beta} = 0 \tag{35.21}$$

bezeichnet.

Für $\beta = \frac{\pi}{2}$ geht der sphärische Kegel in eine Halbkugel über. In diesem Fall gilt

$$k_n = m + 2n - 1 \quad (n = 1, 2, 3, \ldots), \tag{35.22}$$

Um uns davon zu überzeugen, sei bemerkt, daß $k_n$ bei geradem $m$ alle ungeraden Zahlen, die größer als $m$ sind, und bei ungeradem $m$ alle geraden Zahlen, die größer als $m$ sind, durchläuft. In diesem Fall ist $P_{k_n}^{(m)}(x)$ eine ungerade Funktion und verschwindet bei $x = 0$, d. h., daß diese Funktion der Gleichung (35.16) bei $\beta = \frac{\pi}{2}$ genügt. Andere $k_n$ gibt es nicht, da sonst das System

$$P_{m+2n-1}^{(m)}(x) \quad (n = 1, 2, 3, \ldots) \tag{35.23}$$

nicht vollständig auf dem Abschnitt $0 < x < 1$ wäre. Es sei etwa die Funktion $\omega(x) \in L_2(0, 1)$ orthogonal zu den Funktionen (35.23). Setzen wir diese Funktion ungerade auf den Abschnitt $-1 < x < 0$ fort, dann folgt, daß das System (35.23) nicht vollständig im Unterraum der ungeraden Funktionen des Raumes $L_2(-1, 1)$ ist, was nicht sein kann.

Im Fall der NEUMANNschen Aufgabe ergibt sich für die Halbkugel

$$q_n = m + 2n \quad (n = 1, 2, 3, \ldots). \tag{35.24}$$

## § 36. Systeme gewöhnlicher Differentialgleichungen

Der Einfachheit halber beschränken wir uns auf Systeme zweiter Ordnung.

**1. Die erste Randwertaufgabe.** Wir betrachten das Gleichungssystem

$$-\frac{d}{dx}\left(p(x)\,\frac{du}{dx}\right) + q(x)\,u(x) = f(x), \quad 0 < x < 1 \tag{36.1}$$

unter den Randbedingungen

$$u(0) = u(1) = 0. \tag{36.2}$$

Hier sind $u(x)$ und $f(x)$ Vektoren mit $s$ Komponenten, $p(x)$ und $q(x)$ bezeichnen $s$-reihige HERMITEsche Matrizen. Die Matrix $p(x)$ setzen wir als stetig differenzierbar und positiv definit auf dem Abschnitt $0 \leqq x \leqq 1$ voraus. Es existiert dann eine positive Konstante $p_0$ dergestalt, daß der kleinste Eigenwert der Matrix $p(x)$ nicht kleiner als $p_0$ wird. Wir setzen weiterhin voraus, daß die Matrix $q(x)$ meßbar, beschränkt und nichtnegativ ist. Der durch die linke Seite der Gleichung (36.1) und die Randbedingungen (36.2) definierte Operator werde mit $A$ bezeichnet; sein Definitionsgebiet $D(A)$ enthalte alle Funktionen mit den folgenden Eigenschaften: Die Funktionen selbst und ihre ersten Ableitungen seien absolut-stetig auf dem Abschnitt $0 \leqq x \leqq 1$; die Funktionen selbst verschwinden in den Endpunkten dieses Abschnitts; die zweiten Ableitungen sind auf dem genannten Abschnitt quadratisch summierbar. Man überzeugt sich leicht, daß dann der Operator $A$ positiv definit ist und ein diskretes Spektrum besitzt.[1])

Das Definitionsgebiet $D(A)$ des Operators $A$ hängt nicht von der konkreten Wahl der Matrizen $p(x)$ und $q(x)$ ab. Wenn wir einen Operator $B$ durch

$$B u = -\frac{d}{dx}\left( p_1(x) \frac{du}{dx}\right) + q_1(x)\, u \tag{36.3}$$

auf der Funktionenmenge $D(A)$ definieren, wobei die Matrizen $p_1(x)$ und $q_1(x)$ den oben für $p(x)$ und $q(x)$ formulierten Voraussetzungen genügen, dann gilt $D(B) = D(A)$, und die Operatoren $A$ und $B$ sind ähnlich.

Es sei $p_1(x) = I_s$, $q_1(x) = 0$ ($I_s$ ist die $s$-reihige Einheitsmatrix). Dann gilt

$$B u = -\frac{d^2u}{dx^2}\,, \qquad u(0) = u(1) = 0\,.$$

Es ergeben sich folgende in der Metrik des Raumes $H_B$ normierte Eigenvektoren des Operators $B$:

$$\varphi_{nl}(x) = \left(0, \ldots, 0, \frac{\sqrt{2}}{\pi\, n} \sin n\pi x, 0, \ldots, 0\right) \tag{36.4}$$

$$(l = 1, 2, \ldots, s; \quad n = 1, 2, 3, \ldots),$$

wobei das von Null verschiedene Glied an der $l$-ten Stelle steht. Den Faktor $\frac{\sqrt{2}}{\pi}$ kann man weglassen; dann ergibt sich

$$\varphi_{nl}(x) = \left(0, \ldots, 0, \frac{1}{n} \sin n\pi x, 0, \ldots, 0\right) \tag{36.4'}$$

$$(l = 1, 2, \ldots, s; \; n = 1, 2, 3, \ldots).$$

---

[1]) Die positive Definitheit des Operators $A$ und die Eigenschaft, daß sein Spektrum diskret ist, bleibt auch dann noch erhalten, wenn die Matrix $q(x)$ nicht notwendig nichtnegativ ist, sondern folgende allgemeinere Bedingung erfüllt: Ihr kleinster Eigenwert ist nicht kleiner als $\varepsilon - \lambda_1$, wobei $\varepsilon$ irgendeine positive Zahl ist und $\lambda_1$ den kleinsten Eigenwert des Operators

$$-\frac{d}{dx}\left(p(x)\frac{du}{dx}\right)$$

bezeichnet, der auf der Menge $D(A)$ definiert ist.

Wenn man die Vektoren (36.4) oder (36.4′) als Koordinatenelemente bei der Lösung der Aufgabe (36.1)—(36.2) verwendet, sind die Behauptungen a)—c) aus § 29 erfüllt.

Man kann auch das System

$$\varphi_{nl}(x) = (0, \ldots, 0, Q_n(x), 0, \ldots, 0) \tag{36.5}$$
$$(l = 1, 2, \ldots, s;\ n = 1, 2, 3, \ldots)$$

verwenden, wobei die $Q_n(x)$ aus (30.6) stammen. Dieses System garantiert allerdings nur die Richtigkeit der Behauptungen a) und b) aus § 29. Wenn die exakte Lösung der Aufgabe (36.1)—(36.2) fünf stetige Ableitungen besitzt, dann gilt auch die Behauptung c) aus § 29.

**2. Randwertaufgaben mit natürlichen Bedingungen.** Wir betrachten die Gleichung (36.1) unter den Randbedingungen

$$u'(0) - M_0\, u(0) = 0\,, \qquad u'(1) + M_1\, u(1) = 0\,. \tag{36.6}$$

Wir behalten alle Voraussetzungen in bezug auf die Matrix $p(x)$ aus 1. bei; der Einfachheit halber sei $q(x)$ eine stetige und nichtnegative Matrix. Bezeichnen wir mit $A$ den durch die linke Seite der Gleichung (36.1) und die Randbedingungen (36.6) definierten Operator, so folgt aus

$$(A\,u, u) = p(0)\, M_0\, u(0) \cdot \overline{u(0)} + p(1)\, M_1\, u(1) \cdot u(1)$$
$$+ \int_0^1 \{p(x)\, u'(x) \cdot u'(x) + q(x)\, u(x) \cdot u(x)\}\, dx \tag{36.7}$$

die positive Definitheit des Operators $A$, wenn die Matrizen $p(0)\, M_0$ und $p(1)\, M_1$ nichtnegativ sind und wenigstens eine von ihnen positiv ist. Mit $B$ bezeichnen wir den Operator

$$B\,u = -\frac{d^2u}{dx^2} + u \tag{36.8}$$

mit den Randbedingungen

$$u'(0) = u'(1) = 0\,. \tag{36.9}$$

Wie man leicht sieht, sind die Operatoren $A$ und $B$ halbähnlich. Wir finden folgende im Raum $H_B$ normierte Eigenvektoren des Operators $B$:

$$\varphi_{nl} = \left(0, \ldots, 0, \sqrt{\frac{2}{n^2\pi^2 + 1}} \cos n\pi x, 0, \ldots, 0\right) \tag{36.10}$$
$$(l = 1, 2, \ldots, s; \quad n = 0, 1, 2, \ldots)\,.$$

Das von Null verschiedene Glied steht hierbei an der $l$-ten Stelle. Bei $n = 0$ ist der normierende Faktor gleich Eins zu setzen. Der Faktor $\sqrt{\frac{2}{n^2\pi^2 + 1}}$, $n > 0$, kann durch $\frac{1}{n}$ ersetzt werden. Wir erhalten dann das System

$$\varphi_{n\,l}(x) = \left(0, \ldots, 0, \frac{1}{n} \cos n\pi\, x, 0, \ldots, 0\right) \tag{36.11}$$
$$(l = 1, 2, \ldots, s;\; n = 0, 1, 2, \ldots).$$

Bei $n = 0$ ist $\frac{1}{n}$ durch 1 zu ersetzen. Das System (36.11) ist im Raum $H_A$ fast orthonormiert, seine Verwendung als Koordinatensystem bei der Lösung der Aufgabe (36.1), (36.6) sichert die Richtigkeit der Behauptungen a) und b) aus § 29.

Ähnlich wie in § 30 für eine Gleichung kann man von (36.10) verschiedene im Raum $H_B$ orthonormierte Systeme angeben. Wir wollen allerdings an dieser Stelle darauf nicht eingehen.

## § 37. Systeme partieller Differentialgleichungen

Wie im vorangegangenen Paragraphen wollen wir uns auch hier auf Systeme zweiter Ordnung beschränken.

Wir betrachten folgendes System von $s$ Gleichungen zweiter Ordnung:

$$-\sum_{j,k=1}^{m} \frac{\partial}{\partial x_j}\left(A_{jk} \frac{\partial u}{\partial x_k}\right) + C\,u = f(x). \tag{37.1}$$

Es sind $u(x)$ und $f(x)$ $s$-dimensionale Vektoren, deren Komponenten fast überall in einem endlichen Gebiet $\Omega$ des $m$-dimensionalen Raumes definiert sind, $x = (x_1, x_2, \ldots, x_m)$. $A_{jk}$ und $C$ sind $s$-reihige quadratische Matrizen, deren Elemente als Funktionen von $x$ auf dem abgeschlossenen Gebiet $\overline{\Omega} = \Omega \cup S$ definiert und stetig sind. Für die Matrizen $A_{jk}$ setzen wir noch voraus, daß sie in $\Omega$ stückweise differenzierbar sind und folgenden Bedingungen genügen:

a) $$A_{jk}(x) = A^*_{kj}(x), \tag{37.2}$$

wobei durch den Stern die adjungierte Matrix bezeichnet wird;

b) für beliebige $s$-dimensionale Vektoren $t_1, t_2, \ldots, t_m$ gelte die Ungleichung

$$\sum_{j,k=1}^{m} A_{jk}(x)\, t_k \cdot t_j \geqq \mu_0 \sum_{k=1}^{m} \|t_k\|^2, \quad \mu_0 = \text{const} > 0; \tag{37.3}$$

in der Formel (37.3) bezeichnet der Punkt das gewöhnliche innere Produkt $s$-dimensionaler Vektoren und $\|\ \|$ die Länge eines solchen Vektors.

Der Rand $S$ bestehe aus glatten Teilstücken. Dann wollen wir die Gleichung (37.1) unter den Randbedingungen

$$u|_S = 0 \tag{37.4}$$

bzw.

$$\left[\sum_{j,k=1}^{m} A_{jk} \frac{\partial u}{\partial x_k} \cos(\nu, x_j) + \sigma\, u\right]_S = 0 \tag{37.5}$$

betrachten; $\sigma$ ist eine auf $S$ definierte, meßbare, beschränkte und nichtnegative Matrix.

Wir betrachten den Operator

$$-\sum_{j,k=1}^{m} \frac{\partial}{\partial x_j}\left(A_{jk}\frac{\partial u}{\partial x_k}\right) \tag{37.6}$$

bei einer der Randbedingungen (37.4) oder (37.5). Das Spektrum dieses Operators ist in allen Fällen diskret und positiv, außer, wenn wir die Randbedingung (37.5) mit $\sigma \equiv 0$ vorliegen haben. In diesem Fall ist der kleinste Eigenwert des Operators (37.6) gleich Null. Wir wollen den kleinsten Eigenwert des Operators (37.6) mit $\lambda_1(x)$ bezeichnen.

In bezug auf die Matrix $C$ setzen wir folgendes voraus: a) Sie sei Hermitesch; b) ihr kleinster Eigenwert $\gamma_1(x)$ genüge der Ungleichung $\gamma_1(x) \gtreqless -\lambda_1(x) + \varepsilon$ mit einer positiven Konstanten $\varepsilon$.

Unter den gemachten Voraussetzungen sind die Operatoren der Aufgabe (37.1), (37.4) bzw. (37.1), (37.5) positiv definit. Bezeichnen wir diesen Operator mit $A$, dann gilt

$$\|u\|_A^2 = \int_\Omega \left\{\sum_{j,k=1}^{m} A_{jk}\frac{\partial u}{\partial x_k}\cdot\frac{\partial u}{\partial x_j} + C\,u\cdot u\right\}dx$$

im Fall der Bedingung (37.4) und

$$\|u\|_A^2 = \int_\Omega \left\{\sum_{j,k=1}^{m} A_{jk}\frac{\partial u}{\partial x_k}\cdot\frac{\partial u}{\partial x_j} + C\,u\cdot u\right\}dx + \int_S \sigma u\cdot u\,ds$$

im Fall der Bedingung (37.5). Wegen der Ungleichung (37.3) und der Stetigkeit der Matrizen $A_{jk}$ folgt leicht, daß der Operator $A$ halbähnlich zum Operator $B$ ist, der definiert wird durch

$$B\,u = -\Delta\,u + u\,.$$

Hinzu kommt die Randbedingung (37.4), wenn diese Randbedingung auch für die Gleichung (37.1) formuliert war, bzw. die Randbedingung

$$\left.\frac{\partial u}{\partial \nu}\right|_S = 0\,, \tag{37.4'}$$

wenn für die Gleichung (37.1) die Randbedingung (37.5) gegeben war. Im Fall der Bedingung (37.4) kann man auch $B\,u = -\Delta u$ setzen.

Es seien $\varphi_n(x)$ $(n = 1, 2, 3, \ldots)$ die Eigenfunktionen des skalaren Laplace-Operators mit den Randbedingungen (37.4) bzw. (37.4'). Dann ergeben sich die Eigenvektoren des Operators $B$ zu

$$\varphi_{nl}(x) = (0, \ldots, 0, \varphi_n(x), 0, \ldots, 0) \tag{37.7}$$
$$(l = 1, 2, \ldots, s;\ n = 1, 2, 3, \ldots),$$

wobei $\varphi_n(x)$ an $l$-ter Stelle steht. Wenn die Funktionen $\varphi_n(x)$ in der Metrik des DIRICHLETschen Integrals normiert sind, d. h., wenn

$$\int_\Omega \sum_{k=1}^{m} \frac{\partial \varphi_n}{\partial x_k} \frac{\partial \varphi_p}{\partial x_k} dx = \delta_{np}$$

gilt, dann sind die Vektoren (37.7) in der Metrik des Raumes $H_B$ orthonormiert und folglich fast orthonormiert in der Metrik des Raumes $H_A$. Die Funktionen $\varphi_n(x)$ kann man verhältnismäßig leicht in den in §§ 33—35 angegebenen Fällen erhalten. Wenn man das Gebiet $\Omega$ in eines der einfachen Gebiete aus §§ 33—35 transformieren kann, dann wollen wir vorher die gesamte Aufgabe auf dieses Gebiet umformen.

Es versteht sich von selbst, daß man die Eigenfunktionen des LAPLACE-Operators $\varphi_n(x)$ durch beliebige in der Metrik des DIRICHLETschen Integrals orthonormierte Funktionen ersetzen kann. Wir bemerken noch, daß die Bedingung (37.3) nicht notwendig ist; es genügt zu fordern, daß

$$\|u\|_A \geqq C\,\|u\|_B\,, \quad C = \text{const} > 0$$

ist. Diese Bedingung ist z. B. für die grundlegenden Aufgaben der statistischen Elastizitätstheorie vermöge der KORNschen Ungleichung (MP, Kap. IV) erfüllt.

## § 38. Koordinatensysteme für die Methode der kleinsten Fehlerquadrate

Bei Anwendung der Methode der kleinsten Fehlerquadrate setzt man gewöhnlich voraus, daß der in die Gleichung

$$A\,u = f \tag{38.1}$$

eingehende Operator $A$ abgeschlossen (nicht notwendig symmetirsch) ist und aus dem separablen HILBERT-Raum $H$ in den gleichfalls separablen HILBERT-Raum $H_1$ abbildet. Dabei sei der inverse Operator $A^{-1}$ auf dem gesamten Raum $H_1$ definiert, der somit beschränkt ist. Wir geben kurz die wichtigsten Merkmale der Methode der kleinsten Fehlerquadrate an[1]): Wir wählen ein Koordinatensystem $\varphi_n$ $(n = 1, 2, 3, \ldots)$ aus, dem wir folgende Bedingungen auferlegen: 1. $\varphi_n \in D(A)$; 2. die Elemente $\varphi_1, \varphi_2, \ldots, \varphi_n$ sind bei beliebigem $n$ linear unabhängig; 3. das System $\{A\,\varphi_k\}$ ist im Raum $H_1$ vollständig; dann wenden wir das RITZsche Verfahren auf das Funktional $\|A\,u - f\|^2$ an. Im Resultat der Anwendung des RITZschen Verfahrens erhalten wir das Gleichungssystem

$$\sum_{k=1}^{n} (A\varphi_k, A\varphi_j)\, a_k^{(n)} = (f, A\varphi_j) \quad (j = 1, 2, \ldots, n). \tag{38.2}$$

---

[1]) Siehe VM, Kap. X.

Die Matrix des Systems (38.2) nennen wir die *Matrix der Methode der kleinsten Fehlerquadrate*.

Wie aus § 6 folgt, besteht im vorgegebenen Fall der Raum $H_A$ aus den Elementen der Menge $D(A)$, wobei das innere Produkt und die Norm durch

$$[u, v]_A = (A\, u, A\, v), \quad |u|_A = ||A\, u|| \tag{38.3}$$

gegeben werden.

Aus den Resultaten der §§ 9—11 folgt:

1. Das Verfahren der kleinsten Fehlerquadrate[1]) und die aus diesem Verfahren resultierende Näherungslösung sind dann und nur dann stabil, wenn das Koordinatensystem in der Metrik (38.3) stark minimal ist.

2. Die Konditionszahl der Matrix der Methode der kleinsten Fehlerquadrate ist dann und nur dann unabhängig von ihrer Ordnung beschränkt, wenn das Koordinatensystem fast orthonormiert in der Metrik (38.3) ist.

Wir bemerken noch, daß bei einer beliebigen Wahl des Koordinatensystems, das den oben formulierten Bedingungen 1—3 genügt, der Defekt der nach der Methode der kleinsten Fehlerquadrate erhaltenen Näherungslösung gegen Null konvergiert.[2])

Der Raum $H_A$ ist in den Raum $H$ eingebettet. In der Tat, es sei $u \in H_A$, dann gilt $u \in D(A)$ und somit auch $u \in H$. Aus der Beschränktheit des Operators $A^{-1}$ folgt die Existenz einer positiven Konstanten $k$, so daß $||A\, u|| \geqq k\, ||u||$ bzw. $||u|| \leqq k^{-1}\, |u|_A$ gilt. Hieraus ist ersichtlich, daß die Ungleichung (4.1) mit der Konstanten $K = k^{-1}$ erfüllt ist.

Aus den Ergebnissen des § 4 folgt:

1. Wenn das Koordinatensystem im gegebenen Raum $H$ stark minimal (z. B. orthonormiert) ist, dann ist es auch stark minimal im Raum $H_A$ (d. h. in der Metrik (38.3)).

2. Wir erweitern den Begriff des ähnlichen Operators, indem wir zwei abgeschlossene Operatoren $A$ und $B$, die aus $H$ in $H_1$ abbilden, *ähnlich* nennen, wenn die folgenden Bedingungen erfüllt sind: 1. $D(A) = D(B)$; 2. $R(A) = R(B) = H_1$ ($R(A)$ bezeichnet die Bildmenge des Operators $A$); 3. es existieren die Operatoren $A^{-1}$ und $B^{-1}$, die dann beschränkt sind. Wie man leicht sieht, bleibt bei dieser Definition Satz 3.1 gültig. Man überzeugt sich außerdem ohne Schwierigkeit davon, daß jeder der Räume $H_A$ bzw. $H_B$ in den anderen eingebettet werden kann. Dann ist auch jedes im Raum $H_B$, d. h. in der Metrik

$$[u, v]_B = (B\, u, B\, v), \quad |u|_B = ||B\, u||,$$

fast orthonormierte und vollständige System zugleich auch fast orthonormiert und vollständig in der Metrik (38.3). Man kann folglich als Koordinatensystem

---

[1]) Das heißt, daß auf das Funktional der Methode der kleinsten Fehlerquadrate angewandte Ritzsche Verfahren.

[2]) Siehe VM, S. 396.

z. B. jedes in der Metrik des Raumes $H_B$ orthonormierte und vollständige System verwenden. Ist speziell $H = H_1$ und der Operator $B$ ein selbstadjungierter Operator mit reinem Punktspektrum, so können die Eigenelemente $\varphi_n$ dieses Operators als Koordinatensystem gewählt werden, wobei die $\varphi_n$ durch die Bedingung $\|B\varphi_n\| = 1$ normiert werden.

Wir betrachten ein wichtiges Beispiel eines stark minimalen Systems, das mit der Methode der kleinsten Fehlerquadrate in Verbindung steht. Es sei $\Gamma$ eine geschlossene Kurve der komplexen Zahlenebene. Wir setzen voraus, daß diese Kurve hinreichend glatt ist und ein einfachzusammenhängendes Gebiet $D$ begrenzt. Den Koordinatenursprung verlegen wir in das Innere von $\Gamma$. Wir bezeichnen die kartesischen Koordinaten auf der komplexen Zahlenebene mit $x$ und $y$ und legen $z = x + iy$, $\bar{z} = x - iy$ fest. Die komplexen Koordinaten des laufenden Punktes auf der Kurve $\Gamma$ bezeichnen wir mit $\zeta$ und $t$. Wir betrachten den Hilbert-Raum $L_2(\Gamma)$ der Funktionen, die fast überall auf $\Gamma$ definiert und über $\Gamma$ quadratisch summierbar sind. Es ist leicht zu zeigen, daß $L_2(\Gamma)$ als direkte Summe zweier Unterräume $H_1$ und $H_2$ darstellbar ist. Der erste dieser beiden Unterräume wird von Funktionen gebildet, die Grenzwerte im Innern von $\Gamma$ holomorpher Funktionen sind. Der zweite Unterraum enthält alle Funktionen aus $L_2(\Gamma)$, die Grenzwerte von Funktionen sind, deren konjugiert komplexe Funktionen im Innern von $\Gamma$ holomorph sind und im Koordinatenursprung verschwinden. Das heißt aber, daß für jede Funktion $f(\zeta) \in L_2(\Gamma)$ eine Darstellung

$$f(\zeta) = f_1(\zeta) + \overline{f_2(\zeta)} \tag{38.4}$$

existiert, wobei $f_1(\zeta), f_2(\zeta) \in L_2(\Gamma)$ gilt und die Funktionen $f_1$ und $f_2$ in das Innere von $\Gamma$ analytisch fortgesetzt werden können mit der Eigenschaft $f_2(0) = 0$. Die Darstellung (38.4) ist eindeutig. Wir setzen voraus, daß eine Zerlegung (38.4) existiert; dann multiplizieren wir beide Seiten dieser Gleichung und auch beide Seiten der Gleichung $\overline{f(\zeta)} = \overline{f_1(\zeta)} + f_2(\zeta)$, die wir durch Übergang zu den konjugiert komplexen Größen aus (38.4) erhalten, mit dem Schwarzschen Kern[1] $T(z;\zeta)$ des Gebiets $D$, den wir durch die Bedingung

$$\operatorname{Im}\{T(0;\zeta)\} = 0$$

normieren. Die beiden erhaltenen Produkte integrieren wir über $\Gamma$.

Unter Beachtung von $f_2(0) = 0$ ergibt sich

$$f_1(z) - \frac{1}{2} f_1(0) = \frac{1}{4\pi} \int_\Gamma f(\zeta)\, T(z;\zeta)\, d\sigma\,,$$

$$f_2(z) + \frac{1}{2}\overline{f_1(0)} = \frac{1}{4\pi} \int_\Gamma \overline{f(\zeta)}\, T(z;\zeta)\, d\sigma, \qquad d\sigma = |d\zeta|\,.$$

[1]) Siehe [3] des Autors, § 41, insbesondere die Formeln (22), (23) und (27).

Setzen wir in der ersten Gleichung $z = 0$, dann folgt

$$\frac{1}{2} f_1(0) = \frac{1}{4\pi} \int_\Gamma f(\zeta)\, T\,(0;\zeta)\, d\sigma ,$$

d. h. aber

$$f_1(z) = \frac{1}{4\pi} \int_\Gamma f(\zeta)\, [T(z;\zeta) + T(0;\zeta)]\, d\sigma , \tag{38.5}$$

$$f_2(z) = \frac{1}{4\pi} \int_\Gamma \overline{f(\zeta)}\, [T(z;\zeta) - T(0;\zeta)]\, d\sigma . \tag{38.6}$$

Aus dieser Formel ist ersichtlich, daß die Zerlegung (38.4) eindeutig ist.

Wir zeigen, daß mit (38.5) und (38.6) tatsächlich die geforderten Zerlegungsfunktionen $f_1$ und $f_2$ gefunden wurden. Aus (38.6) folgt sofort $f_2(0) = 0$.

Aus (38.5) und (38.6) erhalten wir weiterhin

$$f_1(z) + \overline{f_2(z)} = \frac{1}{2\pi} \int_\Gamma f(\zeta)\, \mathrm{Re}\, \{T(z;\zeta)\}\, d\sigma = \frac{1}{2\pi} \int_\Gamma f(\zeta)\, \frac{\partial G}{\partial \nu}\, d\sigma ,$$

wobei $G$ die GREENsche Funktion des Gebiets $D$ und $\nu$ die äußere Normale zu $\Gamma$ bezeichnet. Es strebe $z \to t \in \Gamma$; dann folgt vermöge bekannter Eigenschaften der GREENschen Funktion $f_1(t) + \overline{f_2(t)} = f(t)$.

Wir können schreiben

$$\frac{1}{4\pi}\, T\,(z;\zeta)\, d\sigma = \frac{1}{2\pi i} \frac{d\zeta}{\zeta - z} + P(z;\zeta)\, d\sigma$$

mit einer stetigen Funktion $P(z;\zeta)$ in bezug auf $\zeta \in \Gamma$ und $z \in \overline{D} = D \cup \Gamma$. Indem wir die bekannte Grenzformel für Integrale vom CAUCHYschen Typ verwenden, erhalten wir

$$f_1(t) = \frac{1}{2} f(t) + \frac{1}{2\pi i} \int_\Gamma f(\zeta) \frac{d\zeta}{\zeta - t} + \frac{1}{4\pi} \int_\Gamma [P(t;\zeta) - T(0;\zeta)]\, d\sigma\, , t \in \Gamma.$$

Das erste auf der rechten Seite stehende Integral muß als singuläres Integral betrachtet werden, d. h. als ein Integral im Sinne des CAUCHYschen Hauptwertes. Bekanntlich[1]) definiert dieses Integral einen im Raum $L_2(\Gamma)$ beschränkten Operator mit dem Argument $f$. Dann ist leicht zu erkennen, daß $f_1 \in L_2(\Gamma)$ ist.

Auf ähnliche Art findet man, daß auch $f_2 \in L_2(\Gamma)$ gilt, womit die Behauptung bewiesen wäre.

Auf der Grundlage bekannter Sätze der Funktionentheorie können wir behaupten, daß in den Räumen $H_1$ und $H_2$ die Funktionensysteme $z^n$ ($n = 0$, 1,

---

[1]) Siehe etwa A. ZYGMUND [1], S. 404, wo man den Beweis einer allgemeineren Behauptung finden kann.

2, ...) bzw. $\bar{z}^n$ ($n = 1, 2, \ldots$) vollständig sind. Wir setzen $\varrho_1 = \inf\limits_{\zeta \in \Gamma} |\zeta|$, und es sei $0 < \varrho_0 < \varrho_1$. Wir zeigen, daß *die Systeme*

$$\left(\frac{z}{\varrho_0}\right)^n \quad (n = 0,\ 1,\ 2,\ \ldots) \tag{38.7}$$

*und*

$$\left(\frac{\bar{z}}{\varrho_0}\right)^n \quad (n = 1,\ 2,\ \ldots) \tag{38.8}$$

*in den Unterräumen $H_1$ bzw. $H_2$ stark minimal sind.*

Es ist offensichtlich ausreichend, die Untersuchungen lediglich für das System (38.7) durchzuführen. Durch eine entsprechende Substitution kann man $\varrho_0 = 1$ erreichen. Dann gilt $|\zeta| > 1$ für $\zeta \in \Gamma$. Wir betrachten die GRAMsche Matrix der Elemente $z^k$ ($k = 0, 1, 2, \ldots, n$) und ihren kleinsten Eigenwert $\lambda_1$. Es ist

$$\lambda_1^{(n)} = \inf \frac{\left\| \sum\limits_{k=0}^{n} a_k \zeta^k \right\|^2}{\sum\limits_{k=0}^{n} |a_k|^2} = \inf \left\{ \sum_{k=0}^{n} |a_k|^2 \right\}^{-1} \int_{\Gamma} |\Phi(\zeta)|^2 \, d\sigma \tag{38.9}$$

mit

$$\Phi(\zeta) = \sum_{k=0}^{n} a_k \zeta^k .$$

Die Kreisscheibe $|z| \leqq 1$ liegt vollständig im Innern von $\Gamma$ (Abb. 3). Wir zeigen, daß die Ungleichung

$$\int_{\Gamma} |\Phi(\zeta)|^2 \, d\sigma \geqq c \int_{\Gamma_1} |\Phi(\zeta)|^2 \, d\sigma , \qquad c = \text{const} > 0 \tag{38.10}$$

gilt, wobei $\Gamma_1$ den Kreis $|\zeta| = 1$ bezeichnet. Wir bilden das Gebiet $D$ konform auf die Kreisscheibe mit dem Radius Eins der komplexen Ebene $\tau$ ab. Dabei

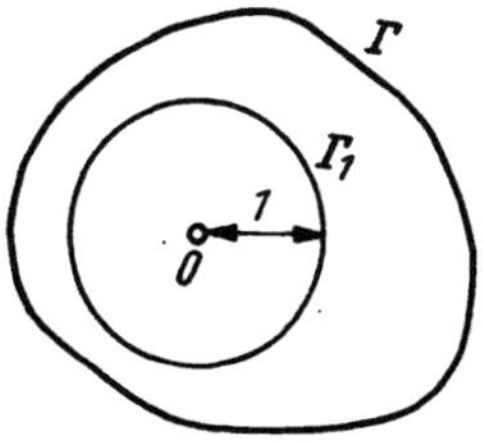


Abb. 3

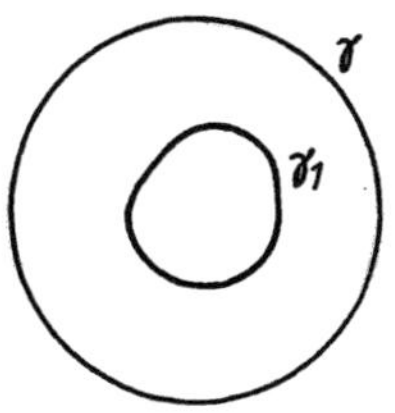


Abb. 4

wird $\Gamma$ in den Einheitskreis $\gamma$ überführt, der Kreis $\Gamma_1$ dagegen wird auf eine Kurve $\gamma_1$, die im Inneren von $\gamma$ liegt (Abb. 4), abgebildet. Die Transformation wollen wir mit $\omega(\tau)$ bezeichnen. Da $\Gamma$ hinreichend glatt ist, kann man die Ableitung $\omega'(\tau)$ als stetig und von Null verschieden für $|\tau| \leqq 1$ voraussetzen. Wir führen noch folgende Bezeichnung ein: $\Phi(z) = \Phi(\omega(\tau)) = \varphi(\tau)$. Es sei

$$\varphi(\tau) = \sum_{n=0}^{\infty} \alpha_n \tau^n ;$$

dann gilt

$$\int_\gamma |\varphi(\tau)|^2 \, |d\tau| = 2\pi \sum_{n=0}^{\infty} |\alpha_n|^2 .$$

Ist $|\tau| < 1$, so gilt vermöge der CAUCHYschen Ungleichung

$$|\varphi(\tau)|^2 \leqq \sum_{n=0}^{\infty} |\alpha_n|^2 \sum_{n=0}^{\infty} |\tau|^n = \frac{1}{2\pi(1-|\tau|)} \int_\gamma |\varphi(\tau)|^2 \, d\tau .$$

Dann folgt

$$\int_{\gamma_1} |\varphi(\tau)|^2 \, |d\tau| \leqq \frac{l}{2\pi(1-\tau_1)} \int_\gamma |\varphi(\tau)|^2 \, d\tau .$$

Hierbei wurde mit $l$ die Länge der Kurve $\gamma_1$ und mit $\tau_1 = \max |\tau|$, $\tau \in \gamma_1$, bezeichnet. Wenn wir nun zur Variablen $\zeta$ zurückkehren, ergibt sich

$$\int_{\Gamma_1} |\Phi(\zeta)|^2 \frac{d\sigma}{|\omega'(\tau)|} \leqq \frac{l}{2\pi(1-\tau_1)} \int_\Gamma |\Phi(\zeta)|^2 \frac{d\sigma}{|\omega'(\tau)|} .$$

Die Größe $|\omega'(\tau)|$ ist zwischen zwei positiven Konstanten eingeschlossen, etwa $0 < \alpha \leqq |\omega'(\tau)| \leqq \beta < \infty$; dann folgt aus der letzten Ungleichung unmittelbar (38.10) mit

$$c = \frac{2\pi\alpha(1-\tau_1)}{\beta l} .$$

Wir bemerken, daß

$$\int_{\Gamma_1} |\Phi(\zeta)|^2 \, d\zeta = 2\pi \sum_{k=0}^{n} |a_k|^2 \tag{38.11}$$

ist, so daß aus der Ungleichung (38.9) $\lambda_1^{(n)} \geqq 2\pi c$ folgt, womit die Behauptung bewiesen wäre.

Unschwer läßt sich nun der folgende Satz beweisen.

Satz 38.1. *Das durch Vereinigung der Systeme* (38.7) *und* (38.8) *entstehende System ist im Raum* $L_2(\Gamma)$ *stark minimal.*

Beweis. Wie oben nehmen wir wieder an, daß $\varrho_0 = 1$ gelte.

Für den kleinsten Eigenwert $\lambda_{m,n}^{(1)}$ der GRAMschen Matrix der Funktionen $1, z, \ldots, z^m, \bar z, \ldots, \bar z^n$ haben wir die Formel

$$\lambda_{m,n}^{(1)} = \inf \frac{\|\Phi(\zeta) + \overline{\Psi(\zeta)}\|^2}{\sum_{k=0}^{m} |a_k|^2 + \sum_{k=1}^{n} |b_k|^2} \tag{38.12}$$

mit

$$\Phi(\zeta) = \sum_{k=0}^{m} a_k \zeta^k , \qquad \Psi(\zeta) = \sum_{k=1}^{n} b_k \zeta^k .$$

Es sei wiederum $\omega(\tau)$ eine Funktion, die das Gebiet $D$ konform auf das Innere eines Kreises mit dem Radius Eins abbildet. Dabei sei $\omega(0) = 0$. Wir setzen $\varphi(\tau) = \Phi(\omega(\tau))$ und $\psi(\tau) = \Psi(\omega(\tau))$. Da $\psi(0) = \Psi(0) = 0$ ist, sind die

Funktionen $\varphi(\tau)$ und $\overline{\psi(\tau)}$ auf dem Kreis $\gamma$ mit dem Radius Eins orthogonal. Dann gilt

$$\int_\gamma |\varphi(\tau) + \overline{\psi(\tau)}|^2 \, |d\tau| = \int_\gamma |\varphi(\tau)|^2 \, |d\tau| + \int_\gamma |\psi(\tau)|^2 \, |d\tau| \, .$$

Wenn wir zur Variablen $\zeta$ zurückkehren und $|\omega'(\tau)|$ auf der rechten Seite dieser Gleichung durch die untere Schranke und auf der linken Seite durch die obere Schranke ersetzen, folgt

$$\|\Phi(\zeta) + \overline{\Psi(\zeta)}\|^2 \geqq \frac{\alpha}{\beta} \{\|\Phi(\zeta)\|^2 + \|\Psi(\zeta)\|^2\}$$

(dabei ist die Norm im Raum $L_2(\Gamma)$ gemeint).

Oben hatten wir

$$\|\Phi(\zeta)\|^2 \geqq 2\pi c \sum_{k=0}^{m} |a_k|^2$$

erhalten (siehe (38.10) und (38.11)). Analog ergibt sich

$$\|\Psi(\zeta)\|^2 \geqq 2\pi c \sum_{k=1}^{n} |b_k|^2 .$$

Aus (38.12) folgt dann

$$\lambda_{m,n}^{(1)} \geqq \frac{2\pi c \alpha}{\beta} .$$

Die rechte Seite dieser Ungleichung ist positiv und hängt nicht von $m$ und $n$ ab, w. z. b. w.

Folgerung 38.1. Es sei im Raum $L_2(\Gamma)$ ein abgeschlossener Operator $A$ definiert, und es besitze $A$ einen beschränkten inversen Operator. Es gelte $z^k \in D(A)$ und $\bar{z}^k \in D(A)$ $(k = 0, 1, 2, \ldots)$. Dann ist das System, das man durch Vereinigung der Systeme (38.7) und (38.8) erhält, im Raum $H_A$ stark minimal, wobei die Metrik in $H_A$ durch

$$[u, v]_A = (Au, Av) , \qquad |u|_A = \|Au\|$$

definiert wird.

Hieraus folgt nun, daß das System (38.7)—(38.8) in solchen Räumen $H_A$ stark minimal ist, die bei Betrachtung der inneren Dirichletschen und Neumannschen Aufgaben und gemischter Aufgaben für die Laplace-Gleichung in der Ebene entstehen.[1])

Ist

$$\varrho^{(0)} > \max_{\zeta \in \Gamma} |\zeta| ,$$

so kann man wie oben leicht zeigen, daß das Funktionensystem

$$\left(\frac{\varrho^{(0)}}{z}\right)^k \quad (k = 0, 1, 2, \ldots), \qquad \left(\frac{\varrho^{(0)}}{\bar{z}}\right)^k \quad (k = 1, 2, 3, \ldots) \qquad (38.13)$$

[1]) Siehe VM, § 87 und § 90. Im Fall der Neumannschen Aufgabe muß man aus dem System (38.7)—(38.8) die Eins ausschließen.

im Raum $L_2(\Gamma)$ stark minimal und vollständig ist. Dieses System ist demzufolge auch stark minimal in den Räumen $H_A$, die bei Betrachtung der äußeren DIRICHLETschen und NEUMANNschen Aufgaben und gemischter Aufgaben für die LAPLACE-Gleichung in der Ebene entstehen.

Wir wenden uns nun dem Fall eines nichtzusammenhängenden[1]) Gebiets $D$ zu. Der Rand $\Gamma$ zerfalle in die geschlossenen und hinreichend glatten Kurven $\Gamma_0, \Gamma_1, \ldots, \Gamma_s$. Wir setzen voraus, daß $D$ ein endliches Gebiet ist, das durch die Kurve $\Gamma_0$ von außen begrenzt wird. Wir verlegen den Koordinatenursprung in das Innere des Gebiets $D$ und wählen innerhalb jeder Kurve $\Gamma_j$ ($j = 1, 2, \ldots, s$) einen Punkt $z_j$.

Es sei

$$\varrho_0 < \min_{\zeta \in \Gamma_0} |\zeta|, \qquad \varrho^{(j)} > \max_{\zeta \in \Gamma_j} |\zeta - z_j| \qquad (j = 1, 2, \ldots, s).$$

Dann ist das System (38.7)—(38.8) stark minimal im Raum $L_2(\Gamma_0)$ und das System

$$\left(\frac{\varrho^{(j)}}{\zeta - z_j}\right)^k \quad (k = 0, 1, 2, \ldots), \qquad \left(\frac{\varrho^{(j)}}{\bar{\zeta} - \bar{z}_j}\right)^k \quad (k = 1, 2, \ldots) \tag{38.14}$$

stark minimal im Raum $L_2(\Gamma_j)$ ($j = 1, 2, \ldots, s$).

Wie man leicht sieht, ist der Raum $L_2(\Gamma)$ als direkte Summe der Räume $L_2(\Gamma_0), L_2(\Gamma_1), \ldots, L_2(\Gamma_s)$ darstellbar, woraus folgt, daß die Vereinigung der Systeme (38.7), (38.8) und (38.14) im Raum $L_2(\Gamma)$ stark minimal ist. Damit wird dann auch klar, daß man bei Anwendung der Methode der kleinsten Fehlerquadrate auf die grundlegenden Aufgaben der Theorie der harmonischen Funktionen in der Ebene die soeben erwähnte Vereinigung als Koordinatensystem verwenden kann. Hierbei ist sowohl der Vektor der Koeffizienten $a_k^{(n)}$ als auch die Näherungslösung selbst stabil.

## § 39. Integralgleichungen

Ist in der Gleichung

$$A u = f \tag{39.1}$$

der Operator $A$ beschränkt, so wird die Wahl des Koordinatensystems wesentlich vereinfacht. Wenn z. B. die Gleichung (39.1) mit der Methode der kleinsten Fehlerquadrate gelöst wird, ist jedes im betrachteten HILBERT-Raum orthonormierte System fast orthonormiert in der Metrik $|\!|u|\!|_A = ||A u||$. Wir setzen selbstverständlich voraus, daß ein beschränkter inverser Operator $A^{-1}$ existiert. Dasselbe Resultat liegt vor, wenn es sich bei $A$ um einen beschränkten selbstadjungierten positiv definiten Operator handelt und wenn $|\!|u|\!|_A^2 = ||A^{1/2} u||^2 = (A u, u)$ gesetzt wird. Diese Überlegungen wollen wir an den einfachsten Typen von Integralgleichungen erläutern.

---

[1]) Siehe [2] des Autors.

**1. Fredholmsche Gleichungen.** Der Operator $T$ sei vollstetig im separablen Raum $H$, und es sei die Gleichung

$$u + Tu = f, \qquad f \in H \tag{39.2}$$

im Raum $H$ eindeutig lösbar. Man kann dann diese Gleichung genähert durch das Verfahren von Bubnow-Galerkin lösen. In § 14 war festgestellt worden, daß dieses Verfahren bei Vorhandensein eines im Raum $H$ stark minimalen Koordinatensystems stabil ist. Die Gewinnung eines solchen Koordinatensystems bereitet keine prinzipiellen Schwierigkeiten; es reicht aus, wenn wir ein beliebiges im Raum $H$ vollständiges und orthonormiertes System wählen. Es ist wünschenswert, daß dabei die $T\varphi_n$ (mit $\varphi_n$ bezeichnen wir die Koordinatenelemente) nach Möglichkeit ohne nennenswerte Schwierigkeiten ermittelt werden können. Es sei bemerkt, daß für Differentialoperatoren eine analoge Forderung keine besondere Rolle spielt. Vollstetige Operatoren sind gewöhnlich Integraloperatoren, und wenn $\Omega$ eine $m$-dimensionale Menge ist, ist

$$Tu = \int_\Omega K(x, y)\, u(y)\, dy,$$

und es stellt z. B. der Ausdruck

$$(T\varphi_k, \varphi_j) = \int_\Omega \int_\Omega K(x, y)\, \varphi_k(y)\, \overline{\varphi_j(x)}\, dy\, dx$$

ein $2m$-faches Integral dar. Wenn sich die Funktion

$$T\varphi_k = \int_\Omega K(x, y)\, \varphi_k(y)\, dy$$

verhältnismäßig leicht ermitteln läßt, so verbleibt für die Berechnung des inneren Produkts $(T\varphi_k, \varphi_j)$ eine $m$-fache Integration.

Wir wollen das hier Gesagte durch ein Beispiel verdeutlichen. Es sei eine im Gebiet $x^2 + y^2 < 1$ harmonische Funktion $u(x, y)$ zu finden, die am Rand des Gebiets die Bedingung

$$\left[\frac{\partial u}{\partial \varrho} + \sigma(\Theta)\, u\right]_{\varrho=1} = f(\Theta) \tag{39.3}$$

erfüllt. Dabei sind $\varrho$ und $\Theta$ die polaren Koordinaten des Punktes $(x, y)$ und $\sigma(\Theta)$ eine nichtnegative Funktion, die ungleich der identisch verschwindenden Funktion ist. Die Lösung suchen wir in Form eines Potentials

$$u(x, y) = \int_0^{2\pi} \mu(\Theta') \ln \frac{1}{r}\, d\Theta' \tag{39.4}$$

(mit $r$ bezeichnen wir den Abstand zwischen den Punkten $(\varrho, \Theta)$ und $(1, \Theta')$). Durch Einsetzen in (39.3) erhalten wir die Integralgleichung

$$\mu(\Theta) - \frac{1}{2\pi} \int_0^{2\pi} \mu(\Theta')\, d\Theta' + \frac{\sigma(\Theta)}{\pi} \int_0^{2\pi} \mu(\Theta') \ln \frac{1}{r}\, d\Theta' = \frac{1}{\pi} f(\Theta). \tag{39.5}$$

Das Funktionensystem

$$\begin{matrix}\sin \\ \cos\end{matrix} n\Theta \qquad (n = 0, 1, 2, \ldots)$$

ist im Raum $L_2(0, 2\pi)$ vollständig und orthonormiert. Wir ermitteln die Integrale

$$\frac{1}{\pi}\int_0^{2\pi} \cos n\Theta' \ln\frac{1}{r}\,d\Theta', \qquad \frac{1}{\pi}\int_0^{2\pi} \sin n\Theta' \ln\frac{1}{r}\,d\Theta'.$$

In (39.5) ist $r$ der Abstand zwischen den Punkten $(1, \Theta')$ und $(1, \Theta)$; deshalb gilt $r = 2\left|\sin\frac{\Theta - \Theta'}{2}\right|$ und

$$\ln\frac{1}{r} = \ln\frac{1}{2\left|\sin\frac{\Theta' - \Theta}{2}\right|} = \sum_{k=1}^{\infty}\frac{\cos k(\Theta' - \Theta)}{k}.$$

Dann folgt

$$\frac{1}{\pi}\int_0^{2\pi} \ln\frac{1}{r}\,d\Theta' = 0,$$

$$\frac{1}{\pi}\int_0^{2\pi} \cos n\Theta' \ln\frac{1}{r}\,d\Theta' = \frac{\cos n\Theta}{2n},$$

$$\frac{1}{\pi}\int_0^{2\pi} \sin n\Theta' \ln\frac{1}{r}\,d\Theta' = \frac{\sin n\Theta}{2n}.$$

Nun können die Elemente der Matrix und die rechten Seiten des Bubnow-Galerkinschen Systems für die Gleichung (39.5) durch einfache Integration erhalten werden.

Bemerkung. Zur Lösung der Gleichung (39.2) kann man auch das Verfahren der kleinsten Fehlerquadrate verwenden (VM, § 84). Wie oben ist es ausreichend, ein im Raum $H$ orthonormiertes (oder auch nur fast orthonormiertes) Koordinatensystem zu wählen. Wenn der Operator $(I + T)^{-1}$ existiert und beschränkt ist, dann ist dieses System fast orthonormiert in der Metrik

$$|\!|\!|u|\!|\!|^2 = \|u + Tu\|^2.$$

In diesem Fall ist sowohl das Verfahren der Ermittlung der Koeffizienten der Näherungslösung als auch das Verfahren der Ermittlung der Näherungslösung selbst stabil, außerdem besitzt die Matrix des Verfahrens der kleinsten Fehlerquadrate eine beschränkte Konditionszahl. Diese Bemerkung bezieht sich auch auf die unten betrachteten singulären Integralgleichungen.

**2. Eindimensionale singuläre Gleichungen.** Wir beschränken uns auf den Fall einer geschlossenen Integrationskurve.

Vorgegeben sei die singuläre Integralgleichung der Form

$$A\,u = a(t)\,u(t) + \frac{b(t)}{\pi i}\int_\Gamma \frac{u(\tau)}{\tau - t}\,d\tau + \int_\Gamma K(t,\tau)\,u(\tau)\,d\tau = f(t), \qquad t \in \Gamma. \tag{39.6}$$

Es bezeichnet $\Gamma$ eine Kurve, die ein zusammenhängendes oder auch nichtzusammenhängendes Gebiet auf der komplexen Zahlenebene begrenzt. •Wir setzen voraus, daß $\Gamma$ die Vereinigung einfacher geschlossener LJAPUNOW-Kurven $\Gamma_0, \Gamma_1, \ldots, \Gamma_m$ ist, wobei $\Gamma_0$ das erwähnte Gebiet von außen (wenn das Gebiet unbeschränkt ist, entfällt $\Gamma_0$) und die restlichen Kurven dieses Gebiet von innen begrenzen. Es seien $a(t)$ und $b(t)$ stetige Funktionen auf $\Gamma$; der Kern $K(t, \tau)$ und die Funktion $f(t)$ seien quadratisch summierbar:

$$\int_\Gamma\int_\Gamma |K(t,\tau)|^2\,|dt|\,|d\tau| < \infty, \qquad \int_\Gamma |f(t)|^2\,|dt| < \infty.$$

Schließlich fordern wir die Ungleichung

$$a^2(t) - b^2(t) \neq 0, \qquad t \in \Gamma. \tag{39.7}$$

Wir führen einige Ergebnisse auf, die wir im folgenden verwenden werden[1]): 1. Der Operator $A$ auf der linken Seite der Gleichung (39.1) ist beschränkt im Raum $L_2(\Gamma)$; 2. jede der Gleichungen $A\,u = 0$ und $A^*\,v = 0$ besitzt eine endliche Anzahl linear unabhängiger Lösungen; 3. der Operator $A$ ist normal auflösbar, d. h., die Gleichung (39.6) besitzt dann und nur dann eine Lösung, wenn die Funktion $f(t)$ zu allen Lösungen der Gleichung $A^*\,v = 0$ orthogonal ist.

Wir setzen voraus, daß die Funktion $f(t)$ den genannten Orthogonalitätsforderungen genügt. Die Gleichung $A\,u = 0$ habe zunächst lediglich die triviale Lösung. Dann existiert eine Lösung der Gleichung (39.6), und diese ist eindeutig. Diese Lösung kann näherungsweise gefunden werden, indem das RITZsche Verfahren auf das Funktional der Methode der kleinsten Fehlerquadrate angewandt wird.

Da die Operatoren $A$ und $A^{-1}$ beschränkt sind, wird jedes stark minimale oder fast orthonormierte System des Raumes $L_2(\Gamma)$ diese Eigenschaften auch in der Metrik

$$|\!|\!|u|\!|\!|_A = \|A\,u\| \tag{39.8}$$

besitzen. Der Raum $L_2(\Gamma)$ kann als orthogonale Summe von Unterräumen dargestellt werden, in denen Funktionen enthalten sind, die jeweils nur auf einer der Kurven $\Gamma_j$ von Null verschieden sind. Diese Unterräume kann man offensichtlich mit den Räumen $L_2(\Gamma_j)$ identifizieren. Dann kann man ein vollständiges fast orthonormiertes (bzw. stark minimales) System im Raum $L_2(\Gamma)$ durch Vereinigung solcher Systeme für die einzelnen Räume $L_2(\Gamma_j)$ erhalten. So kann man z. B. die Systeme $\{\omega_{jk}(t)\}$ $(0 \leqq j \leqq m,\ -\infty < k < \infty)$,

$$\omega_{jk}(t) = \frac{(t - a_j)^k}{\varrho_j^k}$$

---

[1]) Näheres über eindimensionale singuläre Integralgleichungen im Raum $L_2(\Gamma)$ ist in der Arbeit [1] des Autors enthalten.

($\varrho_j$ besitzt die gleiche Bedeutung wie in § 38), vereinigen. Hier ist $a_j$ ($j = 1, 2, \ldots, m$) ein fester Punkt innerhalb $\Gamma_j$. Durch Vereinigung dieser Systeme erhalten wir das Funktionensystem

$$\varphi_{jk}(t) = \begin{cases} \omega_{jk}(t), & t \in \Gamma_j, \\ 0, & t \in \Gamma_l, \quad l \neq j. \end{cases}$$

Das System $\{\varphi_{jk}(t)\}$ ist fast orthonormiert in der Metrik (39.8).

Die singulären Integrale

$$\frac{1}{\pi i} \int_\Gamma \frac{\varphi_{jk}(\tau)}{\tau - t} \, d\tau$$

lassen sich leicht berechnen. Es ist nämlich

$$\frac{1}{\pi i} \int_\Gamma \frac{\varphi_{jk}(\tau)}{\tau - t} \, d\tau = \frac{1}{\pi i} \int_{\Gamma_j} \frac{\omega_{jk}(\tau)}{\tau - t} \, d\tau .$$

Es sei vorerst $j = 0$. Mit $z$ bezeichnen wir einen beliebigen Punkt innerhalb $\Gamma_0$; vermöge der CAUCHYschen Integralformel ergibt sich

$$\frac{1}{2\pi i} \int_{\Gamma_0} \frac{\omega_{0k}(\tau)}{\tau - z} \, d\tau = \begin{cases} \omega_{0k}(z), & k \geqq 0, \\ 0, & k < 0. \end{cases}$$

Es gelte $z \to t$, $t \in \Gamma_0$. Wenn wir den Satz über die Grenzwerte der Integrale vom CAUCHYschen Typ verwenden, folgt

$$\frac{1}{\pi i} \int_{\Gamma_0} \frac{\omega_{0k}(\tau)}{\tau - t} \, d\tau = \begin{cases} \omega_{0k}(t), & t \in \Gamma_0, \quad k > 0, \\ 0, & t \in \Gamma_0, \quad k < 0. \end{cases}$$

In ähnlicher Weise erhalten wir

$$\frac{1}{\pi i} \int_{\Gamma_j} \frac{\omega_{jk}(\tau)}{\tau - t} \, d\tau = \begin{cases} -\,\omega_{jk}(t), & t \in \Gamma_j \quad (j = 1, 2, \ldots, m), \quad k < 0, \\ 0, & k \geqq 0. \end{cases}$$

Infolge der bereits erwähnten CAUCHYschen Integralformel erhalten wir

$$\frac{1}{\pi i} \int_{\Gamma_0} \frac{\omega_{0k}(\tau)}{\tau - t} \, d\tau = \begin{cases} 2\,\omega_{0k}(t), & t \in \Gamma_l, \quad l \neq 0, \quad k \geqq 0, \\ 0, & t \in \Gamma_l, \quad l \neq 0, \quad k < 0, \end{cases}$$

$$\frac{1}{\pi i} \int_{\Gamma_j} \frac{\omega_{jk}(\tau)}{\tau - t} \, d\tau = \begin{cases} -\,2\,\omega_{jk}(t), & t \in \Gamma_l, \quad l \neq j, \quad k < 0, \\ 0, & t \in \Gamma_l, \quad l \neq j, \quad k \geqq 0. \end{cases}$$

Wenn die Gleichung $A u = 0$ auch nichttriviale Lösungen besitzt und diese letzteren bekannt sind, dann kann man die Methode der kleinsten Fehlerquadrate anwenden (siehe VM, § 84). Wenn dagegen die Lösungen der Gleichung $A u = 0$ nicht bekannt sind, kann man sie näherungsweise ermitteln, indem man sie als Eigenfunktionen des selbstadjungierten Operators $A^*A$ zum Eigenwert $\lambda = 0$ darstellt und auf dieses Problem das RITZsche Verfahren anwendet.

**3. Mehrdimensionale singuläre Integralgleichungen.** Wir betrachten die Gleichung[1]) mit der unbekannten skalaren Funktion $u(x)$

$$A\,u = a(x)\,u(x) + \int\limits_{E_m} \frac{f(x,\Theta)}{r^m}\,u(y)\,dy + T\,u = g(x)\,. \tag{39.9}$$

Hier sind $E_m$ der $m$-dimensionale euklidische Raum, $x$ und $y$ Punkte aus diesem Raum, $r = |y - x|$ und $\Theta = \frac{y-x}{r}$. Zur Vereinfachung der Betrachtungen setzen wir voraus, daß die Funktion $f(x,\Theta)$ und ihre Ableitungen hinreichend hoher Ordnung nach den kartesischen Koordinaten des Punktes $\Theta$ gleichmäßig stetig sind, wenn $\Theta$ die Hypersphäre mit dem Radius Eins und $x$ den Raum $E_m$ mit dem unendlich fernen Punkt durchläuft (wir wollen dabei vom „erweiterten euklidischen Raum $E''_m$ sprechen). Ferner setzen wir voraus, daß die Funktion $a(x)$ im erweiterten euklidischen Raum $E_m$ stetig ist. Es sei $g(x) \in L_2(E_m)$, und $T$ sei ein vollstetiger Operator des Raumes $L_2(E_m)$. Letztlich fordern wir noch, daß das Symbol der Gleichung (39.9) nirgends Null wird. Unter diesen Voraussetzungen ist der Operator der linken Seite von (39.9) im Raum $L_2(E_m)$ beschränkt, und für diese Gleichung gelten die grundlegenden Sätze der FREDHOLMschen Theorie.

Es besitze die homogene Gleichung

$$a(x)\,u(x) + \int\limits_{E_m} \frac{f(x,\Theta)}{r^m}\,u(y)\,dy + T\,u = 0 \tag{39.10}$$

nur die triviale Lösung $u(x) \equiv 0$. Dann ist die Gleichung (39.9) immer lösbar, die Lösung ist eindeutig, und der Operator $A^{-1}$ ist beschränkt.

Man kann demnach die Gleichung (39.9) näherungsweise durch Anwendung der Methode der kleinsten Fehlerquadrate lösen. Das entsprechende numerische Verfahren ist stabil, wenn das verwendete Koordinatensystem im Raum $L_2(E_m)$ stark minimal ist. Es ist natürlich günstiger, wenn das Koordinatensystem orthonormiert oder wenigstens fast orthonormiert in $L_2(E_m)$ ist.

Es wäre sehr vorteilhaft, wenn die Koordinatenfunktionen $\varphi_n(x)$ so ausgewählt werden könnten, daß sich die singulären Integrale

$$\psi_n(x) = \int\limits_{E_m} \frac{f(x,\Theta)}{r^m}\,\varphi_n(y)\,dy \tag{39.11}$$

leicht berechnen lassen. Das läßt sich erreichen, wenn die Funktion $f$ (und folglich auch das Symbol) des singulären Integrals in (39.9) ein sphärisches Polynom ist. Der Einfachheit halber beschränken wir uns auf den Fall $m = 2$. Die Funktion $f$ habe die Gestalt

$$f(x,\Theta) = \sum_{k=-N}^{N}{}' a_k(x)\,e^{ik\Theta}\,.$$

---

[1]) Notwendige Einzelheiten über die Theorie mehrdimensionaler singulärer Integralgleichungen findet der Leser im Buch [19] des Autors.

Dann ergibt sich für das Symbol des Integrals (39.11)

$$\Phi(x, \Theta) = \sum_{k=-N}^{N}{}' b_k(x)\, e^{ik\Theta}, \qquad b_k = \frac{2\pi\, i^{|k|}}{|k|}\, a_k. \tag{39.12}$$

Es sei zunächst $N = 1$; dann folgt aus (39.12) für das Symbol

$$\Phi(x, \Theta) = \beta_1(x) \cos\Theta + \beta_2(x) \sin\Theta$$

und für die Funktion $f(x, \Theta)$

$$f(x, \Theta) = \alpha_1(x) \cos\Theta + \alpha_2(x) \sin\Theta, \qquad \alpha_j(x) = \frac{\beta_j(x)}{2\pi i} \qquad (j = 1, 2).$$

Für das Integral (39.11) finden wir dann

$$\psi_n(x) = \alpha_1(x) \frac{\partial}{\partial x_1} \int\limits_{E_2} \frac{\varphi_n(y)}{r}\, dy + \alpha_2(x) \frac{\partial}{\partial x_2} \int\limits_{E_2} \frac{\varphi_n(y)}{r}\, dy, \tag{39.13}$$

wobei $x_1$ und $x_2$ die kartesischen Koordinaten des Punktes $x$ sind.

Wir betrachten den Halbraum

$$-\infty < x_1 < \infty, \qquad -\infty < x_2 < \infty, \qquad 0 < x_3 < \infty$$

des dreidimensionalen Raumes $E_3$ und wollen ihn mit $E_3^+$ bezeichnen. Wir wählen eine Folge in $E_3^+$ harmonischer Funktionen $\{v_n(x_1, x_2, x_3)\}$, die im Unendlichen verschwinden und zusammen mit ihren ersten Ableitungen stetig im Halbraum $E_3^+$ einschließlich seines Randes sind. Dann setzen wir

$$\varphi_n(y) = \left.\frac{\partial v_n(y_1, y_2, y_3)}{\partial y_3}\right|_{y_3=0}, \tag{39.14}$$

wobei $y_1$ und $y_2$ die kartesischen Koordinaten des Punktes $y$ sind. Mit diesen Funktionen berechnen wir die Integrale (39.13).

Auf dem Rand $x_3 = 0$ des Halbraumes $E_3^+$ erfüllt die Funktion $v_n(x_1, x_2, x_3)$ die Bedingung der NEUMANNschen Aufgabe

$$\frac{\partial v_n}{\partial \nu} = -\varphi_n(x);$$

mit $\nu$ bezeichnen wir die äußere Normale der Ebene $x_3 = 0$, die der $x_3$-Achse entgegen gerichtet ist. Unter Benutzung der bekannten Lösung der NEUMANNschen Aufgabe für den Halbraum ergibt sich

$$v_n(x_1, x_2, x_3) = \frac{1}{2\pi} \int\limits_{E_2} \frac{\varphi_n(y)}{R}\, dy,$$

$$R^2 = (x_1 - y_1)^2 + (x_2 - y_2)^2 + x_3^2.$$

Hieraus folgt dann leicht

$$\left.\begin{aligned} \frac{\partial}{\partial x_1} \int\limits_{E_2} \frac{\varphi_n(y)}{r}\, dy &= 2\pi \frac{\partial v_n(x_1, x_2, 0)}{\partial x_1}, \\ \frac{\partial}{\partial x_2} \int\limits_{E_2} \frac{\varphi_n(y)}{r}\, dy &= 2\pi \frac{\partial v_n(x_1, x_2, 0)}{\partial x_2}, \end{aligned}\right\} \tag{39.15}$$

was der Berechnung der Integrale (39.13) gleichkommt.

Wir wenden uns nun dem allgemeinen Fall einer polynomialen Funktion $f(x, \Theta)$ zu und setzen

$$h\,u = \frac{1}{2\pi i}\int\limits_{E_2} \frac{e^{i\Theta}}{r^2}\,u(y)\,dy\,.$$

Nach (39.12) kann man das Integral (39.11) in der Form

$$\int\limits_{E_2} \frac{f(x,\Theta)}{r^2}\,u(y)\,dy = \sum_{k=-N}^{N} b_k(x)\,h^k\,u$$

darstellen, so daß vor uns die Aufgabe steht, die Funktionen $\varphi_n(x)$ im Hinblick auf die leichte Berechnung von $h^k\varphi_n$ auszuwählen. Wie oben sei eine Folge in $E_3^+$ harmonischer Funktionen $v_n\,(x_1, x_2, x_3)$ gegeben, die im Unendlichen verschwinden. Diesmal setzen wir lediglich voraus, daß diese Funktionen im abgeschlossenen Halbraum $x_3 \geqq 0$ $N$-mal stetig differenzierbar sind. Die Funktionen $\varphi_n(x)$ werden dann wieder durch (39.14) definiert.

Wir setzen

$$w_{n1}\,(x_1, x_2, x_3) = 2\pi\left[\frac{\partial v_n}{\partial x_1} + i\,\frac{\partial v_n}{\partial x_2}\right].$$

Offensichtlich ist $w_{n1}$ eine in $E_3^+$ harmonische Funktion, und es gilt $h\,\varphi_n = w_{n1}\,(x_1, x_2, 0)$. Wir konstruieren nun eine in $E_3^+$ harmonische Funktion $\omega_{n1}\,(x_1, x_2, x_3)$, für die $\omega_{n1} = 0$ im Unendlichen gilt und

$$\left.\frac{\partial \omega_{n1}}{\partial x_3}\right|_{x_3=0} = w_{n1}(x_1, x_2, 0)\,.$$

Wie man leicht sieht, ist

$$\omega_{n1} = \int\limits_{+\infty}^{x_3} w_{n1}(x_1, x_2, \xi)\,d\xi\,.$$

Ähnlich finden wir

$$h^2\,\varphi_n = h\,w_{n1}(x_1, x_2, 0) = 2\pi\left[\frac{\partial \omega_{n1}}{\partial x_1} + i\,\frac{\partial \omega_{n1}}{\partial x_2}\right]_{x_3=0}.$$

Dann setzen wir

$$w_{n2}\,(x_1, x_2, x_3) = 2\pi\left[\frac{\partial \omega_{n1}}{\partial x_1} + i\,\frac{\partial \omega_{n1}}{\partial x_2}\right]$$

und wiederholen dieses Verfahren.

Als $v_n$ kann man z. B. die Cayley-Transformierten harmonischer Polynome verwenden.

Die Ausdehnung dieser Überlegungen auf mehrdimensionale singuläre Integrale ist evident.

KAPITEL 6

# DER FALL UNENDLICHER GEBIETE UND ANDERE SINGULÄRE AUFGABEN

## § 40. Vorbereitende Bemerkungen

Ist das Gebiet $\Omega$, in dem die Lösung einer Randwertaufgabe gesucht wird, unbeschränkt, so erweist sich in den gewöhnlich auftretenden Fällen, wie z. B. in der DIRICHLETschen Aufgabe für die POISSON-Gleichung, der entsprechende Operator als nicht positiv definit, sondern lediglich als positiv. In einigen anderen Fällen bleibt wohl der Operator positiv definit, sein Spektrum jedoch ist nicht mehr rein diskret. Das Spektrum dieser lediglich positiven Operatoren ist ebenfalls nicht diskret (siehe unten). Wir erinnern daran, daß wir bei allen Betrachtungen des Kapitel 5 sehr wesentlich die Diskretheit der Spektren der betrachteten Operatoren vorausgesetzt hatten. Der Verzicht auf diese Voraussetzung erschwert in natürlicher Weise die Auswahl des Koordinatensystems.

Die Diskretheit des Spektrums eines Operators oder seine positive Definitheit kann auch dann verlorengehen, wenn das Gebiet $\Omega$ beschränkt ist, die Differentialgleichung jedoch, die im Innern von $\Omega$ elliptisch ist, auf der Grenze oder einem Teil von ihr entartet.

Im vorliegenden Kapitel wollen wir uns mit der Konstruktion von Koordinatensystemen für Operatoren mit nichtdiskretem Spektrum beschäftigen. Gleichzeitig damit wollen wir etwas genauer Aufgaben der Form

$$A u = f, \qquad f \in H \tag{40.1}$$

mit positivem, aber nicht positiv definitem Operator $A$ in einem entsprechenden HILBERT-Raum $H$ untersuchen. Auf der Menge $D(A)$, dem Definitionsgebiet des Operators $A$, ist die Ungleichung

$$(A u, u) > 0, \qquad u \neq 0 \tag{40.2}$$

erfüllt, wobei

$$\inf_{u \in D(A)} \frac{(A u, u)}{(u, u)} = 0 \tag{40.3}$$

ist.

Jeder positive Operator ist offensichtlich halbbeschränkt nach unten und läßt deshalb eine selbstadjungierte FRIEDRICHS-Erweiterung zu. Dabei kann der Fall eintreten, daß der erweiterte Operator (wir bezeichnen ihn mit $\tilde{A}$) nicht mehr die Eigenschaft der Positivität besitzt, sondern lediglich noch der schwächeren Relation $(\tilde{A} u, u) \geqq 0$ genügt, wobei das Gleichheitszeichen bei wenigstens einem Element $u_0 \neq 0$ steht.[1]) Diesen Fall wollen wir aus unseren Betrachtungen ausschließen, fordern also, daß die FRIEDRICHS-Erweiterung des positiven Operators wiederum positiv sei. Des weiteren setzen wir voraus, daß der Operator $A$ in (40.1) selbstadjungiert sei.

Wie auch im Fall positiv definiter Operatoren kann man das energetische Produkt und die energetische Norm[2]) in der Form

$$[u, v] = [u, v]_A = (A\,u, v), \quad \|u\|^2 = \|u\|_A^2 = (A\,u, u) \tag{40.4}$$

definieren und den energetischen Raum $H_A$ als Abschließung der Menge $D(A)$ in der Metrik (40.4) konstruieren. Ist der Operator $A$ lediglich positiv, so ist der Raum $H_A$ nicht in $H$ enthalten; unter den idealen Elementen des Raumes $H_A$ gibt es auch solche, denen kein Element des Raumes $H$ entspricht. Der Operator $A$ sei positiv; dann besitzt die Gleichung (40.1) in $H$ nicht mehr als eine Lösung. Ist diese Gleichung in $H$ lösbar, so realisiert diese Lösung das Minimum des Funktionals

$$F(u) = \|u\|_A^2 - (f, u) - (u, f) \tag{40.5}$$

in der Menge $D(A)$. Erreicht umgekehrt dieses Funktional sein Minimum in der Menge $D(A)$, so erfüllt das Element, in dem das Minimum realisiert wird, die Gleichung (40.1).[3])

Das Element $u_0 \in H_A$, in dem das Minimum des Funktionals (40.5) über dem Raum $H_A$ realisiert wird (wenn es so ein Element überhaupt gibt), gehört im allgemeinen nicht dem Raum $H$ an, allerdings ist für dieses Element die Größe $\|u_0\|_A^2$ endlich. Vom physikalischen Standpunkt aus kann das wie folgt erklärt werden: Der Zustand, der durch das Element $u_0$ beschrieben wird, besitzt eine endliche Energie. Diese Erklärung bietet eine Handhabe dafür, das Element $u_0$ als *Lösung mit endlicher Energie* für die Gleichung (40.1) zu bezeichnen. Aus den Ergebnissen des § 6 folgt,[4]) daß die Gleichung (40.1) eine Lösung mit endlicher Energie dann und nur dann besitzt, wenn das innere Produkt $(u, f)$ ein in der Metrik des Raumes $H_A$ beschränktes Funktional ist.

Man kann nun auch die allgemeinere Variationsaufgabe der Minimisierung des Funktionals

$$F(u) = \|u\|_A^2 - l\,u - \overline{lu}\,, \qquad u \in H_A \tag{40.5'}$$

betrachten, wobei $lu$ ein lineares Funktional ist. Es zeigt sich, daß diese Aufgabe dann und nur dann eine Lösung (die wir wie früher Lösung mit endlicher

---

[1]) In diesem Fall gilt $\tilde{A}\,u_0 = 0$. In der Tat, es sei $v$ ein beliebiges Element aus $D(\tilde{A})$. Dann ergibt sich für beliebiges reelles $\varepsilon$

$$(\tilde{A}\,(u_0 + \varepsilon\,v), u_0 + \varepsilon\,v) = (\tilde{A}\,u_0, u_0) + 2\,\varepsilon\,\mathrm{Re}\,(\tilde{A}\,u_0, v) + \varepsilon^2(\tilde{A}\,v, v) \geqq 0\,.$$

Da aber $(\tilde{A}\,u_0, u_0) = 0$ ist, muß $\mathrm{Re}\,(\tilde{A}\,u_0, v) = 0$ sein. Ersetzen wir $v$ durch $i\,v$, so ergibt sich in gleicher Weise $\mathrm{Im}\,(\tilde{A}\,u_0, v) = 0$ und somit auch $(\tilde{A}\,u_0, v) = 0$. Also ist $\tilde{A}\,u_0$ orthogonal zur dichten Menge $D(\tilde{A})$, d. h. aber $\tilde{A}\,u_0 = 0$.

[2]) Siehe MP, § 6.

[3]) Die Beweise der soeben formulierten Behauptungen findet man in MP, § 6.

[4]) Näheres siehe MP, § 6.

Energie nennen wollen) besitzt, wenn das Funktional $l u$ in der Metrik $H_A$ beschränkt ist.

In vielen Fällen erscheint diese Aufgabenstellung zweckmäßiger. Das Funktional $lu$ sei zunächst nicht auf dem gesamten Raum $H_A$ definiert, sondern lediglich auf einer in ihm dichten Menge (z. B. auf dem Definitionsbereich des Operators $A$). Ist das Funktional $l$ auf dieser Menge in der Metrik des Raumes $H_A$ beschränkt, so kann es stetig auf den gesamten Raum $H_A$ fortgesetzt werden. Es entsteht dadurch ein neues Funktional $l_1$, das ebenfalls im Raum $H_A$ beschränkt ist, nun aber bereits auf dem gesamten Raum definiert ist. Das Minimumproblem für das Funktional

$$F_1(u) = |u|_A^2 - l_1 u - \overline{l_1 u}, \qquad u \in H_A$$

besitzt eine Lösung, die wir als Lösung mit endlicher Energie für die Variationsaufgabe (40.5′) betrachten wollen.

Ist der energetische Raum $H_A$ separabel und besitzt die Gleichung (40.1) eine Lösung mit endlicher Energie, so kann man diese Lösung näherungsweise mit Hilfe des Ritzschen Verfahrens ermitteln. Wir zeigen, daß der Raum $H_A$ sicherlich separabel ist, wenn der Ausgangsraum $H$ diese Eigenschaft bereits besitzt. Der Operator $B = A + I$ ($I$ ist der Einheitsoperator) ist selbstadjungiert und positiv definit, und es gilt

$$|u|_B^2 = (B u, u) = |u|_A^2 + ||u||^2 \geqq ||u||^2, \qquad u \in D(B) = D(A).$$

Dann ist der Raum $H_B$ separabel.[1]) Folglich ist die in diesem Raum dichte Menge $D(B) = D(A)$ separabel in seiner Metrik, d. h., es gibt eine Folge $v_k \in D(A)$ ($k = 1, 2, \ldots$) dergestalt, daß für ein beliebiges Element $u \in D(A)$ und eine beliebige Zahl $\varepsilon > 0$ ein Element $v_k$ gefunden werden kann, das der Ungleichung $|u - v_k|_B < \varepsilon$ genügt. Um so mehr gilt $|u - v_k|_A \leqq |u - v_k|_B < \varepsilon$; das bedeutet aber, daß die Menge $D(A)$ auch in der Metrik des Raumes $H_A$ separabel ist. Außerdem ist die Menge $D(A)$ dicht im Raum $H_A$. Es sei nun $w$ ein beliebiges Element aus $H_A$, dann kann man ein Element $u \in D(A)$ finden, so daß $|w - u|_A < \varepsilon$ gilt; weiterhin läßt sich auch ein Element $v_k$ angeben, das der Ungleichung $|u - v_k|_A < \varepsilon$ genügt. Es folgt nun $|w - v_k|_A < 2\,\varepsilon$, und somit ist der Raum $H_A$ separabel.

Wir geben eine allgemein bekannte und wichtige Besonderheit der selbstadjungierten und lediglich positiven Operatoren[2]) an: Ihre Spektren sind nicht diskret. In der Tat, es sei das Spektrum eines selbstadjungierten und lediglich positiven Operators diskret. Ist $\lambda_1$ der kleinste Eigenwert dieses Operators, so gilt wegen (40.3)

$$\lambda_1 = \inf_{u \in D(A)} \frac{(A u, u)}{||u||^2} = 0 .$$

[1]) Siehe MP, § 8.

[2]) Wir nennen einen Operator „lediglich positiv“, wenn er positiv, nicht aber positiv definit ist.

Mit $u_1$ bezeichnen wir ein zu $\lambda_1$ gehörendes normiertes Eigenelement. Dann ergibt sich

$$(A u_1, u_1) = 0, \qquad \|u_1\| = 1,$$

was der Ungleichung (40.2) widerspricht.

Wenn $A$ und $K$ selbstadjungierte Operatoren sind, wobei $A$ lediglich positiv und $K$ beschränkt ist, dann kann ihre Summe $A + K$ positiv definit sein (z. B. wenn $K = I$ gilt), das Spektrum dieser Summe ist aber in jedem Fall nichtdiskret. Dies erschwert die Auswahl der Koordinatenelemente für solche Aufgaben, die Operatoren vom angegebenen Typ enthalten.

## § 41. Elliptische Gleichungen zweiter Ordnung in einem unendlichen Gebiet

Es sei $\Omega$ ein unbeschränktes Gebiet im Raum $E_m$ der kartesischen Koordinaten $x_1, x_2, \ldots, x_m$, das durch eine stückweise glatte Fläche begrenzt wird, die wir mit $S$ bezeichnen wollen. Uns werden insbesondere zwei Arten von unbeschränkten Gebieten interessieren, nämlich 1. Gebiete vom ersten Typ, die einen Würfel mit beliebiger Kantenlänge enthalten; 2. Gebiete vom zweiten Typ, die durch folgende Eigenschaften ausgezeichnet sind: Die das Gebiet begrenzende Fläche kann zwischen zwei unendliche bzw. halbunendliche Prismen eingeschlossen werden, wobei jedes der Prismen im entsprechend gewählten Koordinatensystem durch die Ungleichungen (im Fall unendlicher Prismen)

$$0 \leqq x_k \leqq a, \quad k < m, \quad -\infty < x_m < +\infty;$$

$$0 \leqq x_k \leqq b, \quad k < m, \quad -\infty < x_m < +\infty, \quad a > b$$

bzw. (im Fall halbunendlicher Prismen)

$$0 \leqq x_k \leqq a, \quad k < m, \quad x_m \geqq \alpha;$$

$$0 \leqq x_k \leqq b, \quad k < m, \quad x_m \geqq \beta, \quad a > b, \quad \beta > \alpha$$

beschrieben wird. Zum ersten Typ gehören Gebiete, die außerhalb endlicher Grenzen liegen, außerdem Gebiete, die innerhalb oder außerhalb eines Paraboloids, Hyperboloids, Kegels liegen, weiterhin das Äußere eines Kreiszylinders u. a. Zum zweiten Typ gehört z. B. das Innere eines unendlichen oder halbunendlichen Kreiszylinders.

Wir betrachten im Raum $L_2(\Omega)$ mit einem unbeschränkten Gebiet $\Omega$ den Differentialoperator

$$A u = -\sum_{j,k=1}^{m} \frac{\partial}{\partial x_j}\left(A_{jk}(x)\,\frac{\partial u}{\partial x_k}\right), \qquad A_{jk} = \overline{A}_{kj} \tag{41.1}$$

bei einer der Randbedingungen

$$u|_S = 0 \tag{41.2}$$

oder

$$\left[\sum_{j,k=1}^{m} A_{jk}\frac{\partial u}{\partial x_j}\cos(\nu, x_k) + \sigma u\right]_S = 0, \quad \sigma \geqq 0. \tag{41.3}$$

Die Bezeichnungen sind die gleichen wie in den vorangegangenen Kapiteln. Wir setzen voraus, daß die Eigenwerte der Matrix, die aus den Koeffizienten $A_{jk}$ gebildet wird, durch positive Konstanten nach oben und unten beschränkt sind. Es gilt also

$$\mu_0 \sum_{k=1}^{m} |t_k|^2 \leqq \sum_{j,k=1}^{m} A_{jk}(x)\, \bar{t}_j\, t_k \leqq M_0 \sum_{k=1}^{m} |t_k|^2 \tag{41.4}$$

mit positiven Konstanten $\mu_0$ und $M_0$. Weiterhin setzen wir voraus, daß $A_{jk} \in C^1(\Omega)$ ist.

Das Definitionsgebiet $D(A)$ des Operators $A$ bestehe aus finiten Funktionen der Klasse $C^2(\overline{\Omega})$, die einer der beiden Randbedingungen (41.2) oder (41.3) genügen. Dabei nennen wir in Übereinstimmung mit einer allgemeingültigen Definition eine Funktion *finit*, wenn sie außerhalb einer bestimmten Hypersphäre verschwindet.

Es ist leicht zu sehen, daß der so definierte Operator $A$ positiv ist. Wegen der Finitheit der Funktion $u \in D(A)$ kann in der Formel

$$(A u, u) = -\int_{\Omega} \bar{u} \sum_{j,k=1}^{m} \frac{\partial}{\partial x_j}\left(A_{jk} \frac{\partial u}{\partial x_k}\right) dx$$

über ein endliches Gebiet integriert werden, so daß die Formel der partiellen Integration zur Anwendung kommen kann. Unter Beachtung der Randbedingungen ergibt sich

$$(A u, u) = \int_{\Omega} \sum_{j,k=1}^{m} A_{jk} \frac{\partial \bar{u}}{\partial x_j} \frac{\partial u}{\partial x_k}\, dx \tag{41.5}$$

im Fall der Bedingung (41.2) und

$$(A u, u) = \int_{\Omega} \sum_{j,k=1}^{m} A_{jk} \frac{\partial \bar{u}}{\partial x_j} \frac{\partial u}{\partial x_k}\, dx + \int_{S} \sigma |u|^2\, dS \tag{41.6}$$

im Fall der Bedingung (41.3). Hieraus folgt $(Au, u) \geqq 0$. Ist $(A u, u) = 0$, so ergibt sich $u(x) \equiv C = \text{const.}$ Da die Funktion außerhalb einer gewissen Hypersphäre verschwindet, muß die Konstante $C = 0$ sein.

Schließen wir die Menge $D(A)$ in der Metrik, die durch das Integral (41.5) bzw. (41.6) induziert wird, ab, so erhalten wir den entsprechenden Raum $H_A$. Es ist nicht schwer zu zeigen, daß dieser Raum aus all den Funktionen besteht, die 1. verallgemeinerte erste quadratisch summierbare in $\Omega$ Ableitungen besitzen; 2. in der Metrik, die durch das Dirichletsche Integral definiert wird, durch finite stetig differenzierbare Funktionen approximiert werden können, das bedeutet, daß für jede Funktion $u \in H_A$ eine Folge finiter stetig differenzierbarer Funktionen $u_n(x)$ in $\overline{\Omega}$ existiert, so daß

$$\lim_{n\to\infty} \int_{\Omega} |\operatorname{grad}(u - u_n)|^2\, dx = 0$$

gilt; 3. im Fall der Randbedingung (41.2) auf $S$ verschwinden und im Fall der Randbedingung (41.3) auf $S$ quadratisch summierbar mit der Gewichtsfunktion $\sigma$ sind. Aus den SOBOLEWschen Einbettungssätzen folgt dann, daß diese Funktionen quadratisch summierbar sind über jedem endlichen Teilgebiet von $\Omega$ und über jedem endlichen meßbaren Teil der Fläche $S$.

Das energetische Produkt und die energetische Norm werden durch folgende Formeln definiert: im Fall der Bedingungen (41.2) durch

$$\left.\begin{aligned} [u, v]_A &= \int_\Omega \sum_{j,k=1}^m A_{jk} \frac{\partial \bar v}{\partial x_j} \frac{\partial u}{\partial x_k} dx, \\ \|u\|_A^2 &= \int_\Omega \sum_{j,k=1}^m A_{jk} \frac{\partial \bar u}{\partial x_j} \frac{\partial u}{\partial x_k} dx \end{aligned}\right\} \tag{41.7}$$

und im Fall der Bedingung (41.3) durch

$$\left.\begin{aligned} [u, v]_A &= \int_\Omega \sum_{j,k=1}^m A_{jk} \frac{\partial \bar v}{\partial x_j} \frac{\partial u}{\partial x_k} dx + \int_S \sigma u \bar v \, dS, \\ \|u\|_A^2 &= \int_\Omega \sum_{j,k=1}^m A_{jk} \frac{\partial \bar u}{\partial x_j} \frac{\partial u}{\partial x_k} dx + \int_S \sigma |u|^2 dS. \end{aligned}\right\} \tag{41.8}$$

Satz 41.1. *Der Operator $A$ ist lediglich positiv, wenn $\Omega$ ein Gebiet vom ersten Typ ist, und positiv definit, wenn $\Omega$ ein Gebiet vom zweiten Typ ist und die Randbedingung* (41.2) *vorliegt.*

Beweis. Es sei $\Omega$ ein Gebiet vom ersten Typ. Wir legen in dieses Gebiet einen Würfel $Q$ der Kantenlänge $a$, und es mögen die Koordinatenachsen in Richtung der Kanten verlaufen, wobei wir voraussetzen, daß innerhalb des Würfels alle Koordinaten positiv sind. Die Funktion

$$u_a(x) = \begin{cases} \prod_{k=1}^m \sin^3 \frac{\pi x_k}{a}, & x \in Q \\ 0, & x \notin Q \end{cases}$$

ist im Definitionsgebiet des Operators $A$ enthalten. Vermöge (41.4) erhalten wir

$$\frac{(A u_a, u_a)}{\|u_a\|^2} = \frac{\|u_a\|_A^2}{\|u_a\|^2} \leq \frac{M_0}{\|u_a\|^2} \int_\Omega \sum_{k=1}^m \left(\frac{\partial u_a}{\partial x_k}\right)^2 dx$$

$$= \frac{M_0}{\|u_a\|^2} \int_Q \sum_{k=1}^m \left(\frac{\partial u_a}{\partial x_k}\right)^2 dx = \frac{c}{a^2} \xrightarrow[a \to \infty]{} 0$$

($c$ ist eine Konstante). Hieraus folgt

$$\inf_{u \in D(A)} \frac{(A u, u)}{\|u\|^2} = 0 .$$

Es gibt auch kein Element $u_0 \neq 0$, für das etwa $(A u_0, u_0) = 0$ gilt. Würde nämlich so ein Element existieren, so wäre $\|u_0\|_A = 0$. Aus (41.7) folgt dann aber

$u_0 = \text{const}$. Da aber $u_0$ ein Element aus $D(A)$ ist und gleichzeitig auch dem Raum $H$ angehört, muß $u_0 \equiv 0$ sein, da das Maß des Gebiets $\Omega$ unendlich ist. Das bedeutet aber gerade, daß der Operator $A$ lediglich positiv ist.

Es sei nun $\Omega$ ein Gebiet vom zweiten Typ, und es sei die Randbedingung (41.2) gegeben. Wir setzen voraus, daß man dieses Gebiet z. B. innerhalb des halbunendlichen Prismas

$$0 \leqq x_k \leqq a, \quad k < m; \quad 0 \leqq x_m < \infty$$

unterbringen kann ($a$ ist eine feste positive Zahl). Das genannte Prisma wollen wir mit $Q$ bezeichnen. Es sei im Raum $L_2(Q)$ der Operator $B$ durch die Formel $Bu = -\Delta u$ auf den finiten Funktionen der Menge $C^{(2)}(\overline{Q})$, die auf dem Rand des Prismas $Q$ Null werden, definiert. Man kann nun jede Funktion $u \in H_A$ auch als Element des Raumes $H_B$ ansehen, es genügt nämlich, die Funktion $u(x)$ fortzusetzen, indem man $u(x) = 0$ festlegt für alle $x \in Q \setminus \Omega$. Wegen Ungleichung (41.4) ergibt sich

$$|u|_A^2 \geqq \mu_0 \int\limits_\Omega \sum_{k=1}^m \left|\frac{\partial u}{\partial x_k}\right|^2 dx = \mu_0 \int\limits_Q \sum_{k=1}^m \left|\frac{\partial u}{\partial x_k}\right|^2 dx = \mu_0 \, |u|_B^2,$$

und es bleibt zu zeigen, daß der Operator $B$ positiv definit ist.

Es sei $u(x)$ eine beliebige Funktion aus dem Definitionsbereich des Operators $B$. Da diese Funktion finit ist, gilt für ein hinreichend großes $h$ und $x_m > h$ die Relation $u(x) \equiv 0$ und

$$\frac{|u|_B^2}{\|u\|^2} = \frac{\int\limits_0^a \cdots \int\limits_0^a \int\limits_0^h \sum\limits_{k=1}^m \left|\frac{\partial u}{\partial x_k}\right|^2 dx_1 \cdots dx_{m-1}\, dx_m}{\int\limits_0^a \cdots \int\limits_0^a \int\limits_0^h |u|^2 \, dx_1 \cdots dx_{m-1}\, dx_m} \geqq \lambda_h,$$

wobei mit $\lambda_h$ der kleinste Eigenwert der Dirichletschen Aufgabe für den Operator $-\Delta$ im Fall des Parallelepipeds $0 \leqq x_k \leqq a$, $k < m$; $0 \leqq x_m \leqq h$ bezeichnet wurde. Bekanntlich gilt

$$\lambda_h = \pi^2 \left(\frac{m-1}{a^2} + \frac{1}{h^2}\right).$$

Dann folgt

$$|u|_B^2 \geqq \frac{(m-1)\,\pi^2}{a^2} \|u\|^2,$$

so daß der Operator $B$ positiv definit ist. Zugleich ist auch der Operator $A$ positiv definit, und es gilt

$$|u|_A^2 \geqq \frac{(m-1)\,\mu_0\,\pi^2}{a^2} \|u\|^2.$$

Ist $\Omega$ ein Gebiet vom zweiten Typ, aber die Randbedingung (41.3) vorgelegt, so ist der Operator $A$ — wie leicht aus (41.8) ersichtlich ist — in jedem Fall positiv.

Wird ein unendliches Gebiet vom ersten oder zweiten Typ betrachtet, so kann das Spektrum des Operators $A$ nicht diskret sein. Für Gebiete vom ersten Typ folgt das sofort aus der Tatsache, daß der Operator $A$ lediglich positiv ist. Für Gebiete vom zweiten Typ ist der Beweis dieser Behauptung wesentlich schwieriger, wir wollen ihn hier nicht angeben.[1])

Zum Abschluß erwähnen wir den Fall gewöhnlicher Differentialoperatoren. Vorgelegt sei der Operator

$$-\frac{d}{dx}\left(p(x)\,\frac{du}{dx}\right) \tag{41.9}$$

auf einem der unendlichen Abschnitte $(-\infty, \infty)$ oder $(0, \infty)$. Wir setzen voraus, daß im entsprechenden Abschnitt die Funktion $p(x)$ stetig differenzierbar und durch positive Konstanten sowohl nach oben als auch nach unten beschränkt ist. Der Operator (41.9) werde entsprechend in den Räumen $L_2(-\infty, \infty)$ bzw. $L_2(0, \infty)$ betrachtet. Im letzteren Fall geben wir für die Funktion $u(x)$ eine der beiden Bedingungen

$$u(0) = 0 \tag{41.10}$$

oder

$$u'(0) - \alpha\, u(0) = 0\,, \quad \alpha \geqq 0 \tag{41.11}$$

vor. In diesem Fall ist $\Omega$ ein unendliches Gebiet vom ersten Typ, da der eindimensionale Würfel mit der Kantenlänge $a$ einen Abschnitt der Länge $a$ darstellt und sowohl die Halbachse $(0, \infty)$ als auch die Zahlengerade $(-\infty, \infty)$ Abschnitte beliebiger Länge enthalten. Aus den bereits bewiesenen Resultaten des vorliegenden Paragraphen folgt dann, daß der von uns betrachtete eindimensionale Operator lediglich positiv ist und sein Spektrum nicht diskret sein kann.

## § 42. Die Divergenzbedingung[2])

Es sei $\Omega$ ein unendliches Gebiet vom ersten oder zweiten Typ, und es sei die Aufgabe gestellt, die Gleichung

$$-\sum_{j,k=1}^{m} \frac{\partial}{\partial x_j}\left(A_{jk}\,\frac{\partial u}{\partial x_k}\right) = f(x) \tag{42.1}$$

in diesem Gebiet bei einer der Randbedingungen (41.2) bzw. (41.3) zu integrieren.[3]) Wir setzen voraus, daß die Koeffizienten $A_{jk}(x)$ den Bedingungen aus § 41 genügen. Ist die Funktion $f(x) \in L_2(\Omega)$ und besitzt die gestellte Aufgabe eine Lösung, die ebenfalls $L_2(\Omega)$ angehört, so realisiert diese Lösung das Minimum des Funktionals

$$\|u\|_A^2 - 2\,\mathrm{Re}\int_\Omega u\bar{f}\,dx\,, \tag{42.2}$$

---

[1]) Der Beweis folgt aus sehr allgemeingültigen Resultaten, wie sie z.B. im Buch von I. M. Glasman [1], S. 233, enthalten sind.

[2]) Die wichtigsten Resultate dieses Paragraphen sind in den Arbeiten [8] und [14] des Autors enthalten.

[3]) Einige Ergebnisse dieses Paragraphen bleiben auch im Fall von Gebieten allgemeineren Charakters richtig.

wobei $\|u\|_A^2$ durch (41.7) bzw. (41.8) definiert wird. Allgemein suchen wir für die Gleichung (42.1) eine Lösung mit endlicher Energie. Aus den allgemeinen Überlegungen folgt[1]), daß eine solche Lösung dann und nur dann existiert, wenn das Integral

$$\int_\Omega u \bar{f}\, dx, \quad u \in D(A) \tag{42.3}$$

ein in der Metrik $H_A$ beschränktes Funktional ist. Wir wollen untersuchen, unter welchen Bedingungen das möglich ist. Mit $M$ bezeichnen wir die Menge aller finiten Funktionen, die in $\Omega$ stetig differenzierbar sind und in einem Grenzstreifen dieses Gebiets Null werden (dabei ist der Grenzstreifen von Funktion zu Funktion verschieden).

Es sei fast überall in $\Omega$ ein lokal summierbarer[2]) Vektor $G(x)$ gegeben. Wir nehmen an, daß eine fast überall in $\Omega$ definierte und ebenfalls lokal summierbare skalare Funktion $g(x)$ existiert mit der Eigenschaft, daß für eine beliebige Funktion $\varphi(x) \in M$ die Identität

$$\int_\Omega \varphi(x)\, \overline{g(x)}\, dx = -\int_\Omega \operatorname{grad} \varphi \cdot G(x)\, dx \tag{42.4}$$

gilt. Wir nennen dann die Funktion $g(x)$ (verallgemeinerte) Divergenz des Vektors $G(x)$ und schreiben $g(x) = \operatorname{div} G(x)$.

Der Begriff der verallgemeinerten Divergenz kann natürlich auch für den Fall eines endlichen Gebiets definiert werden. In diesem Fall setzen wir voraus, daß die Funktionen $g(x)$ und $|G(x)|$ in einem beliebigen inneren Teilgebiet von $\Omega$ summierbar sind, und unter $M$ verstehen wir die Menge von Funktionen aus $C^{(1)}(\Omega)$, die in einem gewissen Grenzstreifen des Gebiets $\Omega$ verschwinden. Laut Definition gilt dann $g(x) = \operatorname{div} G(x)$, wenn die Identität

$$\int_\Omega \varphi(x)\, \overline{g(x)}\, dx = -\int_\Omega \operatorname{grad} \varphi \cdot G(x)\, dx$$

besteht.

**Satz 42.1.** *Die Aufgabe* (42.1), (41.2) *besitzt dann und nur dann eine Lösung mit endlicher Energie, wenn* $f(x) = \operatorname{div} F(x)$ *gilt mit* $|F| \in L_2(\Omega)$.

Die Bedingung dieses Satzes wollen wir „Divergenzbedingung" nennen.

**Beweis.** Wenn die Aufgabe (42.1), (41.2) eine Lösung $u_0(x)$ mit endlicher Energie besitzt, kann man das Integral (42.3) in folgender Weise darstellen[3]):

$$\int_\Omega \overline{f(x)}\, u(x)\, dx = [u, u_0]_A = \int_\Omega \sum_{j,k=1}^{m} A_{jk}(x) \frac{\partial \bar{u}_0}{\partial x_j} \frac{\partial u}{\partial x_k}\, dx$$
$$= -\int_\Omega \operatorname{grad} u \cdot F(x)\, dx\,, \tag{42.5}$$

---

[1]) Siehe § 40.

[2]) Das heißt ein in jedem beliebigen endlichen Teilgebiet von $\Omega$ summierbarer Vektor.

[3]) Siehe § 41.

wobei $F(x)$ ein Vektor ist, dessen $k$-te Koordinate folgende Gestalt hat:

$$F_k(x) = -\sum_{j=1}^{m} \overline{A}_{jk} \frac{\partial u_0}{\partial x_j} = -\sum_{j=1}^{m} A_{kj} \frac{\partial u_0}{\partial x_j}. \tag{42.6}$$

Die oben definierte Menge $M$ ist dann offensichtlich eine Teilmenge des Raumes $H_A$. Es sei in (42.5) $u$ eine beliebige Funktion aus $M$; dann bedeutet diese Gleichung die Gültigkeit von $f(x) = \operatorname{div} F(x)$. Aus (41.4) folgt die Beschränktheit der Koeffizienten $A_{jk}$. Es sei $|A_{kj}| \leqq N$, dann folgt aus (42.6) unter Beachtung der CAUCHYschen Ungleichung

$$|F(x)|^2 = \sum_{j=1}^{m} |F_j(x)|^2 \leqq m^2 N^2 |\operatorname{grad} u_0|^2.$$

Da $u_0 \in H_A \subset W_2^{(1)}(\Omega)$ ist, folgt $|F| \in L_2(\Omega)$. Wenn umgekehrt die Funktion $f(x)$ den Bedingungen des Satzes genügt, gilt für eine beliebige Funktion $u \in M$

$$\int_\Omega \overline{f(x)}\, u(x)\, dx = \int_\Omega u\, \overline{\operatorname{div} F}\, dx = -\int_\Omega \operatorname{grad} u \cdot F\, dx.$$

Hieraus folgt zunächst

$$\left|\int_\Omega \overline{f(x)}\, u(x)\, dx\right| \leqq \left\{\int_\Omega |F|^2\, dx\right\}^{1/2} \left\{\int_\Omega |\operatorname{grad} u|^2\, dx\right\}^{1/2}$$

und vermöge (41.4)

$$\left|\int_\Omega \overline{f(x)}\, u(x)\, dx\right| \leqq \frac{1}{\mu_0} \left\{\int_\Omega |F|^2\, dx\right\}^{1/2} \|u\|_A. \tag{42.7}$$

Da die Menge $M$ dicht in $H_A$ ist, zeigt diese Ungleichung zugleich die Beschränktheit des Funktionals (42.3) im Raum $H_A$. Folglich besitzt die Aufgabe (42.1), (41.2) eine Lösung mit endlicher Energie.

Es sei $u_0(x)$ diese Lösung, dann gilt

$$\int_\Omega \overline{f(x)}\, u(x)\, dx = [u, u_0]_A.$$

Wir setzen in der Ungleichung (42.7), die nicht nur für alle Elemente der Menge $M$, sondern für den gesamten Raum $H_A$ Gültigkeit besitzt, $u = u_0$. Damit ergibt sich folgende Abschätzung für die energetische Norm der Lösung:

$$\|u_0\|_A \leqq \frac{1}{\mu_0} \left\{\int_\Omega |F(x)|^2\, dx\right\}^{1/2}. \tag{42.8}$$

Satz 42.2 *Es sei $\Omega$ ein Gebiet vom ersten Typ mit einem endlichen Rand. Für die Existenz einer Lösung mit endlicher Energie der Aufgabe* (42.1), (41.2) *ist notwendig, daß $f(x) = \operatorname{div} F(x)$ mit $|F| \in L_2(\Omega)$, und hinreichend, daß außerdem für eine beliebige finite Funktion $u \in H_A$ die Formel der partiellen Integration*

$$\int_\Omega u \bar{f}\, dx = -\int_\Omega (\operatorname{grad} u) \cdot F\, dx + \int_S u \overline{F_\nu}\, dS \tag{42.9}$$

*gilt, wobei $F_\nu$ die Projektion des Vektors $F$ auf die Richtung der äußeren Normale $\nu$ auf der Fläche $S$ bezeichnet, und daß $F_\nu \in L_2(S)$ gilt.*

Beweis. Wir erinnern daran, daß im betrachteten Fall der Raum $H_A$ aus denjenigen Funktionen des Raumes $W_2^{(1)}(\Omega)$ besteht, deren Quadrate auf dem Rand $S$ mit der Gewichtsfunktion $\sigma$ summierbar sind. Die Metrik im Raum $H_A$ wird durch (41.8) definiert. Die Notwendigkeit der Behauptung wird wie in Satz 42.1 bewiesen, wobei noch zu bemerken wäre, daß im betrachteten Fall $M \subset H_A$ gilt.

Wir wenden uns dem Beweis der Hinlänglichkeit zu. Gegeben sei eine finite Funktion $u \in H_A$; dann folgt aus (42.9)

$$\left|\int_\Omega u\bar{f}\,dx\right|^2 \leqq 2\int_\Omega |F|^2\,dx \int_\Omega |\text{grad}\,u|^2\,dx + 2\int_S |F_\nu|^2\,dS \int_S |u|^2\,dS\,. \qquad (42.10)$$

Wir setzen zunächst $\sigma \not\equiv 0$ voraus. Man erhält dann durch Anwendung der Sobolewschen Einbettungssätze

$$\int_S |u|^2\,dS \leqq C_1\left\{\int_\Omega (\text{grad}\,u)^2\,dx + \int_S \sigma\,|u|^2\,dS\right\}$$

mit einer Konstanten $C_1$. Wie man leicht sieht, folgt hieraus

$$\left|\int_\Omega u\bar{f}\,dx\right|^2 \leqq C_2\left\{\int_\Omega (\text{grad}\,u)^2\,dx + \int_S \sigma\,|u|^2\,dS\right\} = C_2\,\|u\|_A^2\,, \qquad (42.11)$$

$$C_2 = \text{const}\,.$$

Das Funktional (42.3) erweist sich hiermit als beschränkt auf der in $H_A$ dichten Menge der finiten Funktionen. In diesem Fall besitzt aber die Aufgabe (42.1), (41.2) eine Lösung mit endlicher Energie. Aus (42.10) folgt dann leicht die Abschätzung $\|u_0\|_A \leqq \sqrt{C_2}$, wobei $u_0$ die soeben erwähnte Lösung ist.

Der Fall $\sigma \equiv 0$ macht gesonderte Untersuchungen notwendig. In diesem Fall kann nämlich die Lösung der Aufgabe (42.1), (41.2) wenn sie überhaupt existiert, nur bis auf eine additive Konstante bestimmt werden. Wir umgehen die dadurch hervorgerufene Willkür, indem wir den Raum $H_A$ durch seinen Unterraum $\tilde{H}_A$ ersetzen, für dessen Elemente

$$\int_S u\,dS = 0 \qquad (42.12)$$

gilt, und indem wir fordern, daß die Lösung mit endlicher Energie dem Unterraum $\tilde{H}_A$ angehört. Wir zeigen, daß für die Elemente dieses Unterraumes die folgende Ungleichung gilt:

$$\int_S |u|^2\,dS \leqq C_1\int_\Omega |\text{grad}\,u|^2\,dx \leqq \frac{C_1}{\mu_0}\,\|u\|_A^2\,, \quad C_1 = \text{const}\,. \qquad (42.13)$$

Wir betrachten eine Hypersphäre $S_R$ mit dem Mittelpunkt im Koordinatenursprung und dem festen Radius $R$, der so groß gewählt wurde, daß der gesamte Rand $S$ innerhalb dieser Hypersphäre liegt. Es sei $\Omega_R$ der Teil des Gebiets $\Omega$, der innerhalb $S_R$ liegt. Im Raum $W_2^{(1)}(\Omega_R)$ kann man folgende Norm definieren:

$$\|u\|^2_{W_2^{(1)}(\Omega_R)} = \int_{\Omega_R} |\text{grad}\,u|^2\,dx + \left|\int_S u\,dS\right|^2.$$

Unter Berufung auf die Einbettungssätze folgt dann

$$\int_S |u|^2\,dS \leqq C_1 \left\{ \int_{\Omega_R} |\operatorname{grad} u|^2\,dx + \left|\int_S u\,dS\right|^2 \right\}, \qquad C_1 = \text{const}.$$

Wenn nun $u \in \tilde{H}_A$ ist, dann erhält man aus dieser Ungleichung

$$\int_S |u|^2\,dS \leqq C_1 \int_{\Omega_R} |\operatorname{grad} u|^2\,dx \leqq C_1 \int_\Omega |\operatorname{grad} u|^2\,dx .$$

Aus (42.10) und (42.13) folgt dann

$$\left|\int_\Omega u\,\bar{f}\,dx\right| \leqq 2\left[\int_\Omega |F(x)|^2\,dx + \frac{C_1}{\mu_0}\int_S |F_\nu|^2\,dS\right] \|u\|_A^2 .$$

Demnach ist das Funktional (42.3) in $\tilde{H}_A$ beschränkt, und die betrachtete Aufgabe besitzt eine Lösung mit endlicher Energie. Es sei $u_0$ diese Lösung. Sie realisiert das Minimum des Funktionals

$$\|u\|_A^2 - 2\operatorname{Re}\int_\Omega u\,\bar{f}\,dx$$

im Raum $\tilde{H}_A$. Dann ist bei $u_0$ die Variation dieses Funktionals gleich Null:

$$[u_0, \zeta]_A - \int_\Omega \zeta\,\bar{f}\,dx = 0\,, \qquad \zeta \in \tilde{H}_A\,,$$

bzw.

$$[u_0, \zeta]_A + \int_\Omega \operatorname{grad}\zeta \cdot F\,dx = 0\,.$$

Wenn wir $\zeta = u_0$ setzen und das Integral über die Bunjakowski-Ungleichung und die Ungleichung (41.4) abschätzen, erhalten wir

$$\|u_0\|_A^2 \leqq \left\{\int_\Omega |F|^2\,dx\right\}^{1/2} \left\{\int_\Omega |\operatorname{grad} u_0|^2\,dx\right\}^{1/2} \leqq \frac{1}{\sqrt{\mu_0}} \left\{\int_\Omega |F(x)|^2\,dx\right\}^{1/2} \|u_0\|_A .$$

Hieraus ergibt sich die folgende Abschätzung für die Lösung mit endlicher Energie der Neumannschen Aufgabe:

$$\|u_0\|_A \leqq \frac{1}{\sqrt{\mu_0}} \left\{\int_\Omega |F|^2\,dx\right\}^{1/2}. \tag{42.14}$$

Bemerkungen.

1. Die Formel (42.9) und die Inklusion $F_\nu \in L_2(S)$ gelten z.B., wenn $F_j \in W_p^{(1)}(\omega)$ ist, wobei die $F_j$ die Koordinaten des Vektors $F$ sind, $\omega$ den Durchschnitt des Gebiets $\Omega$ mit einer Umgebung des Randes $S$ bezeichnet und $p$ aus der Ungleichung $\frac{(m-1)p}{m-p} > 2$ bzw. $p > \frac{2m}{m+1}$ ermittelt wird.

2. Die Relation $f(x) = \operatorname{div} F(x)$, $F \in L_2(\Omega)$, gilt z.B. in folgendem Fall[1]): Es seien $x$ und $y$ Punkte des Gebiets $\Omega$, $\varrho = |y|$, $r = |x - y|$ und

$$\alpha(\varrho) = \begin{cases} 0, & \varrho < 1\,, \\ 1, & \varrho \geqq 1\,. \end{cases}$$

---

[1]) Siehe die Arbeit [15] des Autors.

Wenn ein äußerer Punkt in bezug auf $\Omega$ existiert, kann man diesen Punkt als Koordinatenursprung ansehen und $\alpha(\varrho) = 1$ setzen. Wir betrachten die Funktion

$$\psi(x) = \int_{\Omega} \left( \frac{1}{r^{m-2}} - \frac{\alpha(\varrho)}{\varrho^{m-2}} \right) f(y)\, dy\,, \tag{42.15}$$

wobei wir $m > 2$ voraussetzen. Für $m = 2$ definieren wir

$$\psi(x) = \int_{\Omega} \left( \ln \frac{1}{r} - \alpha(\varrho) \ln \frac{1}{\varrho} \right) f(y)\, dy\,. \tag{42.15'}$$

Das Integral (42.15) existiert bei fast allen $x \in \Omega$, wenn beispielsweise $f \in L_p(\Omega)$, $1 < p < m$, ist. Gilt $|\operatorname{grad} \psi| \in L_2(\Omega)$, so kann man $F(x) = C \operatorname{grad} \psi$ mit einer entsprechend gewählten Konstanten $C$ setzen.

## § 43. Eine andere Lösungsbedingung

Die Existenz eines Vektors $F(x)$, für den $f(x) = \operatorname{div} F(x)$ und $|F| \in L_2(\Omega)$ gilt, ist nicht immer leicht nachzuweisen; deshalb werde eine andere, leichter nachzuprüfende hinreichende Bedingung für die Lösbarkeit der Aufgabe (42.1) mit der Randbedingung (41.2) angegeben.

Für eine beliebige Funktion $u(x)$, die fast überall im $m$-dimensionalen euklidischen Raum $E_m$, $m \geqq 3$, definiert ist, erste verallgemeinerte Ableitungen besitzt und für die die Integrale

$$\int_{E_m} |u(x)|^2\, dx\,, \qquad \int_{E_m} |\operatorname{grad} u|^2\, dx \tag{43.1}$$

einen endlichen Wert annehmen, gilt die Ungleichung[1])

$$\int_{E_m} \frac{|u(x)|^2}{|x|^2}\, dx \leqq \frac{4}{(m-2)^2} \int_{E_m} |\operatorname{grad} u|^2\, dx\,. \tag{43.2}$$

Ausgehend von dieser Ungleichung kann man leicht zeigen, daß die Aufgabe (42.1), (41.2) eine Lösung mit endlicher Energie besitzt, wenn die Dimension des Gebiets $\Omega$ $m \geqq 3$, der Rand des Gebiets $\Omega$ endlich ist und

$$\int_{\Omega} |x|^2 \cdot |f(x)|^2\, dx < \infty \tag{43.3}$$

gilt. In der Tat, es ist

$$\left| \int_{\Omega} u(x) \overline{f(x)}\, dx \right| \leqq \left\{ \int_{\Omega} |x|^2 \cdot |f(x)|^2\, dx \right\}^{1/2} \left\{ \int_{\Omega} \frac{|u(x)|^2}{|x|^2}\, dx \right\}^{1/2}. \tag{43.4}$$

Da $u$ ein Element des Raumes $H_A$ ist, gibt es eine Folge $u_n(x)$ stetig differenzierbarer in $\overline{\Omega}$ finiter Funktionen, die auf dem Rand $S$ verschwinden, dergestalt,

1) Siehe R. Courant und D. Hilbert [1], Kap. VI, § 5.

daß folgende Beziehung gilt:

$$\int_{\Omega} |\operatorname{grad}(u_n - u)|^2 \, dx \xrightarrow[n\to\infty]{} 0 . \tag{43.5}$$

Wir setzen die Funktionen $u_n(x)$ fort, indem wir sie außerhalb $\Omega$ gleich Null setzen. Diese so fortgesetzten Funktionen besitzen verallgemeinerte erste Ableitungen, und für sie sind die Integrale (43.1) endlich. Vermöge (43.2) ergibt sich

$$\int_{E_m} \frac{|u_n(x)|^2}{|x|^2} \, dx \leqq \frac{4}{(m-2)^2} \int_{E_m} |\operatorname{grad} u_n|^2 \, dx$$

bzw. (dabei lassen wir die Integrale über die Komplementärmenge von $\Omega$ weg, da sie Null sind)

$$\int_{\Omega} \frac{|u_n(x)|^2}{|x|^2} \, dx \leqq \frac{4}{(m-2)^2} \int_{\Omega} |\operatorname{grad} u_n|^2 \, dx . \tag{43.6}$$

Wir betrachten eine Hypersphäre mit dem Mittelpunkt im Koordinatenursprung und mit dem Radius $R$, der so groß gewählt werden soll, daß der Rand $S$ des Gebiets $\Omega$ vollkommen innerhalb dieser Hypersphäre liegt. Den Durchschnitt dieser Hypersphäre mit dem Gebiet $\Omega$ bezeichnen wir mit $\Omega_R$. Vermöge (43.5) und (43.6) gelten bei beliebigem $R$ die Relationen

$$\int_{\Omega_R} |\operatorname{grad}(u_n - u)|^2 \, dx \xrightarrow[n\to\infty]{} 0 \tag{43.7}$$

und

$$\int_{\Omega_R} \frac{|u_n(x)|^2}{|x|^2} \, dx \leqq \frac{4}{(m-2)^2} \int_{\Omega} |\operatorname{grad} u_n|^2 \, dx . \tag{43.8}$$

Da die Funktionen $u_n(x)$ und $u(x)$ auf $S$ verschwinden, folgt[1]) wegen (43.7) die Konvergenz der Folge $u_n$ gegen $u$ in der Metrik des Raumes $L_2(\Omega_R)$. Wir vollführen in (43.8) den Grenzübergang für $n$ und dann für $R$, so daß sich

$$\int_{\Omega} \frac{|u(x)|^2}{|x|^2} \, dx \leqq \frac{4}{(m-2)^2} \int_{\Omega} |\operatorname{grad} u|^2 \, dx \tag{43.9}$$

ergibt. Diese Ungleichung gilt für ein beliebiges Element $u \in H_A$. Aus (43.4) und (43.9) folgt dann die Beschränktheit des Funktionals (42.3) im Raum $H_A$, so daß die Aufgabe (42.1), (41.2) eine Lösung mit endlicher Energie besitzt.

## § 44. Homogene Differentialgleichungen

Das Ziel dieses Paragraphen besteht in der Beschreibung einer zusätzlichen Schwierigkeit, die bei der Anwendung der energetischen Methode auf Randwertaufgaben für homogene Differentialgleichungen im Fall unendlicher Gebiete entstehen kann.

[1]) Das folgt leicht aus den SOBOLEWschen Einbettungssätzen.

Wir beschränken uns auf die DIRICHLETsche Aufgabe für die LAPLACEsche Gleichung. Es sei $\Omega$ ein unendliches Gebiet mit einem endlichen Rand, und gesucht werde eine in diesem Gebiet harmonische Funktion $v(x)$, die der Randbedingung

$$v|_S = \psi|_S \tag{44.1}$$

genügt. Es sei $\psi$ eine Funktion der Klasse $W_2^{(1)}(\Omega)$, so daß

$$\int_\Omega |\operatorname{grad} \psi|^2 \, dx < \infty \tag{44.2}$$

gilt.

Wir suchen das Minimum des Integrals

$$\int_\Omega |\operatorname{grad} v|^2 \, dx \tag{44.3}$$

über alle Funktionen, die der Bedingung (44.1) genügen und für die das Integral (44.3) endlich ist. Es ist unschwer zu sehen, daß diese Aufgabe eine Lösung besitzt. Um diese Behauptung zu beweisen, betrachten wir den HILBERT-Raum $H_0$, dessen Elemente Funktionen $u(x)$ sind, die folgenden Bedingungen genügen:

1. $\int_\Omega |\operatorname{grad} u|^2 \, dx < \infty$ ;
2. $u|_S = 0$;
3. es existiert eine Folge $u_n(x)$ stetig differenzierbarer im Gebiet $\overline{\Omega}$ und finiter Funktionen dergestalt, daß folgende Grenzbeziehung gilt:

$$\int_\Omega |\operatorname{grad} (u_n - u)|^2 \, dx \xrightarrow[n\to\infty]{} 0 \, . \tag{44.4}$$

Das innere Produkt wird in $H_0$ durch

$$[u_1, u_2]_0 = \int_\Omega \operatorname{grad} u_1 \cdot \operatorname{grad} u_2 \, dx \tag{44.5}$$

definiert. Wie leicht einzusehen ist, stimmt der Raum $H_0$ mit dem Raum $H_A$ des § 41 überein, wenn $A\,u = -\Delta u$ gesetzt wird und die Randbedingung (41.2) erfüllt ist. Wir setzen in das Integral (44.3) $v = \psi - u$ ein. Dann wird die Minimumaufgabe für das Integral (44.3) in die Minimumaufgabe für das Funktional

$$\|u\|_0^2 - 2 \operatorname{Re} \int_\Omega \operatorname{grad} u \cdot \operatorname{grad} \psi \, dx \tag{44.6}$$

im Raum $H_0$ überführt.

Vermöge der CAUCHY-BUNJAKOWSKI-Ungleichung

$$\left| \int_\Omega \operatorname{grad} u \cdot \operatorname{grad} \psi \, dx \right| \leqq \left\{ \int_\Omega |\operatorname{grad} \psi|^2 \, dx \right\}^{1/2} \|u\|_0 \tag{44.7}$$

ist das in (44.6) enthaltene Funktional beschränkt in $H_0$. Dann besitzt aber die Minimumaufgabe für das Funktional (44.6) eine Lösung $u_0 \in H_0$. Die Funktion $v_0(x) = \psi(x) - u_0(x)$ realisiert dann auch das Minimum für das Funktional (44.3).

Es ist leicht zu zeigen (vgl. MP, § 33, Satz 1), daß die Funktion $v_0(x)$ harmonisch in jedem beliebigen endlichen Teilgebiet von $\Omega$ ist. Folglich kann man diese Funktion außerhalb einer hinreichend großen Hypersphäre in eine Reihe nach den Kugelfunktionen zerlegen:

$$v_0(x) = C + \sum_{n=1}^{\infty} \sum_{k=1}^{k_{n,m}} a_{nk} |x|^n Y_{n,m}^{(k)}(\Theta) + \sum_{n=0}^{\infty} \sum_{k=1}^{k_{n,m}} b_{nk} \frac{Y_{n,m}^{(k)}(\Theta)}{|x|^{n+m-2}} .$$

Dabei ist $C$ eine Konstante, $\Theta = \frac{x}{|x|}$, $Y_{n,m}^{(k)}(\Theta)$ sind die linear unabhängigen Kugelfunktionen $n$-ter Ordnung im Raum $E_m$, und $k_{n,m}$ ist die Anzahl der linear unabhängigen Kugelfunktionen. Da das Integral

$$\int_\Omega |\mathrm{grad}\, v_0|^2 \, dx$$

endlich ist, folgt $a_{nk} = 0$, so daß für hinreichend große $x$

$$v_0(x) = C + \sum_{n=1}^{\infty} \sum_{k=1}^{k_n} b_{nk} \frac{Y_{n,m}^{(k)}(\Theta)}{|x|^{n+m-2}} \tag{44.8}$$

gilt. Bei $m = 2$ ist $v_0(x)$ Lösung der am Anfang dieses Paragraphen formulierten Aufgabe. Bei $m > 2$ schließt man gewöhnlich in die Definition der harmonischen Funktion $v_0(x)$ die Forderung $C = 0$ mit ein, da andernfalls die Lösung der Dirichletschen Aufgabe für ein unendliches Gebiet mit endlichem Rand nicht eindeutig wäre.

Wir legen den Koordinatenursprung innerhalb von $S$.

Es sei $C = 0$. Wegen (44.8) konvergiert dann das Integral

$$\int_\Omega \frac{v_0(x)}{|x|^m} \, dx . \tag{44.9}$$

Konvergiert das Integral (44.9), so ist umgekehrt in der Formel (44.8) $C = 0$. Da $u_0(x)$ ein Element des Raumes $H_A$ ist, konvergiert wegen (43.9) auch das Integral

$$\int_\Omega \frac{u_0(x)}{|x|^m} \, dx .$$

In der Tat, es sei der Radius $R$ wie in § 43 gewählt. Dann gilt bei $R_1 > R$

$$\left| \int_{R<|x|<R_1} \frac{u_0(x)}{|x|^m} \, dx \right|$$

$$\leqq \left\{ \int_{R<|x|<R_1} \frac{|u_0(x)|^2}{|x|^2} \, dx \right\}^{1/2} \left\{ \int_{S_1} dS_1 \int_R^{R_1} \frac{d\,|x|}{|x|^{2m-2}} \right\}^{1/2}$$

$$\leqq \sqrt{\frac{\omega_m}{2m-3} \left( \frac{1}{R^{2m-3}} - \frac{1}{R_1^{2m-3}} \right)} \left\{ \int_\Omega \frac{|u_0(x)|^2}{|x|^2} \, dx \right\}^{1/2} \xrightarrow[R \to \infty]{} 0 .$$

Hierbei ist $S_1$ die Einheitshypersphäre im Raum $E_m$ und $\omega_m$ die Oberfläche dieser Hypersphäre. Dafür, daß die durch die energetische Methode konstruierte Funktion $v_0(x)$ im Gebiet $\Omega$ vom ersten Typ, dessen Dimension $m \geqq 3$ ist, harmonisch ist, ist also notwendig und hinreichend, daß das Integral

$$\int\limits_{\Omega} \frac{\psi(x)}{|x|^m} dx = \int\limits_{\Omega} \frac{u_0(x)}{|x|^m} dx + \int\limits_{\Omega} \frac{v_0(x)}{|x|^m} dx \tag{44.10}$$

konvergiert. Es ist von Wichtigkeit, daß das immer erreicht werden kann; denn wenn das Intergral (44.10) divergiert, kann man die Funktion $\psi(x)$ durch das Produkt $\psi(x)\,\zeta(x)$ ersetzen, wobei $\zeta(x)$ eine stetig differenzierbare Funktion ist, für die

$$\zeta(x) = \begin{cases} 1, & |x| \leqq R, \\ 0, & |x| \geqq R + 1 \end{cases}$$

gilt, und $R$ hinreichend groß ist. Die Bedingungen (44.1) und (44.2) werden dabei offensichtlich nicht verletzt, das Integral

$$\int\limits_{\Omega} \frac{\psi(x)\,\zeta(x)}{|x|^m} dx$$

jedoch konvergiert.

## § 45. Ausgeartete Gleichungen in endlichen Gebieten

Wir betrachten die Gleichung zweiter Ordnung

$$-\sum_{j,k=1}^{m} \frac{\partial}{\partial x_j}\left(A_{jk} \frac{\partial u}{\partial x_k}\right) = f(x), \qquad A_{jk} = \overline{A}_{kj}, \tag{45.1}$$

die in einem gegebenen endlichen Gebiet $\Omega$ elliptisch ist, jedoch auf einem gewissen Teil $S'$ des Randes $S$ dieses Gebiets entartet. Wir setzen voraus, daß eine hinreichend glatte Transformation der unabhängigen Variablen $x_1, x_2, \ldots, x_m$ in die neuen Variablen $\xi_1, \xi_2, \ldots, \xi_m$ existiert[1]), die $S'$ in einen Teil der Ebene $\xi_m = 0$ überführt und die Koeffizienten $A_{jm}$ $(j = 1, 2, \ldots, m-1)$ gleich Null werden läßt. Wir nehmen deshalb von vornherein an, daß $A_{jm} \equiv 0$ $(j < m)$ gilt und der Teil $S'$ des Randes, auf dem die Gleichung (45.1) entartet, in der Ebene $x_m = 0$ liegt. Außerdem setzen wir voraus, daß $S'$ die einzige Menge im abgeschlossenen Gebiet $\overline{\Omega}$ ist, in der die Gleichung (45.1) entartet. Demnach ist in allen Punkten des Gebiets $\overline{\Omega}$, in denen $x_m > 0$ gilt, die quadratische Form

$$\sum_{j,k=1}^{m} A_{jk}\, \bar{t}_j\, t_k = \sum_{j,k=1}^{m-1} A_{jk}\, \bar{t}_j\, t_k + A_{mm}\, |t_m|^2$$

positiv definit, in den Punkten mit $x_m = 0$ jedoch tritt Entartung ein.

Wir formulieren noch folgende Voraussetzung: Im Abschnitt $0 \leqq x_m \leqq h$ ($h$ sei der maximale Wert von $x_m$ in $\Omega$) gebe es eine stetig differenzierbare nicht-

---

[1]) Näheres hierüber siehe in der Arbeit [9] des Autors, in der die unten angeführten Tatsachen über ausgeartete Gleichungen ausführlich dargelegt werden.

negative Funktion $\varphi(x_m)$ dergestalt, daß der Quotient $\frac{A_{mm}(x)}{\varphi(x_m)}$ stetig und durch positive Konstanten sowohl nach oben als auch nach unten beschränkt ist.

Offensichtlich gilt $\varphi(0) = 0$ und $\varphi(x_m) > 0$ für $x_m > 0$.

Mit $S''$ bezeichnen wir das Komplement zu $S'$ in bezug auf den gesamten Rand $S$. Der Differentialoperator im linken Teil der Gleichung (45.1) werde auf der Funktionenmenge $N(\Omega)$ betrachtet, für die folgende Forderungen bestehen:

a) wenn $u(x) \in N(\Omega)$ gilt, seien die Funktionen

$$u, \frac{\partial u}{\partial x_j}, \frac{\partial^2 u}{\partial x_j \, \partial x_k}, j, k \leqq m-1; \quad \varphi(x_m) \frac{\partial u}{\partial x_m}, \frac{\partial}{\partial x_m}\left(\varphi(x_m) \frac{\partial u}{\partial x_m}\right)$$

stetig in $\overline{\Omega}$;

b) $u|_{S''} = 0$; (45.2)

c) wenn das Integral

$$\int_0^h \frac{dt}{\varphi(t)} \tag{45.3}$$

konvergiert, dann sei zusätzlich die Bedingung

$$u|_{S'} = 0 \tag{45.4}$$

gegeben; divergiert dagegen das Integral (45.3), so wird auf $S'$ keine Bedingung gegeben.

Der auf der Menge $N(\Omega)$ definierte Differentialoperator, der durch die linke Seite der Gleichung (45.1) gegeben wird, erweist sich im Raum $L_2(\Omega)$ als positiv und gestattet deshalb eine selbstadjungierte Friedrichs-Erweiterung, die wir mit $A$ bezeichnen wollen. Der Operator $A$ ist positiv definit, wenn das Integral

$$\int_0^h \frac{t\,dt}{\varphi(t)} \tag{45.5}$$

konvergiert, sein Spektrum ist dann diskret. Der Operator $A$ ist auch dann noch positiv definit, wenn $a\,t^2 \leqq \varphi(t) \leqq b\,t^2$ gilt, wobei $a$ und $b$ positive Konstanten sind; sein Spektrum ist allerdings nicht mehr diskret. Ist schließlich die Ungleichung $C_1\,t^\beta \leqq \varphi(t) \leqq C_2\,t^\beta$ ($C_1$ und $C_2$ sind positive Konstanten und $\beta > 2$) erfüllt und existiert für $0 \leqq t \leqq h$ eine stetige nichtnegative Funktion $\psi(t)$ dergestalt, daß $\psi(0) = 0$ gilt und

$$\sum_{k,j=1}^{m-1} A_{jk}(x)\,\bar{t}_j\,t_k \leqq \psi(x_m) \sum_{k=1}^{m-1} |t_k|^2, \tag{45.6}$$

so ist der Operator $A$ lediglich positiv, aber nicht positiv definit.

Wir betrachten den energetischen Raum $H_A$. Die Norm in diesem Raum wird definiert durch

$$\|u\|_A^2 = \int_\Omega \sum_{j,k=1}^{m} A_{jk} \frac{\partial \bar{u}}{\partial x_j} \frac{\partial u}{\partial x_k}\,dx; \tag{45.7}$$

seine Elemente sind Funktionen, die in $\Omega$ erste verallgemeinerte Ableitungen besitzen, für die das Integral (45.7) konvergiert und die die Bedingung (45.2) erfüllen.

Wir stellen die Aufgabe (Aufgabe $D$) der Integration der Gleichung (45.1) bei den Bedingungen (45.2) und (45.4). Die letzte Bedingung fällt weg, wenn das Integral (45.3) divergiert. Die Aufgabe $D$ besitzt eine Lösung mit endlicher Energie, wenn im Raum $H_A$ eine Funktion existiert, die in diesem Raum das Minimum des Integrals

$$\int_\Omega \left\{ \sum_{j,k=1}^m A_{jk} \frac{\partial \bar{u}}{\partial x_j} \frac{\partial u}{\partial x_k} - 2 \operatorname{Re} u \bar{f} \right\} dx$$

realisiert.

**Satz 45.1.** *Die Funktion $f(x)$ aus (45.1) sei summierbar in einem beliebigen Teilgebiet von $\Omega$. Die Aufgabe (45.1)—(45.2) besitzt dann und nur dann eine Lösung mit endlicher Energie, wenn $f(x) = \operatorname{div} F(x)$ gilt, wobei der Vektor $F(x)$ dergestalt ist, daß für eine beliebige Funktion $u \in N(\Omega)$ die Gleichung*

$$\int_\Omega u \operatorname{div} \bar{F}\, dx = -\int_\Omega \operatorname{grad} u \cdot F\, dx \tag{45.8}$$

*erfüllt ist und das Integral*

$$\int_\Omega \sum_{k=1}^m F_k \bar{\omega}_k\, dx \tag{45.9}$$

*konvergiert, wobei die Funktionen $\omega_k$ aus dem Gleichungssystem*

$$\sum_{k=1}^m A_{jk}\, \omega_k = F_j \tag{45.10}$$

*ermittelt werden.*

**Beweis.** Es sei $u \in N(\Omega)$. Wir betrachten das Funktional

$$l u = \int_\Omega u \bar{f}\, dx = \int_\Omega u \operatorname{div} \bar{F}\, dx\,, \qquad u \in H_A\,. \tag{45.11}$$

Wegen (45.8) und (45.10) ergibt sich

$$l u = -\int_\Omega \sum_{j=1}^m \bar{F}_j \frac{\partial u}{\partial x_j}\, dx = -\int_\Omega \sum_{j,k=1}^m \bar{A}_{jk} \frac{\partial u}{\partial x_j} \bar{\omega}_k\, dx$$

$$= -\int_\Omega \sum_{j,k=1}^m A_{jk} \bar{\omega}_j \frac{\partial u}{\partial x_k}\, dx\,.$$

Das quadratische Funktional

$$\int_\Omega \sum_{j,k=1}^m A_{jk}(x) \overline{\zeta_j(x)}\, \zeta_k(x)\, dx$$

ist nichtnegativ. Vermöge der CAUCHY-BUNJAKOWSKI-Ungleichung ergibt sich

$$|l\,u| \leqq \left\{\int\limits_{\Omega} \sum_{j,k=1}^{m} A_{jk}\,\overline{\omega}_j\,\omega_k\,dx\right\}^{1/2} \left\{\int\limits_{\Omega} \sum_{j,k=1}^{m} A_{jk}\frac{\partial \overline{u}}{\partial x_j}\frac{\partial u}{\partial x_k}\,dx\right\}^{1/2}$$

$$= |u|_A \left\{\int\limits_{\Omega} \sum_{j=1}^{m} F_j\,\overline{\omega}_j\,dx\right\}^{1/2}.$$

Diese letzte Ungleichung zeigt nun, daß das Funktional (45.9) im Raum $H_A$ beschränkt ist, und folglich besitzt die Aufgabe $D$ eine Lösung mit endlicher Energie.

Es habe umgekehrt die Aufgabe $D$ eine Lösung $u_0(x)$ mit endlicher Energie. Dann gilt

$$l\,u = \int u\,\overline{f}\,dx = [u, u_0]_A = \int\limits_{\Omega} \sum_{j,k=1}^{m} A_{jk}\frac{\partial u}{\partial x_j}\frac{\partial \overline{u}_0}{\partial x_k}\,dx\,, \quad u \in N(\Omega)\,, \tag{45.12}$$

und es ist ausreichend,

$$F_j = \sum_{k=1}^{m} \overline{A}_{jk}\frac{\partial u_0}{\partial x_k} = \sum_{k=1}^{m} A_{kj}\frac{\partial u_0}{\partial x_k}$$

zu setzen. Um diese Behauptung zu beweisen, nehmen wir eine Funktion $u(x) \in C^{(1)}(\Omega)$, die in einem gewissen Randstreifen des Gebiets $\Omega$ gleich Null ist, und konstruieren die gemittelte Funktion[1] $u_h(x)$. Bei hinreichend kleinem Radius $h$ gilt $u_h \in N(\Omega)$, so daß man für diese Funktion die Formel (45.12) schreiben kann, die auf die Form

$$\int\limits_{\Omega} u_h\,\overline{f}\,dx = -\int\limits_{\Omega} \operatorname{grad} u_h \cdot \boldsymbol{F}\,dx$$

gebracht werden kann. Wir lassen nun $h$ gegen Null konvergieren. Es konvergieren $u_h$ und grad $u_h$ gleichmäßig gegen die Funktionen $u$ bzw. grad $u$. Da die Funktion $f$ und der Vektor $\boldsymbol{F}$ in einem beliebigen Teilgebiet von $\Omega$ summierbar sind, kann in der letzten Gleichung zum Grenzwert übergegangen werden:

$$\int\limits_{\Omega} u\,\overline{f}\,dx = -\int\limits_{\Omega} \operatorname{grad} u \cdot \boldsymbol{F}\,dx\,.$$

Diese Gleichung besagt aber $f(x) = \operatorname{div} \boldsymbol{F}(x)$. Aus der Definition des Vektors $\boldsymbol{F}$ folgt sofort auch (45.8). Außerdem ist leicht zu sehen, daß in diesem Fall $\omega_k = \dfrac{\partial u_0}{\partial x_k}$ gilt und daß sich

$$\int\limits_{\Omega} \sum_{k=1}^{m} F_k\,\overline{\omega}_k\,dx = \int\limits_{\Omega} \sum_{j,k=1}^{m} A_{jk}\frac{\partial u_0}{\partial x_j}\frac{\partial \overline{u}_0}{\partial x_k}\,dx = |u|_A^2$$

ergibt, so daß das Integral (45.9) konvergiert.

---

[1]) Siehe S. L. SOBOLEW [1] und auch MP, § 16.

Wir betrachten als Beispiel den Fall, daß die Funktion $f(x)$ stetig in $\overline{\Omega}$ ist. Der Einfachheit halber wollen wir voraussetzen, daß das Gebiet $\Omega$ konvex und die Fläche $S''$ hinreichend glatt ist. Die Schnittpunkte der zur $x_1$-Achse parallelen Geraden seien mit $S''$ durch $\alpha(x_2, \ldots, x_m)$ und $\beta(x_2, \ldots, x_m)$, $\alpha < \beta$, bezeichnet. Wir setzen $F = (F_1, F_2, \ldots, F_m)$ mit

$$F_1 = \int_{\alpha}^{x_1} f(\xi, x_2, \ldots, x_m)\, d\xi\,, \qquad F_j = 0\,, j > 1\,.$$

Dann gilt $f(x) = \operatorname{div} F(x)$. Ist $u(x) \in N(\Omega)$, so ergibt sich

$$-\int_{\Omega} \operatorname{grad} u \cdot F(x)\, dx = -\int_{\Omega} \frac{\partial u}{\partial x_1} F_1(x)\, dx$$

$$= \int_{\Omega} u f(x)\, dx - \int_{S''} u\, F_1(x) \cos(\nu, x_1)\, dS\,,$$

wobei $\nu$ die äußere Normale der Fläche $S''$ ist. Infolge der Bedingung (45.2) verschwindet das Integral über $S''$, womit (45.8) gezeigt wäre. Die Aufgabe $D$ besitzt eine Lösung mit endlicher Energie, wenn das Integral

$$\int_{\Omega} F_1\, \overline{\omega}_1\, dx \tag{45.9'}$$

konvergiert. Unter Beachtung der Gleichungen $A_{jm} = 0$, $j < m$, ermittelt man leicht aus dem System (45.10) $\omega_1 = \frac{F_1}{\Delta} \Delta_1$, wobei

$$\Delta = \begin{vmatrix} A_{11} & A_{12} & \cdot & A_{1,\,m-1} \\ A_{21} & A_{22} & & A_{2,\,m-1} \\ \cdots & \cdots & \cdots & \cdots \\ A_{m-1,\,1} & A_{m-1,\,2} & \cdots & A_{m-1,\,m-1} \end{vmatrix}$$

und $\Delta_1$ die algebraische Ergänzung des Elements $A_{11}$ in der Determinante $\Delta$ ist. Es habe nicht nur mehr die Abschätzung (45.6) Gültigkeit, sondern die zweiseitige Abschätzung

$$a\, \psi(x_m) \sum_{k=1}^{m-1} |t_k|^2 \leqq \sum_{j,\,k=1}^{m-1} A_{jk}\, \bar{t}_j\, t_k \leqq \psi(x_m) \sum_{k=1}^{m-1} |t_k|^2\,, \tag{45.13}$$

wobei $a$ eine Konstante mit $0 < a \leqq 1$ ist. Dann besitzen alle Eigenwerte der Koeffizientenmatrix $A_{jk}$ $(j, k = m - 1)$ eine Abschätzung mit der Ordnung $O(\psi(x_m))$. Hieraus folgt u. a., daß bei kleinen $x_m$ die Determinante $\Delta$ genau die Größenordnung $[\psi(x_m)]^{m-1}$ besitzt. Wenn wir in (45.13) $t_1 = 0$ setzen, ergibt sich

$$a\, \psi(x_m) \sum_{k=2}^{m-1} |t_k|^2 \leqq \sum_{j,\,k=2}^{m-1} A_{jk}\, \bar{t}_j\, t_k \leqq \psi(x_m) \sum_{k=2}^{m-1} |t_k|^2\,,$$

und folglich besitzt $\Delta_1$ (bei kleinen $x_m$) exakt die gleiche Größenordnung wie $[\psi(x_m)]^{m-2}$. Die unter dem Integral (45.12) stehende Funktion kann wie folgt abgeschätzt werden:

$$\frac{|F_1 \overline{\omega}_1|}{\Delta} \leqq \frac{|F_1|^2 \Delta_1}{\Delta} \leqq C \frac{|F_1|^2}{\psi(x_m)}, \quad C = \text{const}.$$

Demzufolge existiert eine Lösung mit endlicher Energie, wenn das Integral

$$\int_0^h \frac{dt}{\psi(t)}$$

konvergiert. Weiterhin gilt

$$|F_1| \leqq (\beta - \alpha) \max_{\alpha \leqq \xi \leqq \beta} |f(\xi, x_2, \ldots, x_m)|$$
$$\leqq C_1 \max_{\alpha \leqq x_1 \leqq \beta} |f(x_1, x_2, \ldots, x_m)|, \qquad C_1 = \text{const}.$$

Die Funktion $f(x)$ konvergiere gegen Null bei $x_m \to 0$, d. h., es gelte $|f(x)| \leqq C_2 \chi(x_m)$ mit $C_2 = \text{const}$ und $\chi(0) = 0$. Dann existiert eine Lösung mit endlicher Energie, wenn das Integral

$$\int_0^h \frac{\chi^2(t)}{\psi(t)} dt$$

konvergiert.

## § 46. Koordinatensysteme für eindimensionale Aufgaben im Fall eines unendlichen Abschnitts [1]

**1.** Wir betrachten im Raum $L_2(0, \infty)$ den Operator $A$,

$$A u = -\frac{d^2 u}{d x^2} + u, \tag{46.1}$$

der auf der Menge $D(A)$ der zweimal stetig differenzierbaren finiten Funktionen, die der Randbedingung

$$u(0) = 0 \tag{46.2}$$

genügen, definiert sei. Der Operator $A$ ist positiv definit wegen

$$(A u, u) = \int_0^\infty (-u'' \overline{u} + |u|^2)\, dx = -u' \overline{u}\Big|_0^\infty + \int_0^\infty (|u'|^2 + |u|^2)\, dx$$
$$= \int_0^\infty (|u'|^2 + |u|^2)\, dx \geqq \int_0^\infty |u|^2\, dx = ||u||^2.$$

Der Raum $H_A$ ist die Abschließung der Menge $D(A)$ in der Metrik

$$[u, v]_A = \int_0^\infty (u' \overline{v}' + u \overline{v})\, dx.$$

---

[1]) In diesem Paragraphen werden die Ergebnisse der Arbeit J. S. Wershbinskajas [1] dargelegt.

Man kann zeigen, daß der Raum $H_A$ aus denjenigen Funktionen aus $L_2(0, \infty)$ besteht, die absolut stetig auf einem beliebigen endlichen Abschnitt sind, für die $u(0) = 0$ gilt und

$$\|u\|_A^2 = \int_0^\infty (|u'|^2 + |u|^2)\, dx < \infty . \tag{46.3}$$

Wir betrachten das Funktionensystem

$$\varphi_k = \frac{2}{\sqrt{\pi}} \frac{\sin(2\,k \arctan x)}{\sqrt{1+x^2}} \qquad (k = 1, 2, \ldots) . \tag{46.4}$$

Wir zeigen, daß dieses System die Forderungen 1 bis 3 des § 6 erfüllt. Die Forderungen 1 und 2 sind offensichtlich erfüllt.

Wir überzeugen uns von der Vollständigkeit des Systems $\{\varphi_k\}$ im Raum $H_A$. Dafür ist hinreichend, daß aus den Gleichungen

$$\int_0^\infty (f' \varphi'_k + f \varphi_k)\, dx = 0 \qquad (k = 1, 2, \ldots) \tag{46.5}$$

für $f \in H_A$ die Identität $f \equiv 0$ folgt.

Es ist

$$\int_0^\infty \frac{2\,k f'}{(1+x^2)^{3/2}} \cos(2\,k \arctan x)\, dx$$

$$+ \int_0^\infty \left[\frac{-x f'}{(1+x^2)^{3/2}} + \frac{f}{\sqrt{1+x^2}}\right] \sin(2\,k \arctan x)\, dx = 0 .$$

Durch partielle Integration des zweiten Integrals ergibt sich

$$\int_0^\infty \frac{2\,k f'}{(1+x^2)^{3/2}} \cos(2\,k \arctan x)\, dx$$

$$+ \left[\sin(2\,k \arctan x) \cdot \int_0^x \left[\frac{-t f'}{(1+t^2)^{3/2}} + \frac{f}{(1+t^2)^{1/2}}\right] dt\right]\Bigg|_0^\infty$$

$$- \int_0^\infty \left[\int_0^x \left[-\frac{t f'}{(1+t^2)^{3/2}} + \frac{f}{(1+t^2)^{1/2}}\right] dt\right] 2\,k \frac{\cos(2\,k \arctan x)}{(1+x^2)}\, dx = 0$$

$$(k = 1, 2, \ldots) .$$

Es ist leicht zu zeigen, daß das konstante Glied verschwindet, so daß die Gleichung folgende Gestalt annimmt:

$$2\,k \int_0^\infty \left\{\frac{f'}{(1+x^2)^{1/2}} - \int_0^x \left(-\frac{t f'}{(1+t^2)^{3/2}} + \frac{f}{(1+t^2)^{1/2}}\right) dt\right\} \frac{\cos(2\,k \arctan x)}{(1+x^2)}\, dx = 0$$

$$(k = 1, 2, \ldots) .$$

Den in den geschweiften Klammern stehenden Ausdruck bezeichnen wir mit $\Phi(x)$. Setzen wir $x = \tan \frac{t}{2}$, so erhalten wir

$$\int_0^\pi \Phi\left(\tan\frac{t}{2}\right) \cos k\,t\,dt = 0 \qquad (k = 1, 2, \ldots).$$

Da das Funktionensystem $\{\cos k\,t\}$ im Raum $L_2(0, \pi)$ vollständig ist, gilt $\Phi(x) \equiv \text{const}$. Demzufolge ist

$$\frac{f'}{(1+x^2)^{1/2}} = \int_0^x \left[-\frac{t f'}{(1+t^2)^{3/2}} + \frac{f}{(1+t^2)^{1/2}}\right] dt + \text{const}. \tag{46.6}$$

Folglich besitzt die Funktion $f$, die die Gleichung (46.5) erfüllt und dem Raum $H_A$ angehört, die zweite Ableitung. Durch Differentiation der Gleichung (46.6) ergibt sich $-f'' + f = 0$. Folglich ist $f = c_1 e^{-x} + c_2 e^x$. Es muß aber $c_2 = 0$ sein wegen $f \in L_2(0, \infty)$, weiterhin ist infolge $f(0) = 0$ auch $c_1 = 0$. Somit erhalten wir $f \equiv 0$, was auch gefordert war.

Das System (46.4) ist stark minimal im Raum $H_A$. In der Tat, der Raum $H_A$ kann wegen der positiven Definitheit des Operators $A$ in den Raum $L_2(\Omega)$ eingebettet werden. Außerdem ist das System (46.4) in der Metrik des Raumes $L_2(0, \infty)$ orthonormiert. Vermöge Folgerung 4.2 ist es dann auch stark minimal im Raum $H_A$.

Wir betrachten einen Operator der allgemeinen Form

$$A_1 u = -\frac{d}{dx}\left[p(x)\frac{du}{dx}\right] + q(x)\,u, \tag{46.7}$$

$$u(0) = 0, \quad x \in [0, \infty].$$

Die Funktionen $p(x)$ und $q(x)$ unterwerfen wir folgenden Bedingungen:

a) Die Funktion $p(x)$ sei durch positive Konstanten nach oben und unten beschränkt, und sie besitze eine stetige erste Ableitung; es sei

$$0 < p_0 \leqq p(x) \leqq p_1; \tag{46.8}$$

b) $q(x)$ sei eine meßbare, durch positive Konstanten nach oben und unten beschränkte Funktion:

$$0 < q_0 \leqq q(x) \leqq q_1. \tag{46.9}$$

In den Ungleichungen (46.8) und (46.9) bezeichnen $p_0$, $q_0$, $p_1$, $q_1$ Konstanten. Die Metrik im Raum $H_{A_1}$ wird durch folgende Formel definiert:

$$[u, u]_{A_1} = \int_0^\infty \left(p(x)\,u'^2 + q(x)\,u^2\right) dx.$$

Aus (46.8) und (46.9) folgt, daß die Metrik des Raumes $H_{A_1}$ der Metrik des Raumes $H_A$ äquivalent ist, folglich erfüllt das Funktionensystem (46.4) die Bedingungen 1 bis 3 aus § 6 und ist auch stark minimal im Raum $H_{A_1}$.

**2.** Wir betrachten den Operator (46.1) unter der Randbedingung

$$u'(0) = 0\,, \qquad x \in [0, \infty]\,. \tag{46.10}$$

Wir werden diesen Operator wieder mit $A$ bezeichnen; als Definitionsgebiet geben wir die Menge der finiten, zweimal stetig differenzierbaren Funktionen, die der Bedingung (46.10) genügen, an. Dieser Operator ist positiv definit, und es ist leicht zu zeigen, daß sein energetischer Raum $H_A$ aus Funktionen besteht, die auf einem beliebigen endlichen Abschnitt absolut stetig sind und für die

$$\|u\|_A^2 = \int_0^\infty (u'^2 + u^2)\,dx < \infty$$

gilt. Die Bedingung (46.10) ist eine natürliche Randbedingung; die Funktionen des Raumes $H_A$ brauchen diese Bedingung nicht notwendig zu erfüllen.

Betrachtet werde das Funktionensystem

$$\psi_k(x) = \frac{2}{\sqrt{\pi}}\,\frac{\cos(2\,k \arctan x)}{\sqrt{1+x^2}} \qquad (k = 0, 1, 2, \ldots)\,. \tag{46.11}$$

Man weist unschwer nach, daß die Funktionen $\psi_k(x)$ die Bedingungen 1 und 2 des § 6 erfüllen.

Wir zeigen außerdem die Vollständigkeit der Funktionen $\psi_k(x)$ im Raum $H_A$. Dazu ist ausreichend, daß aus den Gleichungen

$$\int_0^\infty (f'\,\psi_k' + f\,\psi_k)\,dx = 0 \qquad (k = 0, 1, 2, \ldots) \tag{46.12}$$

für $f \in H_A$ sofort $f \equiv 0$ folgt.

Es ist

$$\int_0^\infty \left[-\frac{f'}{(1+x^2)^{3/2}}\,2\,k \sin(2\,k \arctan x)\right] dx$$
$$+ \int_0^\infty \left[-\frac{x f'}{(1+x^2)^{3/2}} + \frac{f}{(1+x^2)^{1/2}}\right] \cos(2\,k \arctan x)\,dx = 0\,. \tag{46.13}$$

Durch partielle Integration des zweiten Integrals ergibt sich

$$\int_0^\infty \left[-\frac{f'}{(1+x^2)^{3/2}}\,2\,k \sin(2\,k \arctan x)\right] dx$$
$$+ \left[\int_0^x \left(-\frac{t f'}{(1+t^2)^{3/2}} + \frac{f}{(1+t^2)^{1/2}}\right) dt \cos(2\,k \arctan x)\right]_0^\infty$$
$$+ 2\,k \int_0^\infty \left[\int_0^x \left(-\frac{t f'}{(1+t^2)^{3/2}} + \frac{f}{(1+t^2)^{1/2}}\right) dt\right] \sin(2\,k \arctan x)\,\frac{1}{1+x^2}\,dx = 0\,.$$

Das in der letzten Gleichung auftretende konstante Glied ist gleich Null. Bei $x = 0$ ist das offensichtlich, für $x = \infty$ folgt dies aus (46.12), denn bei $k = 0$ ergibt sich

$$\int_0^\infty \left[-\frac{t f'}{(1+t^2)^{3/2}} + \frac{f}{(1+t^2)^{1/2}}\right] dt = 0 .$$

Die Gleichung (46.13) nimmt dann die folgende Form an:

$$2k \int_0^\infty \left\{-\frac{f'}{(1+x^2)^{1/2}} + \int_0^x \left[-\frac{t f'}{(1+t^2)^{3/2}} + \frac{f}{(1+t^2)^{1/2}}\right] dt\right\} \times \frac{\sin(2k \arctan x)}{1+x^2}\, dx = 0 .$$

Wenn wir den in den geschweiften Klammern stehenden Ausdruck mit $\Phi(x)$ bezeichnen, ergibt sich

$$\int_0^\infty \Phi(x) \frac{\sin(2k \arctan x)}{1+x^2}\, dx = 0 .$$

Durch Wiederholung der Überlegungen des vorangegangenen Paragraphen folgern wir aus der letzten Gleichung die Identität $f \equiv 0$.

Wir zeigen weiterhin, daß das System (46.11) im Raum $H_A$ vollständig ist. Dieses System ist zunächst im Raum $H = L_2(0, \infty)$ orthonormiert wegen

$$(\psi_k, \psi_m) = \frac{2}{\pi} \int_0^\infty \cos(2k \arctan x) \cos(2m \arctan x) \frac{2}{1+x^2}\, dx$$

$$= \frac{2}{\pi} \int_0^\pi \cos kt \cos mt\, dt = \delta_{km} .$$

Da der Operator (46.1), (46.10) im Raum $L_2(0, \infty)$ positiv definit ist, folgt die starke Minimalität des Systems (46.11) im Raum $H_A$ aus der Folgerung 4.2.

Wir betrachten den allgemeineren Operator

$$A_2 u = -\frac{d}{dx}\left[p(x) \frac{du}{dx}\right] + q(x) u , \quad u'(0) = 0 , \quad x \in [0, \infty] ,$$

wobei wir für $p$ und $q$ die gleichen Forderungen wie in Abschnitt 1 formulieren.

Der Raum $H_{A_2}$ mit der Metrik

$$\|u\|_{A_2}^2 = \int_0^\infty [p(x) u'^2 + q(x) u^2]\, dx$$

ist offensichtlich dem Raum $H_A$ äquivalent. Folglich kann man auch die Funktionen (46.11) als Koordinatenfunktionen für den Operator $A_2$ verwenden, wobei sich das System $\{\psi_k(x)\}$ als stark minimal im Raum $H_{A_2}$ erweist.

**3.** Vorgelegt sei der Operator

$$\left.\begin{aligned} -\frac{d}{dx}\left[p(x)\frac{du}{dx}\right] + q(x)\,u\,, \\ u'(0) - \alpha\,u(0) = 0\,,\quad x \in [0, \infty]\;\;,\quad \alpha > 0\,, \end{aligned}\right\} \tag{46.14}$$

den wir mit $A_3$ bezeichnen wollen. Für $p(x)$ und $q(x)$ seien wieder die Bedingungen aus Abschnitt 1 formuliert.

Es sind (46.10) und (46.14) natürliche Randbedingungen für Differentialoperatoren zweiter Ordnung.

Wie leicht zu sehen ist, folgt hieraus die Äquivalenz der Metriken der Räume $H_{A_3}$ und $H_{A_1}$. In diesem Fall kann man das Funktionensystem (46.11) als Koordinatensystem für den Operator $A_4$ verwenden. Das Funktionensystem $\{\psi_k(x)\}$ ist stark minimal im Raum $H_{A_3}$.

**4.** Wir betrachten den Differentialoperator

$$-\frac{d}{dx}\left[p(x)\frac{du}{dx}\right] + q(x)\,u$$

im Raum $L_2(-\infty, \infty)$ und bezeichnen ihn mit $A_4$. Für die Funktionen $p(x)$ und $q(x)$ seien wieder die Bedingungen aus Abschnitt 1 formuliert.

Durch Überlegungen, die analog zu denen für die erste und zweite Randwertaufgabe verlaufen, kann man zeigen, daß das Funktionensystem

$$\frac{1}{\sqrt{1+x^2}}\,,\qquad \frac{\sin(2\arctan x)}{\sqrt{1+x^2}}\,,\qquad \frac{\cos(2\arctan x)}{\sqrt{1+x^2}}\,,\;\ldots\,,$$
$$\frac{\sin(2\,k\arctan x)}{\sqrt{1+x^2}}\,,\qquad \frac{\cos(2\,k\arctan x)}{\sqrt{1+x^2}}\,,\;\ldots$$

als Koordinatensystem für den Operator $A_4$ verwendet werden kann und daß es im Raum $H_{A_4}$ stark minimal ist.

**5.** Wir betrachten den Operator

$$-\frac{d}{dx}\left[p(x)\frac{du}{dx}\right] + q(x)\,u$$

im Raum $L_2(0, \infty)$ mit der Randbedingung (46.2) und bezeichnen ihn mit $A_5$.

Dabei unterwerfen wir die Funktionen $p(x)$ und $q(x)$ folgenden Bedingungen:

a) $p(x)$ sei durch positive Konstanten nach oben und unten beschränkt und besitze eine stetige erste Ableitung:

$$0 < p_0 \leqq p(x) \leqq p_1\,,\quad p_0 = \text{const}\,,\quad p_1 = \text{const}\,;$$

b) $q(x)$ sei eine meßbare nichtnegative und nach oben beschränkte Funktion, wobei wir für große $x$ die Relation

$$q(x) = O(x^{-\alpha})\,;\qquad \alpha \geqq 2\,,$$

voraussetzen.

Der Raum $H_{A_s}$ besteht aus allen denjenigen Funktionen des Raumes $L_2(0, \infty)$, die absolut stetig auf einem beliebigen endlichen Abschnitt sind, für die außer $u(0) = 0$ noch

$$\|u\|_{A_s}^2 = \int_0^\infty [p(x)\,|u'|^2 + q(x)\,|u|^2]\,dx < \infty \tag{46.15}$$

gilt. Wir zeigen, daß das Funktionensystem

$$\eta_k(x) = \int_0^x \frac{e^{-t/2} L_k(t)}{k!}\,dt \qquad (k = 0, 1, 2, \ldots), \tag{46.16}$$

wobei $L_k(t)$ die LAGUERREschen Polynome bezeichnen, die Bedingungen 1 bis 3 des § 6 erfüllen. Bekanntlich gilt

$$L_k(t) = e^t \frac{d^k}{dt^k}(t^k e^{-t}).$$

Durch partielle Integration findet man leicht

$$\eta_k(x) = \int_0^x \frac{e^{t/2}}{k!} \frac{d^k}{dt^k}(t^k e^{-t})\,dt = (-1)^k\,2 + \sum_{m=0}^{k} c_m x^m e^{-x/2}, \tag{46.17}$$

wobei die $c_m$ Konstanten sind.

Aus (46.17) und der Relation $\eta_k(0) = 0$ folgt $\eta_k \in H_{A_s}$. Die Funktionen $\eta_0(x)$, $\eta_1(x), \ldots, \eta_n(x)$ sind offensichtlich bei beliebigem $n$ linear unabhängig. Wir zeigen weiterhin die Vollständigkeit dieses Systems im Raum $H_{A_s}$.

Wir gehen von der HARDYschen Ungleichung[1])

$$\int_0^\infty \frac{|u(x)|}{x^2}\,dx \leqq 4 \int_0^\infty |u'(x)|^2\,dx \tag{46.18}$$

aus, die gültig ist für Funktionen, die auf einem beliebigen Abschnitt der Form $0 \leqq x \leqq N$ absolut stetig sind und bei $x = 0$ ebenfalls gleich Null werden.

Die Bedingung $q(x) = O(x^{-\alpha})$, $\alpha \geqq 2$, hat zur Folge die Relation

$$q(x) \leqq \frac{C}{x^2}, \qquad C = \text{const}.$$

Dann erhalten wir aus (46.18) die Abschätzung

$$\int_0^\infty q(x)\,|u|^2\,dx \leqq 4\,C \int_0^\infty |u'(x)|^2\,dx, \qquad u \in H_A, \tag{46.19}$$

aus der sich

$$\|u\|_{A_s}^2 \leqq (1 + C) \int_0^\infty |u'|^2\,dx \tag{46.20}$$

---

[1]) Siehe G. H. HARDY, J. E. LITTLEWOOD, G. PÓLYA [1].

folgern läßt. Bekanntlich ist das Funktionensystem

$$\eta_k'(x) = \frac{e^{-x/2} L_k(x)}{k!}$$

orthonormiert und vollständig im Raum $L_2(0, \infty)$. Es sei $u$ eine Funktion aus $H_A$ und $\varepsilon$ eine beliebige positive Zahl, dann gilt für hinreichend große $n$

$$\int_0^\infty \left| u'(x) - \sum_{k=1}^n a_k \eta_k'(x) \right|^2 dx < \varepsilon^2, \quad a_k = \int_0^\infty u'(x)\, \eta_k'(x)\, dx .$$

Vermöge (46.20) ergibt sich

$$\left\| u - \sum_{k=1}^n a_k \eta_k \right\|_{A_s}^2 \leqq (1 + C)\, \varepsilon^2 .$$

Da $\varepsilon$ eine beliebige positive Zahl ist, folgt aus dieser Ungleichung die Vollständigkeit des Systems $\{\eta_k\}$ im Raum $H_{A_s}$.

Das System $\{\eta_k\}$ ist außerdem fast orthonormiert im Raum $H_{A_s}$. In der Tat, das System $\{\eta_k'\}$ ist im Raum $L_2(0, \infty)$ orthonormiert. Dies ist gleichbedeutend damit, daß das System $\{\eta_k\}$ orthonormiert ist im Raum $H_0$ der Funktionen $u(x)$, für die $u(0) = 0$ gilt mit der Norm

$$\|u\|_0^2 = \int_0^\infty |u'(x)|^2\, dx .$$

Wegen (46.15) und (46.20) sind die Normen $\|u\|_0$ und $\| u \|_{A_s}$ äquivalent. Dann erhält man vermöge Satz 4.3, daß das System $\{\eta_k\}$ im Raum $H_{A_s}$ fast orthonormiert ist.

## § 47. Koordinatensysteme für mehrdimensionale Aufgaben im Fall eines unendlichen Gebiets mit endlichem Rand

Wir setzen voraus, daß das Gebiet $\Omega$ außerhalb einer endlichen Anzahl stückweise glatter abgeschlossener Flächen (bzw. Kurven, wenn $\Omega$ ein ebenes Gebiet ist) liegt. Die Gesamtheit dieser Flächen — der Rand des Gebiets $\Omega$ — werde wie früher mit $S$ bezeichnet. Den Koordinatenursprung verlegen wir in das Innere von $S$. Vorgelegt sei die erste Randwertaufgabe

$$-\sum_{j,k=1}^m \frac{\partial}{\partial x_j}\left( A_{jk} \frac{\partial u}{\partial x_k} \right) = f(x) , \tag{47.1}$$

$$u|_S = 0 . \tag{47.2}$$

Für die Koeffizienten $A_{jk}$ seien die Forderungen des § 41 formuliert, die Funktion $f(x)$ dagegen erfülle die Divergenzbedingung. Unser Ziel besteht darin, ein stark minimales oder sogar fast orthonormiertes Funktionensystem $\{\varphi_k\}$ in der Metrik

$$\| u \|_A^2 = \int_\Omega \sum_{j,k=1}^m A_{jk} \frac{\partial \bar{u}}{\partial x_j} \frac{\partial u}{\partial x_k}\, dx , \tag{47.3}$$

wobei

$$u|_S = 0 \tag{47.4}$$

gilt, zu konstruieren. Vermöge Ungleichung (41.4) ist dafür ausreichend, daß das gesuchte System diese Eigenschaften in der Metrik

$$\|u\|_0^2 = \int_\Omega \sum_{k=1}^m \left|\frac{\partial u}{\partial x_k}\right|^2 dx \tag{47.5}$$

aufweist. Die Metrik (47.5) ist zugleich energetische Metrik für den Operator $-\Delta$ mit der Randbedingung $u|_S = 0$ ($\Delta$ bezeichnet den LAPLACE-Operator).

Gehen wir zum sphärischen Koordinatensystem mit dem Zentrum im Punkt $x = 0$ über, dann gilt

$$\|u\|_0^2 = \int_\Omega \left\{\left|\frac{\partial u}{\partial \varrho}\right|^2 + \frac{1}{\varrho^2}\sum_{k=1}^{m-1}\frac{1}{q_k}\left|\frac{\partial u}{\partial \vartheta_j}\right|^2\right\} dx\,. \tag{47.6}$$

In dieser Formel sind $\varrho$, $\vartheta_1$, $\vartheta_2, \ldots, \vartheta_{m-1}$ die sphärischen Koordinaten des Punktes $x$; weiterhin gilt

$$q_1 = 1\,, \quad q_k = \prod_{j=1}^{k-1} \sin^2\vartheta_j\,, \quad k > 1\,.$$

Durch die Transformation $\varrho = \frac{1}{\varrho'}$ wird das Gebiet $\Omega$ in ein neues Gebiet $\Omega'$ überführt. Es seien $x$ und $x'$ die einander entsprechenden Punkte der Gebiete $\Omega$ und $\Omega'$; dann gilt $dx = |J|\, dx'$, wobei $J$ die Funktionaldeterminante der Transformation $\varrho = \frac{1}{\varrho'}$ ist. Es ist leicht zu sehen, daß $|J| = \varrho^{2m}$ gilt; folglich erhält man

$$dx = \varrho^{2m}\, dx'\,.$$

Wir setzen im Integral (47.6) $u = \frac{u'}{\varrho^{m-2}}$. Durch elementare Umformungen ergibt sich

$$\|u\|_0^2 = \int_{\Omega'} \left\{\left|\frac{\partial u'}{\partial \varrho'} - \frac{m-2}{\varrho'}u'\right|^2 + \frac{1}{\varrho'^2}\sum_{k=1}^{m-1}\frac{1}{q_k}\left|\frac{\partial u'}{\partial \vartheta_k}\right|^2\right\} dx'\,. \tag{47.7}$$

Wir betrachten zunächst den Fall $m = 2$. Es ergibt sich mit $\vartheta$ als polarem Winkel

$$\|u\|_0^2 = \int_{\Omega'} \left\{\left|\frac{\partial u'}{\partial \varrho'}\right|^2 + \frac{1}{\varrho'^2}\left|\frac{\partial u'}{\partial \vartheta}\right|^2\right\} dx'\,. \tag{47.8}$$

Der rechte Teil von (47.8) ist das energetische Normquadrat des Elements $u'$ für den negativen LAPLACE-Operator mit der Randbedingung $u'|_{S'} = 0$, wobei $S'$ den Rand des Gebiets $\Omega'$ bezeichnet. Wenn wir den energetischen Raum des soeben erwähnten Operators mit $H_1$ und seine Norm mit $\|\ \|_1$ bezeichnen, dann gilt $\|u\|_0 = \|u'\|_1$. Im Fall $m = 2$ liegt folglich mit der Transformation $\varrho = \frac{1}{\varrho'}$, $u = u'$ eine isometrische Abbildung des Raumes $H_0$ auf den Raum $H_1$ vor.

Wir wählen in $H_1$ ein beliebiges fast orthonormiertes System $\{\varphi'_n(\varrho', \vartheta')\}$. Dann ist das System $\{\varphi_n\}$ mit $\varphi_n(\varrho, \vartheta) = \varphi'_n\left(\frac{1}{\varrho}, \vartheta\right)$ fast orthonormiert im Raum $H_0$ und folglich auch im Raum $H_A$. Wenn man das Gebiet $\Omega'$ in eines der in § 33 genannten Gebiete abbilden kann, sind die in diesem Paragraphen genannten Koordinatensysteme fast orthonormiert im Raum $H_A$. Ist im besonderen $\Omega$ das Äußere eines Kreises mit dem Radius 1, so kann man

$$\varphi_{kn}(\varrho, \vartheta) = c_n J_n\left(\frac{\gamma_{nk}}{\varrho}\right) \frac{\cos}{\sin} n\,\vartheta \quad (n = 0, 1, 2, \ldots) \tag{47.9}$$

setzen, wobei die $c_n$ beispielsweise aus der Bedingung $\|\varphi_{nk}\|_A = 1$ bestimmt werden können.

Wir kehren zur Formel (47.7) zurück und setzen $m > 2$ voraus. In der Ungleichung

$$|a + b|^2 \leqq 2\,|a|^2 + 2\,|b|^2 \tag{47.10}$$

ersetzen wir $a$ durch $a - b$ und $b$ durch $-b$. Dann ist

$$|a + b|^2 \geqq \frac{|a|^2}{2} - |b|^2\,. \tag{47.11}$$

Hieraus folgt

$$\left|\frac{\partial u'}{\partial \varrho'} - \frac{m-2}{\varrho'}\,u'\right|^2 \geqq \frac{1}{2}\left|\frac{\partial u'}{\partial \varrho'}\right|^2 - \frac{(m-2)^2}{\varrho'^2}\,|u'|^2\,;$$

dann ist aber

$$\|u\|_0^2 \geqq \frac{1}{2}\int\limits_{\Omega'}\left\{\left|\frac{\partial u'}{\partial \varrho'}\right|^2 + \frac{1}{\varrho'^2}\sum_{k=1}^{m-1}\frac{1}{q_k}\left|\frac{\partial u'}{\partial \vartheta_k}\right|^2\right\} dx'$$
$$- (m-2)^2 \int\limits_{\Omega'}\frac{|u'|^2}{\varrho'^2}\,dx'\,. \tag{47.12}$$

Wie oben betrachten wir wieder den Raum $H_1$. Das erste Integral auf der rechten Seite von (47.12) ist dann gerade $\|u'\|_1^2$. Das zweite Integral kann mit Hilfe der Ungleichung (43.9) abgeschätzt werden. Es gilt

$$\int\limits_{\Omega'}\frac{|u'|^2}{\varrho'^2}\,dx' = \int\limits_{\Omega}\frac{u^2}{\varrho^2}\,dx \leqq \frac{4}{(m-2)^2}\int\limits_{\Omega}|\mathrm{grad}\,u|^2\,dx = \frac{4}{(m-2)^2}\,\|u\|_0^2\,.$$

Durch Einsetzen in (47.12) ergibt sich

$$\|u\|_0^2 \geqq \frac{1}{10}\,\|u'\|_1^2\,. \tag{47.13}$$

Aus Satz 4.2 folgt nun, daß jedes im Raum $H_1$ stark minimale (oder sogar orthonormierte) System durch die Transformation $\varphi = \frac{1}{\varrho'}$, $u = \frac{u'}{\varrho^{m-2}}$ in ein stark minimales System des Raumes $H_0$ und folglich auch des Raumes $H_1$ überführt wird. Wenn z.B. $\Omega$ das Äußere der dreidimensionalen Einheitskugel ist, dann ist das folgende Funktionensystem im Raum $H_A$ stark minimal:

$$\varphi_{klm} = \frac{c_{klm}}{\sqrt{\varrho'}} J_{k+1/2}\left(\frac{\gamma_{k+1/2,l}}{\varrho'}\right) P_k^{(m)}(\cos\Theta) \begin{matrix}\cos\\ \sin\end{matrix} m\varphi \tag{47.14}$$

$$(k = 0, 1, 2, \ldots; \quad l = 1, 2, \ldots; \quad m = 0, 1, \ldots, k).$$

Die Koeffizienten $c_{klm}$ kann man aus der Bedingung $\|\varphi_{klm}\|_A = 1$ oder aus einer beliebigen anderen Bedingung ermitteln, wenn nur für beliebige $k$, $l$, $m$ die Normen $\|\varphi_{klm}\|_A$ nach oben und unten durch positive Konstanten, die von diesen Indizes nicht abhängen, beschränkt bleiben.

Wir wenden uns der zweiten Randwertaufgabe zu und betrachten die Gleichung (47.1) unter der Randbedingung

$$\left[\sum_{j,k=1}^{m} A_{jk} \frac{\partial u}{\partial x_j} \cos(\nu, x_k) + \sigma u\right]_S = 0, \tag{47.15}$$

wobei wir wie früher die auf $S$ definierte Funktion als meßbar, nichtnegativ und beschränkt voraussetzen. Das energetische Produkt und die energetische Norm werden durch (41.8) festgelegt. Das Koordinatensystem ist stark minimal (bzw. fast orthonormiert) im Raum $H_A$, wenn es diese Eigenschaft auch im Raum $H_0$ besitzt. Der Raum $H_0$ besteht aus den gleichen Funktionen wie der Raum $H_A$, allerdings wird in ihm die Norm durch

$$\|u\|_0^2 = \int_\Omega \sum_{k=1}^{m} \left|\frac{\partial u}{\partial x_k}\right|^2 dx + \int_S \sigma |u|^2 dS$$

$$= \int_\Omega \left\{\left|\frac{\partial u}{\partial \varrho}\right|^2 + \frac{1}{\varrho^2} \sum_{k=1}^{m-1} \frac{1}{q_k} \left|\frac{\partial u}{\partial \vartheta_k}\right|^2\right\} dx + \int_S \sigma |u|^2 dS \tag{47.16}$$

definiert.

In diesem Integral führen wir die Substitution $\varrho = \frac{1}{\varrho'}$, $u = \varrho^{m-1} u'$ durch; daraus folgt

$$\|u\|_0^2 = \int_{\Omega'} \left\{\left|\frac{\partial u'}{\partial \varrho'} - \frac{m-2}{\varrho'} u'\right|^2 + \frac{1}{\varrho'^2} \sum_{k=1}^{m-1} \frac{1}{q_k} \left|\frac{\partial u'}{\partial \vartheta_k}\right|^2\right\} dx'$$

$$+ \int_{S'} \sigma K |u'|^2 dS', \tag{47.17}$$

wobei $S'$ der Rand des Gebiets $\Omega'$ ist und $K$ eine beschränkte Funktion bezeichnet.

Im Fall $m = 2$ überzeugen wir uns wie oben, daß man als Koordinatensystem z.B. das Eigenfunktionensystem der Neumannschen Aufgabe für den Laplace-Operator und das Gebiet $\Omega'$, das wir zuvor der Transformation $\varrho = \frac{1}{\varrho'}$ unterwerfen, verwenden kann. Dieses System ist dann fast orthonormiert im Raum $H_A$. Ist speziell $\Omega$ das Äußere des Einheitskreises, so kann man

$$\varphi_{kn}(\varrho, \vartheta) = c_{kn} J_n\left(\frac{\tilde{\gamma}_{n,k}}{\varrho}\right) \begin{matrix}\cos\\ \sin\end{matrix} n\vartheta \quad (n = 0, 1, 2, \ldots; \quad k = 1, 2, \ldots) \tag{47.18}$$

setzen. Die Koeffizienten $c_{kn}$ können nun wieder aus der Bedingung $\|\varphi_{kn}\|_A = 1$ ermittelt werden.

Bei $m > 2$ kommen wir wie oben zur Ungleichung

$$\|u\|_0^2 \geqq \frac{1}{2} \int\limits_{\Omega'} \left\{ \left|\frac{\partial u'}{\partial \varrho'}\right|^2 + \frac{1}{\varrho'^2} \sum_{k=1}^{m-1} \frac{1}{q_k} \left|\frac{\partial u'}{\partial \vartheta_k}\right|^2 \right\} dx'$$
$$+ \int\limits_S \sigma K |u'|^2 dS' - (m-2)^2 \int\limits_\Omega \frac{|u|^2}{\varrho^2} dx. \qquad (47.19)$$

Die Funktion $u$ kann auf den gesamten Raum $E_m$ fortgesetzt werden[1]), so daß die fortgesetzte Funktion erste verallgemeinerte Ableitungen besitzt und daß

$$\int\limits_\Omega |\mathrm{grad}\, u|^2 dx \geqq c \int\limits_{E_m} |\mathrm{grad}\, u|^2 dx$$

gilt, wobei die Konstante $c$ lediglich vom Gebiet $\Omega$ abhängt. In diesem Fall folgt auf Grund von (41.2)

$$\int\limits_\Omega \frac{|u|^2}{\varrho^2} dx \leqq \int\limits_{E_m} \frac{|u|^2}{\varrho^2} dx \leqq \frac{4}{(m-2)^2} \int\limits_{E_m} |\mathrm{grad}\, u|^2 dx$$
$$\leqq \frac{4}{c(m-2)^2} \int\limits_\Omega |\mathrm{grad}\, u|^2 dx \leqq \frac{4}{c(m-2)^2} \|u\|_0^2.$$

Dann folgt aus (47.19) die Abschätzung

$$\|u\|_0^2 \geqq C_1 \left[ \int\limits_{\Omega'} |\mathrm{grad}'\, u'|^2 dx' + \int\limits_{S'} \sigma K |u'|^2 dS' \right], \qquad (47.20)$$

wobei $C_1$ eine Konstante ist und grad' Differentiation nach den Koordinaten des Punktes $x'$ bedeutet. Der in (47.20) in der Klammer stehende Ausdruck definiert im SOBOLEWschen Raum $W_2^{(1)}(\Omega')$ eine Norm, die der Norm

$$\|u\|^2_{W_2^{(1)}(\Omega')} = \int\limits_{\Omega'} [|\mathrm{grad}'\, u'|^2 + |u'|^2]\, dx' \qquad (47.21)$$

äquivalent ist. Man kann nun wörtlich das oben Gesagte in bezug auf den Fall der ersten Randwertaufgabe wiederholen, nämlich: Jedes in der Metrik (47.21) stark minimale System wird durch die Transformation $\varrho = \frac{1}{\varrho'}$, $u = \varrho^{m-2} u'$ in ein System überführt, das stark minimal im energetischen Raum der zweiten Randwertaufgabe ist. Man kann speziell das System der Eigenfunktionen der NEUMANNschen Aufgabe für den LAPLACE-Operator und das Gebiet $\Omega'$ verwenden. Ist beispielsweise $\Omega$ das Äußere der dreidimensionalen Einheitskugel, so erhalten wir auf diese Weise das Koordinatensystem

$$\varphi_{klm} = \frac{c_{klm}}{\sqrt{\varrho}} J_{k+\frac{1}{2}} \left( \frac{\gamma^*_{k+\frac{1}{2},\, l}}{\varrho} \right) P_k^{(m)}(\cos\Theta) \begin{matrix}\cos\\ \sin\end{matrix}\, m\varphi, \qquad (47.22)$$

wobei die Koeffizienten aus der Bedingung $\|\varphi_{klm}\|_A = 1$ ermittelt werden können.

---

[1]) Siehe W. M. BABITSCH [1].

## § 48. Koordinatensysteme für Gebiete mit unendlichem Rand

1. In diesem Paragraphen werden wir die Gleichung

$$-\sum_{j,k=1}^{m} \frac{\partial}{\partial x_j}\left(A_{jk}\frac{\partial u}{\partial x_k}\right) = f(x) \tag{48.1}$$

unter den Bedingungen der ersten oder zweiten Randwertaufgabe betrachten. Diese Bedingungen sind von der Form (41.2) bzw. (41.3). Die nach Erweiterung entstehenden selbstadjungierten Operatoren dieser Aufgaben bezeichnen wir mit $A_1$ und $A_2$. Wir setzen voraus, daß eine hinreichend glatte Transformation des Gebiets $\Omega$ in ein unendliches bzw. halbunendliches zylindrisches Gebiet existiert. Wir wollen deshalb annehmen, daß bereits $\Omega$ diese zylindrische Form besitzt und durch

$$\xi \in \omega\,, \qquad 0 \leqq x_m < \infty \tag{48.2'}$$

bzw.

$$\xi \in \omega\,, \qquad -\infty < x_m < \infty \tag{48.2''}$$

definiert wird. Hierbei wurde mit $\xi$ ein Punkt des $(m-1)$-dimensionalen euklidischen Raumes mit den Koordinaten $x_1, x_2, \ldots, x_{m-1}$ bezeichnet, $\omega$ ist ein Gebiet dieses Raumes. Wir beschränken uns auf den Fall, daß der Rand $s$ dieses Gebietes endlich ist; $\omega$ selbst kann sowohl endlich als auch unendlich sein. In Abhängigkeit davon ist $\Omega$ ein Gebiet vom zweiten bzw. ersten Typ.

Wir setzen voraus, daß die Koeffizienten $A_{jk}$ den Bedingungen des § 41 genügen. Der Koeffizient $\sigma$ in der Randbedingung (41.3) sei meßbar. Des weiteren setzen wir voraus, daß auf $s$ eine nichtnegative, beschränkte und meßbare Funktion $\sigma_0$ dergestalt definiert ist, daß auf dem zylindrischen Teil $S_0$ des Randes $S$ die folgende Relation erfüllt ist:

$$c_1\sigma_0 \leqq \sigma \leqq c_2\sigma_0\,, \quad c_1, c_2 = \text{const} > 0\,. \tag{48.3}$$

Das Koordinatensystem ist stark minimal und vollständig im Raum $H_{A_i}$ $(i = 1, 2)$, wenn es diese Eigenschaften auch in der Metrik $\|\cdot\|_i$ $(i = 1, 2)$ besitzt, wobei

$$\|u\|_1^2 = \int_\Omega |\text{grad}\, u|^2\, dx\,, \quad u|_S = 0 \tag{48.4}$$

gilt und

$$\|u\|_2^2 = \int_\Omega |\text{grad}\, u|^2\, dx + \int_{S_0} \sigma_0\, |u|^2\, dS\,. \tag{48.5}$$

2. Wir betrachten zunächst die Aufgabe (48.1), (41.2) und den durch sie definierten Operator $A_1$, wobei wir vorläufig $\omega$ als endliches Gebiet voraussetzen wollen; $\Omega$ sei der Halbzylinder (48.2′). Wir bezeichnen mit $\tau_k(\xi)$ die Eigenfunktionen des Operators

$$-\sum_{j=1}^{m-1} \frac{\partial^2\tau}{\partial x_j^2}\,, \qquad \tau|_S = 0\,. \tag{48.6}$$

Diese Funktionen sind orthogonal und bilden ein vollständiges System sowohl in der Metrik des Raumes $L_2(\omega)$ als auch in der Metrik, die durch das innere Produkt

$$[\tau, \chi]_0 = \int_\omega \sum_{j=1}^{m-1} \frac{\partial \tau}{\partial x_j} \frac{\partial \bar{\chi}}{\partial x_j} d\xi \tag{48.7}$$

definiert wird. Wir setzen die Funktionen $\tau_k(\xi)$ als normiert in der Metrik des Raumes $L_2(\omega)$ voraus, so daß

$$\int_\omega \tau_k(\xi)\, \tau_l(\xi)\, d\xi = \delta_{kl} \tag{48.8}$$

gilt. Für die Aufgabe (48.1), (41.2) wählen wir als Koordinatenelemente die Funktionen

$$\varphi_{kn}(x) = \frac{\sqrt{2}}{\pi} \tau_k(\xi) \frac{\sin(2\, n \arctan x_m)}{\sqrt{1 + x_m^2}} \qquad (k, n = 1, 2, \ldots)\,. \tag{48.9}$$

Offensichtlich gilt $\varphi_{kn} \in H_{A_1}$. Wir zeigen weiterhin die Vollständigkeit des Systems (48.9) in der Metrik des Raumes $H_{A_1}$. Dafür ist ausreichend, die Vollständigkeit dieses Systems in der Metrik (48.4) nachzuweisen.

Es sei $v \in H_{A_1}$, und es gelte $[\varphi_{kn}, v]_1 = 0$ $(k, n = 1, 2, \ldots)$. Mit

$$\frac{\sin(2\, n \arctan x_m)}{\sqrt{1 + x_m^2}} = \varphi_n(x_m)$$

gilt dann

$$\int_0^\infty dx_m \int_\omega \left[ \sum_{j=1}^{m-1} \frac{\partial \tau_k}{\partial x_j} \frac{\partial \bar{v}}{\partial x_j} \varphi_n(x_m) + \tau_k \frac{\partial \bar{v}}{\partial x_m} \frac{\partial \varphi_n}{\partial x_m} \right] d\xi = 0$$
$$(k, n = 1, 2, \ldots)\,.$$

Das erste innere Integral wird durch partielle Integration ausgewertet. Unter Beachtung der Identität

$$-\sum_{j=1}^{m-1} \frac{\partial^2 \tau_k}{\partial x_j^2} = \mu_k\, \tau_k\,,$$

wobei $\mu_k$ der $k$-te Eigenwert des Operators (48.6) ist, ergibt sich

$$\int_\omega \tau_k\, d\xi \int_0^\infty \left[ \mu_k\, \varphi_n(x_m)\, \bar{v} + \frac{d\varphi_n}{dx_m} \frac{\partial \bar{v}}{\partial x_m} \right] dx_m = 0\,.$$

Da das Funktionensystem $\{\tau_k(\xi)\}$ im Raum $L_2(\omega)$ vollständig ist, gilt für beliebige ganze Zahlen $n$ und $k$ und für fast alle $\xi$ die Identität

$$\int_0^\infty \left[ \mu_k\, \varphi_n(x_m)\, \bar{v} + \frac{d\varphi_n}{dx_m} \frac{\partial \bar{v}}{\partial x_m} \right] dx_m \equiv 0\,.$$

Wenn wir diese Identität für zwei verschiedene Eigenwerte $\mu_k$ aufschreiben und voneinander subtrahieren, erhalten wir

$$\int_0^\infty \varphi_n(x_m)\, \bar{v}\, dx_m \equiv 0 .$$

Da aber das System $\{\varphi_n\}$ im Raum $L_2(0, \infty)$ vollständig ist (siehe § 46), folgt hieraus $v \equiv 0$, was zu beweisen war.

Die Metrik (48.4) ist ein Spezialfall der Metrik im Raum $H_{A_1}$, wenn nämlich $A_{jk} = \delta_{jk}$ gilt. Da der Operator $A_1$ positiv definit ist (siehe § 41), erhalten wir aus Folgerung 4.2, daß das System (48.9) orthonormiert in der Metrik des Raumes $L_2(\Omega)$ und stark minimal im Raum $H_{A_1}$ ist.

Das System (48.9) bleibt vollständig und stark minimal in der Metrik des Raumes $H_{A_1}$ auch in dem Fall, daß die Gleichung (48.1) durch die Gleichung

$$-\sum_{j,k=1}^{m} \frac{\partial}{\partial x_j}\left[A_{jk}\frac{\partial u}{\partial x_k}\right) + Cu = f(x) \tag{48.10}$$

ersetzt wird, wobei $C$ eine nichtnegative[1]), meßbare und in $\Omega$ beschränkte Funktion ist. Diese Behauptung folgt leicht aus der Tatsache, daß die energetischen Metriken der Operatoren (48.1), (41.2) und (48.10), (41.2) äquivalent sind.

Der Faktor $\frac{2}{\sqrt{\pi}}$ kann in (48.9) weggelassen werden.

Ist $\Omega$ der unendliche Zylinder (48.2″), so muß man dem System (48.9) die Funktionen

$$\tau_k(x) = \frac{\cos(2\,n \arctan x_m)}{\sqrt{1 + x_m^2}} \quad (n = 0, 1, 2, \ldots) \tag{48.11}$$

hinzufügen.

3. Wir wenden uns nun der Aufgabe (48.1) — (48.3) und damit dem Operator $A_2$ zu. Wie auch in Abschnitt 2 setzen wir zunächst Endlichkeit des Gebiets $\omega$ voraus. Im Fall des halbunendlichen Zylinders (48.2′) wählen wir das Koordinatensystem in der Form

$$\varphi_{kn}(x) = \frac{\sqrt{2}}{\pi}\chi_k(\xi)\,\frac{\cos(2\,n \arctan x_m)}{\sqrt{1 + x_m^2}} \tag{48.12}$$
$$(k = 1, 2, \ldots; n = 0, 1, 2, \ldots),$$

wobei $\chi_k(\xi)$ die Eigenfunktionen des Operators

$$-\sum_{j=1}^{m-1} \frac{\partial^2 \chi}{\partial x_j^2}\,, \quad \left.\frac{\partial \chi}{\partial \nu}\right|_s = 0 \tag{48.13}$$

sind. $\nu$ bezeichnet die Normale auf $s$. Im Fall des unendlichen Zylinders (48.2″)

[1]) Diese Voraussetzung kann abgeschwächt werden.

müssen zu den Funktionen (48.12) die Funktionen

$$\chi_k(\xi)\frac{\sin(2n\arctan x_m)}{\sqrt{1+x_m^2}} \qquad (k, n = 1, 2, \ldots) \tag{48.14}$$

hinzugefügt werden.

Durch wörtliches Wiederholen der Überlegungen aus Abschnitt 2 überzeugen wir uns, daß das System (48.12) (bzw. das System (48.12), (48.14) im Fall (48.2″)) im Raum $H_{A_2}$ vollständig und stark minimal ist.

4. Für unendliche Gebiete $\omega$ sind zur Konstruktion stark minimaler Koordinatensysteme die Funktionen $\tau_k(\xi)$ und $\chi_k(\xi)$ in den Formeln (48.9), (48.11), (48.12) und (48.14) durch Funktionen $\tilde{\tau}_k(\xi)$ und $\tilde{\chi}_k(\xi)$ zu ersetzen, die man wie folgt erhält.

Wir setzen $m \geqq 3$ voraus. Mit der Bezeichnung $|\xi| = \varrho$ führen wir die Transformation $\varrho' = \frac{1}{\varrho}$ durch. Dabei setzen wir voraus, daß im Raum der Koordinaten $x_1, x_2, \ldots, x_{m-1}$ der Koordinatenursprung innerhalb von $s$ liegt. Diese Transformation führt das Gebiet $\omega$ und seinen Rand $s$ in ein endliches Gebeit $\omega'$ und in den Rand $s'$ dieses Gebiets über. Es seien $\tau_k'(\xi')$ und $\chi_k'(\xi')$ die Eigenfunktionen der Dirichletschen und Neumannschen Aufgabe für den Laplace-Operator und das Gebiet $\omega'$. Bei der Transformation $\varrho' = \frac{1}{\varrho}$ entspreche dem Punkt $\xi' \in \omega'$ der Punkt $\xi \in \omega$. Wir setzen dann

$$\tilde{\tau}_k(\xi) = \frac{1}{\varrho^{m-3}}\tau_k'(\xi'), \quad \tilde{\chi}_k(\xi) = \frac{1}{\varrho^{m-3}}\chi_k'(\xi'). \tag{48.15}$$

Die somit erhaltenen Koordinatensysteme sind vollständig und stark minimal n den entsprechenden energetischen Räumen.

## § 49. Beispiele

In allen unten betrachteten Beispielen sind die von uns angeführten Koordinatensysteme in den entsprechenden energetischen Räumen stark minimal.

1. Der Streifen in der Ebene

$$0 < x < 1, \quad -\infty < y < \infty; \tag{49.1}$$

erste Randwertaufgabe; Koordinatenfunktionen:

$$\frac{1}{\sqrt{1+y^2}}\sin k\pi x \, {\sin \atop \cos}(2n\arctan y) \quad (k = 1, 2, \ldots; \; n = 0, 1, 2, \ldots).$$

2. Der gleiche Streifen; zweite Randwertaufgabe; Koordinatenfunktionen:

$$\frac{1}{\sqrt{1+y^2}}\cos k\pi x \, {\sin \atop \cos}(2n\arctan y) \quad (k, n = 0, 1, 2, \ldots)$$

3. Halbstreifen der Ebene

$$0 < x < 1, \quad 0 \leqq y < \infty; \tag{49.2}$$

erste Randwertaufgabe; Koordinatenfunktionen:

$$\frac{1}{\sqrt{1+y^2}} \sin k \pi x \sin (2 n \arctan y) \qquad (k, n = 1, 2, \ldots).$$

4. Der gleiche Halbstreifen; zweite Randwertaufgabe; Koordinatenfunktionen:

$$\frac{1}{\sqrt{1+y^2}} \cos k \pi x \cos (2 n \arctan y) \qquad (k, n = 0, 1, 2, \ldots).$$

Wir geben außerdem einige stark minimale Koordinatensysteme für gewisse Aufgaben mit gemischten Randbedingungen an.

5. Der Streifen (49.1); auf der Geraden $x = 0$ sei eine Bedingung der ersten Randwertaufgabe, auf der Geraden $x = 1$ eine Bedingung der zweiten Randwertaufgabe gegeben. Koordinatenfunktionen:

$$\frac{1}{\sqrt{1+y^2}} \sin \frac{2k+1}{2} \pi x \begin{matrix}\sin\\ \cos\end{matrix} (2 n \arctan y) \qquad (k, n = 0, 1, 2, \ldots).$$

6. Der Halbstreifen (49.2); auf den Geraden $x = 0$, $x = 1$ seien Bedingungen der ersten Randwertaufgabe, auf dem Abschnitt $y = 0$, $0 \leqq x \leqq 1$ sei eine Bedingung der zweiten Randwertaufgabe gegeben. Koordinatenfunktionen:

$$\frac{1}{\sqrt{1+y^2}} \sin k \pi x \cos (2 n \arctan y) \qquad (k = 1, 2, \ldots; n = 0, 1, 2, \ldots).$$

7. Das Innere des unendlichen dreidimensionalen rechtwinkligen Prismas

$$0 < x < a, \quad 0 < y < b, \quad -\infty < z < \infty; \tag{49.3}$$

erste Randwertaufgabe; Koordinatenfunktionen:

$$\frac{1}{\sqrt{1+z^2}} \sin \frac{k \pi x}{a} \sin \frac{l \pi y}{b} \begin{matrix}\sin\\ \cos\end{matrix} (2 n \arctan z)$$

$$(k, l = 1, 2, \ldots; n = 0, 1, 2, \ldots).$$

8. Das gleiche Prisma; zweite Randwertaufgabe; Koordinatenfunktionen:

$$\frac{1}{\sqrt{1+z^2}} \cos \frac{k \pi x}{a} \cos \frac{l \pi y}{b} \begin{matrix}\sin\\ \cos\end{matrix} (2 n \arctan z) \qquad (k, l, n = 0, 1, 2, \ldots).$$

Man kann unschwer auch Koordinatensysteme für gewisse gemischte Aufgaben angeben. Es sei lediglich ein Beispiel dafür genannt.

9. Das Prisma (49.3). Auf den Rändern $x = 0$, $y = 0$ seien Bedingungen der ersten Randwertaufgabe, auf den Rändern $x = a$, $y = b$ jedoch Bedingungen der zweiten Randwertaufgabe vorgegeben. Koordinatenfunktionen:

$$\frac{1}{\sqrt{1+z^2}} \sin \frac{2k+1}{2a} \pi x \sin \frac{2l+1}{2b} \pi y \begin{matrix}\sin\\ \cos\end{matrix} (2 n \arctan z)$$

$$(k, l, n = 0, 1, 2, \ldots).$$

**10.** Das Innere des halbunendlichen dreidimensionalen rechteckigen Prismas

$$0 < x < a, \quad 0 < y < b, \quad 0 < z < \infty; \tag{49.4}$$

erste Randwertaufgabe; Koordinatenfunktionen:

$$\frac{1}{\sqrt{1+z^2}} \sin\frac{k\pi x}{a} \sin\frac{l\pi y}{b} \sin(2n \arctan z) \quad (k, l, n = 1, 2, \ldots).$$

**11.** Das gleiche Prisma; zweite Randwertaufgabe; Koordinatenfunktionen:

$$\frac{1}{\sqrt{1+z^2}} \cos\frac{k\pi x}{a} \cos\frac{l\pi y}{b} \cos(2n \arctan z) \quad (k, l, n = 0, 1, 2, \ldots).$$

**12.** Der unendliche dreidimensionale Kreiszylinder

$$0 < \varrho < 1, \quad 0 \leqq \vartheta \leqq 2\pi, \quad -\infty < z < \infty; \tag{49.5}$$

erste Randwertaufgabe; Koordinatenfunktionen:

$$c_{kln} \frac{1}{\sqrt{1+z^2}} J_k(\gamma_{k,l}\,\varrho) \begin{matrix}\cos\\ \cdot\\ \sin\end{matrix} k\vartheta \begin{matrix}\cos\\ \cdot\\ \sin\end{matrix} 2n \arctan z)$$
$$(k, n = 0, 1, 2, \ldots; l = 1, 2, \ldots);$$

$\gamma_{kl}$ bezeichnet die $l$-te positive Wurzel der Funktion $J_k(t)$.

**13.** Der gleiche Zylinder; zweite Randwertaufgabe. Im Argument der Besselschen Funktion ist $\gamma_{k,l}$ gegen $\tilde{\gamma}_{k,l}$ auszutauschen, wobei $\tilde{\gamma}_{k,l}$ die $l$-te positive Wurzel der Funktion $J_k'(t)$ bezeichnet.

**14.** Der halbunendliche Zylinder

$$0 < \varrho < 1, \; 0 \leqq \vartheta \leqq 2\pi, \; 0 < z < \infty; \tag{49.6}$$

erste Randwertaufgabe; Koordinatenfunktionen:

$$c_{kln} \frac{1}{\sqrt{1+z^2}} J_k(\gamma_{k,l}\,\varrho) \begin{matrix}\cos\\ \sin\end{matrix} k\vartheta \sin(2n \arctan z)$$
$$(k = 0, 1, 2, \ldots; l, n = 1, 2, \ldots).$$

**15.** Der gleiche Zylinder; zweite Randwertaufgabe; Koordinatenfunktionen:

$$c_{kln} \frac{1}{\sqrt{1+z^2}} J_k(\tilde{\gamma}_{k,l}\,\varrho) \begin{matrix}\cos\\ \sin\end{matrix} k\vartheta \cos(2n \arctan z)$$
$$(k, n = 0, 1, 2, \ldots; l = 1, 2, \ldots).$$

**16.** Das Äußere des unendlichen dreidimensionalen Kreiszylinders

$$1 < \varrho < \infty, \; 0 \leqq \vartheta \leqq 2\pi, \; -\infty < z < \infty; \tag{49.7}$$

erste Randwertaufgabe; Koordinatenfunktionen:

$$c_{kln}\frac{1}{\sqrt{1+z^2}}J_k\left(\frac{\gamma_{k,l}}{\varrho}\right)\begin{matrix}\cos\\\sin\end{matrix}k\,\vartheta\begin{matrix}\cos\\\sin\end{matrix}(2\,n\arctan z)$$

$$(k, n = 0, 1, 2, \ldots;\ l = 1, 2, \ldots).$$

**17.** Das gleiche Gebiet; zweite Randwertaufgabe; die Koordinatenfunktionen ergeben sich aus den vorangegangenen, indem $\gamma_{k,l}$ gegen $\tilde{\gamma}_{k,l}$ ausgetauscht wird.

**18.** Das halbunendliche Gebiet

$$1 < \varrho < \infty, \quad 0 \leqq \vartheta \leqq 2\pi, \quad 0 < z < \infty; \tag{49.8}$$

erste Randwertaufgabe; Koordinatenfunktionen:

$$c_{kln}\frac{1}{\sqrt{1+z^2}}J_k\left(\frac{\gamma_{k,l}}{\varrho}\right)\begin{matrix}\cos\\\sin\end{matrix}k\,\vartheta\sin(2\,n\arctan z)$$

$$(k = 0, 1, 2, \ldots;\quad l, n = 1, 2, \ldots).$$

**19.** Das Gebiet (49.8); zweite Randwertaufgabe; Koordinatenfunktionen:

$$c_{kln}\frac{1}{\sqrt{1+z^2}}J_k\left(\frac{\tilde{\gamma}_{k,l}}{\varrho}\right)\begin{matrix}\cos\\\sin\end{matrix}k\,\vartheta\cos(2\,n\arctan z)$$

$$(k, n = 0, 1, 2, \ldots;\quad l = 1, 2, \ldots).$$

In den Beispielen 13 bis 19 kann man den normierenden Fakor aus der Bedingung bestimmen, daß die energetische Norm jeder Koordinatenfunktion gleich Eins ist.

Für die Gebiete (49.6) bis (49.8) kann man leicht stark minimale Koordinatensysteme auch in einigen Fällen gemischter Randbedingungen ermitteln. Genauso leicht kann man unter Verwendung der Ergebnisse der §§ 33 und 34 stark minimale Koordinatensysteme für unendliche oder halbunendliche Zylinder konstruieren, deren Querschnitte keine Kreise sind, sondern Kreissektoren (im Spezialfall Halbkreise). Es ist auch offensichtlich, wie man analog zu diesem Paragraphen Formeln für Gebiete der Dimension $m > 3$ erhalten kann.

## § 50. Koordinatensysteme für ausgeartete Gleichungen in endlichen Gebieten

Wir beschränken uns hier auf den Fall, der durch folgende Voraussetzungen umschrieben wird:

a) $\Omega$ sei ein zylindrisches Gebiet des $m$-dimensionalen Raumes, das durch die Relationen

$$\xi = (x_1, x_2, \ldots, x_{m-1}) \in \omega,\ 0 < x_m < 1 \tag{50.1}$$

gegeben wird, wobei $\omega$ ein endliches Gebiet des $(m-1)$-dimensionalen Raumes mit stückweise glattem Rand $s$ bezeichnet.

b) Es wird die Aufgabe der Integration der Gleichung (45.1) unter der Randbedingung (45.2) und, wenn erforderlich, (45,4) formuliert.

c) Es sei die zweiseitige Abschätzung

$$\mu_0[\psi(x_m) \sum_{k=1}^{m-1} |t_k|^2 + \varphi(x_m) |t_m|^2]$$

$$\leqq \sum_{j,k=1}^{m} A_{jk} \bar{t}_j t_k \leqq M_0 [\psi(x_m) \sum_{k=1}^{m-1} |t_k|^2 + \varphi(x_m) |t_m|^2] \tag{50.2}$$

erfüllt, wobei $\mu_0$ und $M_0$ positive Konstanten sind. $\varphi(t)$ und $\psi(t)$ sind für $0 \leqq t \leqq 1$ stetige Funktionen, die bei $0 < t \leqq 1$ positiv sind, wobei wenigstens eine der Größen $\varphi(0)$ und $\psi(0)$ gleich Null ist.

Für die Vollständigkeit und die starke Minimalität eines Koordinatensystems in der energetischen Metrik unserer Aufgabe ist hinreichend, daß dieses System vollständig und stark minimal in der Metrik

$$\|u\|_0^2 = \int_\Omega \left\{\psi(x_m) \sum_{k=1}^{m-1} \left|\frac{\partial u}{\partial x_k}\right|^2 + \varphi(x_m) \left|\frac{\partial u}{\partial x_m}\right|^2\right\} dx \tag{50.3}$$

ist und daß die Koordinatenfunktionen den Randbedingungen der Aufgabe genügen.

Getrennt voneinander betrachten wir die Fälle der Divergenz und Konvergenz des Integrals (45.3). Divergiert dieses Integral, so erfüllt z. B. das folgende Funktionensystem die oben angegebenen Bedingungen:

$$\varphi_{kn}(x) = \tau_k(\xi) \int_{x_m}^{1} p_n(t)\, dt\,. \tag{50.4}$$

Dabei sind $\tau_k(\xi)$ die in $L_2(\omega)$ orthonormierten Eigenfunktionen der Aufgabe

$$\sum_{j=1}^{m-1} \frac{\partial^2 \tau}{\partial x_j^2} + \mu\tau = 0\,, \quad \tau|_S = 0\,. \tag{50.5}$$

$p_n(t)$ bezeichnen Polynome $n$-ter Ordnung, die auf dem Abschnitt $0 \leqq t \leqq 1$ mit der Gewichtsfunktion $\varphi(t)$ orthonormiert sind. In der Formel (50.4) durchläuft der Index $k$ die Werte $k = 1, 2, 3, \ldots$ und $n$ die Werte $n = 0, 1, 2, \ldots$.

Wir wollen das beweisen. Zunächst genügen die Funktionen (50.4) den Randbedingungen der Aufgabe. Des weiteren ist das System (50.4) vollständig in der Metrik (50.3). In der Tat, es sei $v(x)$ eine Funktion, die den Randbedingungen der Aufgabe genügt und für die $\|v\|_0 < \infty$ und $[\varphi_{kn}, v]_0 = 0$ für alle zulässigen Werte $k$ und $n$ gilt. Setzen wir

$$\int_x^1 p_n(t)\, dt = q_n(x),$$

dann gilt

$$\int_0^1 dx_m \int_\omega \left\{\psi(x_m) \sum_{j=1}^{m-1} \frac{\partial \tau_k}{\partial x} \frac{\partial \bar{v}}{\partial x} q_n + \varphi(x_m) \tau_k \bar{v} p_n\right\} d\xi = 0$$

bzw.

$$\int_{\omega} \tau_k \, d\xi \int_0^1 \{\mu_k \, \psi(x_m) \, q_n(x_m) + \varphi(x_m) \, p_n\} \, \bar{v} \, dx_m = 0$$

Für alle zulässigen Werte $k$ und $n$ erhält man deshalb

$$\int_0^1 \{\mu_k \, \psi(x_m) \, q_n(x_m) + \varphi(x_m) \, p_n\} \, \bar{v} \, dx_m = 0 \, ,$$

so daß

$$\int_0^1 \varphi(x_m) \, p_n(x_m) \, \bar{v} \, dx_m \equiv 0 \tag{50.6}$$

folgt.

Die letzte Gleichung besitzt für alle Werte $n$ Gültigkeit. Vermöge der Vollständigkeit des Systems der Polynome $p_n$ ergibt sich $v \equiv 0$.

Das System (50.4) ist orthonormiert und deshalb auch stark minimal in der Metrik

$$|u|_1^2 = \int_{\Omega} \varphi(x_m) \left| \frac{\partial u}{\partial x_m} \right|^2 dx \, .$$

Es gilt aber $|u|_0 \geqq |u|_1$. Dann ist wegen Satz 4.2 das erwähnte System auch stark minimal in der Metrik (50.3), w. z. b. w.

Es sei jetzt das Integral (45.3) konvergent. In diesem Fall kann man ein im Raum $H_A$ vollständiges und stark minimales System auch wieder über die Formel (50.4) definieren, wenn die Polynome anders gewählt werden: Es seien dies wie früher Polynome vom Grade $n$, die wir folgenden Bedingungen unterwerfen:

$$\int_0^1 p_n(t) \, dt = 0 \quad (n = 1, 2, 3, \ldots), \tag{50.7}$$

$$\int_0^1 \varphi(t) \, p_r(t) \, p_s(t) \, dt = \delta_{rs} \quad (r, s = 1, 2, 3, \ldots). \tag{50.8}$$

Ein Polynom $p_0(t)$ wird nicht betrachtet. Es ist leicht zu sehen, daß eine Polynomfolge, die den Bedingungen (50.7) und (50.8) genügt, konstruierbar ist.

Wir nehmen nun an, daß für das System (50.4) $k, n = 1, 2, 3, \ldots$ gilt.

Vermöge (50.7) genügen die Funktionen (50.4) nicht nur der Bedingung (45.2), sondern auch der Bedingung (45.4), d. h., sie genügen sämtlichen Randbedingungen der Aufgabe. Wie oben kann man zeigen, daß das System (50.4) in der Metrik (50.3) stark minimal ist. Wir zeigen weiterhin seine Vollständigkeit in dieser Metrik. Die Funktion $v(x)$ genüge sämtlichen Randbedingungen der Aufgabe, und es gelte

$$|v|_0 < \infty, \quad [\varphi_{kn}, v]_0 = 0 \quad (k, n = 1, 2, 3, \ldots).$$

Die soeben durchgeführten Überlegungen lassen uns zur Gleichung (50.6) gelangen, die für $n = 1, 2, 3, \ldots$ Gültigkeit besitzt. Diese Gleichung kann man in folgender Weise interpretieren: Für fast alle $\xi \in \omega$ ist die Funktion $\varphi(x)_m \, v(x)$, die lediglich als Funktion von $x_m$ betrachtet wird, orthogonal in der Metrik $L_2(0, 1)$ zu einem beliebigen Polynom vom Grade Null. Dann hängt jedoch die Funktion $\varphi(x_m)\, v(x)$ nicht von $x_m$ ab, und die Funktion $v(x)$ hat die Form

$$v(x) = \frac{c(\xi)}{\varphi(x_m)}.$$

Es ist aber

$$v(x)\Big|_{x_m=1} = \frac{c(\xi)}{\varphi(1)} = 0,$$

so daß $c(\xi) \equiv 0$ gilt. Folglich ist auch $v(x) \equiv 0$, w. z. b. w.

Ist $\varphi(0) > 0$, so kann man $\varphi(x_m) \equiv 1$ setzen. In diesem Fall gilt

$$p_n(t) = \sqrt{2n+1}\, P_n(2t-1),$$

wobei $P_n$ die LEGENDREschen Polynome sind.

## KAPITEL 7

# DIE STABILITÄT DES RITZSCHEN VERFAHRENS BEI AUFGABEN DER SPEKTRUMSBESTIMMUNG

In diesem kurzen Kapitel sollen Bedingungen für die Stabilität des RITZschen Verfahrens angegeben werden, das zur näherungsweisen Berechnung von Eigenwerten und Eigenelementen (genauer: von Eigenunterräumen) positiv definiter Operatoren verwendet wird. Wir definieren auch die entsprechenden Stabilitätsbegriffe; denn das erscheint schon deshalb als notwendig, da die Aufgaben der Spektrumsbestimmung (selbst für lineare Operatoren) nichtlineare Aufgaben sind, so daß die Definitionen der Stabilität, die in den vorangegangenen Kapiteln für lineare Aufgaben gegeben wurden, nicht anwendbar zu sein brauchen.

Die Stabilität des RITZschen Verfahrens wurde für Aufgaben der Spektrumsbestimmung von L. N. DOWBYSCH [2] untersucht, deren Ergebnisse wir hier mit einigen unwesentlichen Änderungen darlegen wollen.

## § 51. Ein allgemeiner Satz

**Hilfssatz 51.1.**[1]) *Es seien $S$ und $T$ zwei selbstadjungierte nichtnegative vollstetige Operatoren in einem* HILBERT-*Raum $\mathfrak{H}$, und es seien $\sigma_k^S$ und $\sigma_k^T$ ihre Eigenwerte mit fallender Größenordnung. Dann gilt*

$$|\sigma_k^S - \sigma_k^T| \leqq ||S - T||\,. \tag{51.1}$$

**Beweis.** Wir setzen

$$\left.\begin{aligned} \sigma^S(v_1, v_2, \ldots, v_{k-1}) &= \max(S\,u, u)\,, \\ \sigma^T(v_1, v_2, \ldots, v_{k-1}) &= \max(T\,u, u)\,, \end{aligned}\right\} \tag{51.2}$$

wobei sich beide Male das Maximum über diejenigen Elemente $u$ erstreckt, für die $||u|| = 1$ und $(u, v_j) = 0$ $(j = 1, 2, \ldots, k-1)$ gilt. Infolge des Maximumprinzips gilt

$$\sigma_k^S = \min \sigma^S(v_1, v_2, \ldots, v_{k-1})\,, \tag{51.3}$$

$$\sigma_k^T = \min \sigma^T(v_1, v_2, \ldots, v_{k-1})\,, \tag{51.4}$$

wobei sich das Minimum über alle möglichen Tupel von Elementen $v_1, v_2, \ldots, v_{k-1}$ des Raumes $\mathfrak{H}$ erstreckt.

---

[1]) Der Hilfssatz 51.1 ist ein Spezialfall eines allgemeineren Lemmas von H. WEYL, siehe etwa F. RIESZ und B. SZ.-NAGY [1].

Für beliebige reelle Variable $x$ und $y$ gilt die Ungleichung $\sup(x + y) \leqq \sup x + \sup y$. Wenn wir $S = T + Q$ setzen, folgt

$$\sigma^S(v_1, v_2, \ldots, v_{k-1}) - \sigma^T(v_1, v_2, \ldots, v_{k-1}) \\ \leqq \sup_{\substack{\|u\|=1\\(u, v_j)=0}} (Q u, u) \leqq \sup_{\|u\|=1} |(Q u, u)| = \|Q\| = \|S - T\|\,.$$

Indem wir die Rollen von $S$ und $T$ vertauschen, ergibt sich

$$\sigma^T(v_1, v_2, \ldots, v_{k-1}) - \sigma^S(v_1, v_2, \ldots, v_{k-1}) \leqq \|S - T\|\,.$$

Schließlich ist

$$|\sigma^S(v_1, v_2, \ldots, v_{k-1}) - \sigma^T(v_1, v_2, \ldots, v_{k-1})| \leqq \|S - T\|\,. \tag{51.5}$$

Es sei beispielsweise $\sigma_k^T \leqq \sigma_k^S$. Wir setzen in der Formel (51.5) $v_j = v_j^0$ ($j = 1, 2, \ldots, k-1$), wobei $v_j^0$ die Elemente sind, in denen das Minimum für (51.4) erreicht wird. Dann folgt aus (51.5)

$$\sigma^S(v_1^0, v_2^0, \ldots, v_{k-1}^0) - \sigma_k^T \leqq \|S - T\|\,.$$

Wegen (51.3) ist aber $\sigma_k^S \leqq \sigma^S(v_1^0, v_2^0, \ldots, v_{k-1}^0)$; hieraus folgt $\sigma_k^S - \sigma_k^T \leqq \|S - T\|$. Diese Ungleichung stimmt mit (51.1) überein, da ja $\sigma_k^S \geqq \sigma_k^T$ war.

Vorgelegt sei eine Folge von HILBERT-Räumen $\mathfrak{H}_n$ ($n = 1, 2, 3, \ldots$). Im Raum $\mathfrak{H}_n$ seien zwei selbstadjungierte positiv definite Operatoren $A_n$ und $B_n$ gegeben, wobei wir voraussetzen, daß die Operatoren $A_n^{-1}$ und $\bar{B}_n = A_n^{-1/2} B_n A_n^{-1/2}$ im Raum $\mathfrak{H}_n$ vollstetig sind. Wegen

$$A_n^{-1/2} B_n A_n^{-1/2} = A_n^{-1/2} B_n^{1/2} B_n^{1/2} A_n^{-1/2} = (B_n^{1/2} A_n^{-1/2})^* (B_n^{1/2} A_n^{-1/2})$$

ist der Operator $A_n^{-1/2} B_n A_n^{-1/2}$ vollstetig, wenn das Produkt $B_n^{1/2} A_n^{-1/2}$ vollstetig ist. Man kann leicht zeigen, daß dafür wiederum notwendig und hinreichend ist, daß jede in der energetischen Metrik des Operators $A_n$ beschränkte Menge in der energetischen Metrik des Operators $B_n$ kompakt ist. Wir bezeichnen mit $\sigma_k^{(n)}$ den $k$-ten Eigenwert (in wachsender Ordnung) der Gleichung

$$(A_n - \sigma B_n)\, u_n = 0\,. \tag{51.6}$$

Neben (51.6) betrachten wir die Gleichung

$$[(A_n + \Gamma_n) - \mu (B_n + \Delta_n)]\, v_n = 0\,, \tag{51.7}$$

wobei $\Gamma_n$ und $\Delta_n$ beschränkte selbstadjungierte Operatoren des Raumes $\mathfrak{H}_n$ bezeichnen.

Wir sagen, daß ein Verfahren zur Berechnung des $k$-ten Eigenwerts der Gleichung (51.6) (kurz: ein „Verfahren (51.6)") *stabil* ist, wenn von $n$ unabhängige Konstanten $p$, $q$, $r$ (die von $k$ abhängen können) dergestalt existieren, daß bei $\|\Gamma_n\| \leqq r$ und beliebigen $\Delta_n$, wobei die Summe $B_n + \Delta_n$ positiv definit bleiben soll, folgende Bedingungen erfüllt sind: 1. Die Operatoren $A_n + \Gamma_n$ sind positiv definit; 2. die Operatoren

$$T_n = (I_n + \bar{\Gamma}_n)^{-1/2} (\bar{B}_n + \bar{\Delta}_n) (I_n + \bar{\Gamma}_n)^{-1/2}$$

seien vollstetig entsprechend im Raum $\mathfrak{H}_n$; $I_n$ ist der identische Operator im Raum $\mathfrak{H}_n$,

$$\overline{\Gamma}_n = A_n^{-1/2}\,\Gamma_n\,A_n^{-1/2}\,, \qquad \overline{\Delta}_n = A_n^{-1/2}\,\Delta_n\,A_n^{-1/2}\,;$$

3. es sei $\mu_k^{(n)}$ der $k$-te Eigenwert der Gleichung (51.7) in wachsender Ordnung, dann gelte

$$\left|\frac{\sigma_k^{(n)}}{\mu_k^{(n)}} - 1\right| \leqq p\,\|\Gamma_n\| + q\|\Delta_n\|\,. \tag{51.8}$$

Satz 51.1. *Für die Stabilität des Verfahrens* (51.6) *ist notwendig, daß*

$$\|A_n^{-1}\| \leqq C_1 \tag{51.9}$$

*gilt, und hinreichend, daß neben* (51.9) *die Bedingungen*

$$\sigma_k^{(n)} \leqq C_2\,, \quad \frac{(B_n u, u)}{(A_n u, u)} \leqq C_3\,, \qquad u \in \mathfrak{H}_n \tag{51.10}$$

*erfüllt sind. $C_1$, $C_2$, $C_3$ sind Konstanten, die nicht vom $n$ abhängen.*[1])

Beweis der Notwendigkeit. Das Verfahren (51.6) sei stabil, dann ist bei $\|\Gamma_n\| \leqq r$ der Operator $A_n + \Gamma_n$ positiv definit. Wir setzen $\Gamma_n = -\,r\,I_n$. Dann ist in jedem Fall

$$\big((A_n - r\,I_n)\,u, u\big) \geqq 0\,, \qquad u \in \mathfrak{H}_n\,.$$

Hieraus folgt $(A_n u, u) \geqq r\,\|u\|^2$, und demzufolge ist (vgl. MP) $\|A_n^{-1}\| \leqq \dfrac{1}{r}$.

Beweis der Hinlänglichkeit. Wir wählen eine Konstante $\beta$, $0 < \beta < 1$, setzen $r = \dfrac{\beta}{C_1}$ und fordern die Erfüllung der Ungleichung $\|\Gamma_n\| \leqq r$. Bekanntlich ist die größte untere Schranke $\gamma_n^2$ für den positiv definiten Operator $A_n$ gleich $\dfrac{1}{\|A_n^{-1}\|}$. Wegen (51.9) ist dann $\gamma_n^2 \geqq \dfrac{1}{C_1}$, und es folgt

$$\big((A_n + \Gamma_n)\,u, u\big) = (A_n u, u) + (\Gamma_n u, u) \geqq (\gamma_n^2 - \|\Gamma_n\|)\,\|u\|^2 \geqq \frac{1-\beta}{C_1}\,\|u\|^2\,.$$

Somit ist der Operator $A_n + \Gamma_n$ positiv definit.

Nun ist offensichtlich der oben definierte Operator $T_n$ nichtnegativ im Raum $\mathfrak{H}_n$. Wir zeigen darüber hinaus seine Vollstetigkeit in diesem Raum. Aus der Spektraldarstellung folgt

$$\|A_n^{-1/2}\| = \|A_n^{-1}\|^{1/2} = \frac{1}{\gamma_n}\,,$$

das bedeutet $\|A_n^{-1/2}\| \leqq \sqrt{C_1}$. Nun folgt $\|\overline{\Gamma}_n\| \leqq \|\Gamma_n\|\,\|A_n^{-1/2}\|^2 \leqq \beta < 1$. Dann ist der Operator $I_n + \overline{\Gamma}_n$ positiv definit, so daß der Operator $(I_n + \overline{\Gamma}_n)^{-1/2}$

---

[1]) Die Konstante $C_2$ kann von $k$ abhängen.

existiert und beschränkt ist. Es gilt

$$\|(I_n+\bar{\Gamma}_n)^{-1/2}\| = \left\|\sum_{m=0}^{\infty}(-1)^m\binom{m}{\frac{1}{2}}\bar{\Gamma}_n^m\right\|$$

$$\leqq \sum_{m=0}^{\infty}\binom{m}{\frac{1}{2}}\|\bar{\Gamma}_n\|^m \leqq \sum_{m=0}^{\infty}\binom{m}{\frac{1}{2}}\beta^m = \frac{1}{\sqrt{1-\beta}}. \qquad (51.11)$$

Der Operator $\bar{B}_n$ ist laut Definition vollstetig, der Operator $\bar{\Delta}_n$ dagegen ist vollstetig als Produkt zweier vollstetiger und eines beschränkten Operators. Die Vollstetigkeit des Operators $T_n$ ist dann offensichtlich.

Wir wollen uns weiter der Abschätzung (51.8) zuwenden. Wenn wir $A_n^{1/2}u = v$ setzen, folgt

$$\frac{(B_n u, u)}{(A_n u, u)} = \frac{(B_n A_n^{-1/2} v, A_n^{-1/2} v)}{\|v\|^2} = \frac{(\bar{B}_n v, v)}{\|v\|^2}.$$

Da der Operator $\bar{B}_n$ selbstadjungiert ist, gilt

$$\|\bar{B}_n\| = \sup\frac{(\bar{B}_n v, v)}{\|v\|^2},$$

und wegen (51.10) ergibt sich

$$\|\bar{B}_n\| \leqq C_3. \qquad (51.12)$$

Mit den Bezeichnungen

$$A_n^{1/2} u_n = \tilde{u}_n, \qquad (I_n+\bar{\Gamma}_n)^{1/2} A_n^{1/2} v_n = \tilde{v}_n$$

nehmen die Gleichungen (51.6) und (51.7) die Form

$$(I_n - \lambda\bar{B}_n)\tilde{u}_n = 0, \qquad (I_n - \mu T_n)\tilde{v}_n = 0$$

an. Folglich sind $\frac{1}{\sigma_k^{(n)}}$ und $\frac{1}{\mu_k^{(n)}}$ Eigenwerte der selbstadjungierten Operatoren $\bar{B}_n$ und $T_n$. Vermöge Hilfssatz 51.1 gilt

$$\left|\frac{1}{\mu_k^{(n)}} - \frac{1}{\sigma_k^{(n)}}\right| \leqq \|T_n - \bar{B}_n\|.$$

Es ist

$$\|T_n - \bar{B}_n\| = \|(I_n+\bar{\Gamma}_n)^{-1/2}\bar{B}_n(I_n+\bar{\Gamma}_n)^{-1/2} - \bar{B}_n$$
$$+ (I_n+\bar{\Gamma}_n)^{-1/2}\bar{\Delta}_n(I_n+\bar{\Gamma}_n)^{-1/2}\|$$
$$\leqq \|[(I_n+\Gamma_n)^{-1/2} - I_n]\bar{B}_n(I_n+\Gamma_n)^{-1/2}\|$$
$$+ \|\bar{B}_n[(I_n+\bar{\Gamma}_n)^{-1/2} - I_n]\| + \|(I_n+\bar{\Gamma}_n)^{-1/2}\bar{\Delta}_n(I_n+\bar{\Gamma}_n)^{-1/2}\|$$
$$\leqq \frac{C_3(1+\sqrt{1-\beta})}{\sqrt{1-\beta}}\|(I_n+\bar{\Gamma}_n)^{-1/2} - I_n\| + \frac{C_1\|\Delta_n\|}{1-\beta}.$$

Es ist aber

$$\|(I_n + \overline{\Gamma}_n)^{-1/2} - I_n\| = \left\| \sum_{m=1}^{\infty} \binom{m}{\frac{1}{2}} \overline{\Gamma}_n^m \right\| \leqq \|\overline{\Gamma}_n\| \left\| \sum_{m=1}^{\infty} \binom{m}{\frac{1}{2}} \overline{\Gamma}_n^{m-1} \right\|$$

$$\leqq C_1 \|\Gamma_n\| \sum_{m=1}^{\infty} \binom{m}{\frac{1}{2}} \beta^{m-1} = \frac{C_1 \|\Gamma_n\|}{\sqrt{1-\beta}\,(1+\sqrt{1-\beta})}.$$

Schließlich gelangen wir zur Ungleichung

$$\left| \frac{1}{\mu_k^{(n)}} - \frac{1}{\sigma_k^{(n)}} \right| \leqq \frac{C_1 C_3}{1-\beta} \|\Gamma_n\| + \frac{C_1}{1-\beta} \|\Delta_n\| .$$

Wenn wir diese Ungleichung mit $\sigma_k^{(n)}$ multiplizieren und die Relation $\sigma_k^{(n)} \leqq C_2$ beachten, folgt

$$\left| \frac{\sigma_k^{(n)}}{\mu_k^{(n)}} - 1 \right| \leqq \frac{C_1 C_2}{1-\beta} (C_3 \|\Gamma_n\| + \|\Delta_n\|) . \qquad (51.13)$$

Damit ist der Satz bewiesen. Wie aus (51.13) zu ersehen ist, kann man

$$p = \frac{C_1 C_2 C_3}{1-\beta}, \qquad q = \frac{C_1 C_2}{1-\beta}$$

setzen.

## § 52. Über die Stabilität des Ritzschen Verfahrens bei Eigenwertaufgaben

Es sei $A$ ein positiv definiter selbtsadjungierter Operator mit diskretem Spektrum, der in einem separablen HILBERT-Raum $H$ definiert sei. Mit $\lambda_k$ ($k = 1, 2, 3, \ldots$) bezeichnen wir die in Wachstumsordnung aufgeschriebenen Eigenwerte des Operators $A$. Zur näherungsweisen Berechnung der Eigenwerte $\lambda_k$ kann das RITZsche Verfahren herangezogen werden, das sich in folgender Weise darstellen läßt (siehe VM, § 33): Wir wählen ein die Bedingungen 1 bis 3 des § 6 erfüllendes Koordinatensystem $\{\varphi_n\}$ und konstruieren die Matrizen

$$R_n = \begin{pmatrix} [\varphi_1, \varphi_1] & [\varphi_2, \varphi_1] & \cdots & [\varphi_n, \varphi_1] \\ [\varphi_1, \varphi_2] & [\varphi_2, \varphi_2] & & [\varphi_n, \varphi_2] \\ \cdot & \cdot & \cdot & \cdot \\ [\varphi_1, \varphi_n] & [\varphi_2, \varphi_n] & \cdot\cdot & [\varphi_n, \varphi_n] \end{pmatrix} \qquad (52.1)$$

und

$$r_n = \begin{pmatrix} (\varphi_1, \varphi_1) & (\varphi_2, \varphi_1) & \cdot & (\varphi_n, \varphi_1) \\ (\varphi_1, \varphi_2) & (\varphi_2, \varphi_2) & \cdot & (\varphi_n, \varphi_2) \\ \cdot & \cdot & \cdot & \cdot \\ (\varphi_1, \varphi_n) & (\varphi_2, \varphi_n) & \cdots & (\varphi_n, \varphi_n) \end{pmatrix}. \qquad (52.2)$$

Das genäherte Eigenelement

$$u_n = \sum_{k=1}^{n} a_k^{(n)} \varphi_k$$

und der genäherte Eigenwert $\lambda_k^{(n)}$ werden aus der Gleichung

$$(R_n - \sigma r_n)\, a^{(n)} = 0 \tag{52.3}$$

ermittelt, wobei

$$a^{(n)} = (a_1^{(n)}, a_2^{(n)}, \ldots, a_n^{(n)})$$

ist. Es liegt hier ein Spezialfall der allgemeinen Betrachtungen des § 51 vor: Es ist $\mathfrak{H}_n$ der $n$-dimensionale Raum $E_n$, und man kann $A_n = R_n$ und $B_n = r_n$ setzen (dabei sind $R_n$ und $r_n$ die durch die Matrizen (52.1) bzw. (52.2) im Raum $E_n$ erzeugten Operatoren).

Diese soeben erwähnten Operatoren sind positiv definit, da sie durch GRAMsche Matrizen linear unabhängiger Elemente erzeugt werden. Die Frage der Vollstetigkeit steht hier nicht, da im endlichdimensionalen Raum $E_n$ ein beliebiger linearer Operator vollstetig ist.

**Satz 52.1.** *Das RITZsche Verfahren zur Ermittlung des ersten Eigenwertes eines selbstadjungierten positiv definiten Operators ist dann und nur dann stabil, wenn das Koordinatensystem stark minimal in der entsprechenden energetischen Metrik ist.*[1])

**Beweis.** Ist das Verfahren stabil, so folgt aus Satz 51.1 $\|R_n^{-1}\| \leqq C_1$. Da aber $\|R_n^{-1}\| = \dfrac{1}{\lambda_1^{(n)}}$ gilt, wobei $\lambda_1^{(n)}$ der kleinste Eigenwert der Matrix $R_n$ ist, folgt $\lambda_1^{(n)} \geqq \dfrac{1}{C_1}$, so daß das Koordinatensystem stark minimal in der energetischen Metrik des Operators $A$ ist.

Der Beweis der Hinlänglichkeit führt auf die Überprüfung der Bedingungen (51.9) und (51.10) für $k = 1$.

Wenn das Koordinatensystem im Raum $H_A$ stark minimal ist, existiert eine Konstante $\lambda_0 > 0$ mit $\lambda_1^{(n)} \geqq \lambda_0$. Dann ist aber $\|R_n^{-1}\| = \dfrac{1}{\lambda_1^{(n)}} \leqq \dfrac{1}{\lambda_0}$, und man kann $C_1 = \dfrac{1}{\lambda_0}$ setzen. Weiterhin ist im betrachteten Fall $\sigma_1^{(n)}$ ein Eigenwert der Gleichung (52.3). Mit wachsendem $n$ wird $\sigma_1^{(n)}$ nicht größer (siehe VM, § 32), so daß $\sigma_1^{(n)} \leqq \sigma_1^{(k)}$ gilt. Dann kann $C_3 = \sigma_1^{(k)}$ gesetzt werden.

Wir prüfen schließlich die zweite der Bedingungen (51.9) nach. Wegen der positiven Definitheit des Operators $A$ kann die Existenz einer Konstanten $\gamma > 0$ dergestalt behauptet werden, daß für alle $u \in H_A$ die Ungleichung $|u|_A \geqq \gamma \|u\|$ erfüllt ist. Mit $a^{(n)} = (a_1^{(n)}, a_2^{(n)}, \ldots, a_n^{(n)})$ werde ein beliebiger Vektor aus $E_n$ bezeichnet. Wir setzen

$$u_n = \sum_{k=1}^{n} a_k^{(n)} \varphi_k.$$

---

[1]) Dieser Satz wurde — ausgehend von anderen Überlegungen — von L. N. DOWBYSCH [2] bewiesen.

Offensichtlich ist $u_n \in H_A$. Wir erhalten dann

$$\frac{(r_n a^{(n)}, a^{(n)})}{(R_n a^{(n)}, a^{(n)})} = \frac{\|u_n\|^2}{|u_n|_A^2} \leqq \frac{1}{\gamma^2},$$

und man kann $C_2 = \frac{1}{\gamma^2}$ setzen. Es sind alle Bedingungen des Satzes 51.1 erfüllt, mithin ist auch der Satz 52.1 bewiesen.

Unter Verwendung der Ungleichung (51.13) kann man nun leicht eine Fehlerabschätzung für die „ungenaue" Ritzsche Näherung entwickeln. Es seien $\Gamma_n$ und $\Delta_n$ die Fehlergrößen für die Matrizen $R_n$ und $r_n$, und es gelte $\|\Gamma_n\| \leqq \frac{\beta}{C_1} = \beta\lambda_0$. Dann folgt aus (51.13)

$$\left|\frac{\sigma_k^{(n)}}{\mu_k^{(n)}} - 1\right| \leqq \frac{\sigma_k^{(n)}}{\lambda_0(1-\beta)}\left(\frac{\|\Gamma_n\|}{\gamma^2} + \|\Delta_n\|\right), \tag{52.4}$$

wobei $\sigma_k^{(n)}$ die genaue, $\mu_k^{(n)}$ die „ungenaue" $n$-te Ritzsche Näherung für den $k$-ten Eigenwert des Operators $A$ ist.

Für $k > 1$ bewies L. N. Dowbysch [2] folgenden Satz.

Satz 52.2. *Für die Stabilität des* Ritzschen *Verfahrens zur Ermittlung des $k$-ten ($k > 1$) Eigenwerts eines positiv definiten Operators ist hinreichend, in der Klasse der minimalen Systeme auch notwendig, daß das Koordinatensystem stark minimal in der entsprechenden energetischen Metrik ist.*

Die Hinlänglichkeit kann man analog zu Satz 52.1 beweisen, beim Beweis der Notwendigkeit wollen wir allerdings nicht verweilen. Die Bemerkung über die Klasse der minimalen Systeme ist unbedingt notwendig, da man an Beispielen ersehen kann, daß das Ritzsche Verfahren bei $k > 1$ auch für in der energetischen Metrik nichtminimale Koordinatensysteme stabil sein kann.

## § 53. Über die Stabilität des Ritzschen Verfahrens in Aufgaben über Eigenunterräume

Es sei $A$ ein positiv definiter Operator mit diskretem Spektrum, $\sigma_k = \sigma_{k+1} = \cdots = \sigma_{k+l-1}$ ein Eigenwert der Vielfachheit $l$ und $H^{(k)}$ der diesem Eigenwert entsprechende Eigenunterraum des Operators $A$. Es seien $\sigma_{k+j}^{(n)}$ die Eigenwerte der Gleichung (52.3) und $\mu_{k+j}^{(n)}$ ($j = 0, 1, \ldots, l-1$) die Eigenwerte der Gleichung

$$[(R_n + \Gamma_n) - \mu(r_n + \Delta_n)]\, b^{(n)} = 0, \tag{53.1}$$

wobei $\Gamma_n$ und $\Delta_n$ die Fehler der Matrizen $R_n$ bzw. $r_n$ bezeichnen. Des weiteren bezeichnen wir mit $E_{k,l}^{(n)}$ die orthogonale Summe der Eigenunterräume der Gleichung (52.3), die den Eigenwerten $\sigma_k^{(n)}, \sigma_{k+1}^{(n)}, \ldots, \sigma_{k+l-1}^{(n)}$ entsprechen, und mit $F_{k,l}^{(n)}$ die analoge Summe für die Gleichung (53.1) und die Eigenwerte $\mu_k^{(n)}$, $\mu_{k+1}^{(n)}, \ldots, \mu_{k+l-1}^{(n)}$. Im Raum $E_n$ führen wir die neue Metrik

$$[\alpha^{(n)}, \beta^{(n)}] = (R_n\alpha^{(n)}, \beta^{(n)}), \qquad |\alpha^{(n)}| = \sqrt{[\alpha^{(n)}, \alpha^{(n)}]} \tag{53.2}$$

ein und definieren in dieser Metrik den Öffnungswinkel $\Theta_n$ der Unterräume $E_{k,l}^{(n)}$ und $F_{k,l}^{(n)}$ durch

$$\cos\Theta_n = \sup \frac{|[\alpha^{(n)}, \beta^{(n)}]|}{\|\alpha^{(n)}\| \, \|\beta^{(n)}\|}, \tag{53.3}$$

wobei sich das Supremum über alle vom Nullvektor verschiedenen Vektoren $\alpha^{(n)} \in \tilde{E}_{k,l}^{(n)}$ und $\beta^{(n)} \in \tilde{F}_{k,l}^{(n)}$ erstreckt. $\tilde{E}_{k,l}^{(n)}$ und $\tilde{F}_{k,l}^{(n)}$ sind die orthogonalen Komplemente der Unterräume $E_{k,l}^{(n)}$ bzw. $F_{k,l}^{(n)}$ im kleinsten Unterraum, der diese beiden Unterräume enthält. Wir sagen, daß das Ritzsche Verfahren zur Ermittlung des Unterraumes $E_{k,l}^{(n)}$ *stabil* ist, wenn bei $\|\Gamma_n\| \to 0$ und $\|\Delta_n\| \to 0$ der Winkel $\Theta_n$ gleichmäßig in bezug auf $n$ gegen Null konvergiert, mit anderen Worten; wenn sich für ein vorgegebenes $\varepsilon > 0$ Zahlen $r > 0$ und $s > 0$ finden lassen, so daß aus den Ungleichungen $\|\Gamma_n\| \leqq r$ und $\|\Delta_n\| \leqq s$ die Ungleichung $\Theta_n < \varepsilon$ folgt.

L. N. Dowbysch [2] bewies folgenden Satz: *Das Verfahren zur Ermittlung des Unterraumes $E_{k,l}^{(n)}$ ist stabil, wenn das Koordinatensystem stark minimal im Raum $H_A$ ist.*

Wir führen den Beweis hier nur für den einfachsten Fall, wenn nämlich $H^{(n)} = E_{1,1}^{(n)}$ der Eigenunterraum des Operators $A$ ist, der seinem kleinsten Eigenwert $\lambda_1$ entspricht, und $\lambda_1$ überdies einfacher Eigenwert ist.

Es gelte $\|\Gamma_n\| \leqq r$ und $\|\Delta_n\| \leqq s$, wobei die Zahlen $r$ und $s$ so klein sein mögen, daß das Ritzsche Verfahren zur Ermittlung des Eigenwerts $\lambda_1$ stabil ist. Bei hinreichend großen $n$ sind die kleinsten Eigenwerte $\sigma_1^{(n)}$ und $\mu_1^{(n)}$ sowohl der genauen als auch der „ungenauen" Näherungsaufgaben einfach. Die ihnen entsprechenden (eindimensionalen) Eigenunterräume bezeichnen wir mit $\Xi_1^{(n)}$ bzw. $M_1^{(n)}$.

Wir spannen mit $\Xi_1^{(n)}$ und $M_1^{(n)}$ den zweidimensionalen Raum $P$ auf und bezeichnen mit $\psi_n$ den Winkel (im Sinne der durch die Matrix $R_n$ induzierten Metrik) zwischen der Richtung $\Xi_1^{(n)}$ und einem beliebigen Vektor $x \in P$:

$$\cos\psi_n = \frac{(R_n x, \xi_n)}{\sqrt{(R_n x, x)(R_n \xi_n, \xi_n)}},$$

wobei $\xi_n \in \Xi_1^{(n)}$ ein Eigenvektor der Gleichung $R_n \xi - \sigma_1^{(n)} r_n \xi = 0$ ist. Man kann annehmen, daß $\xi_n$ der Einheitsvektor ist: $(R_n \xi_n, \xi_n) = 1$. Dann gilt

$$\cos\psi_n = \frac{(R_n x, \xi_n)}{\sqrt{(R_n x, x)}}. \tag{53.4}$$

Wir zeigen, daß für einen beliebigen Vektor $x \in P$ die Relation

$$\frac{(r_n x, x)}{(R_n x, x)} = a_n \sin^2\psi_n + b_n \cos^2\psi_n \tag{53.5}$$

mit von $x$ unabhängigen Koeffizienten $a_n$ und $b_n$ gilt. Wir betrachten in der Ebene $P$ den Einheitsvektor $\eta_n$, der (in der Metrik der Matrix $R_n$) zum Vektor $\xi_n$ orthogonal ist: $(R_n \eta_n, \xi_n) = 0$, $(R_n \eta_n, \eta_n) = 1$.

Dann gilt

$$x = (\xi_n \cos\psi_n + \eta_n \sin\psi_n)\,|x|\,,$$
$$(r_n x, x) = [(r_n \xi_n, \xi_n)\cos^2\psi_n + (r_n \eta_n, \eta_n)\sin^2\psi_n + 2\operatorname{Re}(r_n \xi_n, \eta_n)\cos\psi_n \sin\psi_n]\,|x|^2\,.$$

Da aber

$$(r_n \xi_n, \eta_n) = \frac{1}{\sigma_1^{(n)}}(R_n \xi_n, \eta_n) = 0$$

ist, erhalten wir hieraus (53.5) mit

$$a_n = (r_n \eta_n, \eta_n)\,, \qquad b_n = (r_n \xi_n, \xi_n)\,. \tag{53.6}$$

Aus (53.6) und der Definition der Vektoren $\xi_n$ und $\eta_n$ folgen sofort die Relationen

$$b_n = \frac{1}{\sigma_1^{(n)}}\,, \qquad a_n \leqq \frac{1}{\sigma_2^{(n)}}\,. \tag{53.7}$$

Weiter gilt

$$b_n - a_n \geqq \frac{1}{\sigma_1^{(n)}} - \frac{1}{\sigma_2^{(n)}} \xrightarrow[n\to\infty]{} \frac{1}{\lambda_1} - \frac{1}{\lambda_2}\,,$$

wobei $\lambda_2$ der zweite Eigenwert des Operators $A$ ist. Da $\lambda_1$ einfacher Eigenwert ist, folgt $\frac{1}{\lambda_1} - \frac{1}{\lambda_2} > 0$. Es existiert also eine Konstante $\beta > 0$ dergestalt, daß für hinreichend große $n$

$$b_n - a_n \geqq \beta \tag{53.8}$$

gilt.

Wir betrachten in der Ebene $P$ den Ausdruck

$$\frac{((r_n + \Delta_n)\,x, x)}{((R_n + \Gamma_n)\,x, x)} = \frac{(a_n \sin^2\psi_n + b_n \cos^2\psi_n) + \dfrac{(\Delta_n x, x)}{(R_n x, x)}}{1 + \dfrac{(\Gamma_n x, x)}{(R_n x, x)}}\,. \tag{53.9}$$

Die im Zähler und Nenner stehenden Brüche hängen nicht von $x$ ab. Mit

$$\frac{(\Gamma_n x, x)}{(R_n x, x)} = \tau_1^{(n)}(\psi_n), \qquad \frac{(\Delta_n x, x)}{(R_n x, x)} = \tau_2^{(n)}(\psi_n)$$

folgt

$$\frac{((r_n + \Delta_n)\,x, x)}{((R_n + \Gamma_n)\,x, x)} = \frac{a_n + (b_n - a_n)\cos^2\psi_n + \tau_2^{(n)}(\psi_n)}{1 + \tau_1^{(n)}(\psi_n)}\,. \tag{53.9'}$$

Das absolute Maximum des Quotienten (53.9) wird erreicht, wenn wir den Eigenvektor der „ungenauen" Aufgabe einsetzen, der dem Eigenwert $\mu_1^{(n)}$ dieser Aufgabe entspricht.

Da $\Xi_1^{(n)}$ und $M_1^{(n)}$ Unterräume von $E_n$ sind, ist auch $x$ ein Element von $E_n$. Es folgt

$$|(\Gamma_n x, x)| \leqq \|\Gamma_n\|\,\|x\|^2\,, \qquad |(R_n x, x)| \geqq \tilde{\lambda}\,\|x\|^2\,,$$

wobei $\|x\| = \|x\|_{E_n}$ gilt. $\tilde{\lambda}$ ist eine positive untere Schranke für die Eigenwerte der Matrix $R_n$. Es ergibt sich

$$|\tau_1^{(n)}(\psi_n)| \leqq \frac{\|\Gamma_n\|}{\tilde{\lambda}} \leqq \frac{r}{\tilde{\lambda}}. \tag{53.10}$$

Analog erhält man

$$|\tau_2^{(n)}(\psi_n)| \leqq \frac{\|\Delta_n\|}{\tilde{\lambda}} \leqq \frac{s}{\tilde{\lambda}}. \tag{53.11}$$

Wenn wir die rechte Seite der Formel (53.9) mit $\Omega(\psi_n)$ bezeichnen, ergibt sich

$$\Omega(\psi) = \frac{a_n + (b_n - a_n)\cos^2\psi + \tau_2^{(n)}(\psi)}{1 + \tau_1^{(n)}(\psi)}.$$

Ist $\tau_1^{(n)}(\psi) = \tau_2^{(n)}(\psi) \equiv 0$, d. h., wird die „genaue" Aufgabe betrachtet, so erreicht die Funktion $\Omega(\psi)$ vermöge (53.8) ihr Maximum bei $\psi = 0$. Wir zeigen, daß die Funktion $\Omega(\psi)$ bei kleinen $\tau_1^{(n)}$ und $\tau_2^{(n)}$ ihr absolutes Maximum in einer Umgebung des Punktes $\psi = 0$ erreicht. Genauer wollen wir folgendes zeigen: Wie auch $\varepsilon > 0$ gewählt werde, es existieren immer Zahlen $r$ und $s$ dergestalt, daß bei $\|\Gamma_n\| \leqq r$ und $\|\Delta_n\| \leqq s$ die Funktion $\Omega(\psi)$ ihr absolutes Maximum in der durch die Ungleichung $\sin^2\psi < \varepsilon$ definierten Umgebung des Punktes $\psi = 0$ erreicht.

Aus (53.10) und (53.11) folgt die Abschätzung

$$\Omega(\psi) \geqq \frac{a_n + (b_n - a_n)\cos^2\psi - \frac{s}{\tilde{\lambda}}}{1 + \frac{r}{\tilde{\lambda}}}.$$

Wenn wir mit max das absolute Maximum kennzeichnen, ergibt sich

$$\max \Omega(\psi) \geqq \Omega(0) \geqq \frac{b_n - \frac{s}{\tilde{\lambda}}}{1 + \frac{r}{\tilde{\lambda}}}. \tag{53.12}$$

Es sei $\max \Omega(\psi) = \Omega(\psi_0)$ und $\sin^2\psi_0 \geqq \varepsilon$. Dann ist $\cos^2\psi_0 \leqq 1 - \varepsilon$, und es ergibt sich leicht

$$\Omega(\psi_0) < \frac{a_n + (b_n - a_n)\cos^2\psi_0 + \frac{s}{\tilde{\lambda}}}{1 - \frac{r}{\tilde{\lambda}}}$$

$$\leqq \frac{a_n + (b_n - a_n)(1 - \varepsilon) + \frac{s}{\tilde{\lambda}}}{1 - \frac{r}{\tilde{\lambda}}} = \frac{b_n - (b_n - a_n)\,\varepsilon + \frac{s}{\tilde{\lambda}}}{1 - \frac{r}{\tilde{\lambda}}}$$

$$\leqq \frac{b_n - \beta\varepsilon + \frac{s}{\tilde{\lambda}}}{1 - \frac{r}{\tilde{\lambda}}}.$$

Bei festem $\varepsilon$ und hinreichend kleinen $r$ und $s$ ist der letzte Quotient kleiner als die rechte Seite der Ungleichung (53.12), was nicht sein kann.

Folglich wird das absolute Maximum des Quotienten (53.9) in einem Vektor realisiert, für dessen Winkel $\psi_n = \arcsin \varepsilon$ gilt. Dieser Vektor ist aber offensichtlich der Eigenvektor der „ungenauen" Aufgabe zum Eigenwert $\mu_1^{(n)}$, w. z. b. w.

In der Klasse der minimalen Systeme ist die Bedingung der starken Minimalität auch notwendig (siehe L. N. DOWBYSCH [2]).

## KAPITEL 8

# DER EFFEKT DES FEHLERS IN DER GLEICHUNG

Im vorliegenden Kapitel wollen wir uns folgender Fragestellung zuwenden. Es sei aus Gründen der Vereinfachung der Rechnung der Operator der vorgelegten Aufgabe gegen einen anderen ausgetauscht, der im gewissen Sinne zum gegebenen benachbart ist. Wie groß wird der durch diese Veränderung hervorgerufene Fehler in der Lösung? Eine solche Vereinfachung des Operators liegt z. B. vor, wenn die Koeffizienten einer Differentialgleichung oder das Integrationsgebiet durch benachbarte ersezt werden, die in ihrer Struktur allerdings einfacher sind. Beispiele dieser Art werden wir im Verlauf der Darlegungen in diesem Kapitel betrachten.

Die hier gestellte Frage ist ähnlich der Frage über die Stabilität eines numerischen Verfahrens, jedoch nicht mit ihr identisch. Die Untersuchung der Stabilität eines numerischen Verfahrens brachte die Notwendigkeit mit sich, die Lösungen zweier Folgen von Gleichungen

$$A_n x^{(n)} = y^{(n)} \qquad (n = 1, 2, \ldots)$$

und

$$(A_n + \Gamma_n) z^{(n)} = y^{(n)} + \delta^{(n)} \qquad (n = 1, 2, \ldots)$$

miteinander zu vergleichen. Dabei wurde der Fehleroperator $\Gamma_n$ des Operators $A_n$ sehr starken Forderungen unterworfen. In jedem Fall setzten wir die Beschränktheit des Produkts $A_n^{-1} \Gamma_n$ voraus, bekamen dafür aber in bezug auf $n$ gleichmäßige Abschätzungen. Im vorliegenden Kapitel haben wir es nicht mit zwei Folgen von Gleichungen zu tun, sondern mit zwei Gleichungen, die in folgender Form geschrieben werden können:

$$Ax = y, \qquad (A + \Gamma) z = y$$

(unten werden wir auch andere Bezeichnungen verwenden). Die Aufgabe vereinfacht sich in der Weise, daß der Parameter $n$ und in bezug auf diesen Parameter gleichmäßige Abschätzungen wegfallen. Wir leiten Abschätzungen bei geänderten Voraussetzungen für die Operatoren $A$ und $\Gamma$ her. Insbesondere werden wir nicht Beschränktheit des Produkts $A^{-1} \Gamma$ fordern.

Wir werden in diesem Kapitel keine Fehlerbetrachtungen durchführen, die aus Veränderungen der rechten Seite stammen, da dieses Problem verhältnismäßig leicht gelöst werden kann.

Die Hauptergebnisse des vorliegenden Kapitels sind in den Arbeiten [6], [7] und [10] des Autors enthalten. Eine sehr gestraffte Darstellung dieser Ergebnisse und ein Illustrationsbeispiel kann man auch in VM, § 63, finden.

## § 54. Aufgabenstellung und Fehlerabschätzung für die Lösung

Wir betrachten die Gleichung

$$Au = f, \tag{54.1}$$

in der $A$ ein selbstadjungierter positiver Operator in einem entsprechenden HILBERT-Raum $H$ sei. Selbstverständlich schließen wir den Fall nicht aus, daß der Operator positiv definit ist. In bezug auf die rechte Seite $f$ setzen wir voraus, daß das Symbol $(u, f)$ auf einer gewissen Menge $M$, die im energetischen Raum $H_A$ dicht liegt, definiert ist und ein in diesem Raum lineares und beschränktes Funktional darstellt. In diesem Fall besitzt die Gleichung (54.1) eine Lösung mit endlicher Energie, die wir mit $u_0$ bezeichnen werden.

Neben der Gleichung (54.1) betrachten wir die weitere Gleichung

$$Bu = f, \tag{54.2}$$

wobei $B$ ebenfalls ein selbstadjungierter positiver Operator ist und die Operatoren $A$ und $B$ halbähnlich sind. Dann bestehen die energetischen Räume $H_A$ und $H_B$ aus ein und denselben Elementen, ihre Metriken sind äquivalent. Folglich existieren positive Konstanten $\alpha$ und $\beta$ derart, daß folgende Ungleichungen gelten:

$$\alpha \, \|u\|_B^2 \leqq \|u\|_A^2 \leqq \beta \, \|u\|_B^2, \qquad u \in H_A. \tag{54.3}$$

Offensichtlich besitzt neben der Gleichung (54.1) auch die Gleichung (54.2) eine Lösung mit endlicher Energie. Aus der Ungleichung (54.3) folgt nämlich, daß die im Raum $H_A$ dichte Menge $M$ auch in $H_B$ dicht liegt. Das Funktional $(u, f)$ ist in $H_A$ beschränkt, d. h.

$$|(u, f)| \leqq c \, \|u\|_A, \qquad c = \text{const}.$$

Dann gilt aber auch

$$|(u, f)| \leqq c \sqrt{\beta} \, \|u\|_B,$$

so daß das Funktional $(u, f)$ in $H_B$ beschränkt ist und die Gleichung (54.2) eine Lösung mit endlicher Energie besitzt. Diese Lösung werden wir mit $u_1$ bezeichnen. Unsere erste Aufgabe besteht in der Abschätzung der Größe $\|u_0 - u_1\|_B$.

Jedes Element $u_1$ des Raumes $H_B$ kann man als Lösung mit endlicher Energie für die Gleichung (54.2) ansehen, wenn das Funktional $(u, f)$ in der entsprechenden Weise gewählt wird; es ist hinreichend, $(u, f) = [u, u_1]_B$ zu setzen. Damit ist auf dem gesamten Raum $H_B$ ein Operator $T$ definiert, der jeder Lösung (mit endlicher Energie) $u_1$ der Gleichung (54.2) eine gleiche Lösung $u_0$ der Gleichung (54.1) zuordnet: $u_0 = Tu_1$.

Es ist

$$(u, f) = [u, u_0]_A, \qquad (u, f) = [u, u_1]_B, \qquad u \in H_A.$$

Dann folgt

$$[u, Tu_1]_A = [u, u_1]_B, \qquad u \in H_B.$$

Wenn wir $u = u_1$ setzen, erhalten wir

$$[Tu_1, u_1]_A = \|u_1\|_B^2 > 0, \qquad u_1 \neq 0. \tag{54.4}$$

16*

Der Operator $T$ ist deshalb selbstadjungiert im Raum $H_A$. Aus (54.3) folgt

$$\frac{1}{\beta} \|u_1\|_A^2 \leqq [T u_1, u_1]_A \leqq \frac{1}{\alpha} \|u_1\|_A^2 .$$

Diese Ungleichung zeigt, daß das Spektrum des Operators $T$, der als Operator im Raum $H_A$ betrachtet wird, im Abschnitt $\left[\frac{1}{\beta}, \frac{1}{\alpha}\right]$ liegt. Das Spektrum des Operators $T - I$ liegt dann im Abschnitt $\left[\frac{1}{\beta} - 1, \frac{1}{\alpha} - 1\right]$, und es gilt

$$\|T - I\|_A \leqq \max\left(\frac{|\alpha - 1|}{\alpha}, \frac{|\beta - 1|}{\beta}\right) = \eta . \tag{54.5}$$

Hieraus folgt die gesuchte Abschätzung mit

$$\|u_1 - u_0\|_A = \|(T - I) u_1\|_A \leqq \eta \|u_1\|_A. \tag{54.6}$$

Wir führen einige weitere aus (54.6) hervorgehende Abschätzungen an. Aus der Ungleichung (54.3) folgt zunächst

$$\|u_0 - u_1\|_A \leqq \eta \sqrt{\beta} \|u_1\|_B, \tag{54.7}$$

$$\|u_0 - u_1\|_B \leqq \eta \sqrt{\frac{\beta}{\alpha}} \|u_1\|_B . \tag{54.8}$$

Eine weitere Abschätzung geht auf folgende Überlegung zurück. Wir ersetzen den Operator $B$ durch $k B$, wonei $k$ eine positive Konstante bezeichnet, und bestimmen das $k$, das $\eta$ zu einem Minimum macht. Es müssen zunächst $u_1$ durch $\frac{1}{k} u_1$, $\alpha$ und $\beta$ durch $\frac{\alpha}{k}$ bzw. $\frac{\beta}{k}$ ersetzt werden. Die Konstante $k > 0$ ist folglich aus der Bedingung

$$\max\left(\frac{|\alpha - k|}{\alpha}, \frac{|\beta - k|}{\beta}\right) = \min$$

zu bestimmen.

Wie in § 12 ermittelt man, daß sich der minimale Wert des Koeffizienten $\eta$ zu $\frac{\beta - \alpha}{\beta + \alpha}$ ergibt; weiterhin ist $\frac{1}{k} = \frac{1}{2}\left(\frac{1}{\alpha} + \frac{1}{\beta}\right)$. Somit erhalten wir eine Formel die auf andere Art und Weise von M. G. Slobodjanski [1] erzielt wurde:

$$\left\|\frac{1}{2}\left(\frac{1}{\alpha} + \frac{1}{\beta}\right) u_1 - u_0\right\|_A \leqq \frac{\beta - \alpha}{2 \alpha \beta} \|u_1\|_A. \tag{54.9}$$

Etwas anders geartete Abschätzungen kann man erhalten, wenn man in den Gleichungen (54.1) und (54.2) $f \in H$ voraussetzt und fordert, daß die Lösungen mit endlicher Energie $u_0$ und $u_1$ zugleich auch Lösungen im gewöhnlichen Sinne sind, d. h. $u_0 \in D(A)$, $u_1 \in D(B)$. Dann gilt auch $u_0 \in D(A^{1/2})$ und $u_1 \in D(B^{1/2})$, was leicht aus den entsprechenden Spektralzerlegungen folgt. Wir betrachten den selbstadjungierten Operator $Y = B^{-1/2} A^{1/2} A^{1/2} B^{-1/2}$ und ermitteln die Grenzen seines Spektrums. Zu diesem Zweck setzen wir in (54.3) $u = B^{-1/2}v$, wobei $v$ ein beliebiges Element aus $D(B^{1/2}) = D(A^{1/2})$ ist. Es gilt

$$\|u\|_B^2 = ||B^{1/2} u||^2 = ||v||^2.$$

Weiterhin ergibt sich

$$\|u\|_A^2 = ||A^{1/2} u||^2 = ||A^{1/2} B^{-1/2} v||^2 = (A^{1/2} B^{-1/2} v, A^{1/2} B^{-1/2} v) = (Y v, v),$$

so daß (54.3) die Form

$$\alpha||v||^2 \leqq (Y v, v) \leqq \beta ||v||^2 \tag{54.10}$$

annimmt. Die Ungleichung (54.10) gilt zunächst nur für Elemente $v \in D(B^{-1/2})$. Allerdings ist das Definitionsgebiet $D(B^{-1/2})$ des selbstadjungierten Operators $B^{-1/2}$ dicht in $H$, und der Operator $Y$ ist beschränkt, da die Operatoren $A$ und $B$ halbähnlich sind. Man kann dann die Ungleichung (54.10) auf den gesamten Raum $H$ erweitern, und das Spektrum des Operators $Y$ liegt im Abschnitt $[\alpha, \beta]$.

Wir setzen $v_0 = B^{1/2} u_0$, $v_1 = B^{1/2} u_1$. Wenn wir die Gleichung $A u_0 = f$ von links mit $B^{-1/2}$ multiplizieren und $u_0$ durch $B^{-1/2} v_0$ ersetzen, erhalten wir $Y v_0 = B^{-1/2} f = v_1$. Hieraus folgt $v_0 - v_1 = (Y^{-1} - I) v_1$ und weiter $||v_0 - v_1|| \leqq ||Y^{-1} - I|| \, ||v_1||$. Das Spektrum des Operators $Y^{-1} - I$ liegt im Abschnitt $\left[\frac{1}{\beta} - 1, \frac{1}{\alpha} - 1\right]$ so daß $||Y^{-1} - I|| \leqq \eta$ gilt, wobei $\eta$ durch (54.5) definiert wird. Also ist

$$||v_0 - v_1|| \leqq \eta \, ||v_1||.$$

Da aber weiterhin

$$||v_0 - v_1|| = ||B^{1/2} (u_0 - u_1)|| = \|u_0 - u_1\|_B, \qquad ||v_1|| = ||B^{1/2} u_1|| = \|u_1\|_B$$

gilt, ergibt sich schließlich

$$\|u_0 - u_1\|_B \leqq \eta \, \|u_1\|_B. \tag{54.11}$$

Diese Abschätzung unterscheidet sich von der Abschätzung (54.6) darin, daß die Normen in der Metrik des Raumes $H_B$ ermittelt werden. Analog zu (54.9) hat noch die Formel

$$\left\| \frac{1}{2} \left( \frac{1}{\alpha} + \frac{1}{\beta} \right) u_1 - u_0 \right\|_B \leqq \frac{\beta - \alpha}{2 \alpha\beta} \|u_1\|_B \tag{54.12}$$

Gültigkeit.

## § 55. Anwendungen auf Gleichungen zweiter Ordnung

**1. Erste Randwertaufgabe.** Es sei $\Omega$ ein endliches Gebiet des Raumes $R_m$ mit den Koordinaten $x_1, x_2, \ldots, x_m$, das von einer stückweise glatten Fläche $S$ begrenzt wird. Vorgelegt sei für dieses Gebiet die Aufgabe, die nichtentartete elliptische Gleichung

$$-\sum_{j,k=1}^{m} \frac{\partial}{\partial x_j} \left( A_{jk}(x) \frac{\partial u}{\partial x_k} \right) + A_0(x) \, u = f(x), \qquad A_{jk} = \bar{A}_{kj}, \tag{55.1}$$

bei der Randbedingung

$$u|_S = 0 \tag{55.2}$$

zu integrieren.

Für die Koeffizienten $A_{jk}(x)$ und $A_0(x)$ setzen wir Beschränktheit und Meßbarkeit im Gebiet $\Omega$ voraus. Der Einfachheit halber nehmen wir weiterhin an, daß $A_0(x) \geqq 0$ und $f \in L_2(\Omega)$ gilt. Die selbstadjungierte FRIEDRICHS-Erweiterung des Operators (55.1) — (55.2) bezeichnen wir mit $A$, die Lösung der Aufgabe $Au = f(x)$ mit $u_0(x)$. Es sei $u_1(x)$ die Lösung der Gleichung $Bu = f$, wobei mit $B$ die FRIEDRICHS-Erweiterung des Operators bezeichnet wird, der durch die Randbedingung (55.2) und den nichtentarteten elliptischen Differentialausdruck

$$-\sum_{j,k=1}^{m} \frac{\partial}{\partial x_j}\left(B_{jk}(x)\frac{\partial u}{\partial x_k}\right) + B_0(x)\,u, \qquad B_{jk} = \bar{B}_{kj}\,, \tag{55.3}$$

definiert wird. Für die Koeffizienten $B_{jk}$ und $B_0$ seien die gleichen Bedingungen wie auch für $A_{jk}$ und $A_0$ formuliert. Im weiteren wollen wir den Quotienten

$$\frac{\|u_0 - u_1\|_B}{\|u_1\|_B} \tag{55.4}$$

abschätzen. Wie aus den Ergebnissen des vorangegangenen Paragraphen folgt, ist dafür die Ermittlung der Konstanten $\alpha$ und $\beta$ in der Ungleichung (54.3) hinreichend.

Es gilt

$$\|u\|_A^2 = \int_\Omega \left\{\sum_{j,k=1}^{m} A_{jk}\frac{\partial \bar{u}}{\partial x_j}\frac{\partial u}{\partial x_k} + A_0\,|u|^2\right\} dx,$$

$$\|u\|_B^2 = \int_\Omega \left\{\sum_{j,k=1}^{m} B_{jk}\frac{\partial \bar{u}}{\partial x_j}\frac{\partial u}{\partial x_k} + B_0\,|u|^2\right\} dx\,.$$

Wir bezeichnen mit $\varkappa_1(x)$ den kleinsten und mit $\varkappa_m(x)$ den größten Eigenwert der Gleichung

$$\operatorname{Det}\,|\,A_{jk}(x) - \varkappa\, B_{jk}(x)| = 0.$$

Es sei

$$\delta_1 = \inf_{x\in\Omega} \varkappa_1(x), \quad \delta_2 = \sup_{x\in\Omega} \varkappa_m(x).$$

Dann gilt

$$(\delta_1 - 1)\int_\Omega \sum_{j,k=1}^{m} B_{jk}\frac{\partial \bar{u}}{\partial x_j}\frac{\partial u}{\partial x_k}\,dx \leqq \int_\Omega \sum_{j,k=1}^{m} (A_{jk} - B_{jk})\frac{\partial \bar{u}}{\partial x_j}\frac{\partial u}{\partial x_k}\,dx$$

$$\leqq (\delta_2 - 1)\int_\Omega \sum_{j,k=1}^{m} B_{jk}\frac{\partial \bar{u}}{\partial x_j}\frac{\partial u}{\partial x_k}\,dx\,. \tag{55.5}$$

Es sei $\lambda_0$ der kleinste Eigenwert des durch (55.2) und

$$-\sum_{j,k=1}^{m} \frac{\partial}{\partial x_j}\left(B_{jk}(x)\frac{\partial u}{\partial x_k}\right) \tag{55.6}$$

definierten Operators. Wir setzen weiterhin

$$\delta_0 = \sup_{x\in\Omega}\,|\,A_0(x) - B_0(x)|.$$

Dann ergibt sich

$$-\frac{\delta_0}{\lambda_0}\int_\Omega \sum_{j,k=1}^m B_{jk}\frac{\partial\bar u}{\partial x_j}\frac{\partial u}{\partial x_k}\,dx \leqq \int_\Omega (A_0 - B_0)\,|u|^2\,dx$$

$$\leqq \frac{\delta_0}{\lambda_0}\int_\Omega \sum_{j,k=1}^m B_{jk}\frac{\partial\bar u}{\partial x_j}\frac{\partial u}{\partial x_k}\,dx\,. \qquad (55.7)$$

Wir addieren die Ungleichungen (55.7) und (55.5) und fügen zu jedem Glied dieser neu erhaltenen Ungleichung $\|u\|_B^2$ hinzu; dann erhalten wir

$$\left(\delta_1 - \frac{\delta_0}{\lambda_0}\right)\int_\Omega \sum_{j,k=1}^m B_{jk}\frac{\partial\bar u}{\partial x_j}\frac{\partial u}{\partial x_k}\,dx + \int_\Omega B_0\,|u|^2\,dx$$

$$\leqq \|u\|_A^2 \leqq \left(\delta_2 + \frac{\delta_0}{\lambda_0}\right)\int_\Omega \sum_{j,k=1}^m B_{jk}\frac{\partial\bar u}{\partial x_j}\frac{\partial u}{\partial x_k}\,dx + \int_\Omega B_0\,|u|^2\,dx. \qquad (55.8)$$

Die Ungleichung (54.3) ist dann erfüllt, wenn wir

$$\alpha = \min\left(\delta_1 - \frac{\delta_0}{\lambda_0}, 1\right), \qquad \beta = \max\left(\delta_2 + \frac{\delta_0}{\lambda_0}, 1\right) \qquad (55.9)$$

setzen, wobei wir $\delta_1 - \frac{\delta_0}{\lambda_0} > 0$ voraussetzen. Ist speziell $A_0(x) = B_0(x) \equiv 0$, so kann man

$$\alpha = \delta_1, \qquad \beta = \delta_2 \qquad (55.10)$$

setzen. Gilt $A_{jk}(x) \to B_{jk}(x)$ und $A_0(x) \to B_0(x)$ gleichmäßig in $\Omega$, so folgt $\alpha \to 1$ und $\beta \to 1$. Aus den Abschätzungen des § 51 und aus der positiven Definitheit des Operators $B$ erhält man noch die Konvergenz

$$\|u_0 - u_1\| \xrightarrow[W_2^{(1)}(\Omega)]{} 0\,. \qquad (55.11)$$

Die Ergebnisse dieses Paragraphen können unverändert auf den Fall eines unendlichen Gebiets vom zweiten Typ (§ 41) übertragen werden. Unter $\lambda_0$ ist dann nicht mehr der kleinste Eigenwert des Operators (55.6), (55.2) zu verstehen, sondern die größte untere Schranke für sein Spektrum. Man kann diese Ergebisse auch auf unendliche Gebiete vom ersten Typ ausdehnen, wenn beispielsweise $A_0(x) = B_0(x)$ ist. Ist dabei $\inf A_0(x) = 0$, so muß (55.11) durch

$$\|\operatorname{grad} u_0 - \operatorname{grad} u_1\| \xrightarrow[L_2(\Omega)]{} 0 \qquad (55.12)$$

ersetzt werden.

**2. Zweite Randwertaufgabe.** Wir nehmen jetzt an, daß die Gleichung (55.1) bei der Randbedingung

$$\left[\sum_{j,k=1}^m A_{jk}(x)\frac{\partial u}{\partial x_j}\cos(\nu, x_k) + \sigma_0(x)\,u\right]_S = 0 \qquad (55.13)$$

und die Gleichung (55.3) bei der Randbedingung

$$\left[\sum_{j,k=1}^m B_{jk}(x)\frac{\partial u}{\partial x_j}\cos(\nu, x_k) + \sigma_1(x)\,u\right]_S = 0 \qquad (55.14)$$

zu integrieren ist. Die Koeffizienten $A_0$, $B_0$, $A_{jk}$, $B_{jk}$ unterwerfen wir den vorigen Bedingungen; wie früher nehmen wir an, daß das Gebiet $\Omega$ endlich sei mit einem stückweise glatten Rand $S$. Die für $x \in S$ erklärten Funktionen $\sigma_0(x)$ und $\sigma_1(x)$ seien meßbar, beschränkt und der Einfachheit halber streng positiv, d. h.

$$\inf \sigma_0 > 0, \qquad \inf \sigma_1 > 0. \tag{55.15}$$

Mit $A$ bezeichnen wir die FRIEDRICHS-Erweiterung des Operators (55.1), (55.13) und mit $B$ die FRIEDRICHS-Erweiterung des Operators (55.3), (55.14). Diese Operatoren sind positiv definit und halbähnlich, so daß eine Abschätzung für den Quotienten (55.4) gefunden werden kann. Zuvor müssen die Konstanten $\alpha$ und $\beta$ ermittelt werden, die in die Ungleichung (54.3) eingehen.

Für den Fall der Bedingungen (55.13) und (55.14) gilt

$$\|u\|_A^2 = \int_\Omega \left\{ \sum_{j,k=1}^m A_{jk} \frac{\partial \bar{u}}{\partial x_j} \frac{\partial u}{\partial x_k} + A_0 |u|^2 \right\} dx + \int_S \sigma_0 |u|^2 \, dS,$$

$$\|u\|_B^2 = \int_\Omega \left\{ \sum_{j,k=1}^m B_{jk} \frac{\partial \bar{u}}{\partial x_j} \frac{\partial u}{\partial x_k} + B_0 |u|^2 \right\} dx + \int_S \sigma_1 |u|^2 \, dS.$$

Wir behalten die Bezeichnungen $\delta_0$, $\delta_1$, $\delta_2$ bei, weiterhin sei $\lambda_0$ der kleinste Eigenwert des Operators (55.6) mit der Randbedingung (55.14). Dann behalten die Ungleichungen (55.5) und (55.7) ihre Gültigkeit.

Wir setzen

$$\bar{\delta} = \sup_{x \in S} \frac{|\sigma_0(x) - \sigma_1(x)|}{\sigma_1(x)}. \tag{55.16}$$

Aus (55.4) folgt, daß $\bar{\delta}$ endlich ist und daß $\bar{\delta} \to 0$ gilt, wenn $\sigma_0(x)$ gleichmäßig auf $S$ gegen $\sigma_1(x)$ konvergiert. Wir erhalten

$$-\bar{\delta} \int_S \sigma_1 |u|^2 \, dS \leqq \int_S (\sigma_0 - \sigma_1) |u|^2 \, dS \leqq \bar{\delta} \int_S \sigma_1 |u|^2 \, dS. \tag{55.17}$$

Addieren wir die Ungleichungen (55.5), (55.8) und (55.17) und fügen zu jedem Glied der so erhaltenen neuen Ungleichung $\|u\|_B^2$ hinzu, so erhalten wir folgende Relation:

$$\left(\delta_1 - \frac{\delta_0}{\lambda_0}\right) \int_\Omega \sum_{j,k=1}^m B_{jk} \frac{\partial \bar{u}}{\partial x_j} \frac{\partial u}{\partial x_k} dx + \int_\Omega B_0 |u|^2 \, dx + (1 - \bar{\delta}) \int_S \sigma_1 |u|^2 \, dS$$
$$\leqq \|u\|_A^2 \leqq \left(\delta_2 + \frac{\delta_0}{\lambda_0}\right) \int_\Omega \sum_{j,k=1}^m B_{jk} \frac{\partial \bar{u}}{\partial x_j} \frac{\partial u}{\partial x_k} dx + \int_\Omega B_0 |u|^2 \, dx$$
$$+ (1 + \bar{\delta}) \int_S \sigma_1 |u|^2 \, dS.$$

Die Ungleichung (54.3) ist erfüllt, wenn

$$\alpha = \min\left(\delta_1 - \frac{\delta_0}{\lambda_0}, 1 - \bar{\delta}\right), \qquad \beta = \max\left(\delta_2 + \frac{\delta_0}{\lambda_0}, 1 + \bar{\delta}\right) \tag{55.18}$$

gilt. Hierbei setzen wir voraus, daß in der letzten Formel $\alpha$ positiv ist. Der einfachere Fall $A_0 = B_0 = \sigma_0 \equiv 0$, der jedoch einige Besonderheiten aufweist, wurde in VM, § 63, dargelegt.

## § 56. Anwendung auf die lineare Schalentheorie. Die Aufgabenstellung

In diesem und in den nachfolgenden Paragraphen des vorliegenden Kapitels wollen wir uns mit der Fehlerabschätzung der Berechnung elastischer Schalen befassen, die als ebene Platten betrachtet werden. Diese Aufgabe entstand in Verbindung mit der Untersuchung der Spannungsverteilung in Turbinenschaufeln. Diese Untersuchungen stoßen auf wesentliche Schwierigkeiten, die durch die hinreichend komplizierte Form der Schaufeln selbst hervorgerufen werden, aber auch ihre Ursache in der ungewöhnlichen, über die Standardformen hinausgehenden Befestigung der Schaufeln haben. Turbinenschaufeln stellen Schalen veränderlicher Dicke dar, die man als schwach gewölbte Platten betrachten kann (bzw. als geneigte Schale). Ein Teil des Randes der Schaufel ist fest eingespannt, der Rest ist frei. In verständlicher Weise entstand die Idee[1]) der näherungsweisen Berechnung dieser Schale als ebene Platte mit einer nachfolgenden Fehlerabschätzung für dieses Vorgehen. Eine allgemeine Methode für eine solche Fehlerabschätzung, die wir unten auf die soeben formulierte Aufgabe anwenden wollen, findet man in § 51.

Bekanntlich gibt es einige Varianten von Gleichungen der Theorie dünner Schalen, die sich untereinander im wesentlichen darin unterscheiden, welche Glieder als klein angesehen werden und deshalb vernachlässigt werden können. Der Autor hat in seiner Arbeit [10] eine eigene Variante von Gleichungen der Schalentheorie dargelegt, die — wie gewöhnlich — aus dem Minimumprinzip für die potentielle Energie hervorgehen, wobei allerdings vorher das Energieintegral durch Vernachlässigung einer Reihe von Gliedern, die vom Autor als klein angesehen werden, abgeändert wird. Die Unterschiede zwischen den Gleichungen des Autors und den Gleichungen, wie sie z. B. in den Büchern von W. S. Wlassow [1] oder W. W. Nowoshilow [1] angegeben werden, sind unwesentlich.

Die oben erwähnten Abschätzungen wurden für die vom Autor vorgeschlagenen Gleichungen der Schalentheorie durchgeführt. Die Ergebnisse zeigten folgendes Bild. Im allgemeinen Fall ist der Fehler, der beim Übergang von der geneigten Schale zur ebenen Platte entsteht, beliebig groß, wenn nur die Dicke der Schale hinreichend klein ist. Eine erfreuliche Ausnahme bildet der Fall eines reinen Spannungsmomentzustands. Experimentelle Untersuchungen haben gezeigt,[2]) daß man den Spannungszustand in Schaufeln mit hohem Genauigkeitsgrad lediglich auf Spannungsmomente reduzieren kann. Die von uns durchgeführten Abschätzungen zeigten, daß der relative Energiefehler der Schaufelberechnungen als ebene Platte für unterschiedliche von uns untersuchte Schaufeltypen zwischen 12,2% und 96,4% schwankte.

Im allgemeinen Fall konnten bei der Analyse der Gründe für das Auftreten großer Fehler beim Übergang von dünnen Schalen zu ebenen Platten einfache, allgemeinere und auch genauere als bis dahin bekannte Gleichgewichtsgleichungen für geneigte Schalen erhalten werden.

[1]) Siehe L. M. Katschanow [2].

[2]) Siehe S. P. Schichobalow, W. M. Krasnow, T. D. Maksutowa, W. W. Zeitz, E. I. Edelstein [1].

## § 57. Die potentielle Deformationsenergie bei Schalen

Mit $\Omega$ bezeichnen wir die mittlere Schalenfläche, für die wir der Einfachheit halber konstante Dicke gleich $2h$ voraussetzen. Wir führen orthogonale krummlinige Koordinaten $\alpha_1, \alpha_2, \alpha_3$ ein, wobei die Linien $\alpha_1 =$ const und $\alpha_2$ = const die Krümmungslinien der Fläche sind und $\alpha_3$ den Abstand entlang der Normalen vom gegebenen Punkt bis zur Fläche $\Omega$ mit dem entsprechenden Vorzeichen bedeutet. Es werde in den Koordinaten $\alpha_1, \alpha_2$ die Länge des Elementarbogens auf der mittleren Fläche durch die Formel

$$ds^2 = A_1^2(\alpha_1, \alpha_2)\, d\alpha_1^2 + A_2^2(\alpha_1, \alpha_2)\, d\alpha_2^2$$

ausgedrückt. Dann gilt bekanntlich für ein Längenelement im Raum die Relation

$$ds^2 = (1 - 2\, k_1 \alpha_3)\, A_1^2\, d\alpha_1^2 + (1 - 2\, k_2 \alpha_3)\, A_2^2\, d\alpha_2^2 + d\alpha_3^2\,,$$

wobei $k_1$ und $k_2$ die Hauptkrümmungen der mittleren Fläche bezeichnen. Im folgenden setzen wir immer voraus, daß die Koeffizienten $A_1$ und $A_2$ stetig und stetig differenzierbar sind und nirgends in $\Omega$ gleich Null werden.

Wir bezeichnen mit $u_1, u_2, u_3$ die Komponenten des Verschiebungsvektors $\boldsymbol{u}$ in den Koordinaten $\alpha_1, \alpha_2, \alpha_3$ und mit $e_{ik} = e_{ik}(\boldsymbol{u})$ die Koeffizienten des Deformationstensors. Im lokalen Koordinatensystem $x_1, x_2, x_3$, das durch die Tangenten an den Koordinatenlinien gebildet wird, gilt für diese Koeffizienten

$$e_{ik} = \frac{1}{2}\left(\frac{\partial u_i}{\partial x_k} + \frac{\partial u_k}{\partial x_i}\right). \tag{57.1}$$

Gewöhnlich wird in der Schalentheorie vorausgesetzt, daß bei der Berechnung der potentiellen Deformationsenergie

$$e_{13} = e_{23} = 0\,, \qquad e_{33} = -\frac{\sigma}{1-\sigma}(e_{11} + e_{22})\,, \tag{57.2}$$

$$e_{ik} = \varepsilon_{ik}(\alpha_1, \alpha_2) + \alpha_3\, \varkappa_{ik}(\alpha_1, \alpha_2) \qquad (i, k = 1, 2) \tag{57.3}$$

gesetzt werden kann, wobei $\sigma$ die Poissonsche Konstante ist.

Die Größen $\varepsilon_{ik}$ wollen wir als Deformationen der mittleren Fläche und $\varkappa_{ik}$ als ihre Biegungen bezeichnen. Man kann diese Größen als Koeffizienten zweidimensionaler Tensoren $E$ und $K$ betrachten. Im Koordinatensystem $\alpha_1, \alpha_2$, in dem die Linien $\alpha_1 =$ const und $\alpha_2 =$ const mit den Krümmungslinien der Fläche $\Omega$ zusammenfallen, sind die Deformationen und die Biegungen durch folgende Relationen miteinander verknüpft:

$$\left.\begin{aligned}
\varepsilon_{11} &= \frac{1}{A_1}\frac{\partial w_1}{\partial \alpha_1} + \frac{1}{A_1 A_2}\frac{\partial A_1}{\partial \alpha_2} w_2 - k_1 w_3\,,\\
\varepsilon_{12} &= \frac{1}{2}\left\{\frac{A_1}{A_2}\frac{\partial}{\partial \alpha_2}\left(\frac{w_1}{A_1}\right) + \frac{A_2}{A_1}\frac{\partial}{\partial \alpha_1}\left(\frac{w_2}{A_2}\right)\right\},\\
\varepsilon_{22} &= \frac{1}{A_1 A_2}\frac{\partial A_2}{\partial \alpha_1} w_1 + \frac{1}{A_2}\frac{\partial w_2}{\partial \alpha_2} - k_2 w_3\,,
\end{aligned}\right\} \tag{57.4}$$

$$\left.\begin{aligned}
\varkappa_{11} &= -\frac{1}{A_1}\frac{\partial k_1}{\partial \alpha_1} w_1 - \frac{1}{A_2}\frac{\partial k_1}{\partial \alpha_2} w_2 - k_1^2 w_3 \\
&\quad - \frac{1}{A_1}\frac{\partial}{\partial \alpha_1}\left(\frac{1}{A_1}\frac{\partial w_3}{\partial \alpha_1}\right) - \frac{1}{A_1 A_2^2}\frac{\partial A_1}{\partial \alpha_2}\frac{\partial w_3}{\partial \alpha_2}, \\
\varkappa_{12} &= \frac{1}{2}\left\{(k_2 - k_1)\left[\frac{A_1}{A_2}\frac{\partial}{\partial \alpha_2}\left(\frac{w_1}{A_1}\right) - \frac{A_2}{A_1}\frac{\partial}{\partial \alpha_2}\left(\frac{w_2}{A_2}\right)\right]\right. \\
&\quad \left. - \frac{A_1}{A_2}\frac{\partial}{\partial \alpha_2}\left(\frac{1}{A_1^2}\frac{\partial w_3}{\partial \alpha_1}\right) - \frac{A_2}{A_1}\frac{\partial}{\partial \alpha_1}\left(\frac{1}{A_2^2}\frac{\partial w_3}{\partial \alpha_2}\right)\right\}, \\
\varkappa_{22} &= -\frac{1}{A_1}\frac{\partial k_2}{\partial \alpha_1} w_1 - \frac{1}{A_2}\frac{\partial k_2}{\partial \alpha_2} w_2 - k_2^2 w_3 \\
&\quad - \frac{1}{A_1^2 A_2}\frac{\partial A_2}{\partial \alpha_1}\frac{\partial w_3}{\partial \alpha_1} - \frac{1}{A_2}\frac{\partial}{\partial \alpha_2}\left(\frac{1}{A_2}\frac{\partial w_3}{\partial \alpha_2}\right).
\end{aligned}\right\} \qquad (57.5)$$

Hierbei ist $w = (w_1, w_2, w_3)$ der Verschiebungsvektor für die Punkte der mittleren Fläche.

Werden einige kleine Glieder vernachlässigt, so kann man die potentielle Deformationsenergie der Schale auf die Form

$$\begin{aligned}
G(w) = \frac{E}{2(1-\sigma^2)}\iint\limits_{\Omega} \Big\{ h\ &[\varepsilon_{11}^2 + 2\sigma\,\varepsilon_{11}\,\varepsilon_{12} + \varepsilon_{22}^2 + 2(1-\sigma)\,\varepsilon_{12}^2] \\
&+ \frac{h^3}{12}[\varkappa_{11}^2 + 2\sigma\,\varkappa_{11}\,\varkappa_{12} + \varkappa_{22}^2 + 2(1-\sigma)\,\varkappa_{12}^2]\Big\}\, dS
\end{aligned} \qquad (57.6)$$

bringen, wobei $E$ der Elastizitätsmodul des Schalenmaterials ist und $dS = A_1 A_2\, d\alpha_1\, d\alpha_2$ ein Flächenelement der Fläche $\Omega$ bezeichnet.

Eine aufmerksame Durchsicht des unter dem Integral stehenden Ausdrucks in (57.6) führt zu dem Ergebnis,[1]) daß man in einigen Fällen in den Ausdrücken für die Biegungen (57.5) Glieder vernachlässigen kann, die von den Krümmungen und ihren Ableitungen abhängen. Als Spezialfälle führen wir die folgenden beiden Fälle an: 1. Es liegt kein reiner Spannungsmomentzustand vor, so daß der Tensor $E$ nicht gleich der identischen Null ist; 2. die Schale ist hinreichend stark geneigt. Diese letzte Bedingung kann genauer formuliert werden. Es seien die Parameter $\alpha_1$ und $\alpha_2$ dimensionslos und das Koordinatennetz nichtentartet, d. h., $A_1$ und $A_2$ werden in $\Omega$ nirgends gleich Null. Wir setzen nun voraus, daß die Produkte

$$A_i\, k_j\,, \qquad A_i \frac{\partial k_j}{\partial \alpha_m} \qquad (i, j, m = 1, 2) \qquad (57.7)$$

hinreichend klein sind.

Im folgenden setzen wir immer voraus, daß die eine oder die andere Bedingung (oder auch beide) erfüllt ist. In diesem Fall ergeben sich an Stelle der Formeln

[1]) Genaueres darüber siehe in den Arbeiten [7] und [10] des Autors.

(57.5) folgende wesentlich einfachere Beziehungen:

$$\left.\begin{aligned}
\varkappa_{11} &= -\frac{1}{A_1}\frac{\partial}{\partial\alpha_1}\left(\frac{1}{A_1}\frac{\partial w_3}{\partial\alpha_1}\right) - \frac{1}{A_1 A_2^2}\frac{\partial A_1}{\partial\alpha_2}\frac{\partial w_3}{\partial\alpha_2},\\
\varkappa_{12} &= -\frac{1}{2}\left\{\frac{A_1}{A_2}\frac{\partial}{\partial\alpha_2}\left(\frac{1}{A_1^2}\frac{\partial w_3}{\partial\alpha_1}\right) + \frac{A_2}{A_1}\frac{\partial}{\partial\alpha_1}\left(\frac{1}{A_2^2}\frac{\partial w_3}{\partial\alpha_2}\right)\right\},\\
\varkappa_{22} &= -\frac{1}{A_1^2 A_2}\frac{\partial A_2}{\partial\alpha_1}\frac{\partial w_3}{\partial\alpha_1} - \frac{1}{A_2}\frac{\partial}{\partial\alpha_2}\left(\frac{1}{A_2}\frac{\partial w_3}{\partial\alpha_2}\right).
\end{aligned}\right\} \tag{57.8}$$

Für das Folgende ist von Wichtigkeit, daß die Formeln (57.8) in einem beliebigen orthogonalen Koordinatensystem $\alpha_1$, $\alpha_2$ Gültigkeit behalten. Die Formeln (57.4) dagegen nehmen beim Übergang zu einem beliebigen orthogonalen Koordinatensystem die Form

$$\left.\begin{aligned}
\varepsilon_{11} &= \frac{1}{A_1}\frac{\partial w_1}{\partial\alpha_1} + \frac{1}{A_1 A_2}\frac{\partial A_1}{\partial\alpha_2}w_2 - \frac{L}{A_1^2}w_3,\\
\varepsilon_{12} &= \frac{1}{2}\left\{\frac{A_1}{A_2}\frac{\partial}{\partial\alpha_2}\left(\frac{w_1}{A_1}\right) + \frac{A_2}{A_1}\frac{\partial}{\partial\alpha_1}\left(\frac{w_2}{A_2}\right)\right\} - \frac{M}{A_1 A_2}w_3,\\
\varepsilon_{22} &= \frac{1}{A_1 A_2}\frac{\partial A_2}{\partial\alpha_1}w_1 + \frac{1}{A_2}\frac{\partial w_2}{\partial\alpha_2} - \frac{N}{A_2^2}w_3
\end{aligned}\right\} \tag{57.9}$$

an, wobei $L$, $M$, $N$ die Koeffizienten der zweiten quadratischen Form der Fläche $\Omega$ sind.

Wir wollen noch bemerken, daß in einem beliebigen orthogonalen Koordinatensystem die Formeln (57.6) Gültigkeit besitzen.

Im folgenden werden wir nur solche Schalen betrachten, bei denen wenigstens ein Teil des Randes der mittleren Fläche fest eingespannt ist. Sind die Deformationen und die Biegungen dieser Fläche identisch gleich Null, so sind die Verschiebungen ihrer Punkte ebenfalls gleich Null.

Zum Beweis dieser Behauptung betrachten wir ein beliebiges isometrisches Koordinatensystem, in welchem $A_1 = A_2 = A$ gilt. Durch Nullsetzen des Tensors $K$ erhält man aus (57.8)

$$\left.\begin{aligned}
\frac{\partial}{\partial\alpha_1}\left(\frac{1}{A}\frac{\partial w_3}{\partial\alpha_1}\right) + \frac{1}{A^2}\frac{\partial A}{\partial\alpha_2}\frac{\partial w_3}{\partial\alpha_2} = 0,\\
\frac{\partial}{\partial\alpha_2}\left(\frac{1}{A}\frac{\partial w_3}{\partial\alpha_2}\right) + \frac{1}{A^2}\frac{\partial A}{\partial\alpha_1}\frac{\partial w_3}{\partial\alpha_1} = 0,
\end{aligned}\right\} \tag{57.10}$$

$$\frac{\partial}{\partial\alpha_2}\left(\frac{1}{A^2}\frac{\partial w_3}{\partial\alpha_1}\right) + \frac{\partial}{\partial\alpha_1}\left(\frac{1}{A^2}\frac{\partial w_3}{\partial\alpha_2}\right) = 0. \tag{57.11}$$

Aus (57.11) folgt die Existenz einer Funktion $\psi(\alpha_1, \alpha_2)$, die den Relationen

$$\frac{\partial w_3}{\partial\alpha_1} = A^2\frac{\partial\psi}{\partial\alpha_1}, \qquad \frac{\partial w_3}{\partial\alpha_2} = -A^2\frac{\partial\psi}{\partial\alpha_2} \tag{57.12}$$

genügt. Wir setzen diese Formeln in (57.10) ein, addieren beide Gleichungen und erhalten

$$\frac{\partial^2\psi}{\partial\alpha_1^2} + \frac{\partial^2\psi}{\partial\alpha_2^2} = 0.$$

Folglich ist $\psi(\alpha_1, \alpha_2)$ eine harmonische Funktion der Variablen $\alpha_1$ und $\alpha_2$ im Definitionsbereich dieser Variablen. Infolge der festen Einspannung eines Teils des Randes von $\Omega$ gilt

$$w_3 = \frac{\partial w_3}{\partial \nu} = 0$$

($\nu$ ist die Normale am Rand des Gebiets $\Omega$). Hieraus folgt leicht, daß auf dem genannten Teil des Randes auch noch

$$\frac{\partial w_1}{\partial \alpha_1} = \frac{\partial w_2}{\partial \alpha_2} = 0$$

gilt; vermöge (57.12) erhält man

$$\frac{\partial \psi}{\partial \alpha_1} = \frac{\partial \psi}{\partial \alpha_2} = 0 .$$

Dann gilt im gesamten Gebiet $\psi = \text{const}$. Aus (57.12) folgt nun wieder $w_3 = \text{const}$; da aber auf einem Teil des Randes die Bedingung $w_3 = 0$ erfüllt ist, muß $w_3 \equiv 0$ sein.

Laut Voraussetzung gilt für den Tensor $E$: $E \equiv 0$. Unter Beachtung von $w_3 \equiv 0$ erhalten wir aus (57.9)

$$\frac{\partial w_1}{\partial \alpha_1} + \frac{1}{A}\frac{\partial A}{\partial \alpha_2} w_2 = 0 , \qquad \frac{1}{A}\frac{\partial A}{\partial \alpha_1} w_1 + \frac{\partial w_2}{\partial \alpha_2} = 0 , \tag{57.13}$$

$$\frac{\partial}{\partial \alpha_2}\left(\frac{w_1}{A}\right) + \frac{\partial}{\partial \alpha_1}\left(\frac{w_2}{A}\right) = 0 . \tag{57.14}$$

Aus (57.14) folgt die Existenz einer Funktion $\varphi(\alpha_1, \alpha_2)$, die den Gleichungen

$$w_1 = A\frac{\partial \varphi}{\partial \alpha_1}, \qquad w_2 = -A\frac{\partial \varphi}{\partial \alpha_2}$$

genügt. Durch Einsetzen in (57.13) und Addition dieser beiden Gleichungen erhält man

$$\frac{\partial^2 \varphi}{\partial \alpha_1^2} + \frac{\partial^2 \varphi}{\partial \alpha_2^2} = 0 .$$

Folglich ist $\varphi$ eine harmonische Funktion in den Variablen $\alpha_1$ und $\alpha_2$. Auf dem fest eingespannten Teil des Randes gilt $w_1 = w_2 = 0$ bzw. $\frac{\partial \varphi}{\partial \alpha_1} = \frac{\partial \varphi}{\partial \alpha_2} = 0$, d. h. aber $\varphi \equiv \text{const}$, woraus $w_1 = w_2 \equiv 0$ folgt.

## § 58. Der Operator der Schalentheorie

Wir betrachten eine Schale, deren Rand entweder vollständig oder auch nur teilweise fest eingespannt ist. Bei teilweiser Einspannung setzen wir voraus, daß am nichteingespannten Teil keine äußeren Kräfte wirken.

Die Differentialgleichungen für das Gleichgewicht der Schale und die natürlichen Randbedingungen auf dem nichteingespannten Teil ihres Randes kann man auf gewöhnlichem Weg aus den Minimumbedingungen der potentiellen Schalenenergie

$$G(w) - \iint_{\Omega} q\, w\, dS \tag{58.1}$$

gewinnen, wobei $G(w)$ durch (57.6) definiert wird, $q$ ist der Vektor der äußeren Belastung, die auf die Schale wirkt. Der Operator, der durch diese Differentialgleichungen und durch die Bedingungen auf dem gesamten Rand der mittleren Fläche $\Omega$ definiert wird, werde mit $P$ bezeichnet, so daß die Gesamtheit der Gleichgewichtsgleichungen und der Randbedingungen durch die Relation

$$P\, w = q \tag{58.2}$$

zum Ausdruck gebracht werden kann. Für unsere Ziele ist es nicht notwendig, die explizite Form des Operators $P$ zu kennen.

Im folgenden wollen wir den Operator $P$ den *Operator der Schalentheorie* nennen.

Von Wichtigkeit erscheint uns die Bemerkung, daß bei $L = M = N = 0$ der Operator $P$ in einen Operator übergeht, der der Gleichgewichtsaufgabe einer ebenen Platte bei gleicher äußerer Belastung und gleichen Randbedingungen entspricht.

Wir betrachten den reellen Hilbert-Raum $H$, dessen Elemente Vektoren sind, die in den Punkten der Fläche $\Omega$ definiert sind. Das innere Produkt und die Norm werden in $H$ durch die Formeln

$$(W', W'') = \iint_{\Omega} W'\, W''\, dS = \iint_{\Omega} (W_1'\, W_1'' + W_2'\, W_2'' + W_3'\, W_3'')\, dS\,,$$

$$\|W\|^2 = \iint_{\Omega} |W|^2\, dS = \iint_{\Omega} (W_1^2 + W_2^2 + W_3^2)\, dS$$

gegeben.

Wie leicht zu sehen ist, ist der Operator $P$ symmetrisch und genügt der Relation

$$(P\, w, w) = 2\, G(w)\,. \tag{58.3}$$

Vermöge (58.3) ist der Operator $P$ positiv. Es ist nämlich $(P\, w, w) \geqq 0$. Gilt aber $(P\, w, w) = 0$, so ist $G(w) = 0$. Das bedeutet aber $\varepsilon_{ik} \equiv 0$ und $\varkappa_{ik} \equiv 0$. Unter Benutzung der Ergebnisse des § 54 folgt hieraus $w \equiv 0$. Der Operator $P$ ist sogar positiv definit, was wir für den Spezialfall nachweisen wollen, daß die Schale eindeutig auf eine Ebene projiziert werden kann. Es sei dies die $x_1$, $x_2$-Ebene. Die Koordinaten $x_1$, $x_2$, $x_3$ mögen über die Formeln

$$x_i = x_i(\alpha_1, \alpha_2, \alpha_3) \qquad (i = 1, 2, 3)$$

darstellbar sein. Dann vermitteln die Gleichungen

$$x_i = x_i(\alpha_1, \alpha_2, 0) \qquad (i = 1, 2)$$

die Projektion $\Omega'$ der mittleren Schalenfläche auf die $x_1$, $x_2$-Ebene. Man kann folglich $\alpha_1$ und $\alpha_2$ als krummlinige orthogonale Koordinaten in $\Omega'$ betrachten, wobei

$$ds^2 = dx_1^2 + dx_2^2 = A_1^2\, d\alpha_1^2 + A_2^2\, d\alpha_2^2$$

gilt.

Wir setzen voraus, daß der Operator $P$ nicht positiv definit sei. Dann existiert eine Vektorenfolge $w_n \in D(P)$ mit den Eigenschaften

$$G(w_n) \xrightarrow[n\to\infty]{} 0\,, \qquad \|w_n\| = 1\,. \tag{58.4}$$

Wie Formel (54.6) zeigt, konvergieren dann alle Deformationskomponenten $\varepsilon_{jk}^{(n)}$ und Biegungskomponenten $\varkappa_{jk}^{(n)}$, die den Vektoren $w_n$ entsprechen, in der Metrik des Raumes $L_2(\Omega)$ gegen Null.

Wir setzen

$$w_n = (w_1^{(n)},\ w_2^{(n)},\ w_3^{(n)})\,.$$

In der Metrik $L_2(\Omega)$ gelten die folgenden, sich aus (57.8) ergebenden Grenzrelationen:

$$\left.\begin{aligned}
&\frac{\partial^2 w_3^{(n)}}{\partial\alpha_1^2} - \frac{1}{A_1}\frac{\partial A_1}{\partial\alpha_1}\frac{\partial w_3^{(n)}}{\partial\alpha_1} + \frac{A_1}{A_2^2}\frac{\partial A_1}{\partial\alpha_2}\frac{\partial w_3^{(n)}}{\partial\alpha_2} \to 0\,,\\
&\frac{\partial^2 w_3^{(n)}}{\partial\alpha_1\,\partial\alpha_2} - \frac{1}{A_1}\frac{\partial A_1}{\partial\alpha_2}\frac{\partial w_3^{(n)}}{\partial\alpha_1} - \frac{1}{A_2}\frac{\partial A_2}{\partial\alpha_1}\frac{\partial w_3^{(n)}}{\partial\alpha_2} \to 0\,,\\
&\frac{\partial^2 w_3^{(n)}}{\partial\alpha_2^2} + \frac{A_2}{A_1^2}\frac{\partial A_2}{\partial\alpha_1}\frac{\partial w_3^{(n)}}{\partial\alpha_1} - \frac{1}{A_2}\frac{\partial A_2}{\partial\alpha_2}\frac{\partial w_3^{(n)}}{\partial\alpha_2} \to 0\,.
\end{aligned}\right\} \tag{58.5}$$

Wir zeigen, daß die zweiten Ableitungen der Funktion $w_3^{(n)}$ in der Metrik $L_2(\Omega')$ beschränkt sind. Wir nehmen das Gegenteil an. Dann existiert eine Teilfolge (die wir wieder mit $w_3^{(n)}$ bezeichnen wollen) mit der Eigenschaft

$$\sum_{j,\,k=1}^{2} \left\| \frac{\partial^2 w_3^{(n)}}{\partial\alpha_j\,\partial\alpha_k} \right\| \to \infty\,.$$

Wir bezeichnen mit $Q_n$ die linke Seite dieser Formel. Die Relationen (58.5) bleiben richtig für die Funktion $\tilde{w}_3^{(n)} = Q_n^{-1}\, w_3^{(n)}$. Die Normen der zweiten Ableitungen dieser Funktionen sind beschränkt (sie werden nicht größer als Eins), die ersten Ableitungen und die Funktionen selbst verschwinden auf dem fest eingespannten Teil des Randes. Infolge der Einbettungssätze ist die Menge der ersten Ableitungen $\frac{\partial \tilde{w}_3^{(n)}}{\partial\alpha_1}$, $\frac{\partial \tilde{w}_3^{(n)}}{\partial\alpha_2}$ und die Menge der Funktionen $\tilde{w}_3^{(n)}$ selbst kompakt in $L_2(\Omega)$. Deshalb kann man eine Teilfolge $\tilde{w}_3^{(n_k)}$ auswählen, die in der Metrik $W_2^{(1)}(\Omega)$ gegen eine Funktion $\tilde{w}_3$ konvergiert, die die Randbedingungen auf dem fest eingespannten Teil des Randes erfüllt. Die Formeln (58.5) zeigen dann, daß die zweiten Ableitungen der Funktionen $\tilde{w}_3^{(n_k)}$ ebenfalls gewisse Grenzfunktionen besitzen. Folglich gilt $\tilde{w}_3 \in W_2^{(2)}(\Omega)$. Auf der Grundlage von (58.5) schließen wir weiter, daß die der Funktion $\tilde{w}_3$ entsprechenden Biegungen identisch gleich Null sind. Wegen § 57 folgt hieraus $\tilde{w}_3 \equiv 0$, was allerdings nicht sein kann, da

$$\sum_{j,\,k=1}^{2} \left\| \frac{\partial^2 \tilde{w}_3}{\partial\alpha_j\,\partial\alpha_k} \right\| = \lim_{n\to\infty} \sum_{j,\,k=1}^{2} \left\| \frac{\partial^2 \tilde{w}_3^{(n)}}{\partial\alpha_j\,\partial\alpha_k} \right\| = 1$$

gilt.

Die Normen der zweiten Ableitungen der Funktionen $w_3^{(n)}$ sind also beschränkt. Durch Wiederholung der soeben durchgeführten Überlegungen gelangt man zu dem Resultat

$$||w_3^{(n)}||_{W_2^{(2)}(\Omega)} \to 0$$

bzw.

$$||w_3^{(n)}||_{L_2(\Omega)} \to 0 .$$

Aus (58.4) folgt nun

$$||w_1^{(n)}||^2 + ||w_2^{(n)}||^2 \to 1 \tag{58.6}$$

und

$$\left.\begin{aligned} &\frac{1}{A_1}\frac{\partial w_1^{(n)}}{\partial \alpha_1} + \frac{1}{A_1 A_2}\frac{\partial A_1}{\partial \alpha_2} w_2^{(n)} \to 0 ,\\ &\frac{1}{2}\left\{\frac{A_1}{A_2}\frac{\partial}{\partial \alpha_2}\left(\frac{w_1^{(n)}}{A_1}\right) + \frac{A_2}{A_1}\frac{\partial}{\partial \alpha_1}\left(\frac{w_2^{(n)}}{A_2}\right)\right\} \to 0 ,\\ &\frac{1}{A_1 A_2}\frac{\partial A_2}{\partial \alpha_1} w_1 + \frac{1}{A_2}\frac{\partial w_2}{\partial \alpha_2} \to 0 , \end{aligned}\right\} \tag{58.7}$$

wobei der Grenzübergang im Sinne des Raumes $L_2(\Omega)$ bzw. des Raumes $L_2(\Omega')$ verstanden werden soll.

Betrachten wir das Funktionenpaar $(w_1^{(n)}, w_2^{(n)})$ als zweidimensionalen Vektor elastischer Auslenkungen im ebenen Gebiet $\Omega'$, dann sind die linken Seiten der Formeln (58.7) die diesem Vektor entsprechenden Deformationen. Infolge der festen Einspannung wird dieser Vektor gleich Null auf einem Teil der Grenze von $\Omega'$. In diesem Fall[1]) ist der Operator der ebenen Aufgabe der Elastizitätstheorie positiv definit, was den Relationen (58.6) und (58.7) widerspricht. Damit ist die positive Definitheit des Operators $P$ bewiesen.

## § 59. Schalen, die nahezu ebene Platten sind

Gegeben seien eine Schale mit der mittleren Fläche $\Omega$ und eine ebene Platte, die aus ihrer mittleren Ebene das Gebiet $\Omega^0$ heraustrennt. Den Rand der Fläche $\Omega$ bezeichnen wir mit $L$, den Rand des Gebiets $\Omega^0$ mit $L^0$. Wir geben in $\Omega$ und $\Omega^0$ ein und dieselben Koordinaten $\alpha_1$ und $\alpha_2$ vor und setzen der Einfachheit halber voraus, daß diese Koordinaten orthogonal sowohl in $\Omega$ als auch in $\Omega^0$ sind. Außerdem nehmen wir an, daß das Definitionsgebiet in beiden Fällen das gleiche ist. Diese Voraussetzung gestattet, jede Funktion auf der Fläche $\Omega$ (bzw. dem Rand $L$) zugleich auch als Funktion der Punkte von $\Omega^0$ (bzw. des Randes $L^0$) zu betrachten. Wir setzen voraus, daß auf die Platte und auf die Schale ein und dieselbe äußere Belastung $q(\alpha_1, \alpha_2)$ wirkt und daß die Randbedingungen, die wir als homogen annehmen wollen, in den Punkten der Ränder $L$ und $L^0$ mit ein und denselben Koordinaten identisch sind. Es bewirke unter diesen Bedingungen die Kraft $q$ eine Verschiebung $\boldsymbol{w}$ in der Schale und eine Verschiebung $\boldsymbol{w}^0$ in der Platte.

Der Operator der Platte werde im folgenden mit $P^0$ bezeichnet. Wir erinnern daran, daß man den Operator $P^0$ aus dem Operator $P$ erhalten kann, indem man $L = M = N = 0$ setzt.

[1]) Siehe D. M. Eidus [1], [2], aber auch MP, § 43.

Offensichtlich gilt

$$(P^0 w^0, w^0) = 2\, G^0(w^0)\,, \tag{59.1}$$

wobei $G^0(w^0)$ die der Verschiebung $w^0$ entsprechende potentielle Deformationsenergie der Platte ist.

Mit der Null als oberen Index sollen im folgenden immer Größen gekennzeichnet werden, die sich auf die ebene Platte beziehen. Wenn $w$ der Vektor der Auslenkung ist, werden die Deformationen der Platte mit folgenden Formeln beschrieben, die etwas einfacher als die der Schale sind:

$$\left.\begin{aligned} \varepsilon_{11}^0 &= \frac{1}{A_1^0}\frac{\partial w_1}{\partial \alpha_1} + \frac{1}{A_1^0 A_2^0}\frac{\partial A_1^0}{\partial \alpha_2} w_2\,, \\ \varepsilon_{12}^0 &= \frac{1}{2}\left\{\frac{A_1^0}{A_2^0}\frac{\partial}{\partial \alpha_2}\left(\frac{w_1}{A_1^0}\right) + \frac{A_2^0}{A_1^0}\frac{\partial}{\partial \alpha_1}\left(\frac{w_2}{A_2^0}\right)\right\}, \\ \varepsilon_{22}^0 &= \frac{1}{A_1^0 A_2^0}\frac{\partial A_2^0}{\partial \alpha_1} w_1 + \frac{1}{A_2^0}\frac{\partial w_2}{\partial \alpha_2}. \end{aligned}\right\} \tag{59.2}$$

Die Biegungen und die potentielle Deformationsenergie der Platte werden durch vollständig analoge Formeln zu (57.8) und (57.6) festgelegt.

Auf der Grundlage der allgemeinen Ergebnisse kann man den Quotienten

$$\frac{G^0(w - w^0)}{G^0(w^0)} \tag{59.3}$$

abschätzen (das bedeutet, daß man den mittleren Fehler abschätzt, der bei der Ermittlung der Spannungen entsteht, wenn bei der Rechnung die Schale $\Omega$ gegen die Platte $\Omega^0$ ausgetauscht wird).

Der Operator $P$ der Schalentheorie ist auf einer Menge von Vektoren definiert, die die benötigte Anzahl Ableitungen besitzen und auf $L$ den Randbedingungen genügen. Ähnlich hat der Operator $P^0$ der Plattentheorie eine Menge von Vektoren zum Definitionsgebiet, die die gleichen Ableitungen besitzen wie im Fall des Operators $P$, allerdings den Randbedingungen auf $L^0$ genügen. Beide Definitionsgebiete sind nur dann identisch, wenn der gesamte Rand $L$ (und folglich auch $L^0$) fest eingespannt ist. In diesem Fall haben die Randbedingungen sowohl auf $L$ als auch auf $L^0$ die Form (58.6). Liegt Einspannung lediglich auf einem Teil $L'$ (bzw. $L^{0\prime}$) vor, so fallen auf $L'$ und $L^{0\prime}$ die Randbedingungen zusammen und haben die Form (58.6); auf den restlichen Teilen der Ränder sind die Bedingungen unterschiedlich. Dann sind auch die Definitionsgebiete der Operatoren $P$ und $P^0$ verschieden.

Es ist leicht zu sehen, daß die energetischen Räume beider Operatoren $P$ und $P^0$ aus Vektoren bestehen, die erste verallgemeinerte quadratisch summierbare Ableitungen nach $\alpha_1$ und $\alpha_2$ besitzen und den Randbedingungen (58.6) genügen für die $\alpha_1$ und $\alpha_2$, die den Teilrändern $L'$ bzw. (was gleich ist) $L^{0\prime}$ entsprechen. Hieraus folgt die Halbähnlichkeit der Operatoren $P$ und $P^0$.

Wir können den Quotienten (59.3) abschätzen, wenn wir Konstanten $\alpha$ und $\beta$ mit der Eigenschaft

$$\alpha(P^0 w, w) \leq (P w, w) \leq \beta(P^0 w, w)$$

bzw.

$$\alpha\, G^0(w) \leqq G(w) \leqq \beta\, G^0(w) \tag{59.4}$$

finden, wobei $w$ ein beliebiger Vektor aus $H_P$ ist.

Wir setzen voraus, daß sich die Schale $\Omega$ wenig von der Form der ebenen Platte $\Omega^0$ in dem Sinne unterscheidet, daß die Größen

$$|A_i - A_i^0|\,, \left|\frac{\partial A_i}{\partial \alpha_k} - \frac{\partial A_i^0}{\partial \alpha_k}\right|, \qquad |L|,\ |M|,\ |N|$$

eine gewisse vorgegebene kleine Größe $\gamma$ nicht übersteigen.

Wir setzen

$$U_\varepsilon = \varepsilon_{11}^2 + 2\,\sigma\,\varepsilon_{11}\,\varepsilon_{22} + \varepsilon_{22}^2 + 2\,(1-\sigma)\,\varepsilon_{12}^2\,,$$
$$U_\varkappa = \varkappa_{11}^2 + 2\,\sigma\,\varkappa_{11}\,\varkappa_{22} + \varkappa_{22}^2 + 2\,(1-\sigma)\,\varkappa_{12}^2\,,$$

desgleichen bezeichnen wir das Resultat der Substitution $\varepsilon_{ik}^0$ an Stelle von $\varepsilon_{ik}$ und $\varkappa_{ik}^0$ an Stelle von $\varkappa_{ik}$ mit $U_\varepsilon^0$ bzw. $U_\varkappa^0$. Wir setzen weiterhin

$$2\,G_\varepsilon = \frac{E\,h}{1-\sigma^2}\iint\limits_{\Omega} U_\varepsilon\,dS\,, \qquad 2\,G_\varkappa = \frac{E\,h^3}{12\,(1-\sigma^2)}\iint\limits_{\Omega} U_\varkappa\,dS\,,$$
$$2\,G_\varepsilon^0 = \frac{E\,h}{1-\sigma^2}\iint\limits_{\Omega^0} U_\varepsilon^0\,dS^0\,, \qquad 2\,G_\varkappa^0 = \frac{E\,h^3}{12\,(1-\sigma^2)}\iint\limits_{\Omega^0} U_\varkappa^0\,dS^0\,,$$

wobei $dS^0$ ein Flächenelement in der $x_1, x_2$-Ebene ist. Es gilt

$$G = G_\varepsilon + G_\varkappa\,, \qquad G^0 = G_\varepsilon^0 + G_\varkappa^0\,.$$

Durch Vergleich der Ausdrücke für $\varepsilon_{ik}$ und $\varepsilon_{ik}^0$ (siehe (57.9) und (59.2)), die ein und derselben Auslenkung $w$ entsprechen, erhält man

$$\left.\begin{aligned}
\varepsilon_{11} &= \varepsilon_{11}^0 + \left(\frac{A_1^0}{A_1} - 1\right)\varepsilon_{11}^0 + \frac{1}{A_1}\left(\frac{1}{A_2}\frac{\partial A_1}{\partial \alpha_2} - \frac{1}{A_2^0}\frac{\partial A_1^0}{\partial \alpha_2}\right) w_2 - \frac{L}{A_1^2}\,w_3\,,\\
\varepsilon_{22} &= \varepsilon_{22}^0 + \left(\frac{A_2^0}{A_2} - 1\right)\varepsilon_{22}^0 + \frac{1}{A_2}\left(\frac{1}{A_1}\frac{\partial A_2}{\partial \alpha_1} - \frac{1}{A_1^0}\frac{\partial A_2^0}{\partial \alpha_1}\right) w_2 - \frac{N}{A_2^2}\,w_3\,,\\
\varepsilon_{12} &= \varepsilon_{12}^0 + \frac{1}{2}\left\{\left(\frac{1}{A_2} - \frac{1}{A_2^0}\right)\frac{\partial w_1}{\partial \alpha_2} + \left(\frac{1}{A_1} - \frac{1}{A_1^0}\right)\frac{\partial w_2}{\partial \alpha_1}\right\}\\
&\quad - \left(\frac{1}{A_1\,A_2}\frac{\partial A_1}{\partial \alpha_2} - \frac{1}{A_1^0\,A_2^0}\frac{\partial A_1^0}{\partial \alpha_2}\right) w_1\\
&\quad - \left(\frac{1}{A_1\,A_2}\frac{\partial A_2}{\partial \alpha_1} - \frac{1}{A_1^0\,A_2^0}\frac{\partial A_2^0}{\partial \alpha_1}\right) w_2 - \frac{M}{A_1\,A_2}\,w_3\,.
\end{aligned}\right\} \tag{59.5}$$

Setzen wir die Ausdrücke (59.5) in $U_\varepsilon$ ein, so ergibt sich ohne Schwierigkeit folgende Ungleichung:

$$\frac{E\,h}{1-\sigma^2}\,|U_\varepsilon - U_\varepsilon^0| \leqq C_1\,\gamma\,h\left\{\sum_{j,k=1}^{2}\left(\frac{\partial w_j}{\partial \alpha_k}\right)^2 + \sum_{j=1}^{3} w_j^2\right\}$$

mit einer Konstanten $C_1$.[1]) Wir integrieren diese Ungleichung über $\Omega^0$:

$$\left|\frac{E\,h}{1-\sigma^2}\iint\limits_{\Omega} U_\varepsilon\,dS^0 - 2\,G_\varepsilon^0\right| \leqq C_1\,\gamma\,h \iint\limits_{\Omega^0}\left\{\sum_{j,k=1}^{2}\left(\frac{\partial w_j}{\partial\alpha_k}\right)^2 + \sum_{j=1}^{3} w_j^2\right\} dS^0\,. \tag{59.6}$$

Ist ein Teil des Randes eines elastischen Körpers fest eingespannt, so gilt für diesen Körper die sogenannte KORNsche Ungleichung[2]), die im Fall einer ebenen Platte die Form

$$h\iint\limits_{\Omega^0}\sum_{j,k=1}^{2}\left(\frac{\partial w_j}{\partial\alpha_k}\right)^2 dS^0 \leqq 2\,C_2\,G_\varepsilon^0 \tag{59.7}$$

hat.

Infolge der Einbettungssätze gilt für eine beliebige Funktion $u$, die auf dem Randstück $L^{0\prime}$ verschwindet, die Ungleichung

$$\iint\limits_{\Omega^0} u^2\,dS^0 \leqq C_3 \iint\limits_{\Omega^0}\left\{\left(\frac{\partial u}{\partial\alpha_1}\right)^2 + \left(\frac{\partial u}{\partial\alpha_2}\right)^2\right\} dS^0\,.$$

Durch Kombination der letzten beiden Ungleichungen erhalten wir

$$h\iint\limits_{\Omega^0}(w_1^2 + w_2^2)\,dS^0 \leqq C_3\,h\iint\limits_{\Omega_0}\sum_{j,k=1}^{2}\left(\frac{\partial w_j}{\partial\alpha_k}\right)^2 dS^0 \leqq 2\,C_4\,G_\varepsilon^0\,. \tag{59.8}$$

Die Ungleichungen (59.7) und (59.8) ermöglichen eine Umformung von (59.6) zu

$$\left|\frac{E\,h}{1-\sigma^2}\iint\limits_{\Omega^0} U_\varepsilon\,dS^0 - 2\,G_\varepsilon^0\right| \leqq 2\,C_5\,\gamma\,h\,G_\varepsilon^0 + C_1\,\gamma\,h\iint\limits_{\Omega^0} w_3^2\,dS^0\,. \tag{59.9}$$

Wir wenden uns der Abschätzung des Integrals

$$\iint\limits_{\Omega^0} w_3^2\,dS^0$$

zu. Da die Funktion $w_3$ und ihre ersten Ableitungen auf $L^{0\prime}$ verschwinden, kommt man auf der Grundlage der Einbettungssätze leicht zu der Ungleichung

$$\iint\limits_{\Omega^0} w_3^2\,dS^0 \leqq C_6\iint\limits_{\Omega^0}\left\{\left(\frac{\partial w_3}{\partial x_1}\right)^2 + \left(\frac{\partial w_3}{\partial x_2}\right)^2\right\} dS^0 \leqq C_6^2\iint\limits_{\Omega^0}\sum_{j,k=1}^{2}\left(\frac{\partial^2 w_3}{\partial x_j\,\partial x_k}\right)^2 dS^0\,,$$

wobei $x_1$ und $x_2$ die kartesischen Koordinaten in $\Omega^0$ sind. In kartesischen Koordinaten gilt aber

$$\varkappa_{jk}^0 = -\frac{\partial^2 w_3}{\partial x_j\,\partial x_k}\,,$$

und folglich ist $U_\varkappa^0$ eine positiv definite quadratische Form in den Variablen $\varkappa_{jk}^0$; dann erhält man

$$C_1\iint\limits_{\Omega^0} w_3^2\,dS^0 \leqq \frac{2}{h^3}\,C_7\,G_\varkappa^0\,.$$

---

[1]) Hier und an ähnlichen Stellen in diesem Kapitel werden durch $C$ mit diesen oder jenen Indizes positive Konstanten bezeichnet, die nur von der Form des Gebiets $\Omega^0$, den Bedingungen der Einspannung des Randes und den Konstanten $E$ und $\sigma$ abhängen.

[2]) Siehe D. M. EIDUS [1], [2], aber auch MP, § 43.

Setzen wir diese Ungleichung in (59.9) ein, so ergibt sich schließlich

$$\left|\frac{E h}{1-\sigma^2} \iint_{\Omega^0} U_\varepsilon \, dS^0 - 2 G_\varepsilon^0\right| \leqq 2 C_5 \gamma G_\varepsilon^0 + \frac{2 C_7 \gamma}{h^2} G_\varkappa^0 . \tag{59.10}$$

Aus den Formeln (54.8) erhält man leicht die Darstellung

$$\varkappa_{jk} = \varkappa_{jk}^0 + a_{jk} \varkappa_{jk}^0 + b_{jk} \frac{\partial w_3}{\partial \alpha_1} + c_{jk} \frac{\partial w_3}{\partial \alpha_2} ,$$

wobei $a_{jk}$, $b_{jk}$, $c_{jk}$ die gleiche Größenordnung wie auch $\gamma$ haben. Wir setzen diese Formel in $U_\varkappa$ ein und integrieren:

$$\left|\frac{E h^3}{12(1-\sigma^2)} \iint_{\Omega^0} U_\varkappa \, dS^0 - 2 G_\varkappa^0\right|$$

$$\leqq C_8 \gamma \left\{2 G_\varkappa^0 + h^3 \iint_{\Omega^0} \left[\left(\frac{\partial w_3}{\partial \alpha_1}\right)^2 + \left(\frac{\partial w_3}{\partial \alpha_2}\right)^2\right] dS^0\right\} .$$

Das letzte Integral kann wieder durch $G_\varkappa^0$ abgeschätzt werden; dann folgt

$$\left|\frac{E h^3}{12(1-\sigma^2)} \iint_{\Omega^0} U_\varkappa \, dS^0 - 2 G_\varkappa^0\right| \leqq 2 C_9 \gamma G_\varkappa^0 . \tag{59.11}$$

Aus den Ungleichungen (59.10) und (59.11) ergibt sich

$$\left|\frac{E h}{1-\sigma^2} \iint_{\Omega^0} \left(U_\varepsilon + \frac{h^2}{12} U_\varkappa\right) dS^0 - 2 G^0\right| \leqq 2 \left(C_{10} + \frac{C_7}{h^2}\right) \gamma G^0 . \tag{59.12}$$

Wir betrachten den Ausdruck

$$2 G = \frac{E h}{1-\sigma^2} \iint_{\Omega^0} \left(U_\varepsilon + \frac{h^2}{12} U_\varkappa\right) dS . \tag{59.13}$$

Es ist

$$dS = A_1 A_2 \, d\alpha_1 \, d\alpha_2 , \qquad dS^0 = A_1^0 A_2^0 \, d\alpha_1 \, d\alpha_2 ,$$

woraus sich

$$dS = \frac{A_1 A_2}{A_1^0 A_2^0} dS^0 = (1 + B) \, dS^0$$

ergibt; dabei gilt $0 \leqq B = O(\gamma)$. Es sei $C_{11} \gamma \leqq B \leqq C_{12} \gamma$ ($C_{11}$ kann auch gleich Null sein). Dann ergibt sich

$$2 G = \frac{E h}{(1-\sigma^2)} \iint_{\Omega^0} \left(U_\varepsilon + \frac{h^2}{12} U_\varkappa\right) (1 + B) \, dS^0$$

und folglich auch

$$C_{11} \gamma \frac{E h}{1-\sigma^2} \iint_{\Omega^0} \left(U_\varepsilon + \frac{h^2}{12} U_\varkappa\right) dS^0 \leqq 2 G - \frac{E h}{1-\sigma^2} \iint_{\Omega^0} \left(U_\varepsilon + \frac{h^2}{12} U_\varkappa\right) dS^0$$

$$\leqq C_{12} \gamma \frac{E h}{1-\sigma^2} \iint_{\Omega^0} \left(U_\varepsilon + \frac{h^2}{12} U_\varkappa\right) dS^0 .$$

Das Integral im ersten und dritten Teil der letzten Ungleichung ersetzen wir durch Abschätzungen, die aus (59.12) folgen:

$$2\,G^0(1-\gamma\,\Gamma) \leqq \frac{E\,h}{1-\sigma^2}\iint\limits_{\Omega^0}\left(U_\varepsilon + \frac{h^2}{12}\,U_\varkappa\right)dS^0 \leqq 2\,G^0(1+\gamma\,\Gamma)\,,$$

wobei

$$\Gamma = C_{10} + \frac{C_7}{h^2} \tag{59.14}$$

ist. Nun erhalten wir die Abschätzung

$$2\,G^0\,C_{11}\,\gamma\,(1-\gamma\,\Gamma) \leqq 2\,G - \frac{E\,h}{1-\sigma^2}\iint\limits_{\Omega^0}\left(U_\varepsilon + \frac{h^2}{12}\,U_\varkappa\right)dS^0$$

$$\leqq 2\,G^0\,C_{12}\,\gamma\,(1+\gamma\,\Gamma)\,.$$

Hieraus und aus (59.12) erhalten wir

$$-\gamma\,[\Gamma - C_{11}(1-\gamma\,\Gamma)]\,G^0 \leqq G - G^0 \leqq \gamma\,[\Gamma + C_{12}(1+\gamma\,\Gamma)]\,,$$

so daß man in (59.4)

$$\alpha = 1 - \gamma\,[\Gamma - C_{11}(1-\gamma\,\Gamma)]\,, \qquad \beta = 1 + \gamma\,[\Gamma + C_{12}(1+\gamma\,\Gamma)] \tag{59.15}$$

setzen kann. Ist in (59.15) $\alpha > 0$, so gilt für den Quotienten (59.3) die Abschätzung

$$\frac{G^0(w-w^0)}{G^0(w^0)} \leqq \max\left(\frac{|\alpha-1|}{\alpha}\,,\quad \frac{|\beta-1|}{\beta}\right)$$

$$= \max\left\{\frac{\gamma\,[\Gamma - C_{11}(1-\gamma\,\Gamma)]}{1-\gamma\,[\Gamma - C_{11}(1-\gamma\,\Gamma)]}\,,\quad \frac{\gamma\,[\Gamma + C_{12}(1+\gamma\,\Gamma)]}{1+\gamma\,[\Gamma + C_{12}(1+\gamma\,\Gamma)]}\right\}. \tag{59.16}$$

## § 60. Der reine Spannungsmomentzustand

Es sei $\gamma$ eine kleine Größe. Wenn man die Spannungen in der Schale näherungsweise berechnet, indem man sie durch eine ebene Platte ersetzt, dann hat — wie die Formeln (59.14) und (59.16) zeigen — der dabei entstehende Fehler die Größenordnung $\gamma\left(a + \frac{b}{h^2}\right)$, wobei $a$ und $b$ gewisse positive Konstanten sind. Hieraus folgt, daß dieser Fehler beliebig groß werden kann, auch wenn $\gamma$ beliebig klein wird, sofern nur die Schale hinreichend dünn ist. Es ist also im allgemeinen nicht möglich, bei Spannungsberechnungen in Schalen diese durch ebene Platten anzunähern. Man kann aber in der Fehlerabschätzung das Glied $\frac{b}{h^2}$ weglassen, wenn man in den Formeln für die Deformationen beim Übergang von (57.9) zu (59.2) in diesen letzten die Glieder $-\frac{L}{A_1^2}\,w_3$, $-\frac{M}{A_1\,A_2}\,w_3$, $-\frac{N}{A_2^2}\,w_3$ bestehen läßt.

Dies führt im Endergebnis auf Gleichgewichtsgleichungen für geneigte Schalen. Wir wollen uns damit allerdings nicht beschäftigen,[1]) sondern werden sofort voraussetzen, daß das Glied $\frac{b}{h^2}$ von Anfang an nicht in der Abschätzung enthalten ist. Es handelt sich hierbei um den sogenannten reinen Spannungsmomentzustand, denn es ist $\varepsilon_{jk} \equiv 0$. Wir wollen uns mit diesem Fall etwas näher befassen. Es gilt $G = G_\varkappa$, $G^0 = G^0_\varkappa$. Die Formel (59.11) nimmt dann die Form

$$\left|\frac{E\,h^3}{12\,(1-\sigma^2)}\iint\limits_{\Omega^0} U_\varkappa\, dS^0 - 2\,G^0\right| \leqq 2\,C_8\,\gamma\,G^0 \tag{60.1}$$

an. Wie auch in § 59 setzen wir $dS = (1 + B)\, dS^0$ und $C_{11}\,\gamma \leqq B \leqq C_{12}\,\gamma$. Dann erhält man

$$C_{11}\,\gamma\,\frac{E\,h^3}{12\,(1-\sigma^2)}\iint\limits_{\Omega^0} U_\varkappa\, dS^0 \leqq 2\,G - \frac{E\,h^3}{12\,(1-\sigma^2)}\iint\limits_{\Omega^0} U_\varkappa\, dS^0$$

$$\leqq C_{12}\,\gamma\,\frac{E\,h^3}{12\,(1-\sigma^2)}\iint\limits_{\Omega^0} U_\varkappa\, dS^0\,. \tag{60.2}$$

Aus (60.1) folgt

$$2\,(1 - C_8\,\gamma)\,G^0 \leqq \frac{E\,h^3}{12\,(1-\sigma^2)}\iint\limits_{\Omega^0} U_\varkappa\, dS^0 \leqq 2\,(1 + C_8\,\gamma)\,G^0\,. \tag{60.3}$$

Setzen wir diese Relationen in die äußeren Glieder der Ungleichung (60.2) ein, so ergibt sich

$$2\,(1 - C_8\,\gamma)\,C_{11}\,\gamma\,G^0 \leqq 2\,G - \frac{E\,h^3}{12\,(1-\sigma^2)}\iint\limits_{\Omega^0} U_\varkappa\, dS^0$$

$$\leqq 2\,(1 + C_8\,\gamma)\,C_{12}\,\gamma\,G^0\,.$$

Nach Addition mit (60.3) erhalten wir die gesuchte Abschätzung

$$(1 - C_8\,\gamma)\,(1 + C_{11}\,\gamma)\,G^0 \leqq G \leqq 1\,(1 + C_8\,\gamma)\,(1 + C_{12}\,\gamma)\,G^0\,. \tag{60.4}$$

Wenn $\gamma < \frac{1}{C_8}$ ist, kann man auf der Grundlage von (60.3) den Quotienten (59.3) abschätzen. Es ist

$$\frac{G^0\,(w - w^0)}{G^0(w^0)} \leqq \max\left\{\frac{|C_{11} - C_8 - C_8\,C_{11}\,\gamma|\,\gamma}{(1 - C_8\,\gamma)\,(1 + C_{11}\,\gamma)}\,,\quad \frac{(C_8 + C_{12} + C_8\,C_{12}\,\gamma)\,\gamma}{(1 + C_8\,\gamma)\,(1 + C_{11}\,\gamma)}\right\}. \tag{60.5}$$

Man kann die rechte Seite von (60.5) im allgemeinen Fall auch noch verringern, wenn man sich der Formel (54.12) bedient.

---

[1]) Siehe hierzu die Arbeiten [7] und [10] des Autors.

## § 61. Die gerade Regelschraubfläche

In Verbindung mit der Frage über die Spannungsverteilung in Turbinenschaufeln ist die Anwendung der Formel (57.6) auf Schalen von Interesse, deren mittlere Fläche ein Ausschnitt aus der geraden Regelschraubfläche

$$x = \varrho \cos \Theta , \qquad y = \varrho \sin \Theta , \qquad z = \zeta \Theta \tag{61.1}$$

ist, der durch die Ungleichungen

$$\varrho_0 \leqq \varrho \leqq \varrho_1 , \qquad -\Theta_0 \leqq \Theta \leqq \Theta_0 \tag{61.2}$$

festgelegt wird ($\varrho_0$, $\varrho_1$, $\Theta_0$ sind positive Konstanten). Es sei der Teil des inneren Randes

$$\varrho = \varrho_0 , \qquad \vartheta_1 < \Theta < \vartheta_2 \tag{61.3}$$

fest eingespannt, der übrige Teil des Schalenrandes unterliege keinen äußeren Kräften. Es sind $\varrho = \text{const}$ und $\Theta = \text{const}$ orthogonale Linien auf der Regelschraubfläche. Diese Linien seien zugleich unsere Koordinatenlinien, und $\varrho$, $\Theta$ seien die krummlinigen Koordinaten. Wir setzen $\alpha_1 = \varrho$, $\alpha_2 = \Theta$. In den Koordinaten $\varrho$ und $\Theta$ wird ein Längenelement auf der Regelschraubfläche durch

$$ds^2 = d\varrho^2 + (\varrho^2 + \zeta^2)\, d\Theta^2$$

gegeben, so daß

$$A_1 = 1 , \qquad A_2 = \sqrt{\varrho^2 + \zeta^2}$$

gilt. Da in den nachfolgenden Formeln die Verschiebungskomponenten $w_1$ und $w_2$ nicht enthalten sein werden, bezeichnen wir $w_3$ mit $w$. Aus (57.8) folgt

$$\left.\begin{aligned} \varkappa_{11} &= -\frac{\partial^2 w}{\partial \varrho^2} , \\ \varkappa_{22} &= -\frac{1}{\varrho^2+\zeta^2}\frac{\partial^2 w}{\partial \Theta^2} - \frac{\varrho}{\varrho^2+\zeta^2}\frac{\partial w}{\partial \varrho} , \\ \varkappa_{12} &= -\frac{1}{2}\left\{\frac{1}{\sqrt{\varrho^2+\zeta^2}}\frac{\partial^2 w}{\partial \varrho\, \partial \Theta} + \sqrt{\varrho^2+\zeta^2}\frac{\partial}{\partial \varrho}\left(\frac{1}{\varrho^2+\zeta^2}\frac{\partial w}{\partial \Theta}\right)\right\} . \end{aligned}\right\} \tag{61.4}$$

Wir ersetzen diese Schale durch eine ebene Platte $\Omega^0$ der gleichen Dicke und nehmen an, daß $\Omega^0$ ein Teil eines Kreisringes ist, der durch die Ungleichungen (61.2) definiert wird. Dann gilt

$$\left.\begin{aligned} & A_1^0 = 1 , \qquad A_2^0 = \varrho , \\ & \varkappa_{11}^0 = -\frac{\partial^2 w}{\partial \varrho^2} , \qquad \varkappa_{22}^0 = -\frac{1}{\varrho^2}\frac{\partial^2 w}{\partial \Theta^2} - \frac{1}{\varrho}\frac{\partial w}{\partial \varrho} , \\ & \varkappa_{12}^0 = -\frac{1}{\varrho}\frac{\partial^2 w}{\partial \Theta^2} + \frac{1}{2\varrho^2}\frac{\partial w}{\partial \Theta} . \end{aligned}\right\} \tag{61.5}$$

In Übereinstimmung mit den allgemeinen Überlegungen des § 59 nehmen wir an, daß die äußere Belastung einheitlich ist in den Punkten der Schale und Platte mit ein und denselben Koordinaten $\varrho$ und $\Theta$ und daß der Rand der Platte außer im fest eingespannten Teil (61.3) frei von äußeren Kräften ist. Wir wenden uns der Ermittlung des Fehlers in der Lösung zu, der bei diesem Austausch von Schale gegen Platte entsteht. Es gilt

$$2\,G = D \iint_{\Omega} [\varkappa_{11}^2 + 2\,\sigma\,\varkappa_{11}\,\varkappa_{22} + \varkappa_{22}^2 + 2\,(1-\sigma)\,\varkappa_{12}^2]\,dS\,, \tag{61.6}$$

$$2\,G^0 = D \iint_{\Omega^0} [\varkappa_{11}^{02} + 2\,\sigma\,\varkappa_{11}^0\,\varkappa_{22}^0 + \varkappa_{22}^{02} + 2\,(1-\sigma)\,\varkappa_{12}^{02}]\,dS^0 \tag{61.7}$$

mit

$$D = \frac{E\,h^3}{12\,(1-\sigma^2)}\,.$$

Da in (59.3) der Faktor $D$ wegfällt, setzen wir sofort $D = 1$.

Aus (61.4) und (61.5) erhält man die Relationen

$$\left.\begin{aligned} &\varkappa_{11} = \varkappa_{11}^0\,, \qquad \varkappa_{22} = (1-r)\,\varkappa_{22}^0\,,\\ &\varkappa_{12} = (1-s)\,\varkappa_{12}^0 - t\,\frac{1}{\varrho\,\varrho_0}\,\frac{\partial w}{\partial\Theta} \end{aligned}\right\} \tag{61.8}$$

mit

$$\left.\begin{aligned} &r = \frac{\zeta^2}{\varrho^2+\zeta^2}\,, \qquad s = \frac{\zeta^2}{\sqrt{\varrho^2+\zeta^2}\,(\sqrt{\varrho^2+\zeta^2}+\varrho)}\,,\\ &t = \frac{\varrho_0\,\zeta^4}{\varrho\,(\varrho^2+\zeta^2)\,(\sqrt{\varrho^2+\zeta^2}+\varrho)^2} = \frac{\varrho_0}{\varrho}\,s^2\,. \end{aligned}\right\} \tag{61.9}$$

Bezeichnen wir mit $U$ und $U^0$ die unter den Integralzeichen in (61.6) und (61.7) stehenden Funktionen, dann folgt aus (61.8)

$$\begin{aligned} U = U^0 &- [(2\,r - r^2)\,\varkappa_{22}^{02} + 2\,\sigma\,r\,\varkappa_{11}^0\,\varkappa_{22}^0]\\ &- 2\,(1-\sigma)\left[(2\,s - s^2)\,\varkappa_{12}^{02} + 2\,(1-s)\,t\,\varkappa_{22}^{02}\left(\frac{1}{\varrho\,\varrho_0}\,\frac{\partial w}{\partial\Theta}\right) - t^2\left(\frac{1}{\varrho\,\varrho_0}\,\frac{\partial w}{\partial\Theta}\right)^2\right]\\ = U^0 &- F_1 - 2\,(1-\sigma)\,F_2\,. \end{aligned} \tag{61.10}$$

Elementare Abschätzungen und nachfolgende Integration ergeben die Ungleichungen

$$\begin{aligned} &-\delta'\,G^0(w) - \frac{\delta''}{\varrho_0^2}\iint_{\Omega^0}\left(\frac{1}{\varrho}\,\frac{\partial w}{\partial\Theta}\right)^2 dS^0\\ &\leqq G(w) - G^0(w) \leqq \delta_1'\,G^0(w) + \frac{\delta_1''}{\varrho_0^2}\iint_{\Omega^0}\left(\frac{1}{\varrho}\,\frac{\partial w}{\partial\Theta}\right)^2 dS^0\,. \end{aligned} \tag{61.11}$$

Das Entstehen der Ungleichung (61.11) wird im nächsten Paragraphen an einem numerischen Beispiel demonstriert. Zunächst wollen wir uns einem anderen Umstand zuwenden: Um von der Ungleichung (61.11) zur Ungleichung (59.4) übergehen zu können, benötigen wir eine Abschätzung der Form

$$\iint_{\Omega^0}\left(\frac{1}{\varrho}\,\frac{\partial w}{\partial\Theta}\right)^2 dS^0 \leqq k\,G^0(w)\,, \tag{61.12}$$

in der außerdem noch die Konstante $k$ abgeschätzt werden muß. Die Formel

$$(\operatorname{grad} w)^2 = \left(\frac{\partial w}{\partial \varrho}\right)^2 + \left(\frac{1}{\varrho}\frac{\partial w}{\partial \Theta}\right)^2$$

ermöglicht es, auf die stärkere Ungleichung

$$\iint\limits_{\Omega^0} (\operatorname{grad} w)^2 \, dS^0 \leqq k\, G^0(w) \tag{61.13}$$

zu orientieren. Diese Ungleichung ist für Funktionen nachzuweisen, die zusammen mit ihren ersten Ableitungen auf dem Teil des Randes

$$\varrho = \varrho_0, \qquad \vartheta_1 \leqq \Theta \leqq \vartheta_2 \tag{61.14}$$

verschwinden. Wir schreiben (61.13) in kartesischen Koordinaten:

$$\iint\limits_{\Omega^0} \left\{\left(\frac{\partial w}{\partial x}\right)^2 + \left(\frac{\partial w}{\partial y}\right)^2\right\} dS^0$$
$$\leqq \frac{k}{2} \iint\limits_{\Omega^0} \left\{\left(\frac{\partial^2 w}{\partial x^2}\right)^2 + 2\,\sigma \frac{\partial^2 w}{\partial x^2}\frac{\partial^2 w}{\partial y^2} + \left(\frac{\partial^2 w}{\partial y^2}\right)^2 + 2\,(1-\sigma)\left(\frac{\partial^2 w}{\partial x\, \partial y}\right)^2\right\} dS^0 . \tag{61.15}$$

Für die Poissonsche Konstante $\sigma$ gelten die Abschätzungen $-1 < \sigma < \frac{1}{2}$, so daß man $|\sigma| < 1$ voraussetzen kann. Da für beliebige relle $a$ und $b$ die Ungleichung

$$a^2 + 2\,\sigma\, a\, b + b^2 \geqq (1 - |\sigma|)\,(a^2 + b^2)$$

gilt, kann man im Vergleich zu (61.15) die schärfere Ungleichung

$$\iint\limits_{\Omega^0} \left\{\left(\frac{\partial w}{\partial x}\right)^2 + \left(\frac{\partial w}{\partial y}\right)^2\right\} dS^0$$
$$\leqq \frac{k\,(1-|\sigma|)}{2} \iint\limits_{\Omega^0} \left\{\left(\frac{\partial^2 w}{\partial x^2}\right)^2 + 2\left(\frac{\partial^2 w}{\partial x\,\partial y}\right)^2 + \left(\frac{\partial^2 w}{\partial y^2}\right)^2\right\} dS^0 \tag{61.16}$$

herleiten.

Es sei $u(x, y)$ eine beliebige auf dem Teil (61.14) des Randes verschwindende Funktion aus $W_2^{(1)}(\Omega^0)$. Außerdem sei uns eine Konstante $\lambda_0$ bekannt, mit der

$$\iint\limits_{\Omega^0} u^2 \, dS^0 \leqq \frac{1}{\lambda_0} \iint\limits_{\Omega^0} \left\{\left(\frac{\partial u}{\partial x}\right)^2 + \left(\frac{\partial u}{\partial y}\right)^2\right\} dS^0 \tag{61.17}$$

gilt (die Existenz einer solchen Konstanten folgt aus den Einbettungssätzen). Wenn wir nacheinander $u = \frac{\partial w}{\partial x}$ und $u = \frac{\partial w}{\partial y}$ setzen und die somit erhaltenen Ungleichungen addieren, folgt (61.16) mit der Konstanten

$$k = \frac{2}{\lambda_0\,(1 - |\sigma|)} .$$

Allgemein können wir setzen:

$$k \geqq \frac{2}{\lambda_0\,(1 - |\sigma|)} . \tag{61.18}$$

Somit besteht die Aufgabe darin, $\lambda_0$ zu ermitteln. In konkreten Beispielen kann man diese Zahl durch das Ritzsche Verfahren erhalten als kleinsten Eigenwert des Laplace-Operators für das Gebiet $\Omega^0$ bei folgenden Randbedingungen: $u = 0$ auf dem Teil (61.14) des Randes und $\frac{\partial u}{\partial \nu} = 0$ auf dem restlichen Teil des Randes. Allerdings erfordert das Ritzsche Verfahren hinreichend großen Rechenaufwand, außerdem wird lediglich eine obere Schranke für $\lambda_0$ ermittelt, wodurch die Anwendung der Ungleichung (61.17) unzuverlässig wird. Wir wollen deshalb untere Schranken für den Eigenwert $\lambda_0$ anstreben, ohne das Ritzsche Verfahren benutzen zu müssen.

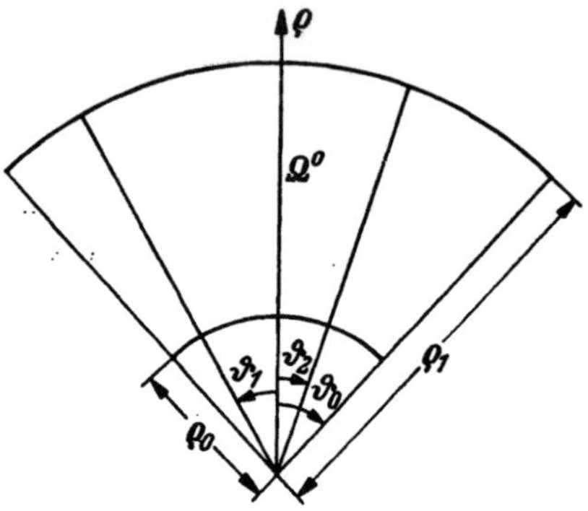


Abb. 5

Wir betrachten das in Abb. 5 angegebene Gebiet. Es sei $u(\varrho, \Theta)$ eine beliebige Funktion, die in diesem Gebiet stetig differenzierbar ist und auf der Linie (61.14) verschwindet. Dann gilt für $\vartheta_1 \leqq \Theta \leqq \vartheta_2$

$$u(\varrho, \Theta) = \int_{\varrho_0}^{\varrho} u_\varrho(\varrho', \Theta)\, d\varrho' = \int_{\varrho_0}^{\varrho} u_\varrho(\varrho', \Theta) \sqrt{\varrho'} \frac{d\varrho'}{\sqrt{\varrho'}}, \qquad u_\varrho = \frac{\partial u}{\partial \varrho}.$$

Vermöge der Ungleichung von Bunjakowski erhält man hieraus

$$u^2(\varrho, \Theta) \leqq \ln \frac{\varrho}{\varrho_0} \int_{\varrho_0}^{\varrho} u_\varrho^2(\varrho', \Theta)\, \varrho'\, d\varrho' \leqq \ln \frac{\varrho}{\varrho_0} \int_{\varrho_0}^{\varrho_1} u_\varrho^2(\varrho', \Theta)\, \varrho'\, d\varrho'.$$

Wir multiplizieren diese Ungleichung mit $dS^0 = \varrho\, d\varrho\, d\Theta$ und integrieren über das Gebiet $\varrho_0 \leqq \varrho \leqq \varrho_1$, $\vartheta_1 \leqq \Theta \leqq \vartheta_2$. Nach einfachen Umformungen ergibt sich

$$\int_{\vartheta_1}^{\vartheta_2} \int_{\varrho_0}^{\varrho_1} u^2(\varrho, \Theta)\, dS^0 \leqq \varrho_0^2 K \int_{\vartheta_1}^{\vartheta_2} \int_{\varrho_0}^{\varrho_1} u_\varrho^2(\varrho, \Theta)\, dS^0 \tag{61.19}$$

mit

$$K = \frac{1}{4} \left\{ 2 \left( \frac{\varrho_1}{\varrho_0} \right)^2 \ln \frac{\varrho_1}{\varrho_0} - \left( \frac{\varrho_1}{\varrho_0} \right)^2 + 1 \right\}. \tag{61.20}$$

Ist der gesamte innere Rand fest eingespannt, d. h. $\vartheta_1 = -\Theta_0$, $\vartheta_2 = \Theta_0$, so gilt $\frac{1}{\lambda_0} \leqq K$; folglich kann man

$$k = \frac{2K}{1 - |\sigma|}$$

setzen. Nun wollen wir uns dem allgemeinen Fall zuwenden. In der Formel (61.19) erweitern wir das Integrationsgebiet auf $\Omega^0$. Mit

$$A = \iint_{\Omega^0} u_\varrho^2 \, dS^0$$

gilt

$$\int_{\vartheta_1}^{\vartheta_2}\int_{\varrho_0}^{\varrho_1} u^2 \, dS^0 \leqq \varrho_0^2 \, K \, A \tag{61.21}$$

Aus dieser Ungleichung folgt die Existenz eines Winkels $\varphi$ mit der Eigenschaft $\vartheta_1 < \varphi < \vartheta_2$ und

$$\int_{\varrho_0}^{\varrho_1} u^2(\varrho, \varphi) \, \varrho \, d\varrho \leqq \frac{\varrho_0^2 \, K}{\vartheta_2 - \vartheta_1} A \, . \tag{61.22}$$

Es sei $\Theta > \varphi$. Dann gilt offensichtlich

$$u^2(\varrho, \Theta) = u^2(\varrho, \varphi) + \int_{\varphi}^{\Theta} \frac{\partial \, [u^2 \, (\varrho, \Theta')]}{\partial \Theta'} \, d\Theta' \, .$$

Hieraus folgt

$$\int_{\varrho_0}^{\varrho_1} u^2 \, \varrho \, d\varrho = \int_{\varrho_0}^{\varrho_1}\int_{\varphi}^{\Theta} \frac{\partial \, [u^2 \, (\varrho, \Theta')]}{\partial \Theta'} \, dS^0 + \int_{\varrho_0}^{\varrho_1} u^2(\varrho, \varphi) \, \varrho \, d\varrho \, . \tag{61.23}$$

Das zweite Glied auf der rechten Seite dieser Ungleichung kann durch (61.22) abgeschätzt werden. Weiterhin gilt

$$\left|\frac{\partial u^2(\varrho, \Theta')}{\partial \Theta'}\right| \leqq \varepsilon \, \varrho^2 \, u^2(\varrho, \Theta') + \frac{1}{\varepsilon}\left[\frac{1}{\varrho} \, u_\Theta(\varrho, \Theta')\right]^2,$$

wobei $\varepsilon$ eine beliebige positive Zahl ist. Dann ergibt sich

$$\int_{\varrho_0}^{\varrho_1} u^2 \, \varrho \, d\varrho \leqq \varepsilon \int_{\varrho_0}^{\varrho_1} \int_{\varphi}^{\Theta} \varrho^2 \, u^2 \, dS^0 + \frac{1}{\varepsilon} \int_{\varrho_0}^{\varrho_0}\int_{\varphi}^{\Theta} \left(\frac{1}{\varrho} \, u_\Theta(\varrho, \Theta')\right)^2 dS^0 + \frac{\varrho_0^2 \, K}{\vartheta_2 - \vartheta_1} A$$

$$\leqq \varepsilon \, \varrho_1^2 \int_{\varrho_0}^{\varrho_1}\int_{\varphi}^{\Theta_0} u^2 \, dS^0 + \frac{1}{\varepsilon} \int_{\varrho_0}^{\varrho_1}\int_{\varphi}^{\Theta_0} \left(\frac{1}{\varrho} \, u_\Theta\right)^2 dS^0 + \frac{\varrho_0^2 \, K}{\vartheta_2 - \vartheta_1} A \tag{61.24}$$

Wir setzen

$$\varepsilon = \frac{1}{2 \, \varrho_1^2 (\Theta_0 - \varphi)} \, .$$

Wenn wir die letzte Ungleichung über $\Theta$ integrieren und das erste Glied der rechten Seite auf die linke Seite bringen, erhalten wir

$$\int_{\varrho_0}^{\varrho_1}\int_{\varphi}^{\Theta_0} u^2\, dS^0 \leqq 4\, \varrho_1^2 (\Theta_0 - \varphi)^2 \int_{\varrho_0}^{\varrho_1}\int_{\varphi}^{\Theta_0} \left(\frac{1}{\varrho} u_\Theta\right)^2 dS^0 + \frac{2\, \varrho_0^2\, K(\Theta_0 - \varphi)}{\vartheta_2 - \vartheta_1} A\,. \tag{61.25}$$

Analog ergibt sich

$$\int_{\varrho_0}^{\varrho_1}\int_{-\Theta_0}^{\varphi} u^2\, dS^0 \leqq 4\, \varrho_1^2 (\Theta_0 - \varphi)^2 \int_{\varrho_0}^{\varrho_1}\int_{-\Theta_0}^{\varphi} \left(\frac{1}{\varrho} u_\Theta\right)^2 dS^0 + \frac{2\, \varrho_0^2\, K(\Theta_0 + \varphi)}{\vartheta_2 - \vartheta_1} A\,. \tag{61.26}$$

Wir addieren die Ungleichungen (61.25) und (61.26), wobei zu beachten ist, daß

$$\Theta_0 - \varphi \leqq \Theta_0 - \vartheta_1\,, \qquad \Theta_0 + \varphi \leqq \Theta_0 + \vartheta_2$$

ist. Wir setzen

$$\vartheta = \max\,(\Theta_0 - \vartheta_1\,,\ \ \Theta_0 + \vartheta_2)\,. \tag{61.27}$$

Unter Beachtung des Inhalts von $A$ erhalten wir

$$\iint_{\Omega^0} u^2\, dS^0 \leqq 4\, \varrho_1^2\, \vartheta^2 \iint_{\Omega^0} \left(\frac{1}{\varrho} u_\Theta\right)^2 dS^0 + \frac{4\, \varrho_0^2\, K\, \Theta_0}{\vartheta_2 - \vartheta_1} \iint_{\Omega^0} u_\varrho^2\, dS^0\,. \tag{61.28}$$

Mit

$$m = \max\left(4\, \varrho_1^2\, \vartheta^2\,, \quad \frac{4\, \varrho_0^2\, K\, \Theta_0}{\vartheta_2 - \vartheta_1}\right) \tag{61.29}$$

erhalten wir schließlich die Abschätzung

$$\iint_{\Omega^0} u^2\, dS^0 \leqq m \iint_{\Omega^0} (\operatorname{grad} u)^2\, dS^0\,. \tag{61.30}$$

Ein Vergleich der Formeln (61.17) und (61.30) ergibt $\frac{1}{\lambda_0} \leqq m$. Dann kann man wegen (61.18)

$$k = \frac{2\, m}{1 - |\sigma|} \tag{61.31}$$

setzen.

## § 62. Ein numerisches Beispiel

In diesem Paragraphen wollen wir detaillierte Abschätzungen für eine Schale von der Form einer Regelschraubfläche durchführen, die auf ein Gebiet der in Abb. 5 angegebenen Form projiziert werden kann. Dabei seien folgende konkrete Werte der einzelnen Parameter vorgegeben:

$$2\, \Theta_0 = 85^\circ\,, \qquad \vartheta_1 = -\,29^\circ\, 30'\,, \qquad \vartheta_2 = 18^\circ\, 30'\,,$$

$$\frac{\varrho_1}{\varrho_0} = 2{,}50\,, \qquad \frac{\zeta}{\varrho_0} = 0{,}50\,.$$

Aus (61.20) ermitteln wir

$$K = 1{,}55\,.$$

Die POISSONsche Konstante habe den Wert $\sigma = 0{,}29$.

Unser Hauptaugenmerk wird auf der Ermittlung der in die Formel (61.11) eingehenden Konstanten liegen.

Wir schätzen zunächst die in die Gleichung (61.10) eingehende Form $F_1$ ab, indem wir sie mit der Form

$$A = \varkappa_{11}^{02} + 2\,\sigma\,\varkappa_{11}^{0}\,\varkappa_{22}^{0} + \varkappa_{22}^{02} \tag{62.1}$$

vergleichen. Zu diesem Zweck betrachten wir die Determinante der quadratischen Form $F_1 - \lambda A$,

$$\begin{vmatrix} -\lambda & 0{,}29\,(r-\lambda) \\ 0{,}29\,(r-\lambda) & 2\,r - r^2 - \lambda \end{vmatrix},$$

deren Wurzeln sich ergeben zu

$$\lambda' = r - 0{,}546\,r^2 - \sqrt{(r - 0{,}546\,r^2)^2 + 0{,}092\,r^2}\,,$$

$$\lambda'' = r - 0{,}546\,r^2 + \sqrt{(r - 0{,}546\,r^2)^2 + 0{,}092\,r^2}\,.$$

Bei hinreichend kleinen $r$ ist $\lambda'$ eine fallende und $\lambda''$ eine wachsende Funktion in $r$. Deshalb erreicht $\lambda'$ den kleinsten Wert und $\lambda''$ den größten Wert bei

$$r = r_{\max} = \frac{\zeta^2}{\zeta^2 + \varrho_0^2} = 0{,}2\,.$$

Wenn wir diese Werte mit $\lambda_0'$ und $\lambda_0''$ bezeichnen, ergibt sich $\lambda_0' = -0{,}010$, $\lambda_0'' = 0{,}366$, folglich ist

$$-0{,}010\,A \leqq F_1 \leqq 0{,}366\,A\,. \tag{62.2}$$

Wir wenden uns nun der Größe $F_2$ zu. Mit $\varkappa_{12}^0 = u$ und $\dfrac{1}{\varrho\,\varrho_0}\dfrac{\partial w}{\partial \Theta} = v$ erhalten wir

$$F_2 = (2\,s - s^2)\,u^2 + 2\,(1-s)\,t\,u\,v - t^2\,v^2\,. \tag{62.3}$$

Offensichtlich ist $s$ kleiner als Eins, weshalb die Funktion $2\,s - s^2$ den größten Wert beim größtmöglichen $s$ annimmt. Dieses größtmögliche $s$ entspricht seinerseits dem kleinsten $\varrho = \varrho_0$ und ist gleich

$$\frac{1}{5 + 2\sqrt{5}} = 0{,}106\,.$$

Hieraus folgt

$$(2\,s - s^2)_{\max} = 0{,}200\,.$$

Der größte Wert von $t = \dfrac{\varrho_0}{\varrho}\,s^2$ ist gleich $s_{\max}^2 = 0{,}011$; außerdem gilt $[2(1-s)\,t]_{\max} = 0{,}019$. Schließlich ist $t_{\max}^2 = 0{,}0001$. Diese Größe werden wir im folgenden vernachlässigen. Es ist

$$|F_2| \leqq 0{,}200\,u^2 + 0{,}019\,|u\,v| \leqq (0{,}200 + 0{,}010\,\varepsilon)\,u^2 + \frac{0{,}100}{\varepsilon}\,v^2\,,$$

wobei $\varepsilon$ eine beliebige positive Zahl ist. Es sei $\varepsilon = 16{,}6$; dann gilt $0{,}200 + 0{,}010\,\varepsilon = 0{,}366$ und $\dfrac{0{,}010}{\varepsilon} = 0{,}0006$. Damit ergibt sich

$$0{,}366\,\varkappa_{12}^{0\,2} - 0{,}0006\left(\frac{1}{\varrho_0\,\varrho}\frac{\partial w}{\partial \Theta}\right)^2 \leqq F_2 \leqq 0{,}366\,\varkappa_{12}^{0\,2} + 0{,}0006\left(\frac{1}{\varrho_0\,\varrho}\frac{\partial w}{\partial \Theta}\right)^2. \tag{62.4}$$

Die Formeln (62.2), (62.4) und (61.10) ergeben nun

$$\begin{aligned} &-0{,}366\,U^0 - 0{,}0012\,(1-\sigma)\left(\frac{1}{\varrho_0\,\varrho}\frac{\partial w}{\partial \Theta}\right)^2 \\ &\leqq U - U^0 \leqq 0{,}010\,(\varkappa_{11}^{0\,2} + 2\,\sigma\,\varkappa_{11}^0\,\varkappa_{22}^0 + \varkappa_{22}^{0\,2}) \\ &\quad + 0{,}366\cdot 2\,(1-\sigma)\,\varkappa_{12}^{0\,2} + 0{,}0012\,(1-\sigma)\left(\frac{1}{\varrho_0\,\varrho}\frac{\partial w}{\partial \Theta}\right)^2. \end{aligned}$$

Wenn wir auf der rechten Seite den Faktor 0,010 durch die größere Zahl 0,366 ersetzen, erhalten wie die einfache Ungleichung

$$|U - U^0| \leqq \left|0{,}366\,U^0 + 0{,}0012\,(1-\sigma)\left(\frac{1}{\varrho_0\,\varrho}\frac{\partial w}{\partial \Theta}\right)^2\right|.$$

Durch Integration über $\Omega^0$ ergibt sich

$$\left|\frac{1}{2}\iint\limits_{\Omega^0} U\,dS^0 - G^0\right| \leqq 0{,}366\,G^0 + \frac{0{,}0006\,(1-\sigma)}{\varrho_0^2}\iint\limits_{\Omega^0}\left(\frac{1}{\varrho}\frac{\partial w}{\partial \Theta}\right)^2 dS^0. \tag{62.5}$$

Weiterhin verwenden wir (61.12). Den in diese Formel eingehenden Koeffizienten ermitteln wir aus (61.31). Aus der Gleichung (61.29) erhalten wir

$$m = \varrho_0^2 \max\left\{4\left(\frac{\varrho_1}{\varrho_0}\right)^2 \vartheta^2,\ \frac{4\,K\,\Theta_0}{\vartheta_2 - \vartheta_1}\right\} = 1{,}6\,\pi^2\,\varrho_0^2 = 15{,}79\,\varrho_0^2.$$

Somit erhalten wir

$$k = \frac{31{,}58}{1-\sigma}\varrho_0^2$$

und

$$\frac{1-\sigma}{\varrho_0^2}\iint\limits_{\Omega^0}\left(\frac{1}{\varrho}\frac{\partial w}{\partial \Theta}\right)^2 dS^0 \leqq 31{,}58\,G^0.$$

Setzen wir dieses Ergebnis in die Ungleichung (62.5) ein, so ergibt sich

$$\left|\frac{1}{2}\iint\limits_{\Omega^0} U\,dS^0 - G^0\right| \leqq 0{,}388\,G^0. \tag{62.6}$$

Weiterhin schätzen wir die Differenz ab:

$$2\,G - \iint\limits_{\Omega^0} U\,dS^0 = \iint\limits_{\Omega} U\,dS - \iint\limits_{\Omega^0} U\,dS^0 = \iint\limits_{\Omega^0} U\left[\frac{1}{\varrho}\sqrt{\varrho^2 - \zeta^2} - 1\right] dS^0.$$

Für die in den eckigen Klammern stehende Größe ergibt sich

$$\frac{1}{\varrho}\sqrt{\varrho^2 + \zeta^2} - 1 = \frac{\zeta^2}{\varrho\,(\sqrt{\varrho^2 + \zeta^2} + \varrho)}.$$

Ersetzen wir nacheinander $\varrho$ durch den größten Wert $\varrho = \varrho_1 = 2{,}5\,\varrho_0$ und durch den kleinsten Wert $\varrho = \varrho_0$, so folgt

$$0{,}020 \leqq \frac{1}{\varrho}\sqrt{\varrho^2 + \zeta^2} - 1 \leqq 0{,}118\,.$$

Es folgt

$$0{,}010 \iint\limits_{\Omega^0} U\,dS^0 \leqq G - \frac{1}{2}\iint\limits_{\Omega^0} U\,dS^0 \leqq 0{,}059 \iint\limits_{\Omega^0} U\,dS^0\,. \tag{62.7}$$

Auf der Grundlage von (62.6) erhalten wir

$$1{,}244\,G^0 \leqq \iint\limits_{\Omega^0} U\,dS^0 = 2{,}776\,G^0\,. \tag{62.8}$$

Setzen wir dieses Ergebnis in die linke und rechte Seite von (62.7) ein, so folgt

$$0{,}012\,G^0 \leqq G - \frac{1}{2}\iint\limits_{\Omega^0} U\,dS^0 \leqq 0{,}164\,G^0\,. \tag{62.9}$$

Dividieren wir die Ungleichung (62.8) durch 2 und addieren das Ergebnis zu (62.9), so erhalten wir schließlich

$$0{,}624\,G^0 < G < 1{,}552\,G^0\,. \tag{62.10}$$

Die in die Formel (54.3) eingehenden Konstanten haben in unserem Fall die Bedeutung

$$\alpha = 0{,}624\,, \qquad \beta = 1{,}552\,.$$

Hieraus folgt die gesuchte Abschätzung:

$$\frac{G^0(w - w^0)}{G^0(w^0)} \leqq \max\left(\frac{1 - 0{,}624}{0{,}624}\,,\ \frac{1{,}552 - 1}{1{,}552}\right) = 0{,}60\,.$$

Die Verwendung der Formel (54.12) ergibt eine etwas bessere Abschätzung. Verwenden wir nämlich als Näherungslösung nicht $w^0$, sondern die Funktion

$$\tilde{w}^0 = \frac{1}{2}\left(\frac{1}{\alpha} + \frac{1}{\beta}\right) w^0 = 1{,}123\,w^0\,,$$

so folgt

$$\frac{G^0(w - w^0)}{G^0(\tilde{w}^0)} \leqq 0{,}48\,.$$

## KAPITEL 9

# VARIATIONSMETHODEN FÜR NICHTLINEARE AUFGABEN

### § 63. Vorbemerkungen und Hilfsmittel

In diesem und im folgenden Kapitel werden wir nichtlineare Operatoren betrachten, die aus einem BANACH-Raum (speziell einem HILBERT-Raum) in einen anderen BANACH-Raum abbilden. In einigen besonders gekennzeichneten Fällen seien die betrachteten Operatoren in metrischen nichtnormierten Räumen definiert. In diesem letzten Fall setzen wir voraus, daß die Elemente des vorgelegten Raumes eine lineare Menge darstellen.

Die betrachteten Räume seien immer als reell vorausgesetzt.

Wenn $u$ ein Element des BANACH-Raumes $B$ und $f$ ein Element des adjungierten Raumes $B^*$ ist, dann werde mit $(f, u) = (u, f)$ der Wert des Funktionals $f$ im Element $u$ bezeichnet.

In bezug auf die im folgenden zu untersuchenden nichtlinearen Operatoren formulieren wir einige Voraussetzungen, die immer erfüllt sein mögen:

I. Das Definitionsgebiet des betrachteten Operators sei linear und dicht im betrachteten Raum.

II. Es seien $x_0, x_1, x_2, \ldots, x_n$ linear unabhängige Elemente des gegebenen Raumes. Wir bezeichnen als $n$-dimensionale Hyperebene in diesem Raum die Gesamtheit von Elementen der Form

$$x_0 + \sum_{k=1}^{n} a_k x_k ,$$

wobei die $a_k$ beliebige (reelle) Konstanten sind.

Wir setzen voraus, daß für beliebiges $n$ und für beliebige Elemente $x_0, x_1, x_2, \ldots, x_n$ aus dem Definitionsgebiet des betrachteten Operators die Werte dieses Operators stark differenzierbare Funktionen der Veränderlichen[1]) $a_1, a_2, \ldots, a_n$ für alle endlichen Werte dieser Veränderlichen sind. Diese Eigenschaft kann kurz wie folgt formuliert werden: Der vorgelegte Operator sei stark stetig differenzierbar auf einer beliebigen Hyperebene aus seinem Definitionsgebiet.

Wir geben einige für die weiteren Betrachtungen benötigte Begriffe und Sätze der Theorie nichtlinearer Operatoren in BANACH-Räumen an. Eine umfangreiche Darstellung dieser Theorie findet der Leser z.B. in den Büchern von L. W. KANTOROWITSCH und G. P. AKILOW [1] und von M. M. WAINBERG [1].

---

[1]) Näheres über abstrakte Funktionen von Zahlenvariablen siehe etwa bei M. M. WAINBERG [1] bzw. L. W. KANTOROWITSCH und G. P. AKILOW [1].

Es sei im BANACH-Raum $B$ ein nichtlinearer Operator $P(u)$ gegeben. Wir geben $u, h \in B$ vor. Infolge Voraussetzung II existiert der Grenzwert

$$\lim_{t \to 0} \frac{P(u + t h) - P(u)}{t} = \frac{d}{dt} P(u + t h)\Big|_{t=0}.$$

Diesen Grenzwert bezeichnen wir mit $P'_u h$:

$$P'_u h = \frac{d}{dt} P(u + t h)\Big|_{t=0}; \tag{63.1}$$

er wird als GATEAUX*sches Differential* des Operators $P$ bezeichnet. Das GATEAUXsche Differential kann als Wert im Punkt $h$ eines Operators $P'_u$, der von $u$ abhängt, betrachtet werden. Im allgemeinen ist dieser Operator homogen: $P'_u(a h) \equiv a P'_u(h)$, aber nicht additiv: $P'_u (a_1 h_1 + a_2 h_2) \not\equiv a_1 P'_u h_1 + a_2 P'_u h_2$.

Für ein vorgegebenes $u$ sei nun der Operator $P'_u$ auch additiv, wenn $h$ eine gewisse Menge $M_u \subset D(P)$ durchläuft. Dann ist $P'_u$ ein linearer (aber nicht notwendig beschränkter) Operator mit dem Definitionsgebiet $D(P'_u) = M_u$. In diesem Fall wird $P'_u$ als GATEAUX*sche Ableitung* bzw. lediglich als *Ableitung des Operators P im Punkt u* bezeichnet.

In bezug auf die von uns betrachteten Operatoren setzen wir noch folgendes voraus:

III. Es existiere die Ableitung $P'_u$ für beliebige $u \in D(P)$.

Der Operator und seine Ableitung sind über die Relation

$$P(u) - P(v) = \int_0^1 P'_{u+t(u-v)} (u - v)\, dt \tag{63.2}$$

miteinander verbunden, die nur dann Gültigkeit besitzt, wenn beide Seiten sinnvoll sind.

Der Begriff der Ableitung kann auf natürliche Weise auch auf Funktionale erweitert werden. Für das Funktional $F$ mögen folgende Voraussetzungen gelten:

I'. Das Definitionsgebiet $D(F)$ des Funktionals $F$ sei linear und dicht im betrachteten BANACH-Raum $B$.

II'. Das Funktional $F$ sei auf einer beliebigen endlichdimensionalen Hyperebene aus seinem Definitionsgebiet stetig differenzierbar.

Bei diesen Voraussetzungen existiert der Grenzwert

$$\lim_{t \to 0} \frac{F(u + t h) - F(u)}{t} = \frac{d}{dt} F(u + t h)\Big|_{t=0} \tag{63.3}$$

für beliebige $u, h \in D(F)$. Dieser Grenzwert ist das GATEAUXsche Differential des Funktionals $F$. Ist der Grenzwert (63.3) für ein $u \in D(F)$ ein lineares (möglicherweise auch unbeschränktes) Funktional in $h$, so ist dieser Grenzwert die GATEAUXsche Ableitung des Funktionals $F$ im Punkt $u$. Wir werden allerdings die Begriffe GATEAUXsches Differential und GATEAUXsche Ableitung von Funktionalen nicht verwenden, sondern auf den wichtigeren Begriff des Gradienten von Funktionalen zurückgreifen.

Wir betrachten die Menge $M \subset D(F)$, für deren Elemente $u \in M$ der Grenzwert (63.3) ein lineares beschränktes Funktional in $h$ ist. Somit ist in der Menge $M$ ein Operator $P$ definiert, dessen Werte in dem zu $B$ adjungierten Raum $B^*$ liegen und der der Relation

$$\frac{d}{dt} F(u + t\,h)\Big|_{t=0} = (P\,u, h) \tag{63.4}$$

genügt. Im folgenden werden wir immer voraussetzen, daß das Definitionsgebiet $M = D(P)$ dieses Operators eine lineare Menge ist.

Der Operator $P$ heißt der *Gradient des Funktionals F*, das seinerseits wiederum als Potential des Operators $P$ bezeichnet wird. Zwischen dem Potential und seinem Gradienten gibt es die einfache Relation

$$F(u) = F(u_0) + \int_0^1 \big(P\,(u_0 + t\,(u - u_0)), u - u_0\big)\,dt\,, \tag{63.5}$$

die für beliebige Elemente $u$ und $u_0$ aus dem Definitionsgebiet des Gradienten gültig ist. Wenn speziell das Nullelement dieser Menge angehört, kann man $u_0 = 0$ setzen. Dann folgt

$$F(u) = \int_0^1 \big(P(t\,u), u\big)\,dt + \text{const.} \tag{63.6}$$

Die Form des Gradienten und sein Definitionsgebiet hängen davon ab, in welchem Raum das gegebene Funktional betrachtet wird. Um diese Behauptung zu verdeutlichen, betrachten wir das Funktional

$$\Phi(u) = \frac{1}{2}\int_0^1 u'^2(x)\,dx\,,$$

dessen Definitionsgebiet aus Funktionen der reellen Veränderlichen $x \in [0, 1]$ besteht, die folgenden Forderungen genügen: 1. Sie seien absolut stetig auf dem Abschnitt $[0, 1]$; 2. sie besitzen erste Ableitungen, die auf diesem Abschnitt quadratisch summierbar sind; 3. sie verschwinden in den Endpunkten dieses Abschnitts, d. h. $u(0) = u(1) = 0$.

Es gilt

$$\frac{d}{dt}\Phi\,(u + t\,h)\Big|_{t=0} = \int_0^1 u'(x)\,h'(x)\,dx\,.$$

Das Definitionsgebiet $D(\Phi)$ des Funktionals $\Phi$ wird zu einem vollständigen Hilbert-Raum, wenn in diesem Gebiet das innere Produkt und die Norm wie folgt eingeführt werden:

$$[u, v] = \int_0^1 u'(x)\,v'(x)\,dx\,, \qquad \|u\|^2 = \int_0^1 u'^2(x)\,dx\,.$$

Wir bezeichnen diesen Raum mit $H_0$. Betrachtet man das Funktional $\Phi$ als Funktional in $H_0$, so gilt

$$\frac{d}{dt} \Phi (u + t h)\Big|_{t=0} = [u, h] ,$$

wobei die rechte Seite dieser Relation für beliebiges $u$ ein beschränktes lineares Funktional in $h$ darstellt. Hieraus folgt, daß der Gradient $\Phi$ auf dem gesamten Raum $H_0$ definiert ist und mit dem in $H_0$ identischen Operator übereinstimmt.

Andererseits kann man das Definitionsgebiet des Funktionals $\Phi$ beispielsweise als lineare Menge des Raumes $H = L_2(0, 1)$ auffassen. In diesem Fall ist das Funktional in $h \in D(\Phi)$

$$\int_0^1 u'(x)\, h'(x)\, dx ,$$

wobei $u(x)$ dem Definitionsgebiet $D(\Phi)$ des Funktionals $\Phi$ angehört, dann und nur dann beschränkt, wenn $u'(x)$ absolut stetig und $u''(x)$ auf dem Abschnitt $[0, 1]$ quadratisch summierbar ist. Dann gilt

$$\int_0^1 u'(x)\, h'(x)\, dx = - \int_0^1 u''(x)\, h(x)\, dx = (- u'', h) ,$$

woraus sich die Relation $P = \operatorname{grad} \Phi = - \frac{d^2}{dx^2}$ ergibt. Das Definitionsgebiet $D(P)$ des Operators $P$ enthält nicht alle Funktionen aus $D(\Phi)$, sondern nur die, deren erste Ableitungen absolut stetig sind und deren zweite Ableitungen existieren und quadratisch summierbar sind.

Das Funktional $F$ heißt *wachsend*, wenn $F(u) \to +\infty$ dann und nur dann gilt, wenn $\|u\| \to \infty$ ist. Ist das Funktional nicht in einem normierten, sondern in einem beliebigen metrischen Raum mit der metrischen Funktion $\varrho(u, v)$ gegeben, so wird die Bedingung $\|u\| \to \infty$ durch die folgende ersetzt: $\varrho(u, u_0) \to \infty$, wobei $u_0$ ein festes Element des Raumes ist.

Das Funktional $F$ heißt *halbstetig von unten* (bzw. *von oben*) im Punkt $u_0$, wenn für ein beliebiges $\varepsilon > 0$ ein $\delta > 0$ derart gefunden werden kann, daß aus $\varrho(u, u_0) < \delta$ die Relation $F(u) - F(u_0) > -\varepsilon$ (bzw. $F(u_0) - F(u) > -\varepsilon$) folgt. Mit anderen Worten, das Funktional $F$ ist im Punkt $u_0$ halbstetig von unten (bzw. von oben), wenn $\underline{\lim}_{u_n \to u_0} F(u_n) \geqq F(u_0)$ $\left(\text{bzw. } \overline{\lim}_{u_n \to u_0} F(u_n) \leqq F(u_0)\right)$ gilt.

Das Funktional $F$ heißt schwach halbstetig von unten (bzw. von oben) im Punkt $u_0$, wenn die Relationen $\underline{\lim}\, F(u_n) \geqq F(u_0)$ (bzw. $\overline{\lim}\, F(u_n) \leqq F(u_0)$) unter der Bedingung gelten, daß $u_n$ schwach gegen $u_0$ konvergiert.

Das Funktional heißt halbstetig auf einer Menge, wenn es halbstetig in jedem Punkt dieser Menge ist.

Das Funktional $F$ heißt stetig im Punkt $u_0$, wenn für jedes $\varepsilon > 0$ ein $\delta > 0$ dergestalt existiert, daß aus $\|u - u_0\| < \delta$ die Beziehung $|F(u) - F(u_0)| < \varepsilon$ folgt; es heißt stetig auf einer Menge, wenn es stetig in jedem Punkt dieser

Menge ist. Ein Funktional ist offensichtlich dann und nur dann stetig, wenn es gleichzeitig halbstetig sowohl von unten als auch von oben ist.

Wir geben einen Satz von W. I. KASIMIROW [1] an, der ein wichtiges Mittel zur Bestimmung der Halbstetigkeit von Funktionalen einer hinreichend großen Klasse darstellt.

**Satz 63.1.** *Es sei*

$$F(U, P) = \int_\Omega G(x, u_1, u_2, \ldots, u_s; p_1, p_2, \ldots, p_k)\, dx = \int_\Omega G(x, U, P)\, dx\,, \qquad (63.7)$$

*wobei der Integrand definiert ist für $x \in \Omega$ und beliebige Werte der Variablen $u_i$ und $p_i$. Diese Funktion erfülle in ihrem Definitionsgebiet folgende Bedingungen:*

1. *Die Funktion $G$ und ihre partiellen Ableitungen nach $p_j$ $(j = 1, 2, \ldots, k)$ seien stetig;*
2. *die Funktion $G$ sei nichtnegativ;*
3. *es gelte die Ungleichung*

$$G(x, U, P) - G(x, U, \overline{P}) - \sum_{j=1}^{k} (p_j - \overline{p}_j) \frac{\partial G(x, U, \overline{P})}{\partial p_j} \geqq 0 \qquad (63.8)$$

*für beliebige $x \in \Omega$, $U$, $P$, $\overline{P}$.*

*Konvergieren die Funktionen $u_{in}(x)$ stark gegen die Funktionen $u_{i0}(x)$ in der Metrik eines Raumes $L_r(\Omega)$, $1 < r < \infty$ und konvergieren die Funktionen $p_{jn}(x)$ in der Metrik des gleichen Raumes schwach gegen die Funktionen $p_{j0}(x)$, so gilt*

$$\varliminf_{n\to\infty} F(U_n, P_n) \geqq F(U_0, P_0)\,.$$

Wir bemerken, daß die Ungleichung (63.8) erfüllt ist, wenn die Matrix der zweiten Ableitungen der Form

$$\frac{\partial^2 G}{\partial p_\alpha\, \partial p_\beta} \qquad (\alpha, \beta = 1, 2, \ldots, k)$$

nichtnegativ für alle Argumente $x \in \Omega$, $U$, $P$ ist. Dies folgt sofort aus der TAYLOR-Entwicklung der Funktion $G$.

## § 64. Positive Operatoren in BANACH-Räumen[1])

Auch in diesem Paragraphen wollen wir uns wieder — wie bereits im vorangegangenen — mit der Bereitstellung von Hilfsmitteln befassen. Sein Ziel besteht in einer Erweiterung des Begriffs des energetischen Raumes auf den Fall *linearer* Operatoren in BANACH-Räumen.

Es bilde der lineare Operator $A$ mit dichtem Definitionsgebiet aus dem reflexiven BANACH-Raum $B$ in den adjungierten Raum $B^*$ ab. Dann ist der zu $A$ adjungierte Operator $A^*$ ebenfalls ein Operator aus $B$ in $B^*$. Auf solche Operatoren können in natürlicher Weise die folgenden für die Variationsmethoden

---

[1]) Siehe M. S. BIRMAN [1].

wichtigen Begriffe, die in Verbindung mit dem HILBERT-Raum eingeführt wurden, erweitert werden: Der Operator $A$ heißt 1. symmetrisch, wenn $A \subset A^*$ gilt; 2. selbstadjungiert, wenn $A = A^*$ gilt; 3. positiv, wenn er symmetrisch ist und wenn $(Au, u) > 0$ gilt für alle $u \neq 0$; 4. positiv definit, wenn er symmetrisch ist und wenn $(A\,u, u) \geqq \gamma^2\,||u||^2$ gilt, $\gamma = \text{const} > 0$. Mit positiv definiten Operatoren $A$, die aus $B$ in $B^*$ abbilden, kann man einen HILBERT-Raum $H_A$ in Verbindung bringen, den wir wie in den vorangegangenen Kapiteln energetischen Raum nennen werden. In der Tat, es seien $u, v \in D(A)$. Dann genügt, wie leicht zu sehen ist, der Ausdruck $(A\,u, v)$ allen Axiomen des inneren Produkts in reellen HILBERT-Räumen:

1. $(A\,u, v) = (u, A\,v) = (A\,v, u)$, da der positiv definite Operator $A$ symmetrisch ist.
2. $\big(A(\alpha u + \beta\,v), w\big) = \alpha\,(A\,u, w) + \beta(A\,v, w)$ vermöge der Linearität des Operators $A$.
3. $(A\,u, u) \geqq 0$.
4. $(A\,u, u) = 0$ dann und nur dann, wenn $u = 0$ gilt.

Die Axiome 3 und 4 sind Folgerungen aus der Positivität des betrachteten Operators.

Durch Einführung des skalaren („energetischen") Produkts

$$[u, v]_A = (A\,u, v)\,, \qquad u, v \in D(A) \tag{64.1}$$

wird die Menge $D(A)$ zu einem HILBERT-Raum. Ist dieser Raum nicht vollständig, so wird er auf gewöhnliche Weise vervollständigt. Den somit erhaltenen vollständigen HILBERT-Raum bezeichnen wir mit $H_A$ und nennen ihn *energetischen Raum des Operators A*.

Ist $A$ ein positiv definiter Operator, so kann der Raum $H_A$ in den Ausgangsraum $B$ eingebettet werden; dies ist nicht der Fall, wenn der Operator $A$ positiv, aber nicht positiv definit ist.

Die Minimumaufgabe für das quadratische Funktional

$$(A\,u, u) - 2\,(f, u)\,, \qquad u \in B\,, \qquad f \in B^*$$

kann wortwörtlich so behandelt werden wie für den Fall eines HILBERT-Raumes $B$. Wir wollen bei dieser Wiederholung nicht verweilen.

## § 65. Einige Sätze der Variationsrechnung

Wir betrachten ein Funktional $\Phi(u)$, das auf einer linearen Menge $D(\Phi)$ definiert ist, die in einem gegebenen reflexiven BANACH-Raum $B$ dicht liegt. In Übereinstimmung mit § 63 setzen wir voraus, daß dieses Funktional auf jeder endlichdimensionalen Hyperebene aus $D(\Phi)$ stetig differenzierbar ist. Wir setzen $P = \text{grad}\,\Phi$ und nehmen an, daß das Definitionsgebiet $D(P)$ des Operators $P$ ebenfalls linear und dicht in $B$ sei. Dann ist offensichtlich $D(P) \subset D(\Phi)$. Wir setzen weiterhin voraus, daß der Operator $P$ auf jeder endlichdimensionalen

Hyperebene aus seinem Definitionsgebiet stark differenzierbar ist und daß die GATEAUXsche Ableitung $P'_u$ auf einer in $B$ dichten Menge $D(P'_u)$ definiert ist.

Wir setzen

$$F(u) = \Phi(u) - (f, u) \tag{65.1}$$

mit einem festen Element $f$ des adjungierten Raumes $B^*$.

Satz 65.1.[1]) *Wenn das Element $u_0$ ein relatives Minimum des Funktionals $F(u)$ realisiert, so gilt $u_0 \in D(P)$ und*

$$P u_0 = f. \tag{65.2}$$

Beweis. Für ein beliebiges $h \in D(\Phi)$ gilt

$$\frac{d}{dt} F(u_0 + t h)\bigg|_{t=0} = \frac{d}{dt} \Phi(u_0 + t h)\bigg|_{t=0} - (f, h) = 0 .$$

Hieraus folgt

$$\frac{d}{dt} \Phi(u_0 + t h)\bigg|_{t=0} = (f, h) .$$

Somit ist der auf der linken Seite stehende Ausdruck ein beschränktes Funktional in $h$. Dann gilt aber $u_0 \in D(P)$ und $P u_0 = f$, w. z. b. w.

Eine gewisse Umkehrung zu diesem Satz stellt der folgende Satz dar.

Satz 65.2.[2]) *Es sei das Funktional $\Phi$ und sein Gradient $P$ auf den linearen Mengen $D(\Phi)$ bzw. $D(P) \subset D(\Phi)$ definiert, die beide dicht im BANACH-Raum $B$ sein sollen. Es existiere die Ableitung $P'_u$, sie sei positiv für beliebiges $u \in D(P)$, und es ändere sich $P'_u h$ stetig, wenn $h$ fest ist und sich $u$ längs einer beliebigen Geraden stetig ändert. Weiterhin sei $D(P'_u) \supset D(P)$ für beliebiges $u$.*

*Wenn die Gleichung* (65.2) *eine Lösung $u_0$ besitzt, ist diese Lösung eindeutig, und es gilt*

$$F(u_0) = \min_{u \in D(P)} F(u) , \tag{65.3}$$

*wobei $F$ das durch* (65.1) *definierte Funktional ist. Wenn außerdem das Funktional $\Phi$ halbstetig von oben ist, gilt*

$$F(u_0) = \min_{u \in D(\Phi)} F(u) . \tag{65.4}$$

Beweis. Es genüge $u_0$ der Gleichung (65.1), und es sei $u_1$ eine weitere Lösung dieser Gleichung. Dann gilt

$$(P u_1 - P u_0, u_1 - u_0) = 0 .$$

[1]) Siehe etwa I. W. GELMAN [1].

[2]) Dieser Satz weist eine große Ähnlichkeit mit einem Satz auf, der von A. LANGENBACH [1]–[3] bewiesen wurde und sich schon früher unter weitaus stärkeren Einschränkungen bei M. M. WAINBERG [1] findet.

Wir setzen $\xi = u_0 + t(u_1 - u_0)$, $t$ sei ein reeller Parameter. Es ist

$$\frac{d}{dt} P(\xi) = \frac{d}{d\tau} P\left(u_0 + (t+\tau)(u_1 - u_0)\right)\Big|_{\tau=0} = P'_\xi (u_1 - u_0)\,.$$

Hieraus folgt

$$\int_0^1 P'_\xi (u_1 - u_0)\, dt = \int_0^1 \frac{d}{dt} P(\xi)\, dt = P\left(t(u_1 - u_0) + u_0\right)\Big|_{t=0}^{t=1} = P u_1 - P u_0\,.$$

Nun ergibt sich

$$0 = (P u_1 - P u_0, u_1 - u_0) = \int_0^1 \left(P'_\xi (u_1 - u_0), u_1 - u_0\right) dt\,.$$

Wegen der Positivität des Operators $P'_\xi$ folgt hieraus $u_1 = u_0$ und damit auch die Eindeutigkeit der Lösung von (65.1).

Wir zeigen weiterhin, daß das Element $u_0$ das Minimum des Funktionals (65.2) in der Menge $D(P)$ realisiert. Zu diesem Zweck leiten wir folgende Identität her:

$$F(u+h) - F(u) = \int_0^1 \left(P(u + \tau h), h\right) d\tau - (f, h)\,, \qquad u, h \in D(P)\,. \tag{65.5}$$

Aus (63.6) erhält man

$$\begin{aligned} F(u+h) - F(u) &= \int_0^1 [(P t(u+h), u+h) - (P t u, u)]\, dt - (f, h) \\ &= \int_0^1 \left(P t(u+h), h\right) dt \\ &\quad + \int_0^1 \left(P t(u+h) - P t u, u\right) dt - (f, h)\,. \end{aligned} \tag{65.6}$$

Das zweite Integral kann wie folgt abgeändert werden:

$$\begin{aligned} &\int_0^1 \left(P t(u+h) - P t u, u\right) dt \\ &= \int_0^1 dt \int_0^t \frac{d}{d\tau} \left(P(t u + \tau h), u\right) d\tau = \int_0^1 d\tau \int_\tau^1 (P'_{tu+\tau h} h, u)\, dt \\ &= \int_0^1 d\tau \int_\tau^1 (P'_{tu+\tau h} u, h)\, dt \\ &= \int_0^1 \left(P(u + \tau h) - P\tau(u+h), h\right) d\tau\,. \end{aligned}$$

Setzen wir dieses Ergebnis in (65.6) ein, so ergibt sich die Identität (65.5).

Es sei $u$ ein beliebiges Element aus $D(P)$. Setzen wir $u = u_0 + h$, dann folgt wegen (65.5)

$$F(u_0 + h) - F(u_0) = \int_0^1 (P(u_0 + \tau h), h)\, d\tau - (f, h)$$

$$= \int_0^1 (P(u_0 + \tau h) - P(u_0), h)\, d\tau$$

$$= \int_0^1 \frac{d\tau}{\tau} \int_0^1 (P'_{u_0 + t\tau h}\, \tau h, \tau h)\, dt \geqq 0,$$

w. z. b. w.

Wir beweisen weiterhin unter der Voraussetzung der Halbstetigkeit von oben für das Funktional $\Phi$ die Gültigkeit von (65.4). Gilt diese Gleichung nicht, so existiert ein Element $u_1 \in D(\Phi)$ derart, daß $F(u_1) < F(u_0)$ ist. Da die Menge $D(P)$ in $B$ dicht liegt, läßt sich für ein beliebiges $\delta > 0$ ein Element $v \in D(P)$ finden mit der Eigenschaft $\|v - u_1\| < \delta$. Neben $\Phi$ ist auch das Funktional $F$ halbstetig von oben. Bei gegebenem $\varepsilon > 0$ läßt sich dann ein $\delta > 0$ finden derart, daß aus $\|u_1 - w\| < \delta$ die Ungleichung $F(u_1) - F(w) > -\varepsilon$ folgt. Wir nehmen

$$\varepsilon = \frac{1}{2}[F(u_0) - F(u_1)]$$

und $w = v$ an, wobei $v$ das oben bereits betrachtete Element aus $D(P)$ ist. Dann gilt

$$F(v) < \frac{1}{2}[F(u_0) + F(u_1)] < F(u_0),$$

was (65.3) widerspricht.

## § 66. Über die Existenz einer Lösung der Variationsaufgabe

Das Funktional $\Phi$ heißt *konvex auf der linearen Menge* $M \subset D(\Phi)$, wenn

$$\Phi(u) + \Phi(v) - 2\,\Phi\left(\frac{u+v}{2}\right) \geqq 0, \qquad u, v \in M, \tag{66.1}$$

gilt. Dieses Funktional heißt darüber hinaus *stark konvex* auf der gleichen Menge, wenn das Gleichheitszeichen nur im Fall $u = v$ möglich ist.

Satz 66.1. *Wenn der Operator* $P = \operatorname{grad} \Phi$ *eine Ableitung besitzt, die für beliebiges* $u \in D(P)$ *positiv ist, wobei* $D(P'_u) \supset D(P)$ *für alle* $u \in D(P)$ *gelten soll, dann ist das Funktional* $\Phi$ *stark konvex auf der Menge* $D(P)$.[1]) *Ist dieses Funktional außerdem stetig, so ist es konvex auf der Menge* $D(\Phi)$. *Ist schließlich das Funk-*

[1]) Diese Behauptung wurde von A. Langenbach [1]–[3] für Operatoren des Hilbert-Raumes bewiesen.

*tional $\Phi$ stetig und die Ableitung seines Gradienten gleichmäßig positiv nach unten beschränkt, d. h., gilt*

$$(P_u' h, h) \geqq \gamma^2 \|h\|^2, \qquad \gamma = \text{const} > 0, \tag{66.2}$$

*und ist $D(P_u') \supset D(P)$ erfüllt, so ist das Funktional $\Phi$ stark konvex auf der Menge $D(\Phi)$.*

Beweis. 1. Wir setzen $v = u + h$. Gilt $u, v \in D(P)$, so folgt wegen (65.5)

$$\begin{aligned}
&\Phi(u+h) + \Phi(u) - 2\,\Phi\left(u + \frac{h}{2}\right) \\
&= \left[\Phi(u+h) - \Phi\left(u + \frac{h}{2}\right)\right] - \left[\Phi\left(u + \frac{h}{2}\right) - \Phi(u)\right] \\
&= \int_0^1 \left(P\left(u + \frac{h}{2} + t\frac{h}{2}\right) - P\left(u + t\frac{h}{2}\right), \frac{h}{2}\right) dt \\
&= \int_0^1 \int_0^1 \left(P_\xi' \frac{h}{2}, \frac{h}{2}\right) dt\, d\tau \geqq 0, \qquad \xi = u + (t+\tau)\frac{h}{2}.
\end{aligned} \tag{66.3}$$

Es ist klar, daß das Gleichheitszeichen nur bei $h = 0$ bzw. $u = v$ stehen kann.

2. Wir setzen weiterhin Stetigkeit für das Funktional $\Phi$ voraus. Es ist dann die Ungleichung (66.1) für beliebige $u, v \in D(\Phi)$ $(u \neq v)$ zu zeigen. Wir nehmen das Gegenteil an, d. h., es existieren in $D(\Phi)$ zwei Elemente $u_0 \neq v_0$ mit

$$\Phi(u_0) + \Phi(v_0) - 2\,\Phi\left(\frac{u_0 + v_0}{2}\right) = -k < 0. \tag{66.4}$$

Wir setzen

$$\varepsilon = \frac{k}{6}.$$

Infolge der Stetigkeit des Funktionals $\Phi$ gibt es ein $\delta > 0$ derart, daß aus $\|u_0 - u\| < \delta$, $\|v_0 - v\| < \delta$

$$\left.\begin{aligned}
&\Phi(u_0) > \Phi(u) - \varepsilon, \qquad \Phi(v_0) > \Phi(v) - \varepsilon, \\
&\Phi\left(\frac{u_0 + v_0}{2}\right) < \Phi\left(\frac{u+v}{2}\right) + \varepsilon
\end{aligned}\right\} \tag{66.5}$$

folgt. Man kann $u, v \in D(P)$ annehmen, da diese Menge dicht in $B$ ist. Aus (66.4) und (66.5) erhält man dann

$$\Phi(u) + \Phi(v) - 2\,\Phi\left(\frac{u+v}{2}\right) < -k + 4\,\varepsilon = -\frac{k}{3} < 0,$$

was dem Beweis aus 1. widerspricht.

3. Es sei nun das Funktional $\Phi$ stetig und genüge der Relation (66.2). Wir nehmen an, daß das Funktional $\Phi$ auf $D(\Phi)$ nicht stark konvex sei. Dann gibt es zwei Elemente $u_0, v_0 \in D(\Phi)$, $u_0 \neq v_0$, mit der Eigenschaft

$$\Phi(u_0) + \Phi(v_0) - 2\,\Phi\left(\frac{u_0 + v_0}{2}\right) \leqq 0.$$

Wir geben ein beliebig kleines $\varepsilon > 0$ vor und wählen $\delta > 0$ so, daß für alle $u, v \in D(P)$ mit $\|u - u_0\| < \delta$, $\|v - v_0\| < \delta$

$$\Phi(u) + \Phi(v) - 2\,\Phi\left(\frac{u+v}{2}\right) < \varepsilon \tag{66.6}$$

folgt. Da $\delta$ beliebig klein sein kann, können wir z. B. annehmen, daß

$$\delta < \frac{1}{3}\|u_0 - v_0\|$$

ist. Dann folgt

$$\|u - v\| > \frac{1}{3}\|u_0 - v_0\|.$$

Wie oben können wir wieder $u, v \in D(P)$ voraussetzen; dann erhalten wir aus (66.2) und (66.3)

$$\Phi(u) + \Phi(v) - 2\,\Phi\left(\frac{u+v}{2}\right) \geqq \frac{\gamma^2}{36}\|u_0 - v_0\|^2,$$

was für genügend kleine $\varepsilon$ der Ungleichung (66.6) widerspricht.

Satz 66.2.[1]) *Es sei $F$ ein in einem* BANACH-*Raum, in dem die Hypersphären schwach kompakt sind, definiertes, wachsendes, stark konvexes und schwach von unten halbstetiges Funktional. Dann ist dieses Funktional nach unten beschränkt, und seine größte untere Schranke wird in einem einzigen Punkt erreicht, zu dem jede minimisierende Folge schwach konvergiert.*

Beweis. Zunächst zeigen wir die Beschränktheit nach unten des Funktionals. Wir nehmen das Gegenteil an, d. h., es gibt eine Folge $\{u_n\}$ mit $F(u_n) \to -\infty$. Da das Funktional wachsend ist, ist die Folge notwendig beschränkt und mithin auch schwach kompakt. Es sei $\{u_{n_k}\}$ eine schwach konvergierende Teilfolge der Folge $\{u_n\}$, und es sei $u_0$ der schwache Grenzwert dieser Teilfolge. Da das Funktional $F$ schwach halbstetig von unten ist, folgt $F(u_0) \leqq \underline{\lim}\, F(u_{n_k}) = -\infty$, was nicht sein kann.

Wir setzen $d = \inf F$, und es sei $\{u_n\}$ eine minimisierende Folge. Wie soeben überzeugen wir uns von der Beschränktheit und damit auch schwachen Kompaktheit dieser Folge. Eine gewisse Teilfolge $\{u_{n_k}\}$ besitzt dann einen schwachen Grenzwert $u_0$. Wegen der Halbstetigkeit des Funktionals $F$ von unten erhält man $d = \lim F(u_{n_k}) \geqq F(u_0)$. Es ist aber $d = \inf F(u)$; deshalb gilt $F(u_0) = d$, und die untere Grenze des Funktionals $F$ wird im Punkt $u_0$ erreicht. Dieser Punkt ist eindeutig; denn würde ein weiterer Punkt $u_1 \neq u_0$ mit $F(u_1) = d$ existieren, so würde sich infolge der starken Konvexität

$$F\left(\frac{u_0 + v_0}{2}\right) < \frac{1}{2}F(u_0) + \frac{1}{2}F(u_1) = d$$

ergeben, was aber nicht sein kann.

[1]) Siehe I. W. GELMAN [1].

Es verbleibt uns zu zeigen, daß die minimisierende Folge $\{u_n\}$ schwach gegen $u_0$ konvergiert. Wir nehmen wieder das Gegenteil an. Dann existiert ein lineares Funktional $f$ derart, daß

$$(f, u_n) \not\to (f, u_0)$$

gilt. Hieraus können wir wieder auf die Existenz einer Teilfolge $\{u_{n_k}\}$ und einer Zahl $\varepsilon_0 > 0$ schließen mit der Eigenschaft

$$|(f, u_{n_k}) - (f, u_0)| \geqq \varepsilon_0 \,. \tag{66.7}$$

Die Folge $\{u_{n_k}\}$ ist nun ebenfalls eine minimisierende Folge, aus der nach dem Bewiesenen eine Teilfolge $\{u_{n_{k_l}}\}$ ausgewählt werden kann, die schwach gegen $u_0$ konvergiert, was aber nicht mit der Ungleichung (66.7) zu vereinbaren ist.

In der bereits genannten Arbeit [1] von I. W. Gelman ist die Existenz der Lösung für die Minimumaufgabe des Funktionals

$$\left.\begin{aligned} &\int_\Omega F(x_1, \ldots, x_m, \ldots, u^{i,j}_{j_1,\ldots,j_m}, \ldots)\, dx\,, \\ &u^{i,j}_{j_1,\ldots,j_m}|_S = 0 \qquad (i = 1, 2, \ldots, N;\ j = 0, 1, \ldots, l-1) \end{aligned}\right\} \tag{66.8}$$

bewiesen worden, wobei $\Omega$ ein endliches Gebiet des $m$-dimensionalen Raumes und $S$ seine Grenze ist. Ferner wurde

$$u^{i,j}_{j_1,\ldots,j_m} = \frac{\partial^j u^{i,0}_{0,\ldots,0}}{\partial x_1^{j_1} \ldots \partial x_m^{j_m}}$$

$u^{i,0}_{0,\ldots,0} \in W_p^{(l)}(\Omega)$, $1 < p < \infty$, gesetzt. Die Funktion $F$ wird folgenden Bedingungen unterworfen:

1. Sie sei stetig zusammen mit ihren ersten und zweiten partiellen Ableitungen nach $u^{i,j}_{j_1,\ldots,j_m}$ für beliebige Werte dieser Veränderlichen und für $x \in \bar{\Omega}$.

2. Es gelte die Abschätzung

$$\begin{aligned} &K_1 \sum_{i=1}^{N} \Bigl[\sum_{j_1+\cdots+j_m=l} |u^{i,l}_{j_1,\ldots,j_m}|^2\Bigr]^{p/2} \leqq F \\ &\leqq K_2 \sum_{i=1}^{N} \Bigl[\sum_{j=0}^{l} \sum_{j_1+\cdots+j_m=j} |u^{i,j}_{j_1,\ldots,j_m}|^2\Bigr]^{p/2}, \qquad K_1, K_2 = \text{const} > 0\,. \end{aligned} \tag{66.9}$$

3. Die Matrix der Elemente

$$\frac{\partial^2 F}{\partial u^{i,j}_{j_1,\ldots,j_m}\, \partial u^{k,s}_{s_1,\ldots,s_m}} \tag{66.10}$$

ist positiv definit.

Der Existenzbeweis für die Lösung dieser Variationsaufgabe fußt außer auf Satz 66.2 noch auf dem Satz 63.1 von W. I. Kasimirow.

Eine andere Methode für die Lösung dieser Variationsaufgaben ist in den Arbeiten [1] — [3] von A. Langenbach angegeben.[1])

---

[1]) In den Arbeiten A. Langenbachs wird vorausgesetzt, daß das betrachtete Funktional und sein Gradient in einem Hilbert-Raum definiert sind.

Wir betrachten das Funktional (65.1) unter der Voraussetzung, daß die Ableitung $P'_u$, wobei $P = \operatorname{grad} \Phi$ gilt, für beliebiges $u \in D(P)$ ein positiver Operator ist. Wir schränken das Definitionsgebiet des Funktionals $\Phi$ ein und betrachten es nur noch auf der Menge $D(P)$. Der Einfachheit halber setzen wir $P(0) = 0$ voraus.[1]) Wir vernachlässigen in der Formel (63.6) die Konstante, da sie keinen Einfluß auf das Minimum hat. Es ergibt sich

$$F(u) = \int_0^1 (P(t\,u), u)\,dt - (f, u)\,, \qquad D(F) = D(P)\,. \tag{66.11}$$

Nach Satz 65.2 realisiert die Lösung der Gleichung $P\,u = f$ das Minimum des Funktionals (66.11); der Satz 65.1 beinhaltet die umgekehrte Behauptung. Für die Ableitung $P'_u$ setzen wir weiterhin die Erfüllung der Bedingung (66.2) voraus, d. h., $P'_u$ ist gleichmäßig in $u$ nach unten beschränkt. Wir zeigen, daß dann auch das Funktional (66.11) nach unten beschränkt ist. Wegen der Gleichung $P(0) = 0$ ergibt sich

$$F(u) = \int_0^1 (P(t\,u) - P(0), u)\,dt - (f, u)\,.$$

Vermöge (63.2) gilt

$$P(t\,u) - P(0) = \int_0^1 P'_{(t+\tau)u}\, t\,u\,d\tau\,,$$

so daß

$$F(u) = \int_0^1 \int_0^1 t\,(P'_{(t+\tau)u}\, u, u)\,dt\,d\tau - (u, f)$$

folgt. Aus (66.2) erhalten wir nun

$$F(u) \geqq \frac{1}{2}\gamma^2 \|u\|^2 - (u, f)\,.$$

Dann ergibt sich die Beschränktheit des Funktionals (66.1) durch Anwendung der Cauchyschen Ungleichung:

$$F(u) \geqq \frac{1}{2}\gamma^2 \|u\|^2 - \|u\|\,\|f\| = \frac{\gamma^2}{2}\left(\|u\| - \frac{\|f\|}{\gamma^2}\right)^2 - \frac{\|f\|^2}{2\gamma^2} \geqq -\frac{\|f\|^2}{2\gamma^2}\,.$$

Wir setzen

$$d = \inf F(u)\,.$$

Satz 66.3. *Ist die Ungleichung* (66.2) *erfüllt, so konvergiert jede minimisierende Folge für das Funktional* (65.1) *in der Metrik des Raumes B zu einem Grenzwert, der unabhängig von der konkreten minimisierenden Folge ist.*

---

[1]) Dies schränkt die Allgemeinheit nicht ein: Es genügt, die Gleichung $P\,u = f$ durch die äquivalente Gleichung $P\,u - P\,0 = f - P\,0$ zu ersetzen. Dabei geht der Operator $P\,u$ in den Operator $P\,u - P\,0$ und das Funktional $\Phi(u)$ in das Funktional $\Phi(u) - (P\,0, u)$ über. Diese Änderungen haben keinen Einfluß auf das Wachstum, die Halbstetigkeit bzw. Stetigkeit und die Konvexität des Funktionals.

**Beweis.** Nach Satz 66.1 ist das Funktional $\Phi$ stark konvex. Wir setzen

$$\left.\begin{aligned} \varrho(u, v) &= \left[\Phi(u) + \Phi(v) - 2\,\Phi\left(\frac{u+v}{2}\right)\right]^{1/2}, \\ \Phi(u) &= \int_0^1 \big(P(t\,u), u\big)\,dt\,. \end{aligned}\right\} \tag{66.12}$$

Aus (66.3) folgt

$$\varrho(u, v) = \left[\int_0^1\int_0^1 \left(P'_\xi \frac{h}{2}, \frac{h}{2}\right) dt\,d\tau\right]^{1/2}, \qquad h = u - v\,, \tag{66.13}$$

und vermöge (66.2) ergibt sich

$$\varrho(u, v) \geqq \frac{\gamma}{2}\,||u - v||\,. \tag{66.14}$$

Es sei $\{u_n\}$ eine minimisierende Folge für das Funktional $F$, d. h. $F(u_n) \to d$. Wir schätzen zunächst die Größe $\varrho(u_m, u_n)$ ab. Es gilt

$$\varrho(u, v) = \left[F(u) + F(v) - 2\,F\left(\frac{u+v}{2}\right)\right]^{1/2}.$$

Setzen wir $u = u_m$ und $v = u_n$, so folgt unter Beachtung der Ungleichung

$$F\left(\frac{u_m + u_n}{2}\right) \geq \inf F(u) = d$$

die Relation

$$\varrho(u_m, u_n) \leqq [F(u_m) + F(u_n) - 2\,d]^{1/2}\,.$$

Es sei $\varepsilon$ eine beliebige positive Zahl, und $m$ und $n$ seien so gewählt, daß die Ungleichungen $F(u_m) < d + \varepsilon$, $F(u_n) < d + \varepsilon$ erfüllt sind. Hieraus folgt dann $\varrho(u_m, u_n) < \sqrt{2\,\varepsilon}$ bzw.

$$\lim_{m, n \to \infty} \varrho(u_m, u_n) = 0\,.$$

Infolge (66.14) ist $||u_m - u_n|| \xrightarrow[m, n \to \infty]{} 0$, was gleichbedeutend mit der Konvergenz der minimisierenden Folge gegen ein Element $u_0$ in der Metrik des Raumes $B$ ist. Es verbleibt zu zeigen, daß dieses Grenzelement von der konkreten minimisierenden Folge unabhängig ist. Es seien $\{u_n\}$ und $\{v_n\}$ zwei solcher Folgen; dann ist die Folge

$$u_1, v_1, u_2, v_2, \ldots, u_n, v_n, \ldots$$

ebenfalls eine minimisierende Folge, die nach dem soeben Bewiesenen ein Grenzelement besitzt. Dieses Grenzelement ist dann zugleich auch Grenzelement für ihre Teilfolgen $\{u_n\}$ und $\{v_n\}$. Dieses einheitliche Grenzelement der minimisierenden Folgen nennen wir die *verallgemeinerte Lösung* der Minimumaufgabe für das Funktional (66.11) und bezeichnen sie mit $u_0$.

Es genüge nun $P'_u$ nicht nur der Ungleichung (66.2), sondern der schärferen Ungleichung

$$(P'_u h, h) \geqq \gamma_1^2 (P'_{u_0} h, h), \qquad \gamma_1^2 = \text{const} > 0, \tag{66.15}$$

wobei $u_0$ ein festes Element ist. Wir bezeichnen mit $B_0 = B_{Pu_0}$ den energetischen Raum des linearen Operators $Pu_0$, $[\ ,\ ]_0$ und $|\ |_0$ seien das energetische Produkt und die energetische Norm in diesem Raum. Dann gilt $(P'_u h, h) \geqq \gamma_1^2 |h|_0^2$, und aus (66.13) folgt

$$\varrho(u, v) \geqq \frac{\gamma_1^2}{4} |u - v|_0^2. \tag{66.16}$$

Ist $\{u_n\}$ eine minimisierende Folge für das Funktional (65.1), so ist $\varrho(u_m, u_n) \xrightarrow[m, n \to \infty]{} 0$. Hieraus folgt auf der Grundlage von (66.16)

$$|u_m - u_n|_0 \xrightarrow[m, n \to \infty]{} 0.$$

Demnach ist die verallgemeinerte Lösung einer Variationsaufgabe nicht nur ein Element des Ausgangsraumes $B$, sondern zugleich auch des energetischen Raumes $B_0$.

## § 67. Der energetische Raum nichtlinearer Aufgaben

Wir behalten die Voraussetzungen des letzten Teils des vorangegangenen Paragraphen bei: Das Definitionsgebiet des Funktionals $\Phi$ sei identisch mit dem Definitionsgebiet seines Gradienten $P$, und die Ableitung $P'_u$ genüge der Ungleichung (66.2). In diesem Fall kann man im gewissen Sinne analog zu linearen Aufgaben den Begriff des energetischen Raumes für das Funktional $\Phi$ einführen.

Die Definitionsgebiete $D(\Phi)$ für das Funktional $\Phi$ und $D(P)$ für seinen Gradienten, für die $D(\Phi) = D(P)$ gilt, kann man als topologischen Raum betrachten, wenn man die durch die Ungleichungen $\varrho(u, v) \leqq \varepsilon$ und $\varrho(u, v) \geqq \varepsilon$ definierten Mengen als abgeschlossen erklärt. Hierbei wird $\varrho(u, v)$ durch (66.12) gegeben, $\varepsilon$ ist eine beliebige positive Zahl, $u$ bezeichnet ein festes Element und $v$ sei variabel in $D(\Phi)$. Abgeschlossen seien außerdem Vereinigungen endlich vieler und Durchschnitte einer beliebigen Anzahl der vorgenannten Mengen.

Es sei $M$ eine beliebige Untermenge von $D(\Phi)$. Als Abschließung $\overline{M}$ dieser Menge bezeichnen wir wie gewöhnlich den Durchschnitt aller abgeschlossenen Mengen, die $M$ enthalten. Ist $M$ die leere Menge oder gilt $M = D(\Phi)$, so setzen wir $\overline{M} = M$. Bekanntlich genügt der so definierte Vorgang des Abschließens den HAUSDORFFschen Axiomen[1]).

Es sei $\{u_n\}$, $u_n \in D(P)$, eine Folge mit der Eigenschaft $\varrho(u_n, u_m) \xrightarrow[n, m \to \infty]{} 0$. Vermöge (66.2) ist diese Folge eine Fundamentalfolge des Raumes $B$, es existiert

[1]) Siehe F. HAUSDORFF [1], S. 110–112.

also ein Grenzelement $\tilde{u} \in B$ mit $\|u_n - \tilde{u}\| \to 0$. Erweitern wir das Definitionsgebiet $D(\Phi)$ um die Menge dieser Grenzelemente, so nennen wir diese neu entstandene Menge „energetischen Raum" des Operators $P$ und bezeichnen ihn mit $B_P$. Die Bezeichnung „energetischer Raum" ist außerordentlich willkürlich, da wir in der Menge $B_P$ im allgemeinen keine Topologie definieren.

Wir betrachten ein Beispiel eines energetischen Raumes, in dem man eine Topologie (und sogar Metrik) definieren kann.

Aus (66.12) ist ersichtlich, daß die Funktion $\varrho(u, v)$ zweien der drei metrischen Axiome genügt: 1. $\varrho(u, v) = \varrho(v, u)$; 2. $\varrho(u, v) \geqq 0$, und es ist $\varrho(u, v) = 0$ dann und nur dann, wenn $u = v$ gilt.

Es erfülle $\varrho(u, v)$ die „abgeschwächte Dreiecksungleichung"

$$\varrho(u, v) \leqq a\,[\varrho(u, w) + \varrho(w, v)], \qquad a = \text{const.} \tag{67.1}$$

Offensichtlich gilt $a \geqq 1$. Bei $a = 1$ ist $\varrho(u, v)$ eine metrische Funktion, und der energetische Raum $B_P$ ist einfach die Vervollständigung des Raumes $D(P)$ in der Metrik $\varrho$. Gilt $a > 1$, so existiert eine metrische Funktion $\tilde{\varrho}(u, v)$[1]), die der Funktion $\varrho(u, v)$ topologisch äquivalent ist. In diesem Fall ist dann $B_P$ die Vervollständigung des Raumes $D(P)$ in der Metrik $\tilde{\varrho}$.

Die Bedingung (67.1) ist z. B. in folgendem Fall erfüllt: Es existieren zwei positive Konstanten $\alpha$ und $\beta$ derart, daß für beliebige Elemente $u, h \in D(P)$

$$\alpha^2(P_0' h, h) \leqq (P_u' h, h) \leqq \beta^2(P_0' h, h) \tag{67.2}$$

gilt, wobei $P_0'$ die Ableitung des Operators $P$ im Punkt $u = 0$ bezeichnet. Es sei $H_0 = H_{P_0'}$ der energetische Raum des linearen Operators $P_0'$ (siehe § 64). Dann nimmt die Ungleichung (67.2) folgende Form an:

$$\alpha^2\,\|h\|_0^2 \leqq (P_u' h, h) \leqq \beta^2\,\|h\|_0^2\,.$$

Aus (63.13) folgt nun

$$\frac{\alpha}{2}\|u - v\|_0 \leqq \varrho(u, v) \leqq \frac{\beta}{2}\|u - v\|_0\,,$$

womit die Ungleichung (67.1) erfüllt wäre; als Konstante $a$ kann man $a = \dfrac{\beta}{\alpha}$ wählen.

---

[1]) Siehe E. W. Chittenden [1], wo die folgende allgemeinere Behauptung bewiesen wurde: Es sei auf der Menge $M$ eine Funktion $\varrho(x, y)$ der Veränderlichen $x$ und $y$ definiert, die folgende Eigenschaften besitzt: $\varrho(x, y) = \varrho(y, x)$; $\varrho(x, y) \geqq 0$; $\varrho(x, y) = 0$ dann und nur dann, wenn $x = y$ gilt; es existiere eine für $t \geqq 0$ definierte Funktion $f(t)$ derart, daß $\lim\limits_{t \to 0} f(t) = 0$ gilt und daß aus $\varrho(x, z) < t$ und $\varrho(z, y) < t$ die Beziehung $\varrho(x, y) < f(t)$ folgt. Dann gibt es in der Menge $M$ eine metrische Funktion $\tilde{\varrho}(x, y)$, die der Funktion $\varrho(x, y)$ topologisch äquivalent ist. Dabei nennen wir die Funktion $\tilde{\varrho}(x, y)$ metrisch, wenn sie die bekannten Axiome des Abstands erfüllt: $\tilde{\varrho}(x, y) = \tilde{\varrho}(y, x)$; $\tilde{\varrho}(x, y) \geqq 0$, wobei $\tilde{\varrho}(x, y) = 0$ dann und nur dann gilt, wenn $x = y$ ist; $\tilde{\varrho}(x, y) \leqq \tilde{\varrho}(x, z) + \tilde{\varrho}(z, y)$.

## § 68. Die Funktionale der Plastizitätstheorie und ihre Verallgemeinerung[1])

Einige Aufgaben der Plastizitätstheorie können in die Aufgabe der Bestimmung des Minimums für das Funktional

$$F(u) = \int\limits_{\Omega} \sum_{j=1}^{s} \int\limits_{0}^{\tau_j(u)} g_j(\xi)\, d\xi\, dx - \int\limits_{\Omega} f\, u\, dx \qquad (68.1)$$

überführt werden. Hierbei ist $\Omega$ ein endliches Gebiet des $m$-dimensionalen euklidischen Raumes, $f(x)$ eine fast überall in $\Omega$ definierte Funktion, die diesem oder jenem Funktionenraum angehört, $u$ ist eine skalare oder vektorielle Funktion, die gewissen homogenen Randbedingungen genügt, $\tau_j(u)$ $(j = 1, 2, \ldots, s)$ sind nichtnegative quadratische Formen der Funktion $u$ und ihrer Ableitungen. Die Koeffizienten der quadratischen Formen $\tau_j(u)$ können auch Funktionen von $x$ sein. Weiterhin seien $g_j(\xi)$ nichtnegative Funktionen von $\xi$, die fast überall definiert und lokal summierbar auf der Halbachse $0 \leqq \xi < \infty$ sind. Außerdem gelte für wenigstens ein $k$, $1 \leqq k \leqq s$,

$$g_k(\xi) \geqq a, \qquad a = \text{const} > 0, \qquad (68.2)$$

und

$$\int\limits_{\Omega} \tau_k(u)\, dx \geqq \gamma_0^2 \int\limits_{\Omega} u^2\, dx, \qquad \gamma_0 = \text{const} > 0, \qquad (68.3)$$

wobei $u$ eine den Randbedingungen der Aufgabe genügende Funktion ist. Wir betrachten einige Beispiele.

**1. Torsion elastisch-plastischer Stäbe**[2]). Wenn $\Omega$ ein einfach zusammenhängendes Gebiet der $x$, $y$-Ebene ist, können die Gleichung und die Randbedingung für die Aufgabe der elastisch-plastischen Torsion in der Form

$$P(u) = -\frac{\partial}{\partial x}\left[\bar{g}(T^2)\frac{\partial u}{\partial x}\right] - \frac{\partial}{\partial y}\left[\bar{g}(T^2)\frac{\partial u}{\partial y}\right] = \omega, \qquad (68.4)$$

$$u|_S = 0 \qquad (68.5)$$

geschrieben werden. Es ist wie immer $S$ der Rand des Gebiets $\Omega$. Weiterhin ist

$$T^2 = (\text{grad}\, u)^2 = \left(\frac{\partial u}{\partial x}\right)^2 + \left(\frac{\partial u}{\partial y}\right)^2,$$

$\omega$ bezeichnet den Winkel der Verwindung des Stabes, bezogen auf eine Längeneinheit, $\bar{g}(T^2)$ ist eine Funktion, die charakteristisch für das Material des Stabes im Zustand der Verfestigung ist und in die Gleichung

$$\Gamma = \bar{g}(T^2)\, T \qquad (68.6)$$

eingeht, die einen Zusammenhang zwischen der maximalen tangentialen Spannung $T$ und der Deformationsintensität der Verschiebung $\Gamma$ herstellt.

---

[1]) Siehe A. Langenbach [2].
[2]) Siehe L. M. Katschanow [3].

Bekanntlich ist $\Gamma$ eine wachsende Funktion in $T$, d. h. $\frac{d\Gamma}{dT} \geqq 0$ bzw.

$$\bar{g}(\xi^2) + 2\,\bar{g}'(\xi^2)\,\xi^2 \geqq 0.$$

Wir setzen voraus, daß die Funktion $\bar{g}$ der stärkeren Ungleichung

$$\bar{g}(\xi^2) + 2\bar{g}'(\xi^2)\,\xi^2 \geqq C_1,\ C_1 = \text{const} > 0, \tag{68.7}$$

genügt. Weiterhin gilt bekanntlich

$$\bar{g}(\xi^2) \geqq C_2, \qquad C_2 = \text{const} > 0; \tag{68.8}$$

man kann nämlich $C_2 = \frac{1}{G}$ setzen, wobei $G$ der Verschiebungsmodul des Materials im plastischen Zustand ist.

Wir setzen voraus, daß die Funktion $\bar{g}$ zwei stetige Ableitungen besitzt. Der Operator $P$ werde im Raum $L_2(\Omega)$ betrachtet, sein Definitionsgebiet sei die lineare Menge von Funktionen, die zweimal stetig in $\Omega$ differenzierbar sind und der Bedingung (68.5) genügen, wobei wir annehmen wollen, daß der Rand $S$ hinreichend glatt sei. Offensichtlich ist dann die Bedingung II des § 63 erfüllt. Wir beweisen, daß der Operator $P$ eine Ableitung besitzt, die einen linearen Operator darstellt und der Ungleichung (66.2) genügt. Direkte Rechnung ergibt

$$\left.\begin{aligned}
&\lim_{t\to 0}\frac{P(u+th)-P(u)}{t}\\
&\quad= -\frac{\partial}{\partial x}\left\{\left[\bar{g}(T^2(u)) + 2\,\bar{g}'(T^2(u))\left(\frac{\partial u}{\partial x}\right)^2\right]\frac{\partial h}{\partial x} + 2\,\bar{g}'(T^2(u))\,\frac{\partial u}{\partial x}\frac{\partial u}{\partial y}\frac{\partial h}{\partial x}\right\}\\
&\qquad-\frac{\partial}{\partial y}\left\{2\,\bar{g}'(T^2(u))\,\frac{\partial u}{\partial x}\frac{\partial u}{\partial y}\frac{\partial h}{\partial x} + \left[\bar{g}(T^2(u)) + 2\bar{g}'(T^2(u))\left(\frac{\partial u}{\partial y}\right)^2\right]\frac{\partial h}{\partial y}\right\},\\
&h|_S = 0,
\end{aligned}\right\} \tag{68.9}$$

womit ein linearer in $h$ Operator gegeben sei. Wir bezeichnen diesen Operator wie oben mit $P'_u\,h$. Dieser Operator ist offensichtlich symmetrisch. Außerdem erhält man

$$(P'_u h, h) = \iint_\Omega \{\bar{g}(T^2(u))\,(\text{grad}\,h)^2 + 2\,\bar{g}'(T^2(u))\,(\text{grad}\,u\,\text{grad}\,h)^2\}\,dx\,dy, \tag{68.10}$$

$\Omega$ ist der Querschnitt des Stabes.

Die Funktion $\bar{g}'$ stellen wir dar als Differenz ihrer positiven und negativen Anteile:

$$\bar{g}' = g_1 - g_2, \qquad g_1 = \begin{cases}\bar{g}', & \bar{g}' \geqq 0,\\ 0, & \bar{g}' < 0,\end{cases} \qquad g_2 = \begin{cases}0, & \bar{g}' \geqq 0,\\ -\bar{g}', & \bar{g}' < 0.\end{cases}$$

Die Cauchysche Ungleichung ergibt

$$(\text{grad}\,u\,\text{grad}\,h)^2 \leqq (\text{grad}\,u)^2\,(\text{grad}\,h)^2 = T^2(u)\ (\text{grad}\,h)^2;$$

dann folgt aus (68.10)

$$(P'_u h, h) \geqq \iint_\Omega \{\bar{g}(T^2(u)) - 2\,g_2(T^2(u))\,T^2(u)\}\,(\text{grad}\,h)^2\,dx\,dy. \tag{68.11}$$

Ist $\bar{g}'(T^2(u)) \geqq 0$, so gilt $g_2 = 0$, und es ergibt sich

$$\bar{g}(T^2(u)) - 2\,g_2(T^2(u))\,T^2(u) = \bar{g}(T^2(u)) \geqq C_2;$$

ist jedoch $\bar{g}'(T^2(u)) < 0$, so gilt $g_2(T^2(u)) = -\bar{g}'(T^2(u))$, und es folgt

$$\bar{g}(T^2(u)) - 2\,g_2(T^2(u))\,T^2(u) = \bar{g}(T^2(u)) + 2\,\bar{g}'(T^2(u))\,T^2(u) \geqq C_1.$$

In beiden Fällen ergibt sich demnach

$$\bar{g}(T^2(u)) - 2\,g_2(T^2(u))\,T^2(u) \geqq \mu = \min(C_1, C_2),$$

so daß aus (68.11)

$$(P_u' h, h) \geqq \mu \iint_\Omega (\operatorname{grad} u)^2\,dx\,dy \tag{68.12}$$

folgt. Auf der Grundlage der Friedrichsschen Ungleichung (siehe VM, S. 122) erhalten wir schließlich die Abschätzung

$$(P_u' h, h) \geqq \gamma^2 \|u\|^2, \qquad \gamma^2 = \mu\,\varkappa, \tag{68.13}$$

wobei $\varkappa$ die Konstante aus der Ungleichung von Friedrichs ist.

Wir bemerken, daß die Ableitung $P_u'$ nicht nur der Ungleichung (66.2) genügt, sondern auch der Ungleichung (66.15), wobei wir $u_0 = 0$ setzen können. In der Tat, bei $u = u_0 \equiv 0$ wird $T^2(u) = (\operatorname{grad} u)^2 \equiv 0$, und die Relation (68.10) nimmt die Form

$$(P_0' h, h) = \bar{g}(0) \iint_\Omega (\operatorname{grad} h)^2\,dx\,dy$$

an. Wegen Ungleichung (68.12) ergibt sich nun

$$(P_u' h, h) \geqq \gamma_1^2 (P_0' h, h), \qquad \gamma_1^2 = \frac{\mu}{\bar{g}(0)}. \tag{68.14}$$

Aus den Sätzen 65.1 und 65.2 folgt, daß die Aufgabe (68.4), (68,5) der Aufgabe der Bestimmung des Minimums für das Funktional

$$F(u) = \int_0^1 (P(t\,u), u)\,dt - (\omega, u), \qquad u|_S = 0$$

äquivalent ist. Es gilt nämlich

$$\int_0^1 (P(t\,u), u)\,dt$$

$$= -\int_0^1 t\,dt \iint_\Omega u \left\{\frac{\partial}{\partial x}\left[\bar{g}(t^2\,T^2(u))\,\frac{\partial u}{\partial x}\right] + \frac{\partial}{\partial y}\left[\bar{g}(t^2\,T^2(u))\,\frac{\partial u}{\partial y}\right]\right\} dx\,dy,$$

bzw., wenn man das innere Integral partiell integriert und die Randbedingung $u|_S = 0$ verwendet,

$$\int_0^1 (P(t\,u), u)\,dt = \int_0^1 t\,dt \iint_\Omega \bar{g}(t^2\,T^2(u))\,T^2(u)\,dx\,dy$$

$$= \iint_\Omega dx\,dy \int_0^1 t\,\bar{g}(t^2\,T^2(u))\,T^2(u)\,dt.$$

Durch die Substitution $\xi = t^2 T^2(u)$ gelangt man zu

$$\int_0^1 (P(tu), u)\, dt = \iint_\Omega dx\, dy \int_0^{T^2(u)} \frac{1}{2}\, \bar{g}(\xi)\, d\xi\,;$$

folglich ist

$$F(u) = \iint_\Omega dx\, dy \int_0^{T^2(u)} \frac{1}{2}\, \bar{g}(\xi)\, d\xi - \omega \iint_\Omega u\, dx\, dy\,. \tag{68.15}$$

Das Funktional (68.15) erhält man aus der allgemeinen Gleichung (68.1), wenn man $s = 1$, $g_1(\xi) = \frac{1}{2}\bar{g}(\xi)$, $f(x) = \omega$ und $\tau_1(u) = T^2(u)$ setzt. Dann sind auch alle zu Beginn dieses Paragraphen formulierten Voraussetzungen erfüllt.

**2. Elastisch-plastische Biegung einer ebenen Platte, die am Rand fest eingespannt ist**[1]). Die Gleichung der elastisch-plastischen Biegung einer Platte hat die Form

$$P\,w = \frac{\partial^2}{\partial x^2}\left[g(H)\left(\frac{\partial^2 w}{\partial x^2} + \frac{1}{2}\frac{\partial^2 w}{\partial y^2}\right)\right] + \frac{\partial^2}{\partial x\, \partial y}\left[g(H)\frac{\partial^2 w}{\partial x\, \partial y}\right]$$
$$+ \frac{\partial^2}{\partial y^2}\left[g(H)\left(\frac{\partial^2 w}{\partial y^2} + \frac{1}{2}\frac{\partial^2 w}{\partial x^2}\right)\right] = f(x, y). \tag{68.16}$$

Die Funktion $f(x, y)$ ist proportional zu der auf eine Flächeneinheit bezogenen äußeren Normalbelastung, $g$ ist eine für das Material charakteristische Funktion,

$$H = H(w) = \left(\frac{\partial^2 w}{\partial x^2}\right)^2 + \left(\frac{\partial^2 w}{\partial y^2}\right)^2 + \left(\frac{\partial^2 w}{\partial x\, \partial y}\right)^2 + \frac{\partial^2 w}{\partial x^2}\frac{\partial^2 w}{\partial y^2}\,. \tag{68.17}$$

Wie man leicht sieht, ist $H(w)$ eine positiv definite quadratische Form der zweiten Ableitungen der Funktion $w$. Die Durchbiegung $w$ muß die Randbedingungen

$$w|_S = \left.\frac{\partial w}{\partial \nu}\right|_S = 0 \tag{68.18}$$

erfüllen, wobei $S$ der Plattenrand und $\nu$ die Normalenrichtung an $S$ ist.

Wir setzen voraus, daß die Funktion $g(\xi)$ drei stetige Ableitungen besitzt und den Ungleichungen

$$g(\xi) \geqq c_1, \quad g(\xi) + 2\, g'(\xi)\, \xi \geqq c_2 \tag{68.19}$$

genügt, $c_1$ und $c_2$ sind positive Konstanten. Wir betrachten $P$ aus (68.16) als Operator im Raum $L_2(\Omega)$, wobei $\Omega$ das Gebiet der Platte ist. Als Definitionsgebiet dieses Operators nehmen wir die Menge aller Funktionen, deren vierte Ableitungen stetig im abgeschlossenen Gebiet $\overline{\Omega} = \Omega \cup S$ sind und die den

[1]) Diese Aufgabe wurde von L. M. Katschanow [1] formuliert und in den Arbeiten [1]—[4] von A. Langenbach untersucht. In der letzteren dieser Arbeiten wurde auch der Fall betrachtet, daß der Rand der Platte aufliegt oder sogar frei ist.

Randbedingungen (68.18) genügen. Es existiert zu dem Operator $P$ eine Ableitung $P'_w$, die ein linearer symmetrischer Operator ist und den Ungleichungen (66.2) und (66.15) genügt. Die letzte Ungleichung ist für $w_0 = 0$ erfüllt. Wir wollen diese beiden Behauptungen beweisen.

Es seien $w$ und $h$ beliebige Elemente aus $D(P)$, und $t$ sei eine reelle Veränderliche. Einfache Rechnung ergibt

$$\begin{aligned} P'_w h &= \lim_{t\to 0} \frac{P(w+th) - P(w)}{t} \\ &= \frac{\partial^2}{\partial x^2}\left\{g(H(w))\left(\frac{\partial^2 h}{\partial x^2} + \frac{1}{2}\frac{\partial^2 h}{\partial y^2}\right) + 2\,g'(H(w))\left(\frac{\partial^2 w}{\partial x^2} + \frac{1}{2}\frac{\partial^2 w}{\partial y^2}\right) H(w,h)\right\} \\ &+ \frac{\partial^2}{\partial y^2}\left\{g(H(w))\left(\frac{\partial^2 h}{\partial y^2} + \frac{1}{2}\frac{\partial^2 h}{\partial x^2}\right) + 2\,g'(H(w))\left(\frac{\partial^2 w}{\partial y^2} + \frac{1}{2}\frac{\partial^2 w}{\partial x^2}\right) H(w,h)\right\} \\ &+ \frac{\partial^2}{\partial x\,\partial y}\left\{g(H(w))\frac{\partial^2 h}{\partial x\,\partial y} + 2\,g'(H(w))\frac{\partial^2 w}{\partial x\,\partial y} H(w,h)\right\}. \end{aligned} \tag{68.20}$$

Hierbei ist

$$H(w,h) = \frac{\partial^2 w}{\partial x^2}\frac{\partial^2 h}{\partial x^2} + \frac{\partial^2 w}{\partial y^2}\frac{\partial^2 h}{\partial y^2} + \frac{\partial^2 w}{\partial x\,\partial y}\frac{\partial^2 h}{\partial x\,\partial y} + \frac{1}{2}\left(\frac{\partial^2 w}{\partial x^2}\frac{\partial^2 h}{\partial y^2} + \frac{\partial^2 w}{\partial y^2}\frac{\partial^2 h}{\partial x^2}\right) \tag{68.21}$$

die der quadratischen Form $H(w)$ entsprechende bilineare Form. Das Element $h$ als Element des Definitionsgebiets $D(P)$ genügt den Randbedingungen

$$h\Big|_S = \frac{\partial h}{\partial \nu}\Big|_S = 0. \tag{68.22}$$

Der durch die Formeln (68.20) — (68.22) definierte Operator $P'_w$ ist offensichtlich linear und symmetrisch. Wir betrachten den Ausdruck

$$(P'_w h, h) = \iint_\Omega h\, P'_w h\, dx\, dy.$$

Zweifache partielle Integration und Verwendung der Bedingungen (68.22) ergibt

$$(P'_w h, h) = \iint_\Omega \{g(H(w))\, H(h) + 2\,g'(H(w))\, H^2(w,h)\}\, dx\, dy. \tag{68.23}$$

Durch Wiederholung der Überlegungen, die in bezug auf das erste Beispiel angestellt wurden, erhalten wir die Ungleichung

$$(P'_w h, h) \geqq c' \iint_\Omega H(h)\, dx\, dy, \qquad c' = \text{const} > 0. \tag{68.24}$$

Wegen (68.22) ergibt sich die Identität[1])

$$\iint_\Omega H(h)\, dx\, dy = \iint_\Omega \left\{\left(\frac{\partial^2 w}{\partial x^2}\right)^2 + 2\left(\frac{\partial^2 w}{\partial x\,\partial y}\right)^2 + \left(\frac{\partial^2 w}{\partial y^2}\right)^2\right\} dx\, dy$$

und folglich auch[2])

$$(P'_w h, h) \geqq c'\,\varkappa^2\, ||w||^2, \tag{68.25}$$

[1]) Siehe VM, S. 152, Formel ($6_2$).
[2]) Siehe VM, S. 157.

wobei $\varkappa$ die Konstante aus der FRIEDRICHSschen Ungleichung ist. Damit ist auch bewiesen, daß der Operator $P'_w$ der Ungleichung (66.2) genügt.

Bei $w = 0$ gilt $H(w) = 0$, $H(w, h) = 0$; dann folgt aus (68.23) und (68.24)

$$(P'_w h, h) \geqq \frac{c'}{g(0)} (P'_0 h, h)\,, \tag{68.26}$$

was mit der Ungleichung (66.15) für $w_0 = 0$ übereinstimmt.

Die Aufgabe (68.16) — (68.18) ist der Aufgabe der Bestimmung des Minimums für das Funktional

$$F(w) = \int_0^1 (P(t\,w), w)\,dt - (f, w)$$

äquivalent. Wenn wir wie im ersten Beispiel vorgehen, erhalten wir leicht

$$\int_0^1 (P(t\,w), w)\,dt = \iint_\Omega dx\,dy \int_0^{H(w)} \frac{1}{2}\,g(\xi)\,d\xi$$

bzw.

$$F(w) = \iint_\Omega dx\,dy \int_0^{H(w)} \frac{1}{2}\,g(\xi)\,d\xi - \int_\Omega f\,w\,dx\,dy\,, \tag{68.27}$$

was wiederum ein Spezialfall der Formel (68.1) ist.

3. In den Arbeiten von K. GRÖGER [1], [2] werden Beispiele betrachtet, in denen die quadratischen Formen $\tau_i(u)$ ausarten können, aber auch unendliche Gebiete $\Omega$. In der Arbeit [5] von A. LANGENBACH ist die allgemeine Aufgabe der Theorie elastischer Platten unter der Voraussetzung behandelt worden, daß die potentielle Deformationsenergie in bestimmter Weise von den ersten zwei Invarianten des Deformationstensors abhängt. Diese Überlegungen führen auf Funktionale der Art (68.1) bei $s = 2$.

## § 69. Die Funktionale der Plastizitätstheorie und ihre Verallgemeinerung (Fortsetzung)

In diesem Paragraphen wollen wir uns mit Fragen der Existenz einer verallgemeinerten Lösung von Aufgaben der Minimumbestimmung eines Funktionals der Art (68.1) befassen.

Der Einfachheit halber beschränken wir uns auf den Fall, daß sich die Summe in (68.1) auf ein Glied reduziert, also das Funktional die vereinfachte Form

$$F(u) = \int_\Omega dx \int_0^{\tau(u)} g(\xi)\,d\xi - (f, u) \tag{69.1}$$

besitzt. An Stelle der Voraussetzungen des § 68 geben wir für das Funktional (69.1) andere an, wobei lediglich eine Voraussetzung im Vergleich zu § 68 neu ist; die restlichen sind analog zu denen des § 68.

1. $\tau(u)$ ist eine nichtnegative quadratische Form der Funktion $u$ (die sowohl skalar als auch vektoriell sein kann) und ihrer Ableitungen bis zu einer Ordnung $l$ einschließlich. Dabei sei $\tau(u) = \tau^{(1)}(u) + \tau^{(2)}(u)$, $\tau^{(1)}(u)$ sei eine Funktion lediglich der Ableitungen $l$-ter Ordnung und $\tau^{(2)}(u)$ eine Funktion, die von der Funktion $u$ und ihren Ableitungen, deren Ordnungen kleiner als $l$ sind, abhängt. Die Koeffizienten der quadratischen Form $\tau(u)$ können von $x$ abhängen.

2. Die Funktion $g(\xi)$ genüge den Ungleichungen

$$g(\xi) \geqq a\,, \tag{69.2}$$

$$g(\xi) + 2\,\xi\,g'(\xi) \geqq a_1\,, \tag{69.3}$$

wobei $a$ und $a_1$ positive Konstanten sind.

3. Bei $\xi \to \infty$ sei der Quotient $g(\xi)/\xi^{(p/2)-1}$ nach oben und unten durch positive Konstanten beschränkt ($p$ ist ebenfalls eine Konstante, $2 \leqq p < \infty$). Wir beschränken uns auf die Werte $p \geqq 2$, da für $p < 2$ die Ungleichung (69.2) nicht zu erfüllen wäre. Diese Voraussetzung ist der folgenden äquivalent:

$$\alpha_0 + \alpha_1\,\xi^{(p/2)-1} \leqq g(\xi) \leqq A_0 + A_1\,\xi^{(p/2)-1}\,, \qquad 0 \leqq \xi < \infty\,, \tag{69.4}$$

wobei $\alpha_0$, $\alpha_1$, $A_0$, $A_1$ positive Konstanten sind.

4. Für $\xi \to \infty$ gelte

$$g'(\xi) = O(\xi^{(p/2)-2}). \tag{69.5}$$

5. Für beliebiges $\xi \geqq 0$ besitze die Funktion $g(\xi)$ eine stetige zweite Ableitung.

Bevor wir die weiteren Voraussetzungen aufzählen, sei der für die folgenden Betrachtungen wichtige Funktionalraum genannt. Wie auch früher wollen wir die Aufgabe der Minimumbestimmung für das Funktional (69.1) unter der Voraussetzung betrachten, daß die Funktion $u$ gewissen Randbedingungen genügt, die in unserem Fall linear und homogen seien. Wir betrachten den Raum $\overline{W}_p^{(l)}(\Omega)$, der ein Unterraum des SOBOLEWschen Raumes $W_p^{(l)}(\Omega)$ ist und im Resultat der Abschließung der Menge der hinreichend glatten Funktionen, die den Randbedingungen unserer Variationsaufgabe genügen, in der Metrik des Raumes $W_p^{(l)}(\Omega)$ entsteht.

6. Wir setzen voraus, daß die Norm in $W_p^{(l)}(\Omega)$ im Unterraum $\overline{W}_p^{(l)}(\Omega)$ der Größe

$$\left\{\int_\Omega [\tau(u)]^{p/2}\,dx\right\}^{1/p}$$

äquivalent sei, so daß wir diese Größe als Norm in $\overline{W}_p^{(l)}(\Omega)$ auffassen können. Setzen wir $B = \overline{W}_p^{(l)}(\Omega)$, so gilt

$$\|u\|_B = \left\{\int_\Omega [\tau(u)]^{p/2}\,dx\right\}^{1/p}. \tag{69.6}$$

Im folgenden lassen wir den Index $B$ bei der Norm weg.

7. Schließlich setzen wir $f$ aus (69.1) als Element des zu $B$ adjungierten Raumes $B^*$ voraus.

Infolge der Voraussetzungen 1 und 3 ist das Funktional

$$\Phi(u) = \int_\Omega dx \int_0^{\tau(u)} g(\xi)\, d\xi \tag{69.7}$$

auf dem gesamten Raum $B$ definiert. Wegen Voraussetzung 7 ist dann auch das Funktional

$$F(u) = \Phi(u) - (f, u)$$

auf ganz $B$ definiert.[1])

Im folgenden werden eine Reihe von Sätzen über das Funktional (69.1) angegeben und bewiesen. Der Einfachheit halber wollen wir dabei immer alle Voraussetzungen 1 bis 7 als erfüllt ansehen, wenn auch für jeden einzelnen Satz nicht immer alle Voraussetzungen notwendig sind.

Satz 69.1. *Das Funktional* (69.1) *ist im Raum B stetig.*

Beweis. Der Beweis dieses Satzes ist lediglich für das Funktional (69.7) zu erbringen. Es sei $||u_n - u|| \to 0$. Dann ist

$$\Phi\,(u_n) - \Phi(u) = \int_\Omega dx \int_{\tau(u)}^{\tau(u_n)} g(\xi)\, d\xi\,.$$

Aus der Ungleichung (69.4) folgt

$$|\Phi(u_n) - \Phi(u)| \leqq \int_\Omega [A_0\, |\tau_n - \tau| + A_2\, |\tau_n^{p/2} - \tau^{p/2}|]\, dx\,, \tag{69.8}$$

wobei wir der Kürze halber $\tau = \tau(u)$, $\tau_n = \tau(u_n)$, $A_2 = \dfrac{2}{p} A_1$ gesetzt haben.

Wir schätzen jeden Term einzeln ab. Es ist

$$\tau_n - \tau = \tau(u_n) - \tau(u) = \tau\,(u_n - u, u_n + u);$$

dabei isr $\tau(u, v)$ die der quadratischen Form $\tau(u)$ entsprechende bilineare Form. Da $\tau(u)$ nicht negativ ist, kann die Cauchysche Ungleichung angewandt werden:

$$|\tau\,(u_n - u, u_n + u)| \leqq \sqrt{\tau\,(u_n - u)}\, \sqrt{\tau\,(u_n + u)}\,.$$

Hieraus folgt

$$\int_\Omega |\tau_n - \tau\,|\, dx \leqq \int_\Omega [(u_n - u)]^{1/2}\, [\tau\,(u_n + u)]^{1/2} \cdot 1 \cdot dx\,.$$

Auf das Integral der rechten Seite wenden wir die Höldersche Ungleichung mit den Exponenten $p$, $p$, $r$ an, wobei $r$ aus der Gleichung $\dfrac{2}{p} + \dfrac{1}{r} = 1$ ermittelt

---

[1]) In der Arbeit [2] von A. Langenbach ist folgender allgemeinerer Fall betrachtet worden: Die Summe in (68.1) enthält beliebig viele Summanden, und die Funktionen $g_j(\xi)$ genügen allgemeineren Bedingungen als (69.3); dabei ist es allerdings unumgänglich, Orlicz-Räume zu betrachten.

wird, und erhalten

$$\int_\Omega |\tau_n - \tau|\, dx \leqq \left\{\int_\Omega [\tau_n (u_n - u)]^{p/2}\, dx\right\}^{1/p} \left\{\int_\Omega [\tau (u_n + u)]^{p/2}\, dx\right\}^{1/p} \left\{\int_\Omega dx\right\}^{1/r}$$
$$= (\mu\, \Omega)^{1/r}\, ||u_n - u||\, ||u_n + u||\,,$$

wobei $\mu\, \Omega$ das Maß des Gebiets $\Omega$ bezeichne. Da $||u_n - u|| \to 0$ gilt und die Normen $||u_n + u||$ beschränkt sind, ergibt sich

$$\lim_{u_n \to u} \int_\Omega |\tau_n - \tau|\, dx = 0\,. \tag{69.9}$$

Wir schätzen weiterhin das zweite Integral in (69.8) ab. Nach der Formel von Lagrange ist

$$\frac{\tau_n^{p/2} - \tau^{p/2}}{\tau_n - \tau} = \frac{p}{2}\, \sigma_n^{(p/2)-1}\,, \qquad \sigma_n = (1 - \Theta_n)\, \tau + \Theta_n \tau_n\,, \qquad 0 < \Theta_n < 1\,.$$

Für beliebige nichtnegative Zahlen $a$, $b$, $k$ gilt die Ungleichung

$$(a + b)^k \leqq 2^k \max (a^k, b^k) \leqq 2^k (a^k + b^k)\,. \tag{69.10}$$

Hieraus folgt

$$\sigma_n^{(p/2)-1} \leqq 2^{(p/2)-1}\, (\tau_n^{(p/2)-1} + \tau^{(p/2)-1})$$

und

$$\int_\Omega |\tau_n^{p/2} - \tau^{p/2}|\, dx \leqq 2^{(p/2)-2}\, p \int_\Omega |\tau_n - \tau|\, (\tau_n^{(p/2)-1} + \tau^{(p/2)-1})\, dx$$
$$\leqq 2^{(p/2)-2}\, p \int_\Omega [\tau (u_n - u)]^{1/2}\, [\tau (u_n + u)]^{1/2}\, (\tau_n^{(p/2)-1} + \tau^{(p/2)-1})\, dx.$$

Auf das rechts stehende Integral wenden wir wiederum die Höldersche Ungleichung mit den obigen Exponenten $p$, $p$, $r$ an:

$$\int_\Omega |\tau_n^{p/2} - \tau^{p/2}|\, dx \leqq 2^{(p/2)-2}\, p\, ||u_n - u||\, ||u_n + u|| \left\{\int_\Omega (\tau_n^{(p-2)/2} + \tau^{(p-2)/2})^r\, dx\right\}^{1/r}.$$

Unter Beachtung von $r = \dfrac{p}{p-2}$ folgt aus (69.10)

$$\int_\Omega (\tau_n^{(p-2)/2} + \tau^{(p-2)/2})^r\, dx \leqq 2^r \int_\Omega (\tau_n^{p/2} + \tau^{p/2})\, dx = 2^r\, (||u_n||^p + ||u||^p)\,.$$

Da die Normen $||u_n||$ beschränkt sind, ergibt sich schließlich

$$\lim_{u_n \to u} \int_\Omega |\tau_n^{p/2} - \tau^{p/2}|\, dx = 0\,. \tag{69.11}$$

Auf der Grundlage von (69.8), (69.9) und (69.11) erhält man

$$\lim_{u_n \to u} [\Phi(u_n) - \Phi(u)] = 0,$$

w. z. b. w.

Satz 69.2. *Das Funktional* (69.1) *ist stark konvex im Raum B.*

Beweis. Es ist ausreichend, die starke Konvexität für das Funktional (69.7) zu zeigen. Diesen Beweis wollen wir in einigen Etappen durchführen.

1⁰. Das Funktional $\Phi$ besitzt einen Gradienten $P = \operatorname{grad} \Phi$, der auf dem gesamten Raum $B$ definiert ist. In der Tat ist

$$\frac{d}{dt} \Phi(u + th)\Big|_{t=0} = \frac{d}{dt} \int_\Omega dx \int_0^{\tau(u+th)} g(\xi)\, d\xi \Big|_{t=0} = 2 \int_\Omega g(\tau(u))\, \tau(u, h)\, dx\,. \qquad (69.12)$$

Wir zeigen, daß die rechte Seite der Gleichung (69.12) ein Funktional in $h$ darstellt, das in $B$ für beliebiges $u \in B$ beschränkt ist. Es gilt

$$\left| \int_\Omega g(\tau(u))\, \tau(u, h)\, dx \right| \leqq \int_\Omega g(\tau(u))\, [\tau(u)]^{1/2}\, [\tau(h)]^{1/2}\, dx\,.$$

Auf das rechts stehende Integral wenden wir die HÖLDERsche Ungleichung mit den Exponenten $r = \frac{p}{p-2}$, $p$, $p$ an:

$$\left| \int_\Omega g(\tau(u))\, \tau(u, h)\, dx \right| \leqq \left\{ \int_\Omega [g(\tau(u))]^r\, dx \right\}^{1/r} \|u\|\, \|h\|\,.$$

Nach (69.4) gilt

$$\int_\Omega [g(\tau(u))]^r\, dx \leqq \int_\Omega \{A_0 + A_1\, [\tau(u)]^{(p-2)/2}\}^r\, dx$$

$$\leqq 2^r \int_\Omega \{A_0^r + A_1^r\, [\tau(u)]^{p/2}\}\, dx = 2^r\, \{A_0^r\, \mu\, \Omega + A_1^r\, \|u\|^p\}\,, \qquad (69.13)$$

womit unsere Behauptung bewiesen wäre.

2⁰. Wir zeigen, daß die Ableitung $P'_u$ für beliebiges $u \in B$ existiert und daß das Definitionsgebiet dieses Operators mit $B$ übereinstimmt. Aus der den Operator $P$ definierenden Identität (69.12),

$$(P(u), h) = 2 \int_\Omega g(\tau(u))\, \tau(u, h)\, dx\,,$$

folgt

$$\frac{d}{dt} (P(u + t h_1), h)\Big|_{t=0}$$

$$= 2 \int_\Omega \{g(\tau(u))\, \tau(h_1, h) + 2\, g'(\tau(u))\, \tau(u, h_1)\, \tau(u, h)\}\, dx\,. \qquad (69.14)$$

Wir zeigen, daß die rechte Seite der Gleichung (69.14) ein bilinearer Operator in $h$ und $h_1$ ist, der auf ganz $B$ definiert und für beliebiges $u \in B$ beschränkt ist. Es gilt

$$\left| \int_\Omega \{g(\tau(u))\, \tau(h_1, h) + 2\, g'(\tau(u))\, \tau(u, h_1)\, \tau(u, h)\}\, dx \right|$$

$$\leqq \int_\Omega g(\tau(u))\, [\tau(h_1)]^{1/2}\, [\tau(h)]^{1/2}\, dx + 2 \int_\Omega |g'(\tau(u))|\, \tau(u)\, [\tau(h_1)]^{1/2}\, [\tau(h)]^{1/2}\, dx\,.$$

(69.15)

Wenden wir auf das erste Glied die HÖLDERsche Ungleichung mit den Exponenten $r = \frac{p}{p-2}$, $p$, $p$ an, so folgt

$$\int_\Omega g(\tau(u))\,[\tau(h_1)]^{1/2}\,[\tau(h)]^{1/2}\,dx \leqq C_1\,||h_1||\,||h||\,, \tag{69.16}$$

wobei wegen (69.13)

$$C_1 = 2^r\,\{A_0^r\,\mu\,\Omega + A_1^r\,||u||^p\}$$

gesetzt wurde. Weiterhin erhält man aus der Relation (69.5) die Abschätzung

$$|g'(\tau(u))|\,\tau(u) \leqq b_0\,\tau(u) + b_1\,[\tau(u)]^{(p/2)-1}; \qquad b_0, b_1 = \text{const} > 0\,.$$

Wenden wir auch auf das zweite Integral aus (69.15) die HÖLDERsche Ungleichung mit den gleichen Exponenten an, so folgt leicht die Abschätzung

$$\int_\Omega |g'(\tau(u))|\,\tau(u)\,[\tau(h_1)]^{1/2}\,[\tau(h)]^{1/2}\,dx \leqq C_2\,||h_1||\,||h||\,, \tag{69.17}$$

wobei $C_2$ eine Konstante ist. Aus den Ungleichungen (69.16) und (69.17) folgt die Beschränktheit des bilinearen Funktionals (69.14). Des weiteren ergibt sich aus diesen Ungleichungen die Existenz der Ableitung $P'_u$ für beliebiges $u \in B$ und die Identität des Definitionsgebiets dieses Operators mit dem Raum $B$ ebenfalls für beliebiges $u \in B$.

3⁰. Die Ableitung $P'_u$ ist positiv; für $p = 2$ ist sie gleichmäßig positiv definit. Zum Beweis verwenden wir die der Formel (69.14) äquivalente Darstellung

$$(P'_u\,h_1, h) = 2\int_\Omega \{g((\tau u))\,\tau(h_1, h) + 2\,g'(\tau(u))\,\tau(u, h_1)\,\tau(u, h)\}\,dx\,.$$

Hieraus folgt die Symmetrie des Operators $P'_u$. Wir setzen $h_1 = h$ und erhalten

$$(P'_u\,h, h) = 2\int_\Omega \{g(\tau(u))\,\tau(h) + 2\,g'(\tau(u))\,\tau^2(u, h)\}\,dx\,.$$

Wiederholt man die Überlegungen aus dem ersten Beispiel des § 68 und bringt die Ungleichung (69.3) zur Anwendung, so ergibt sich

$$g(\tau(u))\,\tau(h) + g'(\tau(u))\,\tau^2(u, h) \geqq c\,\tau(h)\,, \qquad c = \text{const} > 0\,.$$

Hieraus ist nun ersichtlich, daß bei beliebigem $p \geqq 2$ der Operator $P'_u$ positiv ist. Für $p = 2$ gilt

$$(P'_u\,h, h) \geqq c\int_\Omega \tau(u)\,dx = c\,||u||^2\,,$$

so daß in diesem Fall der Operator $P'_u$ gleichmäßig positiv definit ist.

4⁰. Die starke Konvexität des Funktionals (69.7) im Raum $B$ folgt dann aus dem ersten Teil des Satzes 66.1, da in unserem Fall $D(P) = B$ gilt.

Satz 69.3. *Das Funktional* (69.1) *ist im Raum B wachsend.*

Beweis. Aus (69.4) ergibt sich

$$\Phi(u) \geqq \frac{2\,\alpha_1}{p}\int_\Omega [\tau(u)]^p\,dx = \frac{2\,\alpha_1}{p}\,||u||^p\,.$$

Dann ist

$$F(u) \geqq \frac{2\,\alpha_1}{p} \|u\|^p - \|f\| \, \|u\| \xrightarrow[\|u\|\to\infty]{} \infty .$$

Andererseits folgt gleichfalls aus (69.4)

$$F(u) \leqq A_0 \int_\Omega \tau(u)\, dx + \frac{2\,A_1}{p} \|u\|^p + \|f\| \, \|u\| .$$

Anwendung der HÖLDERschen Ungleichung ergibt

$$\int_\Omega \tau(u)\, dx \leqq \left\{ \int_\Omega [\tau(u)]^{p/2}\, dx \right\}^{2/p} (\mu\, \Omega)^{(p-2)/2} = (\mu\, \Omega)^{(p-2)/2} \|u\|^2 .$$

Dann ist offensichtlich, daß das Funktional $F(u)$ beschränkt ist, wenn die Norm der Funktion $u$ beschränkt ist.

Satz 69.4. *Das Funktional* (69.1) *ist schwach halbstetig von unten im Raum B.*

Beweis. Es ist ausreichend, die Behauptung des Satzes für das Funktional (69.7) zu beweisen. Wir zeigen, daß dieses Funktional die Bedingungen des Satzes 63.1 erfüllt. In diesem Fall sei $U = (u_1, u_2, \ldots, u_s)$ die Gesamtheit, bestehend aus der Funktion $u$ selbst und ihren Ableitungen bis zur Ordnung $l-1$ einschließlich. Zu $P = (p_1, p_2, \ldots, p_k)$ seien die Ableitungen genau der Ordnung $l$ der Funktion $u$ zusammengefaßt. Dann gilt

$$G(x, U, P) = \int_0^{\tau(u)} g(\xi)\, d\xi .$$

Die Bedingungen 1 und 2 des Satzes 63.1 sind offensichtlich erfüllt. Wir prüfen die Bedingung 3 nach: Wie in § 63 bemerkt wurde, ist dafür der Nachweis ausreichend, daß die Matrix der zweiten Ableitungen

$$\frac{\partial^2 G}{\partial p_\alpha\, \partial p_\beta} \qquad (\alpha, \beta = 1, 2, \ldots, k)$$

bzw. die quadratische Form

$$\sum_{\alpha,\beta=1}^{k} \frac{\partial^2 G}{\partial p_\alpha\, \partial p_\beta}\, t_\alpha\, t_\beta \tag{69.18}$$

in den Veränderlichen $t_1, t_2, \ldots, t_k$ nichtnegativ ist. Wir erinnern an die Zerlegung $\tau(u) = \tau^{(1)}(u) + \tau^{(2)}(u)$, wobei lediglich die Funktion $\tau^{(1)}(u)$ von $p_1, p_2, \ldots, p_k$ abhängt und eine nichtnegative quadratische Form in diesen Veränderlichen darstellt.

Es sei

$$\tau^{(1)}(u) = \sum_{\alpha,\beta=1}^{k} a_{\alpha\beta}\, p_\alpha\, p_\beta .$$

Die Koeffizienten $a_{\alpha\beta}$ können allerdings von $x$ abhängen. Dann gilt

$$\frac{\partial G}{\partial p_i} = 2\, g(\tau(u)) \sum_{\beta=1}^{k} a_{i\beta}\, p_\beta ,$$

$$\frac{\partial^2 G}{\partial p_i\, \partial p_j} = 2\, a_{ij}\, g(\tau(u)) + 4\, g'(\tau(u)) \sum_{\beta=1}^{k} a_{i\beta}\, p_\beta \sum_{\gamma=1}^{k} a_{j\gamma}\, p_\gamma .$$

Es folgt

$$\sum_{i,j=1}^{k} \frac{\partial^2 G}{\partial p_i \, \partial p_j} t_i t_j = 2\, \tau^{(1)}(t)\, g\big(\tau(u)\big) + 4\, g'\big(\tau(u)\big)\, \tau^{(1)^2}(u, t)\,, \tag{69.19}$$

wobei der Kürze halber

$$\tau^{(1)}(t) = \sum_{\alpha,\beta=1}^{k} a_{\alpha\beta}\, t_\alpha\, t_\beta\,, \qquad \tau^{(1)}(u, t) = \sum_{\alpha,\beta=1}^{k} a_{\alpha\beta}\, t_\alpha\, u_\beta$$

gesetzt wurde.

Ist $g'\big(\tau(u)\big) \geqq 0$, so folgt wegen (69.19) Nichtnegativität für den Ausdruck (69.18). Es sei nun $g'\big(\tau(u)\big) < 0$. Da die quadratische Form $\tau^{(1)}(u)$ nichtnegativ ist, folgt vermöge der CAUCHYschen Ungleichung

$$\tau^{(1)^2}(u, t) \leqq \tau^{(1)}(u)\, \tau^{(1)}(t)\,.$$

Aus (69.19) ergibt sich dann

$$\sum_{i,j=1}^{k} \frac{\partial^2 G}{\partial p_i \, \partial p_j} t_i t_j \geqq 2\, \tau^{(1)}(u) \left[g(\tau(u)) + 2\, \tau^{(1)}(u)\, g'(\tau(u))\right];$$

da die quadratische Form $\tau^{(2)}(u)$ nichtnegativ ist, erhält man $\tau^{(1)}(u) \leqq \tau(u)$ und somit auch

$$\sum_{i,j=1}^{k} \frac{\partial^2 G}{\partial p_i \, \partial p_j} t_i t_j \geqq 2\, \tau^{(1)}(u) \left[g(\tau(u)) + 2\, \tau(u)\, g'(\tau(u))\right].$$

Verwenden wir die Erörterungen aus dem ersten Beispiel des § 65 und die Ungleichung (69.3), so folgt sehr leicht die Nichtnegativität der quadratischen Form (69.18) für beliebige $p_1, p_2, \ldots, p_k$.

Es konvergiere $u_n$ schwach gegen $u$ im Raum $B$. Das bedeutet, daß die Ableitungen $l$-ter Ordnung der Funktionen $u_n$ im Raum $L_p(\Omega)$ schwach gegen die entsprechenden Ableitungen der Funktion $u$ konvergieren. Vermöge der SOBOLEWschen Einbettungssätze konvergieren dann die Ableitungen der Funktionen $u_n$, deren Ordnung streng kleiner als $l$ ist, im Raum $L_p(\Omega)$ stark gegen die entsprechenden Ableitungen der Funktion $u$. Somit sind alle Bedingungen des Satzes 63.1 erfüllt; folglich gilt

$$\underline{\lim}\, \Phi(u_n) \geqq \Phi(u_0)\,,$$

d. h., das Funktional $\Phi(u)$ ist schwach halbstetig von unten.

Aus den Sätzen 69.1 bis 69.4 und 63.1 erhält man unter Zuhilfenahme der SOBOLEWschen Einbettungssätze die Aussagen:

**Satz 69.5.** *Es seien die Voraussetzungen* 1 *bis* 7 *erfüllt. Dann besitzt das Funktional* (69.1) *im Raum $B$ ein absolutes Minimum, das in einem einzigen Punkt angenommen wird. Ist $u_0$ dieser Punkt und $\{u_n\}$ eine beliebige minimisierende Folge, so konvergieren die Ableitungen der Ordnung $l$ der Funktionen $u_n$ schwach im Raum $L_p(\Omega)$ gegen die entsprechenden Ableitungen der Funktion $u_0$. Die Ableitungen der Funktionen $u_n$, deren Ordnung kleiner als $l$ ist, konvergieren im Raum $L_p(\Omega)$ stark gegen die entsprechenden Ableitungen der Funktion $u_0$.*

Im Fall $p = 2$ kann man diesen Satz in folgender Weise verschärfen:

**Satz 69.6.** *Es sei $u_0$ der Punkt des absoluten Minimums des Funktionals* (69.1) *und $\{u_n\}$ eine minimisierende Folge für dieses Funktional. Ist $p = 2$, so konvergieren die Ableitungen der Ordnung $l$ der Funktionen $u_n$ stark in der Metrik des Raumes $L_2(\Omega)$ gegen die entsprechenden Ableitungen der Funktion $u_0$.*

**Beweis.** Im Beweisgang des Satzes 69.2 (Teil 3⁰) war festgestellt worden, daß bei $p = 2$ die Ableitung $P'_u$ gleichmäßig positiv definit im Raum $B$ ist. Dann folgt aus Satz 66.3

$$||u_n - u_0|| = ||u_n - u_0||_{W_2^{(l)}(\Omega)} \xrightarrow[n\to\infty]{} 0 .$$

Die Behauptung des Satzes 69.6 ist dann eine direkte Folgerung aus dieser Relation.

Wir wenden uns den Beispielen des § 68 zu. In der Aufgabe über die Torsion des Stabes hatten wir

$$\tau(u) = T^2(u) = \left(\frac{\partial u}{\partial x}\right)^2 + \left(\frac{\partial u}{\partial y}\right)^2, \qquad g(\xi) = \frac{1}{2}\bar{g}(\xi) .$$

Wenn wir bei $\xi \to \infty$ voraussetzen, daß der Quotient $\bar{g}(\xi)/\xi^{(p/2)-1}$ durch positive Konstanten von oben und unten und der Quotient $|\bar{g}'(\xi)|/\xi^{(p/2)-2}$ nach oben beschränkt ist, wobei $p \geqq 2$ gilt, dann sind alle Voraussetzungen dieses Paragraphen für $l = 1$ erfüllt. Die Aufgabe der Bestimmung des Minimums für das Funktional (68.15) besitzt in $W_p^{(1)}(\Omega)$ eine Lösung. Ist $u_0$ diese Lösung und $\{u_n\}$ eine minimisierende Folge, so gilt in der Metrik $L_p(\Omega)$ der schwache Grenzwert $\operatorname{grad} u_n \to \operatorname{grad} u_0$ und der starke Grenzwert $u_n \to u_0$. Ist $p = 2$, so gilt $\operatorname{grad} u_n \to \operatorname{grad} u_0$ stark in der Metrik $L_2(\Omega)$.

In der Aufgabe über die elastisch-plastische Biegung der am Rand fest eingespannten Platte gilt bei $l = 2$

$$\tau(w) = H(w) = \left(\frac{\partial^2 w}{\partial x^2}\right)^2 + \left(\frac{\partial^2 w}{\partial y^2}\right)^2 + \left(\frac{\partial^2 w}{\partial x\, \partial y}\right)^2 + \frac{\partial^2 w}{\partial x^2}\frac{\partial^2 w}{\partial y^2} .$$

Erfüllt die Funktion $g(\xi)$ die soeben für die Funktion $\bar{g}(\xi)$ formulierten Bedingungen, so besitzt unsere Aufgabe eine Lösung $w_0 \in W_2^{(2)}(\Omega)$. Ist $\{w_n\}$ eine minimisierende Folge, so gelten in $L_p(\Omega)$ die schwachen Grenzwerte

$$\frac{\partial^2 w_n}{\partial x^2} \to \frac{\partial^2 w_0}{\partial x^2}, \qquad \frac{\partial^2 w_n}{\partial x\, \partial y} \to \frac{\partial^2 w_0}{\partial x\, \partial y}, \qquad \frac{\partial^2 w_n}{\partial y^2} \to \frac{\partial^2 w_0}{\partial y^2} \tag{69.20}$$

und die starken Grenzwerte

$$\frac{\partial w_n}{\partial x} \to \frac{\partial w_0}{\partial x}, \qquad \frac{\partial w_n}{\partial y} \to \frac{\partial w_0}{\partial y}, \qquad w_n \to w_0 .$$

Für $p = 2$ stellen die Relationen (69.20) ebenfalls starke Grenzwerte dar.

KAPITEL 10

# NUMERISCHE LÖSUNG NICHTLINEARER VARIATIONSAUFGABEN

## § 70. Die Verfahren von RITZ und BUBNOW-GALERKIN

Wie die Ergebnisse des vorigen Kapitel zeigen, kann man die Lösung von Variationsaufgaben in einer umfangreichen Klasse von Fällen erhalten, wenn es gelingt, für das entsprechende Funktional eine minimisierende Folge zu konstruieren. Konvergiert diese minimisierende Folge, so kann man ein beliebiges großes Folgenglied als Näherungslösung der vorgelegten Variationsaufgabe ansehen. Damit wäre die Frage der numerischen Lösung von Variationsaufgaben auf die Frage der Konstruktion von minimisierenden Folgen überführt. Wie auch für lineare Aufgaben kann diese Konstruktion in vielen anderen Fällen durch das RITZsche Verfahren geschehen.

Es sei die Aufgabe der Minimumbestimmung eines Funktionals $F$ mit linearem Definitionsgebiet $D(F)$ gestellt. Wir setzen voraus, daß die Menge $D(F)$ dicht liegt in einem linearen separablen metrischen Raum $M$ (der nicht notwendig normiert zu sein braucht) mit der metrischen Funktion $\varrho(u, v)$. Wir geben eine Elementenfolge (das sogenannte Koordinatensystem)

$$\varphi_1, \varphi_2, \ldots, \varphi_n, \ldots \tag{70.1}$$

vor, deren Elemente folgenden Bedingungen genügen mögen: 1. $\varphi_n \in D(F)$; 2. die Elemente $\varphi_1, \varphi_2, \ldots, \varphi_n$ seien für beliebiges $n$ linear unabhängig; 3. das System (70.1) sei vollständig in $M$ (das bedeutet, daß die Menge aller möglichen endlichen Linearkombinationen von Elementen des Systems (70.1) dicht in $M$ ist). Wie gewöhnlich geben wir bei Anwendung des RITZschen Verfahrens eine Zahl $n$ vor und betrachten nicht mehr die Aufgabe der Minimumbestimmung für das Funktional $F$ über der Menge $D(F)$, sondern ermitteln das Minimum für dieses Funktional über dem von den Elementen $\varphi_1, \varphi_2, \ldots, \varphi_n$ aufgespannten $n$-dimensionalen Unterraum. Diese eingeschränkte Aufgabe habe eine Lösung, die dann notwendigerweise von der Form

$$u_n = \sum_{k=1}^{n} a_k \varphi_k \tag{70.2}$$

ist. Die Koeffizienten $a_k$ hängen im allgemeinen noch von $n$ ab, was wir aber nicht gesondert zum Ausdruck bringen wollen. Das Element $u_n$ nennen wir RITZsche Näherung der Variationsaufgabe für das Funktional $F$.

Wir setzen voraus, daß das Funktional $F$ auf einer beliebigen endlichdimensionalen Hyperebene aus seinem Definitionsgebiet stetig differenzierbar ist. Dann genügen die RITZschen Koeffizienten $a_k$ dem folgenden Gleichungssystem:

$$\frac{\partial F\left(\sum_{k=1}^{n} a_k \varphi_k\right)}{\partial a_j} = 0 \qquad (j = 1, 2, \ldots, n). \tag{70.3}$$

Satz 70.1. *Es seien die in diesem Paragraphen formulierten Bedingungen in bezug auf das Funktional $F$ und das Koordinatensystem* (70.1) *erfüllt. Ist das Funktional $F$ in der Metrik $\varrho$ wachsend und halbstetig von oben, so kann man die* Ritzschen *Näherungslösungen für beliebiges $n$ konstruieren, und diese bilden für das Funktional $F$ eine minimisierende Folge.*[1])

Beweis. Der Ausdruck $F\left(\sum_{k=1}^{n} a_k \varphi_k\right)$ ist als Funktion in $a_1, a_2, \ldots, a_n$ stetig differenzierbar für beliebige Werte der Variablen und konvergiert gegen $+\infty$, wenn $a_1^2 + a_2^2 + \cdots + a_n^2 \to \infty$ gilt. Diese Funktion erreicht ihr Minimum wenigstens in einem Punkt, dessen Abstand bis zum Koordinatenursprung endlich ist, und in diesem Punkt sind die notwendigen Bedingungen

$$\frac{\partial F\left(\sum_{k=1}^{n} a_k \varphi_k\right)}{\partial a_j} = 0 \qquad (j = 1, 2, \ldots, n)$$

erfüllt. Folglich besitzt das Ritzsche System (70.3) für beliebiges $n$ wenigstens eine Lösung, d. h. daß für beliebiges $n$ wenigstens eine Ritzsche Näherungslösung der Aufgabe der Minimumbestimmung für das Funktional $F$ existiert.

Wir zeigen, daß diese Näherungslösungen eine minimisierende Folge für das Funktional $F$ bilden. Wir setzen $\inf F(u) = d$ und konstruieren eine minimisierende Folge $\{u^{(n)}\}$ mit der Eigenschaft

$$F(u^{(n)}) \leqq d + \frac{1}{n}.$$

Da das Koordinatensystem vollständig ist, kann man für jedes $u^{(n)}$ eine Linearkombination

$$v^{(N_n)} = \sum_{k=1}^{N_n} \alpha_k^{(n)} \varphi_k$$

dergestalt angeben, daß $\varrho(u^{(n)}, v^{(N_n)}) < \delta_n$ gilt. Dabei sei $\delta_n$ so klein, daß für beliebiges $v$, das der Ungleichung $\varrho(u^{(n)}, v) < \delta_n$ genügt, $F(u^{(n)}) - F(v) \geqq -\frac{1}{n}$ gilt. Das kann erreicht werden, da das Funktional $F$ halbstetig von oben ist. Es ergibt sich dann

$$F(v^{(N_n)}) \leqq F(u^{(n)}) + \frac{1}{n},$$

[1]) Siehe die Arbeit [18] des Autors. In der Formulierung des entsprechenden Satzes in dieser Arbeit liegt ein Fehler vor: statt „vollstetig von unten" ist richtig zu lesen „vollstetig von oben".

so daß

$$F(v^{(N_n)}) \leqq d + \frac{2}{n}$$

folgt. Hieraus ist nun ersichtlich, daß $\{v^{(N_n)}\}$ eine minimisierende Folge ist.

Es sei

$$u_p = \sum_{k=1}^{p} a_k \varphi_k$$

die $p$-te Ritzsche Näherungslösung. Dann gilt

$$F(u_{N_n}) \leqq F(v^{(N_n)}) \leqq d + \frac{2}{n},$$

und $\{u_{N_n}\}$ ist ebenfalls eine minimisierende Folge. Da nun $F(u_n)$ monoton fällt mit wachsendem $n$ und außerdem $F(u_{N_n}) \to d$ gilt, folgt $F(u_n) \to d$, w. z. b. w.

In den Aufgaben des § 68 war das Funktional $F$ nicht nur halbstetig von oben, sondern stetig im entsprechenden Raum $B$. In beiden Fällen war dieses Funktional auch wachsend. Deshalb kann die Ritzsche Näherungslösung für beliebiges $n$ konstruiert werden. Über die Konvergenz dieser Näherungslösungen kann das am Schluß des vorangehenden Paragraphen Gesagte in bezug auf die Konvergenz minimisierender Folgen wiederholt werden.

Das Element, das das Minimum des Funktionals $F$ realisiert, genügt der Gleichung

$$P u = 0 , \qquad P = \operatorname{grad} F . \tag{70.4}$$

Wir nehmen an, daß das Definitionsgebiet des Funktionals $F$ in einem separablen Banach-Raum $B$ enthalten ist und in ihm dicht liegt. Weiterhin besitze grad $F$ ein lineares Definitionsgebiet, das ebenfalls dicht in $B$ ist. Dann kann die Gleichung (70.4) durch das Verfahren von Bubnow-Galerkin gelöst werden. Wir geben ein Koordinatensystem (70.1) vor, das den oben formulierten Bedingungen 2 und 3 genügen möge. Die Bedingung 1 werde durch folgende schärfere Bedingung ersetzt: 1'. $\varphi_n \in D(P)$. Wir nehmen ein Element der Form (70.2) und bestimmen die Koeffizienten $a_k$ aus dem Gleichungssystem des Bubnow-Galerkinschen Verfahrens:

$$\left(P\left(\sum_{k=1}^{n} a_k \varphi_k\right), \varphi_j\right) = 0 \qquad (j = 1, 2, \ldots, n) . \tag{70.5}$$

Ist dieses System lösbar, so erhalten wir nach Einsetzen dieses Elements in die Formel (70.2) ein Element, das wir als Bubnow-Galerkinsche Näherungslösung der Gleichung (70.4) bezeichnen wollen.

Es ist einleuchtend, daß das Verfahren von Bubnow-Galerkin auch dann angewandt werden kann, wenn $P$ kein Potentialoperator ist: Dafür ist hinreichend, daß das Definitionsgebiet $D(P)$ eine lineare in $B$ dichte Menge ist, daß die Werte des Operators $P$ im adjungierten Raum $B^*$ liegen und daß das Koordinatensystem den Bedingungen 1 bis 3 genügt. Weiterhin besteht keine Notwendigkeit, daß der Operator $P$ aus $B$ in $B^*$ abbildet. Es ist hinreichend, daß die Werte des Operators $P$ in einem beliebigen anderen BANACH-Raum $B_1$ liegen. In diesem Fall nehmen die Gleichungen des Verfahrens von BUBNOW-GALERKIN eine andere Form an; Näheres darüber siehe bei M. A. KRASNOSELSKI [1]. In dieser Arbeit wurde die Konvergenz des Verfahrens von BUBNOW-GALERKIN für den Fall untersucht, daß $P = I + T$ gilt, wobei $I$ der identische Operator und $T$ ein vollstetiger nichtlinearer Operator in einem BANACH-Raum ist.

Satz 70.2.[1]) *Es seien das Definitionsgebiet $D(F)$ des Funktionals $F$ und das Definitionsgebiet $D(P)$ des Operators $P = \text{grad } F$ linear und dicht in einem separablen* BANACH-*Raum $B$, und das Funktional $F$ sei stetig differenzierbar auf einer beliebigen endlichdimensionalen Hyperebene aus seinem Definitionsgebiet. Genügt das Koordinatensystem* (70.1) *den Bedingungen* 1′, 2, 3 *dieses Paragraphen, so sind das* RITZ*sche System* (70.3) *und das* BUBNOW-GALERKIN*sche System* (70.5) *äquivalent.*

Beweis. Man kann die Gleichungen (70.3) in der Form

$$\frac{\partial F(u_n)}{\partial a_j} = 0$$

schreiben, wobei $u_n$ das Element (70.2) ist. Es gilt aber

$$\frac{\partial F(u_n)}{\partial a_j} = \frac{d}{dt} F(u_n + t\varphi_j)\Big|_{t=0} = (P(u_n), \varphi_j),$$

so daß die Systeme (70.3) und (70.5) äquivalent sind.

Eine wichtige Frage für die Realisierung der Variationsmethode für nichtlineare Aufgaben besteht darin, welches numerische Verfahren zur Lösung des RITZschen Systems herangezogen wird.

In den nachfolgenden Paragraphen dieses Kapitels betrachten wir drei derartige Verfahren, nämlich das Verfahren von NEWTON-KANTOROWITSCH, das Verfahren der Differentiation nach einem Parameter und das Verfahren von L. M. KATSCHANOW.

## § 71. Anwendung des Verfahrens von NEWTON-KANTOROWITSCH

Die Technik der Anwendung des Verfahrens von NEWTON-KANTOROWITSCH, die Konvergenzbedingungen dieses Verfahrens und Abschätzungen der Konvergenzgeschwindigkeit sind ausführlich im Buch von L. W. KANTOROWITSCH und G. P. AKILOW [1] dargelegt. Deshalb gehen wir hier nur darauf ein, wie dieses Verfahren auf das System (70.3) angewandt wird, und demonstrieren dies an einem numerischen Beispiel.

Wir führen folgende Bezeichnung ein:

$$F\left(\sum_{k=1}^{n} a_k \varphi_k\right) = \tilde{F}(a_1, a_2, \ldots, a_n).$$

[1]) Siehe die Arbeit von L. N. DOWBYSCH und dem Autor [1].

Beim Verfahren von Newton-Kantorowitsch gehen wir von einer Anfangsnäherung $a_{10}, a_{20}, \ldots, a_{n0}$ aus und konstruieren eine neue Näherung $a_{11}, a_{21}, \ldots, a_{n1}$, die sich als Lösung des linearen Gleichungssystems

$$\sum_{k=1}^{n} \frac{\partial^2 \tilde{F}}{\partial a_j \, \partial a_k}\bigg|_0 (a_{k1} - a_{k0}) = \frac{\partial \tilde{F}}{\partial a_j}\bigg|_0 \qquad (j = 1, 2, \ldots, n)$$

darstellen läßt. Das Symbol $|_0$ bedeutet, daß die Argumente $a_1, a_2, \ldots, a_n$ gleich $a_{10}, a_{20}, \ldots, a_{n0}$ zu setzen sind. Ist im allgemeinen Fall die $s$-te Näherung $a_{1s}, a_{2s}, \ldots, a_{ns}$ konstruiert, so ergibt sich die $(s+1)$-te Näherung $a_{1,s+1}, a_{2,s+1}, \ldots, a_{n,s+1}$ als Lösung des linearen Systems

$$\sum_{k=1}^{n} \frac{\partial^2 \tilde{F}}{\partial a_j \, \partial a_k}\bigg|_s (a_{k,s+1} - a_{ks}) = \frac{\partial \tilde{F}}{\partial a_j}\bigg|_s \qquad (j = 1, 2, \ldots, n) .$$

Das Symbol $|_s$ bedeutet wiederum, daß im Ausdruck links von ihm die Argumente durch $a_{1s}, a_{2s}, \ldots, a_{ns}$ zu ersetzen sind.

Die Anwendung des Verfahrens von Newton-Kantorowitsch auf Ritzsche Systeme stößt auf die Schwierigkeit, daß man bei weitem nicht immer ein einfaches Mittel zur Hand hat, um die Anfangsnäherung zu bestimmen, da ja von der Wahl der Anfangsnäherung die Konvergenz des Verfahrens abhängt. Eine Möglichkeit der Auswahl der Anfangsnäherung wird in § 72 beschrieben. Im nachfolgenden Beispiel erweist sich die zufällig gewählte einfache Anfangsnäherung als ausreichend.

Beispiel. Wir suchen eine Funktion, die den Randbedingungen

$$y(0) = 1 , \qquad y(1) = 0$$

genügt und für das Funktional

$$F(y) = \int_0^1 \left(\frac{1}{48} y'^4 + y'^2 + y^6 - 6\, y\right) dx$$

das Minimum realisiert. Wenn wir $y = z + 1 - x$ setzen, ergibt sich $z(0) = z(1) = 0$, und $z$ durchläuft eine lineare Menge. Als Koordinatenfunktionen wählen wir

$$\sin k \pi x \qquad (k = 1, 2, \ldots) .$$

Im betrachteten Fall ist die exakte Lösung bekannt: $y = 1 - x^2$ bzw. $z = y - (1 - x) = x(1 - x)$. Wenn wir $z$ in eine Fourier-Reihe nach den $\sin k \pi x$ zerlegen, dann fehlen in dieser Reihe Glieder, die $\sin 2 k \pi x$ $(k = 1, 2, \ldots)$ enthalten. Die Testrechnung hat gezeigt, daß die Glieder mit geraden $k$ mit sehr kleinen Koeffizienten in die Näherungslösungen eingingen, so daß lediglich die Koordinatenfunktionen

$$\sin (2 k - 1) \pi x \qquad (k = 1, 2, 3, \ldots)$$

verwendet wurden.

Bei $k = 5$ hat die fünfte Näherungslösung die Gestalt

$$y_5 = 1 - x + \sum_{k=1}^{5} a_k \sin (2\,k - 1)\,\pi\,x\,.$$

Durch Einsetzen in das Funktional erhalten wir

$$\begin{aligned}
F(y_5) &= F(a_1, a_2, a_3, a_4, a_5) \\
&= -1{,}6458333 - 3{,}1830989\,a_1 - 1{,}0610330\,a_2 - 0{,}63661978\,a_3 \\
&\quad - 0{,}45472841\,a_4 - 0{,}35367765\,a_5 + 6{,}0516525\,a_1^2 + 50{,}464872\,a_2^2 \\
&\quad + 139{,}29131\,a_3^2 + 272{,}53097\,a_4^2 + 450{,}18385\,a_5^2 + 0{,}76100853\,a_1^4 \\
&\quad + 61{,}641691\,a_2^4 + 475{,}63033\,a_3^4 + 1827{,}1815\,a_4^4 \\
&\quad + 4992{,}9770\,a_5^4 + 27{,}396307\,a_1^2\,a_2^2 + 76{,}100853\,a_1^2\,a_3^2 \\
&\quad + 149{,}15767\,a_1^2\,a_4^2 + 246{,}56676\,a_1^2\,a_5^2 + 684{,}90767\,a_2^2\,a_3^2 \\
&\quad + 1342{,}4190\,a_2^4\,a_4^2 + 2219{,}1009\,a_2^2\,a_5^2 + 3728{,}9418\,a_3^2\,a_4^2 \\
&\quad + 6164{,}1691\,a_3^2\,a_5^2 + 12081{,}771\,a_4^2\,a_5^2 + 45{,}660512\,a_1^2\,a_2\,a_3 \\
&\quad + 106{,}54119\,a_1^2\,a_3\,a_4 + 191{,}77415\,a_1^2\,a_4\,a_5 + 136{,}98153\,a_1\,a_2^2\,a_3 \\
&\quad + 191{,}77415\,a_1\,a_2^2\,a_4 + 1598{,}1179\,a_2\,a_3^2\,a_4 + 684{,}90767\,a_1\,a_3^2\,a_5 \\
&\quad + 6712{,}0952\,a_3\,a_4^2\,a_5 + 3{,}0440341\,a_1^3\,a_2 + 246{,}56676\,a_2^3\,a_5 \\
&\quad + 319{,}62358\,a_1\,a_2\,a_3\,a_4 + 410{,}94460\,a_1\,a_2\,a_3\,a_5 \\
&\quad + 575{,}32244\,a_1\,a_2\,a_4\,a_5 + 2876{,}6122\,a_2\,a_3\,a_4\,a_5\,.
\end{aligned}$$

Durch Differentiation nach $a_j$ $(j = 1, 2, 3, 4, 5)$ und Nullsetzen der erhaltenen Resultate ergibt sich das folgende RITZsche System:

$$\begin{aligned}
\frac{\partial F(y_5)}{\partial a_1} &= -3{,}1830989 + 12{,}103305\,a_1 + 3{,}0440341\,a_1^3 \\
&\quad + 54{,}792614\,a_1\,a_2^2 + 152{,}20171\,a_1\,a_3^2 + 298{,}31534\,a_1\,a_4^2 \\
&\quad + 493{,}13352\,a_1\,a_5^2 + 91{,}321024\,a_1\,a_2\,a_3 + 213{,}08238\,a_1\,a_3\,a_4 \\
&\quad + 383{,}54830\,a_1\,a_4\,a_5 + 136{,}98153\,a_2^2\,a_3 + 191{,}77415\,a_2^2\,a_4 \\
&\quad + 684{,}90767\,a_3^2\,a_5 + 9{,}1321023\,a_1^2\,a_2 + 319{,}62358\,a_2\,a_3\,a_4 \\
&\quad + 410{,}94460\,a_2\,a_3\,a_5 + 575{,}32244\,a_2\,a_4\,a_5 = 0; \\
\frac{\partial F(y_5)}{\partial a_2} &= -1{,}0610330 + 100{,}92974\,a_2 + 246{,}56676\,a_2^3 \\
&\quad + 1369{,}8153\,a_2\,a_3^2 + 2684{,}8380\,a_2\,a_4^2 + 4438{,}2018\,a_2\,a_5^2 \\
&\quad + 45{,}660512\,a_1^2\,a_3 + 273{,}96306\,a_1\,a_2\,a_3 + 383{,}5483\,a_1\,a_2\,a_4 \\
&\quad + 1598{,}1179\,a_3^2\,a_4 + 739{,}70028\,a_2^2\,a_5 + 319{,}62358\,a_1\,a_3\,a_4 \\
&\quad + 410{,}94460\,a_1\,a_3\,a_5 + 575{,}32244\,a_1\,a_4\,a_5 + 2876{,}6122\,a_3\,a_4\,a_5 \\
&\quad + 54{,}792614\,a_1^2\,a_2 + 3{,}0440341\,a_1^3 = 0;
\end{aligned}$$

$$\frac{\partial F(y_5)}{da_3} = -0{,}63661978 + 278{,}58262\, a_3 + 1902{,}5213\, a_3^3$$
$$+ 7457{,}8836\, a_3 a_4^2 + 12328{,}338\, a_3 a_5^2 + 152{,}20171\, a_1^2 a_3$$
$$+ 1369{,}8153\, a_2^2 a_3 + 45{,}660512\, a_1^2 a_2 + 106{,}54119\, a_1^2 a_4$$
$$+ 136{,}98153\, a_1 a_2^2 + 3196{,}2358\, a_2 a_3 a_4 + 1369{,}8153\, a_1 a_3 a_5$$
$$+ 6712{,}0952\, a_4^2 a_5 + 319{,}62358\, a_1 a_2 a_4 + 410{,}94460\, a_1 a_2 a_5$$
$$+ 2876{,}6122\, a_2 a_4 a_5 = 0;$$

$$\frac{\partial F(y_5)}{\partial a_4} = -0{,}45472841 + 545{,}06194\, a_4 + 7308{,}7260\, a_4^3$$
$$+ 298{,}31534\, a_1^2 a_4 + 2684{,}8380\, a_2^2 a_4 + 7457{,}8836\, a_3^2 a_4$$
$$+ 24163{,}542\, a_4 a_5^2 + 106{,}54119\, a_1^2 a_3 + 191{,}77415\, a_1^2 a_5$$
$$+ 191{,}77415\, a_1 a_2^2 + 1598{,}1179\, a_2 a_3^2 + 13424{,}190\, a_3 a_4 a_5$$
$$+ 319{,}62358\, a_1 a_2 a_3 + 575{,}32244\, a_1 a_2 a_5 + 2876{,}6122\, a_2 a_3 a_5 = 0;$$

$$\frac{\partial F(y_5)}{\partial a_5} = -0{,}35367765 + 900{,}36770\, a_5 + 19971{,}908\, a_5^3$$
$$+ 493{,}13352\, a_1^2 a_5 + 4438{,}2018\, a_2^2 a_5 + 12328{,}338\, a_3^2 a_5$$
$$+ 24163{,}542\, a_4^2 a_5 + 191{,}77415\, a_1^2 a_4 + 684{,}90767\, a_1 a_3^2$$
$$+ 6712{,}0952\, a_3 a_4^2 + 410{,}94460\, a_1 a_2 a_3 + 575{,}32244\, a_1 a_2 a_4$$
$$+ 2876{,}6122\, a_2 a_3 a_4 + 246{,}56676\, a_2^3 = 0\,.$$

Dieses System wurde mit dem Verfahren von NEWTON-KANTOROWITSCH gelöst, wobei als Anfangsnäherung

$$a_{10} = a_{20} = a_{30} = a_{40} = a_{50} = 0$$

gewählt wurde.

Es ergeben sich folgende Werte für die dritte Näherung (zum Vergleich geben wir auch die zweite Näherung):

| $n$ | zweite Näherung | dritte Näherung |
|---|---|---|
| $a_1$ | 0,25801631 | 0,25801628 |
| $a_2$ | 0,00956008 | 0,00956007 |
| $a_3$ | 0,00206908 | 0,00206907 |
| $a_4$ | 0,00075839 | 0,00075838 |
| $a_5$ | 0,00036394 | 0,00036394 |

Wir vergleichen dieses Ergebnis mit der exakten Lösung $y = 1 - x^2$. Wir finden leicht die Darstellung

$$1 - x^2 = 1 - x + \sum_{k=1}^{\infty} \frac{8}{(2k-1)^3 \pi^3} \sin (2k-1) \pi x\,.$$

Wir nehmen die ersten fünf Koeffizienten mit acht Stellen nach dem Komma:

| $k$ | $\frac{8}{(2k-1)^3 \pi^3}$ |
|---|---|
| 1 | 0,25801227 |
| 2 | 0,00955601 |
| 3 | 0,00206410 |
| 4 | 0,00075222 |
| 5 | 0,00035393 |

Es sind folglich in den ersten vier genäherten Koeffizienten fünf Ziffern nach dem Komma richtig. Der Fehler des fünften Koeffizienten ist von der Größenordnung $10^{-5}$.

Der Wert für das Funktional $F(y_5)$ ergibt sich nach der dritten Näherung zu

$$F(y_5) = -2{,}0666036\,.$$

Die exakte Lösung unserer Variationsaufgabe $y = 1 - x^2$ ergibt den Wert

$$F_{\min} = -\frac{31}{15} = -2{,}0666667\,.$$

## § 72. Differentiation nach einem Parameter

Das Verfahren der Differentiation nach einem Parameter ist fast gleichzeitig von mehreren Autoren entwickelt worden.[1] Man kann dieses Verfahren auf eine große Klasse von Gleichungen in metrischen Räumen ausdehnen; wir wollen uns hier allerdings auf die Darlegung dieses Verfahrens für Systeme einer endlichen Anzahl nichtlinearer Gleichungen mit Zahlenvariablen beschränken, wie sie z.B. bei der Anwendung des Ritzschen Verfahrens entstehen.

Es sei das folgende Gleichungssystem vorgelegt:

$$f_i(a_1, a_2, \ldots, a_n) = 0 \qquad (i = 1, 2, \ldots, n)\,. \tag{72.1}$$

Wir konstruieren Funktionen $F_i(a_1, a_2, \ldots, a_n; \lambda)$ in den Variablen $a_1$, $a_2, \ldots, a_n$ und mit dem Hilfsparameter $\lambda$, wobei wir voraussetzen, daß diese Funktionen stetig differenzierbar für alle Werte der Variablen $a_1, a_2, \ldots, a_n$ und für $0 \leqq \lambda \leqq 1$ sind. Weiterhin setzen wir voraus, daß

$$F_i(a_1, a_2, \ldots, a_n; 1) \equiv f_i(a_1, a_2, \ldots, a_n) \qquad (i = 1, 2, \ldots, n) \tag{72.2}$$

ist und daß das System

$$F_i(a_1, a_2, \ldots, a_n; 0) = 0 \qquad (i = 1, 2, \ldots, n) \tag{72.3}$$

hinreichend leicht zu lösen sei. Wir bezeichnen diese Lösung mit $a_i^{(0)}$ $(i = 1, 2, \ldots, n)$.

[1] Siehe etwa W. S. Kirija [1], D. F. Dawidenko [1].

An Stelle des Systems (72.1) werde das System

$$F_i(a_1, a_2, \ldots, a_n; \lambda) = 0 \qquad (i = 1, 2, \ldots, n) \tag{72.4}$$

gelöst, wobei sich im allgemeinen $a_1, a_2, \ldots, a_n$ als Funktionen in $\lambda$ ergeben. Uns interessiert natürlich nur der Wert dieser Funktionen bei $\lambda = 1$.

Das System (72.4) ist dem System gewöhnlicher Differentialgleichungen

$$\sum_{k=1}^{n} \frac{\partial F_i}{\partial a_k} \frac{da_k}{d\lambda} + \frac{\partial F_i}{\partial \lambda} = 0 \tag{72.5}$$

äquivalent, die sich durch Differentiation der Gleichungen (72.4) nach $\lambda$ mit den Anfangsbedingungen

$$a_i|_{\lambda=0} = a_i^{(0)} \tag{72.6}$$

ergeben.

Damit liegt die CAUCHYsche Aufgabe (72.5), (72.6) für die Bestimmung der Funktionen $a_i(\lambda)$ vor, für deren Lösung gute Näherungsverfahren erarbeitet wurden. Besitzt die Aufgabe (72.5), (72.6) auf dem Abschnitt $0 \leqq \lambda \leqq 1$ eine Lösung, so erhalten wir für $\lambda = 1$ auch eine Lösung des Systems (72.1).

Das Problem besteht somit im Auffinden von Bedingungen, unter denen die CAUCHYsche Aufgabe (72.5), (72.6) eine Lösung auf dem endlichen Abschnitt $0 \leqq \lambda \leqq 1$ besitzt. Unten geben wir hinreichende Bedingungen[1]) für die Lösbarkeit von CAUCHYschen Aufgaben an, die sich aus RITZschen Systemen ergeben. Damit wird auch die Lösbarkeit des RITZschen Systems unter diesen Bedingungen bewiesen.

Wir betrachten ein Funktional $F(x)$, das auf einer linearen und in einem separablen BANACH-Raum $B$ dichten Menge $D(F)$ definiert ist. Wie auch bereits früher setzen wir wieder voraus, daß dieses Funktional stetig differenzierbar auf einer beliebigen endlichdimensionalen Hyperebene aus seinem Definitionsgebiet $D(F)$ ist. Es möge der Operator $Q = \operatorname{grad} F$ analoge Bedingungen erfüllen: Sein Definitionsgebiet $D(Q)$ sei linear und dicht in $B$, der Operator $Q$ selbst sei stetig differenzierbar auf einer beliebigen endlichdimensionalen Hyperebene aus $D(Q)$. Es existiere schließlich für beliebiges $u \in D(Q)$ die Ableitung $Q'_u$. Diese Ableitung sei auf einer dichten Menge definiert, die unabhängig von $u$ sei und $D(Q)$ enthalte, sie sei weiterhin symmetrisch und positiv, d. h.

$$(Q'_u h_1, h_2) = (h_1, Q'_u h_2), \qquad (Q'_u h, h) > 0, \qquad h \neq 0.$$

Es sei $\{\varphi_k\}$ ein Koordinatensystem. Wir setzen $\varphi_k \in D(Q)$ $(k = 1, 2, \ldots)$ voraus. Dann nimmt das RITZsche System die Gestalt (70.5) an. Im Verfahren der Differentiation nach einem Parameter konstruieren wir ein von $\lambda$ abhängendes System, das sich bei $\lambda = 0$ leicht lösen läßt und bei $\lambda = 1$ mit (70.5) identisch

[1]) In etwas weniger allgemeiner Form sind diese Bedingungen in der Arbeit von L. N. DOWBYSCH (GAGEN-TORN) und dem Autor [1] enthalten.

ist. Dieses neue System habe die Form

$$a_j + \lambda\,[(Q(u_n), \varphi_j) - a_j] = 0 \qquad (j = 1, 2, \ldots, n)\,,$$
$$u_n = \sum_{k=1}^{n} a_k \varphi_k\,. \tag{72.7}$$

Für $\lambda = 0$ ergibt sich

$$a_j|_{\lambda=0} = 0 \qquad (j = 1, 2, \ldots, n)\,. \tag{72.8}$$

Wir differenzieren (72.7) nach $\lambda$:

$$\frac{da_j}{d\lambda} + \lambda\left\{\sum_{k=1}^{n} [(Q'_{u_n}\varphi_k, \varphi_j) - \delta_{jk}]\frac{da_k}{d\lambda}\right\} + (Q(u_n), \varphi_j) - a_j = 0$$
$$(j = 1, 2, \ldots, n)\,. \tag{72.9}$$

Da der Operator $Q'_{u_n}$ positiv ist, kann man das energetische Produkt

$$[u, v] = (Q'_{u_n} u, v)$$

betrachten. Die Koeffizientenmatrix bei den Ableitungen $\frac{da_k}{d\lambda}$ besitzt dann die Form

$$(1 - \lambda)\,I + \lambda \begin{pmatrix} [\varphi_1, \varphi_1] & [\varphi_2, \varphi_1] & \cdots & [\varphi_n, \varphi_1] \\ [\varphi_1, \varphi_2] & [\varphi_2, \varphi_2] & \cdots & [\varphi_n, \varphi_2] \\ \cdots & \cdots & \cdots & \cdots \\ [\varphi_1, \varphi_n] & [\varphi_2, \varphi_n] & \cdots & [\varphi_n, \varphi_n] \end{pmatrix}, \tag{72.10}$$

wobei $I$ die Einheitsmatrix bezeichnet. Die zweite Matrix in (72.10) ist die Gramsche Matrix der linear unabhängigen Elemente $\varphi_1, \varphi_2, \ldots, \varphi_n$ und als solche positiv definit. Folglich ist auch für beliebiges $\lambda \in [0, 1]$ die Matrix (72.10) positiv definit und somit auch ihre Determinante von Null verschieden. Aus dem System (72.9) können wir dann die $\frac{da_j}{d\lambda}$ bestimmen, die sich über die Cramersche Regel wie folgt darstellen lassen:

$$\frac{da_j}{d\lambda} = \frac{\Delta_n^{(j)}}{\Delta_n} \equiv g_j\,(a_1, a_2, \ldots, a_n; \lambda) \qquad (j = 1, 2, \ldots, n)\,. \tag{72.11}$$

Wir machen folgende weitere Voraussetzungen:

1. Die Funktionen $(Q(u_n), \varphi_j)$ und $(Q'_{u_n}\varphi_k, \varphi_j)$ besitzen polynomiale Wachstumsordnung:

$$|(Q(u_n), \varphi_j)| \leqq P_m(|a_1|, |a_2|, \ldots, |a_n|)\,, \tag{72.12}$$
$$|(Q'_{u_n}\varphi_k, \varphi_j)| \leqq P_{m-1}\,(|a_1|, |a_2|, \ldots, |a_n|)\,. \tag{72.13}$$

In den Formeln (72.12) und (72.13) seien $P_m$ und $P_{m-1}$ Polynome vom Grade $m$ bzw. $m - 1$. Diese Polynome und die Zahl $m$ können von $n$ abhängen.

2. In jedem Abschnitt $\delta \leqq \lambda \leqq 1$, $\delta > 0$, gelte die Abschätzung

$$(Q'_{u_n} h, h) \geqq N\left(\sum_{j=1}^{n} a_j^2\right)^{(m-1)/2} ||h||^2\,, \tag{72.14}$$

wobei $N$ von $n$ und $\delta$ abhängen kann.

Unter Verwendung der Ungleichungen (72.13) und (72.14) lassen sich folgende Abschätzungen für die Determinante $\Delta_n$ der Matrix (72.10) angeben:

$$N_1\left(\sum_{k=1}^{n} a_k^2\right)^{n(m-1)/2} \leqq \Delta_n \leqq P_{n(m-1)}(|a_1|, |a_2|, \ldots, |a_n|), \tag{72.15}$$

wobei $N_1$ eine positive Konstante ist und $P_{n(m-1)}$ ein Polynom vom Grade $n(m-1)$ bezeichnet. Da die rechte Abschätzung in (72.15) unmittelbar aus der Ungleichung (72.13) folgt, verbleibt uns der Beweis der linken Ungleichung. Es ist

$$\sum_{j,k=1}^{n} [\varphi_k, \varphi_j]\, t_k t_j = \left\| \sum_{j=1}^{n} \varphi_j t_j \right\|^2 = (Q'_{u_n} v_n, v_n)$$

mit

$$v_n = \sum_{j=1}^{n} \varphi_j t_j .$$

Vermöge (72.14) gilt

$$(Q'_{u_n} v_n, v_n) \geqq N\left(\sum_{k=1}^{n} a_k^2\right)^{(m-1)/2} \left\| \sum_{k=1}^{n} t_k \varphi_k \right\|^2 .$$

Auf der Einheitshypersphäre ist der Ausdruck

$$\left\| \sum_{k=1}^{n} t_k \varphi_k \right\|^2$$

eine stetige nichtnegative Funktion in $t_1, t_2, \ldots, t_n$, die nirgends Null wird, da sonst die Elemente $\varphi_1, \varphi_2, \ldots, \varphi_n$ linear abhängig wären. Demnach besitzt diese Funktion eine positive untere Schranke

$$\left\| \sum_{k=1}^{n} t_k \varphi_k \right\|^2 \geqq L = \text{const} > 0 , \qquad \sum_{k=1}^{n} t_k^2 = 1 .$$

Dann ist

$$\sum_{j,k=1}^{n} [\varphi_k, \varphi_j]\, t_k t_j \geqq L\, N \left(\sum_{k=1}^{n} a_k^2\right)^{(m-1)/2}, \qquad \sum_{k=1}^{n} t_k^2 = 1 .$$

Diese Ungleichung zeigt, daß alle Eigenwerte der Matrix

$$\begin{pmatrix} [\varphi_1, \varphi_1] & [\varphi_2, \varphi_1] & \cdots & [\varphi_n, \varphi_1] \\ [\varphi_1, \varphi_2] & [\varphi_2, \varphi_2] & \cdots & [\varphi_n, \varphi_2] \\ \cdots & \cdots & & \cdots \\ [\varphi_1, \varphi_n] & [\varphi_2, \varphi_n] & \cdot & [\varphi_n, \varphi_n] \end{pmatrix}$$

für alle $\delta \leqq \lambda \leqq 1$ größer als

$$L\, N \left(\sum_{k=1}^{n} a_k^2\right)^{(m-1)/2}$$

sind. Dann sind aber alle Eigenwerte der Matrix (72.10) größer als

$$\delta L N \left(\sum_{k=1}^{n} a_k^2\right)^{(m-1)/2},$$

so daß die Determinante $\Delta_n$ als Produkt dieser Eigenwerte nicht größer ist als

$$N_1 \left(\sum_{k=1}^{n} a_k^2\right)^{n(m-1)/2}, \qquad N_1 = (\delta L N)^n .$$

Die linke Abschätzung in (72.15) ist damit ebenfalls bewiesen.

Wir zeigen weiterhin, daß die CAUCHYsche Aufgabe (72.8), (72.9) für $0 \leqq \lambda \leqq 1$ lösbar ist. Zunächst sind die rechten Seiten der Gleichungen (72.9) stetig und stetig differenzierbar für alle Werte $0 \leqq \lambda \leqq 1$ und $-\infty < a_j < \infty$ ($j = 1, 2, \ldots, n$). Das folgt daraus, daß die Determinante $\Delta_n$ positiv nach unten beschränkt ist für die genannten Werte der Argumente.

Wir wählen $\lambda^* \in (0, 1)$ und $a^* \in (0, \infty)$ und betrachten das Gebiet

$$0 \leqq \lambda \leqq \lambda^*, \qquad -a^* \leqq a_j \leqq a^* \qquad (j = 1, 2, \ldots, n). \qquad (72.16)$$

In diesem Gebiet sind alle Bedingungen des klassischen Existenzsatzes für die Lösbarkeit der betrachteten CAUCHYschen Aufgabe erfüllt, folglich besitzt die Aufgabe (72.8), (72.9) eine eindeutige Lösung für $\lambda \in [0, \sigma]$, wobei $\sigma = \min\left(\lambda^*, \frac{a^*}{M}\right)$ und $M$ das größte Maximum der Funktionen $g_j$ im Gebiet (72.16) ist.

Wir nehmen nun $\delta$, $0 < \delta < \sigma$, und bei $\lambda = \delta$ sei die Relation $a_j = \tilde{a}_j$ ($j = 1, 2, \ldots, n$) erfüllt. Wir betrachten dann das Gebiet

$$\delta \leqq \lambda \leqq 1, \qquad -\infty < a_j < +\infty \qquad (j = 1, 2, \ldots, n), \qquad (72.17)$$

in dem wir die CAUCHYsche Aufgabe für das System (72.9) mit den Anfangsbedingungen

$$a_j|_{\lambda=\delta} = \tilde{a}_j \qquad (j = 1, 2, \ldots, n) \qquad (72.18)$$

formulieren.

Aus den Abschätzungen (72.12) bis (72.15) folgt die Beschränktheit der Ableitungen $\frac{\partial g_j}{\partial a_k}$ im Gebiet (72.17), woraus bekanntlich[1]) die Eindeutigkeit der Lösung für die Aufgabe (72.9), (72.18) auf dem Abschnitt $\delta \leqq \lambda \leqq 1$ folgt.

Die Aufgabe (72.8), (72.9) besitzt dann eine für $0 \leqq \lambda \leqq 1$ definierte Lösung. Hieraus folgt u. a. die Lösbarkeit des RITZschen Systems (67.5).

Im Artikel von L. N. DOWBYSCH (GAGEN-TORN) [1] wurde gezeigt, daß für das Funktional (68.1) unter sehr schwachen Bedingungen die Abschätzungen (72.12) bis (72.14) bei $m = 1$ gelten.

In Verbindung mit dem Verfahren der Differentiation nach einem Parameter erwächst folgende Frage. Im allgemeinen besitzt das RITZsche System (70.3) nicht nur eine Lösung. Dieser Fall liegt z.B. vor, wenn der Ausdruck $P u$, wobei $P = \text{grad}\, F$ gilt, ein Polynom der Funktion $u$ und ihrer Ableitungen ist.

---

[1]) Siehe etwa G. SANSONE [1].

Aus den Lösungen des Systems (70.3) ist dann die auszuwählen, die das Minimum für das Funktional $F$ auf den Elementen der Form (70.2) realisiert. Hierbei ist wichtig zu wissen, ob diese Lösung mit der Lösung, die wir über das Verfahren der Differentiation nach einem Parameter erhalten, übereinstimmt. Eine positive Antwort auf diese Frage folgt aus den nachstehenden Überlegungen.[1])

Das Funktional $F$ erfülle die Bedingungen I′ bis III′ des § 63 und die Ungleichung (66.2), in der $P = \operatorname{grad} F$ gesetzt werde. Für beliebiges $\lambda$, $0 \leqq \lambda \leqq 1$, besitzt das im Verfahren der Differentiation nach einem Parameter entstehende System

$$(1-\lambda)\, a_j^{(n)} + \frac{\partial F\left(\sum\limits_{k=1}^{n} a_k^{(n)} \varphi_k\right)}{\partial a_j} = 0 \qquad (j = 1, 2, \ldots, n) \tag{72.19}$$

eine eindeutige Lösung, die der Funktion

$$\Phi_\lambda(a^{(n)}) = \frac{1-\lambda}{2} \sum_{k=1}^{n} a_k^{(n)2} + \lambda\, F\left(\sum_{k=1}^{n} a_k^{(n)} \varphi_k\right) \tag{72.20}$$

einen reellen Wert erteilt. Diese Lösung realisiert zugleich das Minimum für (72.20).

Zum Beweis dieser Behauptung nehmen wir an, daß die Vektoren $a^{(n)} = (a_1^{(n)}, a_2^{(n)}, \ldots, a_n^{(n)})$ und $b^{(n)} = (b_1^{(n)}, b_2^{(n)}, \ldots, b_n^{(n)})$ der Funktion (72.20) einen reellen Wert erteilen, wobei der Vektor $a^{(n)}$ dem System (72.19) genügt. Vermöge der Taylorschen Formel ergibt sich

$$\begin{aligned}\Phi_\lambda(b^{(n)}) - \Phi_\lambda(a^{(n)}) &= \frac{1-\lambda}{2} \sum_{k=1}^{n} (b_k^{(n)} - a_k^{(n)})^2 \\ &\quad + \frac{\lambda}{2} \sum_{j,k=1}^{n} \frac{\partial^2 \Phi_\lambda}{\partial a_j\, \partial a_k} \left(a^{(n)} + \Theta\,(b^{(n)} - a^{(n)})\right) (b_j^{(n)} - a_j^{(n)})\,(b_k^{(n)} - a_k^{(n)}), \\ &\quad 0 < \Theta < 1 .\end{aligned}$$

Ohne Schwierigkeiten gelingt der Nachweis, daß die Matrix der zweiten Ableitungen der Funktion $\Phi_\lambda$ positiv definit ist, so daß $\Phi_\lambda(b^{(n)}) > \Phi_\lambda(a^{(n)})$ gilt. Hieraus folgt sofort unsere Behauptung. Bei $\lambda = 1$ ergibt sich dann, daß die Lösung, die durch das Verfahren der Differentiation nach einem Parameter gewonnen wurde, das Minimum für

$$F\left(\sum_{k=1}^{n} a_k^{(n)} \varphi_k\right)$$

realisiert.

Bemerkung 1. In unseren Darlegungen diente das System von Differentialgleichungen, das durch Differentiation nach dem Parameter gewonnen wurde, nicht nur als Mittel der näherungsweisen Lösung des gegebenen Systems, sondern auch zum Existenzbeweis für die Lösung selbst. Man kann auch anders

---

[1]) Siehe [23] des Autors.

vorgehen: Zunächst kann man Bedingungen aufstellen, unter denen das System (72.4) eine Lösung besitzt, die auf dem Abschnitt $0 \leqq \lambda \leqq 1$ definiert und dort stetig differenzierbar ist. Damit ist dann automatisch der Existenzbeweis für die Lösung der CAUCHYschen Aufgabe (72.5), (72.6) erbracht, und es verbleibt die Konstruktion dieser Lösung unter Verwendung eines Näherungsverfahrens. Ein derartiges Vorgehen findet man in der Arbeit von S. A. WLASSOWA [1], die den Differenzenverfahren gewidmet ist. Diese Arbeit werden wir im nächsten Paragraphen auswerten. Auf die RITZschen Systeme wurde dieses Vorgehen von M. N. JAKOWLEW[1]) [1] angewandt.

Wir führen die wesentlichsten Resultate dieser letzten Arbeit an. Zur Abkürzung bezeichnen wir mit $a$, $f$, $F$ Vektoren mit den Koordinaten $a_j$, $f_j$, $F_j$ $(j = 1, 2, \ldots, n)$ und mit $J$ die JACOBIsche Matrix des Vektors $f$. Das System $a + \lambda(f - a) = 0$ besitzt eine auf dem Abschnitt $0 \leqq \lambda \leqq 1$ stetig differenzierbare Lösung, wenn folgende Bedingungen erfüllt sind:

a) Es existiert eine Zahl $r^*$, $0 < r^* \leqq \infty$, dergestalt, daß in der Hypersphäre $||a|| \leqq r$, $0 \leqq r < r^*$, die Ungleichung

$$(J(a)\,h, h) \geqq m(r)\,||h||^2$$

gilt, wobei $h$ ein beliebiger Vektor ist und $m(r)$ eine Funktion bezeichnet, die positiv und nichtwachsend auf dem Abschnitt $0 \leqq r < r^*$ ist.

b) Es gelte die Ungleichung

$$||f(0)|| \leqq \int_0^{r^*} m^*(\varrho)\,d\varrho\,, \qquad m^*(\varrho) = \min\{1, m(\varrho)\}\,.$$

Unter diesen Bedingungen besitzt offensichtlich auch die CAUCHYsche Aufgabe

$$\frac{da_j}{d\lambda} + \lambda\left[\sum_{k=1}^{n} \frac{\partial f_j}{\partial a_k} - \delta_{jk}\right]\frac{da_k}{d\lambda} + f_j - a_j = 0\,, \qquad a_j|_{\lambda=0} = 0$$

eine Lösung. In der Arbeit [1] von M. N. JAKOWLEW ist noch folgende Möglichkeit der Einführung eines Parameters erörtert worden: Die Vektorfunktion $F(x, \lambda)$ wird durch die Formel

$$F(x, \lambda) = f(x) - (1 - \lambda)\,f(0)$$

definiert. Die Existenz und die stetige Differenzierbarkeit der Lösung der Gleichung $F(x, \lambda) = 0$ und der entsprechenden CAUCHYschen Aufgabe kann bewiesen werden, wenn die oben formulierte Bedingung a) und die folgenden Bedingungen erfüllt sind:

c) Für $0 \leqq r \leqq r^*$ gelte die Ungleichung $||J^{-1}(a)|| \leqq D(r)$, wobei $D(r)$ eine stetige nichtfallende Funktion ist.

---

1) Die Ergebnisse M. N. JAKOWLEWS fußen auf einem Satz von S. M. LOSINSKI [1], dessen voller Beweis — soweit dem Autor bekannt ist — noch nicht veröffentlicht wurde.

d) Es gelte $\|\dot{f}(0)\| \leqq \varrho^*$ mit

$$\varrho^* = \int_0^{r^*} \frac{1}{D(\varrho)} d\varrho .$$

Bemerkung 2. Wie die numerische Rechnung zeigt, ist die Genauigkeit des Verfahrens der Differentiation nach einem Parameter nicht sehr groß. Es ist wahrscheinlich sinnvoll, die nach dem Verfahren der Differentiation nach einem Parameter erhaltene Näherung als Anfangsnäherung für das Verfahren von Newton-Kantorowitsch zu verwenden.

## § 73. Anwendung auf Differenzengleichungen

Gewöhnlich stellen die Aufgaben der Variationsrechnung Extremwertaufgaben gewisser Integrale dar. In diesem Fall kann eine genäherte Lösung dieser Aufgaben durch das Differenzenverfahren gewonnen werden. Wir ersetzen das Integral durch eine endliche Summe, indem wir diese oder jene Quadraturformel anwenden, die Ableitungen im Integranden werden durch entsprechende Differenzen ersetzt. Anschließend wird die Aufgabe der Bestimmung der Extrema des neu erhaltenen Funktionals gestellt, das nun bereits in einem endlichdimensionalen Raum definiert ist. Die Gleichung von Euler und Lagrange für dieses neue Funktional ist dann zugleich ein System von Differenzengleichungen für das Ausgangsfunktional. Ist dieses letzte Funktional nicht quadratisch, so ergibt sich ein nichtlineares System von Differenzengleichungen, so daß für seine näherungsweise Lösung die Methode der Differentiation nach einem Parameter Verwendung finden kann. Für die sogenannte „einfachste Aufgabe der Variationsrechnung" wurde dies von S. A. Wlassowa [1] durchgeführt, deren Ergebnisse wir im folgenden auch darlegen wollen.

Wir betrachten die folgende Aufgabe: Gesucht werde die Kurve, die durch die Punkte $A(a, a_1)$ und $B(b, b_1)$ geht und dem Integral

$$\int_a^b \varphi(x, y, y')\, dx \tag{73.1}$$

den kleinsten Wert erteilt. Die Funktion $\varphi(x, y, y')$ setzen wir zusammen mit ihren Ableitungen bis einschließlich zur zweiten Ordnung für beliebige $x \in [a, b]$ und beliebige endliche $y$ und $y'$ als stetig voraus.

Wir wählen $n + 2$ Punkte auf dem Abschnitt $[a, b]$:

$$x_0 = a, x_1, x_2, \ldots, x_n, x_{n+1} = b .$$

Verwenden wir diese Punkte als Stützstellen einer Quadraturformel mit den Koeffizienten $C_k > 0$ und drücken wir die Ableitung in diesen Stützstellen näherungsweise durch die erste Differenz aus, so können wir

$$\int_a^b \varphi(x, y, y')\, dx \approx \sum_{k=0}^{n} C_k \varphi\left(x_k, y_k, \frac{y_{k+1} - y_k}{\Delta x_k}\right)$$

schreiben mit

$$\Delta x_k = x_{k+1} - x_k\,, \qquad y_0 = a_1\,, \qquad y_{n+1} = b_1\,.$$

Ersetzen wir $y'(x_k)$ durch die Differenzrelation $\frac{y_{k+1} - y_k}{\Delta x_k}$, so erhalten wir eine einfache Approximation, die allerdings nicht sehr genau ist. Im konkreten Beispiel (siehe § 74) verwenden wir eine bessere Approximation.

Wir betrachten eine hinreichend glatte Funktion $C(x)$, die in den Punkten $x_k$ die Werte $C_k$ annimmt.

Wir setzen

$$\psi(x, y, y') = C(x)\,\varphi(x, y, y')\,.$$

Die oben formulierte Variationsaufgabe ersetzen wir durch folgende Näherungsaufgabe: Zu finden ist ein Vektor $Y = (y_1, \ldots, y_n)$, der der Summe

$$\sum_{k=0}^{n} \psi\left(x_k, y_k, \frac{y_{k+1} - y_k}{\Delta x_k}\right) = f(Y) \tag{73.2}$$

den minimalen Wert erteilt.

Die notwendige Bedingung für das Minimum führt auf das folgende Gleichungssystem zur Bestimmung des Vektors $Y$:

$$\left.\frac{\partial\psi}{\partial y}\right|_k - \frac{1}{\Delta x_k}\left.\frac{\partial\psi}{\partial y'}\right|_k + \frac{1}{\Delta x_{k-1}}\left.\frac{\partial\psi}{\partial y'}\right|_{k-1} = 0\,. \tag{73.3}$$

Hier und im folgenden bedeutet $\left.\frac{\partial\psi}{\partial y}\right|_k$ die im Punkt $\left(x_k, y_k, \frac{y_{k+1} - y_k}{\Delta x_k}\right)$ ermittelte partielle Ableitung der Funktion $\psi(x, y, y')$. Ähnliche Bezeichnungen führen wir auch für andere Ableitungen ein.

Bekanntlich ist dafür, daß der dem System (73.3) genügende Vektor $Y$ ein relatives Minimum des Funktionals (73.2) realisiert, hinreichend, daß die Ableitung seines Gradienten positiv definit für beliebiges $Y$ und für beliebiges $H = (h_1, h_2, \ldots, h_n)$ ist. Nach den entsprechenden Umformungen erhalten wir

$$(P'_Y H, H) = \sum_{k=0}^{n} [(p_k - q_k + q_{k-1})\, h_k^2 + (r_k - q_k)\,(h_{k+1} - h_k)^2] \tag{73.4}$$

mit

$$p_k = \left.\frac{\partial^2\psi}{\partial y^2}\right|_k, \qquad q_k = \frac{1}{\Delta x_k}\left.\frac{\partial^2\psi}{\partial y\,\partial y'}\right|_k, \qquad r_k = \frac{1}{(\Delta x_k)^2}\left.\frac{\partial^2\psi}{\partial y'^2}\right|_k.$$

Es sei der Integrand $\varphi(x, y, y')$ und die durch die Stützstellen $x_k$ und die Koeffizienten $C_k$ bestimmte Quadraturformel dergestalt, daß für beliebige endliche $y_k$ die Ungleichungen

$$r_k - q_k > 0\,, \tag{73.4'}$$

$$p_k - q_k + q_{k-1} \geqq \delta \qquad (k = 1, 2, \ldots, n) \tag{73.4''}$$

erfüllt sind, wobei $\delta$ eine positive Konstante ist. Dann gilt

$$(P'_Y H, H) \geqq \delta \sum_{k=1}^{n} h_k^2 > 0$$

für beliebiges $Y$.

Sind folglich die Bedingungen (73.4′) und (73.4″) erfüllt, so ist für die Bestimmung des extremalen Vektors die Lösung des Systems (73.3) hinreichend.

Bemerkung 1. Für hinreichend kleine $\Delta x_k$ folgt die Bedingung (73.4′) aus der verschärften Bedingung von LEGENDRE.[1]) Die Bedingung (73.4″) folgt für kleine $\Delta x_k$ und $C_1 = C_2 = \cdots = C_n$ aus der für die EULERsche Gleichung unserer Aufgabe aufgeschriebenen Bedingung von S. N. BERNSTEIN[2]) und aus der bereits genannten verschärften Bedingung von LEGENDRE. Für Gleichungen der Form $y'' = f(x, y, y')$ hat die Bedingung von S. N. BERNSTEIN die Gestalt $\frac{\partial f}{\partial y} \geqq K$ mit einer positiven Konstanten $K$.

Für die Lösung des im allgemeinen nichtlinearen Systems (73.3) verwenden wir das Verfahren der Differentiation nach einem Parameter.

Wir betrachten das parameterabhängige System für $0 \leqq \lambda \leqq 1$:

$$N_k(\lambda, y_{k-1}, y_k, y_{k+1}) = (1-\lambda)(-\delta^2 y_k + T_k y_k) + \lambda\left(\frac{\partial\varphi}{\partial y}\bigg|_k - \frac{1}{\Delta x_k}\frac{\partial\varphi}{\partial y'}\bigg|_k + \frac{1}{\Delta x_{k-1}}\frac{\partial\varphi}{\partial y'}\bigg|_{k-1}\right) = 0 \quad (k = 1, 2, \ldots, n), \tag{73.5}$$

wobei

$$\delta^2 y_k = R_k y_{k+1} - (R_k + R_{k-1}) y_k + R_{k-1} y_{k-1}$$

gesetzt wurde und $R_k$ und $T_k$ beliebige positive Konstanten sind.

Für $\lambda = 1$ ist das System (73.5) mit dem System (73.3) identisch, und bei $\lambda = 0$ erhalten wir das lineare System

$$-\delta^2 y_k + T_k y_k = 0 \qquad (k = 1, 2, \ldots, n). \tag{73.6}$$

Die der Koeffizientenmatrix des Systems (73.6) entsprechende quadratische Form

$$\sum_{k=0}^{n} [R_k (h_{k+1} - h_k)^2 + T_k h_k^2]$$

ist positiv definit, so daß für das System (73.6) eine eindeutige Lösung existiert.

Ist speziell $a_1 > b_1 \geqq 0$, so kann man folgende Wahl treffen:

$$R_k = \frac{1}{2^{k-n}} \frac{1}{\Delta x_k}, \qquad T_k = \frac{a_1 - b_1}{2^{k-n}[a_1(b - x_k) + b_1(x_k - a)]}.$$

Dann genügt der Vektor $Y$ mit den Koordinaten

$$y_k = \frac{a_1(b - x_k) + b_1(x_k - a)}{b - a} \qquad (k = 1, 2, \ldots, n)$$

dem System (73.6).

---

[1]) Siehe etwa N. I. ACHIESER [1], S. 68.

[2]) S. N. BERNSTEIN [1], S. 37, aber auch N. I. ACHIESER [1], S. 36.

Differentiation des Systems (73.5) nach dem Parameter $\lambda$ führt auf das lineare Gleichungssystem in den Unbekannten $\frac{\partial y_l}{\partial \lambda}$:

$$\left.\begin{aligned} \sum_{l=k-1}^{k+1} \frac{\partial N_k}{\partial y_l}\frac{dy_l}{d\lambda} &= -\frac{\partial N_k}{\partial \lambda} \qquad (k = 1, 2, \ldots, n), \\ \frac{dy_0}{d\lambda} = \frac{dy_{n+1}}{d\lambda} &= 0 . \end{aligned}\right\} \tag{73.7}$$

Wir setzen

$$\left.\begin{aligned} \alpha_{k-1} &= -\frac{\partial N_k}{\partial y_{k-1}} = \lambda(r_{k-1} - q_{k-1}) + (1-\lambda) R_{k-1}, \\ \beta_k &= \frac{\partial N_k}{\partial y_k} = \lambda(p_k - 2q_k + r_k + r_{k-1}) + (1-\lambda)[T_k + R_k + R_{k-1}], \\ \alpha_k &= -\frac{\partial N_k}{\partial y_{k+1}} = \lambda(r_k - q_k) + (1-\lambda) R_k, \\ \gamma_k &= \frac{\partial N_k}{\partial \lambda} = \delta^2 y_k - T_k y_k + \left.\frac{\partial \varphi}{\partial y}\right|_k - \frac{1}{\Delta x_k}\left.\frac{\partial \varphi}{\partial y'}\right|_k + \frac{1}{\Delta x_{k-1}}\left.\frac{\partial \varphi}{\partial y'}\right|_{k=1} . \end{aligned}\right\} \tag{73.8}$$

Offensichtlich ist die Koeffizientenmatrix $A_n$ des Systems (73.7) symmetrisch, denn es ergibt sich

$$A_n = \begin{pmatrix} \beta_1 & -\alpha_1 & 0 & \ldots & 0 & 0 \\ -\alpha_1 & \beta_2 & -\alpha_2 & \ldots & 0 & 0 \\ \cdots & \cdots & \cdots & \cdots & \cdots & \cdots \\ 0 & 0 & 0 & \ldots & -\alpha_{n-1} & \beta_n \end{pmatrix}.$$

Wir beweisen die Lösbarkeit des Systems (73.7) in bezug auf die Unbekannten $\frac{dy_l}{d\lambda}$. Zu diesem Zweck betrachten wir die der Matrix $A_n$ entsprechende quadratische Form

$$(A_n H, H) = \sum_{k=1}^{n} \{(1-\lambda) T_k + \lambda(p_k - q_k + q_{k-1})\} h_k^2$$
$$+ \sum_{k=0}^{n} \{(1-\lambda) R_k + \lambda(r_k - q_k)\}(h_k - h_{k+1})^2 .$$

Unter Hinzuziehung der Ungleichungen (73.4′) und (73.4″) erhalten wir die Abschätzung

$$(A_n H, H) \geqq \delta_1 \sum_{k=1}^{n} h_k^2, \qquad 0 < \delta_1 \leqq \delta\lambda + (1-\lambda) \min_{1 \leq k \leq n} T_k ,$$

die die positive Definitheit der quadratischen Form $(A_n H, H)$ garantiert. Ebenso ergibt sich folgende Abschätzung für die Determinante $\Delta_n$ der Matrix $A_n$:

$$\Delta_n \geqq \delta_1^n > 0 . \tag{73.9}$$

Somit ist bewiesen, daß das System in bezug auf $\frac{dy_l}{d\lambda}$ lösbar ist. Auf der Grundlage der CRAMERschen Formel ergibt sich

$$\frac{dy_l}{d\lambda} = \frac{\Delta_n^l}{\Delta_n}, \qquad \lambda \in [0, 1] \qquad (l = 1, 2, \ldots, n). \tag{73.10}$$

Wir überzeugen uns weiter davon, daß auf dem gesamten Segment [0, 1] eine eindeutige Lösung des Systems (73.10) existiert, die vom Punkt

$$\lambda = 0, \quad y_0 = a_1, \quad y_k = \bar{y}_k \quad (k = 1, 2, \ldots, n), \quad y_{n+1} = b_1$$

ausgeht, wobei $\bar{y}_k$ $(k = 1, 2, \ldots, n)$ die den Werten $R_k$ und $T_k$ entsprechende Lösung des Systems (73.6) ist.

Wir zeigen vorerst, daß das System (73.5) für beliebiges $\lambda \in [0, 1]$ eindeutig in bezug auf die Unbekannten $y_1, y_2, \ldots, y_n$ lösbar ist. Dann ist die Funktion $y_k(\lambda)$ $(k = 1, 2, \ldots, n)$ stetig und stetig differenzierbar nach $\lambda$.

Als Vorbereitung leiten wir eine a-priori-Abschätzung für die Lösungen des Systems (73.5) her.

Lemma 73.1. *Besitzt das System* (73.5) *eine Lösung, so ist diese Lösung für* $\lambda \in [0, 1]$ *gleichmäßig beschränkt.*

Beweis. Es seien $y_k(\lambda)$ und $\bar{y}_k$ die Lösungen der Systeme (73.5) und (73.6), und es sei $\delta y_k(\lambda) = y_k(\lambda) - \bar{y}_k$. Wir wählen ein festes $\lambda = \lambda_0 \neq 0$.

Vermöge der Formel über den endlichen Zuwachs ergibt sich für beliebiges $k$

$$-N_k(\lambda_0, \bar{y}_{k-1}, \bar{y}_k, \bar{y}_{k+1}) = \frac{\partial \tilde{N}_k}{\partial y_{k-1}} y_{k-1}(\lambda_0) + \frac{\partial \tilde{N}_k}{\partial y_k} y_k(\lambda_0) + \frac{\partial \tilde{N}_k}{\partial y_{k+1}} y_{k+1}(\lambda_0).$$

Das Zeichen $\sim$ bedeutet, daß alle in die Ausdrücke $\frac{\partial N_k}{\partial y_{k-1}}, \frac{\partial N_k}{\partial y_k}, \frac{\partial N_k}{\partial y_{k+1}}$ eingehenden partiellen Ableitungen der Funktion $\varphi(x, y, y')$ in den Punkten

$$\left(x_k, \bar{y}_k + \Theta_k\, \delta y_k(\lambda_0), \frac{\bar{y}_{k+1} - \bar{y}_k}{\Delta x_k} + \Theta_k \frac{\delta y_{k+1}(\lambda_0) - \delta y_k(\lambda_0)}{\Delta x_k}\right)$$

und

$$\left(x_{k-1}, \bar{y}_{k-1} + \Theta_k\, \delta\, y_{k-1}(\lambda_0), \frac{\bar{y}_k - \bar{y}_{k-1}}{\Delta x_{k-1}} + \Theta_k \frac{\delta y_k(\lambda_0) - \delta y_{k-1}(\lambda_0)}{\Delta x_k}\right),$$
$$0 < \Theta_k < 1,$$

zu nehmen sind.

Unter Verwendung der Bezeichnungen (73.8) ergibt sich aus der letzten Gleichung

$$\begin{aligned} &-N_k(\lambda_0, \bar{y}_{k-1}, \bar{y}_k, \bar{y}_{k+1}) \\ &= \tilde{\alpha}_{k-1}\,[\delta y_k(\lambda_0) - \delta y_{k-1}(\lambda_0)] + (\tilde{\beta}_k - \tilde{\alpha}_{k-1} - \tilde{\alpha}_k)\, \delta y_k(\lambda_0) \\ &\quad + \tilde{\alpha}_k\,[\delta y_k(\lambda_0) - \delta y_{k+1}(\lambda_0)]. \end{aligned} \tag{73.11}$$

Da die Konstanten $R_k$ und $T_k$ positiv sind, folgt aus den Bedingungen (73.4′) und (73.4″) für $\lambda \in [0, 1]$

$$\left.\begin{aligned} &\lambda_k \geqq 0, \\ &\beta_k = \alpha_k + \alpha_{k-1} + \lambda\,(p_k - q_k + q_{k-1}) + (1 - \lambda)\, T_k \\ &\quad\; \geqq \alpha_k + \alpha_{k+1} + \delta_1. \end{aligned}\right\} \tag{73.12}$$

Die Funktion $|\delta y_k(\lambda_0)|$ werde bei $k = t$ maximal, und es sei z. B.

$$\delta y_t(\lambda_0) > 0\,, \qquad \delta y_t(\lambda_0) \geqq \delta\, y_{t-1}(\lambda_0)\,, \qquad \delta y_t(\lambda_0) \geqq \delta y_{t+1}(\lambda_0)\,.$$

Aus (73.11) und (73.12) folgt dann

$$[y_t(\lambda_0) - \overline{y}_t] \leqq -\frac{1}{\delta_1} N_t(\lambda_0, \overline{y}_{t-1}, \overline{y}_t, \overline{y}_{t+1})\,.$$

Im Fall eines negativen Minimums für die Funktion $\delta y_k(\lambda_0)$ kann eine analoge Ungleichung für $-\delta y_t(\lambda_0)$ hergeleitet werden.

Da $\lambda_0$ ein beliebiger Wert aus dem Abschnitt [0, 1] ist, erhält man folgende Abschätzung für die Lösungen des Systems (73.5):

$$|y_k(\lambda) - \overline{y}_k| \leqq \frac{1}{\delta_1} \max_{\substack{1 \leqq k \leqq n \\ 0 \leqq \lambda \leqq 1}} |N_k(\lambda, \overline{y}_{k-1}, \overline{y}_k, \overline{y}_{k+1})| = m\,.$$

Damit ist das Lemma bewiesen.

Für den Existenzbeweis einer Lösung für das System (73.5) macht es sich notwendig, daß wir auf den Satz über implizite Funktionen im Fall einer Gleichung der Form $F(x, y, z) = 0$ verweisen.

Bekanntlich trägt dieser Satz lokalen Charakter und behauptet die Lösbarkeit der Gleichung $F(x, y, z) = 0$ in bezug auf $z$ in einer Umgebung des Anfangspunktes.

Wir geben die Ausmaße dieser Umgebung in Anwendung auf das System (73.8) exakter an.

Lemma 73.2. *Es werde das Gebiet D durch die Ungleichungen*

$$\begin{aligned} 0 \leqq x - x_0 &\leqq \Delta x\,, \qquad \Delta x > 0\,,\\ |y - y_0| &\leqq \Delta y\,, \qquad \Delta y > 0\,,\\ |z - z_0| &\leqq \Delta z\,, \qquad \Delta z > 0 \end{aligned}$$

*festgelegt, und es sei die Funktion $F(x, y, z)$ stetig und besitze stetige partielle Ableitungen, wobei*

$$|F_x| \leqq M\,, \quad |F_y| \leqq M\,, \quad F_z \geqq k > 0\,, \quad F(x_0, y_0, z_0) = 0 \tag{73.13}$$

*gilt.*

*Dann besitzt der Satz über die impliziten Funktionen Gültigkeit im Gebiet*

$$0 \leqq x - x_0 \leqq \min\left\{\frac{k}{2M}\Delta z, \Delta x\right\}, \qquad |y - y_0| \leqq \min\left\{\frac{k}{2M}\Delta z, \Delta y\right\}. \tag{73.14}$$

Beweis. Wir wenden die Formel über den endlichen Zuwachs auf die Funktionen $F(x_0, y_0, z_0)$ an:

$$F(x_0, y_0, z_0 + \Delta z) = F_z(x_0, y_0, z_0 + \Theta_1 \Delta z)\,\Delta z\,, \quad 0 < \Theta_1 < 1\,.$$

Unter Beachtung der Abschätzung (73.13) erhält man dann

$$F(x_0, y_0, z_0 + \Delta z) \geqq k\,\Delta z\,.$$

Wir bestimmen ein Segment auf der Halbgeraden

$$x \geqq x_0\,, \quad y = y_0\,, \quad z = z_0 + \Delta z\,,$$

in dem die Ungleichung

$$F(x, y_0, z_0 + \Delta z) \geqq \frac{k}{2}\Delta z \tag{73.15}$$

gilt.

Es werde im Punkt $\xi \in [x_0, x_0 + \Delta x]$ die Gleichung

$$F(\xi, y_0, z_0 + \Delta z) = \frac{k}{2}\Delta z$$

erfüllt. Anwendung der Formel über den endlichen Zuwachs ergibt

$$\begin{aligned} F(\xi, y_0, z_0 + \Delta z) = F(x_0, y_0, z_0 + \Delta z) \\ + F_x[x_0 + \Theta_2(\xi - x_0)\,,\ y_0, z_0 + \Delta z]\ (\xi - x_0)\,, \\ 0 < \Theta_2 < 1\,. \end{aligned}$$

Ist $\xi - x_0 < \Delta x$, so folgt

$$\xi - x_0 \geqq \frac{k}{2\,M}\Delta z\,.$$

Dann ist die Ungleichung (73.15) erfüllt bei

$$0 \leqq x - x_0 \leqq \min\left\{\frac{k}{2\,M}\Delta z\,,\ \Delta x\right\}.$$

Ähnlich folgt, daß in dem durch die Ungleichungen (73.14) definierten Gebiet $d$ die Funktion $F(x, y, z_0 + \Delta z)$ nichtnegativ ist.

Wir wiederholen die Überlegungen für die Ebene $z = z_0 - \Delta z$ und überzeugen uns, daß die Funktion $F(x, y, z_0 - \Delta z)$ im Gebiet $d$ nichtpositiv ist.

Aus dem soeben Bewiesenen folgt nun die Existenz einer impliziten Funktion im Gebiet $d$. Ihre Stetigkeit und stetige Differenzierbarkeit kann auf gewöhnlichem Wege bewiesen werden.

Satz 73.1. *Sind die oben formulierten Forderungen hinsichtlich der Glattheit des Integranden* $\varphi(x, y, y')$ *erfüllt und gelten die Bedingungen* (73.4′) *und* (73.4″), *so ist das System* (73.5) *auf dem Abschnitt* [0, 1] *eindeutig lösbar und erzeugt eine Funktion*

$$y_k = Q_k(\lambda) \quad (k = 1, 2, \ldots, n)\,,$$

*die zusammen mit ihren ersten Ableitungen stetig auf diesem Abschnitt ist.*

Beweis. Aus der Stetigkeit der Funktion $\varphi(x, y, y')$ und der in den Ausdruck (73.8) eingehenden Ableitungen und vermöge der Abschätzung (73.9) folgt die Existenz solcher Konstanten $S$ und $\delta_0$, daß bei $\lambda \in [0, 1]$ und $|y_k(\lambda) - \bar{y}_k| \leqq 3\,m$

für alle $k$ folgende Ungleichungen gelten:

$$\left.\begin{array}{l} |\gamma_k| \leqq S\,, \quad \alpha_k \leqq S\,, \quad \beta_k \leqq S\,, \quad \Delta_k \leqq S\,, \\ \dfrac{\alpha_{k-1}\,\Delta_{k-2}}{\Delta_{k-1}} \leqq S\,, \qquad \dfrac{\Delta_k}{\Delta_{k-1}} \geqq \delta_0\,, \\ \left|\gamma_k + \dfrac{\alpha_{k-1}\,\Delta_{k-2}}{\Delta_{k-1}}\left(\gamma_{k-1} + \cdots + \dfrac{\alpha_1\,\Delta_0}{\Delta_1}\gamma_1\right)\right| \leqq S\,. \end{array}\right\} \tag{73.16}$$

Wählt man $S$ entsprechend groß, so kann man

$$\frac{1}{S}\cdot\frac{\delta_0}{2} \leqq 1$$

voraussetzen.

Bei $\lambda = 0$ besitzt das System (73.5) die Lösung $\bar{y}_k$ ($k = 1, 2, \ldots, n$). Wir setzen diese Lösung nach dem Parameter $\lambda$ fort.

Auf der Grundlage des Lemmas 73.2 und des Satzes über die impliziten Funktionen folgt, daß in dem durch die Ungleichungen

$$0 \leqq \lambda \leqq \min\left\{2m\left(\frac{\delta_0}{2S}\right)^{n-1}, 1\right\},$$

$$|y_{j+1} - \bar{y}_{j+1}| \leqq 2\,m\left(\frac{\delta_0}{2S}\right)^j \qquad (j = 0, 1, 2, \ldots, n-1)$$

definiertem Gebiet das System (73.5) die Relationen

$$y_j = \varphi_j(\lambda, y_{j+1})\,, \qquad \varphi_j(0, \bar{y}_{j+1}) = \bar{y}_j \qquad (j = 1, 2, \ldots, n-1)$$

erzeugt, wobei die Funktion $\varphi_j(\lambda, y_{j+1})$ stetig ist und stetige partielle Ableitungen besitzt. Außerdem gilt

$$\left.\begin{array}{l} \dfrac{\partial\varphi_j}{\partial\lambda} = -\dfrac{\Delta_{j-1}}{\Delta_j}\left\{\gamma_j + \dfrac{\alpha_{j-1}\Delta_{j-2}}{\Delta_{j-1}}\left[\gamma_{j-1} + \cdots + \dfrac{\alpha_1\,\Delta_0}{\Delta_1}\gamma_1\right]\right\}, \\ \dfrac{\partial\varphi_j}{\partial y_{j+1}} = \dfrac{\alpha_j\,\Delta_{j-1}}{\Delta_j}\,. \end{array}\right\} \tag{73.17}$$

In der Tat, wir setzen voraus, daß diese Behauptung richtig ist für $n = k$ (für $n = 2$ ergibt sich ihre Gültigkeit unmittelbar aus der Anwendung des Lemmas 73.2 und des Satzes über die impliziten Funktionen auf die erste Gleichung des Systems (73.5)).

Wir wenden das Lemma 73.2 und den Satz über die impliziten Funktionen auf die $(k+1)$-te Gleichung des Systems (73.5) an.

Es sei $F(x, y, z)$ die Funktion

$$N_k[\lambda, \varphi_{k-1}(\lambda, y_k), y_k, y_{k+1}] = \Phi_k(\lambda, y_k, y_{k+1})\,,$$

und wir setzen

$$x = \lambda\,, \qquad y = y_{k+1}\,, \qquad z = y_k\,.$$

Wir definieren das Gebiet $D$ durch die Ungleichungen

$$0 \leqq \lambda \leqq \min\left\{2m\left(\frac{\delta_0}{2S}\right)^{k-1}, 1\right\},$$

$$|y_k - \bar{y}_k| \leqq 2m\left(\frac{\delta_0}{2S}\right)^{k-1},$$

$$|y_{k+1} - \bar{y}_{k+1}| \leqq 2m.$$

Unter Verwendung der Ausdrücke für $\frac{\partial \varphi_{k-1}}{\partial \lambda}$ und $\frac{\partial \varphi_{k-1}}{\partial y_k}$ ermitteln wir die im Lemma 73.2 benötigten partiellen Ableitungen der Funktion $\Phi_k(\lambda, y_k, y_{k+1})$:

$$\frac{\partial \Phi_k}{\partial \lambda} = \frac{\partial N_k}{\partial \lambda} + \frac{\partial N_k}{\partial y_{k-1}} \frac{\partial \varphi_{k-1}}{\partial \lambda}$$

$$= \gamma_k + \frac{\alpha_{k-1} \Delta_{k-2}}{\Delta_{k-1}} \left\{\gamma_{k-1} + \cdots + \frac{\alpha_1 \Delta_0}{\Delta_1} \gamma_1\right\},$$

$$\frac{\partial \Phi_k}{\partial y_k} = \frac{\partial N_k}{\partial y_k} + \frac{\partial N_k}{\partial y_{k-1}} \frac{\partial \varphi_{k-1}}{\partial y_k} = \frac{\Delta_k}{\Delta_{k-1}},$$

$$\frac{\partial \Phi_k}{\partial y_{k+1}} = -\alpha_k.$$

Auf der Grundlage der Ungleichungen (73.13) und (73.16) können wir $M = S$ und $k = \delta_0$ setzen.

Vermöge Lemma 73.2 und nach dem Satz über die impliziten Funktionen inden wir dann im Gebiet

$$0 \leqq \lambda \leqq \min\left\{2m\left(\frac{\delta_0}{2S}\right)^k, 1\right\}, \qquad |y_{k+1} - \bar{y}_{k+1}| \leqq 2m\left(\frac{\delta_0}{2S}\right)^k$$

eine eindeutig bestimmte stetige Funktion $y_k = \varphi_k(\lambda, y_{k+1})$, $\varphi_k(0, \bar{y}_{k+1}) = \bar{y}_k$, deren partielle Ableitungen durch die für den Index $k$ aufgeschriebenen Formeln (73.17) ausgedrückt werden.

Indem wir diesen Prozeß fortsetzen, kommen wir bis zur letzten Gleichung des Systems (73.5):

$$N_n[\lambda, \varphi_n(\lambda, y_n), y_n, b_1] = \Phi_n(\lambda, y_n, b_1) = 0.$$

Durch Lösung dieser Gleichung definieren wir im Gebiet $d^{(n)}$,

$$0 \leqq \lambda \leqq \min\left\{2m\left(\frac{\delta_0}{2S}\right)^n, 1\right\} = \Delta\lambda, \tag{73.18}$$

eine Funktion $y_n = \varphi_n(\lambda, b_1) = Q_n(\lambda)$, die alle im Lemma 73.2 und im Satz über die impliziten Funktionen aufgeführten Eigenschaften besitzt.

Lassen wir nun diesen Prozeß in umgekehrter Richtung ablaufen, so konstruieren wir nacheinander im Gebiet $d^{(n)}$ eindeutig bestimmte stetige Funktionen

$$y_k = Q_k(\lambda), \qquad Q_k(0) = \bar{y}_k \qquad (k = 1, 2, \ldots, n),$$

die stetige erste partielle Ableitungen besitzen.

Damit ist der Satz 73.1 für den Abschnitt $[0, \Delta\lambda]$ ($\Delta\lambda > 0$ wird durch (73.18) definiert) bewiesen. Es ist entweder der Abschnitt $[0, \Delta\lambda]$ identisch mit dem Abschnitt $[0, 1]$ oder ein Teil von ihm.

Im letzten Fall muß die erhaltene Lösung auf den gesamten Abschnitt $[0, 1]$ fortgesetzt werden.

Zu diesem Zweck ermitteln wir den Wert der Funktion $y_k(\lambda)$ im Punkt $\lambda = \frac{\Delta\lambda}{2}$ und nehmen ihn als neuen Ausgangswert

$$y_k\left(\frac{\Delta\lambda}{2}\right) = \overline{\overline{y}}_k \qquad (k = 1, 2, \ldots, n).$$

Aus Lemma 73.1 folgt $|\overline{\overline{y}}_k - \overline{y}_k| \leqq m$, $|\overline{y}_k - \overline{\overline{y}}_k| \leqq 2\,m$.

Da die beim Beweis des Satzes benutzten Abschätzungen (73.16) für beliebiges $\lambda \in [0, 1]$ gelten, können wir durch analoge Überlegungen die Richtigkeit des Satzes entweder auf dem gesamten Abschnitt $[0, 1]$ oder auf dem Abschnitt $\left[0, \frac{\Delta\lambda}{2} + \Delta\lambda\right]$ beweisen.

Aus (73.18) folgt

$$\Delta\lambda \geqq 2\,m \left(\frac{\delta_0}{2\,S}\right)^n.$$

Auf diese Weise gelangen wir nach weniger als $\frac{1}{m}\left(\frac{2\,S}{\delta_0}\right)^n$ Schritten bis zum Punkt $\lambda = 1$.

Bemerkung 2. Wenn der Punkt $x_{n+1} = b$ eine Stützstelle der Quadraturformel ist, d. h., das Integral wird näherungsweise durch folgende Summe ersetzt:

$$\int_a^b \varphi(x, y, y')\,dx$$
$$= \sum_{k=0}^{n} C_k \varphi\left(x_k, y_k, \frac{y_{k+1} - y_k}{\Delta x_k}\right) + C_{n+1}\varphi\left(x_{n+1}, y_{n+1}, \frac{y_{n+1} - y_n}{\Delta x_n}\right),$$

dann tritt in der letzten Gleichung des Systems (73.3) ein neues Glied auf. Diese Gleichung hat dann die Gestalt

$$\psi_y\Big|_n - \frac{1}{\Delta x_n}\psi_{y'}\Big|_n + \frac{1}{\Delta x_{n-1}}\psi_{y'}\Big|_{n-1} - \frac{1}{\Delta x_n}\psi_{y'}\left(x_{n+1}, y_{n+1}, \frac{y_{n+1} - y_n}{\Delta x_n}\right) = 0.$$

Außerdem ändern sich $\beta_n$ und $\gamma_n$ in folgender Weise:

$$\beta_n = \gamma\,(p_n - 2\,q_n + r_n + r_{n-1}) + (1 - \lambda)\,(R_n + R_{n-1} + T_n)$$
$$+ \frac{1}{(\Delta x_n)^2}\psi_{y'y'}\left(x_{n+1}, y_{n+1}, \frac{y_{n+1} - y_n}{\Delta x_n}\right),$$
$$\gamma_n = \delta^2\,y_n - T_n\,y_n + \psi_y\Big|_n - \frac{1}{\Delta x_n}\psi_{y'}\Big|_n + \frac{1}{\Delta x_{n-1}}\psi_{y'}\Big|_{n-1}$$
$$- \frac{1}{\Delta x_n}\psi_{y'}\left(x_{n+1}, y_{n+1}, \frac{y_{n+1} - y_n}{\Delta x_n}\right).$$

Die restlichen Gleichungen der Systeme (73.3) und (73.7) bleiben unverändert. Das Lemma 73.1 und der Satz 73.1 behalten ihre Gültigkeit.

## § 74. Ein Beispiel

In diesem Paragraphen untersuchen wir ein Zahlenbeispiel, das die Überlegungen des vorangegangenen Paragraphen bestätigen soll.[1])

Bevor wir uns dem eigentlichen Beispiel zuwenden werden, wollen wir einige allgemeine Tatsachen zusammenstellen, die bei seiner Lösung verwendet werden. Ausgehend von dem im vorangegangenen Paragraphen betrachteten allgemeinen Fall wenden wir uns dem Spezialfall zu, daß der Abschnitt $[a, b]$ in $n$ gleiche Teile der Länge $h = \frac{b-a}{n}$ unterteilt sei, die Stützstellen seien $x_k = a + kh$ $(k = 0, 1, \ldots, n)$. Außerdem verwenden wir im Vergleich zu § 73 eine bessere Approximation für die Ableitung, nämlich

$$\left.\begin{aligned} y_k' &= y'(x_k) \approx \frac{y_{k+1} - y_{k-1}}{2h} \qquad (k = 1, 2, \ldots, n-1)\,, \\ y_0' &= y'(x_0) \approx \frac{-3y_0 + 4y_1 - y_2}{2h}\,, \\ y_n' &= y'(x_n) \approx \frac{y_{n-2} - 4y_{n-1} + 3y_n}{2h}\,. \end{aligned}\right\} \tag{74.1}$$

Wie auch in § 73 ersetzen wir die exakte Variationsaufgabe durch eine genäherte: Gesucht ist ein Vektor $Y = (y_1, y_2, \ldots, y_{n-1})$, der das Minimum für die Summe

$$\begin{aligned} f(y_1, y_2, \ldots, y_{n-1}) &= \sum_{k=0}^{n} C_k \varphi(x_k, y_k, y_k') \\ &= \psi\left(x_0, y_0, \frac{-3y_0 + 4y_1 - y_2}{2h}\right) + \sum_{k=1}^{n-1} \psi\left(x_k, y_k, \frac{y_{k+1} - y_{k-1}}{2h}\right) \\ &\quad + \psi\left(x_n, y_n, \frac{y_{n-2} - 4y_{n-1} + 3y_n}{2h}\right) \end{aligned} \tag{74.2}$$

realisiert.

Aus den notwendigen Bedingungen für die Existenz eines Minimums erhalten wir das folgende System von $n-1$ linearen Gleichungen in den Unbekannten $y_1, y_2, \ldots, y_{n-1}$:

$$\left.\begin{aligned} &\frac{\partial f}{\partial y_1} = \frac{\partial\psi}{\partial y}\Big|_1 - \frac{1}{2h}\frac{\partial\psi}{\partial y'}\Big|_2 + \frac{2}{h}\frac{\partial\psi}{\partial y'}\Big|_0 = 0\,, \\ &\frac{\partial f}{\partial y_2} = \frac{\partial\psi}{\partial y}\Big|_2 - \frac{1}{2h}\frac{\partial\psi}{\partial y'}\Big|_3 + \frac{1}{2h}\frac{\partial\psi}{\partial y'}\Big|_1 - \frac{1}{2h}\frac{\partial\psi}{\partial y'}\Big|_0 = 0\,, \\ &\frac{\partial f}{\partial y_k} = \frac{\partial\psi}{\partial y}\Big|_k - \frac{1}{2h}\frac{\partial\psi}{\partial y'}\Big|_{k+1} + \frac{1}{2h}\frac{\partial\psi}{\partial y'}\Big|_{k-1} = 0 \\ &\qquad\qquad (k = 3, 4, \ldots, n-3)\,, \\ &\frac{\partial f}{\partial y_{n-2}} = \frac{\partial\psi}{\partial y}\Big|_{n-2} - \frac{1}{2h}\frac{\partial\psi}{\partial y'}\Big|_{n-3} + \frac{1}{2h}\frac{\partial\psi}{\partial y'}\Big|_{n-1} + \frac{1}{2h}\frac{\partial\psi}{\partial y'}\Big|_n = 0\,, \\ &\frac{\partial f}{\partial y_{n-1}} = \frac{\partial\psi}{\partial y}\Big|_{n-1} - \frac{2}{h}\frac{\partial\psi}{\partial y'}\Big|_n + \frac{1}{2h}\frac{\partial\psi}{\partial y'}\Big|_{n-2} = 0\,, \end{aligned}\right\} \tag{74.3}$$

[1]) Dieses Beispiel ist in der Arbeit von S. A. Wlassowa und J. W. Rybakowa [1] enthalten, die wir auch im wesentlichen als Grundlage nehmen.

wobei z. B.

$$\left.\frac{\partial\psi}{\partial y}\right|_1 = \frac{\partial\psi\left(x_1, y_1, \frac{y_2 - y_0}{2h}\right)}{\partial y}$$

gesetzt wurde.

Wir lösen das System (74.3) mit dem Verfahren der Differentiation nach einem Parameter. Wir betrachten das vom Paramter $\lambda$, $0 \leqq \lambda \leqq 1$, abhängige System

$$N_k(\lambda, y_{k-2}, y_{k-1}, y_k, y_{k+1}, y_{k+2}) = (1-\lambda)\,\Delta_k + \lambda\frac{\partial f}{\partial y_k} = 0 \qquad (74.4)$$

$$(k = 1, 2, \ldots, n-1),$$

wobei $\Delta_k = \Delta_k(y_{k-1}, y_k, y_{k+1})$ von uns auszuwählende lineare Funktionen sind, so daß das System

$$\left.\begin{aligned} &\Delta_k(y_{k-1}, y_k, y_{k+1}) = 0 \qquad (k = 1, 2, \ldots, n-1),\\ &y_0 = A, \qquad y_n = B \end{aligned}\right\} \qquad (74.5)$$

symmetrisch wird und bei $\lambda = 0$ die eindeutige Lösung $y_k = \bar{y}_k$ $(k = 1, 2, \ldots, n-1)$ besitzt. Wenn wir die Lösung des Systems (74.4) mit $y_k(\lambda)$ $(k = 1, 2, \ldots, n-1)$ bezeichnen, gilt also

$$y_k(0) = \bar{y}_k\,.$$

Bei $\lambda = 1$ geht das System (74.4) in das System (74.3) über, dessen Lösung wir suchen.

Wir differenzieren das System (74.4) nach $\lambda$:

$$\sum_{l=-2}^{2}\frac{\partial N_k}{\partial y_{k+l}}\frac{dy_{k+l}}{d\lambda} = -\frac{\partial N_k}{\partial\lambda} \qquad (k = 1, 2, \ldots, n-1), \qquad (74.6)$$

in Matrixschreibweise

$$A_{n-1}V_{n-1} = \Gamma_{n-1}, \qquad (74.7)$$

wobei $V_{n-1}$ und $\Gamma_{n-1}$ die folgenden Vektoren sind:

$$V_{n-1} = \left(\frac{dy_1}{d\lambda}, \frac{dy_2}{d\lambda}, \ldots, \frac{dy_{n-1}}{d\lambda}\right),$$

$$\Gamma_{n-1} = (\gamma_1, \gamma_2, \ldots, \gamma_{n-1}), \qquad \gamma_k = -\frac{\partial N_k}{\partial\lambda} \qquad (k = 1, 2, \ldots, n-1)\,.$$

Mit $A_{n-1}$ bezeichnen wir die Matrix des Systems (74.6), die offensichtlich symmetrisch und fünfdiagonal ist.

Wir führen folgende Bezeichnungen ein:

$$\begin{aligned} b_1 &= \frac{\partial N_1}{\partial y_1} = (1-\lambda)\frac{\partial\Delta_1}{\partial y_1} + \lambda(p_1 + r_2 + 16\,r_0)\,,\\ b_2 &= \frac{\partial N_2}{\partial y_2} = (1-\lambda)\frac{\partial\Delta_2}{\partial y_2} + \lambda(p_2 + r_3 + r_1 + r_0)\,,\\ b_k &= \frac{\partial N_k}{\partial y_k} = (1-\lambda)\frac{\partial\Delta_k}{\partial y_k} + \lambda(p_k + r_{k+1} + r_{k-1})\\ &\qquad (k = 3, 4, \ldots, n-3)\,, \end{aligned}$$

$$\left.\begin{aligned} b_{n-2} &= \frac{\partial N_{n-2}}{\partial y_{n-2}} = (1-\lambda)\frac{\partial \Delta_{n-2}}{\partial y_{n-2}} + \lambda(p_{n-2} + r_{n-2} + r_{n-3} + r_n)\,,\\ b_{n-1} &= \frac{\partial N_{n-1}}{\partial y_{n-1}} = (1-\lambda)\frac{\partial \Delta_{n-1}}{\partial y_{n-1}} + \lambda(p_{n-1} + 16\,r_n + r_{n-2})\,,\\ a_1 &= \frac{\partial N_1}{\partial y_2} = \frac{\partial N_2}{\partial y_1} = (1-\lambda)\frac{\partial \Delta_2}{\partial y_1} + \lambda(-q_2 + q_1 - 4\,r_0)\,,\\ a_k &= \frac{\partial N_k}{\partial y_{k+1}} = \frac{\partial N_{k+1}}{\partial y_k} = (1-\lambda)\frac{\partial \Delta_k}{\partial y_{k+1}} + \lambda(-q_{k+1} + q_k)\\ &\qquad (k = 2, 3, \ldots, n-3)\,,\\ a_{n-2} &= \frac{\partial N_{n-2}}{\partial y_{n-1}} = \frac{\partial N_{n-1}}{\partial y_{n-2}} = (1-\lambda)\frac{\partial \Delta_{n-2}}{\partial y_{n-1}} + \lambda(q_{n-2} - q_{n-1} - 4\,r_n)\,,\\ c_k &= \frac{\partial N_{k-1}}{\partial y_{k+1}} = \frac{\partial N_{k+1}}{\partial y_{n-1}} = -\lambda\,r_k \qquad (k = 2, 3, \ldots, n-2) \end{aligned}\right\}\tag{74.8}$$

mit

$$r_k = \frac{1}{4\,h^2}\,\frac{\partial^2\psi}{\partial y'\,\partial y'}\bigg|_k,\qquad q_k = \frac{1}{2\,h}\,\frac{\partial^2\psi}{\partial y'\,\partial y}\bigg|_k,\qquad p_k = \frac{\partial^2\psi}{\partial y\,\partial y}\bigg|_k.$$

Dann ergibt sich

$$A_{n-1} = \left\|\begin{matrix} b_1\,a_1\,c_2 \\ a_1\,b_2\,a_2\,c_3 \\ c_2\,a_2\,b_3\,a_3\,c_4 \\ \cdots\cdots \\ c_{k-1}\,a_{k-1}\,b_k\,a_k\,c_{k+1} \\ \cdots\cdots \\ c_{n-4}\,a_{n-4}\,b_{n-3}\,a_{n-3}\,c_{n-2} \\ c_{n-3}\,a_{n-3}\,b_{n-2}\,a_{n-2} \\ c_{n-2}\,a_{n-2}\,b_{n-1} \end{matrix}\right\|. \tag{74.9}$$

Die gesuchte Lösung des Systems (74.3) ist zugleich die Lösung der CAUCHYschen Aufgabe für das System (74.6) bei $\lambda = 1$, die den Anfangsbedingungen

$$y_k(0) = \bar{y}_k \qquad (k = 1, 2, \ldots, n-1)$$

genügt.

Diese Lösung ermitteln wir näherungsweise. Wir unterteilen den Abschnitt $[0, 1]$ durch die Punkte $\lambda_i$ $(i = 1, 2, \ldots, m)$ in $m$ Teilabschnitte und wenden z. B. das RUNGE-KUTTA-Verfahren an.

Für ein System von Differentialgleichungen der Form

$$\frac{dy_l}{d\lambda} = Z_l(\lambda, y_1, y_2, \ldots, y_{n-1}) \qquad (l = 1, 2, \ldots, n-1) \tag{74.10}$$

haben die Formeln des RUNGE-KUTTA-Verfahrens folgende Gestalt:

$$y_l(\lambda_{i+1}) = y_l(\lambda_i) + \frac{1}{6}\left[k_1^{(li)} + 2\,k_2^{(li)} + 2\,k_3^{(li)} + k_4^{(li)}\right],$$

wobei

$$\left.\begin{aligned} k_1^{(li)} &= \Delta\lambda \cdot Z_l\left[\lambda_i, y_1(\lambda_i), y_2(\lambda_i), \ldots, y_{n-1}(\lambda_i)\right], \\ k_2^{(li)} &= \Delta\lambda \cdot Z_l\left[\lambda_i + \frac{\Delta\lambda}{2}, y_1(\lambda_i) + \frac{k_1^{(li)}}{2}, \ldots, y_{n-1}(\lambda_i) + \frac{k_1^{(n-1,i)}}{2}\right], \\ k_3^{(li)} &= \Delta\lambda \cdot Z_l\left[\lambda_i + \frac{\Delta\lambda}{2}, y_1(\lambda_i) + \frac{k_2^{(li)}}{2}, \ldots, y_{n-1}(\lambda_i) + \frac{k_2^{(n-1,i)}}{2}\right], \\ k_4^{(li)} &= \Delta\lambda \cdot Z_l\left[\lambda_i + \Delta\lambda, y_1(\lambda_i) + k_3^{(li)}, \ldots, y_{n-1}(\lambda_i) + k_3^{(n-1,i)}\right] \\ &(i = 1, 2, \ldots, n-1;\; l = 1, 2, \ldots, n-1) \end{aligned}\right\} \quad (74.11)$$

gesetzt wurde.

Um also die Formeln (74.11) verwenden zu können, müssen die Gleichungen (74.6) in bezug auf die Ableitungen gelöst werden, so daß wir Ausdrücke der Form (74.10) erhalten. Die Auflösung von (74.6) ist allerdings im allgemeinen Fall außerordentlich schwierig.

Bei der numerischen Integration kann man diese Schwierigkeiten umgehen: Wir haben nämlich für jedes feste $\lambda_i$ ein algebraisches System zu lösen, das aus (74.6) hervorgeht, wenn man in die Koeffizienten bei den Unbekannten und in die rechten Seiten die früher ermittelten $y_k(\lambda_i)$ einsetzt.

Bei der Lösung dieses Systems verwenden wir die Zerlegung der Matrix $A_{n-1}$ in ein Produkt zweier Dreiecksmatrizen.[1])

Da $A_{n-1}$ eine fünfdiagonale Matrix ist, gilt

$$A_{n-1} = C_{n-1} \cdot B_{n-1}, \quad (74.12)$$

$$C_{n-1} = \begin{Vmatrix} \beta_1 \\ \alpha_1 & \beta_2 \\ \delta_2 & \alpha_2 & \beta_3 \\ \cdot & \cdot & \cdot \\ & \cdot & \cdot & \cdot \\ & & \cdot & \cdot & \cdot \\ & & & \cdot & \cdot & \cdot \\ & & & \delta_{k-1} & \alpha_{k-1} & \beta_k \\ & & & & \cdot & \cdot & \cdot \\ & & & & & \cdot & \cdot & \cdot \\ & & & & & & \cdot & \cdot & \cdot \\ & & & & & & & \cdot & \cdot & \cdot \\ & & & & & & & \cdot & \cdot & \cdot \\ & & & & & & & \delta_{n-2} & \alpha_{n-2} & \beta_{n-1} \end{Vmatrix},$$

[1]) Siehe etwa F. R. GANTMACHER [1] oder D. K. FADDEJEW und W. N. FADDEJEWA [1].

$$B_{n-1} = \left\| \begin{array}{cccccccc} 1 & \mu_1 & \nu_1 & & & & & \\ & \cdot & \cdot & \cdot & & & & \\ & & \cdot & \cdot & \cdot & & & \\ & & & 1 & \mu_k & \nu_k & & \\ & & & & \cdot & \cdot & \cdot & \\ & & & & & 1 & \mu_{n-3} & \nu_{n-3} \\ & & & & & & 1 & \mu_{n-2} \\ & & & & & & & 1 \end{array} \right\| .$$

Die Elemente der Matrizen $C_{n-1}$ und $B_{n-1}$ können wie folgt iterativ ermittelt werden:

$$\beta_1 = b_1, \qquad \mu_1 = \frac{a_1}{\beta_1}, \qquad \alpha_1 = a_1, \qquad \beta_2 = b_2 - \alpha_2 \mu_1,$$

$$\nu_k = \frac{c_{k+1}}{\beta_k} \qquad (k = 1, 2, \ldots, n-3),$$

$$\mu_k = \frac{a_k - \alpha_{k-1} \nu_{k-1}}{\beta_k} \qquad (k = 2, 3, \ldots, n-2),$$

$$\alpha_{k-1} = a_{k-1} - \delta_{k-1} \mu_{k-2} \qquad (k = 3, 4, \ldots, n-1),$$

$$\beta_k = b_k - \delta_k \nu_{k-2} - \alpha_{k-1} \mu_{k-1} \qquad (k = 3, 4, \ldots, n-1),$$

$$\delta_k = c_k \qquad (k = 2, 3, \ldots, n-2).$$

Aus (74.7) und (74.12) folgt

$$C_{n-1} B_{n-1} V_{n-1} = \Gamma_{n-1}.$$

Mit

$$B_{n-1} V_{n-1} = D_{n-1} \tag{74.13}$$

kann man die Gleichung (74.7) in der Form

$$C_{n-1} D_{n-1} = \Gamma_{n-1}$$

schreiben.

Die Komponenten des Vektors $D_{n-1} = (d_1, d_2, \ldots, d_{n-1})$ können sukzessiv ermittelt werden:

$$d_1 = \frac{\gamma_1}{\beta_1}, \qquad d_2 = \frac{\gamma_2 - \alpha_1 d_1}{\beta_2},$$

$$d_k = \frac{\gamma_k - \delta_{k-1} d_{k-2} - \alpha_{k-1} d_{k-1}}{\beta_k} \qquad (k = 3, 4, \ldots, n-1).$$

Aus den Relationen (74.13) ergeben sich folgende Komponenten des Vektors $V_{n-1}$:

$$\frac{dy_{n-1}}{d\lambda} = d_{n-1},$$

$$\frac{dy_{n-2}}{d\lambda} = d_{n-2} - \mu_{n-2}\frac{dy_{n-1}}{d\lambda},$$

. . . . . . . . . . . . . . . . .

$$\frac{dy_k}{d\lambda} = d_k - \mu_k \frac{dy_{k+1}}{d\lambda} - \nu_k \frac{dy_{k+2}}{d\lambda} \qquad (k = n-3, n-4, \ldots, 1);$$

diese Formeln entsprechen der Ermittlung der Funktionen $Z_l(\lambda, y_1, y_2, \ldots, y_{n-1})$ für $\lambda = \lambda_l$.

Wir betrachten wieder das Beispiel des § 71.

Gesucht ist eine Funktion, die das Minimum des Integrals

$$\int_0^1 \left[\frac{1}{48} y'^4 + y'^2 + y^2 - 6y\right] dx$$

realisiert und die Randbedingungen

$$y(0) = 1, \qquad y(1) = 0$$

erfüllt.

Die Quadraturformel werde durch

$$C_k = \frac{1}{n} h \qquad (k = 0, 1, \ldots, n-1), \qquad C_n = 0$$

charakterisiert. Wir ermitteln $p_k, q_k, r_k$ zu

$$p_k = \frac{2}{n}, \qquad q_k = 0, \qquad r_k = \frac{n}{4}\left[2 + \frac{1}{4}(\bar{y}_k)^2\right] \qquad (k = 0, 1, \ldots, n-1).$$

Die in das System (74.4) eingehende Funktion $\Delta_k$ werde wie folgt gewählt:

$$\Delta_k = -R_k y_{k+1} + (R_k + R_{k-1} + T_k) y_k - R_{k-1} y_{k-1}$$

mit

$$R_k = \frac{n-k}{4h^3}, \qquad T_k = \frac{1}{4h^2(1-kh)}.$$

Als Lösung des Systems (74.5) erhalten wir die Funktion

$$y_k(0) = \bar{y}_k = 1 - kh \qquad (k = 1, 2, \ldots, n-1).$$

Im folgenden gehen wir nach dem oben genannten Schema vor.

In den Tabellen 74.1 bis 74.3 und in Abb. 6 sind die Resultate der numerischen Rechnung wiedergegeben.

In Tabelle 74.1 sind die Werte der Näherungslösungen $y_n(x_k)$ enthalten, die durch Integration des Systems (74.6) für verschiedene $n$ bei ein und derselben

**Tabelle 74.1**

**Die nach dem Verfahren der Differentiation nach einem Parameter gefundenen Näherungslösungen $y_n(x_k)$ für verschiedene $n$ (bei $\Delta\lambda = 1/16$)**

| lfd. Nr | $x_k$ | exakte Lösung | Näherungslösung bei | | | | | | | | |
|---|---|---|---|---|---|---|---|---|---|---|---|
| | | | $n = 10$ | $n = 20$ | $n = 30$ | $n = 40$ | $n = 50$ | $n = 60$ | $n = 70$ | $n = 80$ | $n = 90$ |
| 1 | 0,1 | 0,99 | 0,9925 | 0,9925 | 0,9865 | 0,9898 | 0,9864 | 0,9882 | 0,9859 | 0,9879 | 0,9865 |
| 2 | 0,2 | 0,96 | 0,9738 | 0,9664 | 0,9632 | 0,9614 | 0,9606 | 0,9587 | 0,9596 | 0,9575 | 0;9529 |
| 3 | 0,3 | 0,91 | 0,8977 | 0,9218 | 0,9034 | 0,9148 | 0,9049 | 0,9113 | 0,9033 | 0,9095 | 0,9065 |
| 4 | 0,4 | 0,84 | 0,8723 | 0,8584 | 0,8529 | 0,8497 | 0,8480 | 0,8453 | 0,8469 | 0,8430 | 0,8369 |
| 5 | 0,5 | 0,75 | 0,7240 | 0,7756 | 0,7451 | 0,7654 | 0,7489 | 0,7604 | 0,7483 | 0,7579 | 0,7527 |
| 6 | 0,6 | 0,65 | 0,6914 | 0,6730 | 0,6656 | 0,6612 | 0,6586 | 0,6558 | 0,6557 | 0,6531 | 0,6471 |
| 7 | 0,7 | 0,51 | 0,4700 | 0,5497 | 0,5063 | 0,5363 | 0,5126 | 0,5303 | 0,5138 | 0,5275 | 0,5173 |
| 8 | 0,8 | 0,36 | 0,4297 | 0,4051 | 0,3953 | 0,3895 | 0,3859 | 0,3829 | 0,3818 | 0,3797 | 0,3758 |
| 9 | 0,9 | 0,19 | 0,1374 | 0,2384 | 0,1795 | 0,2197 | 0,1877 | 0,2123 | 0,1905 | 0,2086 | 0,1928 |
| 10 | | −2,0667 | −2,3318 | −2,2034 | −2,1576 | −2,1345 | −2,1207 | −2,1115 | −2,1048 | −2,0998 | −2,0959 |

Tabelle 74.2

Tabelle der maximalen Abweichungen der Näherungslösung von exakten Lösung für verschiedene $\Delta\lambda$

| $\Delta\lambda$ | $n = 10$ | $n = 20$ | $n = 30$ | $n = 40$ | $n = 50$ | $n = 60$ | $n = 70$ | $n = 80$ |
|---|---|---|---|---|---|---|---|---|
| $\frac{1}{16}$ | 0,0697 | 0,0484 | 0,0353 | 0,0297 | 0,0259 | 0,0223 | 0,0218 | 0,0197 |
| $\frac{1}{32}$ | 0,0665 | 0,0444 | 0,0337 | 0,0288 | 0,0255 | 0,0232 | 0,0204 | 0,0191 |
| $\frac{1}{64}$ | 0,0657 | 0,0336 | 0,0310 | 0,0275 | 0,0248 | 0,0225 | 0,0226 | 0,0182 |
| $\frac{1}{128}$ | 0,0657 | 0,0331 | 0,0272 | 0,0250 | 0,0232 | 0,0216 | 0,0222 | 0,0175 |

Schrittweite $\Delta\lambda = \frac{1}{16}$ erhalten wurden.

In Abb. 6 kann man die Abweichungen der Näherungslösung $y_n(x_k)$ von der exakten Lösung $y(x_k)$ $\left(\Delta\lambda = \frac{1}{16}\right)$ verfolgen. Dabei wurde auf der horizontalen Achse $n$ abgetragen, auf der vertikalen Achse dagegen $\Delta_{n,k} = y_n(x_k) - y(x_k)$. Für jedes $x_k$ wurde eine Kurve eingezeichnet ($x_k = kh, k = 1, 2, \ldots, 9, h = 0,1$).

Aus der Tabelle und der Abbildung ist zu ersehen, daß bei Vergrößerung von $n$ nur eine unbedeutende Verringerung von $\Delta_{n,k}$ eintritt.

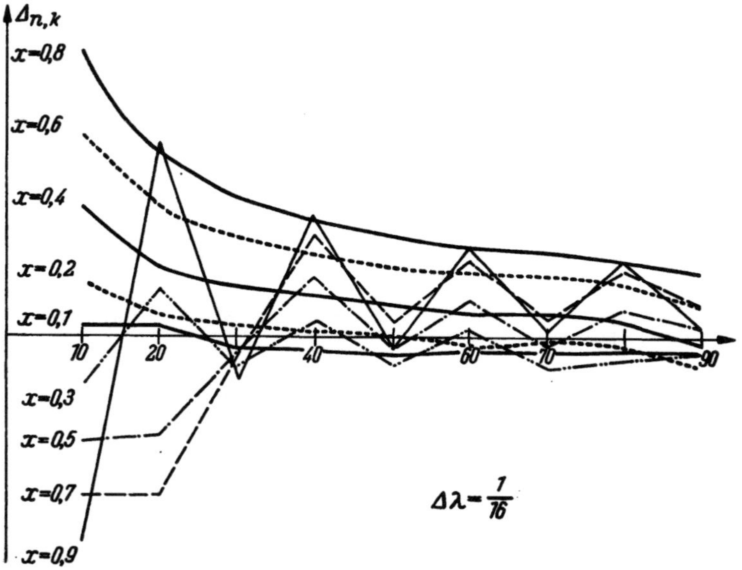


Abb. 6

Tabelle 74.3

Anwendung des Newtonschen Verfahrens

| lfd. Nr. | $x_k$ | exakte Lösung | die nach dem Verfahren von Newton-Kantorowitsch ermittelten Näherungswerte $y_n(x_k)$ | | | | | | | | | | | |
|---|---|---|---|---|---|---|---|---|---|---|---|---|---|---|
| | | | $n = 10$ | | $n = 20$ | | $n = 30$ | | $n = 40$ | | $n = 60$ | | $n = 80$ | |
| | | | I | II | I | II | I | II | I | II | I | II | I | II |
| 1 | 0,1 | 0,99 | 0,9970 | 0,9901 | 0,99802 | 0,99011 | 0,9908 | 0,98996 | 0,99857 | 0,99014 | 0,99854 | 0,99014 | 0,99756 | 0,99013 |
| 2 | 0,2 | 0,96 | 0,9741 | 0,9601 | 0,97594 | 0,96021 | 0,9616 | 0,95994 | 0,97698 | 0,96027 | 0,97690 | 0,96027 | 0,97501 | 0,96025 |
| 3 | 0,3 | 0,91 | 0,9303 | 0,9102 | 0,93339 | 0,91031 | 0,9124 | 0,90993 | 0,93488 | 0,91038 | 0,93477 | 0,91038 | 0,93223 | 0,91036 |
| 4 | 0,4 | 0,84 | 0,8666 | 0,8402 | 0,86974 | 0,84040 | 0,8430 | 0,83992 | 0,87168 | 0,84049 | 0,87155 | 0,84049 | 0,86881 | 0,84046 |
| 5 | 0,5 | 0,75 | 0,7781 | 0,7503 | 0,78418 | 0,75050 | 0,7535 | 0,74992 | 0,78664 | 0,75061 | 0,78660 | 0,75061 | 0,78421 | 0,75057 |
| 6 | 0,6 | 0,64 | 0,6713 | 0,6404 | 0,67573 | 0,64062 | 0,6435 | 0,63993 | 0,67880 | 0,64074 | 0,67896 | 0,64073 | 0,67732 | 0,64069 |
| 7 | 0,7 | 0,51 | 0,5327 | 0,5105 | 0,54335 | 0,51072 | 0,5131 | 0,50994 | 0,54703 | 0,51087 | 0,54746 | 0,51085 | 0,54683 | 0,51081 |
| 8 | 0,8 | 0,36 | 0,3790 | 0,3606 | 0,38547 | 0,36072 | 0,3620 | 0,35996 | 0,39002 | 0,36088 | 0,39087 | 0,36089 | 0,39117 | 0,36086 |
| 9 | 0,9 | 0,19 | 0,1869 | 0,1899 | 0,20105 | 0,19047 | 0,1893 | 0,18997 | 0,20636 | 0,19065 | 0,20773 | 0,19067 | 0,20865 | 0,19068 |
| 10 | | −2,0667 | −2,3001 | −2,3105 | | −2,2034 | −2,3104 | −2,3105 | | −2,1346 | | −2,1115 | | −2,0999 |
| 11 | | | −2,0813 | −2,0813 | | −2,0799 | | | | −2,0745 | | −2,07213 | | −2,0708 |

Auch eine Verkleinerung des Integrationsschrittes $\Delta\lambda$ führt zu keiner qualitativen Verbesserung des Resultats, was aus Tabelle 74.2 zu ersehen ist. In dieser Tabelle sind die maximalen Abweichungen $|\Delta_{n,k}|$ in bezug auf $k$ für verschiedene $n$ und $\lambda$ angegeben.

Um eine größere Genauigkeit bei der Lösung des Systems (74.3) zu erzielen, wurde das Verfahren von Newton-Kantorowitsch angewandt, wobei als Ausgangsnäherung die mit dem Verfahren der Differentiation nach einem Parameter erzeugte Näherungslösung für das System (74.3) genommen wurde.

In Tabelle 74.3 sind die Näherungslösungen für das System (74.2) im Fall unseres Beispiels nach dem Verfahren von Newton-Kantorowitsch wiedergegeben. Als Ausgangsnäherungen wurden die Werte aus Tabelle 74.1 für die entsprechenden $n$ verwendet.

Aus Tabelle 74.3 ist ersichtlich, daß sich bereits die zweiten Näherungen nach dem Newtonschen Verfahren nur wenig von der exakten Lösung der Aufgabe unterscheiden; der größte relative Fehler bleibt kleiner als 0,3%.

Einen genäherten Wert für das Minimum des Integrals erhalten wir, wenn wir die ermittelten Größen $y_k$ in die Formel (74.2) einsetzen.

In den Tabellen 74.1 und 74.3 sind in den Zeilen 10 die Resultate der Berechnung der Summen (74.2) für den Fall enthalten, daß die Näherungslösung nach dem Verfahren der Differentiation nach einem Parameter ermittelt und mit dem Verfahren von Newton-Kantorowitsch verbessert wurde.

Vergleicht man die erhaltenen Werte für die Summe (74.2) mit dem exakten Wert des Integrals (— 2,0667), so kann man einen verhältnismäßig großen relativen Fehler feststellen (12,5% — 1,3%). Dabei wurde dieser Fehler auch nicht kleiner, als wir bei der Berechnung der Summe (74.2) die genaueren Werte $y_k$ aus Tabelle 74.3 benutzten.

Dieses Ergebnis kann man so erklären, daß in die Formel (74.2) Näherungswerte für Ableitungen eingehen. Die Genauigkeit reichte wohl für eine gute Approximation der Funktion aus, nicht aber für die Approximation der Ableitung.

Für eine Verbesserung der Näherungswerte für das Minimum des Integrals kann man z. B. bei Anwendung des Interpolationspolynoms von Lagrange bei der Ermittlung der in die Quadraturformel eingehenden Ableitungen die gefundenen Funktionswerte in einer größeren Anzahl von Punkten als in den Formeln (74.1) verwenden.

Im Beispiel verwendeten wir eine Approximation durch Funktionswerte in vier Punkten, wodurch eine merkliche Verbesserung erreicht wurde. Bei $n = 10$ verringerte sich z. B. der bei der Berechnung des Minimums des Integrals entstehende relative Fehler von 12,5% auf 0,75% (vgl. Tabelle 74.3).

## § 75. Das Verfahren von L. M. Katschanow

In diesem Paragraphen legen wir ein Verfahren zur Lösung nichtlinearer Ritzscher Systeme dar, das von L. M. Katschanow in seiner Arbeit [4] zur Lösung einiger Aufgaben der Plastizitätstheorie entwickelt und in der Arbeit [6] auf Aufgaben der elastisch-plastischen Torsion von Stäben mit quadratischem Querschnitt angewandt wurde. S. N. Rose [1] verbesserte die in der Arbeit [6] von L. M. Katschanow durchgeführten Rechnungen[1]) und zeigte, daß man dieses Verfahren auf allgemeine Funktionale der Art (68.1) anwenden kann. Eine strenge Begründung für dieses Verfahren wurde bisher noch nicht gegeben.[2]) Trotzdem verdient dieses Verfahren Aufmerksamkeit vor allem dank seiner Einfachheit und seiner durch die praktische Rechnung bestätigten Effektivität.

Für das Funktional (68.1) stellen wir das Ritzsche System auf:

$$\frac{\partial F(u_n)}{\partial a_j} = 0 \qquad (j = 1, 2, \ldots, n). \tag{75.1}$$

Hierbei bezeichnet $F$ das Funktional (68.1),

$$u_n = \sum_{k=1}^{n} a_k \varphi_k \tag{75.2}$$

und $\varphi_k$ die Koordinatenelemente. Im Verfahren von L. M. Katschanow gehen wir wie folgt vor. Im Funktional (68.1) ersetzen wir die Funktionen $g_j(\xi)$ durch die Konstanten $g_j(0)$ und stellen die Aufgabe der Ermittlung des Minimums für das auf diese Weise erhaltene quadratische Funktional

$$F_1(u) = \int_\Omega \sum_{j=1}^{s} g_j(0)\, \tau_j(u)\, dx - (f, u). \tag{75.3}$$

Suchen wir eine Näherungslösung dieser Aufgabe nach dem Ritzschen Verfahren und setzen wir

$$u_{n1} = \sum_{k=1}^{n} a_{k1} \varphi_k, \tag{75.4}$$

so ergeben sich die Koeffizienten $a_{k1}$ als Lösung eines linearen Gleichungssystems. Den Vektor der Koeffizienten $(a_{11}, a_{21}, \ldots, a_{n1})$ erklären wir als erste Näherungslösung für das Ritzsche System (75.1). Ist die $r$-te Näherung

$$(a_{1r}, a_{2r}, \ldots, a_{nr}) \tag{75.5}$$

für die Lösung des Systems (75.1) bereits ermittelt, so wird die $(r+1)$-te Näherung

$$(a_{1,r+1}, a_{2,r+1}, \ldots, a_{n,r+1})$$

folgendermaßen konstruiert: Im Funktional (68.1) ersetzen wir $g_j(\xi)$ durch

$$g_j(\tau_j(u_{nr})) = g_j\left(\tau_j\left(\sum_{k=1}^{n} a_{kr} \varphi_k\right)\right),$$

[1]) Die Resultate von S. N. Rose sind auch im Buch des Autors und C. L. Smolizkis [1] enthalten.

[2]) Der von S. N. Rose [1] angegebene Konvergenzbeweis enthält leider einen Fehler.

dann ermitteln wir das Minimum des somit erhaltenen quadratischen Funktionals

$$F_k(u) = \int_\Omega \sum_{j=1}^{s} g_j\left(\tau_j(u_{n\,r})\right) \tau_j(u)\,dx - (f, u),$$

indem wir das RITZsche Verfahren anwenden und setzen

$$u_{n,\,r+1} = \sum_{k=1}^{s} a_{k,\,r+1}\,\varphi_k\,,$$

wobei die Koeffizienten $a_{k,\,r+1}$ Lösungen eines linearen Systems sind.

Wenn die GATEAUXsche Ableitung von grad $F$ gleichmäßig positiv definit ist, dann ist die Menge der Näherungslösungen (75.5) ($r = 1, 2, 3, \ldots$) beschränkt und demzufolge auch kompakt. Liegt für diese Menge Konvergenz vor, so ist ihr Grenzwert zugleich Lösung des Systems (75.1).

In der praktischen Anwendung ist das Verfahren von KATSCHANOW bis zu einer Stabilisierung der Rechnung oder bis zum Erkennen eines instabilen Verhaltens durchzuführen.

## § 76. Über die Stabilität des RITZschen Verfahrens für nichtlineare Aufgaben

Das Funktional $F$, dessen Minimum zu bestimmen ist, erfülle die Bedingungen des Satzes 70.1. Wir setzen weiterhin voraus, daß die Ableitung $P'_u$, wobei $P = \operatorname{grad} F$ gilt, den Ungleichungen (66.2) und (66.15) genügt, so daß sich

$$(P'_u h,\ h) \geqq \gamma_1^2\,(P'_{u_0} h, h) \geqq \gamma^2\,\|h\|^2 \tag{76.1}$$

ergibt, wobei $\gamma$ und $\gamma_1$ positive Konstanten und $u_0$, $u$, $h$ Elemente aus dem Definitionsgebiet des Operators $P$ sind (das Element $u_0$ ist fest, die Elemente $u$ und $h$ sind frei wählbar). Wie überall in diesem Kapitel sei das Funktional $F$ auf einer im BANACH-Raum $B$ dichten linearen Menge definiert. Dann bilden die Operatoren $P$ und $P'$ aus $B$ in $B^*$ ab. Die Definitionsgebiete dieser Operatoren seien ebenfalls dicht in $B$.

Das Koordinatensystem möge die Bedingungen 2 und 3 des § 70 erfüllen. Die Bedingung 1 des § 70 ersetzen wir durch die stärkere Bedingung: 1'. $\varphi_n \in D(P)$. Dann kann die RITZsche Gleichung in der BUBNOW-GALERKINschen Form (70.5) geschrieben werden:

$$\left(P\left(\sum_{k=1}^{n} a_k^{(n)} \varphi_k\right), \varphi_j\right) = 0 \qquad (j = 1, 2, \ldots, n).$$

Es sei $a^{(n)}$ der Vektor $a^{(n)} = (a_1^{(n)}, a_2^{(n)}, \ldots, a_n^{(n)})$. Wir setzen

$$\left(P\left(\sum_{k=1}^{n} a_k^{(n)} \varphi_k\right), \varphi_j\right) = P_j^{(n)}\,(a^{(n)})$$

und fassen die Größen

$$P_1^{(n)}\,(a^{(n)}),\ P_2^{(n)}\,(a^{(n)}),\ \ldots,\ P_n^{(n)}(a^{(n)})$$

zu einem Vektor zusammen, den wir mit $P^{(n)}(a^{(n)})$ bezeichnen. Man kann dann die RITZsche Gleichung in folgender Form schreiben:

$$P^{(n)}(a^{(n)}) = 0\,. \tag{76.2}$$

Bei der Ermittlung des Vektors $P^{(n)}$ treten naturgemäß Ungenauigkeiten auf. So erhalten wir im Resultat der praktischen Rechnung nicht den Vektor $P^{(n)}$, sondern einen Vektor

$$Q^{(n)} = P^{(n)} + T^{(n)}\,. \tag{76.3}$$

Wir setzen voraus, daß wir bei der genäherten Berechnung des Vektors $P^{(n)}$ in der Lage sind, folgende drei Bedingungen zu erfüllen: Es existieren zwei Funktionen $C_t'$ und $C_t''$ für nichtnegatives $t$ dergestalt, daß aus

$$\|\alpha^{(n)}\| \leqq t, \qquad \|\beta^{(n)}\| \leqq t \tag{76.4$_1$}$$

$$\|T^{(n)}(\alpha^{(n)})\| \leqq \delta\, C_t', \qquad \|T^{(n)\prime}_{\beta^{(n)}}(\alpha^{(n)})\| \leqq \delta C_t'' \tag{76.4$_2$}$$

folgen. Hierbei ist $\delta$ eine Konstante, die die Genauigkeit für die Berechnung des Vektors $P^{(n)}$ charakterisiert; wir setzen voraus, daß man diese Konstante beliebig klein wählen kann. Die Norm in (76.4$_2$) sei die Norm im euklidischen Raum.

Bei Anwendung des RITZschen Verfahrens ist in Wirklichkeit nicht die Gleichung (76.2), sondern die Gleichung

$$Q^{(n)}(b^{(n)}) = P^{(n)}(b^{(n)}) + T^{(n)}(b^{(n)}) = 0 \tag{76.5}$$

zu lösen. Wir sagen, daß das RITZsche Verfahren stabil ist, wenn man für jedes $\varepsilon > 0$ eine Zahl $\delta > 0$ dergestalt finden kann, daß bei Vorhandensein der Bedingungen (76.4$_2$) die Gleichung (76.5) eine Lösung $b^{(n)}$ besitzt, die der Ungleichung $\|b^{(n)} - a^{(n)}\| < \varepsilon$ genügt. Hierbei ist $a^{(n)}$ die Lösung der Gleichung (76.2).

Wir geben den Satz über die Existenz einer abstrakten impliziten Funktion in der Form wieder, wie er in der Arbeit [6] von A. LANGENBACH enthalten ist.

Der Operator $P = \operatorname{grad} F$ genüge den Bedingungen dieses Paragraphen. Die Aufgabe der Minimumbestimmung für das Funktional $F(u) - (f, u)$, $f \in H$, besitzt bekanntlich eine verallgemeinerte Lösung $\tilde{u}$. Wir setzen $\tilde{u} = \tilde{P}^{-1} f$. Man zeigt leicht, daß verschiedenen Elementen $f$ verschiedene $\tilde{u}$ entsprechen. Das bedeutet aber die Existenz eines zu $\tilde{P}^{-1}$ inversen Operators $\tilde{P}$, so daß $\tilde{P}\tilde{u} = f$ gilt. Ist $\tilde{u} \in D(P)$, so ergibt sich $P\tilde{u} = f$. Folglich ist $\tilde{P}$ eine Erweiterung des Operators $P$.

Es sei weiterhin ein Operator $K$ gegeben, dessen Definitionsgebiet nicht enger als das Definitionsgebiet des Operators $P$ sei. Weiterhin möge der Operator $K$ einer LIPSCHITZ-Bedingung der Form

$$\|K u_1 - K u_2\| \leqq \alpha\, |u_1 - u_2|_{P'_{u_0}}$$

genügen. Der oben erwähnte Satz über die impliziten Funktionen besteht in folgendem: Gilt $\frac{\gamma\,\gamma_1}{\alpha} > 1$, so besitzt die Gleichung

$$\tilde{P} u - K u = f$$

eine eindeutige Lösung $\bar{u}$, die $\tilde{u}$ in dem Sinne approximiert, daß

$$\lim \|\bar{u} - \tilde{u}\|_{P'_{u_0}} = 0$$

gilt.

Satz 76.1.[1]) *Wenn das Funktional $F$ und sein Gradient den in diesem Paragraphen genannten Bedingungen genügen und das Koordinatensystem stark minimal in der energetischen Metrik des Operators $P'_{u_0}$ ist, dann ist das* Ritzsche *Verfahren stabil.*

Beweis. Wir zeigen zunächst, daß die Größen $\|a^{(n)}\|$ unabhängig von $n$ beschränkt sind. Wir setzen $P(0) = f$. Der Gleichung (70.5) geben wir das Aussehen

$$(P(u^{(n)}) - P(0), \varphi_j) = (f, \varphi_j) \qquad (j = 1, 2, \ldots, n),$$

$$u^{(n)} = \sum_{k=1}^{n} a_k^{(n)} \varphi_k.$$

Es ist

$$P(u^{(n)}) - P(0) = \int_0^1 P'_{tu_n} u^{(n)}\, dt;$$

dann folgt

$$\int_0^1 (P'_{tu^{(n)}} u^{(n)}, \varphi_j)\, dt = (f, \varphi_j) \qquad (j = 1, 2, \ldots, n).$$

Multiplizieren wir diese Gleichungen mit $a_j^{(n)}$ und addieren sie, dann ergibt sich

$$\int_0^1 (P'_{tu^{(n)}} u^{(n)}, u^{(n)})\, dt = (f, u^{(n)}).$$

Den Integranden auf der linken Seite ersetzen wir durch den kleineren Wert $\gamma_1^2\,(P'_{u_0} u^{(n)}, u^{(n)})$. Die rechte Seite dieser Gleichung ersetzen wir durch den größeren Wert $\|f\|\,\|u^{(n)}\|$. Verwenden wir die Bezeichnungen [ , ] und $|\!|\;|\!|$ für das energetische Produkt und die energetische Norm des Operators $P'_{u_0}$, so ergibt sich folgende Ungleichung:

$$\gamma_1^2 \,|\!| u^{(n)} |\!|^2 \leq \|f\|\,\|u^{(n)}\|.$$

Vermöge Ungleichung (76.1) ist

$$\|u^{(n)}\| \leq \frac{\gamma_1}{\gamma} \,|\!| u^{(n)} |\!|,$$

[1]) Siehe die Arbeit [23] des Autors.

so daß wir

$$\|u^{(n)}\| \leq \frac{\|f\|}{\gamma\,\gamma_1} \tag{76.6}$$

erhalten. Außerdem gilt

$$\|u^{(n)}\|^2 = (R_n a^{(n)}, a^{(n)}) \geqq \lambda_1^{(n)} \, \|a^{(n)}\|^2 ,$$

wobei $R_n$ die Matrix der Elemente $[\varphi_k, \varphi_j]$ und $\lambda_1^{(n)}$ ihr kleinster Eigenwert ist. Infolge der Voraussetzungen des Satzes ergibt sich die Existenz einer Konstanten $\lambda_0 > 0$, so daß $\lambda_1^{(n)} \geqq \lambda_0$ gilt. Dann folgt

$$\|a^{(n)}\| \leqq \frac{1}{\sqrt{\lambda_0}} \|u^{(n)}\| \leqq \frac{\|f\|}{\gamma\,\gamma_1 \sqrt{\lambda_0}} = \sigma = \text{const}, \tag{76.7}$$

was zu zeigen war. Aus den Ungleichungen (76.4) und (76.7) folgen die Abschätzungen

$$\|T^{(n)}(a^{(n)})\| \leqq \delta C'_\sigma , \qquad \|T^{(n)\prime}_{b^{(n)}}(a^{(n)})\| \leqq \delta C''_\sigma . \tag{76.8}$$

Die zweite dieser Abschätzungen ist unter der Bedingung $\|b^{(n)}\| \leqq 2\sigma$ gültig.

Aus (76.8) folgt, daß der Operator $T^{(n)}$ in der Hypersphäre mit dem Radius $2\,\sigma$ einer Lipschitz-Bedingung genügt, deren Konstante für hinreichend kleines $\delta$ beliebig klein werden kann. Nach dem oben vermerkten Satz über die impliziten Funktionen besitzt dann die Gleichung (76.5) bei hinreichend kleinen $\delta$ eine Lösung $b^{(n)}$, die der Ungleichung $\|b^{(n)} - a^{(n)}\| < \varepsilon$ genügt, wobei $\varepsilon$ eine beliebig kleine positive Zahl ist. Das bedeutet aber nach unserer Definition Stabilität des Ritzschen Verfahrens.

Aus dem Satz dieses Paragraphen folgt, daß das Ritzsche Verfahren z. B. für die Funktionale der §§ 68 und 69 stabil ist, wenn nur das Koordinatensystem stark minimal in der entsprechenden energetischen Metrik ist.

Wir betrachten noch folgendes Beispiel. Es sei im Quadrat $0 \leqq x, s \leqq 1$ der Kern $K(x, s)$ die zweite Iterierte des Kernes $L(x, s)$:

$$K(x, s) = \int_0^1 L(x, t)\, L(t, x)\, dt .$$

Der Kern $L(x, s)$ sei reell, symmetrisch, stetig, nichtnegativ und positiv definit (die letzte Voraussetzung bedeutet, daß alle seine charakteristischen Zahlen positiv sind). Dann besitzt der Kern $K(x, s)$ die gleichen Eigenschaften. Der Kern $L(x, s)$ ist offensichtlich beschränkt. Es sei $L(x, s) \leqq M$, dann gilt $K(x, s) \leqq M^2$.

Das im Raum $L_2(0, 1)$ betrachtete Funktional

$$F(u) = \frac{1}{2}\int_0^1 u^2(x)\, dx + \frac{1}{4}\int_0^1\!\!\int_0^1 K(x, s)\, u^2(x)\, u^2(s)\, dx\, ds$$

$$- \int_0^1 f(x)\, u(x)\, dx, \qquad f \in L_2(0, 1), \tag{76.9}$$

besitzt den gesamten Raum als Definitionsgebiet. In der Tat, ist $u$ ein Element dieses Raumes, so sind das erste und dritte Integral in (76.9) sinnvoll. Auch das zweite Integral ist sinnvoll wegen

$$\int_0^1\int_0^1 K(x, s)\, u^2(x)\, u^2(s)\, dx\, ds \leqq M\, \|u\|^4 .$$

Wir ermitteln den Operator $P = \operatorname{grad} F$. Es gilt

$$\left.\frac{dF(u + \alpha h)}{d\alpha}\right|_{\alpha=0} = \int_0^1 u(x)\, h(x)\, dx$$
$$+ \int_0^1 h(x)\, dx \int_0^1 K(x, s)\, u(x)\, u^2(s)\, ds - \int_0^1 f(x)\, h(x)\, dx . \qquad (76.10)$$

Die rechte Seite der Gleichung (76.10) stellt ein lineares Funktional in $h$ dar, das im Raum $L_2(0, 1)$ beschränkt ist. Um das zu verifizieren, braucht man sich nur davon zu überzeugen, daß das Integral

$$\int_0^1 K(x, s)\, u^2(s)\, ds$$

für $u \in L_2(0, 1)$ beschränkt ist. Das ist aber evident, da dieses Integral nicht größer als $M^2\, \|u\|^2$ wird. Nun folgt

$$P u = u(x) + u(x) \int_0^1 K(x, s)\, u^2(s)\, ds - f(x). \qquad (76.11)$$

Weiterhin ergibt sich

$$P'_u h = \left.\frac{dP(u + \alpha h)}{d\alpha}\right|_{\alpha=0} = h(x) + h(x) \int_0^1 K(x, s)\, u^2(s)\, ds$$
$$+ 2\, u(x) \int_0^1 K(x, s)\, u(s)\, h(s)\, ds . \qquad (76.12)$$

Hieraus folgt

$$(P'_u h, h) = \|h\|^2 + \int_0^1\int_0^1 K(x, s)\, u^2(s)\, h^2(x)\, dx\, ds$$
$$+ 2 \int_0^1\int_0^1 K(x, s)\, u(x)\, u(s)\, h(x)\, h(s)\, dx\, ds . \qquad (76.13)$$

Beide Integrale auf der rechten Seite dieser Gleichung existieren für $u, h \in L_2$ $(0, 1)$; denn es gilt

$$\int_0^1\int_0^1 K(x, s)\, u^2(x)\, u^2(s)\, dx\, ds \leqq M^2 \|u\|^4$$

und

$$\int_0^1\int_0^1 K(x, s)\, u(x)\, u(s)\, h(x)\, h(s)\, dx\, ds$$

$$= \int_0^1\int_0^1\int_0^1 L(x, t)\, L(s, t)\, u(x)\, u(s)\, h(x)\, h(s)\, dx\, ds\, dt$$

$$= \int_0^1 dt \left\{\int_0^1 L(x, t)\, u(x)\, h(x)\, dx\right\}^2;$$

das innere Integral ist sinnvoll, da sich folgende Abschätzung angeben läßt:

$$\left|\int_0^1 L(x, t)\, u(x)\, h(x)\, dx\right| \leqq M \int_0^1 |u(x)|\, |h(x)|\, dx \leqq M\, ||u||\, ||h||\,.$$

Die Integrale in (76.13) sind außerdem nichtnegativ, so daß

$$(P'_u h, h) \geqq ||h||^2 \tag{76.14}$$

gilt, d. h., der Operator $P'_u$ genügt der Ungleichung (66.2). Vermöge (76.14) genügt der Operator $P'_u$ außerdem der Ungleichung (66.15) bei $u_0 = 0$. Da aber $P'_0 = I$ ist, ist der energetische Raum des Operators $P'_0$ mit $L_2(0, 1)$ identisch.

Somit sind alle Bedingungen des Satzes 76.1 erfüllt. Es ergibt sich dann das folgende Resultat:

Für die Minimumaufgabe des Funktionals (76.9) bzw. der nichtlinearen Integralgleichung

$$u(x)\left[1 + \int_0^1 K(x, s)\, u^2(s)\, ds\right] = f(x) \tag{76.15}$$

ist das Ritzsche Verfahren stabil, wenn der Kern $K(x, s)$ den Bedingungen dieses Paragraphen genügt und das Koordinatensystem fast orthonormiert im Raum $L_2(0, 1)$ ist.

# LITERATURVERZEICHNIS


ACHIESER, N. I. (Ахиезер, Н. И.)

[1] Лекции по вариационному исчислению, Гостехиздат, Москва 1955.

ACHIESER, N. I., und I. M. GLASMAN

[1] Theorie der linearen Operatoren im Hilbert-Raum, 5. Aufl., Akademie-Verlag, Berlin 1968 (Übersetzung aus dem Russischen).

BABITSCH, W. M. (Бабич, В. М.)

[1] К вопросу о распространении функций, УМН **8**, вып. 2 (54) (1953), 111—113.

BERGER, H. M.

[1] A new approach to the analysis of large deflexions of plates, J. Appl. Mech. **22**, H. 4 (1955), 465–472.

BERNSTEIN, S. N.

[1] Sur les équations du calcul des variations, Ann. Sci. Ecole Norm. Sup. **29** (1912), 431–485.

BIRMAN, M. S. (Бирман, М. Ш.)

[1] О методе Фридрихсарасширения положительно определенного оператора до самосопряженного, Зап. Ленингр. горн. ин-та **33**, вып. 3 (1956), 132—136.

BOGARJAN, O. K. (Богарян, О. К.)

[1] О сходимости невязки методов Бубнова-Галеркина и Ритца, ДАН **141**, № 2 (1961), 267—269.

BULAWSKI, W. A. (Булавский, В. А.)

[1] О символике записи вычислительных знаков при автоматизации программирования, Изв. ВУЗ, Матем. № 5 (1958), 5—17.

CHARRIK, I. J. (Харрик, И. Ю.)

[1] Об одном аналоге неравенства Маркова, ДАН СССР **106**, № 2 (1956), 203—206.

[2] О приближении функций, обращающихся на границе области в нуль вместе с частными производными, функции особого вида, Сиб. Матем. Журн. **4**, № 2 (1963), 408—425.

CHITTENDEN, E. W.

[1] On the equivalence of écart and voisinage, Trans. Amer. Math. Soc. **18**, No 2 (1917), 161–166.

COURANT, R., und D. HILBERT

[1] Methods of mathematical physics, vol. I, Interscience Publishers, New York 1953.

[2] Methods of mathematical physics, vol. II, Interscience Publishers, New York — London 1962.

DAWIDENKO, D. F. (Давиденко, Д. Ф.)

[1] Об одном новом методе численного решения систем нелинейных уравнений, ДАН **88**, № 4 (1953), 601—603.

DAUGAWET, I. K. (Даугавет, И. К.)
[1] О быстроте сходимости метода Галеркина для обыкновенных дифференциальных уравнений, Изв. ВУЗ, Матем. № 5 (1958), 158—165.
[2] О методе моментов для обыкновенных дифференциальных уравнений, Сиб. Матем. Журн. **6**, № 1 (1965), 70—85.

DOWBYSCH (GAGEN-TORN), L. N. (Довбыш [Гаген-Торн], Л. Н.)
[1] О разрешимости систем Ритца для функционалов теории пластичности, Труды Матем. ин-та им. В. А. Стеклова **66** (1962), 190—195.
[2] Устойчивость метода Ритца для задач спектральной теории операторов, Труды Матем. ин-та им. В. А. Стеклова **84** (1965), 78—92.
[3] Замечание о минимальных системах, Труды Матем. ин-та им. В. А. Стеклова (1968).

DOWBYSCH (GAGEN-TORN), L. N., und S. G. MICHLIN (Довбыш [Гаген-Торн], Л. Н., и С. Г. Михлин)
[1] О разрешимости нелинейных систем Ритца, ДАН **138**, № 2 (1961), 258—260.

DRUCHER, D. C.
[1] Variational principles in the mathematical theory of plasticity, Proc. Sympos. Appl. Math. 8 (1958), 7—22.

EIDUS, D. M. (Эйдус, Д. М.)
[1] О смешанной задаче теории упругости, ДАН **76**, № 2 (1951), 181—184.
[2] Контактная задача теории упругости, Матем. сб. **54** (**96**), № 3 (1954), 429—440.

ERDÉLYI, A., W. MAGNUS, F. OBERHETTINGER and F. G. TRICOMI
[1] Higher transcendental functions I—III, McGraw-Hill Book Company, Inc., New York 1953.

FADDEJEW, D. K., und W. N. FADDEJEWA
[1] Numerische Methoden der linearen Algebra, VEB Deutscher Verlag der Wissenschaften, Berlin 1964 (Übersetzung aus dem Russischen).

FADDEJEWA, W. N. (SAMJATINA, W. N.) (Фаддеева, В. Н. [Замятина, В. Н.])
[1] О фундаментальных функциях оператора $x^{IV}$, Труды Матем. ин-та им. В. А. Стеклова **28** (1949), 157—159.

FRIEDRICHS, K.
[1] Spektraltheorie halbbeschränkter Operatoren und Anwendung auf die Spektralzerlegung von Differentialoperatoren, Math. Ann. **109**, H. 4—5 (1934), 465—487.

GALIMOW, K. E. (Галимов, К. Э.)
[1] К вариационным принципам нелинейной теории упругости, Уч. зап. Казанск. ун-та **113**, № 10 (1953), 155—160.
[2] О некоторых вариационных формулах нелинейной теории упругости, Уч. зап. Казанск. ун-та **115**, № 12 (1955), 111—118.
[3] К вариационным методам решения задач нелинейной теории пластин и оболочек, Уч. зап. Казанск. ун-та **116**, № 1 (1956), 36—40.
[4] Об одном методе решения краевых задач нелинейных уравнений теории пологих оболочек, Уч. зап. Казанск. ун-та **116**, № 5 (1956), 19—26.
[5] О больших прогибах прямоугольной цилиндрической панели, Инж. сб. **25** (1959), 20—36.

GANTMACHER, F. R.
[1]. Matrizenrechnung I, II, 2. Aufl., VEB Deutscher Verlag der Wissenschaften, Berlin, 1965 bzw. 1966 (Übersetzung aus dem Russischen).

GELFAND, I. M., und S. W. FOMIN (Гельфанд, И. М., и С. В. Фомин)
[1] Вариационное исчисление, Физматгиз, Москва 1961.

GELMAN, I. W. (Гельман, И. В.)
[1] К задаче о минимуме нелинейного функционала, Уч. зап. Ленингр. пед. ин-та **166** (1958), 255—263.

GIRAUD, G.
[1] Sur différentes questions relatives aux équations du type elliptique, Ann. Sci. Ecole Norm. Sup. **47** (1930).

GLASMAN, I. M. (Глазман, И. М.)
[1] Прямые методы качественного спектрального анализа сингулярных дифференциальных операторов, Физматгиз, Москва 1963.

GORLOW, A. M. (Горлов, А. М.)
[1] Применение вариационного метода к решению задач упруго-пластического кручения стержней, Труды Моск. ин-та инж. ж.-д. трансп., вып. 122 (1959), 407—419.

GRÖGER, K.
[1] Einführung und Anwendung Sobolewscher Räume für beliebige Gebiete, Math. Nachr. (1965).
[2] Nichtlineare ausgeartete elliptische Differentialgleichungen, Math. Nachr. (1965).

HARDY, G. H., J. E. LITTLEWOOD and G. PÓLYA
[1] Inequalities, Cambridge 1952.

HAUSDORFF, F.
[1] Mengenlehre, W. de Gruyter, Berlin 1927.

HEINZ, E.
[1] Beiträge zur Störungstheorie der Spektralzerlegung, Math. Ann. **123**, H. 4 (1951), 415—438.

HILL, R.
[1] The mathematical theory of plasticity, Clarendon Press, Oxford 1950.

JACKSON, D.
[1] Fourier series and orthogonal polynomials, Carus Mathematical Monographs, No. 6, Oberlin (Ohio) 1948.

JAKOWLEW, M. N. (Яковлев, М. Н.)
[1] К решению систем нелинейных уравнений методом дифференцирования по параметру, Журн. вычисл. матем. и матем. физики **4**, № 1 (1964), 146—149.

JASKOWA, G. N., und M. N. JAKOWLEW (Яскова, Г. Н., и М. Н. Яковлев)
[1] Некоторые условия устойчивости метода Петрова-Галеркина, Труды матем. ин-та им. В. А. Стеклова **66** (1962), 182—189.

KACZMARZ, S., und H. STEINHAUS
[1] Theorie der Orthogonalreihen, Monografje Matematyczne, Tom VI, Warszawa-Lwów 1935.

KALENDERJAN, L. I. (Календерьян, Л. И.)
[1] Применение вариационных методов в нелинейной теории изгиба пластин, Научн. Труды Одесск. ин-та инж. морск. флота, вып. 11 (1954), 69—95.

KANTOROWITSCH, L. W. (Канторович, Л. В.)
[1] Об одной математической символике, удобной при проведении вычислений на машине, ДАН **113**, № 4 (1957), 738—741.
[2] О проведении аналитических выкладок на машине с программным управлением, Изв. АН Арм. ССР **10**, № 2 (1957), 3—16.
[3] Функциональный анализ и прикладная математика, УМН **3**, вып. 6 (28) (1948), 89—185.

Kantorowitsch, L. W., und G. P. Akilow
[1] Funktionalanalysis in normierten Räumen, Akademie-Verlag, Berlin 1964 (Übersetzung aus dem Russischen).

Kantorowitsch, L. W., und W. I. Krylow
[1] Näherungsmethoden der höheren Analysis, VEB Deutscher Verlag der Wissenschaften, Berlin 1956 (Übersetzung aus dem Russischen).

Kantorowitsch, L. W., und L. T. Petrowa (Канторович, Л. В., и Л. Т. Петрова)
[1] О математической символике, удобной при вычислениях на машинах, Труды III Всесоюзн. матем. съезда, II, Изд. АН СССР, 1956.

Kasimirow, W. I. (Казимиров, В. И.)
[1] О полунепрерывности интегралов вариационного исчисления, УМН **11**, вып. 3 (69) (1956), 125—129.

Katschanow, L. M. (Качанов, Л. М.)
[1] Некоторые вопросы теории ползучести, Гостехиздат, Москва-Ленинград 1949.
[2] Расчет прочности лопасти водяной турбины, в сб. „Вопросы прочности лопасти водяной турбины", Изд. ЛГУ (1954), 93—173.
[3] Основы теории пластичности, Гостехиздат, Москва 1956.
[4] О вариационных методах решения задач теории пластичности, Прикл. матем. и мех. **23**, № 3 (1959), 616—617.
[5] Теория ползучести, Физматгиз, Москва 1960.
[6] Пример решения вариационным методом задачи упруго-пластического кручения, Исслед. по упругости и пластичности, сб. № 1, Изд. ЛГУ 1961, 358—373.

Kirija, W. S. (Кирия, В. С.)
[1] Движение тел в сопротивляющихся средах, Труды Тбил. ун-та **44** (1951), 1—20.

Kljuschnikow, W. D. (Клюшников, В. Д.)
[1] Изгиб прямоугольных пластинок с учетом больших прогибов, Инж. сб. **24** (1956), 62—72.

Kornischin, M. S., und C. M. Muschtari (Корнишин, М. С., и Х. М. Муштари)
[1] Об одном алгоритме решения нелинейных задач теории пологих оболочек, Прикл. матем. и мех. **23**, № 1 (1959), 159—163.

Krasnoselski, M. A. (Красносельский, М. А.)
[1] Топологические методы в теории нелинейных интегральных уравнений, Гостехиздат, Москва 1956.

Krylow, A. N. (Крылов, А. Н.)
[1] О расчете балок, лежащих на упругом основании, Ленинград 1931.

Ladyshenskaja, O. A. (Ладыженская, О. А.)
[1] Смешанная задача для гиперболического уравнения, Гостехиздат, Москва 1953.

Langenbach, A.
[1] О применении вариационного принципа к некоторым нелинейным вариационным уравнениям, ДАН **121**, № 2 (1958), 214—217.
[2] Variationsmethoden in der nichtlinearen Elastizitäts- und Plastizitätstheorie, Wiss. Z. Humboldt-Univ. Berlin, Math.-nat. Reihe IX (1959/1960).
[3] О некоторых нелинейных операторах теории упругости в гильбертовом пространстве, Вестн. ЛГУ, № 1, сер. матем., мех. и астр., вып. 1 (1961), 38—50.
[4] Elastisch-plastische Deformationen von Platten, Z. Angew. Math. Mech. **41**, H. 3 (1961), 126—134.

[5] Zur Lösung eines Minimum-Problems der nichtlinearen Plattentheorie, Math. Nachr. (1965).

[6] Die Linearisierung nichtlinearer Gleichungen, Math. Nachr. **24**, H. 1 (1962), 33–51.

Lewin, S.

[1] Über einige mit der Konvergenz im Mittel verbundenen Eigenschaften von Funktionalfolgen, Math. Z. **32**, H. 4 (1930).

Losinski, S. M. (Лозинский, С. М.)

[1] Обратные функции, неявные функции и решение уравнений, Вестн. ЛГУ, № 7, сер. матем., мех. и астр., вып. 2 (1957), 131—142.

Michlin, S. G. (Михлин, С. Г.)

[1] Сингулярные интегральные уравнения, УМН **3**, вып. 3 (25) (1948), 29—112.

[2] Метод наименьших квадратов в задачах математической физики, Уч. зап. ЛГУ, № 111, сер. матем. наук, **16** (1949), 167—206.

[3] Integral equations and their applications to certain problems in mechanics, mathematical physics and technology, Pergamon Press, Oxford-London-New York-Paris 1964.

[4] Прямые методы в математической физике, Гостехиздат, Москва–Ленинград 1952.

[5] Проблема минимума квадратичного функционала, Гостехиздат, Москва–Ленинград 1952.

[6] Некоторые вопросы теории операторов и их применение в теории упругих оболочек, ДАН **84**, № 3 (1952).

[7] Оценка погрешности расчета упругой оболочки как плоской пластины, Прикл. матем. и мех. **16**, вып. 4 (1952).

[8] Интегрирование уравнения Пуассона в бесконечной области, ДАН **91**, № 5 (1953), 1015—1017.

[9] Вырождающиеся эллиптические уравнения, Вестн. ЛГУ **8** (1954), 19—48.

[10] Упругие оболочки, близкие к плоским пластинам, в сб. „Вопросы прочности лопасти водяной турбины", Изд. ЛГУ (1954), 5—92.

[11] По поводу метода Ритца, ДАН **106**, № 3 (1956), 391—394.

[12] Variationsmethoden der Mathematischen Physik, Akademie-Verlag, Berlin 1962 (Übersetzung aus dem Russischen).

[13] Замечания о координатных функциях, Изв. ВУЗ, матем. **5** (6) (1958), 91—94.

[14] О решениях с конечной энергией у эллиптических дифференциальных уравнений, Уч. зап. Ленингр. пед. ин-та **183** (1958), 5—21.

[15] Об устойчивости метода Ритца, ДАН **135**, № 1 (1960), 16—19.

[16] Некоторые условия устойчивости метода Ритца, Вестн. ЛГУ № 13 (1961), 40—51.

[17] О рациональном выборе координатных функций в методе Ритца, Журн. вычислит. матем. и матем. физики **2**, № 3 (1962).

[18] О методе Ритца в нелинейных задачах, ДАН **142**, № 4 (1962), 792—793.

[19] Многомерные сингулярные интегралы и интегральные уравнения, Физматгиз, Москва 1962.

[20] Mihlin, S. G. Variational methods of solving linear and nonlinear boundary value problems, Differential equations and their applications, Proceedings of the conference held in Prague in september 1962, Publishing House of the Czechoslovak Academy of Sciences, Prague 1963.

[21] Об устойчивости некоторых вычислительных процессов, ДАН **157**, № 2 (1964), 271—273.

[22] Numerische Methoden zur Lösung von Differential- und Integralgleichungen der Mathematischen Physik, Vorträge der 3. Tagung über Probleme und Methoden der Mathematischen Physik, Bd. 2, 1966, Karl-Marx-Stadt.
[23] Некоторые свойства полиномиальных приближений по Ритцу, ДАН **180**, № 2 (1968).

Michlin, S. G., und C. L. Smolizki (Михлин, С. Г., и Х. Л. Смолицкий)
[1] Приближенные методы решения дифференциальных и интегральных уравнений, серия „Справочная математическая библиотека", Наука, Москва 1965.

Miranda, C.
[1] Equazioni alle derivate parziali di tipo ellittico, Springer-Verlag, Berlin–Göttingen–Heidelberg 1955.

Mitkewitsch, W. M. (Миткевич, В. М.)
[1] Применение метода Ритца к задаче об изгибе консольной секторной плиты, Сб. трудов Лабор. гидравл. машин АН УССР, вып. 9 (1961), 48—57.

Morosow, N. F. (Морозов, Н. Ф.)
[1] К нелинейной теории тонких пластин, ДАН **114**, № 5 (1957), 968—971.
[2] Единственность симметричного решения задачи о больших прогибах симметрично загруженной круглой пластины, ДАН **123**, № 3 (1958), 417—419.
[3] Нелинейные задачи теории тонких пластин, Вестн. ЛГУ, № 19, сер. матем., мех. и астр. (1958), 100—124.
[4] Нелинейные задачи теории тонких анизотропных пластин, Изв. ВУЗ, Матем., № 6 (19) (1960), 170—173.
[5] К вопросу о существовании несимметричного решения в задаче о больших прогибах круглой пластины, загруженной симметричной нагрузкой, Изв. ВУЗ, Матем., № 2 (1961), 126—129.

Natanson, I. P. (Натансон, И. П.)
[1] К теории приближенного решения уравнений, Уч. зап. Ленингр. пед. ин-та **64** (1948), 3—8.
[2] Theorie der Funktionen einer reellen Veränderlichen, 2. Aufl., Akademie-Verlag, Berlin 1961 (Übersetzung aus dem Russischen).

Neumark, M. A.
[1] Lineare Differentialoperatoren, 3. Aufl., Akademie-Verlag, Berlin 1967 (Übersetzung aus dem Russischen).

Nowoshilow, W. W. (Новожилов, В. В.)
[1] Теория тонких оболочек, Судпромгиз, Москва 1951.
[2] Теория упругости, Судпромгиз, Москва 1958.

Postnow, W. A. (Постнов, В. А.)
[1] Большие прогибы для одного частного случая несимметричного относительно центра закреплен иякромок опорного контура, Труды Ленингр. кораблестроит. ин-та **16** (1955), 21—33.

Reissner, E. L.
[1] On a variational theorem for finite elastic deformations, J. Math. Phys. **32**, No 2—3 (1953), 129—135.

Riesz, F., und B. Sz.-Nagy
[1] Vorlesungen über Funktionalanalysis, 2. Aufl., VEB Deutscher Verlag der Wissenschaften, Berlin 1968 (Übersetzung aus dem Französischen).

Rose, S. N. (Розе, С. Н.)
[1] О сходимости метода Л. М. Качанова, Вестн. ЛГУ, № 19 (1961), 170—174.

SAMOKISCH, B. A. (Самокиш, Б. А.)
[1] К устойчивости абстрактного метода Галеркина, Вестн. ЛГУ, сер. матем., мех. и астр., № 1 (1964), 160—162.
SANSONE, G.
[1] Equazione differenziali nel campo reale I, 2da ed., Zanichelli, Bologna 1948.
SCHICHOBALOW, S. P., W. M. KRASNOW, T. D. MAKSUTOWA, W. W. ZEITZ und E. I. EDELSTEIN (Шихобалов, С. П., В. М. Краснов, Т. Д. Максутова, В. В. Цейтц, и Е. И. Эдельштейн)
[1] Экспериментальное исследование напряженного состояния лопасти водяной турбины, в сб. „Вопросы прочности лопасти водяной турбины", Изд. ЛГУ (1954), 174—215.
SLOBODJANSKI, M. G. (Слободянский, М. Г.)
[1] Оценка погрешности приближенных решений линейных задач, Прикл. матем. и мех. **17**, № 2 (1953), 229—244.
SMIRNOW, W. I.
[1] Lehrgang der höheren Mathematik, Teil I, 8. Aufl., VEB Deutscher Verlag der Wissenschaften, Berlin 1967 (Übersetzung aus dem Russischen).
[2] Lehrgang der höheren Mathematik, Teil III/1, 5. Aufl., VEB Deutscher Verlag der Wissenschaften, Berlin 1967 (Übersetzung aus dem Russischen).
[3] Lehrgang der höheren Mathematik, Teil V, 2. Aufl., VEB Deutscher Verlag der Wissenschaften, Berlin 1967 (Übersetzung aus dem Russischen).
SMIRNOWA, T. N. (Смирнова, Т. Н.)
[1] Полиномиальный прораб на электронную вычислительную машину „Стрела", Журн. вычислит. матем. и матем. физики **1**, № 5 (1961), 903—916.
[2] Полиномиальный прораб и проведение аналитических выкладок на ЭВМ, Труды матем. ин-та им. В. А. Стеклова **66** (1962), 77—112.
SOBOLEW, S. L.
[1] Einige Anwendungen der Funktionalanalysis auf Gleichungen der Mathematischen Physik, Akademie-Verlag, Berlin 1964 (Übersetzung aus dem Russischen).
[2] Об одной новой задаче математической физики, Изв. АН, сер. матем. **18**, № 1 (1954), 3—50.
SPANG, H. A.
[1] A review of minimisation techniques for nonlinear functions, SIAM Review 4 (1962), 343—365.
STIPPES, M.
[1] Large deflections of rectangular plates, Proc. first U. S. Nat. Congr. Appl. Mech., Publ. Amer. Soc. Mech. Eng., New York 1952, 339—345.
TALDYKIN, A. T. (Талдыкин, А. Т.)
[1] Системы элементов гильбертова пространства и ряды по ним, Матем. сб. **29 (71)**, № 1 (1951), 79—120.
WAINBERG, M. M. (Вайнберг, М. М.)
[1] Вариационные методы исследования нелинейных операторов, Гостехиздат, Москва 1956.
WAINIKKO, G. M. (Вайникко, Г. М.)
[1] Необходимое и достаточное условие устойчивости метода Галеркина — Петрова, Уч. зап, Тартуск. ун-та (1965).
[2] О сходных операторах, ДАН (im Druck).
WASOW, W. R., and G. E. FORSYTHE
[1] Finite-difference methods for partial differential equations, John Wiley & Sons, Inc., New York-London 1960.
WATSON, G. N.
[1] Theory of Bessel functions, Cambridge 1922.

WEIL, N. A., and N. M. NEWMARK
[1] Large deflexions of elliptical plates, Paper Amer. Soc. Engrs., A-2 (1955).
WELIJEW, M. A. (Велиев, М. А.)
[1] Исследование устойчивости метода Бубнова–Галеркина для нестационарных задач, ДАН **157**, № 1 (1964), 16—18; поправка: ДАН **161**, № 2 (1965).
[2] Об устойчивости метода Бубнова–Галеркина для нестационарных задач, сб. „Вопросы вычислит. матем. и вычислит. техн.“, изд. АН АзербССР, вып. 3 (1964).
WERSHBINSKAJA, J. S. (Вержбинская, Ю. С.)
[1] О выборе координатных функций в методе Ритца для обыкновенных дифференциальных операторов, заданных на бесконечном промежутке, сб. „Методы вычислений“, Изд. ЛГУ (1966).
WILKINSON, J. H.
[1] Rounding errors in algebraic processes, National Physical Laboratory, Notes on applied science, Nr. 32, London 1963.
WINOKUROW, S. G. (Винокуров, С. Г.)
[1] Применение метода Галеркина к решению задачи о больших прогибах круглой шарнирно опертой пластинки, Изв. Казанск. фил. АН СССР, сер. физ.-матем. и техн. наук № 10 (1956), 57—61.
WINTNER, A.
[1] Spektraltheorie der unendlichen Matrizen, Leipzig 1929.
WISCHIK, M. I. (Вишик, М. И.)
[1] Задачи Коши для уравнений с операторными коэффициентами, смешанная краевая задача для систем дифференциальных уравнений и приближенный метод их решения, Матем. сб. **39 (81)**, № 1 (1956), 51—148.
WLASSOW, W. S. (Власов, В. З.)
[1] Общая теория оболочек, Гостехиздат, Москва–Ленинград 1941.
WLASSOWA, S. A. (Власова, З. А.)
[1] Метод сеток для нелинейной одномерной вариационной задачи, Труды Матем. ин-та им. В. А. Стеклова **66** (1962), 196—204.
WLASSOWA, S. A., und J. W. RYBAKOWA (Власова, З. А., и Ю. В. Рыбакова)
[1] К вопросу о численной реализации метода сеток для нелинейной одномерной вариационной задачи, Труды Матем. ин-та им. В. А. Стеклова **84** (1965), 50—59.
WOLMIR, A. S. (Вольмир, А. С.)
[1] Гибкие пластинки и оболочки, Гостехиздат, Москва 1956.
WOROWITSCH, I. I. (Ворович, И. И.)
[1] О некоторых прямых методах в нелинейной теории пологих оболочек, ДАН **105**, № 1 (1955), 42—45.
[2] О существовании решения в нелинейной теории оболочек, Изв. АН, сер. матем. **19** (1955), 173—186.
[3] О методе Бубнова – Галеркина в нелинейной теории колебаний пологих оболочек, ДАН **110**, № 5 (1956), 723—726.
[4] О некоторых прямых методах в нелинейной теории оболочек, Прикл. матем. и мех. **20**, № 4 (1956), 449—474.
[5] О существовании решений в нелинейной теории оболочек, ДАН **117**, № 2 (1957), 203—206.
[6] Погрешность прямых методов в нелинейной теории оболочек, ДАН **122**, № 2 (1958), 196—199.
ZYGMUND, A.
[1] Trigonometrical series, Monografje Matematyczne, Tom V, PWN, Warszawa-Lwów 1935.

# NAMENVERZEICHNIS

## SACHVERZEICHNIS

Bei Fragen zur Produktsicherheit wenden Sie sich bitte an:
If you have any questions regarding product safety,
please contact:

Walter de Gruyter GmbH
Genthiner Straße 13
10785 Berlin
productsafety@degruyterbrill.com